实例效果欣赏

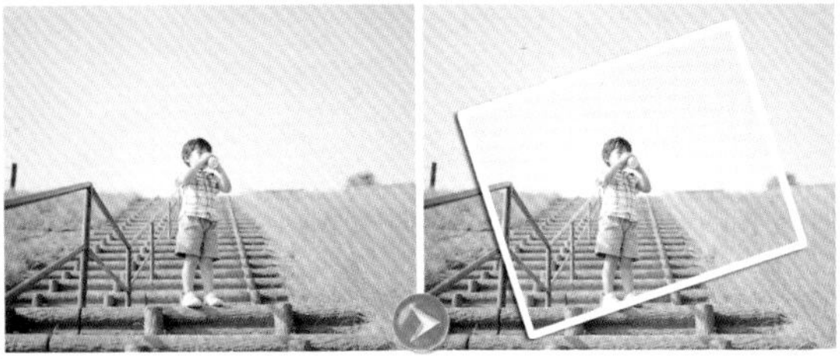

实例制作3-1　制作个性相框　76

实例制作3-2　制作田园风格女孩效果　78

实例制作4-1　制作可爱双胞胎合影　107

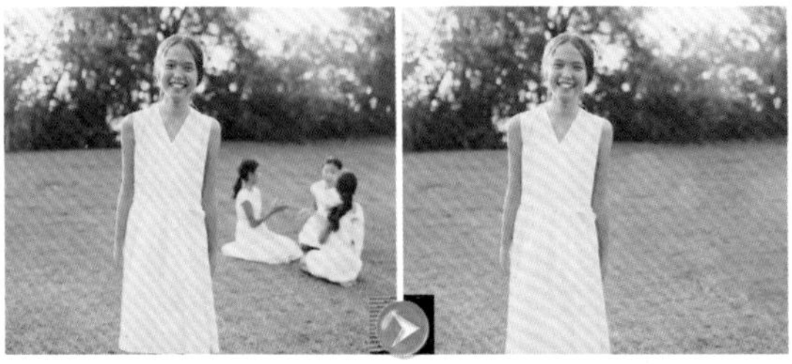

动手练习4-1　去除照片中多余的人物　110

动手练习4-2　合成电眼图像效果　111

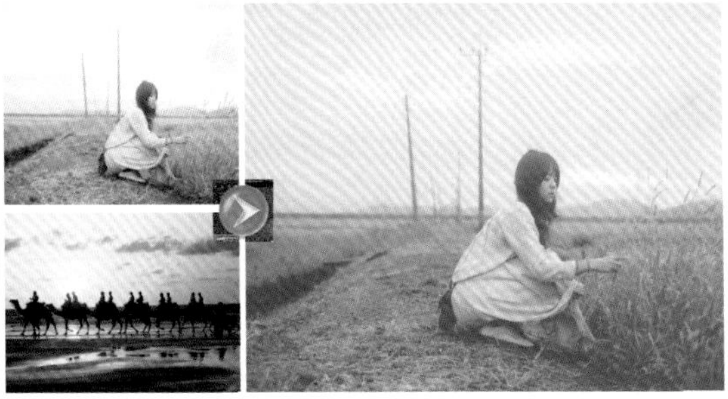

动手练习5-1　制作怀旧风格效果　136

实例制作5-1　美白人物肌肤　132

实例制作6-2　制作电影胶片效果　166

动手练习6-2　制作发黄老照片图像特效　169

实例制作7-1　绘制可爱卡通兔　181

动手练习7-2　制作动感音符效果　185

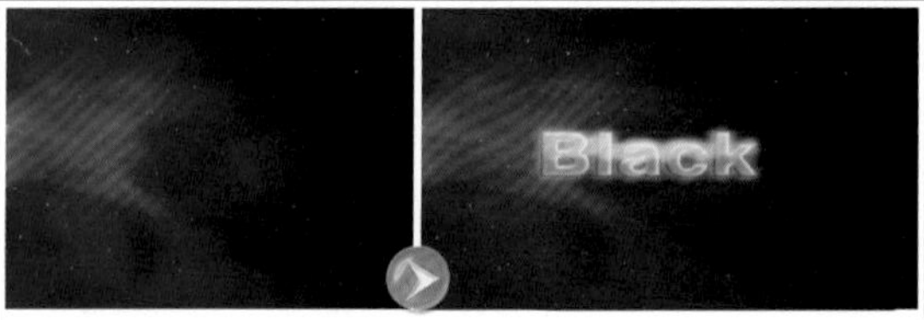

实例制作8-2　制作蓝色玻璃文字效果　197

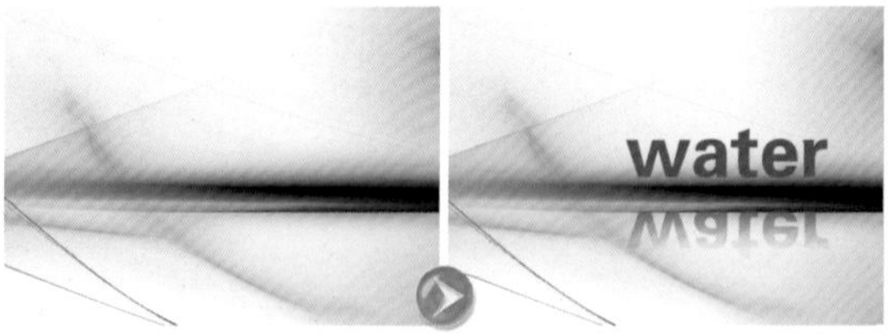

动手练习8-1　制作文字倒影效果　199

实例制作9-2　为黑白图像上色　209

动手练习7-1　制作可爱大头贴　184

实例制作8-1　为海报添加文字　195

实例制作9-1　制作水墨画特效　207

动手练习9-1　更改图像背景　212

动手练习9-2　制作可爱大头贴　212

实例制作10-1　给照片添加背景　222

实例制作10-2　制作磨皮换肤效果　224

动手练习10-1　制作梦幻紫色调效果　226

动手练习10-2　更换汽车颜色　227

实例制作11-1　制作下雨效果　258

实例制作11-2　制作木质油画画框效果　260

动手练习11-2　制作森林仙雾图像特效　264

动手练习11-1　快速给美女瘦身　263

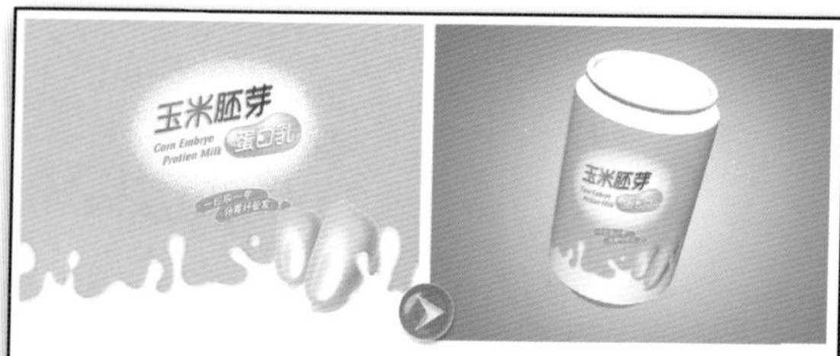
玉米胚芽

15.1　制作闪亮水钻字体效果　315

15.2　制作数字饼干效果　317

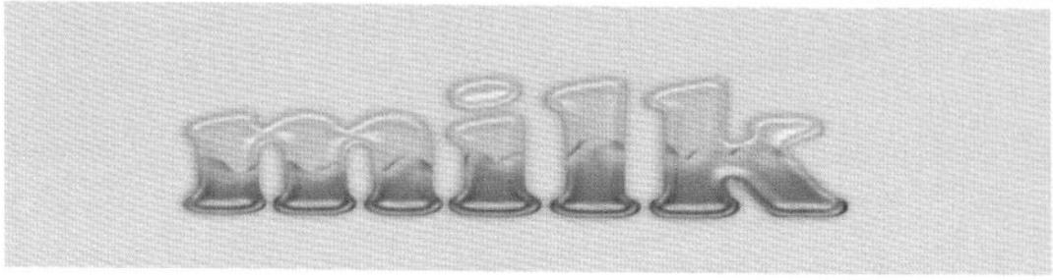

15.3　制作液体玻璃瓶文字效果　319

15.4　制作红色立体字效果　323

15.5　制作超炫放射字体效果　326

15.6　制作可爱花边字体效果　330

15.7　制作彩块字体效果　334

15.8　制作金色亮片飞溅字体效果　337

15.9　制作发光霓虹灯字体效果　341

帝

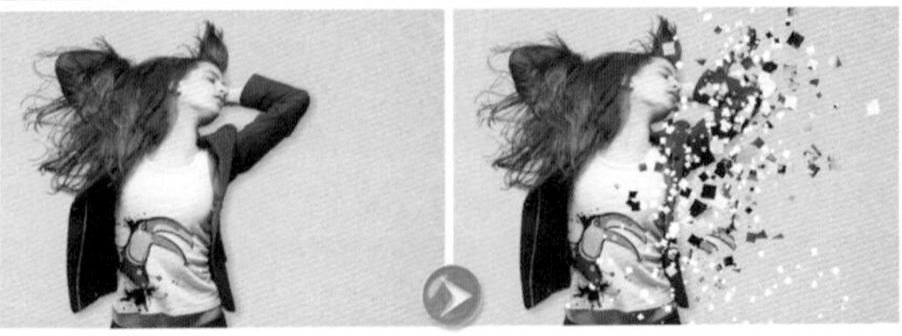

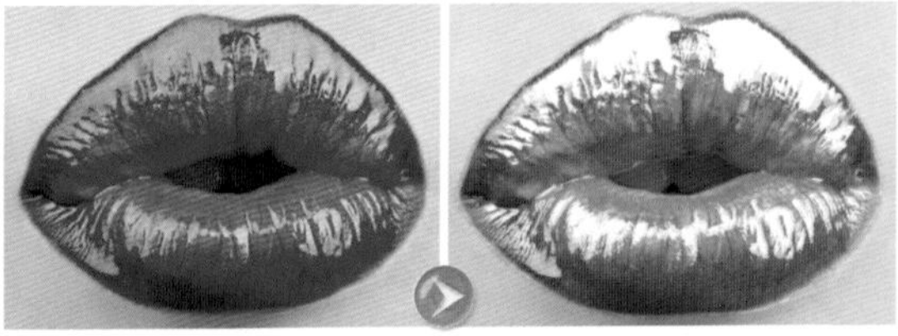

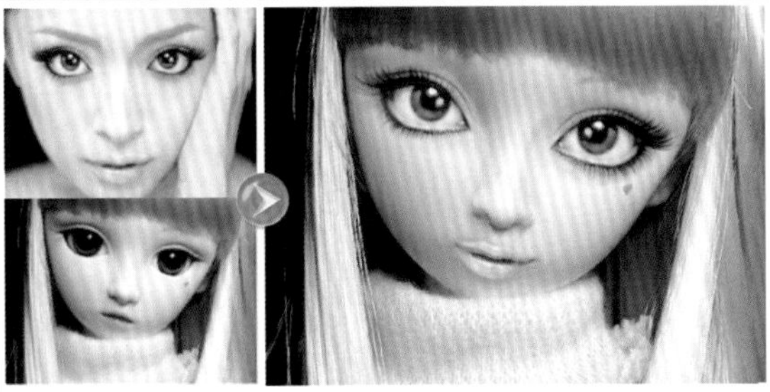

16.10　制作真人SD娃娃效果　369

17.2　照片处理　375

18.2　房地产DM单设计　388

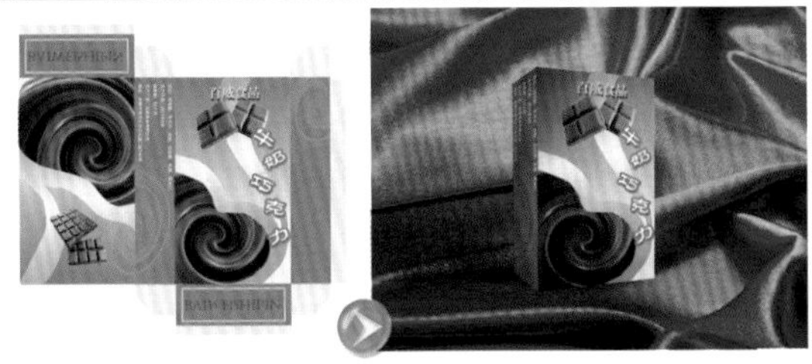

19.2　巧克力包装设计　398

20.2　制作时尚iPad　411

21.2　绘制可爱美少女　419

22.2　制作时尚旅游网页　433

配套多媒体教学光盘使用说明

如果您的计算机不能正常播放视频教学文件，请先单击“视频播放插件安装”按钮❶，安装播放视频所需的解码驱动程序。

多媒体光盘主界面

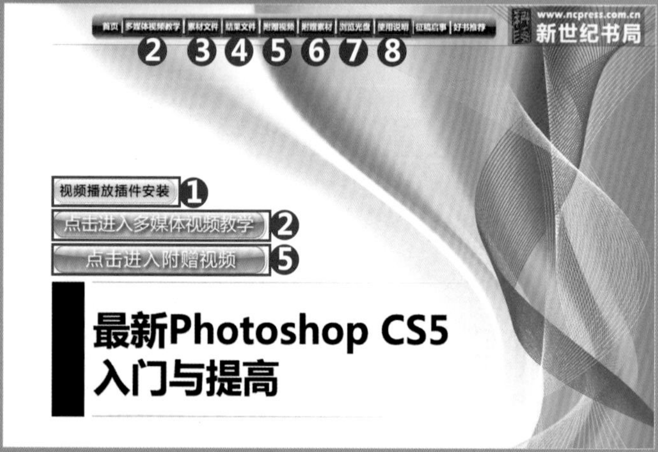

1 单击可安装视频所需的解码驱动程序
2 单击可进入本书实例多媒体视频教学界面
3 单击可打开书中实例的素材文件
4 单击可打开书中实例的最终效果源文件
5 单击可打开附赠视频教学界面
6 单击可打开附赠视频案例所需的源文件和素材
7 单击可浏览光盘文件
8 单击可查看光盘使用说明

视频播放界面

1 单击可打开相应视频
2 单击可播放/暂停播放视频
3 拖动滑块可调整播放进度
4 单击可关闭/打开声音
5 拖动滑块可调整声音大小
6 单击可查看当前视频文件的光盘路径和文件名
7 双击播放画面可以进行全屏播放，再次双击便可退出全屏播放

[光盘文件说明]

此文件夹包含本书视频教程文件

此文件夹包含书中实例的素材文件

此文件夹包含书中实例的最终效果源文件

此文件夹包含附赠的视频文件

此文件夹包含附赠视频案例所需的源文件和素材

此文件夹包含播放视频教程所需的插件

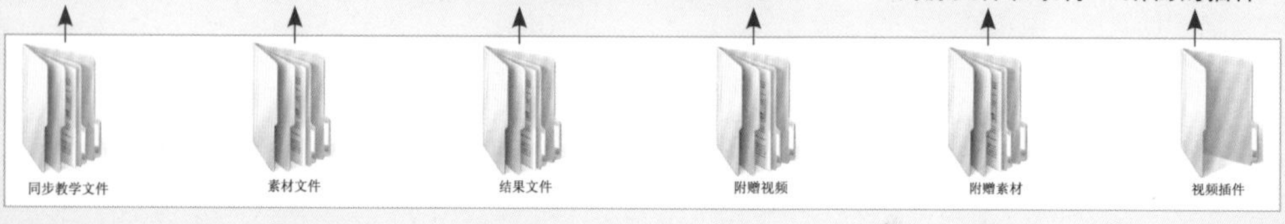

★最新

Photoshop CS5 入门与提高

刘永平 / 编著

科学出版社

内 容 简 介

本书是一本讲述Photoshop CS5基础知识与应用技巧的专业技术书籍。

全书共分22章，第1～14章分别介绍了Photoshop CS5基础入门知识，选区的创建与编辑，图像的绘制修饰，图像的色彩校正，图层、路径、文字的创建，蒙版与通道的应用，滤镜，3D，视频与动画，Web图像与打印输出等知识；第15～16章介绍了艺术字与图像特效的制作；第17～22章列举了6个大型行业案例，涉及了数码照片后期处理、平面广告设计、包装设计、产品造型设计、漫画设计、网页设计。各个范例都介绍了相关行业知识，使读者能够在知晓行业规范的同时，熟练使用Photoshop CS5软件进行作品的创作。

随书光盘中不仅提供了书中所有实例的PSD源文件和所有素材，同时还包括多媒体视频教学。另外，光盘中还附赠了价值89元的《一定做得到！Photoshop CS5相片编修100技》的全套视频教程和视频案例所需的源文件与素材，以一本书的价格获得两本书的学习价值，帮助读者更快、更好、更全面地掌握Photoshop应用技巧。

本书非常适合Photoshop初学者和有一定的软件操作基础想要进一步提高的读者，以及自学爱好者学习使用，也适合从事相关平面设计工作的人员参考使用，同时还可作为大中专院校和社会培训机构的学习教材。

图书在版编目（CIP）数据

最新Photoshop CS5入门与提高/刘永平编著.—北京：科学出版社，2012.4

ISBN 978-7-03-033739-9

Ⅰ. ①最… Ⅱ. ①刘… Ⅲ. ①图像处理软件，Photoshop CS5 Ⅳ. ①TP391.41

中国版本图书馆CIP数据核字（2012）第037120号

责任编辑：徐晓娟 魏 胜 胡子平 / 责任校对：杨慧芳

责任印刷：新世纪书局 / 封面设计：彭 彭

科学出版社 出版

北京东黄城根北街16号

邮政编码：100717

http://www.sciencep.com

中国科技出版传媒集团新世纪书局策划

北京市艺辉印刷有限公司印刷

中国科技出版传媒集团新世纪书局发行 各地新华书店经销

*

2012年4月 第 一 版 开本：16开

2012年4月第一次印刷 印张：27.75

字数：675 000

定价：49.80元（含1DVD价格）

（如有印装质量问题，我社负责调换）

前言

PREFACE

本书是一本从入门到精通式的Photoshop CS5学习宝典。全书对Photoshop CS5中文版的基本功能及其常用工具进行了详细讲解，其中涉及到Photoshop图层、通道、路径、选区、文字、滤镜和各种填充方法等关键知识点。

本书结构安排

本书前面部分详细讲解了Photoshop CS5中文版的常用工具、菜单命令以及各种基本操作，使读者可以在短时间内尽快掌握Photoshop CS5的各种操作技巧。在讲述具体的工具和命令时，随时穿插技能进阶与技能提高来对该工具和命令进行实战演练。通过这些实例，将Photoshop CS5的功能融入到实际应用中，而且在制作过程中，对于制作时的重点和难点都通过提示进行讲解，突出操作时的重要技法。

各章后面还会针对该章所讲述的知识安排相关的综合实例，使读者可以进一步对所学知识进行巩固和掌握。各章最后的本章小结内容，可以帮助读者回顾本章所学的重要知识点，起到温故知新的作用。

结合Photoshop CS5的实际用途，本书后面部分列举了6个大型行业案例，全面介绍了Photoshop CS5在不同设计领域中的实际应用。各实例通过行业相关知识介绍与详细制作步骤的形式进行讲解，每一个作品范例皆有不同的创意主题与教学重点，以带领读者了解实际行业案例的创意思路与创作流程。

本书内容

全书从实用角度出发，全面、系统地讲解了Photoshop CS5的所有应用功能，涵盖了Photoshop CS5全部工具、面板和菜单命令。书中在介绍软件功能的同时，还精心安排了具有针对性的实例，帮助读者轻松掌握软件使用技巧和具体应用，以做到学用结合。并且，全部实例都配有视频教学录像，详细演示案例的制作过程。

本书共分为22章，具体内容安排如下。

第1章 Photoshop CS5入门基础；第2章 Photoshop CS5的基本操作；第3章 图像选区的创建与编辑；第4章 图像的绘制与修饰；第5章 图像的色彩校正；第6章 图层的应用；第7章 路径的创建与编辑；第8章 文字的创建与编辑；第9章 蒙版的应用；第10章 通道的应用；第11章 滤镜的综合应用；第12章 3D图像的创建与编辑；第13章 视频与动画；第14章 Web图像与打印、输出；第15章 艺术字特效设计；第16章 图像特效制作；第17章 数码照片后期处理；第18章 平面广告设计；第19章 包装设计；第20章 产品造型设计；第21章 漫画设计；第22章 网页设计。

本书特色

○ 范例丰富、贴近实际

全书内容丰富、技术实用、范例经典、讲解详细，力求通过大量范例的介绍，使读者掌握基本设计常识并能够熟练操作Photoshop CS5软件。基础部分除了前两章外，每章均由“知识与应用学习——上机实战操作——举一反三应用”构成，将Photoshop CS5的实用技术淋漓尽致地呈现给读者，让读者所学习的知识更加贴近实际。

○ 专家经验、轻松套用

本书以实用为目的，笔者将Photoshop CS5创作中经常用到的各种技巧贯穿于整本书中，并突出了作品创作中艺术灵感和创意思路的重要性，使读者在学习各种作品实例过程中领悟图形的各种设计思路。

○ 视频教材、素材完整

本书光盘包含了114个高清教学视频；全部案例的素材图片和PSD格式源文件，极大提高了读者的学习效率和学习质量。

○ 超值附赠、物超所值

另外，光盘中还附赠了价值89元的《一定做得到！Photoshop CS5相片编修100技》的全套视频教程和视频案例所需的源文件与素材，以一本书的价格获得两本书的学习价值，帮助读者更快、更好、更全面地学习Photoshop。

致谢与交流

本书由前沿文化与中国科技出版传媒集团新世纪书局联合策划。参与本书编创的人员都是图形图像行业内的专业设计与权威培训团队，他们具有丰富的实战经验和操作技巧，在此向各位老师与专家表示由衷的感谢。

最后，真诚感谢读者购买本书，您的支持是我们最大的动力，我们将不断努力，为你奉献更多、更优秀的图书！

由于计算机技术飞速发展，加上编者水平有限，不妥之处在所难免，敬请广大读者和同行批评指正。如果您对本书有任何意见或建议，欢迎与本书策划编辑联系（ws.david@163.com）。

编著者

2012年2月

目录 Contents

Chapter 04 图像的绘制与修饰 82

Chapter 06 | 图层的应用 138

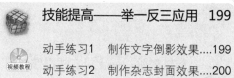

Chapter 09 蒙版的应用 201

Chapter 10 通道的应用 214

Chapter 11 滤镜的综合应用 228

Chapter 12 3D图像的创建与编辑 265

Chapter 13 视频与动画 284

Chapter 01 Photoshop CS5入门基础

本章导读

Photoshop是Adobe公司旗下最为出名的图像处理软件，是集图像扫描、编辑修改、图像制作、广告创意、图像输入与输出于一体的图形图像处理软件，深受广大平面设计人员和计算机美术爱好者的喜爱。本章将介绍Photoshop CS5的应用领域、新增功能、启动与退出，以及图像处理的入门基础知识。

本章核心知识点

- 认识Photoshop CS5
- Photoshop CS5的安装与卸载
- Photoshop CS5的启动与退出
- Photoshop CS5的新增功能
- 图像处理基础知识

快速入门——知识与应用学习

在这一节中，主要为用户讲解 Photoshop CS5 的特点、运用领域、基本操作、新增功能等知识。

1.1 认识 Photoshop CS5

Photoshop 经过近 30 年的不断发展、完善，已成为功能相当强大、应用极其广泛的应用软件，成为众多设计师、艺术家进行艺术创作的首选应用软件。

1.1.1 Photoshop 简介

Adobe 公司成立于 1982 年，是美国最大的个人计算机软件公司之一。2010 年 4 月 12 日，Adobe Creative Suite 5（Adobe CS5）设计套装软件正式发布。Adobe CS5 总共有 15 个独立程序和相关技术，5 种不同的组合构成了 5 个不同的版本，分别是大师典藏版、设计高级版、设计标准版、网络高级版、产品高级版。在 Adobe CS5 中，人们最熟悉的可能就是 Photoshop 了。Photoshop CS5 有标准版和扩展版两个版本，其中标准版适合摄影师及印刷设计人员使用。

1.1.2 Photoshop CS5 的应用领域

Photoshop CS5 可以应用在平面设计、包装设计、数码照片后期处理及网页设计等领域，下面介绍 Photoshop CS5 的应用领域。

1 平面设计

Photoshop 拥有强大的图像处理功能，因此在平面设计中发挥着巨大作用。无论是宣传单、海报、招贴、杂志、报刊，还是户外广告，都需要使用 Photoshop 对图像进行处理。如下图所示是使用 Photoshop CS5 所设计的平面设计作品。

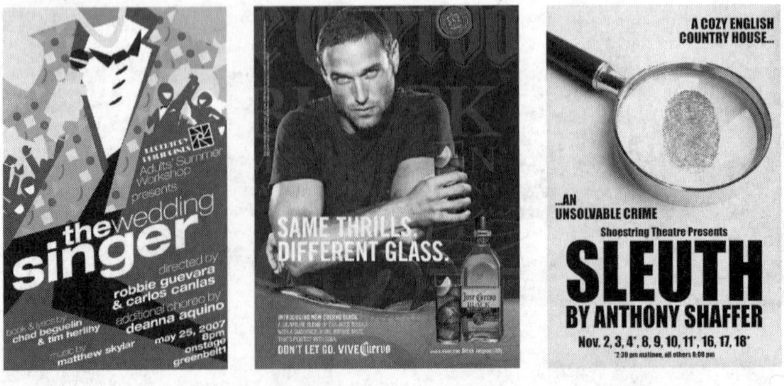

2 包装设计

用户在进行包装设计时，使用 Photoshop CS5 可绘制平面图、两面视图，并且使用 3D 功能还可以创建出三面视图及渲染最终效果图。如下图所示为使用 Photoshop CS5 所设计的包装设计作品。

3 插画设计

Photoshop CS5 的绘画和调色功能非常丰富，已经广泛应用于平面和电子媒体、商业场馆、公众机构、商品包装、影视演艺海报、企业广告，甚至 T 恤、日记本、贺年片中。使用 Photoshop CS5 的绘图工具及丰富的色彩，借助插画大师们的艺术之手，便可绘制出美轮美奂的插画作品。如下图所示为使用 Photoshop CS5 绘制的插画作品。

4 照片处理

完成数码照片的拍摄后，Photoshop 成为照片处理的首选软件，无论在校色、图像修正、分色输出方面，还是在修复与润饰图像、创造性的合成方面，都可以在 Photoshop 中找到最佳的解决方法。如下图所示为使用在 Photoshop CS5 处理照片后的效果。

5 网页设计

随着网络的普及，人们对于网页的审美要求也逐渐提高，Photoshop 也成了必不可少的网页图像处理软件。制作完成页面后，可导入 Dreamweaver 并进行处理，最后在 Flash 中添加动画内容。如下图所示为使用 Photoshop CS5 所设计的网页作品。

6 动画与 CG 设计

使用 Photoshop CS5 不仅可以制作人物皮肤贴图、场景贴图和各种材质的逼真效果，还可以为动画渲染节省宝贵的时间。此外，Photoshop 还常用来绘制各种风格的 CG 艺术作品，如下图所示。

7 效果图后期制作

当制作的建筑效果图中包括很多三维场景时，例如，有很多人物、车辆、植物、天空、景观和各种装饰品时，都可以在 Photoshop 中制作并调整，以增加画面的美感。如左下图所示为建筑后期效果，如右下图所示为室内后期效果。

1.2 Photoshop CS5 的安装与卸载

在使用 Photoshop CS5 之前，首先需要安装，才能进行操作。下面将详细介绍 Photoshop CS5 的安装与卸载。

1.2.1 安装 Photoshop CS5

在安装 Photoshop CS5 前，如果计算机中已经有其他版本的 Photoshop 软件，不需要卸载其他版本，但需要将运行的软件关闭。Photoshop CS5 的具体安装步骤如下。

步骤01 将 Photoshop CS5 安装光盘放入光驱，在光盘目录中双击 Setup.exe 安装程序，初始化完成后，显示“欢迎使用”界面，单击“接受”按钮，如下图所示。

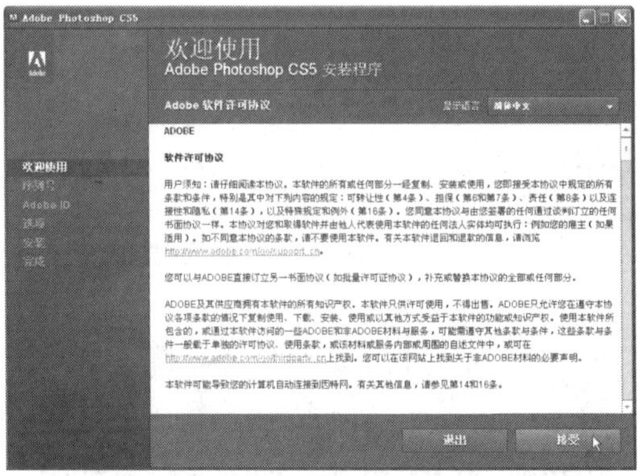

步骤02 在弹出的界面中，输入正确的序列号，在右边选择“简体中文”选项。如果想先试用，可以选择下方的“安装此产品的试用版”单选按钮，单击“下一步”按钮，如下图所示。

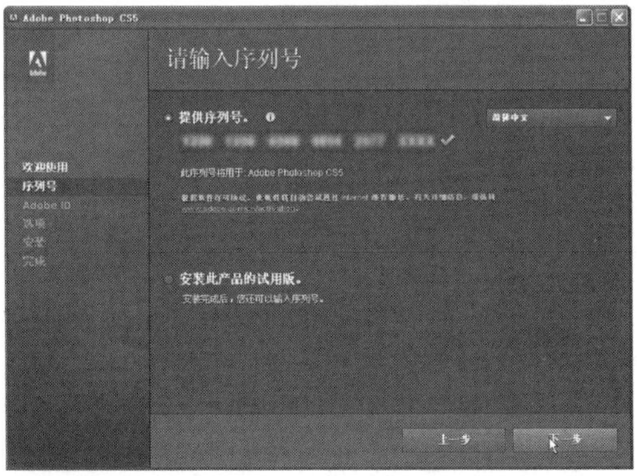

步骤03 在弹出的“输入 Adobe ID”界面中，单击“创建 Adobe ID”按钮创建一个账号，或者在文本框中输入已注册的 ID，然后单击左下角的“跳过此步骤”按钮或单击右下角的“下一步”按钮，如下图所示。

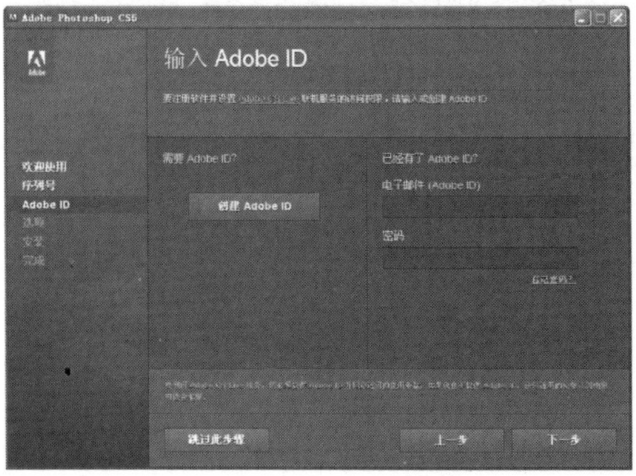

步骤04 在“安装选项”界面中，单击“浏览到安装位置”按钮，可对安装位置进行更改，默认的安装位置为 C 盘，设置完成后，单击右下角的“安装”按钮，如下图所示。

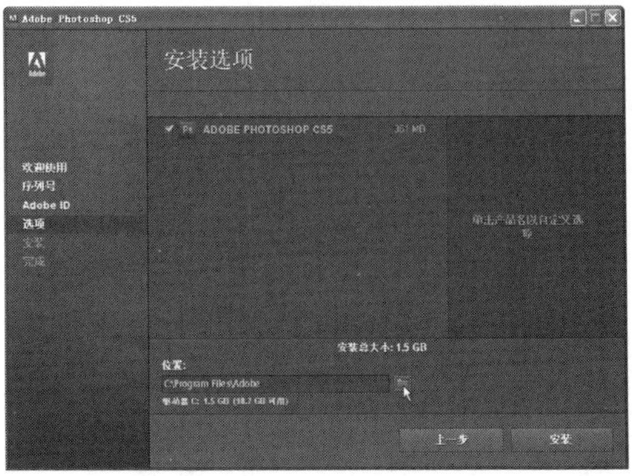

步骤05 此时，系统自行安装软件，界面中会显示安装进度，安装过程需要较长时间，在“目前正在安装”下方可以查看安装进度和剩余时间，如下图所示。

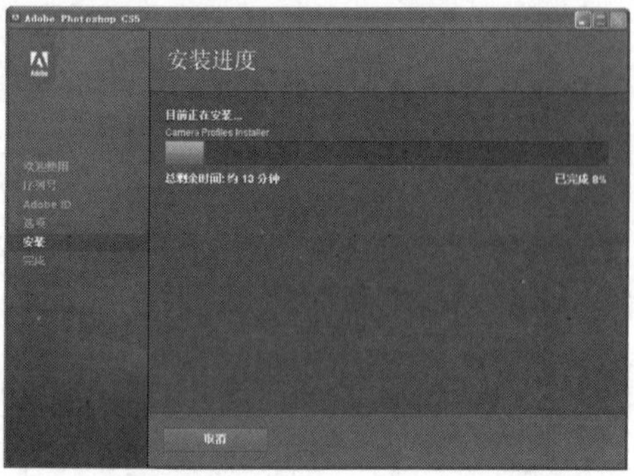

步骤06 当安装完成时，在弹出的界面中会提示此次安装完成，单击右下角的“完成”按钮即可关闭界面，如下图所示。

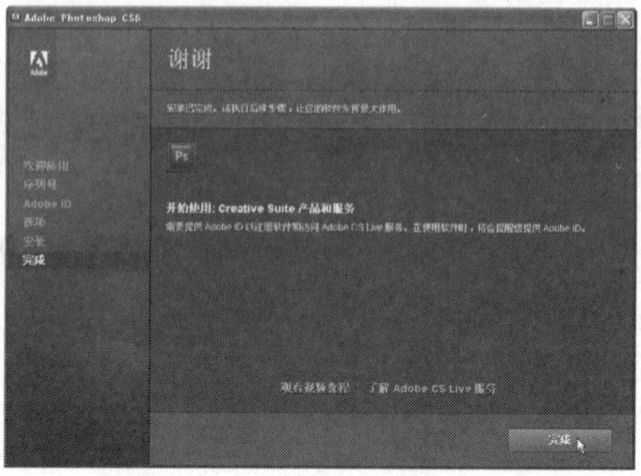

1.2.2 卸载 Photoshop CS5

卸载 Photoshop CS5 需要使用 Windows 的卸载程序，具体操作步骤如下。

步骤01 执行“开始→设置→控制面板”命令，双击“添加或删除程序”图标，在打开的窗口中选择 Adobe Photoshop CS5 选项，如下图所示。

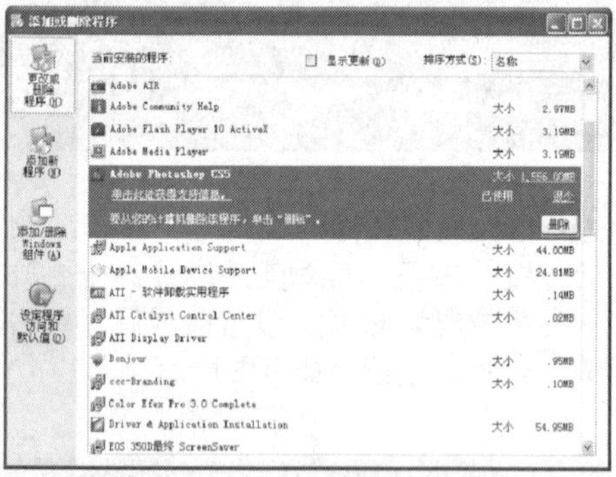

步骤02 单击“删除”按钮，弹出“卸载选项”界面，单击“卸载”按钮即可开始卸载，如下图所示。界面中会显示卸载速度，如果要取消卸载，可以单击“取消”按钮。

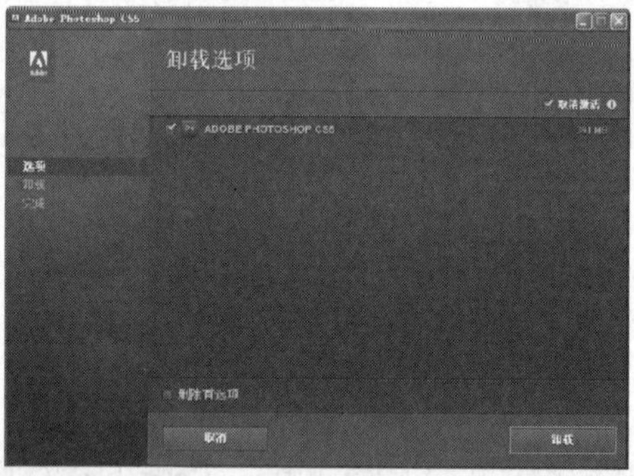

1.3 Photoshop CS5 的启动与退出

当用户完成 Photoshop CS5 的安装后，接下来可启动 Photoshop CS5 软件。

1.3.1 启动 Photoshop CS5

Photoshop CS5 的启动方法有很多种，用户可以根据自己的习惯来启动，具体启动方法如下。

方法 1 单击任务栏中的“开始”按钮，在打开的菜单中指向“所有程序”命令，在级联菜单中选择 Adobe Photoshop CS5 命令即可，如右侧左图所示。

方法 2 在桌面上的 Photoshop CS5 快捷图标处单击鼠标右键，在弹出的菜单中选择“打开”命令，如右侧右图所示。

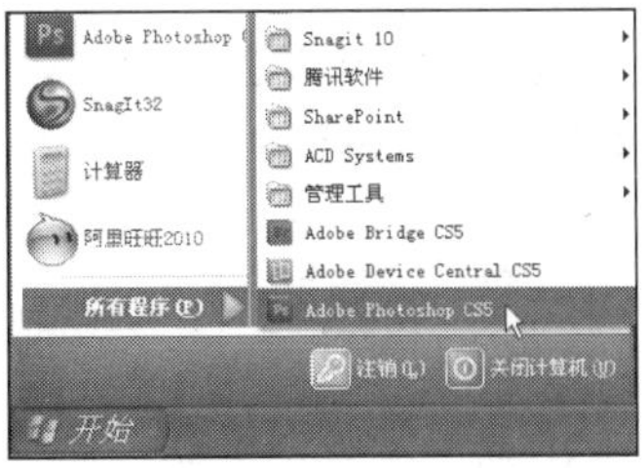

1.3.2 退出 Photoshop CS5

当用户不再使用 Photoshop CS5 程序处理文件时，可以通过以下几种方法退出程序。

方法 1 执行“文件→退出”命令，就可以退出 Photoshop CS5 程序，如左下图所示。

方法 2 单击右上角的“关闭”按钮，即可退出 Photoshop CS5 程序，如右下图所示。

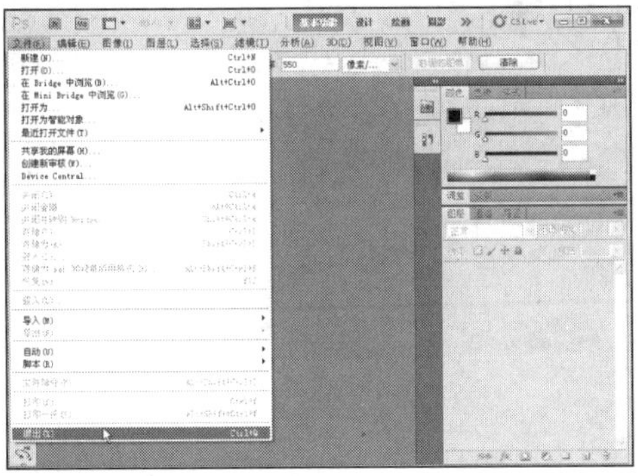

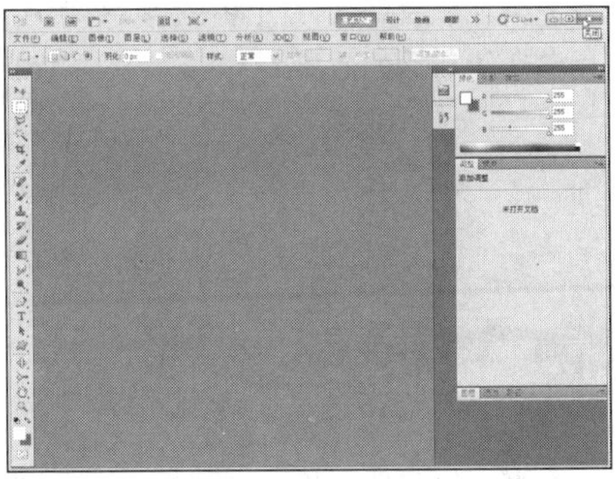

注 意

当不再使用 Photoshop CS5 程序时，可按【Alt+F4】快捷键退出。

1.4 Photoshop CS5 的新增功能

在 Photoshop CS5 中，软件的界面与功能的结合更加趋于完美，各种命令与功能得到了很好的扩展和升级。除增加了精确选择、内容感知型填充、操控变形等功能外，还增强了用于创建和编辑 3D 的工具、基于动画内容的突破性工具。这样，不仅功能得到了很好的扩展，还最大限度地为操作提供了简捷、有效的途径，充分满足了设计者的需要。下面对常用的新增功能进行介绍。

1.4.1 智能选区

智能选区功能可更快、更准确地从背景中抽出主体，从而创建逼真的复合图像。通过拖动鼠标选择图像中的特定区域；轻松选择毛发等细微的图像元素；消除选区边缘周围的背景色；使用新增的细化工具自动改变选区边缘并改进蒙版。如右图所示为使用智能选区功能时的参数设置及效果。

1.4.2 内容识别填充

内容识别填充功能能够快速填充当前选区，用来填充选区的像素是通过感知该选区周围的像素得到的。完成内容识别填充后，填充区域能够完美地融合到整体图像中。如右图所示为使用该功能前后的效果。

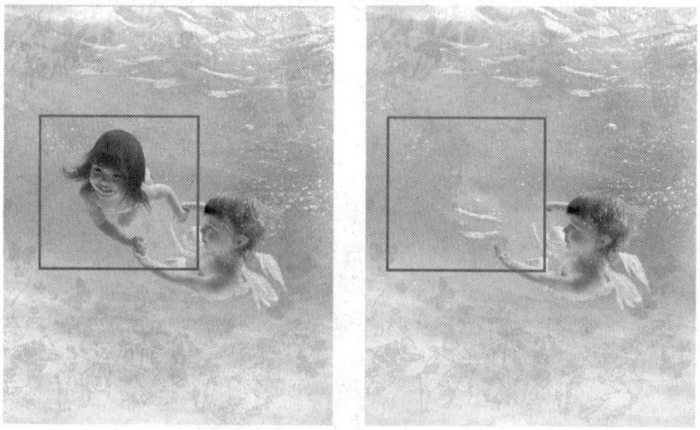

1.4.3 操控变形

操控变形功能能够对元素进行重定位，精确实现图形、文本或图像元素的变形或拉伸，为设计创建出独一无二的新外观。该功能可以创建出视觉上更具吸引力的图像，例如，在舞者的手臂上添加关键节点，然后进行调整，直到调整至最满意的弯曲度为止，调整前后效果如右图所示。

1.4.4 强大的“混合器画笔工具”

新增的“混合器画笔工具”能够很轻松地描绘出各种风格的作品。单击工具箱中的“混合器画笔工具”按钮，在属性栏中单击“点按可打开‘画笔预设’选取器”按钮，在打开的下拉画板中选择画笔，在图像中拖动鼠标即可完成图像的绘制工作，原图与使用“混合器画笔工具”绘制后的效果如下图所示。

1.4.5 “合并到 HDR Pro”命令

使用“合并到 HDR Pro”命令，可以创建写实的或超现实的 HDR 图像。借助自动消除叠影以及对色调映射，可更好地调整控制图像，以获得更好的效果。如下图所示为参数设置及调整后的效果。

1.4.6 自动镜头校正功能

自动镜头校正功能可以对各种相机与镜头的测量进行自动校正，可以更轻松地消除桶状和枕状变形、相片周边暗角，以及造成边缘出现彩色光晕的色像差。此功能把低版本的手动调整方式改变为了自动化校正。如右图所示为使用该功能调整图像前后的效果。

1.4.7 原始图像处理

使用 Adobe Camera Raw 6 的增效工具可以无损消除图像杂色，同时保留颜色和细节；增加粒状，使数字照片看上去更自然；执行裁剪后暗角的控制度更高等。

如下图所示为 Camera Raw 中的调整图像前后的效果。

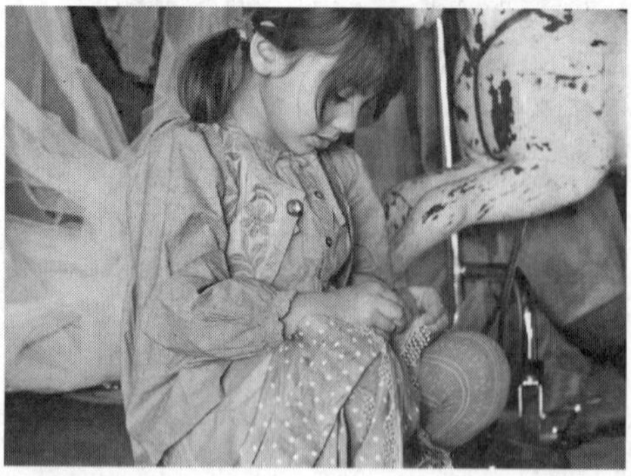

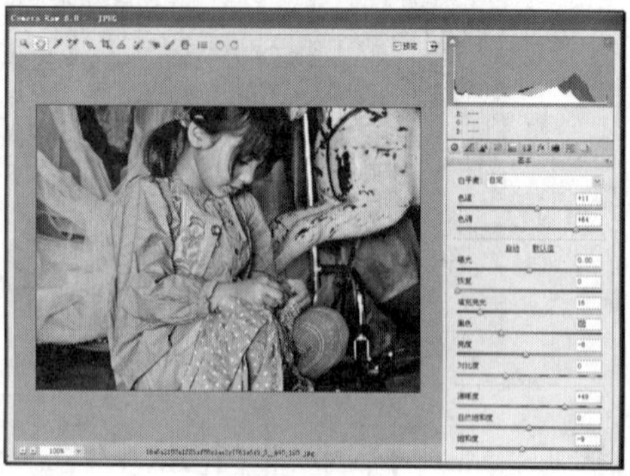

1.4.8 增强的 3D 媒体管理功能

在 Photoshop CS5 中，对模型设置灯光、材质、渲染等方面都得到了增强。结合这些功能，用户可以在 Photoshop 中绘制透视精确的三维效果图，也可以辅助三维软件创建模型的材质贴图。这些功能大大拓展了 Photoshop 的应用范围。

如右图所示为使用 3D 功能前后的图像效果。

1.4.9 扩展的 Mini Bridge

Mini Bridge 是 Adobe Photoshop CS5 中的一项扩展功能，为用户提供了最常用的功能并减小了资源占用率，通过它可以处理主机应用程序面板中的资源。当用户在多个应用程序中工作时，可通过 Mini Bridge 访问 Adobe Bridge 中的多种功能。Mini Bridge 与 Adobe Bridge 可通过通信创建缩览图，使文件保持同步并执行其他任务。如下图所示为 Mini Bridge 界面及在 Mini Bridge 中预览图像。

Mini Bridge 界面

在 Mini Bridge 中浏览图像

Chapter 01
Chpater 02
Chpater 03
Chpater 04
Chpater 05
Chpater 06
Chpater 07
Chpater 08
Chpater 09
Chpater 10
Chpater 11

1.5 图像处理基础知识

计算机中的图像可分为位图和矢量图两种类型。Photoshop 是典型的位图软件，但也包含矢量功能。下面介绍位图和矢量图的概念、像素与分辨率的关系及图像文件格式，以便为学习图像处理打下基础。

1.5.1 位图

位图是由像素点构成的图，也称为点阵图、栅格图像、像素图。在 Photoshop 中处理图像时，编辑的就是像素。用户使用数码相机拍摄的照片，使用扫描仪扫描的图片，以及在计算机屏幕上抓下来的图像等都属于位图。

位图的主要特点是，可以表现色彩的变化与颜色的细微过渡，从而产生逼真的效果，还可以在不同的软件之间交换使用。在创建位图时，一般需要用户指定分辨率和图像尺寸。图像的像素数越多，图像文件的大小（长宽）和体积（存储空间）就越大。当将位图放大到一定的程度时，就可以发现是由一个个小方格（像素）组成的，原图及放大 500%后的效果如右图所示。

位图原图

局部放大 500%的效果

1.5.2 矢量图

矢量图也称为向量图，简单地说，就是进行缩放而不失真的图像。矢量图是由直线段和曲线段共同组成的，并包含色彩和位置信息。由于矢量图的色彩变化较小，因此更多地应用在工程图、线条画或者轮廓图中。

矢量图只能靠软件生成，并且所占用的硬盘空间较小。这种类型的图像文件包含独立的分离图像，可以无限制地重新组合。它的主要特点是放大后图像不会失真，和分辨率、像素无关，文件占用空间较小，适用于图形设计、文字设计、标志设计、版式设计等。如下图所示为矢量图像的原图及放大 500%后的效果，从图中可以看出，将图像放大到 500%后，效果仍然清晰。

矢量原图

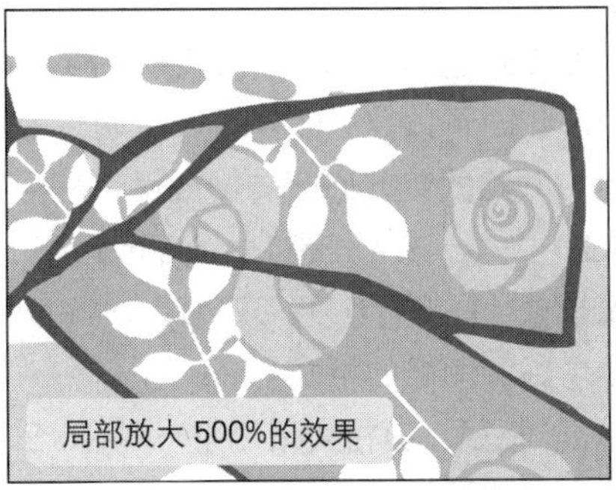
局部放大 500%的效果

1.5.3 像素与分辨率

像素是组成位图图像的最基本的单位。每一个像素都有自己的位置，并记载着图像的颜色信息。一个图像包含的像素越多，颜色信息越丰富，图像的效果就会越好，但文件也会随之增大。

分辨率是指单位长度内所包含的像素点的数量，它的单位通常为像素/英寸（ppi），例如，72ppi表示每英寸包含72个像素点。分辨率决定了位图细节的精细程度。如左下图所示，图像的分辨率为300像素/英寸；如右下图所示，图像的分辨率为20像素/英寸。从中可以看出，分辨率越低，图像越模糊；分辨率越高，图像就越清晰。

分辨率 300 像素/英寸

分辨率 20 像素/英寸

1.5.4 图像文件格式

图像文件格式就是将图像文件存储于计算机中所采用的记录格式。不同用途的图像，在存储时需要采用不同的格式。下面对几种常见的图像文件格式进行介绍，以便在实际应用中准确选择所要存储的文件格式。

- TIFF 格式：该格式是 Mac 与 PC 平台使用最广泛的图像打印格式。TIFF 使用 LZW 无损压缩，大大减小了图像体积，并且支持具有 Alpha 通道的 CMYK 颜色、RGB 颜色、Lab 颜色、索引颜色和灰度模式的图像，以及无 Alpha 通道的位图模式图像。TIFF 格式是用于印刷图像的常用格式。
- JPEG 格式：该格式是一个最有效、最基本的有损压缩格式，被大多数的图形图像处理软件所支持。JPEG 格式的图像还广泛运用于网页制作。如果对图像质量要求不高，又要求存储大量图片，无疑，JPEG 格式是最好的选择。
- GIF 格式：该格式是输出图像到网页最常采用的格式。GIF 格式采用 LZW 压缩，色彩限定在 256 色以内。GIF 格式以 87a 和 89a 两种代码表示。GIF 87a 严格支持不透明像素，GIF 89a 可以控制哪些区域透明，因此，大大地缩小了 GIF 格式图像的尺寸。如果要使用 GIF 格式，就必须转换成索引颜色模式，使色彩数量转为 256 或更少。
- PSD 格式：该格式是 Photoshop CS5 新建图像的默认文件格式，是唯一支持所有可用图像模式（位图、灰度、双色调、索引颜色、RGB 颜色、CMYK 颜色、Lab 颜色和多通道）、参考线和图层的格式。
- BMP 格式：该格式采用了一种 RLE 的无损压缩方式，对图像质量不会产生太大影响。这种格式可被大多数软件所支持。

- EPS 格式：该格式是封装的 PostScript（Encapsulated PostScript）格式，是处理图像过程中最重要的格式，它被广泛应用在 Mac 和 PC 环境下的图形和版面设计中，并可在 PostScript 输出设备上打印。几乎所有的绘画程序及大多数页面布局程序都允许保存为 EPS 格式的文件。
- PDF 格式：该格式是一种电子文件格式，易于传输与储存。这种文件格式在各种操作系统中都是通用的，此特性使 PDF 格式的文件成为在因特网上传输的理想文件格式。精度较高的 PDF 格式文件可以直接用于印刷和输出。
- PNG 格式：该格式是 20 世纪 90 年代中期开发的图像文件存储格式。开发该格式的目的是替代 GIF 和 TIFF 文件格式，并增加一些 GIF 文件格式所不具备的特性。
- Photoshop DCS 2.0 格式：该格式是标准 EPS 格式的一个版本，可以存储 CMYK 图像的分色。使用该格式可以导出包含专色通道的图像。若要打印该格式的文件，必须使用 PostScript 打印机。
- CDR 格式：CDR 格式是著名绘图软件 CorelDRAW 专用的图形文件格式，在缩小与放大矢量图时，原图形不会变形。

本章小结

本章主要讲述了 Photoshop 在平面设计、包装设计、插画设计、网页设计等领域中的应用，还介绍了 Photoshop CS5 的新增功能，如智能选区、内容识别填充、操控变形、镜头校正等内容，以及图像处理基础知识。另外，安装与卸载、启动与退出是学习 Photoshop 的基础，必须要熟练掌握。

Chapter 02

Photoshop CS5的基本操作

本章导读

本章将介绍Photoshop CS5的基本操作，将对界面的各部分分别进行介绍，如菜单栏、工具箱、面板等。本章还介绍新建、保存、关闭和打开图像文件，使用Adobe Bridge管理图像，图像的大小设置与辅助工具的使用等知识。

通过对本章进行学习，用户可对Photoshop CS5有更深的认识和了解。

本章核心知识点

- Photoshop CS5的工作界面组成
- 使用Adobe Bridge管理图像
- Mini Bridge管理图像
- 文件的基本操作
- 查看图像
- 图像与画布大小的设置
- 辅助工具的使用
- 使用“裁剪工具”与“切片工具”调整图像

快速入门——知识与应用学习

本章主要给用户讲解 Photoshop CS5 的工作界面组成、在 Adobe Bridge 中管理图像、在 Mini Bridge 中管理图像、文件的基本操作、查看图像、图像的设置、辅助工具的使用、“裁剪工具”和“切片工具”的使用等知识。

2.1 Photoshop CS5 的工作界面

Photoshop CS5 的工作界面得到了改进，增加的程序栏使界面划分更加合理，使常用面板的访问、工作区的切换也更加方便。下面将详细介绍 Photoshop CS5 的工作界面、工具箱、面板和菜单命令的使用方法。

Photoshop CS5 的工作界面主要包括程序栏、菜单栏、属性栏、工具箱、文档窗口、状态栏，以及面板等组件，如右图所示。

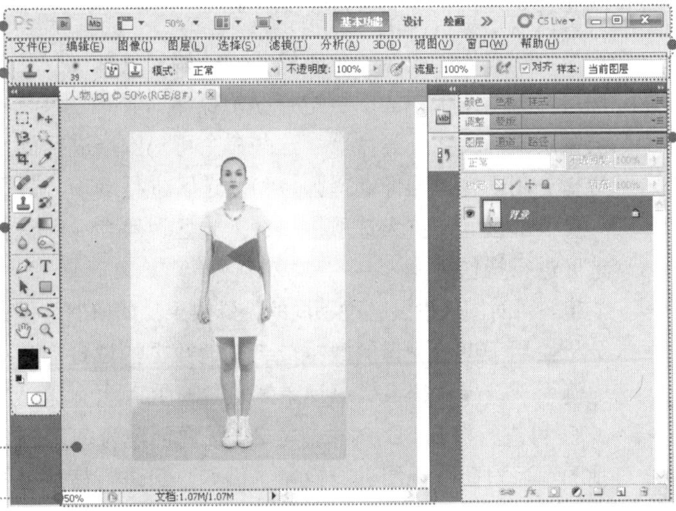

❶程序栏：可以调整 Photoshop CS5 的窗口大小，可将窗口最大化、最小化或关闭，还可以直接访问 Bridge、切换工作区、显示参考线和网格等。

❷菜单栏：单击菜单名称即可打开相应的下拉菜单，下拉菜单中包含可以执行的各种命令。

❸属性栏：用来设置工具的各种属性，会随着所选工具的不同而变换内容。

❹工具箱：包含用于执行各种操作的工具，如包括创建选区、移动图像、绘画、绘图的工具。

❺图像窗口：用来显示和编辑图像的区域。

❻状态栏：可以显示文档大小、文档尺寸、当前工具和窗口缩放比例等信息。

❼面板：可以帮助用户编辑图像，如可帮助用户设置编辑内容、颜色属性等。

2.1.1 程序栏

程序栏位于 Photoshop CS5 的顶部，如下图所示。它提供了一组按钮，包括“启动 Bridge”、“排列文档”、“显示更多工作区和选项”等按钮，用户可以通过单击按钮快速启动相应的功能。

2.1.2 菜单栏

Photoshop CS5 中有 11 个菜单项，如下图所示。每个菜单项都包含一系列的命令。单击菜单项就会弹出相应的下拉菜单，通过执行下拉菜单中的各项命令可使编辑过程中的操作更加方便。菜单栏用于完成图像处理中的各种操作和设置，各个菜单项的主要作用如下。

- 文件：可对图像文件进行操作，在弹出的下拉菜单中可以执行“新建”、“打开”、“存储”、“关闭”、“置入”、“打印”等一系列针对文件的命令。
- 编辑：可对图像进行编辑操作，其下拉菜单中包括“剪切”、“拷贝”、“粘贴”、“填充”、“变换”、“定义图案”等命令。
- 图像：用于调整图像的色彩模式、色调和色彩，以及图像和画布大小等。
- 图层：可对图像中的图层进行编辑操作，其下拉菜单中包括“新建”、“复制图层”、“图层蒙版”、“文字”等命令，这些命令可对图层进行操作和管理。
- 选择：用于创建图像选择区域和对选区进行编辑，其下拉菜单中包括“反向”、“修改”、“变换选区”、“扩大选取”、“载入选区”等命令，这些命令结合选区工具，更有利于对选区进行操作。
- 滤镜：可对图像设置各种不同的特殊效果，如扭曲、模糊、渲染等特殊效果的制作和处理。
- 分析：用于设置测量的数据或者其他数据的位置、大小，其下拉菜单中包括“设置测量比例”、“选择数据点”、“记录测量”、“置入比例标记”等命令。
- 3D：可进行打开 3D 文件、将 2D 图像创建为 3D 图形、进行 3D 渲染等操作。
- 视图：可对整个视图进行设置，例如，可进行缩放视图、改变屏幕模式、显示标尺、设置参考线等操作。
- 窗口：可对 Photoshop CS5 工作界面中的各个面板进行显示和隐藏。
- 帮助：为用户提供了使用 Photoshop CS5 的帮助信息。在使用 Photoshop CS5 的过程中，若遇到问题，可以在该菜单中查看，以便及时了解各种命令、工具和功能的使用。

2.1.3 属性栏

属性栏位于菜单栏的下方，当在工具箱中选择了某个工具时，属性栏中就会显示相应的属性和控制参数，并且其外观也会随着工具的改变而变化。如下图所示为选择“画笔工具”后显示的属性栏。

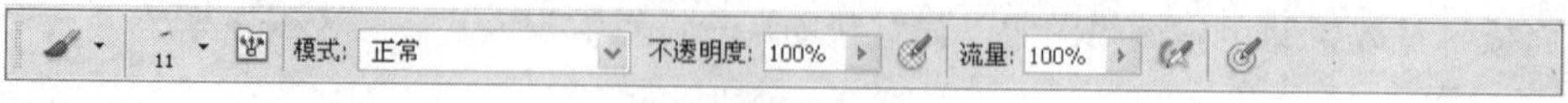

2.1.4 工具箱

工具箱包含了用于创建和编辑图像、图稿、页面元素等的工具和按钮，从工具的形态就可以了解该工具的功能。按相应的快捷键，即可从工具箱中自动选择相应的工具。右击右下角有三角形的按钮，就会显示具有相似功能的隐藏工具，将指针停留在工具上，相应工具的名称便出现在指针下面的工具提示中。如下图所示为工具箱中的所有工具。

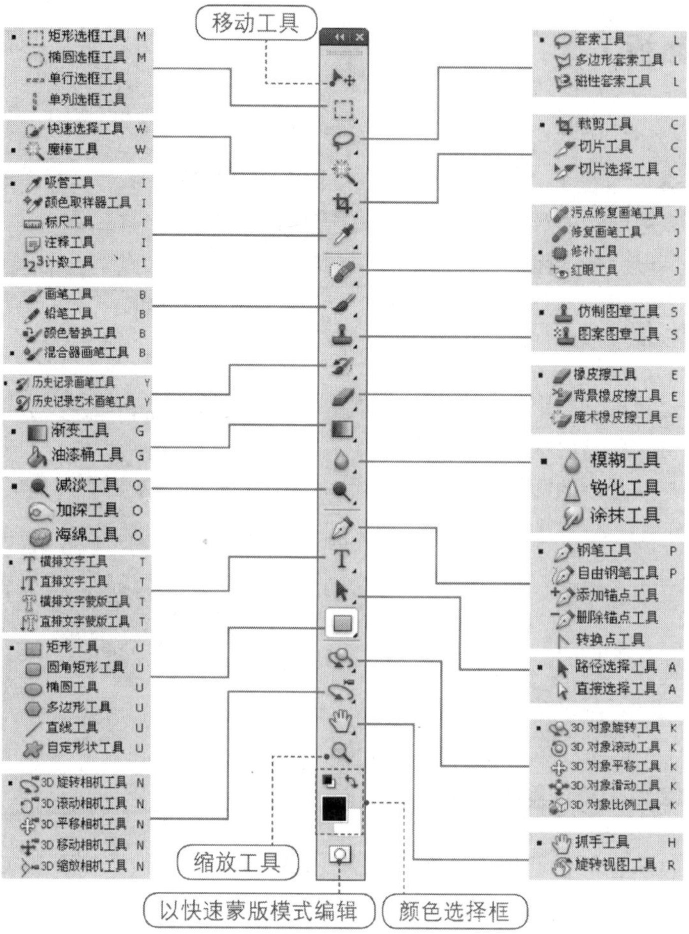

2.1.5 状态栏

状态栏位于工作界面的底部，用于显示当前编辑文件的相关信息，包括比例显示栏和文件大小等说明信息，如下图所示。

2.1.6 图像窗口

用于显示图像的窗口，标题栏中显示了文件名称、文件格式、缩放比例及颜色模式等信息，如右图所示。

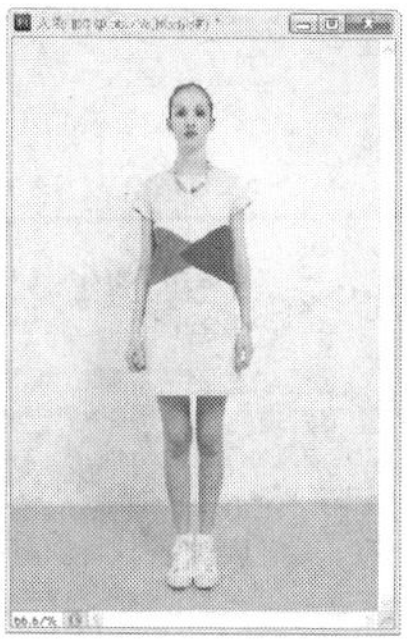

2.1.7 面板

面板汇集了图像操作中常用的选项和功能，用于设置参数，并可执行命令。

Photoshop CS5 中包含了 20 多个面板，在“窗口”菜单中可以选择需要的面板并将其打开。默认情况下，面板以选项卡的形式成组出现，并停靠在窗口右侧。面板集成了文件处理中常用的选项和功能设置，所以，熟悉面板操作是非常重要的。

1 折叠与展开面板组

单击面板组右上角的三角形按钮，可以将面板组折叠为图标状，再次单击面板组右上角的按钮，可将其展开，折叠与展开时的面板组如右图所示。

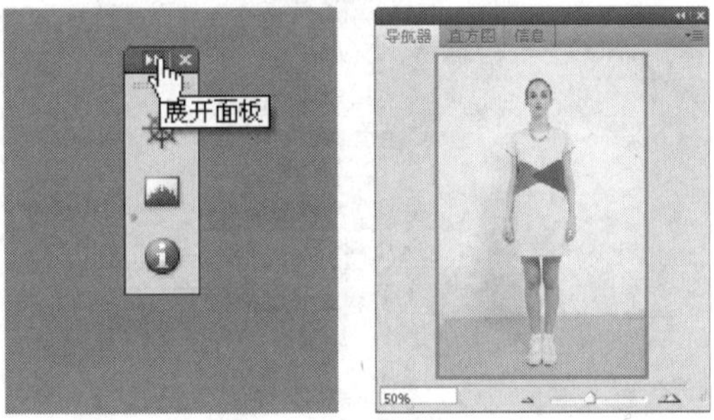

2 拆分面板

拆分面板的步骤很简单，具体如下。

步骤01 按住鼠标左键不放选择面板的图标或标签，并将其拖至工作区中的空白位置，如下图所示。

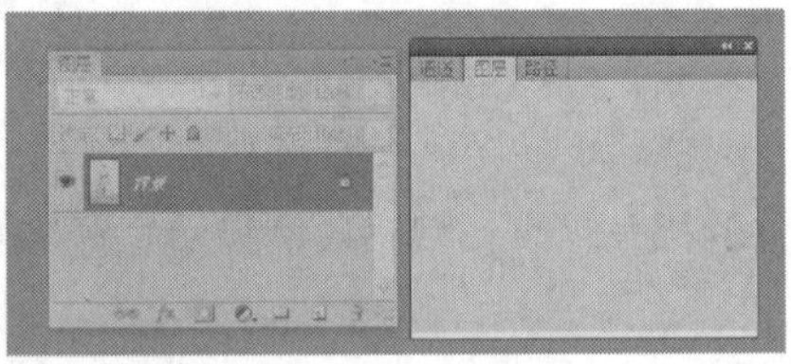

步骤02 释放鼠标左键，面板就被拆分开来，效果如下图所示。

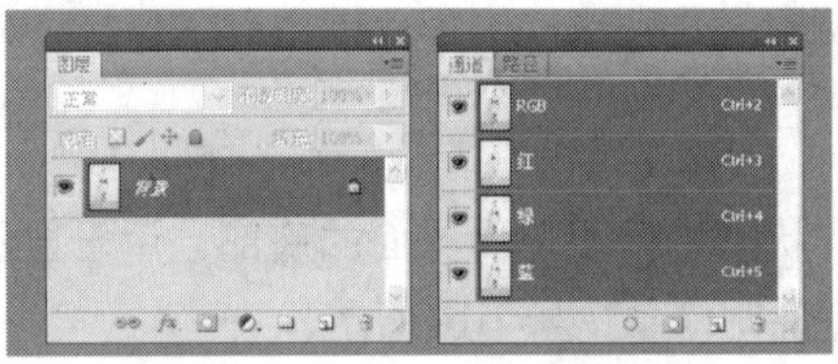

3 组合面板

组合面板可以将两个或者多个面板合并到一起，当需要调用其中的某个面板时，只需要单击其标签名称即可。组合面板的步骤如下。

步骤01 按住鼠标左键不放拖动面板标签至想要的位置，直至该位置出现蓝色反光，如下图所示。

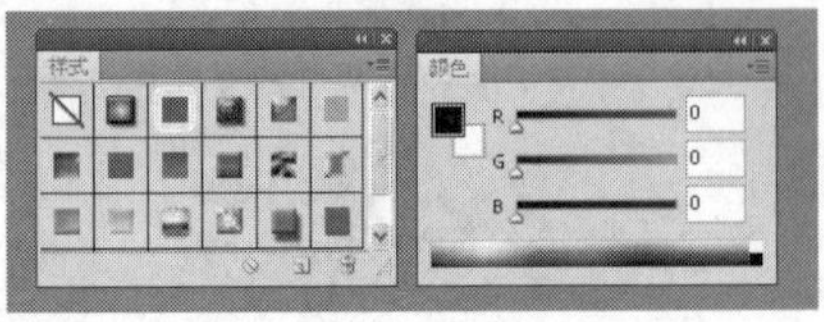

步骤02 释放鼠标左键，即可完成对面板的组合操作，效果如下图所示。

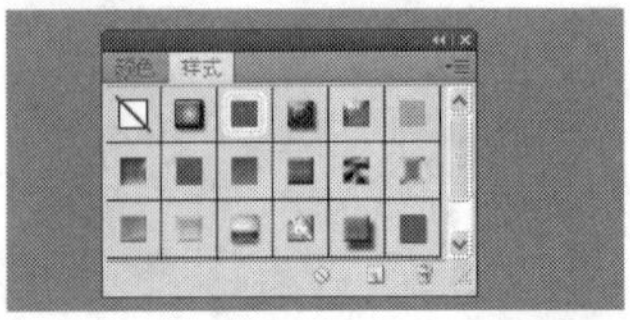

4 链接面板

将指针放在面板标签上，单击并将其拖动至另一个面板下方，当两个面板的连接处显示为蓝色时释放鼠标，如左下图所示。此时，即可完成两个面板的链接，效果如右下图所示。

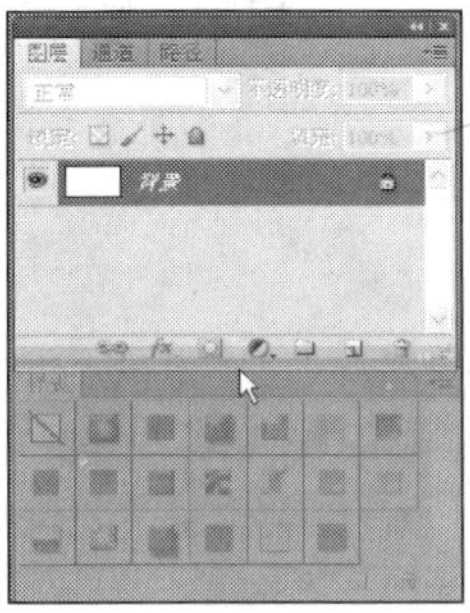

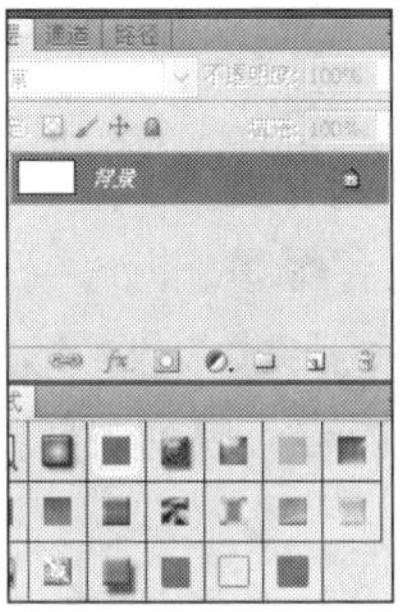

5 打开面板菜单

在 Photoshop CS5 中，单击任何一个面板右上角的扩展按钮，均可弹出面板的命令菜单。在大多数情况下，通过执行面板菜单中的命令可提高效率。如左下图所示为“信息”面板的菜单，如右下图所示为“路径”面板的菜单。

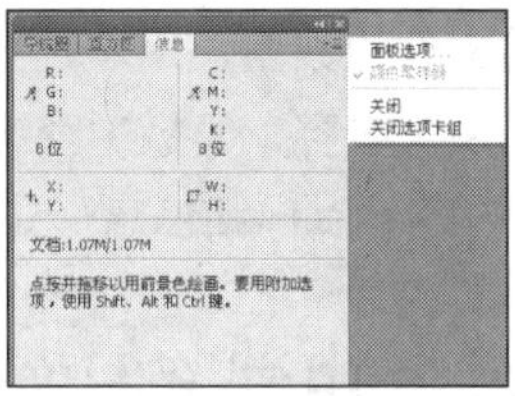

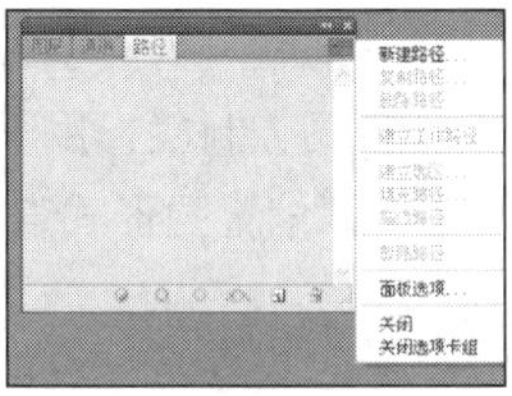

6 关闭面板

在一个面板的标题上右击，可以弹出一个快捷菜单，如右侧左图所示。执行“关闭”命令，即可关闭该面板；执行“关闭选项卡组”命令，可以关闭该面板组；对于浮动面板，则可通过单击右上角的按钮将其关闭，如右侧右图所示。

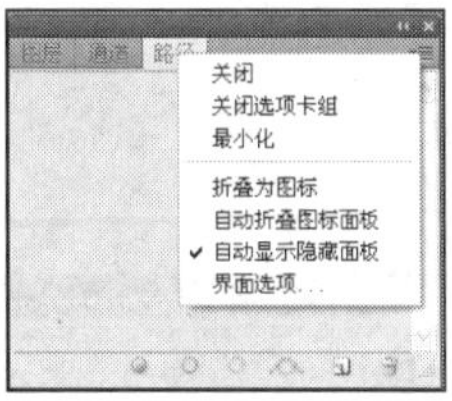

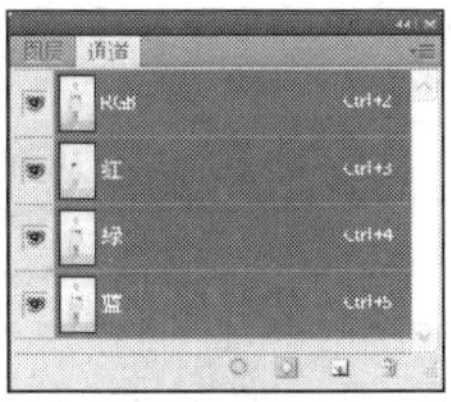

2.2 使用 Adobe Bridge 管理图像

使用 Adobe Bridge 可以组织、浏览和查询文件，可以在节约资源的前提下提高预览效率。

2.2.1 Adobe Bridge 的操作界面

在 Photoshop CS5 中，工作界面左上角有两个按钮，单击“启动 Bridge”按钮，便可启动 Adobe Bridge，Bridge 窗口如右图所示。

❶标题栏：显示当前界面的名称，右上角包括“最小化”、“最大化”、“关闭”按钮。

❷菜单栏：菜单栏中包括 8 个菜单项，分别为“文件”、“编辑”、“视图”、“堆栈”、“标签”、“工具”、“窗口”、“帮助”。单击各菜单项，可在弹出的下拉菜单中执行相关命令。

❸工具栏：工具栏中显示常用的工具选项，单击相应的按钮可执行相关操作。

❹文件路径：显示当前打开的文件路径，也可通过此处的路径选择需要打开的文件。

❺面板：包括“收藏夹”、“文件夹”、“过滤器”、“收藏集”、“导出”、“预览”等面板。单击各面板标签，即可切换到相应面板，便可对照片进行详细设置。

❻预览方式：包括 4 种预览照片的方式，分别为“必要项”、“胶片”、“元数据”、“输出”，单击其中的选项，便可切换到相应的预览方式。

❼图像查看方式：用于设置当前文件夹中照片的排列方式。

❽状态栏：列出了当前文件的数量、用户选择的文件数量。

❾视图控制栏：用于切换“内容”面板中查看照片的形式，包括缩放缩览图大小、锁定缩览图网格、以缩览图形式查看内容、以详细信息形式查看内容、以列表形式查看内容等选项。

2.2.2 在 Bridge 中浏览图像

在 Adobe Bridge 浏览器窗口中有多种预览方案，例如全屏预览、幻灯放映等，一切取决于用户的操作习惯。具体浏览图像的方式如下。

1 全屏模式浏览图像

默认情况下，Bridge 显示的是“必要项”选项卡中的内容，如右图所示。用户可单击“胶片”、“元数据”和“输出”标签切换界面。

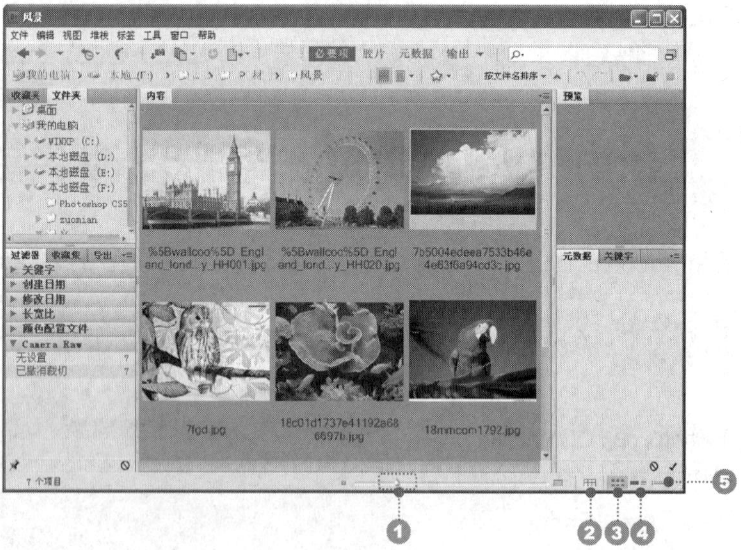

❶调整缩览图大小：向左拖动滑块可以缩小图像，向右拖动滑块可以放大图像。

❷单击锁定缩览图网格：单击该按钮，可以在图像上添加网格。

❸以缩览图形式查看内容：单击该按钮，可以以缩览图的形式显示图像。

❹以详细信息形式查看内容：单击该按钮，会显示图像的详细信息，如大小、分辨率、照片的光圈和快门等。

❺以列表形式查看内容：单击该按钮，则会以列表的形式显示图像。

2 幻灯片模式浏览图像

执行“视图→幻灯片放映”命令，可通过幻灯片放映的形式自动播放图像，如右图所示。如果要退出幻灯片模式，可按【Esc】键。

3 审阅模式浏览图像

审阅模式是最方便的一种图像浏览方式，按【Ctrl+B】快捷键可以切换至审阅模式。

执行“视图→审阅模式”命令，可以切换到审阅模式。在该模式下，单击后面的背景图像缩览图，就会成为前景图像，如左下图所示。

单击前景图像，则会弹出一个显示局部图像的窗口。如果图像的显示比例小于100%，则窗口内的图像会显示为100%。用户可通过拖动该窗口观察图像，如右下图所示。单击窗口右下角的☒按钮可以关闭窗口。

按【Esc】键或双击屏幕右下角的☒按钮，则可退出审阅模式。

2.2.3 在 Bridge 中对素材批量重命名

在 Bridge 中可以批量重命名文件和文件夹。对文件进行批量命名时，可为选择的所有文件选取相同的位置。

步骤01 启动 Bridge，在“内容”面板中通过单击并拖动选择所有的文件，如左下图所示。执行“工具→批重命名”命令，打开“批重命名”对话框，在“预设”下拉列表中选择“默认（已修改）”选项，设置新文件名为“静物”，并输入序列数字，将数字位数设置为两位，如右下图所示。

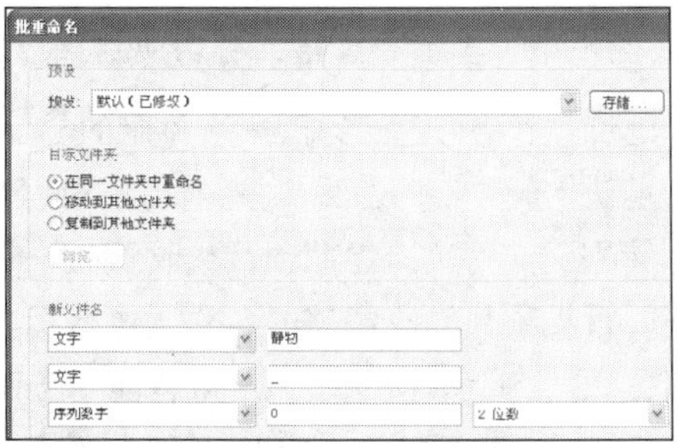

Chapter 03

步骤02 单击“重命名”按钮，即可重命名文件，如右图所示。

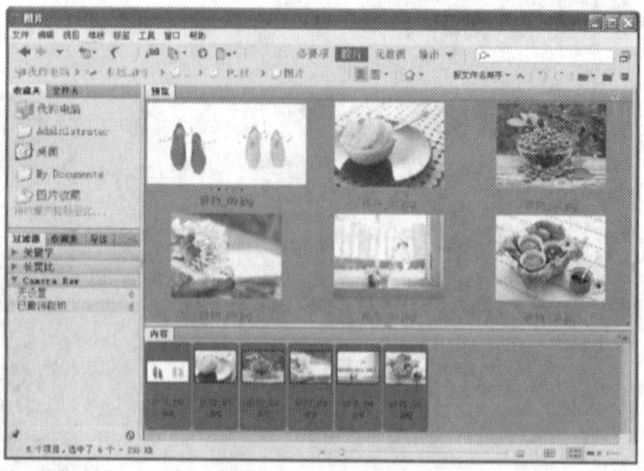

2.3 使用 Mini Bridge 管理图像

Photoshop CS5 中内置的 Mini Bridge 满足了人们最常用的功能并减小了资源占用率，而且在需要的时候，还可以随时进入外部的 Adobe Bridge 进行进一步的操作，从而加快 Photoshop 的运行速度，免去来回切换之苦。

2.3.1 Mini Bridge 面板的操作界面

在 Photoshop CS5 中，工作界面的左上角有两个按钮，单击“启动 Mini Bridge”按钮 Mb，便可启动 Photoshop CS5 内置的 Mini Bridge 面板，打开的 Mini Bridge 面板如下图所示。

❶界面转换栏：此栏的主要功能是在 Mini Bridge 面板中切换显示界面。

❷路径栏：显示当前打开的文件路径，也可通过此路径选择需要打开的文件。

❸导航栏：使用导航的方式显示常用的文件路径。

❹预览区：显示当前选择文件的预览效果。

❺内容栏：显示当前文件夹中的所有图片文件。

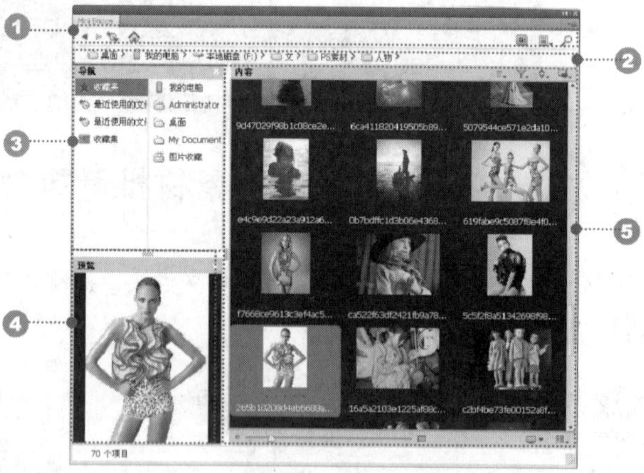

在界面转换栏中，单击各按钮，可切换到相应的界面，各个按钮的作用如下。

- “返回” ◀：可返回到上一次显示的界面。
- “前进” ▶：与“返回”按钮切换界面的方向相反。
- “转到父文件夹、近期项目或收藏夹” ：单击此按钮，会在弹出的菜单中显示父文件夹、近期项目、收藏夹的名称，执行相应的命令即可转到相应的选项。
- “主页” ：单击此按钮，可将显示界面切换到主页。
- “转到 Adobe Bridge” Br：单击此按钮，可以快速切换到 Adobe Bridge。

- “面板视图”：单击此按钮，可以打开“面板视图”下拉菜单，通过执行命令可以显示文件路径，可以打开导航区域、预览区域。这样可以简化面板的显示，在需要时再将各区域调出来。
- “搜索”：单击该按钮，弹出相应的对话框，可以在指定位置搜索符合条件的文件。

2.3.2 定制 Mini Bridge 面板的外观

在 Mini Bridge 面板中，用户可根据需要自行调整 Mini Bridge 的外观。选择“外观”选项，如左下图所示，打开的界面如右下图所示。

❶用户界面亮度：拖动滑块可调整 Mini Bridge 面板背景的亮度。

❷图像背景：拖动滑块可调整内容区和预览区背景的亮度。

❸颜色管理面板：将用户显示器的 ICC 配置文件应用于 Mini Bridge 面板中的缩览图和图像预览。

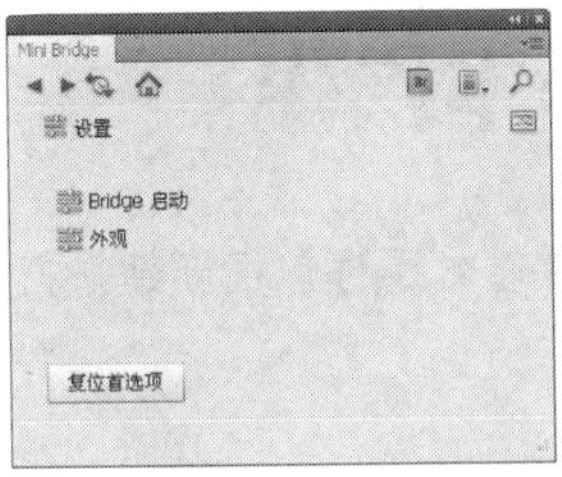

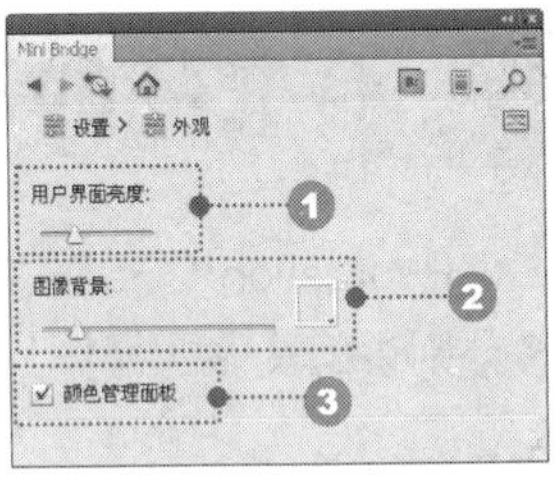

2.3.3 在 Mini Bridge 面板中浏览图像

打开 Mini Bridge 面板，单击右下角的“视图”按钮，弹出的菜单中有“缩略图”、“连环缩览幻灯胶片”、“详细内容”、“列表形式”选项。

单击“视图”按钮，在弹出的菜单中选择“缩略图”选项，效果如右侧左图所示；单击“视图”按钮，在弹出的菜单中选择“连环缩览幻灯胶片”选项，效果如右侧右图所示。

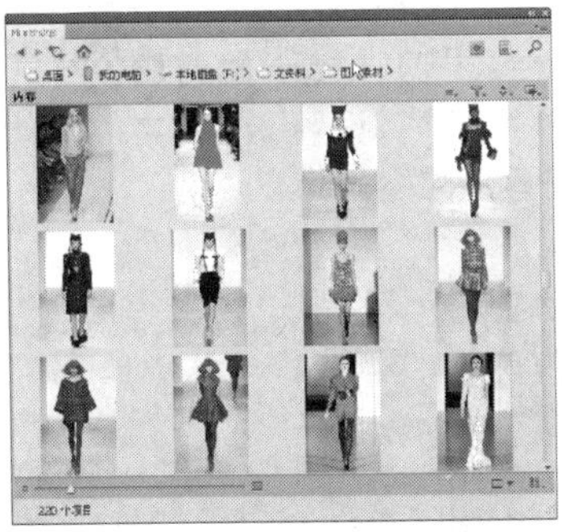

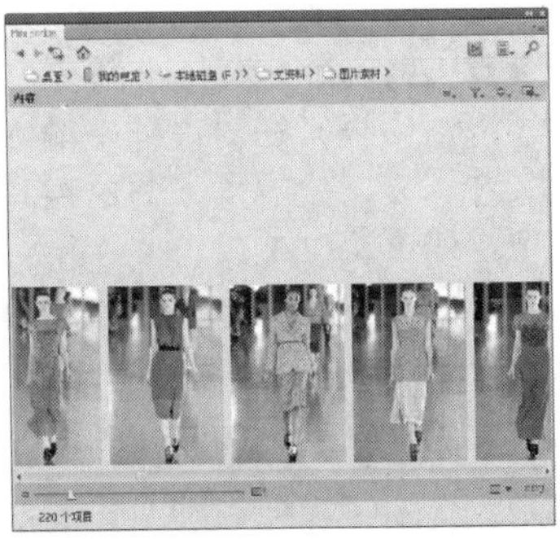

单击“视图”按钮，在弹出的菜单中选择“详细内容”选项，效果如右侧左图所示；单击“视图”按钮，在弹出的菜单中选择“列表形式”选项，效果如右侧右图所示。

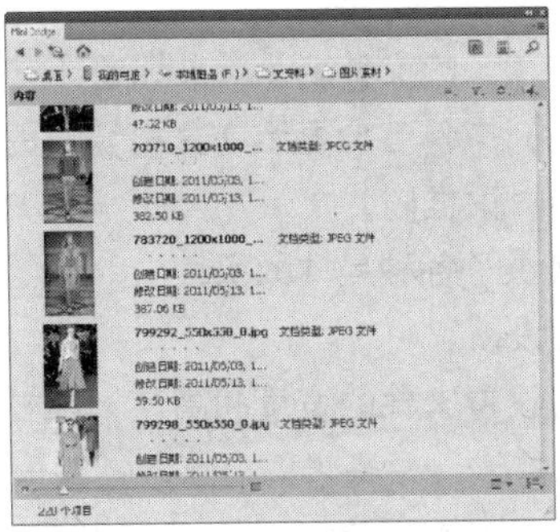

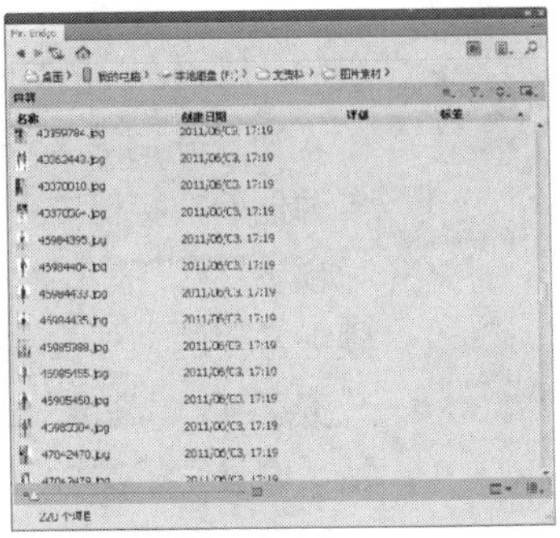

2.3.4 使用全屏模式快速找出最佳照片

在 Mini Bridge 面板中进行文件搜索时，指定的搜索条件是有限的，用户可以单击“Bridge 高级搜索”按钮，如右侧左图所示，转到 Adobe Bridge 中，在弹出的“查找”对话框中进行更精确的文件搜索，如右侧右图所示。

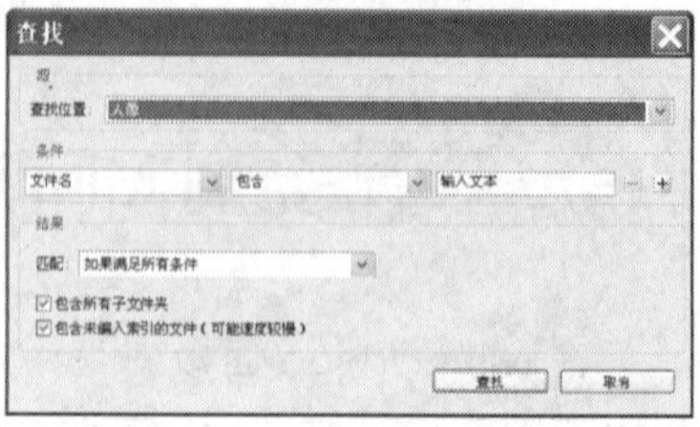

2.4 文件的基本操作

Photoshop CS5 的文件基本操作包括新建、打开、置入、导入、导出、保存、关闭等，下面将分别讲解具体的操作。

2.4.1 新建文件

启动 Photoshop CS5 后，默认状态下没有可操作文件，用户可以根据自己的实际需要新建一个空白文件，具体操作步骤如下。

步骤01 执行“文件→新建”命令，打开“新建”对话框，在对话框中输入文件名称，设置文件尺寸、分辨率、颜色模式和背景内容等选项，如下图所示。

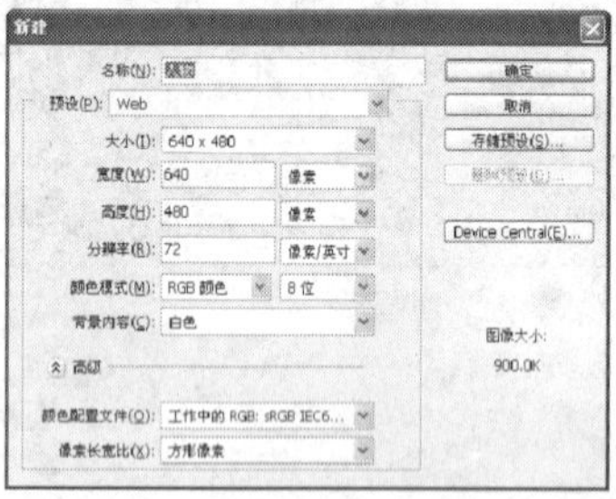

步骤02 单击“确定”按钮，即可创建一个空白文件，新建的文件如下图所示。

- 名称：Photoshop CS5 默认的文件名为“未标题-1”，用户可输入新的文件名称。当输入“人物”并创建文件后，文件名会显示在文档窗口的标题栏中。保存文件时，文件名会自动显示在存储文件的对话框内。
- “预设”/“大小”：提供了各种尺寸的照片、Web、A3 打印纸、A4 打印纸、胶片和视频等常用的文档尺寸预设。
- “宽度”/“高度”：可设置文件的宽度和高度。在右侧的下拉列表中可以选择单位，包括“像素”、“英寸”、“厘米”、“毫米”、“点”、“派卡”和“列”选项。
- 分辨率：可以设置文件的分辨率。在右侧的下拉列表中可以选择分辨率的单位，包括“像素/英寸”和“像素/厘米”选项。

➢ 颜色模式：可以设置文件的颜色模式，包括“位图”、“灰度”、“RGB 颜色”、“CMYK 颜色”和“Lab 颜色”。
➢ 背景内容：可以选择文件背景内容，包括“白色”、“背景色”和“透明”选项。
➢ 高级：单击“点按可隐藏或显示高级选项”按钮，可以显示对话框中隐藏的选项，即“颜色配置文件”和“像素长宽比”选项。在“颜色配置文件”下拉列表中可以为文件选择一个颜色配置文件；“在像素长宽比”选项下拉列表中可以选择像素的长宽比。
➢ 存储预设：单击该按钮，打开“新建文档预设”对话框，输入预设的名称并选择相应的选项，可以将当前设置的文件大小、分辨率、颜色模式等创建为一个预设。当以后需要创建同样的文件时，只需要在“新建”对话框的“预设”下拉列表中选择该预设即可，这样就省去了重复设置选项的麻烦。
➢ 删除预设：选择自定义的预设文件以后，单击该按钮，可将其删除，但系统提供的预设不能删除。
➢ Device Central：单击该按钮，可运行 Device Central，从而创建特定设备（如手机）使用的文档。
➢ 图像大小：显示了使用当前设置新建文件时的文件大小。

提 示

用户可以按【Ctrl+N】快捷键打开“新建”对话框。

2.4.2 打开文件

要在 Photoshop CS5 中编辑一个已有的图像，需先将其打开。打开文件有多种方法，可使用命令打开，也可使用快捷键打开等。下面介绍打开文件的各种方法。

1 使用“打开”命令打开文件

“打开”命令是最常用的打开文件命令，使用“打开”命令打开文件的具体操作步骤如下。

执行“文件→打开”命令或按【Ctrl+O】快捷键，弹出“打开”对话框。首先在“查找范围”下拉列表中选择需要打开文件的位置，然后选择需要打开的图片文件，最后单击“打开”按钮，如左下图所示。此时将文件打开，打开的文件如右下图所示。

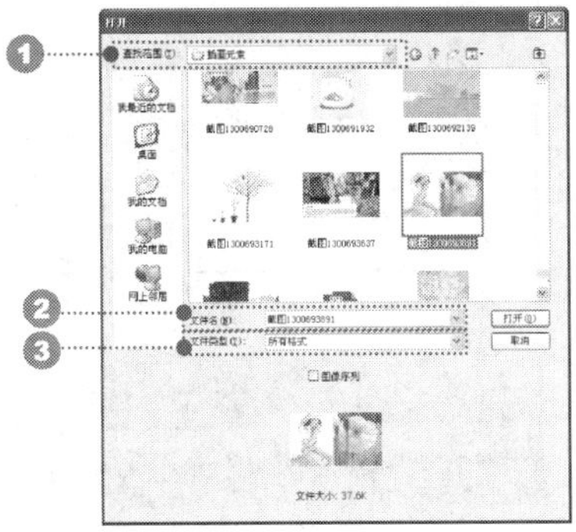

❶查找范围：在该选项的下拉列表中可以选择图像文件所在的文件夹。

❷文件名：设置所选文件的文件名。

❸文件类型：默认为“所有格式”选项，此时的对话框中会显示所有格式的文件。如果文件数量较多，可以在下拉列表中选择一种文件格式，使对话框中只显示该类型的文件，以便于查找。

提 示

在工作界面中按【Ctrl+O】快捷键，或使用鼠标直接在图像窗口中双击，也可以打开文件。用户可在弹出的“打开”对话框中按住【Ctrl】键不放单击所需要的文件，以选择多个文件。若需取消文件，通过单击选择的文件即可。

2 以特定格式打开文件

在 Mac OS 和 Windows 之间传递文件时可能会标错文件格式，此外，如果使用与文件实际格式不匹配的扩展名存储文件，或者文件没有扩展名，则 Photoshop CS5 可能无法确定文件的正确格式。如果要将某个图像文件以特定的文件格式打开，其操作步骤如下。

步骤01 执行“文件→打开为”命令，如下图所示。

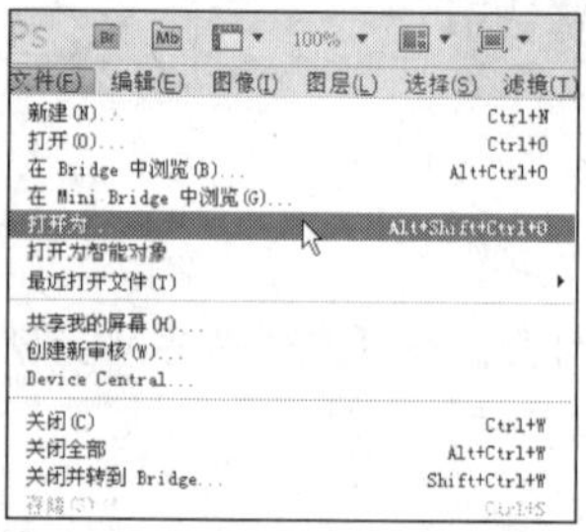

步骤02 在弹出的“打开为”对话框选择需要打开的文件，在“打开为”下拉列表中为其指定正确的格式，然后单击“打开”按钮，如下图所示。

3 使用快捷方式打开文件

通过快捷方式打开文件的方法有两种，具体如下。

方法 1 在没有运行 Photoshop CS5 的情况下，只要将一个图像文件拖动到 Photoshop CS5 的应用程序图标上，就可以运行 Photoshop CS5 并打开该文件，如左下图所示。

方法 2 如果运行了 Photoshop CS5，则可直接将文件拖动到工作界面中，如右侧右图所示。

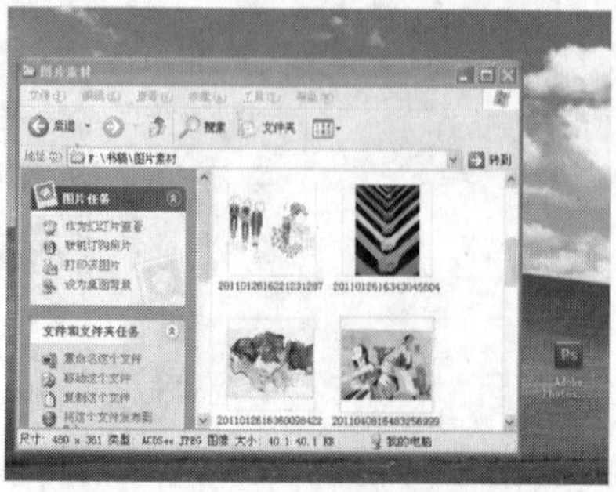

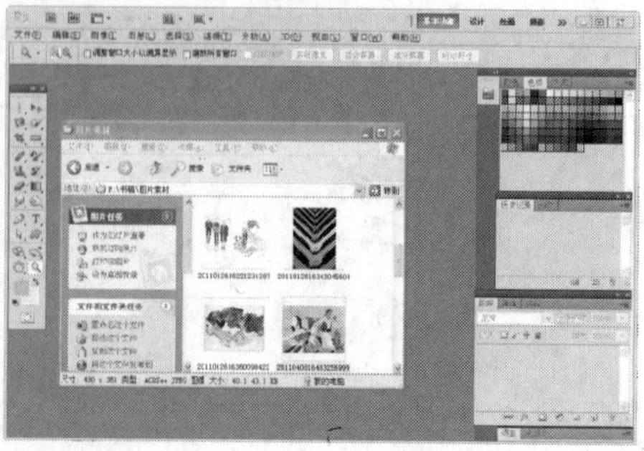

4 打开智能对象

智能对象是嵌入到当前文档中的文件，它可以保留文件的原始数据，进行非破坏性的操作。打开智能对象的具体操作如下。

执行“文件→打开为智能对象”命令，弹出“打开为智能对象”对话框。选择一个文件并单击“打开”按钮，如右侧左图所示。此时，该文件可转换为智能对象，智能对象图层缩览图的右下角有一个图标，如右侧右图所示。

5 打开最近文件

执行“文件→最近打开文件”命令，在弹出的级联菜单中保存了最近在 Photoshop CS5 中打开的 10 个文件，从中选择一个文件即可将其打开。如果需清除目录，可执行级联菜单底部的“清除最近”命令。

2.4.3 置入文件

当打开或者新建一个文档后，可以执行“文件”菜单中的“置入”命令将图像作为智能对象置入 Photoshop CS5 中。置入文件的具体步骤如下。

步骤01 打开光盘中的素材文件 2-01.jpg，如右侧左图所示。执行“文件→置入”命令，打开“置入”对话框，选择光盘中的素材文件 2-02.jpg，单击“置入”按钮，效果如右侧右图所示。

步骤02 将指针放在定界框的控制点上，按住【Shift】键拖动可进行等比例缩放，如右侧左图所示。按【Enter】键确认，此时，在“图层”面板中可以看到，置入的文件被创建为智能对象，如右侧右图所示。

2.4.4 导入文件

Photoshop CS5 可以编辑视频帧、注释和 WIA 支持等内容，当新建或打开图像文件后，可通过执行“文件→导入”级联菜单中的命令将这些内容导入到图像中。导入文件的具体操作步骤如下。

步骤01 执行“文件→导入”命令，显示出级联菜单，从中选择命令，如选择“视频帧到图层”命令，如左下图所示。

步骤02 在弹出的“载入”对话框中，首先单击“查找范围”右边的下拉按钮，选择载入文件的位置，然后在文件显示窗口中选择需要载入的文件，最后单击“载入”按钮。此时，弹出“将视频导入图层”对话框，在“导入范围”选项区域中选择导入对象的范围，如选择“从开始到结束”单选按钮，然后单击“确定”按钮，如右下图所示。此时，即可完成对象的导入操作。

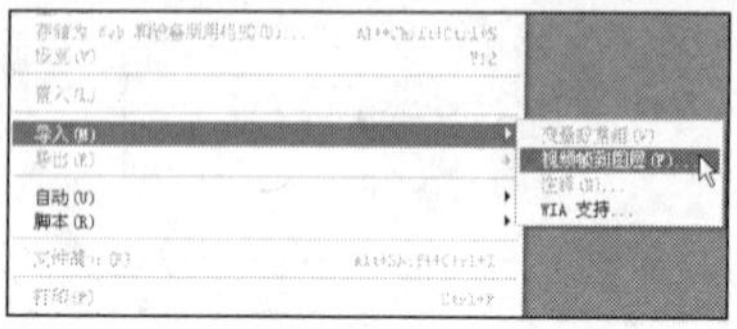

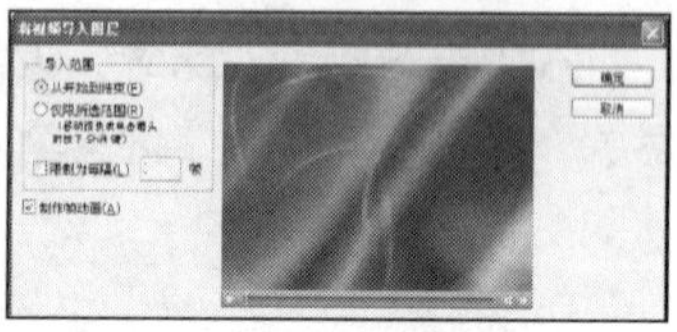

2.4.5 导出文件

在 Photoshop CS5 中创建和编辑的图像可以导出到 Illustrator 或视频设备中，以满足不同的使用需要。“导出”级联菜单中常用的命令主要有两个，分别为 Zoomify 命令和“路径到 Illustrator”命令。

Zoomify 是一种通过 Web 提供高分辨率图像的格式。利用 Viewpoint Media Player，用户可以放大或缩小并全景扫描图像，以查看它的不同部分。“路径到 Illustrator”命令则可以将 Photoshop CS5 中创建的路径以 AI 格式导出，用户可用 CorelDRAW 或 Illustrator 软件进行编辑。

2.4.6 保存文件

图像编辑完成后，要退出 Photoshop CS5 的工作界面时，就需要对完成的图像进行保存。保存图像的方法有很多种，可根据不同的需要进行选择。

1 使用“存储”命令保存文件

当用户对现有的文件进行了编辑之后，可以执行“文件→存储”命令，或按【Ctrl+S】快捷键存储文件。

保存所进行的修改时，图像会按照原有的格式存储。如果是一个新建的文件，执行该命令时会打开“存储为”对话框。

2 使用“存储为”命令保存文件

当对图像文件进行修改后，若既要保存修改过的文件，又不想放弃原文件，则可以用“存储为”命令来保存文件。执行“文件→存储为”命令，将弹出“存储为”对话框。在对话框中设置好存储路径、文件名称和类型，单击“确定”按钮即可。

2.4.7 关闭文件

完成图像的编辑后，可以采用以下方法关闭文件。

方法 1 执行“文件→关闭”命令，或者单击文档窗口右上角的按钮，即可关闭当前的图像文件。

方法 2 当在 Photoshop CS5 中打开了多个文件，需进行全部关闭时，可以执行“文件→关闭全部”命令，关闭所有的文件。

方法 3 执行“文件→关闭并转到 Bridg”命令，可以关闭当前的文件并打开 Bridge。

方法 4 执行“文件→退出”命令，或者单击程序窗口右上角的按钮，可关闭文件并退出 Photoshop。如果文件没有保存，会弹出一个对话框，询问是否保存文件。

2.5 查看图像

当用户编辑图像时，常常需要对当前文件的视图进行调整，以便更好地编辑和修改图像。为了更精确地编辑图像，Photoshop CS5 为用户提供了多种缩放图像、移动图像显示区域等视图控制工具和命令。

2.5.1 放大与缩小图像

在工具箱中选取“缩放工具”或按【Z】键，在该工具的属性栏中单击“放大”按钮或“缩小”按钮，然后在图像窗口中单击即可对图像进行放大或缩小。

当单击“缩放工具”按钮后，将激活“缩放工具”属性栏，如下图所示。

❶调整窗口大小以满屏显示：选择该复选框，则在缩放图像时，图像窗口也随着图像的缩放而自动缩放。

❷缩放所有窗口：选择该复选框，则在缩放某一图像的同时，其他视图窗口中的图像也会跟着自动缩放。

❸细微缩放：选择该复选框，在图像中向左拖动鼠标可以连续缩小图像，向右拖动鼠标可以连续放大图像。要进行连续缩放，视频卡必须支持 OpenGL，且必须在“首选项”对话框中的“常规”选项卡中选择“带动画效果的缩放”复选框。

❹实际像素：单击该按钮，可以让图像以实际像素大小（100%）显示。

❺适合屏幕：单击该按钮，可以根据图像窗口的大小自动选择适合的缩放比例，以显示图像。

❻填充屏幕：单击该按钮，可以根据图像窗口的大小自动缩放视图大小，并填充满图像窗口。

❼打印尺寸：单击该按钮，可以让图像以实际的打印尺寸来显示，但这个尺寸只能作为参考，真实的打印尺寸只有打印出来才会知道。

提 示

用户可以执行“视图→放大”命令对图像进行逐步放大，也可以直接按【Ctrl++】快捷键快速放大图像。同样，用户可以执行“视图→缩小”命令对图像进行逐步缩小，也可以直接按【Ctrl+-】快捷键快速缩小图像。右击图像文件，在弹出快捷菜单可通过执行“按屏幕大小缩放”、“实际像素”、“打印尺寸”命令调整文件图像。

2.5.2 使用“旋转视图工具”旋转画布

在修饰图像时，可以使用“旋转视图工具”旋转画布，就像在纸上绘画一样方便。使用“旋转视图工具”旋转画布的具体操作步骤如下。

步骤01 打开光盘中的素材文件2-03.jpg，选择工具箱中的“旋转视图工具”，在图像窗口中单击，会出现一个罗盘，红色指针指向北方，如下图所示。

步骤02 按住鼠标左键拖动即可旋转画布，效果如下图所示。如果要精确旋转画布，可在属性栏的“旋转角度”文本框中输入角度值。如果要将画布恢复到原始角度，可以单击“复位视图”按钮或按【Esc】键。

注意

当无法使用“旋转视图工具”进行旋转时，可执行“编辑→首选项”命令，在弹出的级联菜单中执行“性能”命令，选择“启用OpenGL绘图”复选框即可。

2.5.3 使用“抓手工具”移动画面

当图像显示的大小超过当前画布大小时，窗口就不能显示完整的图像内容，这时除了可通过拖动窗口中的滚动条来查看内容外，还可使用“抓手工具”来查看内容。使用“抓手工具”查看图像的具体操作步骤如下。

步骤01 打开光盘中的素材文件2-04.jpg，如下图所示。放大图像，选择工具箱中的“抓手工具”，将手形指针移到图像上。

步骤02 按住鼠标左键进行拖动，即可将位于图像窗口外的图像显示出来，效果如下图所示。

2.5.4 全屏幕模式

在 Photoshop CS5 中，提供了 3 种不同的屏幕显示模式：标准屏幕模式、带有菜单栏的全屏模式和全屏模式。执行“视图→屏幕模式”级联菜单中的相关命令，或者在程序栏中的“屏幕模式”下拉列表中选择相应的屏幕模式即可。

1 标准屏幕模式

在标准屏幕模式下，工作界面中能够显示 Photoshop CS5 的所有项目，可以显示工具箱、菜单栏、标题栏、浮动面板及滚动条等对象，如左下图所示。

2 带有菜单栏的全屏模式

在带有菜单栏的全屏模式下，Photoshop CS5 窗口仅显示工具箱、菜单栏、浮动面板，而不显示滚动条和标题栏，如右下图所示。

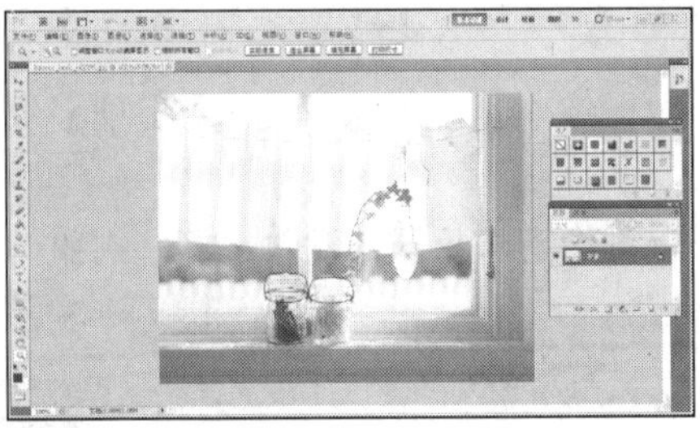

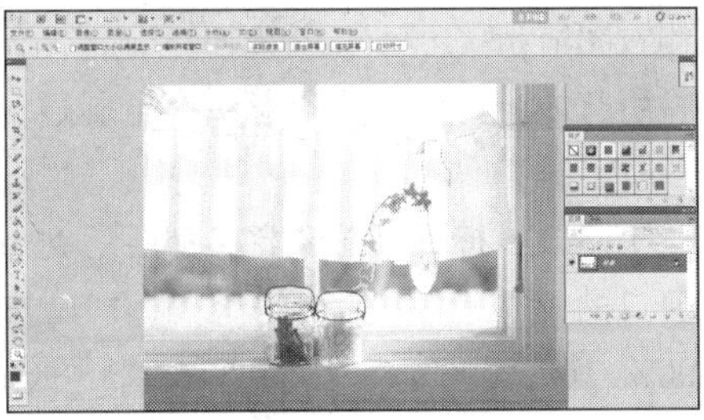

3 全屏模式

在全屏模式下，仅显示图像窗口，隐藏了 Photoshop CS5 的其他所有项目，包括工具箱、菜单栏、标题栏、浮动面板及滚动条等对象，如右图所示。

提 示

在全屏模式下，用户可以按【Esc】键返回标准屏幕模式。如果连续按【F】键，系统就会在这 3 种屏幕模式间反复切换。

2.5.5 图像窗口的排列方式

如果打开了多个图像，可通过执行“窗口→排列”级联菜单中的命令控制各个图像窗口的排列，具体的排列方式如下。

- 层叠：从屏幕的左上角到右下角以堆叠和层叠的方式显示图像窗口，如左下图所示。
- 平铺：以边靠边的方式显示图像窗口，如右下图所示。当关闭一个图像窗口时，其他图像窗口会自动调整大小，以填满可用的空间。

➢ 在窗口中浮动：允许图像自由浮动（可拖动标题栏移动窗口），如右侧左图所示。
➢ 使所有内容在窗口中浮动：可使所有图像窗口都浮动，如右侧右图所示。

➢ 将所有内容合并到选项卡中：全屏显示一个图像，其他图像最小化到选项卡中，如左下图所示。
➢ 匹配缩放：将所有图像窗口都匹配到与当前图像窗口相同的缩放比例。例如，当前图像窗口的缩放比例为90%，其他图像窗口的缩放比例为100%，执行该命令后，该图像窗口的显示比例也会调整为 90%，如右侧右图所示。

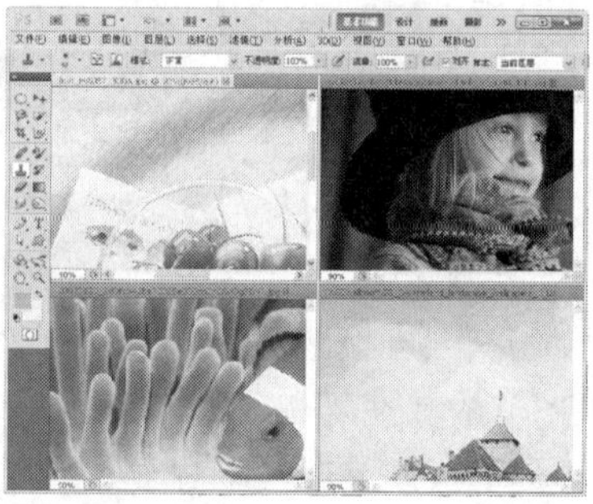

➢ 匹配位置：使所有图像窗口中的图像显示位置都与当前图像窗口匹配。
➢ 匹配旋转：使所有图像窗口中的画布旋转角度都与当前图像窗口匹配。
➢ 全部匹配：将所有图像窗口的缩放比例、图像的显示位置、画布旋转角度与当前图像窗口匹配。
➢ 为（文件名）新建窗口：为当前文件新建一个图像窗口，新图像窗口的名称会显示在“窗口”菜单的底部。

2.5.6 在“导航器”面板中查看图像

在“导航器”面板中可以缩放图像，也可移动画面。当需要按照一定的缩放比例缩放时，如果画面中无法显示完整的图像，则可通过该面板查看图像。

执行“窗口→导航器”命令，即可打开“导航器”面板，如左下图所示。在“导航器”面板中，向右拖动缩放滑块或单击“放大”按钮，即可放大图像。向左拖动缩放滑块或单击“缩小”按钮，则可缩小图像。导航器预览框中的红色方框表示图像窗口中显示的图像区域，移动该红色方框的位置，即可改变图像在图像窗口中的显示区域，如右侧右图所示。

提示

执行“导航器”面板菜单中的“面板选项”命令，可在打开的对话框中修改预览区域矩形框的颜色。

2.6 图像与画布大小的设置

在 Photoshop CS5 中，用户可以根据不同的编辑或输出要求对图像的大小、分辨率及对画布尺寸进行调整，下面将详细介绍。

2.6.1 改变图像的大小与分辨率

在 Photoshop CS5 中，可以使用“图像大小”命令来调整图像的像素大小。更改像素大小不仅会影响图像的大小，而且还会影响图像品质和打印特性，即图像的分辨率和打印尺寸。改变图像大小和分辨率的具体操作步骤如下。

步骤01 打开光盘中的素材文件 2-05.jpg，执行“图像→图像大小”命令，或者在图像窗口的标题栏上右击，在弹出的快捷菜单中执行“图像大小”命令，如左下图所示。

步骤02 在弹出的“图像大小”对话框中，在“像素大小”选项区域中，“宽度”和“高度”的单位通常为“像素”，只要任意修改其中的一个参数数值，另一个参数数值也会跟着成比例变化。如果不希望成比例变化，可取消选择“约束比例”复选框，此时的“宽度”与“高度”链接图标也会消失，这样就可不成比例地变化了。在“文档大小”选项区域中可以改变文档的尺寸和分辨率，其设置方法与“像素大小”选项区域中的设置类似。设置好后，单击“确定”按钮即可，如右下图所示。

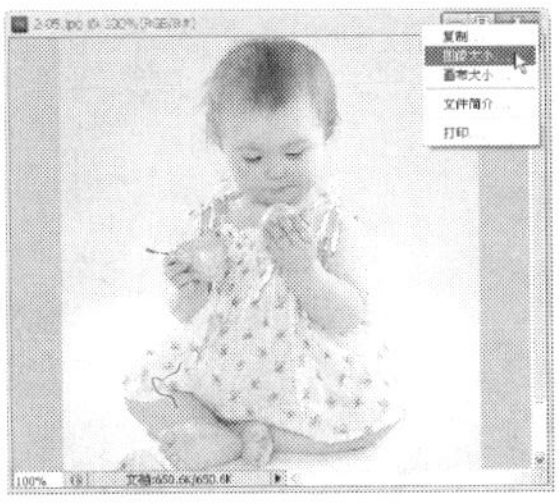

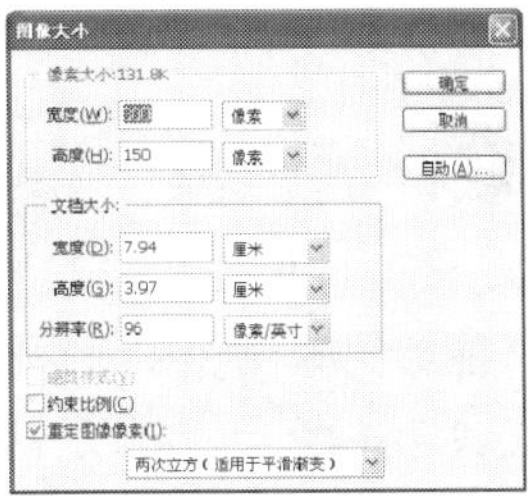

- 缩放模式：在调整图像大小时，可按比例缩放。
- 约束比例：选择此复选框，在设置图像的宽度或高度时，高度或宽度也会成比例改变；如果不选择此复选框，则在改变其中的一项时，另一项不会发生改变。
- 重定图像像素：选择此复选框，当改变图像大小时，图像所包含的像素量也会随之增加或减少。其中，当图像变大时，其增添像素的方式由下面的下拉列表决定。“两次立方（适用于平滑渐变）”是最精确的一种增添像素的方式，但速度最慢。如果不选择此复选框，则“文档大小”选项区域中的 3 个参数都被锁定，无论图像是变大还是变小，都会自动调整分辨率的大小来适应图像变化，不会使像素总量增减。

2.6.2 调整画布尺寸

画布是指容纳文件内容的窗口，其大小是由最初建立或打开的文件像素数决定的，改变画布大小是从绝对尺寸上来改变的。画布大小的改变，可通过执行“画布大小”命令来实现。

步骤01 打开光盘中的素材文件 2-06.jpg，执行“图像→画布大小”命令，或者在图像窗口的标题栏上右击，在弹出的快捷菜单中执行“画布大小”命令，如下图所示。

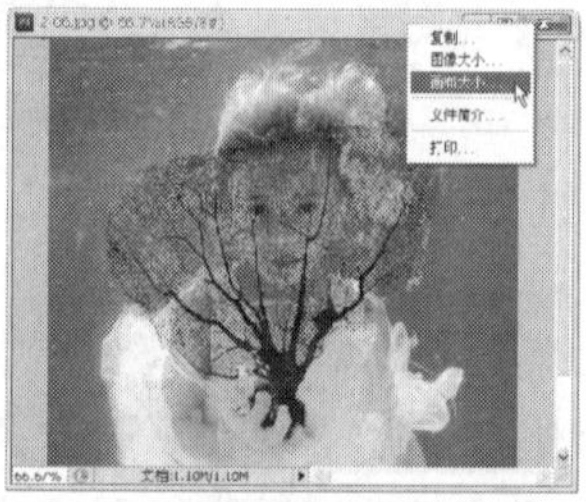

步骤02 在弹出的“画布大小”对话框中，只需在“新建大小”选项区域的“宽度”和“高度”文本框中输入需要设定的数值，即可改变画布大小，然后单击“确定”按钮，如下图所示。

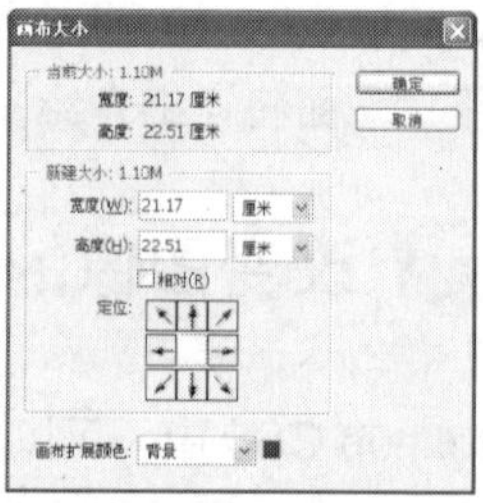

在“画布大小”对话框中有一个“相对”复选框，当没选择该复选框时，在“宽度”和“高度”文本框中输入的就是绝对数值，也就是改变画布大小后的实际尺寸。当选择该复选框时，“宽度”和“高度”文本框为空白，输入的数值表示在原来尺寸上要增加的数值。改变画布大小，其文件大小也会随之改变，改变后的大小显示在“新建大小”文字的后面。

2.7 辅助工具的使用

辅助工具虽然不能编辑图像，但却可以协助用户更好地选择、定位或编辑图像。下面将详细讲解这些辅助工具的使用方法。

2.7.1 颜色取样器工具

“颜色取样器工具”能够比较图像中不同位置的像素颜色值。单击工具箱中的“颜色取样器工具”按钮，在属性栏的“取样大小”下拉列表中可以选择取样颜色的平均值。在图像中单击即可定义一个颜色取样点，系统会自动用数字进行标识，利用“颜色取值器工具”最多可以定义 4 个取样点，并在“信息”面板中显示取样点的具体颜色数值，如右图所示。

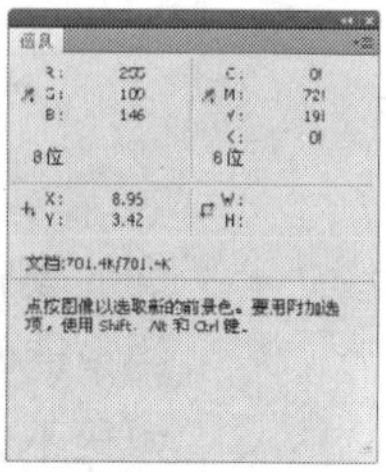

2.7.2 位置度量工具

运用标尺、网格、参考线，可以更好地将图像的高度和宽度准确定位，从而在编辑图像时更加精确、快捷。

1 标尺

标尺可以精确地确定图像或元素的位置，标尺显示在当前图像窗口的顶部和左侧。标尺内的标记可显示指针的位置。更改标尺原点（标尺左上角的点）后，可以将图像上的特定点作为原点开始度量，标尺原点还决定了网格的原点。

执行“视图→标尺”命令或者按【Ctrl+R】快捷键，可以显示和隐藏标尺，隐藏或显示标尺的效果如右图所示。

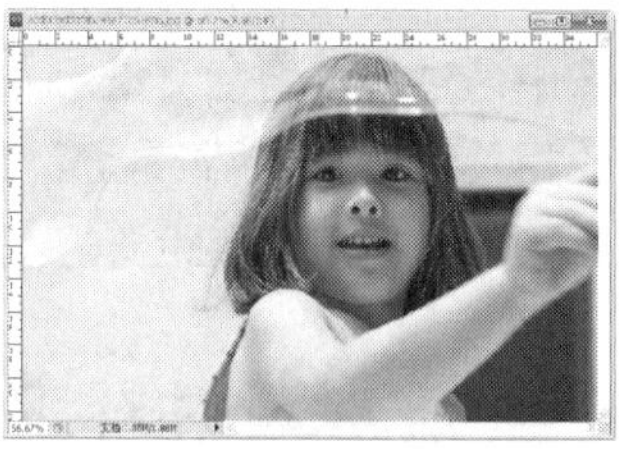

2 网格

网格也是一种常用的辅助工具，可用于编辑规则性较强的图像。在默认情况下，网格不会被打印出来。

执行“视图→显示→网格”命令或者按【Ctrl+'】快捷键，即可对网格进行隐藏或显示，隐藏或显示网格的效果如右图所示。

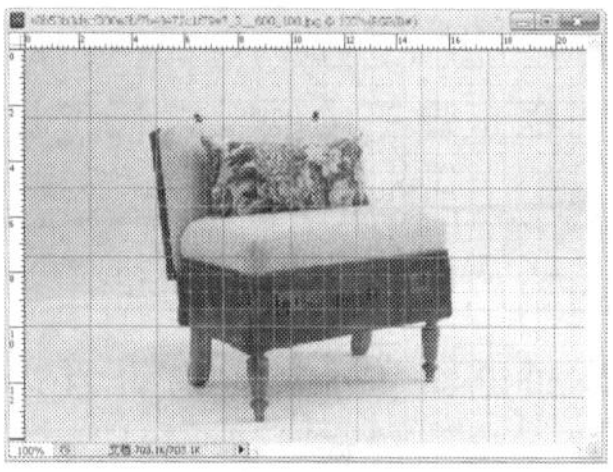

3 参考线

参考线对于确定图像或者元素的位置很有用，是浮在整个图像上但不被打印出来的线条。用户可以移动或删除参考线，还可以锁定参考线。

调出标尺后，按住鼠标左键从标尺处向图像内部拖动，就创建出参考线了。从横向标尺处拖出的参考线为水平的，从纵向标尺处拖出的参考线为垂直的，如右图所示。

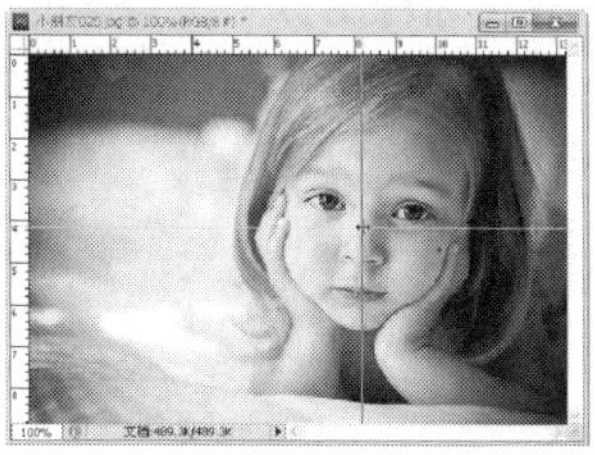

- 隐藏或显示参考线：执行“视图→显示→参考线”命令或者按【Ctrl+;】快捷键，这样就可将所有的参考线进行隐藏或显示。
- 锁定参考线：执行“视图→锁定参考线”命令，便会在“锁定参考线”命令前面显示小对勾标记，也可以按【Ctrl+Alt+;】快捷键锁定参考线。
- 清除参考线：当需要清除部分参考线时，可选择“移动工具”，将指针指向需要清除的参考线，当指针变成形状或形状时，按住鼠标左键将要清除的参考线拖动到标尺处或图像外即可。

注 意

当参考线被锁定后，就无法随意移动。当需要解除锁定时，只需再次执行“锁定参考线”命令，取消前面的小对勾标记即可。

提 示

如果要一次性清除所有参考线，可以执行“视图→清除参考线”命令。如果要改变参考线的方向，可在按住【Alt】键的同时单击要改变方向的参考线。

使用度量工具可以精确测量图像中两点之间的距离。选择工具箱中的“标尺工具”，在图像中通过单击确定测量起点，然后拖动鼠标到测量终点，此时在“信息”面板中会显示本次测量的相关信息。X、Y 是测量起点的位置坐标值；W、H 是测量出来的宽度和高度坐标值；A、L 为测量出来的角度和距离的坐标值。

2.7.3 注释工具

使用“注释工具”可为图像添加文字说明等注释内容。选择工具箱中的“注释工具”，在图像中需要插入注释内容的位置单击，即可在单击处插入一个注释图标并弹出“注释”面板，在“注释”面板的文本框中输入注释文字即可，如右图所示。

提 示

如需查看注释，可双击注释图标，在弹出的“注释”面板中会显示注释内容。如需删除注释，在注释上右击，在弹出的快捷菜单中执行“删除注释”命令即可。

2.8 使用“裁剪工具”与“切片工具”调整图像

在对图片进行处理时，经常需要裁剪，以便删除多余的内容，使画面更加完美。裁剪图像的方法有很多种，接下来详细进行介绍。

2.8.1 裁剪工具

选择工具箱中的“裁剪工具”，其属性栏如下。

❶“宽度”/“高度”/“分辨率”：在文本框中可以输入图像的宽度、高度和分辨率数值，裁剪后的图像尺寸由输入的数值决定，与裁剪区域的大小没有关系。

❷前面的图像：单击该按钮，即可在“宽度”、“高度”和“分辨率”文本框中显示当前图像的尺寸和分辨率。

❸清除：单击该按钮，可以清空“宽度”、“高度”和“分辨率”文本框中的数值。

当使用“裁剪工具”在图像窗口中单击并拖出一个矩形裁剪框时，属性栏便会发生变化，如下图所示。

❶裁剪区域：当图像包含多个图层或者没有“背景”图层时，该选项才可用。如果选择“删除”单选按钮，表示删除被裁剪的图像；如果选择“隐藏”单选按钮，则可调整画布大小，但不会删除图像。

❷裁剪参考线叠加：在该选项的下拉列表中可以设置是否显示裁剪参考线。裁剪参考线可以帮助用户进行合理构图，使图像更具艺术感、更美观。

❸“屏蔽”/“颜色”/“不透明度”：选择“屏蔽”复选框，则将要被裁剪的区域就会被“颜色”选项内设置的颜色屏蔽；取消选择，则显示全部图像。用户可以单击“颜色”选项后的颜色块，在弹出的“拾色器”对话框中调整屏蔽颜色。用户还可以通过“不透明度”选项调整屏蔽颜色的不透明度。

❹透视：选择该复选框，可以旋转或扭曲裁剪定界框，再对图像应用透视变换。

步骤01 打开光盘中的素材文件 2-07.jpg，如右侧左图所示。选择工具箱中的“裁剪工具”，在图像中单击并拖动即可创建一个矩形裁剪框，如右侧右图所示。

步骤02 将指针移动到定界框内，拖动鼠标可以移动定界框；拖动定界框上的控制点，可以调整定界框的大小，如下图所示。

步骤03 单击属性栏中的“提交当前裁剪操作”按钮✔，或者在定界框内双击鼠标，即可确定裁剪，裁剪后的图像效果如下图所示。

提示

在将定界框调整至所需要的大小后，可按【Enter】键应用裁剪。

2.8.2 切片工具

“切片工具”是指可以对图像进行重点切割，以便用户可以更好地运用图像的一种编辑图像工具。“切片工具”的属性栏如下图所示。

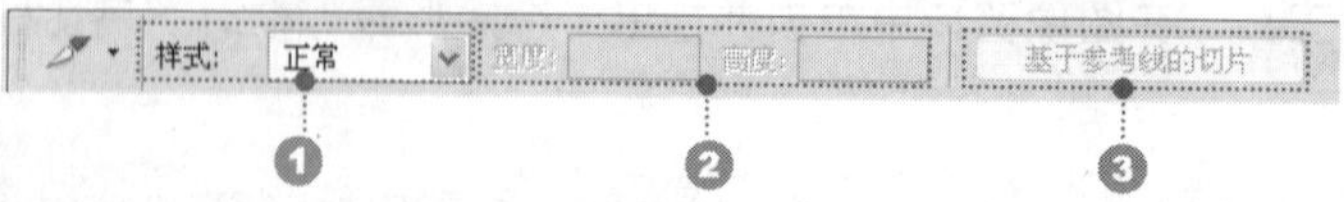

❶样式：在该选项的下拉列表中可选择切片类型。如果选择“固定长宽比”选项，可在右边的“宽度”和“高度”文本框中设置比例。

❷“宽度”与“高度”：用于设置切片的宽度与高度。

❸基于参考线的切片：设置好参考线后，单击该按钮，可自动按参考线切割图像。

2.8.3 切片选择工具

“切片选择工具”可对图像的切片进行移动、复制、组合、划分、调整大小、删除等操作，其属性栏如下图所示。

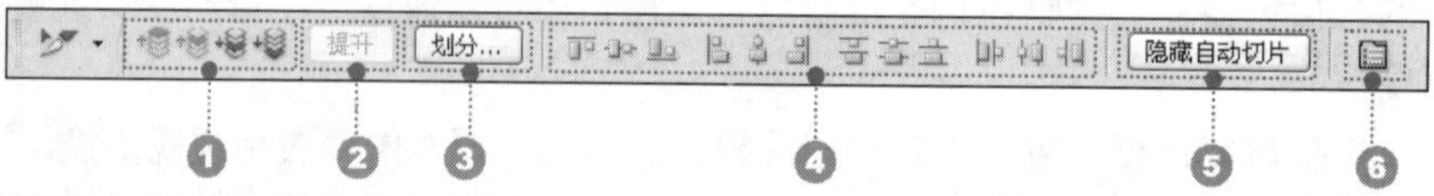

❶堆叠顺序：当一个图像被切割成两个以上的切片后，可设置切片之间的堆叠顺序。

❷提升：单击此按钮，即可将最上面的切片选中，还可以对其进行编辑。

❸划分：单击此按钮，可自动划分切片，分为水平划分与垂直划分。

❹切片的对齐和分布方式：包含了 12 种方式。

❺隐藏自动切片：单击此按钮，可显示或隐藏所有非用户切片。

❻为当前切片设置选项：单击此按钮，可弹出“切片选项”对话框，在该对话框中可设置切片名称和类型。

本章小结

本章主要讲解了 Photoshop CS5 的基本操作，包括工作界面的组成、使用 Adobe Bridge 管理图像、文件的基本操作、查看图像的方式、图像与画布大小的设置、辅助工具的使用用。其中，文件的基本操作在 Photoshop CS5 中非常重要，用户要对本章知识进行全面的掌握。

Chapter

03 图像选区的创建与编辑

本章导读

在对图像进行编辑前，经常需要对图像的局部进行选择，此时，就会用到选区工具。在Photoshop CS5中，选区有着非常重要的作用，许多操作都是基于选区进行的，选区工具可以分为规则选区工具和不规则选区工具。通过对本章内容的学习，用户可以掌握图像选区的创建和编辑知识。

本章核心知识点

- 创建规则选区
- 创建不规则选区
- 选区的基本操作
- 选区的高级操作

快速入门——知识与应用学习

本章主要为用户讲解 Photoshop CS5 中的选区创建方法，以及选区的修改与编辑技巧等知识。

3.1 创建规则选区

Photoshop CS5 中的基本选框工具中包括“矩形选框工具”、“椭圆选框工具”、“单行选框工具”和“单列选框工具”，用于创建规则的选区。下面介绍几种工具的操作方法。

3.1.1 矩形选框工具

选择“矩形选框工具”，然后通过鼠标的拖动来创建矩形选框。单击工具箱中的“矩形选框工具”按钮，其属性栏如下图所示。

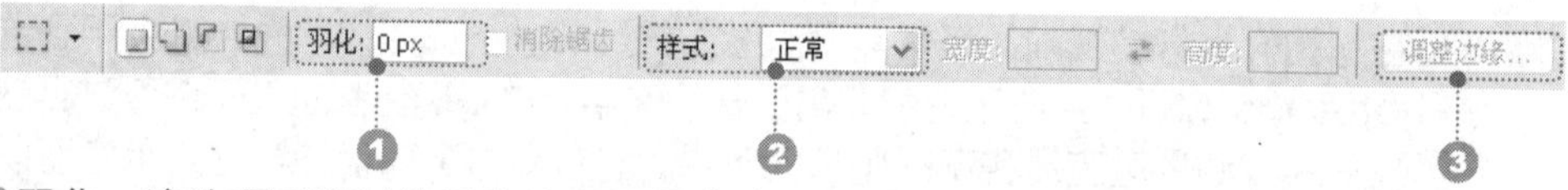

❶羽化：该选项可通过选区和选区周围像素之间的转换来模糊边缘，可通过在文本框中输入数值来控制羽化范围。

❷样式：用于设置选区的创建方法。选择“正常”选项，可以通过拖动鼠标创建任意大小的选区；选择“固定比例”选项，可在“宽度”和“高度”文本框中输入数值，创建固定比例的选区；选择“固定大小”选项，在“宽度”和“高度”文本框中输入数值，只需要在画面中单击，便可以创建固定大小的选区。单击“宽度和高度互换”按钮，可以切换高度与宽度值。

❸调整边缘：单击该按钮，可以打开“调整边缘”对话框，从中可对选区进行平滑、羽化等处理。

步骤01 打开光盘中的素材文件 3-01.jpg，如下图所示，选择工具箱中的“矩形选框工具”。

步骤02 在图像中单击并向右下角拖动鼠标，即可创建矩形选区，效果如下图所示。

提 示

使用“矩形选框工具”创建选区时，按住【Shift】键拖动，可创建正方形选区。

3.1.2 椭圆选框工具

使用“椭圆选框工具”，可以在图像或图层中选取圆形或椭圆形选区。“椭圆选框工具”与“矩形选框工具”的属性栏完全相同，只是该工具可以使用“消除锯齿”功能，下面介绍具体创建椭圆形选区的步骤。

步骤01 打开光盘中的素材文件 3-02.jpg，选择工具箱中的“椭圆选框工具”，如下图所示。

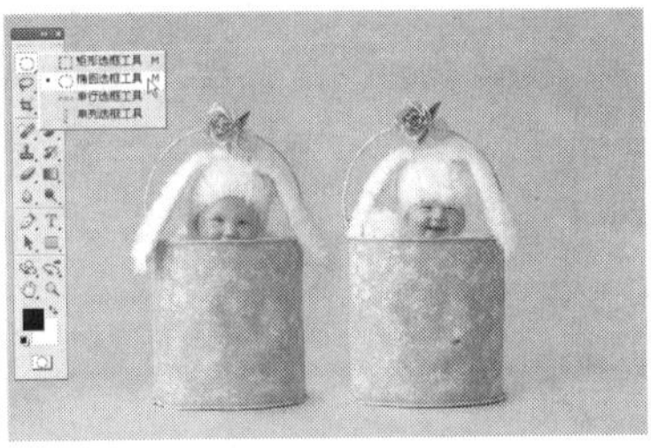

步骤02 在图像中单击并向右下角拖动，即可创建椭圆形选区，效果如下图所示。

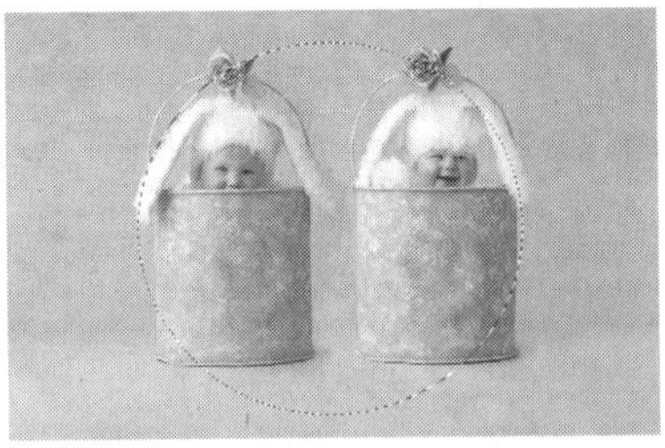

提 示

使用“椭圆选框工具”创建选区时，按住【Shift】键拖动，释放鼠标后，可创建正圆形选区。

3.1.3 “单行选框工具”和“单列选框工具”

使用“单行选框工具”或“单列选框工具”可以非常准确地选择图像中的一行像素或一列像素。移动指针至图像窗口，在需要创建选区的位置处单击，即可创建选区。对创建的选区进行填充后，可以得到一条横线或竖线。

选择“单列选框工具”后，将指针指向图像窗口并单击，就会在相应位置创建出高度为画布高度，宽度为 1 像素的选区，使用“单行选框工具”和“单列选框工具”创建的选区如右图所示。

提 示

使用“单行选框工具”与“单列选框工具”选取的区域只有一个像素的宽度，在图像窗口中像一条虚线，放大后便可看到一个闭合的区域。

3.2 创建不规则选区

用户可使用选区选择图像的局部区域。除了创建规则选区的工具外，在操作中使用更多的是能够创建任意形状选区的工具。下面讲解创建不规则选区的几种工具。

3.2.1 套索工具

使用“套索工具”可创建不规则的选择区域，按住鼠标左键沿着主体边缘拖动，就会生成没有锚点（又称紧固点）的线条。只有当线条闭合后才能释放鼠标左键，否则线条首尾会自动闭合。

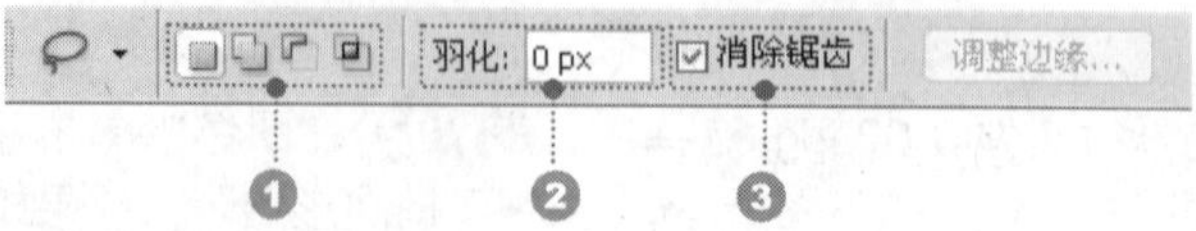

❶选区运算按钮：单击“新选区”按钮，可以在图像窗口中创建新的选区。单击“添加到选区”按钮，可在原选区上拖动鼠标创建新的选区。此时，创建的选区与原选区相加成为新选区，使后创建的选区与原选区相加。单击“从选区减去”按钮，可在原选区中减去新选区。单击“与选区交叉”按钮，可保留新选区与原选区重叠部分的选区。

❷羽化：用于设定选区边界的羽化程度。设定的数值越大，羽化的范围越大。

❸消除锯齿：选择该复选框，可除去边界的锯齿边缘。

使用“套索工具”创建选区的具体操作步骤如下。

步骤01 打开光盘中的素材文件 3-04.jpg，选择工具箱中的“套索工具”，如下图所示。

步骤02 在需要创建选区的图像边缘单击并拖动鼠标，如下图所示。

步骤03 使用鼠标框选所需要的范围后，释放鼠标，即可得到一个自由的选区，如下图所示。

步骤04 按【Shift+Ctrl+D】快捷键打开“羽化选区”对话框，将“羽化半径”设置为“15像素”，如下图所示。

步骤05 单击“确定”按钮后，执行“图像→调整→色彩平衡”命令，在弹出的“色彩平衡”对话框中设置参数，如右图所示。

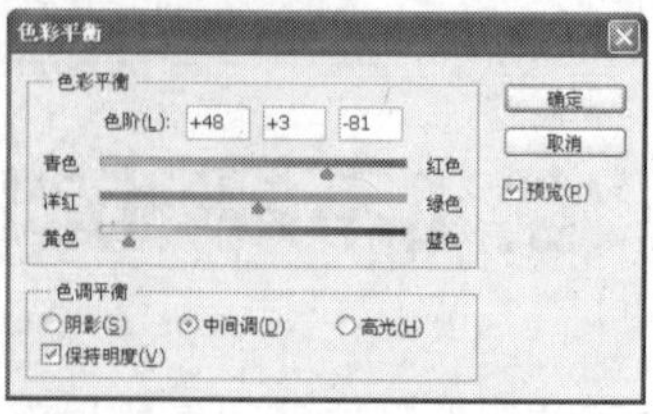

步骤06 设置完成后，单击“确定”按钮，则调整后的效果如右图所示。

提 示

用户可按【Ctrl+D】快捷键取消选区。

3.2.2 多边形套索工具

如果要将直边对象从复杂的背景中选择出来，“多边形套索工具”是最佳的选择工具。该工具常常用于选取不规则的多边形选区，绘制的选择区域边框为直线，使用“套索工具”则无法得到理想的直线边框选区。下面介绍具体的操作步骤。

步骤01 打开光盘中的素材文件 3-05.jpg，选择工具箱中的“多边形套索工具”，如下图所示。

步骤02 在图像中需要创建选区的位置通过单击确定起点，然后在需要改变选取范围方向的转折点处单击，创建路径点，如下图所示。

步骤03 当终点与起点重合时，会显示一个闭合图标，如下图所示。

步骤04 此时单击，即可完成选取的操作，得到一个多边形选区，效果如下图所示。

提 示

当运用“多边形套索工具”创建选区时，按住【Shift】键，可在水平、垂直或45°角的方向创建选区。若按住【Alt】键，可将“多边形套索工具”切换为“套索工具”。在使用“套索工具”选取选区时，若按住【Alt】键，则可以切换为“多边形套索工具”。按【Delete】键，可删除最近创建的路径；若连续按多次【Delete】键，可以删除当前的所有路径。按【Esc】键，可取消当前的选取操作。

3.2.3 磁性套索工具

使用“磁性套索工具”选取选区时，系统会自动识别边缘像素，特别适合创建边界明显的选区，能够迅速、方便地选择边缘颜色对比强烈的图像。单击工具箱中的“磁性套索工具”按钮，其属性栏如下图所示。

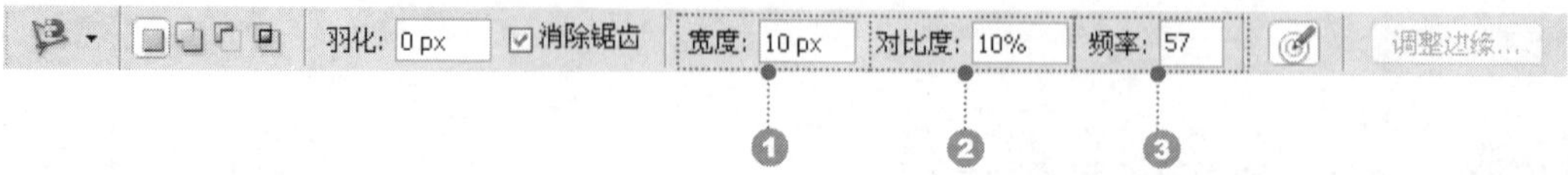

❶宽度：设定磁性套索的探测范围，取值在1~256px之间。数值越大，磁性越强。如果值为1px，磁性会小到和使用普通套索工具一样。使用“磁性套索工具”时，可以按【[】键或【]】键来随时增加或减小宽度值，以适应不同的需要。

❷对比度：设定磁性套索的敏感度。该选项对绘制精确的选区很重要，取值为1%~100%。如果有清晰的边缘，可设置较大的数值；如果边缘不清晰，则应设置较小的数值。具体数值应根据边缘清晰度进行调整。

❸频率：可设置锚点的密度，取值在1~100之间。数值越大，生成的锚点越多。

“磁性套索工具”适用于选取一些复杂的、棱角分明的图像选区，下面介绍具体的操作步骤。

步骤01 打开光盘中的素材文件3-06.jpg，选择工具箱中的“磁性套索工具”，在图像中单击确认起始点，然后沿杯子的边缘拖动，如下图所示。

步骤02 当终点与起始点重合时，鼠标指针呈形状，此时单击即可创建图像选区，效果如下图所示。

注意

如果选区没有与所需的边缘对齐，则可通过单击手动添加锚点，然后继续跟踪边缘，并根据需要添加锚点。按【Delete】键，可以逐个删除锚点；直接按【Esc】键，可以删除全部已绘制的锚点。

3.2.4 魔棒工具

“魔棒工具”能够依据图像的颜色进行选择，用于在颜色相近的图像区域创建选区，单击即可对颜色相同或相近的区域进行选择。选择范围的大小取决于属性栏中“容差”值的大小。“容差”值大，选择的范围就大；“容差”值小，选择的范围就小。选择工具箱中的“魔棒工具”后，其属性栏如下图所示。

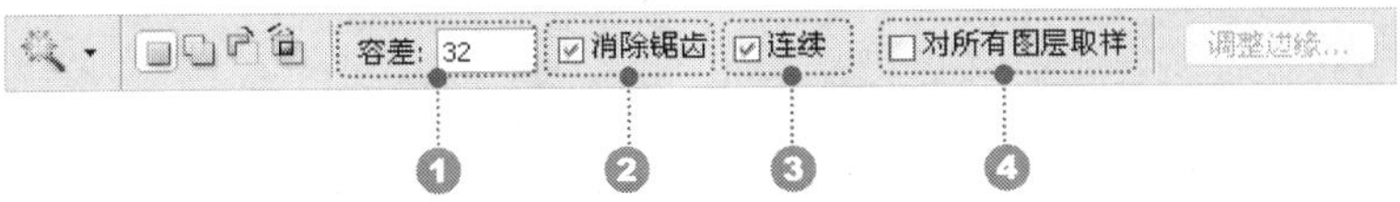

❶容差：可控制创建的选区范围大小。输入的数值越小，要求的颜色越相近，选取的范围就越小；相反，则要求的颜色相差越大，选取的范围就越大。

❷消除锯齿：选择该复选框，可模糊羽化边缘像素，使选区与背景像素的颜色逐渐过渡，从而去掉边缘明显的锯齿。

❸连续：选择该复选框，则只选取与单击处相连接区域中相近的颜色；如果不选择该复选框，则选取整个图像中相近的颜色。

❹对所有图层取样：用于有多个图层的文件，选择该复选框，可选取图像所有图层中颜色相同或相近的区域；取消选择该复选框，只选取当前图层中颜色相同或相近的区域。

使用“魔棒工具”在图像中选取图像的具体操作步骤如下。

步骤01 打开光盘中的素材文件 3-07.jpg，选择工具箱中的“魔棒工具”，将指针指向需要创建选区的颜色区域，如下图所示。

步骤02 在背景区域单击，即可将其选中，效果如下图所示。

3.2.5 快速选择工具

“快速选择工具”是一种智能选取工具，比“魔棒工具”更加直观和准确。使用“快速选择工具”，只需在要选取的图像上涂抹，系统就会自动分析涂抹区域，并寻找到边缘，使其与背景分离。“快速选择工具”的属性栏如下图所示。

❶选区运算按钮：单击“新选区”按钮，可创建一个新的选区；单击“添加到选区”按钮，可在原选区的基础上添加绘制的选区；单击“从选区减去”按钮，可在原选区的基础上减去当前绘制的选区。

❷单击以打开“画笔”选取器：单击按钮，可在打开的下拉面板中设置画笔大小、硬度和间距。

❸对所有图层取样：可基于所有图层创建选区。

❹自动增强：可减少选区边界的粗糙度和块效应。“自动增强”选项会自动将选区向图像边缘流动并应用一些边缘调整，也可以在“调整边缘”对话框中手动应用这些边缘调整。

使用“快速选择工具”在图像中选取选区的具体操作步骤如下。

步骤01 打开光盘中的素材文件 3-08.jpg，选择工具箱中的“快速选择工具”，如下图所示。

步骤02 在图片背景区域单击，即可将其选中，效果如下图所示。

3.2.6 使用“色彩范围”命令创建选区

“色彩范围”命令可根据图像的颜色范围创建选区，在这一点上与“魔棒工具”有很大的相似之处，但该命令提供了更多的控制选项，具有更高的选择精度。执行“选择→色彩范围”命令，弹出“色彩范围”对话框，如右图所示。

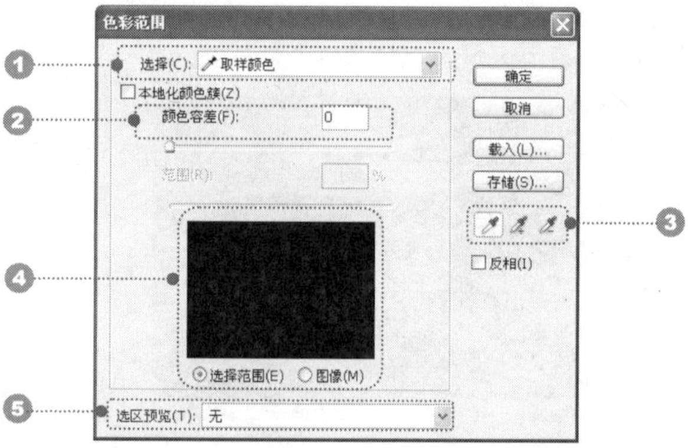

“色彩范围”对话框的常见参数设置如下。

❶选择：用来设置选区的创建方式。默认选项是“取样颜色”选项，用户还可以设置为“色相”、“高光”、“中间调”、“暗调”选项。

❷颜色容差：用于控制颜色的选择范围。数值越高，包含的颜色范围越广。拖动“颜色容差”选项滑块可调整颜色的选择范围，向左拖动滑块可减少选区范围，向右拖动滑块可增加选区范围。

❸取样工具：取样工具位于对话框的右下角。使用取样工具对图像颜色进行选择时，无论颜色相近的色彩是否连接，都会被选中。默认状态为选择“吸管工具”按钮，在图像上单击即可确认取样范围；使用第二个吸管工具能增加取样的范围；使用第三个吸管工具可减小取样范围。

❹显示选项：通过预览对图像中的颜色进行取样，以得到的选区。白色区域是选择区域，黑色区域是未选择的区域，灰色区域是部分选择的区域。

❺选区预览：用于选择在文档窗口预览选区的方式。“无”选项表示当进行色彩取样时，原图不变；“灰度”选项表示以灰度表示选择区域；“黑色杂边”选项表示显示黑色背景，将图像中未选中的部分以黑色来表示；“白色杂边”选项表示显示白色背景，将图像中未选中的部分以白色来表示；“快速蒙版”选项表示以快速蒙版来表现选择区域，将图像中未选中的部分用半透明的蒙版色蒙住。

使用“色彩范围”命令选择选区的具体步骤如下。

步骤01 打开光盘中的素材文件 3-09.jpg，如下图所示。

步骤02 执行“选择→色彩范围”命令，打开“色彩范围”对话框，选择“本地化颜色簇”复选框，如下图所示，在图片背景区域单击，进行颜色取样。

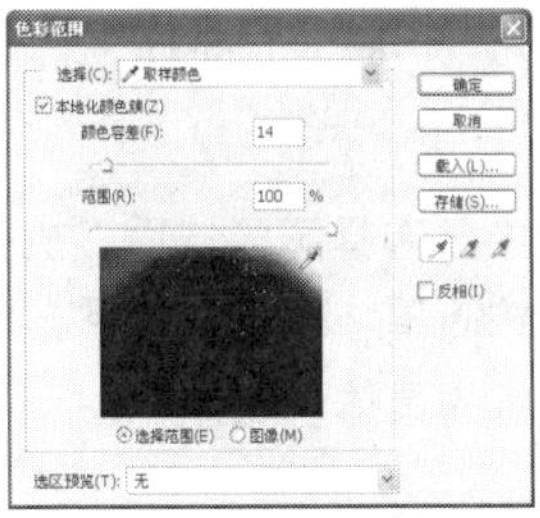

步骤03 单击“添加到取样”按钮，在右上角的背景区域内单击并拖动，可将该区域的背景全部添加到选区中，如下图所示。

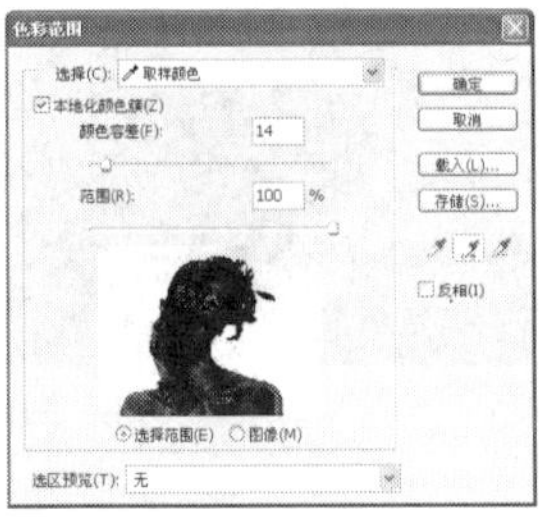

步骤04 单击“确定”按钮，背景区域被选中，然后反向选区，效果如下图所示。

3.3 选区的基本操作

在 Photoshop CS5 中，除了使用选区工具创建选区外，还可以使用一些菜单命令创建选区。前面已讲过如何创建选区，本节将着重讲述对于图像选区进行的一些基本操作，如选择选区、移动选区等。

3.3.1 全选图像

使用“全选”命令可以快速选择全部图层的所有像素，使用“全选”命令选择图像的具体步骤如下。

步骤01 打开光盘中的素材文件 3-10.jpg，如下图所示。

步骤02 执行“选择→全部”命令，即可将整个图像选取，效果如下图所示。

提 示

按【Ctrl+A】快捷键可以快速选择全部图层的所有像素。

3.3.2 反向选区

当图像中已选择了区域后，执行“选择→反向”命令，即可选择图像中未选中的部分。如果对象背景比较简单，可以先使用选择工具选择背景，然后反选，此时即可选中对象。使用“反向”命令选取图像的具体步骤如下。

步骤01 打开光盘的中的素材文件 3-11.jpg，选择工具箱中的“椭圆选框工具”，在图像上单击并拖动，以创建选区，效果如下图所示。

步骤02 执行“选择→反向”命令，即可将选择区域反向，反向后的效果如下图所示。

提 示

在反向选择区域时，可以按【Shift+Ctrl+I】快捷键来实现。

3.3.3 移动选区

在图像中创建选区后，可以将当前选区移动到图像的任意位置，移动选区的具体操作步骤如下。

步骤01 打开光盘中的素材文件 3-12.jpg，选择工具箱中的“矩形选框工具”，在图像中创建选区，效果如下图所示。

步骤02 选择“移动工具”，在图像中拖动，即可移动所创建的矩形选区，移动后的效果如下图所示。

提 示

使用“移动工具”将所选区域进行移动后，原图像区域将以背景色进行填充。

3.3.4 取消与重新选择选区

执行“选择→取消选择”命令可以取消当前的选择区域。如果要恢复被取消的选区，可执行“选择→重新选择”命令。在当前选择区域外单击，可以快速取消当前选择区域。

提 示

用户可按【Ctrl+D】快捷键快速取消选区。

3.3.5 显示与隐藏选区

创建选区后，执行“视图→显示→选区边缘”命令可以隐藏选区，再次执行此命令，可以显示选区。选区虽然被隐藏，但是它仍然存在，并限定操作的有效区域。

提 示

用户可以直接按【Ctrl+H】快捷键快速隐藏或显示选区。

3.4 选区的高级操作

创建选区后，只有对选区进行深入的编辑，才能使选区更符合要求，下面介绍选区的编辑操作。

3.4.1 修改选区

执行“选择”菜单中“修改选区”级联菜单中的命令可以对选区进行扩展、收缩、平滑、羽化操作，还可以选择边界宽度。执行“修改”级联菜单中的命令可使选区产生的细微变化。执行“选择→修改”，在“修改”级联菜单中有5个命令，如右图所示。

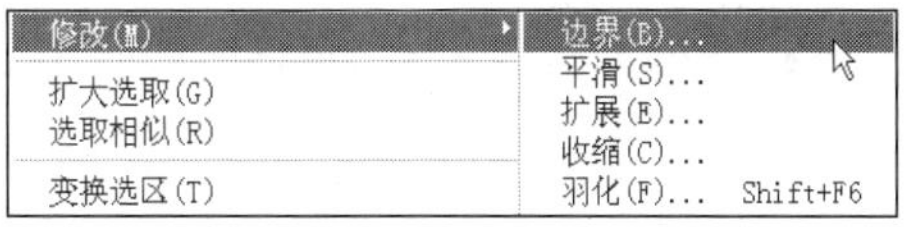

1 边界

“边界”命令用于设置选区的边界。执行“选择→修改→边界”命令，在弹出的“边界选区”对话框中可设置边界的宽度，参数设置及设置边界前后的效果如右图所示。

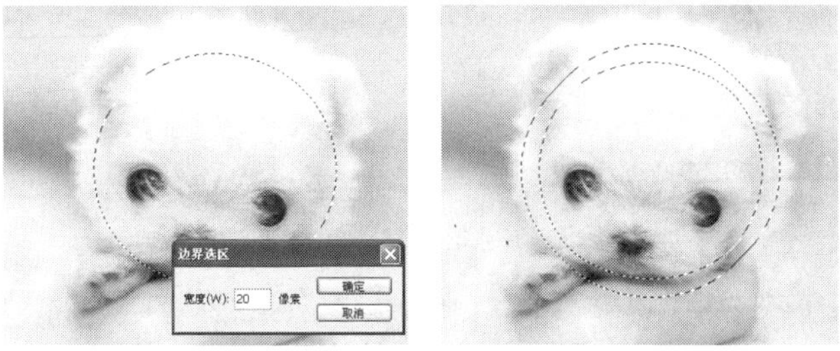

2 平滑

“平滑”命令可对选区的边缘进行平滑操作，使选区边缘变得更柔和。执行“选择→修改→平滑”命令，弹出“平滑选区”对话框，在对话框中输入“取样半径”值即可对选区进行平滑修改，参数设置及平滑前后效果如右图所示。

3 扩展

“扩展”命令可以对选区进行扩展操作，即放大选区。执行“选择→修改→扩展”命令，在“扩展选区”对话框中的“扩展量”中输入准确的扩展参数值，即可扩展选区，参数设置及收扩展前后效果如右图所示。

4 收缩

“收缩”命令可以使选区缩小。执行“选择→修改→收缩”命令，在“收缩选区”对话框中设置“收缩量”数值，即可缩小选区，参数设置及收缩选区前后效果如右图所示。

3.4.2 羽化选区

“羽化”命令用于对选区进行羽化。羽化是通过建立选区和选区周围像素之间的转换边界来模糊边缘的，这种模糊方式将丢失选区边缘的一些图像细节。

步骤01 打开光盘中的素材文件3-13.jpg，如下图所示。选择工具箱中的“套索工具”，在图像中创建选区。

步骤02 执行“选择→修改→羽化”命令，打开“羽化选区”对话框，设置“羽化半径”为“20像素”，效果如下图所示。

步骤03 单击“确定”按钮，按【Ctrl+C】快捷键复制图像，新建图层，再按【Ctrl+V】快捷键粘贴，即可看到羽化后的新图层，参数设置及效果如右图所示。

3.4.3 扩大选取

“扩大选取”命令可用来扩展选区。该命令可查找并选择与当前选区中的像素色调相近的像素。在使用该命令时，其容差就是“魔棒工具”属性栏中的容差值，扩展选区的具体操作步骤如下。

步骤01 打开光盘中的素材文件3-14.jpg，选择工具箱中的“魔棒工具”，在图像中创建不规则选区，效果如下图所示。

步骤02 执行“选择→扩大选取”命令后的效果如下图所示。

3.4.4 选取相似

“选取相似”与“扩大选取”都是基于颜色扩大选区的命令，该命令可根据原选区中的颜色在整个图像上扩大选择范围，具体操作步骤如下。

步骤01 打开光盘中的素材文件3-15.jpg，选择工具箱中的“魔棒工具”，在图像中创建不规则选区，效果如下图所示。

步骤02 执行“选择→选取相似”命令后的效果如下图所示。

3.4.5 变换选区

除了执行“选择→修改”级联菜单中的命令对选区进行定量缩放外，还可执行“选择→变换选区”命令，利用变换选区控制框对选区进行自由的改变。变换选区的具体操作步骤如下。

步骤01 打开光盘中的素材文件3-16.jpg，选择工具箱中的“椭圆选框工具”◯，在图像中创建椭圆选区，效果如下图所示。

步骤02 执行“选择→变换选区”命令，拖动选区控制点即可对选区进行变换，变换选区后的效果如下图所示。

3.4.6 选区的存储与载入

如果想保存创建的选区或进行变换后的选区，以便下次使用，可以使用“存储选区”命令。执行该命令后，弹出“存储选区”对话框，如左下图所示。在“名称”文本框中输入选区名称，单击“确定”按钮，即可存储选区。

当需要使用存储的选区时，执行“选择→载入选区”命令，弹出“载入选区”对话框，如右侧右图所示。选择存储的选区名称，单击“确定”按钮，即可载入选区。

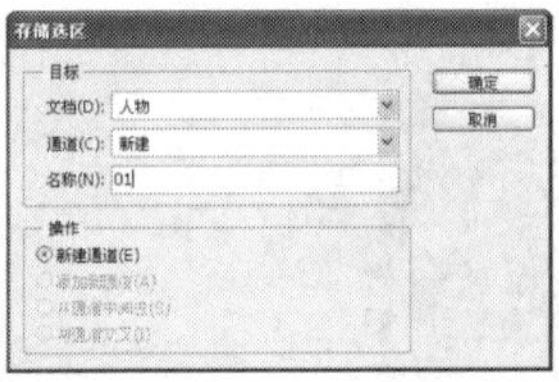

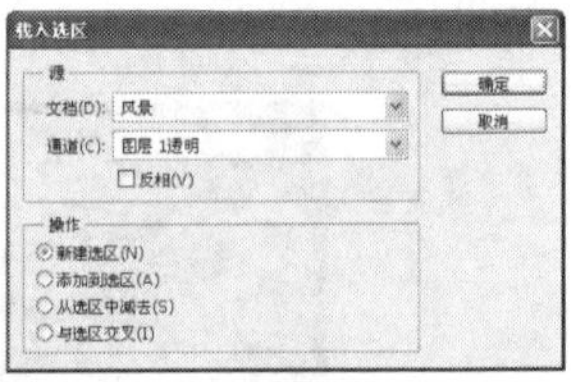

技能进阶——上机实战操作

通过前面内容的学习，为了让用户进一步掌握本节内容，提高综合应用能力，下面介绍相关实例的制作。

实例制作1 制作个性相框

制作本实例时，首先在图像上创建矩形区域，然后对矩形选区进行描边处理，最后为选区中的图像投影，这样就制作完成了个性相框的效果。

效果展示

本实例的前后效果如下图所示。

原始文件	光盘\素材文件\Chapter 03\3-17.jpg
结果文件	光盘\结果文件\Chapter 03\3-01.psd
同步视频文件	光盘\同步教学文件\Chapter 03\实例制作 1.mp4

知识链接

在本实例的制作与设计过程中，主要用到以下知识点。

- 矩形选框工具
- 变换选区
- “描边”命令

操作步骤

本实例的具体制作步骤如下。

步骤01 打开光盘中的素材文件 3-18.jpg，如下图所示。

步骤02 选择工具箱中的“矩形选框工具”，在图像中单击并向右下角拖动，创建的矩形选区如下图所示。

步骤03 执行“选择→变换选区”命令，将选区变换到合适的角度，效果如右侧左图所示。单击属性栏中的✓按钮，选区效果如右侧右图所示。

步骤04 按【Ctrl+J】快捷键将选取的区域创建为一个新的图层，然后执行“图像→调整→色相/饱和度”命令，打开“色相/饱和度”对话框，参数设置如右侧左图所示。设置完各项参数后，单击“确定”按钮，效果如右侧右图所示。

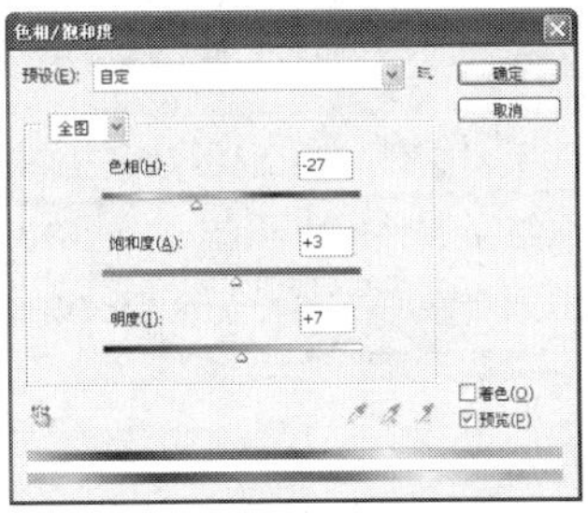

步骤05 执行"编辑→描边"命令，弹出"描边"对话框，设置"宽度"为10px、"颜色"为白色，如右侧左图所示。设置完成后，单击"确定"按钮，效果如右侧右图所示。

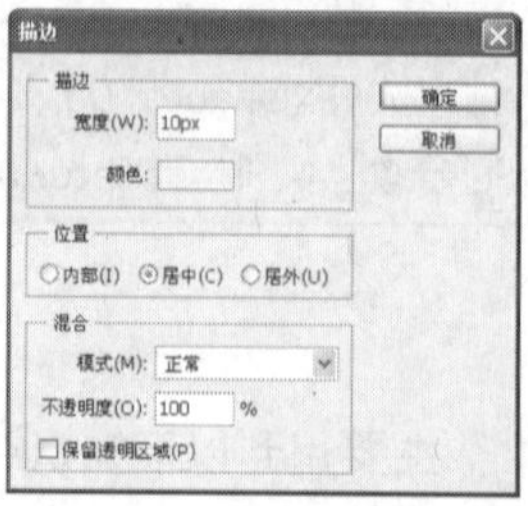

步骤06 单击"图层"面板底部的"添加图层样式"按钮fx，在弹出的菜单中执行"投影"命令，弹出"图层样式"对话框，相关参数设置如下图所示。

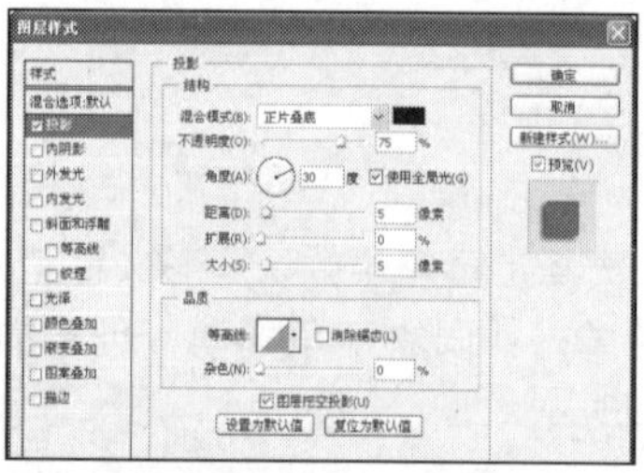

步骤07 设置完参数后，单击"确定"按钮即可应用图层样式，最终效果如下图所示。

实例制作 2 制作田园风格女孩效果

制作本实例时，首先在图像中选择人物区域，然后对所选选区进行羽化处理，并移动至新背景中，最后将选区中的图像调整为合适的大小，此时即可制作完成田园风格女孩效果。

效果展示

本实例的前后效果如下图所示。

原始文件	光盘\素材文件\Chapter 03\3-18.jpg、3-19.jpg
结果文件	光盘\结果文件\Chapter 03\3-02.psd
同步视频文件	光盘\同步教学文件\Chapter 03\实例制作 2.avi

知识链接

在本实例的制作与设计过程中，主要用到以下知识点。

- 套索工具
- 羽化选区
- 移动选区

操作步骤

本实例的具体操作步骤如下。

步骤01 打开光盘中的素材文件 3-19.jpg，如下图所示。

步骤02 选择工具箱中的“套索工具”，在需要选择的人物边缘处单击并拖动，选择完成后释放鼠标，即可得到一个自由的选区，效果如下图所示。

步骤03 执行“选择→修改→羽化”命令，打开“羽化选区”对话框，设置“羽化半径”为“20像素”，如下图所示。

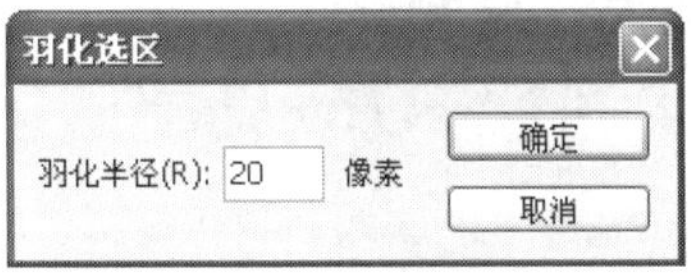

步骤04 单击“确定”按钮，效果如下图所示。

步骤05 按【Ctrl+J】快捷键复制选区中的图像到一个新图层，此时的“图层”面板如右侧左图所示。置入光盘中的素材文件 3-20.jpg，如右侧右图所示。

步骤06 选择工具箱中的“移动工具”，将“图层 1”图层中的图像拖动至置入的图像中，执行“编辑→自由变换”命令，效果如下图所示。

步骤07 将变换区域调整至合适大小后，单击属性栏中的✓按钮即可应用选区，最终效果如下图所示。

技能提高——举一反三应用

为了强化用户的动手能力，并巩固本章的学习内容，下面安排几个上机练习实例。用户可以根据提供的素材与文件结果文件，参考提示信息，亲自上机完成制作。

动手练习 1　选择人物轮廓

在 Photoshop CS5 中，运用本章所学的“快速选择工具”与羽化知识选择人物轮廓。

原始文件	光盘\素材文件\Chapter 03\3-20.jpg
结果文件	光盘\结果文件\Chapter 03\3-03.psd
同步视频文件	光盘\同步教学文件\Chapter 03\动手练习 1.avi

本练习的前后效果如下图所示。

素材

最终效果

操作提示

在选择人物轮廓的实例操作中，主要使用了“快速选择工具”、“羽化”命令，主要操作步骤如下。

步骤01 打开素材文件，选择工具箱中的“快速选择工具”，在图像中的人物轮廓处拖动鼠标进行选取。

步骤02 选取完成后，使用“羽化”命令对选区进行调整即可。

动手练习 2　制作大自然背景图像效果

在 Photoshop CS5 中，运用本章所学的“快速选择工具”与自由变换等知识制作大自然背景图像效果。

原始文件	光盘\素材文件\Chapter 03\3-21.jpg、3-22.jpg
结果文件	光盘\结果文件\Chapter 03\3-04.psd
同步视频文件	光盘\同步教学文件\Chapter 03\动手练习 2.avi

本练习的前后效果如下图所示。

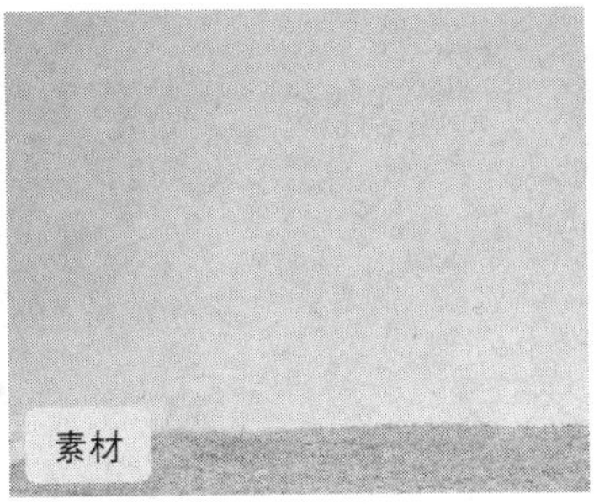

操作提示

在制作大自然背景图像效果的实例操作中，主要使用了“快速选择工具”、移动选区的知识，主要操作步骤如下。

步骤01 打开素材文件，使用“快速选择工具”选择人物轮廓。

步骤02 使用“移动工具”将选中的人物轮廓移动至大自然背景图像中，执行“编辑→自由变换”命令，将人物的大小进行适当的调整即可。

本章小结

本章主要讲述了如何在 Photoshop CS5 中创建与编辑选区。在对图像进行编辑前，首先要指定编辑操作的有效区域。选区可以将操作限定在一定的区域内，这样用户便可对图像局部进行处理。处理图像时，可使用选区工具选择选区，例如，“矩形选框工具”、“单行选框工具等”、“套索工具”、“魔棒工具”等。用户还可以使用“色彩范围”命令进行选择，并对选区进行编辑操作。

通过对本章内容的学习，用户应掌握创建图像选区和编辑选区的基本操作。这些操作都是处理图像时经常使用的，用户需熟练掌握并能够得心应手地进行运用。

Chapter 04

图像的绘制与修饰

本章导读

本章主要介绍绘画工具与修饰工具的使用，以及图像的变换操作。在Photoshop CS5中对不完美的图像进行编辑时，需要用到绘画工具、修复工具、图章工具等。用户需掌握绘画工具与图像修饰工具的基本应用，并能对图像进行灵活的修改、修复等操作。

本章核心知识点

- 填充工具
- 绘画工具
- 修饰图像工具
- 图像的变换

快速入门——知识与应用学习

本章主要为用户讲解 Photoshop CS5 中的图像绘制与修饰工具的使用，以及图像的变换等知识。

4.1 填充工具

学会设置颜色是进行图像修饰之前需要掌握的基本技能。Photoshop CS5 提供了多种用于设置颜色的方法，下面进行介绍。

4.1.1 前景色与背景色

前景色决定了用户使用绘画工具绘制线条的颜色，以及使用文字工具创建文字时的颜色。背景色决定了使用“橡皮擦工具”擦除图像时擦除区域所呈现的颜色，以及增加画布的大小时新增画布的颜色。此外，在应用一些具有特殊效果的滤镜时也会用到前景色和背景色。设置前景色和背景色的区域在工具箱下方，默认情况下，前景色为黑色，背景色为白色，如右图所示。

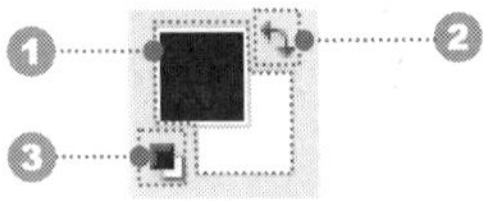

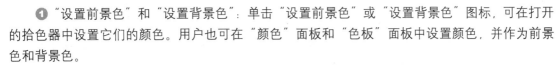

❶“设置前景色”和“设置背景色”：单击“设置前景色”或“设置背景色”图标，可在打开的拾色器中设置它们的颜色。用户也可在“颜色”面板和“色板”面板中设置颜色，并作为前景色和背景色。

❷切换前景色和背景色：单击“切换前景色和背景色”图标，可以切换前景色和背景色的颜色。

❸默认前景色和背景色：单击“默认前景色和背景色”图标，可将前景色和背景色恢复为默认的颜色。

提示

按【D】键可以快速将前景色和背景色调整到默认时的颜色，按【X】键可以快速切换前景色和背景色的颜色。

4.1.2 拾色器的使用

单击工具箱中的“设置前景色”或“设置背景色”图标，打开拾色器对话框。如下图所示，在“拾色器（前景色）”对话框中，可以定义前景色的颜色。

❶色域/拾取的颜色：在色域中拖动鼠标可以该变当前拾取的颜色。

❷“新的”/“当前”：“新的”色块中显示的是当前所设置的颜色，“当前”色块中显示的是用户上一次使用的颜色。单击“当前”色块，可将当前颜色恢复为上次所使用的颜色。

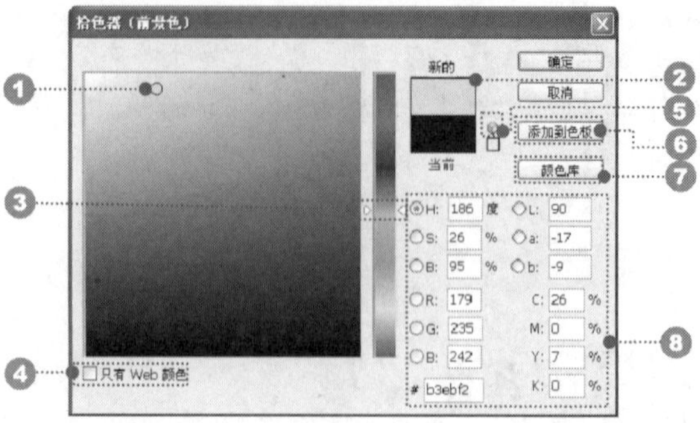

❸颜色滑块：拖动颜色滑块可以调整颜色范围。

❹只有 Web 颜色：表示只在色域中显示 Web 安全色。

❺警告：出现该警告表示当前设置的颜色不能在屏幕上准确显示。单击警告下面的色块，可以将颜色替换为与其最为接近的 Web 安全颜色。

❻添加到色板：单击该按钮，可以将当前设置的颜色添加到“色板”面板。

❼颜色库：单击该按钮，可以打开“颜色库”对话框。

❽颜色值：显示了当前颜色的颜色值。用户也可以通过输入颜色值来精确定义颜色。

4.1.3 吸管工具

使用工具箱中的“吸管工具” 可以从当前图像上吸取颜色，以进行取样，并使用所吸取的颜色重新定义前景色和背景色。选择工具箱中的“吸管工具”，其属性栏如下图所示。

❶取样大小：用来设置“吸管工具”的取样范围。选择“取样点”选项，可拾取指针所在位置和像素的精确颜色；选择“3×3 平均”选项，可拾取指针所在位置的 3 个像素的平均颜色；选择“5×5 平均”选项，可拾取指针所在位置的 5 个像素的平均颜色。其他选项以此类推。

❷样本：选择“当前图层”选项，表示只在当前图层上取样；选择“所有图层”选项，表示在所有图层上取样。

❸显示取样环：选择该复选框，可在拾取颜色时显示取样环。

提 示

用户可以直接按【I】键快速选择“吸管工具”。

使用“吸管工具”吸取颜色的具体步骤如下。

步骤01 打开光盘中的素材文件 4-01.jpg，选择工具箱中的“吸管工具” ，如右图所示。

步骤02 移动指针至图像窗口，此时指针呈🖊形状，在需要取样的位置处单击，工具箱中的前景色就替换为取样处的颜色，如右图所示。

4.1.4 “颜色”面板

在 Photoshop CS5 中，使用“颜色”面板进行色彩填充是基本的填色方法。“颜色”面板集成了各种颜色模式和色彩效果。执行“窗口→颜色”命令，就可打开“颜色”面板，如右侧左图所示。用户可以直接在右边的文本框中输入颜色值，也可以通过拖动颜色条下方的滑块设置颜色值。单击面板右上角的扩展按钮▾≡，打开面板菜单，如右侧右图所示。用户可以从面板菜单中选择需要的色彩模式并进行颜色管理。

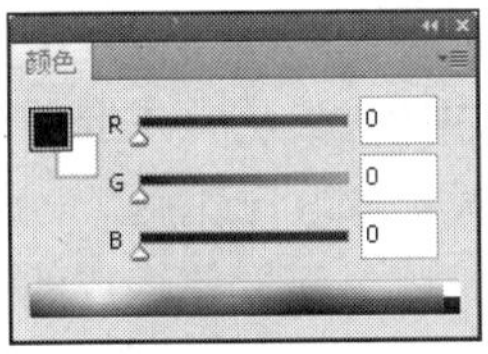

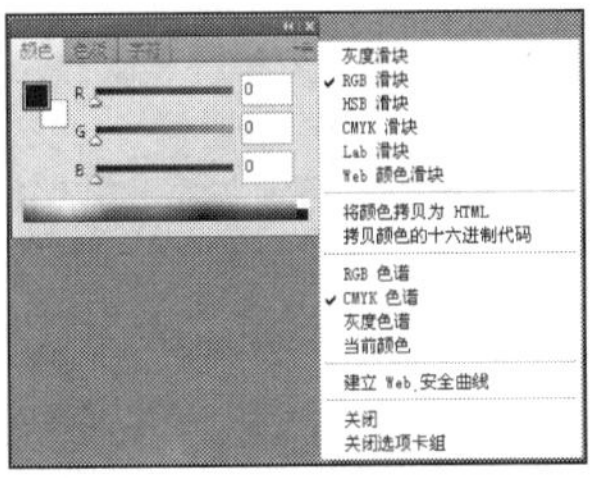

4.1.5 “色板”面板

使用“色板”面板可以快速选择前景色和背景色。该面板中的颜色都是系统预设好的，可以直接使用。下面介绍在“色板”面板中选择颜色的具体操作步骤。

步骤01 执行“窗口→色板”命令，打开“色板”面板，如下图所示。

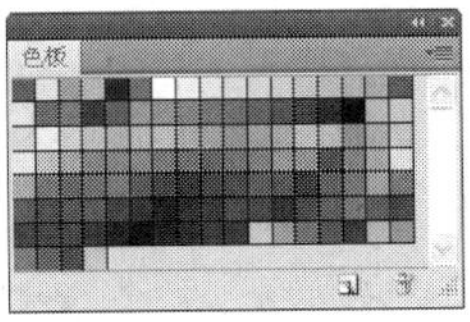

步骤02 移动指针至面板的色块中，此时指针呈🖊形状，单击即可选择指针所指的色块，如下图所示。

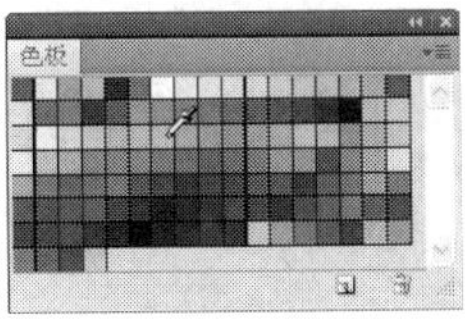

提 示

单击“色板”面板中的◰按钮，可以将当前设置的前景色保存到面板中。如果要删除一种颜色，可将其拖至🗑按钮上。

4.1.6 渐变工具

“渐变工具”▣是一种特殊的填充工具，通过它可以填充由几种颜色组成的渐变色，填充颜色的方向、种类和样式都可根据需要进行设置。下面对“渐变工具”进行具体介绍。

在工具箱中选择“渐变工具”，其属性栏如下图所示。

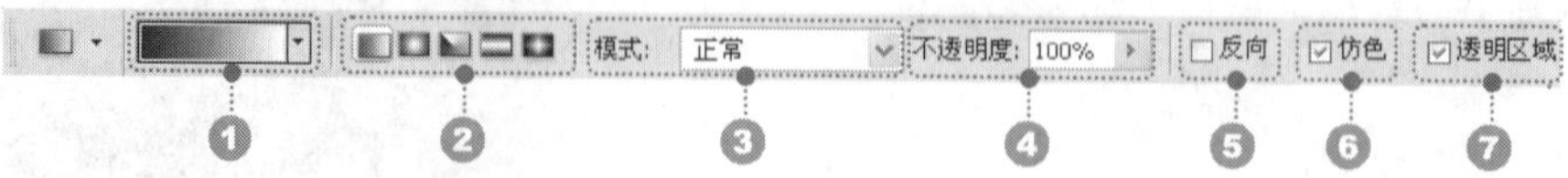

❶填充颜色框：填充颜色框中显示了当前的渐变颜色，单击右侧的按钮，可以在打开的下拉面板中选择预设的渐变。

❷渐变类型：包含了“线性渐变”、“径向渐变”、“角度渐变”、“对称渐变”、“菱形渐变”5个渐变按钮。单击“线性渐变”按钮，可以创建直线的渐变；单击“径向渐变”按钮，可创建圆形的渐变；单击“角度渐变”按钮，可创建围绕起点并以逆时针方式扫描的渐变；单击“对称渐变”按钮，可创建对称的渐变；单击“菱形渐变”按钮，可以创建菱形的渐变。

❸模式：可设置应用渐变时的混合模式。

❹不透明度：可设置渐变效果的不透明度。数值越小，图像越透明；数值越大，图像越清晰。

❺反向：可转换渐变中的颜色顺序，得到反方向的渐变效果。

❻仿色：可以平滑渐变中的过渡色。主要用于混合可用颜色的像素，防止打印时出现条带化现象，但并不能在屏幕上明显地体现出作用。

❼透明区域：选择该复选框，可以使当前的渐变呈现透明效果；取消选择该复选框，则可创建实色渐变。

使用“渐变工具”为图像背景填充渐变的具体操作步骤如下。

步骤01 打开光盘中的素材文件4-02.jpg，选择工具箱中的“魔棒工具”，在图像的背景部分单击，效果如下图所示。

步骤02 选择工具箱中的“渐变工具”，单击其属性栏中的渐变颜色条，打开“渐变编辑器”窗口，选择“透明彩虹渐变”选项，如下图所示，并设置“不透明度”为20%。

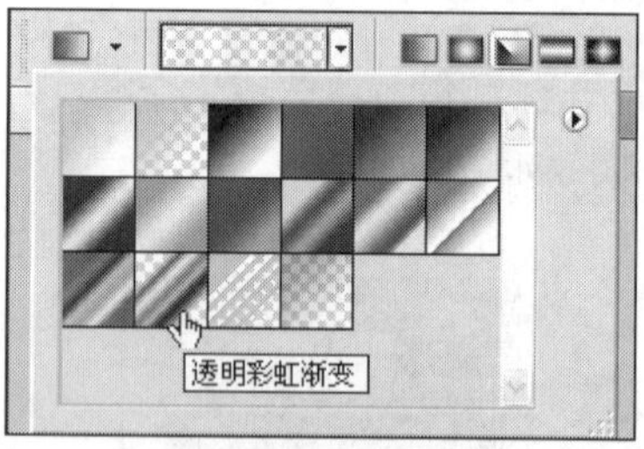

步骤03 将指针指向人物头部，并按住鼠标左键拖动到人物中心位置，如下图所示。

步骤04 释放鼠标左键，即可为选择区域填充相应的渐变色，然后执行“选择→取消选择”命令，效果如下图所示。

注意

在使用“渐变工具”时，当按住鼠标左键不放进行拖动时，在起始点到结束点之间会显示出一条提示直线，拖动的方向决定填充后颜色倾斜的方向。另外，提示线的长短也会直接影响渐变色的最终效果。

4.1.7 油漆桶工具

“油漆桶工具”可以根据图像的颜色容差填充颜色或图案，是一种非常方便、快捷的填充工具。在其属性栏中，可以进一步设置填充的方式、不透明度、颜色容差和填充内容。选择“油漆桶工具”后，其属性栏如下图所示。

❶设置填充区域的源：单击该选项的下拉按钮，可以在下拉列表中选择填充内容，包括“前景”和“图案”两个选项。

❷点按并拖移可选择图案：可选择填充图案的样式。

❸模式：用于设置填充区域的颜色模式。

❹不透明度：可设置填充区域的不透明程度。

❺容差：可设置容差值。值越大，填充范围越大。

❻消除锯齿：选择该复选框，可使选区的边缘更平滑。

❼连续的：选择该复选框，只填充与单击点处相邻的像素；取消选择该复选框，可填充图像中所有相似的像素。

❽所有图层：选择该复选框，可以填充所有可见图层；取消选择该复选框，则仅填充当前图层。

使用“油漆桶工具”填充背景图像的具体操作步骤如下。

步骤01 打开光盘中的素材文件4-03.jpg，选择工具箱中的“魔棒工具”，在图像背景部分单击，效果如下图所示。

步骤02 设置前景色为蓝色，选择工具箱中的“油漆桶工具”，将指针指向白色背景处，单击即可填充，填充效果如下图所示。

4.1.8 “描边”命令

在图像中创建选区后，执行“编辑→描边”命令，打开“描边”对话框，如下图所示。

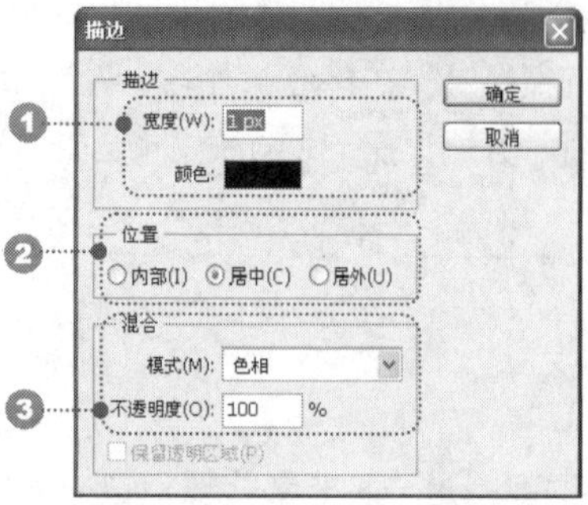

对话框中的各项参数含义如下。

❶“描边”选项区域：在“宽度”选项中可以设置描边的宽度；单击“颜色”选项右侧的色块，可以在打开的“选择描边颜色”对话框中设置描边颜色。

❷“位置”选项区域：用来设置描边的位置，包括“内部”、“居中”、“居外”3个选项。

❸“混合”选项区域：用来设置描边的模式和不透明度。

使用“描边”命令为选区描边的具体操作步骤如下。

步骤01 打开光盘中的素材文件4-04.jpg，使用工具箱中的“魔棒工具”选择小狗，效果如下图所示。

步骤02 执行“编辑→描边”命令，打开“描边”对话框，设置描边“宽度”为10px、“颜色”参数为（R:215、G:231、B:107），如下图所示。

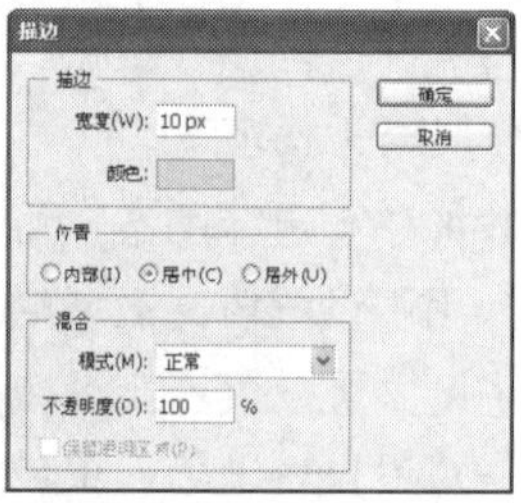

步骤03 单击“确定”按钮，图像描边效果如下图所示。

步骤04 执行“选择→取消选择”命令，最终效果如下图所示。

4.2 绘画工具

在Photoshop CS5中，绘画工具主要包括“画笔工具”、“铅笔工具”和“颜色替换工具”、“混合器画笔工具”。使用这些工具可以绘制和修改图像像素，在图像窗口进行图像或线条的绘制时，常常会用到这些工具。本节将对图像绘画工具的使用方法和参数设置进行介绍。

4.2.1 画笔工具

“画笔工具”是用于涂抹颜色的工具。画笔的笔触形态、大小及材质都可以随意调整。选择“画笔工具”后，其属性栏如下图所示。

❶工具预设：单击▾按钮，打开下拉面板，在面板中可以设置不同的笔尖，并可以设置画笔的大小和硬度。

❷切换画笔面板：画笔除了可以在属性栏中进行设置外，还可以通过“画笔”面板进行更详细的设置。

❸模式：在下拉列表中可以选择画笔笔迹颜色与下面像素的混合模式。

❹不透明度：用来设置画笔的不透明度。该值越小，线条的透明度越高。

❺流量：将指针移动到某个区域上方时，设置用于应用颜色的速率。在某个区域上方涂抹时，如果一直按住鼠标左键，颜色将根据流动的速率增加，直至达到不透明度设置。

❻喷枪：单击该按钮，可以启用喷枪功能。Photoshop CS5 会根据单击程度确定画笔线条的填充数量。

1 画笔工具预设

在下拉面板中，各项参数含义如下。

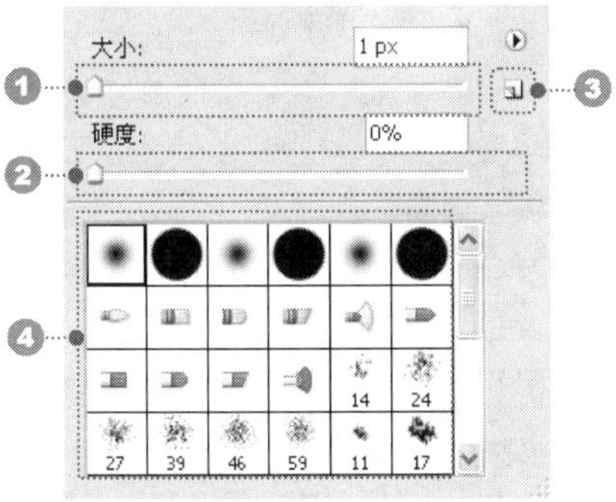

❶大小：拖动滑块或者在文本框中输入数值可以调整画笔的大小。

❷硬度：用于设置画笔笔尖的硬度。

❸从画笔创建新的预设：单击该按钮，可以打开“画笔名称”对话框，输入画笔的名称后，单击“确定”按钮，可以将当前画笔保存为一个预设的画笔。

❹笔尖形状：Photoshop CS5 提供了 3 种类型的笔尖：圆形笔尖、毛刷笔尖及图像样本笔尖。

在 Photoshop CS5 中，画笔的默认笔尖形状为正圆形，在画笔列表中单击所需的画笔样式，即可将其设置为当前的画笔样式了。如果画笔样式列表中的样式不够用，可以添加需要的画笔样式，以进行绘制，添加画笔样式的具体操作步骤如下。

步骤01 单击“画笔工具”属性栏中的“点按可打开‘画笔预设’选取器”按钮▾，打开下拉面板，单击下拉面板右上角的▶按钮，即可在弹出的菜单中选择需要添加的画笔样式，如选择“书法画笔”命令，如下图所示。

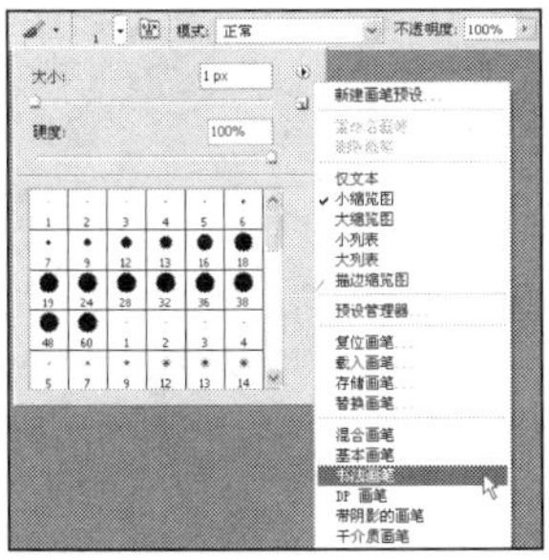

步骤02 在弹出的对话框中，单击“追加”按钮，则添加画笔样式后的画笔列表如下图所示。

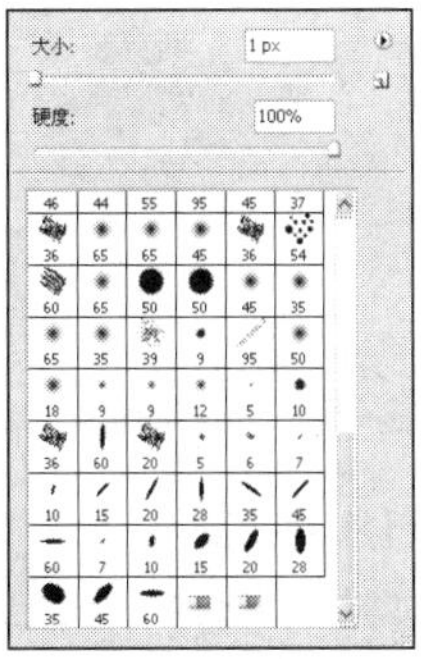

2 "画笔"面板

画笔除了可以在属性栏中进行设置外，还可以通过"画笔"面板进行更丰富的设置。执行"窗口→画笔"命令或单击属性栏中的"切换画笔面板"按钮，就可以调出"画笔"面板，如下图所示。

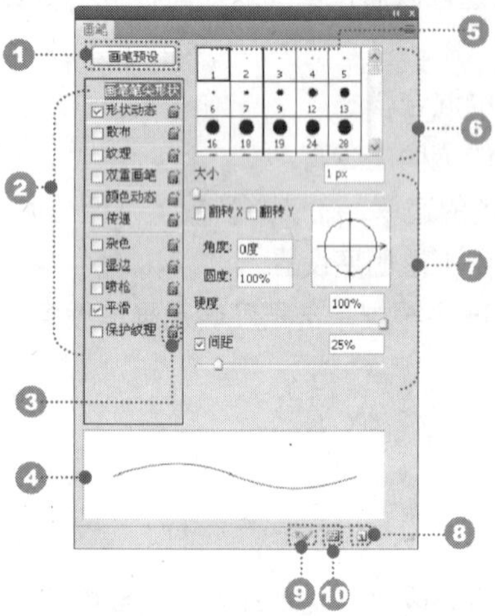

❶画笔预设：单击该按钮，可以切换到"画笔预设"面板。

❷画笔设置：改变画笔的角度、圆度，以及为其设置纹理、颜色动态等参数。

❸锁定/未锁定：显示未锁定图标时，表示当前画笔的笔尖形状属性为未锁定状态，单击该图标可锁定。

❹画笔描边预览：可预览选择的画笔笔尖形状。

❺选中的画笔笔尖：当前选择的画笔笔尖。

❻画笔笔尖：显示了 Photoshop CS5 提供的预设画笔笔尖，选择一个画笔笔尖后，可在画笔描边预览区域中预览该笔尖的形状。

❼画笔参数选项：用来调整画笔参数。

❽创建新画笔：单击该按钮，可将画笔保存为一个新的预设画笔。

❾切换硬毛刷画笔预览：使用毛刷笔尖时，显示笔尖样式。

❿打开预设管理器：单击该按钮，可以打开"预设管理器"窗口。

在图像中，使用"画笔工具"绘制图像，具体操作步骤如下。

步骤01 打开光盘中的素材文件 4-05.jpg，如下图所示。选择工具箱中的"画笔工具"，单击属性栏中的"点按可打开'画笔预设'选取器"按钮，设置画笔大小为 40px。

步骤02 单击工具箱下方的"设置前景色"色块，在弹出的"拾色器（前景色）"对话框中设置颜色参数为（R:191、G:241、B:254），在"画笔"面板中设置画笔间距为 115%，然后在图像中通过按住左键拖动进行绘制，效果如下图所示。

提示

当绘画工具处于选取状态时，按【[】键可以快速缩小绘画工具的画笔大小；按【]】键可以快速增加绘画工具的画笔大小。

4.2.2 铅笔工具

“画笔工具”和“铅笔工具”的属性栏是相同的，其操作、设置方法与“画笔工具”几乎相同。但有两点小区别：一是，可以设置“画笔工具”的笔尖硬度，“铅笔工具”不可以，“铅笔工具”的笔尖硬度只能是100%，没有湿边的效果；二是，“铅笔工具”属性栏中有一项“自动抹除”的选项。

“自动抹除”是“铅笔工具”特有的功能。选择该复选框后，当图像的颜色与前景色相同时，“铅笔工具”会自动抹除前景色而填入背景颜色；当图像的颜色与背景色相同时，“铅笔工具”会自动抹除背景色而填入前景色。

使用“铅笔工具”绘制图像的具体操作步骤如下。

步骤01 打开光盘中的素材文件4-06.jpg，如下图所示。选择工具箱中的“铅笔工具”，单击属性栏中的“点按可打开‘画笔预设’选取器”按钮，设置画笔大小为9px。

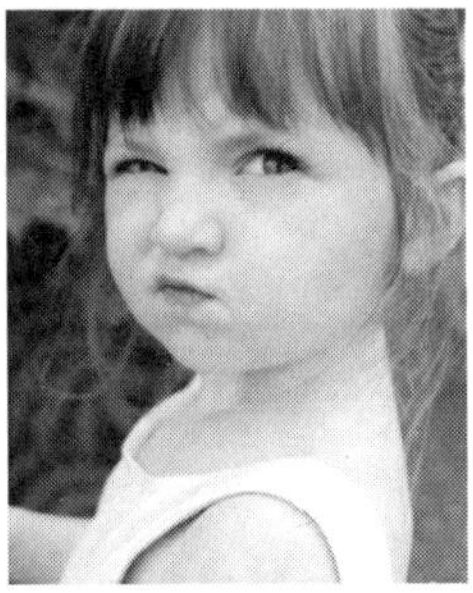

步骤02 单击工具箱下方的“设置前景色”色块，在弹出的“拾色器（前景色）”对话框中设置颜色参数为（R:252、G:126、B:206），在图像中通过按住左键拖动进行绘制，效果如下图所示。

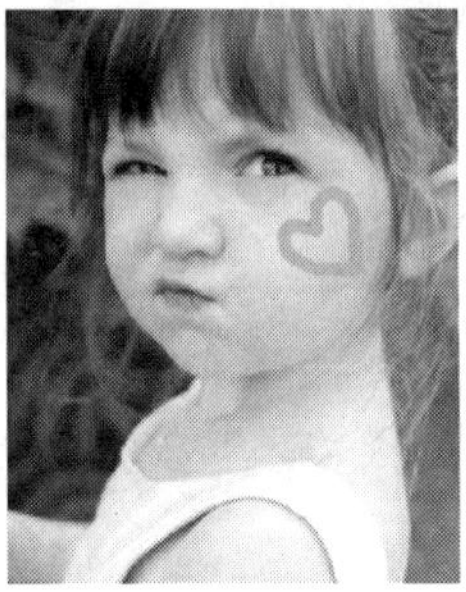

4.2.3 颜色替换工具

“颜色替换工具”是用设置好的前景色来替换图像中的颜色。在不同的颜色模式下，所产生的最终颜色也不同。选择“颜色替换工具”后，其属性栏如下图所示。

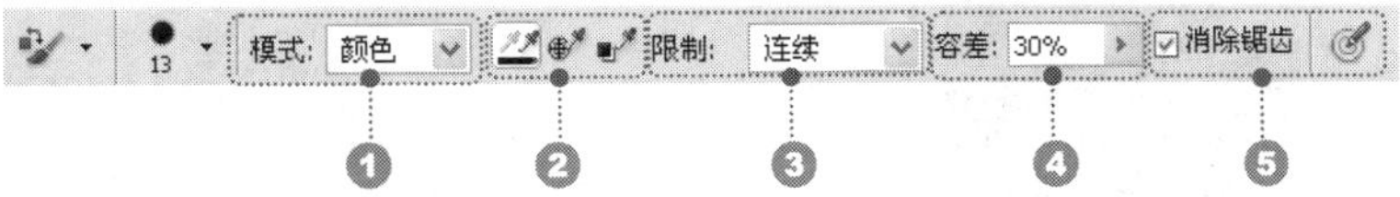

❶模式：用于设置替换内容的模式，包括“色相”、“饱和度”、“颜色”、“亮度”这4种。常用的模式为“颜色”模式，这也是默认模式。

❷取样取样：包括“取样：连续”、“取样：一次”、“取样：背景色板”。其中，“取样：连续”是以指针当前位置的颜色为颜色基准；“取样：一次”是始终以开始涂抹时的颜色为颜色基准；“取样：背景色板”是以背景色为颜色基准进行替换。

❸限制：设置替换颜色的方式，以涂抹时第一次接触的颜色为基准色。“限制”有3个选项，分别为“连续”、“不连续”和“查找边缘”。其中，“连续”是以涂抹过程中指针当前所在位置的颜色作为基准颜色来选择替换颜色的范围；“不连续”是指凡是指针移动到的地方都会被替换颜色；“查找边缘”主要是将色彩区域之间的边缘部分的颜色进行替换。

❹容差：用于设置颜色替换的容差范围。数值越大，替换的颜色范围也越大。

❺消除锯齿：选择该复选框，可以为校正的区域定义平滑的边缘，从而消除锯齿。

在图像中，使用“颜色替换工具”替换背景颜色的具体操作步骤如下。

步骤01 打开光盘中的素材文件4-07.jpg，如右侧左图所示。选择工具箱中的“颜色替换工具”，在属性栏中设置画笔大小为54px，如右侧右图所示，并单击按钮。

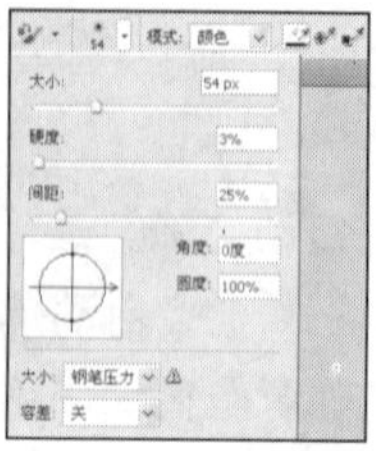

步骤02 单击工具箱下方的“设置前景色”色块，在弹出的“拾色器（前景色）”对话框中设置颜色参数为（R:204、G:158、B:206），在背景图像中通过按住左键拖动进行绘制，如下图所示。

步骤03 在操作时需注意，指针不要碰到人物。替换背景完成后，释放鼠标左键，效果如下图所示。

4.2.4 混合器画笔工具

“混合器画笔工具”可以混合像素，创建类似于传统画笔绘画时颜料之间相互混合的效果，其具体使用步骤如下。

步骤01 打开光盘的中素材文件4-08.jpg，如下图所示。

步骤02 选择工具箱中的“混合器画笔工具”，在图像中涂抹即可，效果如下图所示。

4.3 图像修复工具组

随着人们审美水平的不断提高，对图像的要求也越来越高，在Photoshop CS5中，可以对不完美的照片进行修复及进行局部色调调整。本节将主要介绍如何使用这些修复工具将图像变得更加完美。

4.3.1 污点修复画笔工具

使用“污点修复画笔工具”可以快速修复图像的瑕疵。其工作原理是，通过从图像或图案中提取样本像素来涂改需要修复的地方，使需要修改的地方与样本像素在纹理、亮度和不透明度上保持一致，从而达到用样本像素遮盖瑕疵的目的。选择该工具后，其属性栏如下图所示。

❶模式：用于设置修复图像时使用的混合模式。

❷类型：用于设置修复方法。“近似匹配”选项可将所涂抹的区域以周围的像素进行覆盖；“创建纹理”选项可以使用其他纹理进行覆盖；“内容识别”选项可由软件自动分析周围像素的特点，将像素拼接组合后填充在该区域并进行融合，从而得到快速的无缝拼接效果。

❸对所有图层取样：选择该复选框，可从所有的可见图层中提取数据。取消选择该复选框，则只能从被选取的图层中提取数据。

使用“污点修复画笔工具”修复图像的具体操作步骤如下。

步骤01 打开光盘中的素材文件4-09.jpg，如右侧左图所示。选择工具箱中的“污点修复画笔工具”，在属性栏中设置画笔大小为15px，如右侧右图所示。

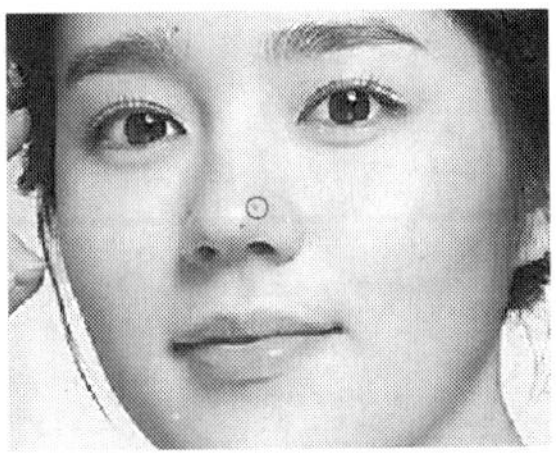

步骤02 在污点区域单击，指针变可为黑色画笔形状并覆盖住单击区域，如右侧左图所示。释放左键即可完成修复，效果如右侧右图所示。

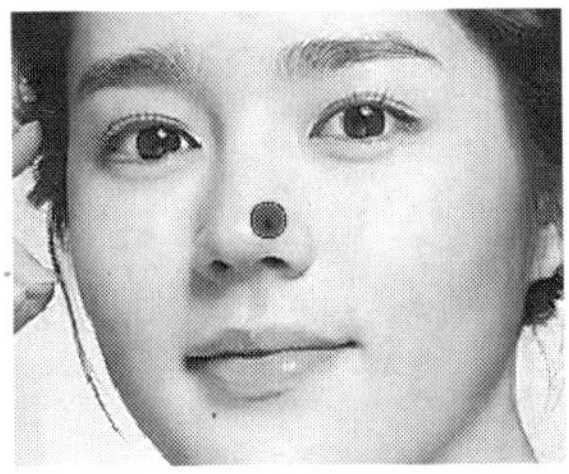

4.3.2 修复画笔工具

“修复画笔工具”的工作原理与“污点修复画笔工具”类似，在修饰小部分图像时会经常用到“修复画笔工具”。使用“修复画笔工具”时，应先取样，然后将选取的样本填充到要修复的目标区域，使修复区域和周围的图像相融合，还可以将所选择的图案应用到要修复的图像区域中。选择“修复画笔工具”，其属性栏如下图所示。

❶模式：在下拉列表中可以选择修复图像的混合模式。

❷源：可选择用于修复像素的源。选择“取样”选项，可以从图像的像素上取样；选择“图案”选项，可在“图案”下拉列表中选择一个图案，然后进行取样，效果类似于使用“图案图章工具”绘制的图案。

❸对齐：选择该复选框，会对像素进行连续取样，在修复过程中，取样点会随修复位置的移动而变化；取消选择该复选框，则在修复过程中始终以一个取样点为起始点。

❹样本：用于从指定的图层中进行数据取样；如果要从当前图层及其下方的可见图层中取样，可以选择“当前和下方图层”选项；如果仅从当前图层中取样，可选择“当前图层”选项；如果要从所有可见图层中取样，可选择“所有图层”选项。

使用“修复画笔工具”修复图像的具体操作步骤如下。

步骤01 打开光盘中的素材文件4-10.jpg，如右侧左图所示。

步骤02 选择工具箱中的“修复画笔工具”，在属性栏中设置画笔大小为40px，按住【Alt】键单击，即可定义像素源，如右侧右图所示。

步骤03 采样完毕后，释放【Alt】键，将指针指向耳垂位置后拖动，如右侧左图所示，修复完成后的图像效果如右侧右图所示。

注意

在使用“修复画笔工具”前，需要观察图像像素颜色的分布特点，然后根据需要设置修复区域的大小及合适的画笔尺寸和取样点。

4.3.3 修补工具

“修补工具”可使用选定区域像素替换修补区域像素，并将取样区域的纹理、光照和阴影与源点区域进行匹配，使替换区域与背景自然融合。

使用“修补工具”，可以用其他区域或图案中的像素来修复选中的区域。和“修复画笔工具”一样，“修补工具”会将取样像素的纹理、光照和阴影与源像素进行匹配。选择“修补工具”后，其属性栏如下图所示。

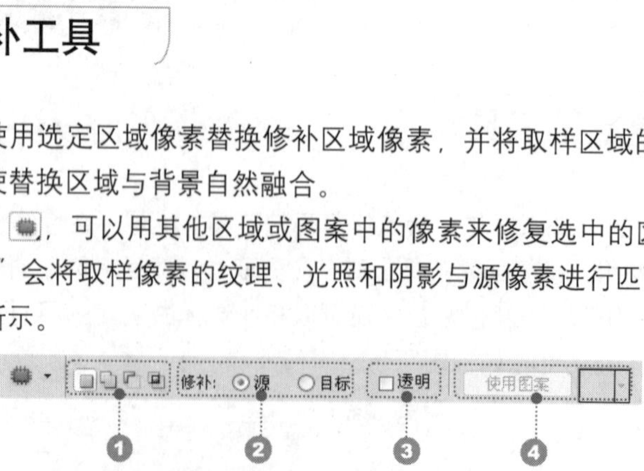

❶运算按钮：可对选区进行运算操作。例如，可以对选区进行添加。

❷修补：用于设置修补方式。选择“源”单选按钮，当将选区拖至要修补的区域以后，释放

鼠标就会用当前选区中的图像修补原来选中的内容；选择“目标”单选按钮，则会将选中的图像复制到目标区域。

❸透明：用于设置所修复区域的透明度。

❹使用图案：单击该按钮，可以应用图案对所选择的区域进行修补。

使用“修补工具”修补图像的具体操作步骤如下。

步骤01 打开光盘中的素材文件 4-11.jpg，如下图所示。

步骤02 选择工具箱中的“修补工具”，在属性栏中将“修补”选项设置为“源”，将指针移动至背景中，并创建选区，如下图所示。

步骤03 将指针放至选区内，拖动选区到采样目标区域，如下图所示。

步骤04 释放鼠标左键，执行“选择→取消选择”命令，图像就被修补，效果如下图所示。

注 意

在对图像进行修补时，可以用“矩形选框工具”、“魔棒工具”或“套索工具”创建选区，然后选择“修补工具”，拖动选区内的图像，以进行修补。

4.3.4 红眼工具

“红眼工具”对修饰照片有很重要的作用。“红眼工具”可以移去用闪光灯拍摄的人像照片中的红眼，也可以移去用闪光灯拍摄的动物照片中的白色或绿色反光。“红眼工具”的使用方法非常简单，在眼睛周围创建选区，系统会自动进行红眼校正。选择工具箱中的“红眼工具”，其属性栏如下图所示。

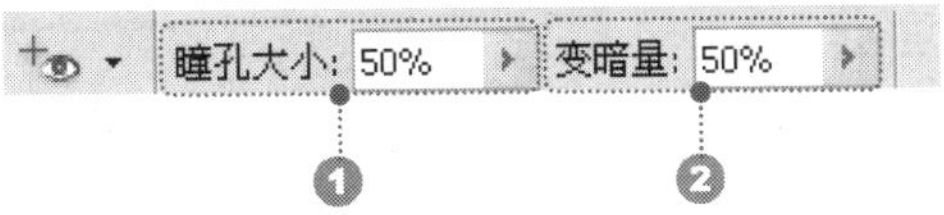

❶瞳孔大小：可设置瞳孔（眼睛暗色的中心）的大小。

❷变暗量：用来设置瞳孔的暗度。

使用“红眼工具”修复图像的具体操作步骤如下。

步骤01 打开光盘中的素材文件 4-12.jpg，如右侧左图所示。

步骤02 选择工具箱中的“椭圆选框工具”，在图像中通过拖动选择人物的右眼，效果如右侧右图所示。

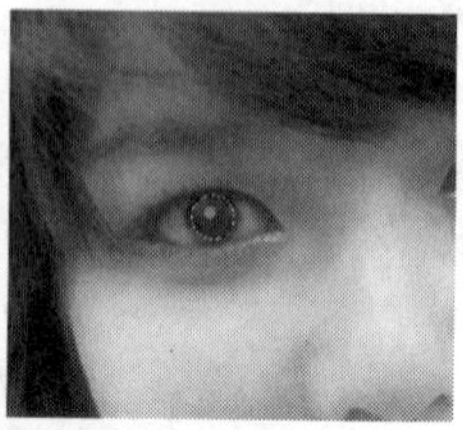

步骤03 选择工具箱中的“红眼工具”，在选区内拖动，释放鼠标后，人物右眼的红眼效果被清除，如右侧左图所示。

步骤04 按照相同的方法，将人物左眼的红眼效果清除，最终效果如右侧右图所示。

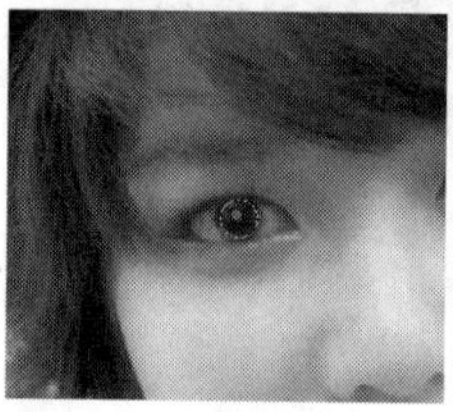

4.4 图章工具

图章工具是非常重要的工具，包括“仿制图章工具”和“图案图章工具”。“仿制图章工具”的主要功能就是修复含有瑕疵的图片，去掉多余图像，而“图案图章工具”则以选取的图案进行涂抹填充。

4.4.1 仿制图章工具

使用“仿制图章工具”，可以像盖章一样，将指定的图像区域复制到指定的区域中，也可以将一个图层的一部分绘制到另一个图层中。“仿制图章工具”对于复制对象或去除图像中的缺陷发挥着重要作用。

选择“仿制图章工具”，其属性栏如下图所示。

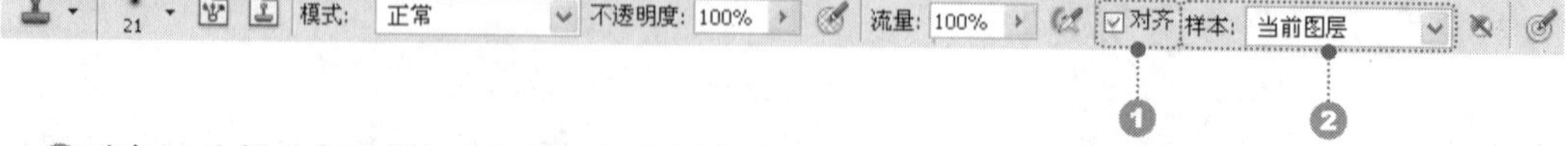

❶对齐：选择此复选框，可对像素进行连续取样，又不会丢失当前的取样点，以保证复制图像的完整性。如果取消选择该复选框，则会在每次停止并重新开始绘制时使用初始取样点中的样本像素。

❷样本：用于从指定的图层中进行数据取样。在“样本”下拉列表中可以选择取样的目标范围，可以分别基于“当前图层”、“当前和下方图层”、“所有图层”进行取样。

使用“仿制图章工具”绘制图像的具体操作步骤如下。

步骤01 打开光盘中的素材文件4-13.jpg，如右侧左图所示。选择工具箱中的“仿制图章工具”，在属性栏中设置画笔大小为80px，在图像中按住【Alt】键单击，以进行取样，如右侧右图所示。

步骤02 释放【Alt】键，即可完成图像取样，将指针指向要复制的位置，单击并进行涂抹即可逐步复制图像，如右侧左图所示，继续拖动鼠标左键进行涂抹，最终效果如右侧右图所示。

4.4.2 图案图章工具

“图案图章工具”的作用是将系统自带或者自定义的图案进行复制并填充到图像区域中。“图案图章工具”可以将特定区域指定为图案纹理，并可通过拖动填充图案，因此该工具常用于背景图片的制作。选择“图案图章工具”后，其属性栏如下图所示。

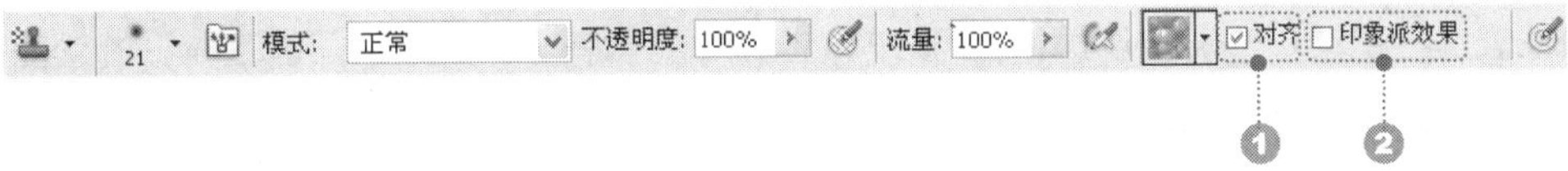

❶对齐：选择该复选框，可以保持图案与原始起点的连续性，即使多次单击也不例外；取消选择该复选框，每次单击都重新应用图案。

❷印象派效果：选择该复选框，会使选取的图像产生模糊、朦胧的印象派效果。

使用“图案图章工具”绘制图像的具体操作步骤如下。

步骤01 打开光盘中的素材文件4-14.jpg，如下图所示。

步骤02 选择工具箱中的“图案图章工具”，在属性栏中设置画笔大小为92px，单击“点按可打开‘图案’拾色器”按钮，打开图案下拉面板，从中选择一种填充图案，如下图所示。

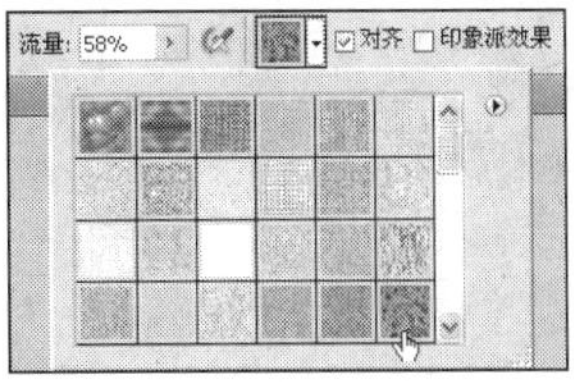

步骤03 在图像中通过拖动鼠标绘制图案，指针经过的区域被填充上所选择的紫色图案，如右侧左图所示。继续通过拖动鼠标绘制图像，效果如右侧右图所示。

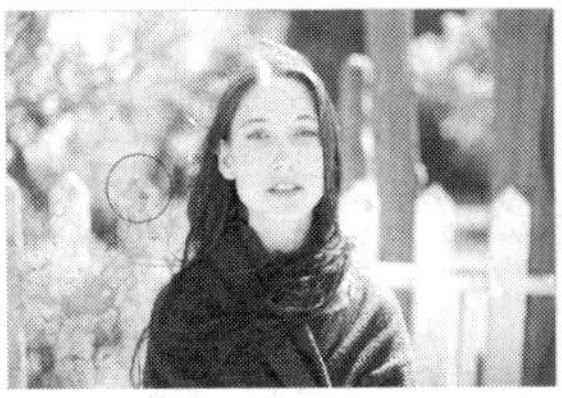

4.5 擦除工具

使用工具箱中的“橡皮擦工具”、“背景橡皮擦工具”和“魔术橡皮擦工具”可以对图像中的部分区域进行修改。下面详细介绍擦除工具。

4.5.1 橡皮擦工具

“橡皮擦工具”是图像修饰中使用频率非常高的工具，主要作用是擦除图像中多余的像素，并用背景颜色或透明像素填充擦除区域，其属性栏如下图所示。

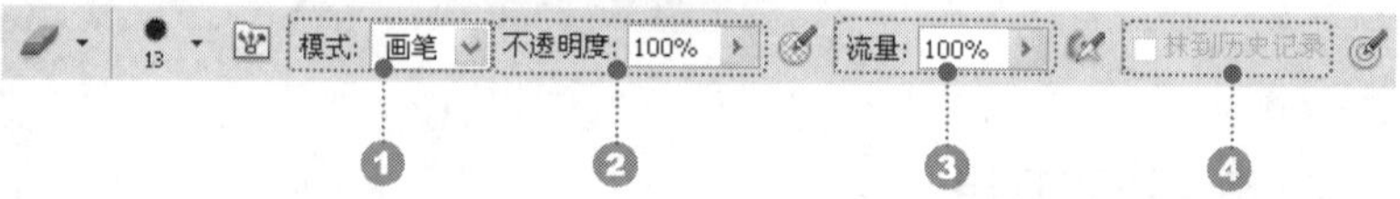

❶模式：可以选择橡皮擦的种类。选择“画笔”选项，可创建柔边擦除效果；选择“铅笔”选项，可创建硬边擦除效果；选择“块”选项，则擦除的效果为块状。

❷不透明度：设置工具的擦除强度。100%的不透明度可以完全擦除像素，较低的不透明度可部分擦除像素。

❸流量：用来控制工具的涂抹速度。

❹抹到历史记录：选择该复选框，“橡皮擦工具”就具有“历史记录画笔工具”的功能。

使用“橡皮擦工具”擦除图像的具体操作步骤如下。

步骤01 打开光盘中的素材文件4-15.jpg，如下图所示。

步骤02 选择工具箱中的“橡皮擦工具”，按【D】键恢复背景色为白色。在属性栏中设置橡皮擦的大小为68px，然后将指针移动至图像窗口，按住左键进行拖动，则指针经过的区域被填充为背景色，效果如下图所示。

提示

可直接按【E】键选择“橡皮擦工具”。

4.5.2 背景橡皮擦工具

“背景橡皮擦工具”是一种智能橡皮擦，主要用于擦除图像的背景区域。它具有自动识别对象边缘的功能，可采集画笔中心的色样，并删除画笔内出现的这种颜色，使被擦除的图像成透明区域显示，其擦除功能非常灵活。选择“背景橡皮擦工具”，其属性栏如下图所示。

❶取样方式：用来设置取样方式。单击“取样：连续”按钮，在拖动鼠标时可连续对颜色取样，凡是出现在光标中心十字线内的图像都会被擦除；单击“取样：一次”按钮，只擦除包含第一次单击点颜色的图像；单击“背景色板”按钮，只擦除包含背景色的图像。

❷限制：定义擦除时的限制模式。选择“不连续”选项，可擦除指针处的样本颜色；选择“连续”选项，只擦除包含样本颜色且互相连接的区域；选择“查找边缘”选项，可擦除包含样本颜色的连续区域，同时更好地保留形状边缘的锐化程度。

❸容差：用来设置颜色的容差范围。低容差可擦除与样本颜色非常相似的区域，高容差可擦除范围更广的颜色。

❹保护前景色：选择该复选框，可避免擦除与前景色匹配的区域。

使用“背景橡皮擦工具”擦除图像的具体操作步骤如下。

步骤01 打开光盘中的素材文件 4-16.jpg，如下图所示。

步骤02 选择工具箱中的“背景橡皮擦工具”，在属性栏中设置橡皮擦的大小为 18px，然后将指针指向图像，并按住左键进行拖动，则指针经过的区域被擦除为透明区域，效果如下图所示。

4.5.3 魔术橡皮擦工具

“魔术橡皮擦工具”的作用和“魔棒工具”极为相似，可自动擦除当前图层中与选区颜色相近的像素。该工具的使用方法是，直接在要擦除的区域上单击。选择该工具后，其属性栏如下图所示。

❶容差：用于设置可擦除的颜色的范围。低容差可擦除与单击点颜色非常相似的区域，高容差可擦除范围更广的颜色。

❷消除锯齿：选择该复选框，可以使擦除边缘平滑。

❸连续：选择该复选框，可擦除与单击处相邻的且在容差范围内的颜色；若取消选择该复选框，则可擦除图像中容差范围内的颜色。

❹不透明度：用于设置所要擦除图像区域的不透明度。数值越大，图像被擦除得越彻底。

使用“魔术橡皮擦工具”擦除图像的具体操作步骤如下。

步骤01 打开光盘中的素材文件 4-17.jpg，如下图所示。

步骤02 择工具箱中的“魔术橡皮擦工具”，将指针指向图像窗口中，单击需要擦除的颜色区域，则与单击点相似的颜色被擦除，效果如下图所示。

4.6 图像像素处理工具

在编辑图像的过程中，当需要对图像相邻像素的明暗进行增加或减小时，可通过图像像素处理工具改善图像的细节，从而使图像看起来更加清晰或者模糊。图像像素处理工具包括“模糊工具”、“锐化工具”、“涂抹工具”3 种，本节将详细介绍这些工具。

4.6.1 模糊工具

“模糊工具”可以柔化图像的边缘，减少图像的细节。使用“模糊工具”可以对图像的全部或局部进行模糊。选择“模糊工具”后，其属性栏中的“强度”选项用于定义模糊强度，取值越大，模糊效果越明显。

使用“模糊工具”模糊图像的具体操作步骤如下。

步骤01 打开光盘中的素材文件 4-18.jpg，如下图所示。

步骤02 选择工具箱中的“模糊工具”，在图像中通过拖动鼠标进行涂抹，则指针所经过的图像区域就会变得模糊，效果如下图所示。

4.6.2 锐化工具

“锐化工具”可将图像的全部或部分进行锐化，其原理是通过增加像素间的对比度，提高图像的边缘清晰度。其属性中的“强度”选项用于设置锐化强度，强度越大，锐化效果越明显。

使用“锐化工具”锐化图像的具体操作步骤如下。

步骤01 开光盘中的素材文件 4-19.jpg，如下图所示。

步骤02 选择工具箱中的“锐化工具”，在图像中通过拖动鼠标进行涂抹，则指针所经过的图像区域变得清晰，效果如下图所示。

4.6.3 涂抹工具

“涂抹工具”可拾取单击点的颜色，并沿拖动的方向展开这种颜色，产生类似手指涂抹的模糊效果。其属性栏与“模糊工具”基本相同，只是多了一个“手指绘画”复选项，选择该复选框，可以在涂抹时添加前景色；取消选择该复选框，则使用描边起点处指针所在位置的颜色进行涂抹。

使用“涂抹工具”涂抹图像的具体操作步骤如下。

步骤01 打开光盘中的素材文件 4-20.jpg，如下图所示，

步骤02 选择工具箱中的“涂抹工具”，在属性栏中单击“点按可打开‘画笔预设’选取器”按钮，打开下拉面板，从中选择“喷溅 39 像素”画笔样式，设置“强度”为 50%，然后拖动鼠标在兔子旁边进行涂抹，效果如下图所示。

4.7 图像颜色处理工具

图像颜色处理工具的主要功能是处理图像的色彩，从而更改图像效果，包括“加深工具”、“减淡工具”和“海绵工具”。其中，“加深工具”和“减淡工具”主要用于调整图像局部的明亮程度；“海绵工具”则用于调整图像的颜色饱和度。本节将详细介绍这些工具。

4.7.1 减淡工具

“减淡工具”主要是对图像进行加光处理，以达到让图像颜色减淡的目的。选择工具箱中的“减淡工具”后，其属性栏如下图所示。

❶范围：定义“减淡工具”的作用范围，包括“阴影”、“中间调”、“高光”3 个选项。选择“阴影”选项时，其作用范围是图像暗部区域像素；选择“中间调”选项时，其作用范围是图像的中间调范围像素；选择“高光”选项时，其作用范围是图像亮部区域像素。

❷曝光度：用于设置颜色的亮度强度。取值越大，作用区域像素的亮度越高；取值越小，作用区域像素的亮度越低。

❸保护色调：选择此复选框，则图像的整体色调不会发生改变。

使用“减淡工具”减淡图像的具体操作步骤如下。

步骤01 打开光盘中的素材文件 4-21.jpg，如下图所示。选择工具箱中的“减淡工具”，在属性栏中设置画笔大小为 65px，设置“范围”为“阴影”、“曝光度”为 50%。

步骤02 通过拖动鼠标在图像上反复进行涂抹，则指针经过的图像区域颜色变淡，效果如下图所示。

4.7.2 加深工具

“加深工具”可使图像的全部或部分变暗，使原来较亮的地方变暗，创建出背光面，其作用与“减淡工具”相反。通过设置属性栏中的选项，可以创建出不同暗度的效果。

使用“加深工具”加深图像的具体操作步骤如下。

步骤01 打开光盘中的素材文件 4-22.jpg，如右图所示。单击工具箱中的“加深工具”按钮，在属性栏中设置画笔大小为 80px，设置“范围”为“中间调”、“曝光度”为 50%。

步骤02 通过拖动鼠标在图像上反复进行涂抹，则指针经过的图像区域颜色变深，效果如右图所示。

4.7.3 海绵工具

“海绵工具”可以设置色彩饱和度。选择该工具后，在画面中涂抹即可进行处理，其属性栏如下图所示。

❶模式：用于设置更改色彩的方式。选择“饱和”选项可增加饱和度，选择“降低饱和度”选项可降低饱和度。

❷流量：用于设置“海绵工具”的作用强度。该值越大，强度越大，效果越明显。

❸自然饱和度：选择该复选框，可以得到最自然的加色或减色效果，防止颜色过于饱和。

使用“海绵工具”减色的具体操作步骤如下。

步骤01 打开光盘中的素材文件 4-23.jpg，如下图所示。选择工具箱中的“海绵工具”，在属性栏中设置画笔大小为 60px，设置“模式”为“降低饱和度”、“流量”为 50%。

步骤02 通过拖动鼠标在图像上反复进行涂抹，则指针经过的图像区域得到减色，效果如下图所示。

4.8 图像的变换

在 Photoshop CS5 中对图像进行缩放、旋转、扭曲等操作时，可使用菜单栏中提供的变换图像命令，从而对图像进行一系列的操作。如果图像中只有“背景”图层，那么需要先使用选择工具对要变换的图像内容进行选择，然后执行变换操作。下面对变换图像的一些操作进行介绍。

4.8.1 缩放图像

使用“缩放”命令可以根据需要对选择的图像进行放大或缩小操作，从而得到所需的图像样式，其具体操作步骤如下。

步骤01 打开光盘中的素材文件 4-24.jpg，如下图所示。

步骤02 打开“图层”面板，选择“背景”图层，将“背景”图层拖动到面板底部的“创建新图层”按钮上，如下图所示。

步骤03 执行“编辑→变换→缩放”命令，在图像四周的控制点上拖动，如下图所示。

步骤04 将图像缩放到所需的比例时，单击属栏中的✓按钮，应用缩放，效果如下图所示。

注 意

将指针定位在左右边中间的变换点上时，指针会变成↔形状，表示可以改变对象的宽度；将指针定位在上下边中间的变换点上时，指针会变成↕形状，表示可以改变对象的高度；将指针定位在控制框 4 个角的变换点上时，指针会变成⤡或⤢形状，表示可以改变对象的高度和宽度。

4.8.2 旋转图像

如果需要对图像进行旋转操作，可使用“旋转”命令将图像旋转到任意角度，具体操作步骤如下。

步骤01 打开光盘中的素材文件 4-25.jpg，如下图所示。

步骤02 打开“图层”面板，选择“背景”图层，将“背景”图层拖动到面板底部的“创建新图层”按钮上，如下图所示，隐藏“背景”图层。

步骤03 执行“编辑→变换→旋转”命令，当指针变成 形状时，单击并拖动鼠标便可旋转对象，如右侧左图所示。旋转完成后，在定界框内双击，确认应用，效果如右侧右图所示。

4.8.3 斜切图像

使用“斜切”命令可以根据需要对选择的图像进行斜切操作，具体操作步骤如下。

步骤01 打开光盘中的素材文件4-26.jpg，如右侧左图所示。打开“图层”面板，选择“背景”图层，将“背景”图层拖动到面板底部的“创建新图层”按钮上，如右侧右图所示，隐藏“背景”图层。

步骤02 执行“编辑→变换→斜切”命令，显示定界框，将指针放在定界框外侧，当指针变成 或 形状时，单击并拖动鼠标便可沿垂直或水平方向斜切对象，如右侧左图所示。在定界框内双击，确认应用，效果如右侧右图所示。

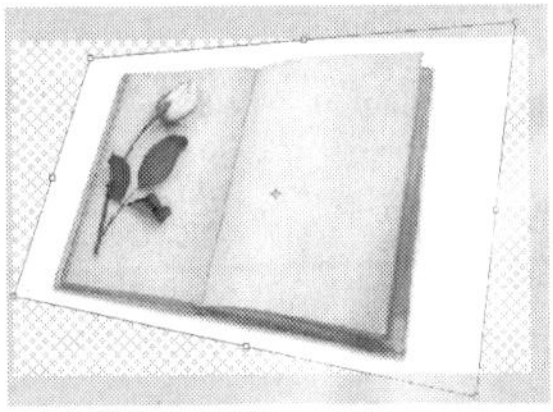

4.8.4 翻转图像

使用翻转命令可以根据需要对选择的图像进行翻转操作，具体操作步骤如下。

步骤01 打开光盘中的素材文件4-27.jpg，如下图所示。打开“图层”面板，选择“背景”图层，将“背景”图层拖动到面板底部的“创建新图层”按钮上。

步骤02 执行“编辑→变换→水平翻转”命令，即可对图像进行翻转，效果如下图所示。

4.8.5 扭曲图像

使用“扭曲”命令可以根据需要对选择的图像进行扭曲操作，具体操作步骤如下。

步骤01 打开光盘中的素材文件4-28.jpg，如右侧左图所示。打开“图层”面板，选择“背景”图层，将“背景”图层拖动到面板底部的“创建新图层”按钮上，如右侧右图所示，隐藏“背景”图层。

步骤02 执行“编辑→变换→扭曲”命令，拖动图像四周的控制点便可扭曲对象，如右侧左图所示。

步骤03 将图像调整至满意的效果后，双击确认，效果如右侧右图所示。

4.8.6 透视图像

使用“透视”命令可以根据需要对选择的图像进行透视操作，具体操作步骤如下。

步骤01 打开光盘中的素材文件4-29.jpg，如右侧左图所示。打开“图层”面板，选择“背景”图层，将“背景”图层拖动到面板底部的“创建新图层”按钮上，如右侧右图所示。

步骤02 执行“编辑→变换→透视”命令，拖动图像四周的控制点，对图像进行透视变换，如下图所示。将图像调整至满意的效果后，双击确认。

步骤03 在“图层”面板中单击“背景”图层的指示图层可见性图标，隐藏“背景”图层后的图像效果如下图所示。

4.8.7 变形图像

“变形”命令可将图像进行变形并贴到有弧度的物体上。

步骤01 打开光盘中的素材文件 4-30.jpg，置入光盘中的素材文件 4-31.jpg，如下图所示。

步骤02 选择工具箱中的“魔棒工具”，选中兔子图像背景，按【Delete】键删除背景，效果如下图所示。

步骤03 执行“编辑→变换→变形”命令，拖动图像四周的控制点，将图像进行变形，如下图所示。

步骤04 将图像调整至满意的效果后，双击确认，最终效果如下图所示。

技能进阶——上机实战操作

通过前面内容的学习，为了让用户进一步掌握本章内容，提高综合应用能力，下面介绍相关实例的制作。

实例制作 1 制作可爱双胞胎合影

制作本实例时，首先复制图像，然后对图像进行翻转，最后使用“橡皮擦工具”擦除“背景”图层，即可完成本实例的制作。

效果展示

本实例的前后效果如下图所示。

原始文件	光盘\素材文件\Chapter 04\4-32.jpg
结果文件	光盘\结果文件\Chapter 04\4-01.psd
同步视频文件	光盘\同步教学文件\Chapter 04\实例制作 1.avi

知识链接

在本实例的制作与设计过程中，主要用到以下知识点。

- 翻转图像
- 橡皮擦工具

操作步骤

本实例的具体制作步骤如下。

步骤01 打开光盘中的素材文件 4-32.jpg，如右侧左图所示。打开“图层”面板，选择“背景”图层，将“背景”图层拖动到面板底部的“创建新图层”按钮上，如右侧右图所示。创建“背景副本“图层。

步骤02 选择“背景副本”图层，执行“编辑→变换→水平翻转”命令，效果如右侧左图所示。

步骤03 选择工具箱中的“橡皮擦工具”，在属性栏中设置画笔样式为“柔边圆”、“大小”为 35px。设置完成后，将指针指向图像中，并按住鼠标左键进行拖动，则指针经过的区域被擦除，如右侧右图所示。

步骤04 继续擦除，得到的效果如右侧左图所示。

步骤05 选择工具箱中的“减淡工具”，在属性栏中设置画笔大小为 25px，设置“范围”为“阴影”、“曝光度”为 50%，对人物皮肤处进行反复涂抹，最终效果如右侧右图所示。

实例制作 2 制作潮流彩妆效果

制作本实例时，首先打开素材文件，然后使用“画笔工具”绘制眼影颜色，并使用“橡皮擦工具”擦除多余的颜色，最后使用“加深工具”对眉毛、眼睛等部位的颜色进行加深，即可完成潮流彩妆的制作。

效果展示

在本实例的前后效果如下图所示。

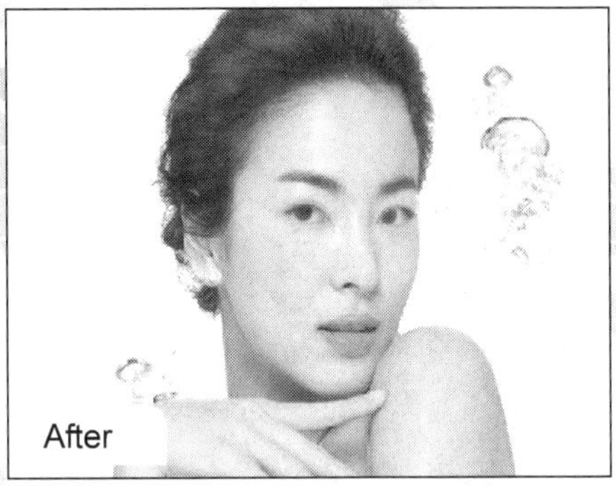

原始文件	光盘\素材文件\Chapter 04\4-33.jpg
结果文件	光盘\结果文件\Chapter 04\4-02.psd
同步视频文件	光盘\同步教学文件\Chapter 04\实例制作 2.avi

知识链接

在本实例的制作与设计过程中，主要用到以下知识点。

- 画笔工具
- 橡皮擦工具
- 加深工具

操作步骤

本实例的具体操作步骤如下。

步骤01 打开光盘中的素材文件 4-33.jpg，如下图所示。

步骤02 选择工具箱中的“画笔工具”，设置样式为“柔边圆”、“大小”为 15px、“不透明度”为 50%。单击工具箱下方的“设置前景色”图标，在弹出的“拾色器（前景色）”对话框中，设置颜色参数为（R:227、G:248、B:250）。设置完成后，按住鼠标左键在眼睛部位进行拖动，效果如下图所示。

步骤03 选择工具箱中的"橡皮擦工具"，在眼睛部位对多余的颜色进行擦除，选择"画笔工具"，设置颜色参数为（R:249、G:205、B:246），在上下眼线位置进行绘制，效果如下图所示。

步骤04 设置"画笔工具"的"大小"为100px，设置颜色参数为（R:253、G:204、B:230），在人物的脸颊位置按住鼠标左键绘制腮红效果。选择工具箱中的"加深工具"，在人物的眉毛、眼睛部位通过单击加深颜色。最终效果如下图所示。

技能提高——举一反三应用

为了强化用户的动手能力，巩固本章的学习内容，下面安排几个上机练习。用户可以根据提供的素材与效果文件，参考提示信息，亲自上机完成制作。

动手练习 1 去除照片中多余的人物

在 Photoshop CS5 中，运用本章所学的知识去除照片中多余的人物。

原始文件	光盘\素材文件\Chapter 04\4-34.jpg
结果文件	光盘\结果文件\Chapter 04\4-03.psd
同步视频文件	光盘\同步教学文件\Chapter 04\动手练习 1.avi

本练习的前后效果如下图所示。

操作提示

在该实例的操作中，主要使用了"修补工具"，主要操作步骤如下。

步骤01 打开素材文件，并新建一个图层，使用工具箱中的“修补工具”创建选区，并将指针移动至右边的草坪上，采集目标区域。

步骤02 适当调整草坪位置，释放鼠标即可完成制作。

动手练习 2 合成电眼图像效果

在 Photoshop CS5 中，运用本章所学的“橡皮擦工具”、“加深工具”的知识合成电眼图像效果。

原始文件	光盘\素材文件\Chapter 04\4-35.jpg、4-36.jpg
结果文件	光盘\结果文件\Chapter 04\4-04.psd
同步视频文件	光盘\同步教学文件\Chapter 04\动手练习 2.avi

本练习的前后效果如下图所示。

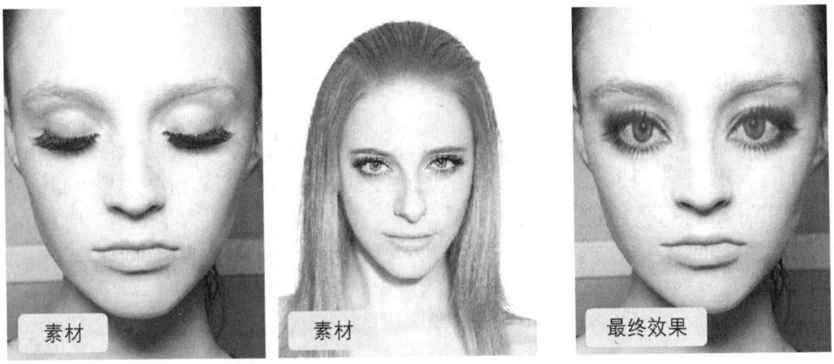

操作提示

在合成电眼图像效果的操作中，主要使用了“矩形选框工具”、“移动工具”、“缩放”命令、“橡皮擦工具”等，主要操作步骤如下。

步骤01 打开素材文件 4-35.jpg、4-36.jpg，使用工具箱中的“矩形选框工具”框选 4-36.jpg 文件中的人物双眼，并使用“移动工具”将其移动至 4-35.jpg 图像中。

步骤02 执行“编辑→变换→缩放”命令对双眼进行调整，调整至适当大小后，使用“橡皮擦工具”对双眼多余的部分进行擦除，最后使用“加深工具”加深双眼的深邃效果，此时即可完成制作。

本章小结

本章主要讲解了绘制工具与修饰工具的使用。首先介绍了填充工具，接着介绍了绘画工具，然后重点介绍了修复工具的具体使用，最后讲述了图像修饰相关工具的具体使用与操作。绘画工具、修复工具、图像的变换操作是本章学习的重点内容，用户需熟练掌握。

Chapter 05

图像的色彩校正

本章导读

Photoshop CS5的图像色彩调整功能非常强大，可以将许多有缺陷的图像调整至满意的效果。本章主要讲解图像色彩调整的相关知识，使用户能够对图像的对比度进行灵活调整并对图像的颜色进行灵活设置。

通过对本章的学习，用户能熟练应用各种色彩命令，并能对图像进行色彩调整与校正处理。

本章核心知识点

- 颜色模式
- 自动调整图像
- 图像明暗调整
- 图像色彩调整

快速入门——知识与应用学习

本章主要为用户讲解图像色彩处理中的颜色模式等知识。

5.1 颜色模式

在 Photoshop CS5 中可以通过对图像的颜色模式进行变换来调整图像，颜色模式决定了用来显示和打印图像的颜色方法。选择了某种颜色模式，就选用了某种特定的颜色模型。颜色模式基于颜色模型，而颜色模型对于印刷中的图像来说非常有用。下面将详细介绍颜色模式。

5.1.1 位图模式

位图模式的图像由黑、白两色组成，没有中间层次，又称为黑白图像。将彩色图像转换为该模式的图像后，色相与饱和度的信息都会被删除，只保留黑白颜色信息，减小了文件的大小。注意，只有灰度模式和双色调模式才能直接转换为位图模式。在“位图”对话框中，各参数的作用及含义如下。

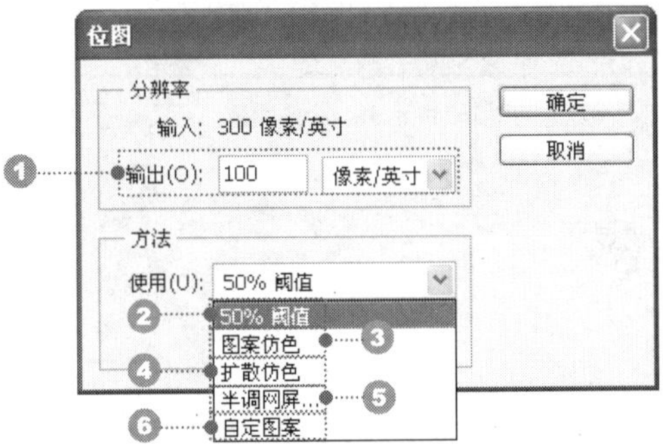

❶输出：在此文本框中输入数值可设置黑白图像的分辨率。如果要精细控制打印效果，可提高分辨率数值。

❷50%阈值：以 50%为界限，大于 50%的所有像素全部变成黑色，小于 50%的所有像素全部变成白色，从而创建高对比度的黑白图像。

❸图案仿色：在进行模式转换时，使用一些随机的黑、白像素点来抖动图像。

❹扩散仿色：使用从图像左上角开始的误差扩散过程来转换图像，由于转换过程中的误差原因，会产生颗粒状的纹理。

❺半调网屏：产生一种半色调网版印刷的效果。

❻自定图案：使用自定义图案来模拟图像中的色调。

步骤01 打开光盘中的素材文件 5-01.jpg，执行“图像→模式→灰度”命令，将图像转换为灰度模式，再执行“图像→模式→位图”命令，打开“位图”对话框，如下图所示。

步骤02 单击“确定”按钮，图像转换后的效果如下图所示。

5.1.2 灰度模式

灰度模式的图像不包含颜色，彩色图像转换为该模式的图像后，色彩信息都会被删除。使用灰度模式可以快速地将彩色图片处理成黑白图片。

灰度图像中的每个像素都有一个 0~255 之间的亮度值，0 代表黑色，255 代表白色，其他值代表了黑白之间过渡的灰色。在 8 位图像中，最多有 256 级灰度，而在 16 和 32 位图像中，图像中的级数比 8 位图像要大得多。

步骤01 打开光盘中的素材文件 5-02.jpg，执行“图像→模式→灰度”命令，会弹出一个提示对话框，询问是否扔掉颜色属性，如下图所示。

步骤02 单击“扔掉”按钮，便可把图像转换成黑白图像，效果如下图所示。

提 示

使用黑白或灰度扫描的图像通常以灰度模式显示。

5.1.3 双色调模式

双色调模式通过 1~4 种自定油墨创建单色调、双色调、三色调和四色调的灰度图像。单色调是用非黑色的单一油墨打印的灰度图像，双色调、三色调和四色调分别是两种、3 种和 4 种油墨打印的灰度图像。如果希望将彩色图像模式转换为双色调模式，则必须先将图像转换为灰度模式，再转换为双色调模式。

步骤01 打开光盘中的素材文件 5-03.jpg，执行“图像→模式→灰度”命令，效果如下图所示。

步骤02 执行“图像→模式→双色调”命令，打开“双色调选项”对话框，在“类型”下拉列表中选择“双色调”选项，如下图所示。

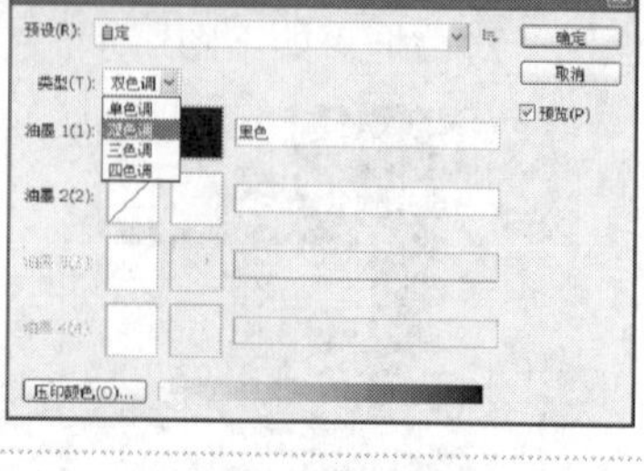

步骤03 在“双色调选项”对话框中，单击白色色标，如右侧左图所示。弹出“颜色库”对话框，在对话框中选择蓝色，单击“确定”按钮，如右侧右图所示。

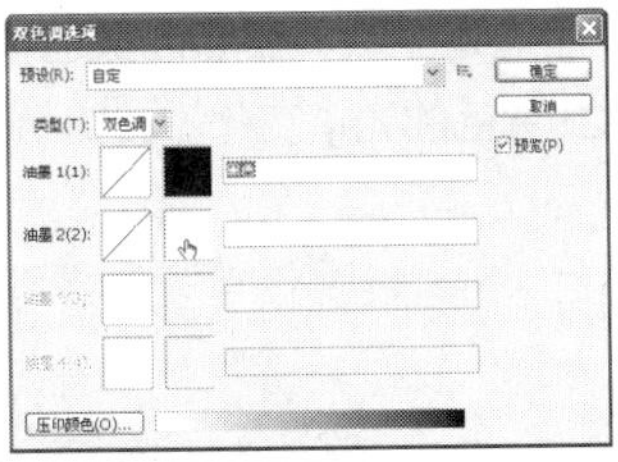

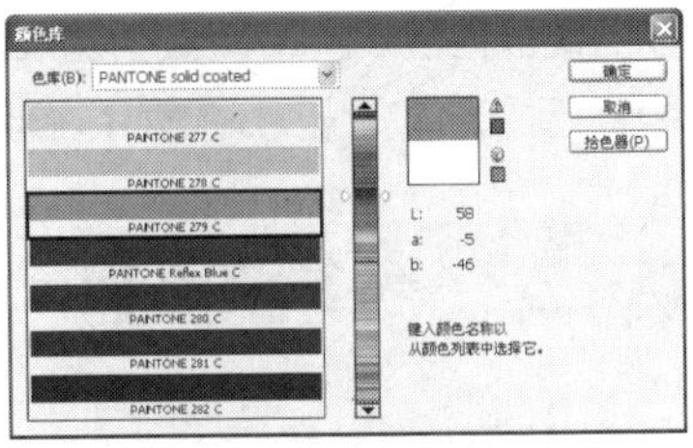

步骤04 设置完成后，单击“确定”按钮，返回到“双色调选项”对话框，如右侧左图所示。在“双色调选项”对话框中设置完成后单击“确定”按钮，效果如右侧右图所示。

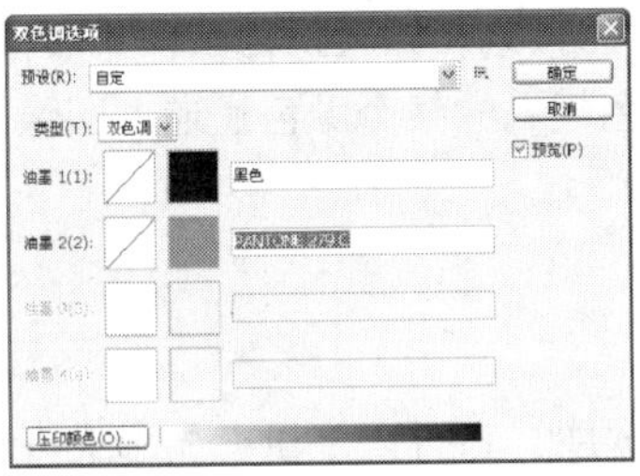

5.1.4 索引模式

该模式最多有256种颜色。当转换为索引模式时，Photoshop CS5将创建一个颜色查找表，用于存放并索引图像中的颜色。如果原图像中的某种颜色没有出现在该表中，则程序将选取现有颜色中最接近的一种，或使用现有颜色模拟该颜色。

索引模式可以在保持图像视觉品质的同时减少文件大小。在这种模式下只能进行有限的编辑，若要进一步编辑，应转换为RGB模式。

5.1.5 RGB颜色模式

RGB颜色模式是一种用于屏幕显示的颜色模式。RGB颜色模式包括3个主要色彩，R代表红色，G代表绿色，B代表蓝色。在24位图像中，每一种颜色都有256种亮度值。就编辑图像而言，RGB颜色模式是屏幕显示的最佳模式，但是RGB颜色模式图像中的许多色彩无法被打印出来。因此，如果打印全彩色图像，应先将RGB颜色模式的图像转换成CMYK颜色模式的图像，然后进行打印。

5.1.6 CMYK颜色模式

CMYK代表印刷图像时所用的印刷四色，分别是青、洋红、黄、黑。CMYK颜色模式是打印机唯一认可的颜色模式。CMYK颜色模式虽然能避免色彩方面的不足，但是运算速度很慢，这是由于Photoshop CS5必须将CMYK颜色值转变成RGB色彩值。效率在实际工作中是很重要的，由于CMYK颜色模式的色域要比RGB颜色模式小，所以建议在RGB颜色模式下进行工作，当准备将图像打印输出时，再转换为CMYK颜色模式。

5.1.7 Lab颜色模式

Lab颜色模式是Photoshop CS5进行颜色模式转换时使用的中间模式，色域最广，是唯一不依赖于设备的颜色模式。Lab 颜色模式由 3 个通道组成。在 Lab 颜色模式中，L 代表亮度分量，a 代表由绿色到红色的光谱变化，b 代表了由蓝色到黄色的光谱变化，因此，Lab 颜色模式将产生明亮的色彩。

5.1.8 多通道模式

将图像转换为多通道模式后，Photoshop CS5 会根据原图像产生相同数目的新通道。多通道模式是一种减色模式，将 RGB 颜色模式图像转换为该模式后，可以得到青色、洋红和黄色通道。如果删除 RGB、CMYK、Lab 颜色模式的某个颜色通道，图像会自动转换为多通道模式。

5.1.9 位深度

位深度也称为像素深度或色深度，它可以度量在显示或打印图像中的每个像素时可以使用多少颜色信息。存储的位数越多，图像中包含的颜色和色调差就越大。较大的位深度意味着数字图像具有较多的可用颜色和较精确的颜色表示。

打开一个图像后，可以在“图像→模式”级联菜单中执行“8 位/通道”、“16 位/通道”、“32 位/通道”命令，改变图像的位深度。

- 8 位/通道：位深度为 8 位，每个通道可支持 256 种颜色，图像可以有 1600 万个以上的颜色值。
- 16 位/通道：位深度为 16 位，每个通道可以包含高达 65000 种颜色信息。无论是通过扫描得到的 16 位/通道文件，还是通过数码相机拍摄得到的 16 位/通道的 RAW 文件，都包含了比 8 位/通道文件更多的颜色信息。因此，16 位/通道文件的色彩渐变更加平滑、色调更加丰富。
- 32 位/通道：32 位/通道的图像也称为高动态范围（HDR）图像，文件的颜色和色调更胜于 16 位/通道文件。目前，HDR 图像主要用于影片、特殊效果、3D 作品及某些高端图片。

5.1.10 颜色表

将图像的颜色模式转换为索引颜色模式后，“图像→模式”级联菜单中的“颜色表”命令可用。执行该命令时，Photoshop CS5 会从图像中提取 256 种典型颜色。如右侧左图所示为索引颜色模式图像，如右侧右图所示为该图像的颜色表。

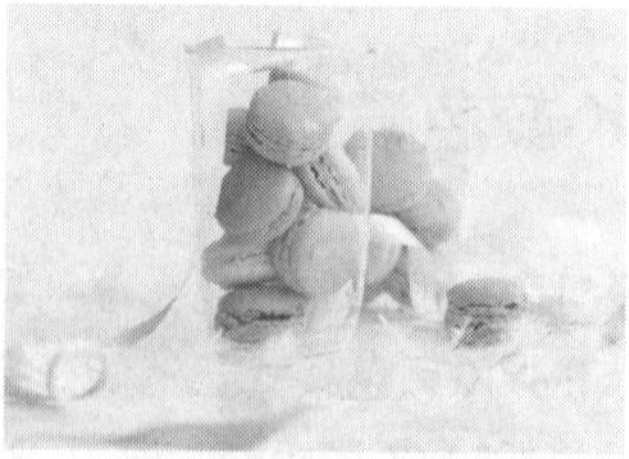

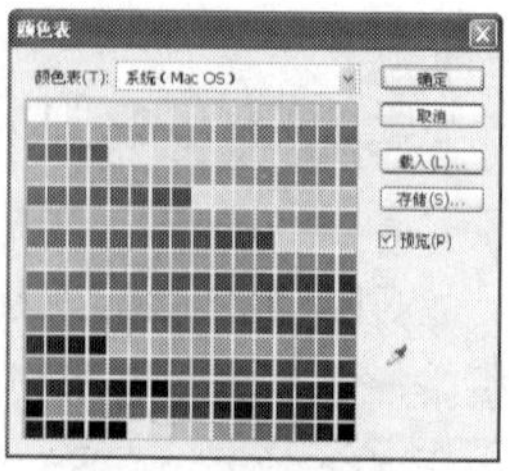

5.2 自动调整图像

在“图像”下拉菜单中有 3 个自动调整图像的命令，分别为“自动色调”、“自动对比度”、“自动颜色”。用户不用对图像自身的色调、对比度进行任何设置，只要进行简单的调整，就能在整体视觉上有很大改善。

5.2.1 自动色调

使用“自动色调”命令可以自动调整图像的明度、纯度、色相属性，使整个图像的色调更均匀、和谐。中间像素值按比例重新分布，以增强图像的对比度。执行“图像→自动色调”命令，系统会自动调整，执行该命令的前后效果如右图所示。

提示

按【Shift+Ctrl+L】快捷键，可快速执行“自动色调”命令。

5.2.2 自动对比度

使用“自动对比度”命令可以调整图像的对比度，使高光区域显得更亮，阴影区域显得更暗，以增加图像之间的对比。“自动对比度”命令适合于调整色调灰暗、明暗对比较弱的图像。执行“图像→自动对比度”命令，即可对选择的图像自动调整对比度，执行该命令的前后效果如右图所示。

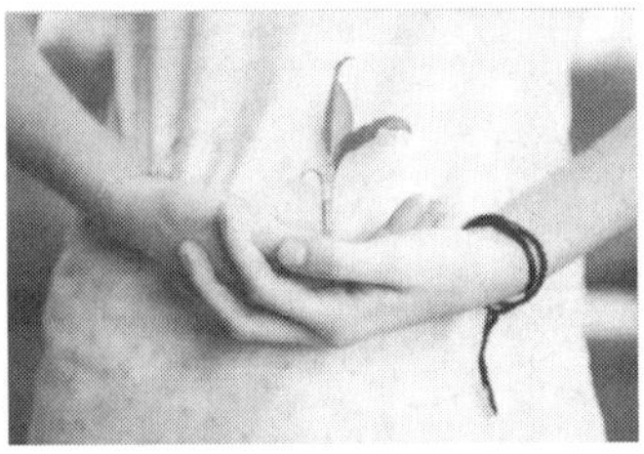

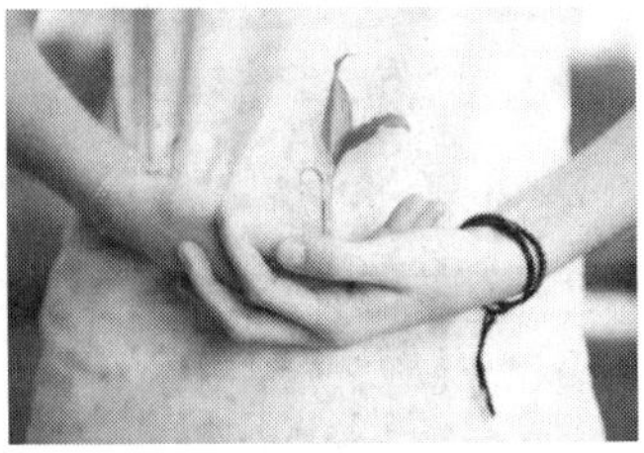

提示

按【Shift+Ctrl+Alt+L】快捷键，可快速执行“自动对比度”命令。

5.2.3 自动颜色

使用“自动颜色”命令可还原图像的真实颜色，使其不受环境色的影响。执行“图像→自动颜色”命令，即可自动调整图像的色相，执行该命令的前后效果如右图所示。

提示

按【Shift+Ctrl+B】快捷键，可快速执行“自动颜色”命令。

5.3 图像明暗调整

图像的明暗常常受光线影响，如果拍摄的数码照片明暗效果不佳，执行“图像→调整”级联菜单中的“亮度/对比度”、“色阶”、“曲线”、“曝光度”、“阴影/高光”等命令，可以对图像进行明暗调整。下面详细介绍这些命令。

5.3.1 亮度/对比度

使用“亮度/对比度”命令可调整一些光线不足、比较昏暗的图像，调整后可得到完美的效果。调整亮度/对比度的具体操作步骤如下。

步骤01 打开光盘中的素材文件5-04.jpg，执行“图像→调整→亮度/对比度”命令，在打开的“亮度/对比度”对话框中，分别拖动“亮度”与“对比度”下方的三角滑块或在文本框中输入数值，以进行参数设置，如下图所示。

步骤02 设置完各项参数后，单击“确定”按钮，效果如下图所示。

5.3.2 色阶

使用“色阶”命令可以更细致地调整图像的明暗效果。利用“色阶”命令可通过修改图像的阴影区、中间调区和高光区的亮度水平来调整图像的色调范围和色彩平衡。

使用“色阶”命令调整图像的具体操作步骤如下。

步骤01 打开光盘中的素材文件5-05.jpg，如下图所示。

步骤02 执行“图像→调整→色阶”命令，打开“色阶”对话框，在“输入色阶”选项区域中拖动下方的滑块或在文本框输入数值，进行参数设置，如下图所示。

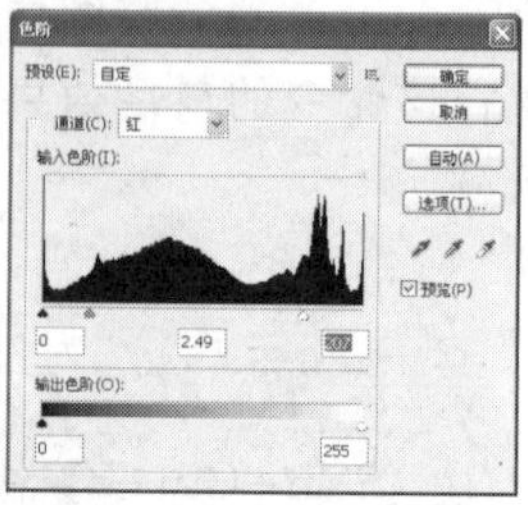

步骤03 设置完各项参数后，单击“确定”按钮，效果如下图所示。

提 示

在执行“色阶”命令时，可以通过按【Ctrl+L】快捷键快速打开“色阶”对话框。如果要同时编辑多个颜色通道，可在执行“色阶”命令之前，在“通道”面板中按住【Shift】键选择多个通道。

5.3.3 曲线

使用“曲线”命令不但可以调整图像的整体色调，还能够对图像中个别色调区域的明暗度进行精确的调整。

使用“曲线”命令调整图像的具体操作步骤如下。

步骤01 打开光盘中的素材文件 5-06.jpg，如下图所示。

步骤02 执行“图像→调整→曲线”命令，打开“曲线”对话框，在对话框的曲线上单击并向上拖动，以改变曲线的形状，如下图所示。

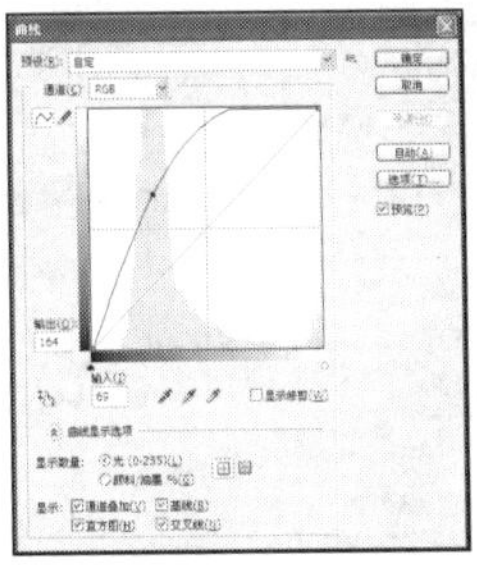

步骤03 设置完成后，单击“确定”按钮，效果如下图所示。

提 示

在执行“曲线”命令时可以直接按【Ctrl+M】快捷键快速打开“曲线”对话框。当图像为CMYK颜色模式时，调整曲线向上弯曲时，色调变暗；调整曲线向下弯曲时，色调变亮。

5.3.4 曝光度

在拍摄数码照片的过程中，经常会因为曝光过度导致照片偏白，或者因为曝光不足导致照片偏暗，这时就可执行“曝光度”命令来调整图像的曝光度，使图像的曝光正常，“曝光度”对话框如下图所示。

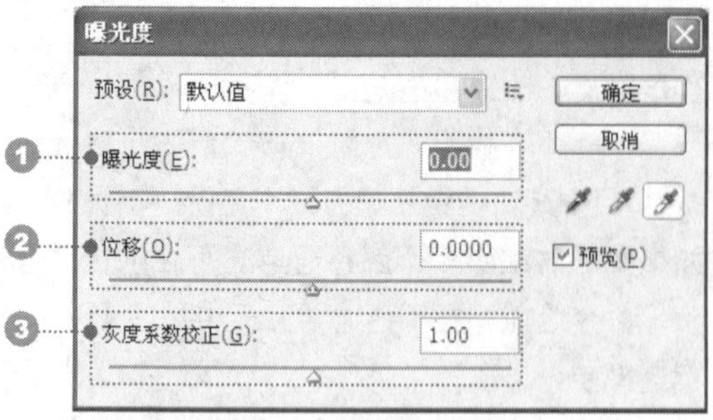

❶曝光度：设置图像的曝光度。向右拖动下方的滑块可增加图像的曝光度，向左拖动滑块可降低图像的曝光度。

❷位移：该选项可使图像的阴影和中间调变暗，对高光的影响很小。通过设置"位移"参数，可快速调整图像的整体明暗度。

❸灰度系数校正：该选项使用简单的乘方函数调整图像的灰度系数。

使用"曝光度"命令调整图像的具体操作步骤如下。

步骤01 打开光盘中的素材文件5-07.jpg，执行"图像→调整→曝光度"命令，打开"曝光度"对话框，通过拖动下方的滑块或在文本框中输入数值进行参数设置，如下图所示。

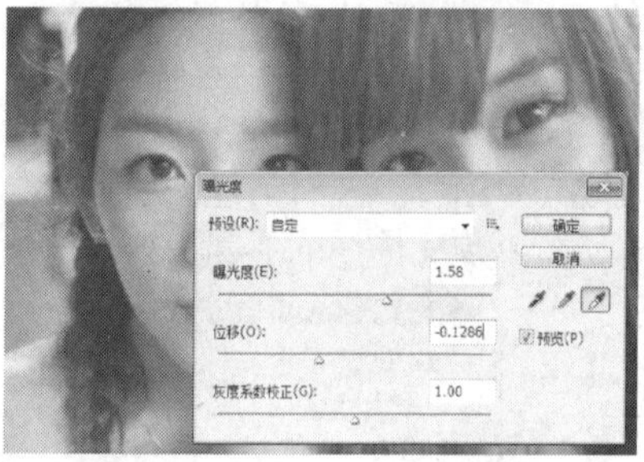

步骤02 设置完成后，单击"确定"按钮，效果如下图所示。

5.3.5 阴影/高光

使用"阴影/高光"命令可调整图像的阴影和高光部分，主要用于修改一些因为阴影或者逆光而导致的比较暗的图像。

使用"阴影/高光"命令调整图像的具体操作步骤如下。

步骤01 打开光盘中的素材文件5-08.jpg，执行"图像→调整→阴影/高光"命令，打开"阴影/高光"对话框，通过拖动下方的滑块或在文本框中输入数值进行参数设置，如下图所示。

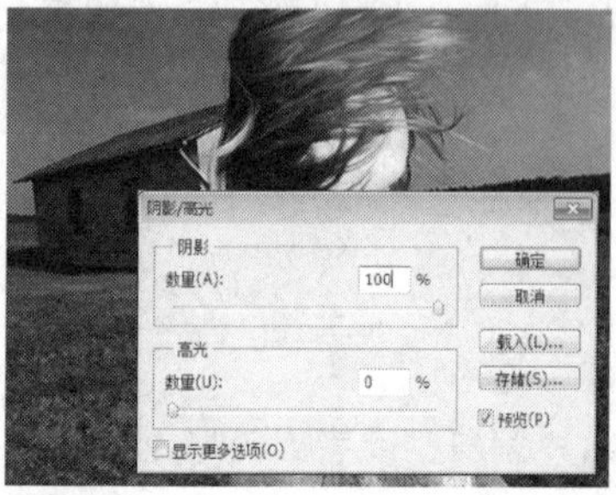

步骤02 设置完成后，单击"确定"按钮，效果如下图所示。

5.4 图像色彩调整

色彩调整不仅能调整图像的明暗，还可以根据图像色调调整整体色彩。常用的调整色彩命令包括“自然饱和度”、“色相/饱和度”、“色彩平衡”、“黑白”等。通过调整可将图像的色彩变得丰富多彩，下面进行详细介绍。

5.4.1 自然饱和度

使用“自然饱和度”命令可以调整图像的饱和度，使图像的色彩更趋于自然饱和状态。

使用“自然饱和度”命令调整图像的具体操作步骤如下。

步骤01 打开光盘中的素材文件5-09.jpg，执行“图像→调整→自然饱和度”命令，打开“自然饱和度”对话框，通过拖动下方的滑块或在文本框中输入数值进行参数设置，如下图所示。

步骤02 设置完成后，单击“确定”按钮，效果如下图所示。

5.4.2 色相/饱和度

使用“色相/饱和度”命令可以对色彩的色相、饱和度、明度进行修改。它的优点是可以调整整个图像或图像中某一种颜色的色相、饱和度和明度。

使用“色相/饱和度”命令调整图像的具体操作步骤如下。

步骤01 打开光盘中的素材文件5-10.jpg，如下图所示。

步骤02 执行“图像→调整→色相/饱和度”命令，打开“色相饱和度”对话框，通过拖动下方的滑块或在文本框中输入数值进行参数设置，如下图所示。

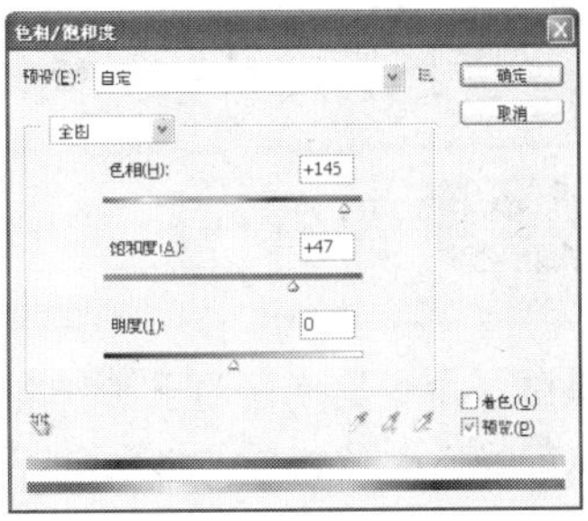

步骤03 设置完成后，单击“确定”按钮，效果如下图所示。

提示

可以直接按【Ctrl+U】快捷键打开“色相/饱和度”对话框。“色相/饱和度”对话框底部有两个颜色条，上面的颜色条代表了调整前的颜色，下面的代表了调整后的颜色。

5.4.3 色彩平衡

使用“色彩平衡”命令可以调整图像的偏色。“色彩平衡”命令一般用于调整图像的暗调区、中间调区和高光区的色彩组成，可使整体色彩平衡。

在“色彩平衡”对话框中，分别有“青色、红色”、“洋红、绿色”和“黄色、蓝色”3 组补色，每一组的两种颜色互为补色，当增加一种颜色时，相对应的补色便会随之减少。

在对话框下方的“色调平衡”选项区域中有“阴影”、“中间调”和“高光”3 个单选项，用于设置需要调整的明暗像素。选择“保持亮度”复选框，可以在颜色调整过程中防止图像的明暗发生变化。

使用“色彩平衡”命令调整图像的具体操作步骤如下。

步骤01 打开光盘中的素材文件 5-11.jpg，执行“图像→调整→色彩平衡”命令，打开“色彩平衡”对话框，通过拖动下方的滑块或在文本框中输入数值进行参数设置，如下图所示。

步骤02 设置完成后，单击“确定”按钮，效果如下图所示。

提示

在执行“色彩平衡”命令时，可以直接按【Ctrl+B】快捷键。

5.4.4 黑白

“黑白”命令是专门用于制作黑白照片和黑白图像的命令。它可以调整各颜色的色调深浅，此外，也可以为灰色着色，将彩色图像转换为单色图像。

执行“图像→调整→黑白”命令，打开的“黑白”对话框如下图所示。

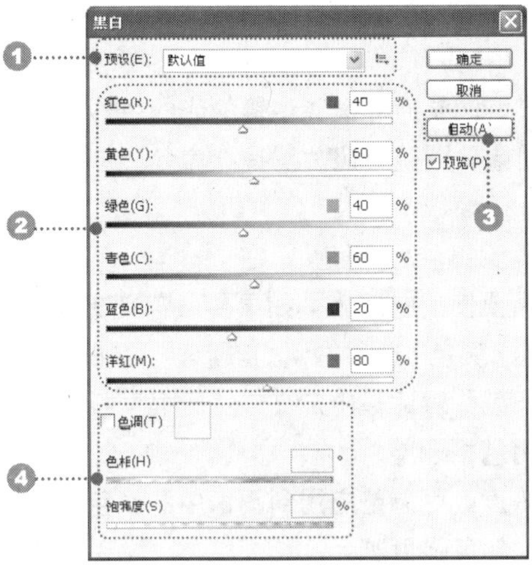

❶预设：在其下拉列表中提供了12种系统预设，用户可以从中选择图像处理方案，从而将图像转换为灰度图像效果。

❷颜色设置：拖动颜色滑块可调整图像中特定颜色的灰色调。向左拖动，灰色调变暗；向右拖动，灰色调变亮。

❸自动：单击该按钮，可设置基于图像颜色值的灰度混合，并使灰度值的分布最大化。

❹色调：选择该复选框，对话框底部的两个色条及右侧的色块将被激活。拖动“色相”和“饱和度”滑块可调整色相与饱和度；单击颜色块，可在打开的“选择目标颜色”对话框中对颜色进行调整。

使用“黑白”命令调整图像的具体操作步骤如下。

步骤01 打开光盘中的素材文件5-12.jpg，如下图所示。

步骤02 执行“图像→调整→黑白”命令，打开“黑白”对话框，通过拖动下方的滑块或在文本框中输入数值进行参数设置，选择“色调”复选框，如下图所示。

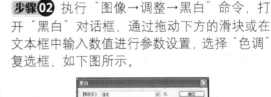

步骤03 单击“色调”后面的颜色块，在打开的“选择目标颜色”对话框中设置颜色参数为（R:115、G:102、B:74），如下图所示。

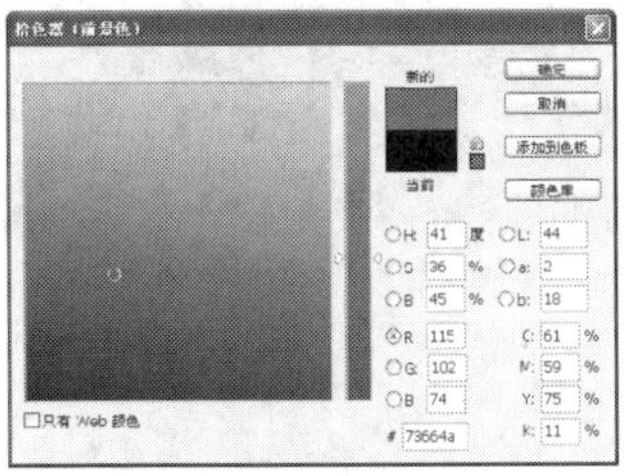

步骤04 设置完成后，单击“确定”按钮，效果如下图所示。

注 意

在执行“黑白”命令时，可以直接按【Shift+Ctrl+Alt+B】快捷键完成操作。按住【Alt】键时，对话框中的“取消”按钮将变为“复位”按钮，单击“复位”按钮，可复位所有的颜色滑块。

5.4.5 照片滤镜

使用“照片滤镜”命令可以模拟传统光学滤镜特效，调整通过镜头传输的光的色彩平衡和色温，使照片呈现暖色调、冷色调及其他色调。执行“图像→调整→照片滤镜”命令，打开的“照片滤镜”对话框如下图所示。

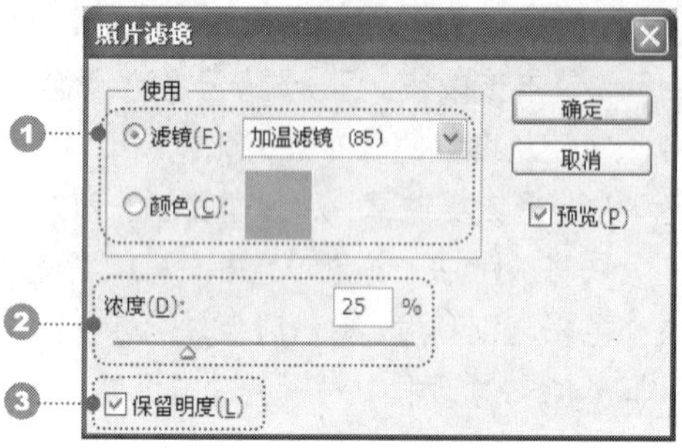

❶“滤镜”/“颜色”：在“滤镜”下拉列表中可以选择要使用的滤镜。如果要自定义滤镜颜色，则可单击“颜色”选项右侧的颜色块，在打开的“选择滤镜颜色”对话框中定义，然后根据所选颜色给图像应用色相调整。

❷浓度：可调整应用到图像中的颜色数量。该值越高，颜色强度越大。

❸保留明度：选择该复选框，可以保持图像的明度不变。取消选择该复选框，添加颜色滤镜后不会更改图像的明暗效果。

使用“照片滤镜”命令调整图像的具体操作步骤如下。

步骤01 打开光盘中的素材文件5-13.jpg，执行“图像→调整→照片滤镜”命令，打开“照片滤镜”对话框，在“滤镜”下拉列表中选择“冷却滤镜（82）”选项，并通过在“浓度”下方拖动滑块或在文本框中输入数值进行参数设置，如下图所示。

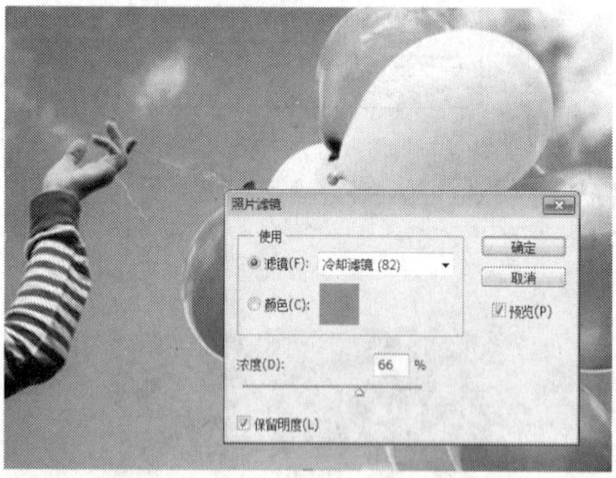

步骤02 设置完成后，单击“确定”按钮，效果如下图所示。

5.4.6 通道混合器

使用“通道混合器”命令可通过对颜色通道的混合来得到所需的效果，在“通道”面板中，颜色通道中保存着图像的色彩信息。执行“图像→调整→通道混合器”命令，打开的“通道混合器”对话框如下图所示。

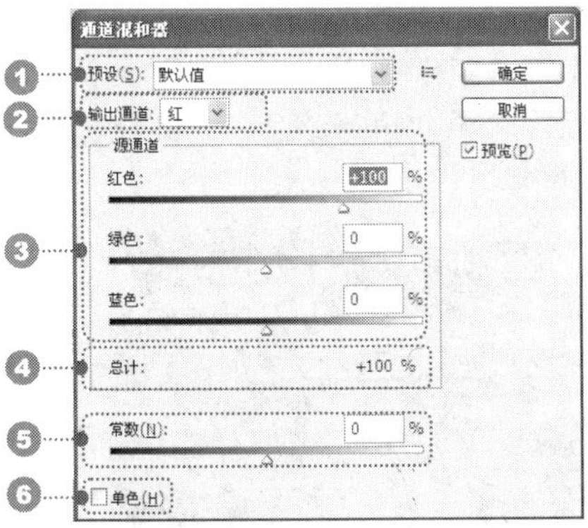

❶预设：该选项的下拉列表中包含了 Photoshop CS5 提供的预设选项。用户可通过选择预设快速调整图像颜色。

❷输出通道：从下拉列表中可以选择要调整的通道。

❸源通道：用来设置输出通道中所选通道所占的百分比。

❹总计：显示了所有通道的总计值。

❺常数：用来调整输出通道的灰度值。负值可增加更多的黑色，正值可增加更多的白色。

❻单色：选择该复选框，可以将彩色图像转换为黑白效果。

使用“通道混合器”命令调整图像的具体操作步骤如下。

步骤01 打开光盘中的素材文件 5-14.jpg，如下图所示。

步骤02 执行“图像→调整→通道混合器”命令，打开“通道混合器”对话框，在“源通道”选项区域中分别拖动滑块或在文本框中输入数值进行参数设置，如下图所示。

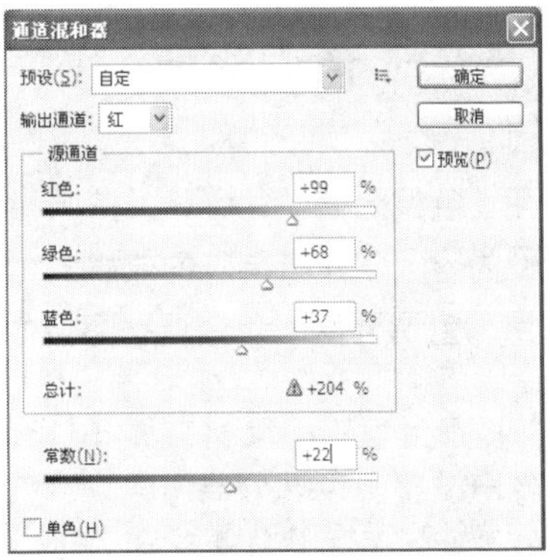

步骤03 设置完成后，单击“确定”按钮，效果如右图所示。

注意

如果合并的通道值高于 100%，会在“总计”数值的旁边显示一个警告图标。另外，该值超过 100%，有可能损失阴影和高光细节。

5.4.7 反相

“反相”命令的主要功能是反转图像中的颜色，用于制作类似照片底片的效果。使用此命令可将一个正片黑白图像变成负片，或将扫描的黑白负片转换成一个正片。

使用“反相”命令调整图像的具体操作步骤如下。

步骤01 打开光盘中的素材文件 5-15.jpg，如下图所示。

步骤02 执行“图像→调整→反相”命令，效果如下图所示。再次执行该命令，图像将会恢复原来的效果。

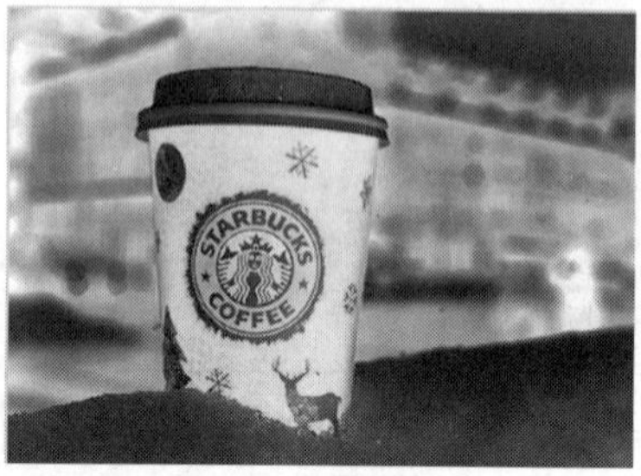

注 意

要执行“反相”命令，直接按【Ctrl+I】快捷键即可完成操作。

5.4.8 色调分离

使用“色调分离”命令可以按照指定的色阶数减少图像的颜色（或灰度图像中的色调），从而简化图像内容，创建出特殊的效果。

使用“色调分离”命令调整图像的具体操作步骤如下。

步骤01 打开光盘中的素材文件 5-16.jpg，执行“图像→调整→色调分离”命令，在弹出的“色调分离”对话框中设置参数，如下图所示。

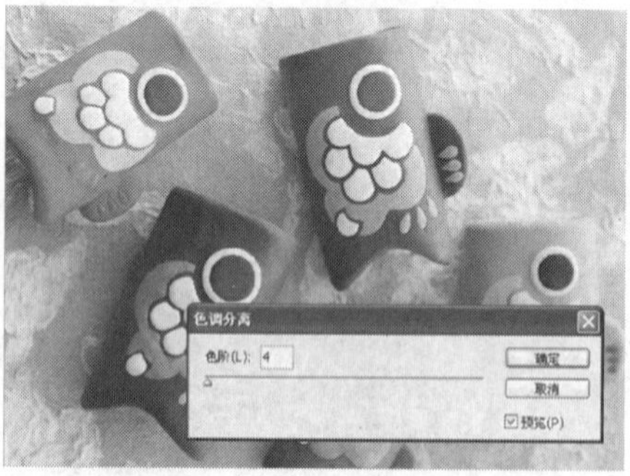

步骤02 设置完成后，单击“确定”按钮，效果如下图所示。

5.4.9 阈值

使用“阈值”命令可以删除图像的色彩信息，转换成只有黑色和白色的图像效果。执行该命令后，弹出“阈值”对话框，“阈值色阶”的取值范围为 1~255。取值为 1 时，图像转换为全白；取值为 255 时，图像转换为全黑。

使用“阈值”命令调整图像的具体操作步骤如下。

步骤01 打开光盘中的素材文件 5-17.jpg，执行“图像→调整→阈值”命令，在弹出的“阈值”对话框中设置参数，如下图所示。

步骤02 设置完成后，单击“确定”按钮，效果如下图所示。

5.4.10 去色

使用“去色”命令可以将彩色图像转换为相同颜色模式下的灰度图像。该命令常用于制作黑白图像效果，操作步骤如下。

步骤01 打开光盘中的素材文件 5-18.jpg，如下图所示。

步骤02 执行“图像→调整→去色”命令，，效果如下图所示。

5.4.11 渐变映射

“渐变映射”命令的主要功能是将原图像灰度范围映射到指定的渐变填充色，从而赋予图像新的颜色，并重新定义图像的明暗度及色彩分布情况。

使用“渐变映射”命令调整图像的具体操作步骤如下。

步骤01 打开光盘中的素材文件 5-19.jpg，如下图所示。

步骤02 执行“图像→调整→渐变映射”命令，打开“渐变映射”对话框，如下图所示。

步骤03 单击渐变颜色条，打开“渐变编辑器”窗口，从中设置渐变颜色，如右侧左图所示。设置完成后，单击“确定”按钮，返回到“渐变映射”对话框，再单击“确定”按钮关闭对话框，图像效果如右侧右图所示。

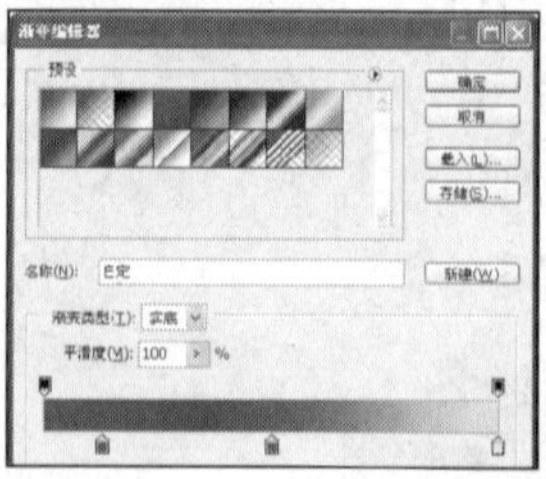

提 示

选择“仿色”复选框，可通过添加随机的杂色来平滑渐变填充的外观，减少带宽效果；选择“反向”复选框，可切换渐变填充的方向。

5.4.12 可选颜色

使用“可选颜色”命令可以有选择地修改图像中指定原色的油墨含量，但不会影响其他原色，适合调整局部颜色。例如，可减少图像蓝色成分中的青色，同时保持绿色成分中的青色不变。

使用“可选颜色”命令处理图像的具体操作步骤如下。

步骤01 打开光盘中的素材文件5-20.jpg，如下图所示。

步骤02 执行“图像→调整→可选颜色”命令，打开“可选颜色”对话框，设置“颜色”选项为“黄色”，设置过程如下图所示。

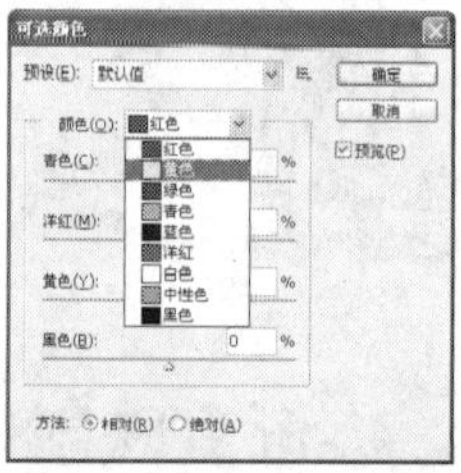

步骤03 颜色参数设置如右侧左图所示。设置完成后，单击“确定”按钮，效果如右侧右图所示。

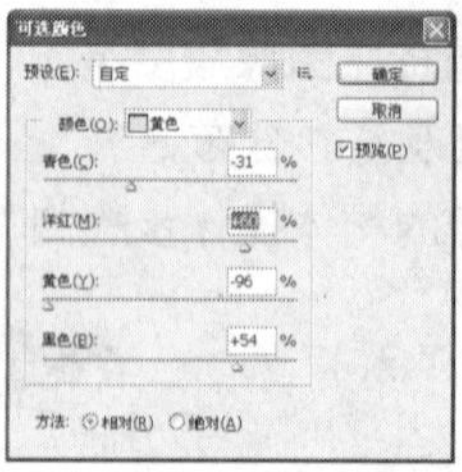

提 示

“方法”选项主要用于设置色值的调整方式，包括“相对”和“绝对”两个选项。如果选择“相对”单选按钮，则会按照总量的百分比更改现有的油墨数量；如果选择“绝对”单选按钮，则会按绝对值更改油墨数量。

5.4.13 变化

“变化”命令是一个简单、直观的图像调整命令，适用于不需要精细调整色调的图像。使用该命令，可在快速调整图像的颜色平衡、对比度及饱和度的同时，看到图像调整前和调整后的缩览图。

使用“变化”命令处理图像的具体操作步骤如下。

步骤01 打开光盘中的素材文件 5-21.jpg，如下图所示。

步骤02 执行“图像→调整→变换”命令，打开“变化”对话框，如下图所示。

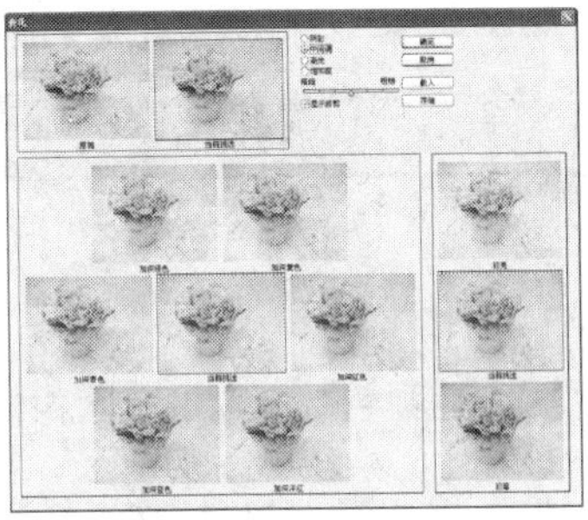

步骤03 调整参数后单击“确定”按钮，效果如下图所示。

提 示

“阴影”/“中间调”/“高光”：可以调整图像的阴影、中间调和高光的颜色。“饱和度”/“显示修剪”：“饱和度”选项用来调整颜色的饱和度；在增加饱和度时，选择“显示修剪”复选框，如果出现溢色，颜色就会被修剪，并标识出溢色区域；“精细”/“粗糙”：用来控制每次的调整量，每将滑块移动一格，可以使调整量双倍增加。

5.4.14 匹配颜色

使用“匹配颜色”命令可以将不同图像之间、多个图层之间及多个颜色选区之间的颜色相互匹配，还可以通过改变亮度和色彩范围来调整图像中的颜色。此命令主要运用于拼接图像，或者制作相似图像。执行“图像→调整→匹配颜色”命令，弹出的“匹配颜色”对话框如下图所示。

该对话框中各选项的含义如下。

❶目标图像：显示了当前被修改的图像名称和颜色模式。如果当前图像中包含选区，选择“应用调整时忽略选区”复选框，可忽略选区，将调整应用于整个图像；取消选择该复选框，则仅影响选中的图像。

❷“图像选项”选项区域：“明亮度”选项用于调整图像的亮度；“颜色强度”选项用于调整色彩的饱和度；“渐隐”选项用于控制应用于图像的调整量，该值越高，调整强度越弱；选择“中和”复选框，可以消除图像中出现的色偏。

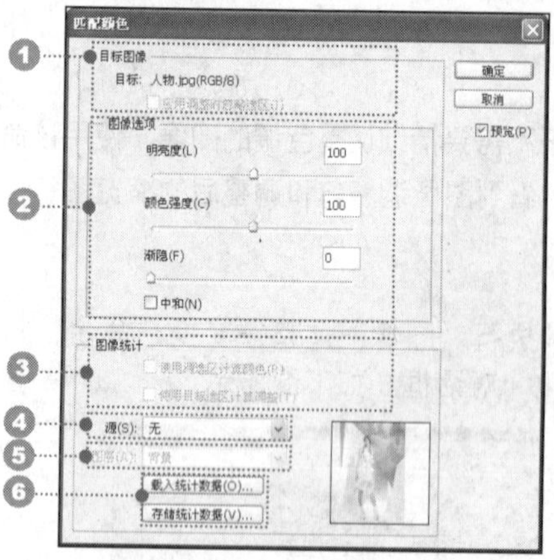

❸“图像统计”选项区域中的两上复选框：如果在源图像中创建了选区，选择“使用源选区计算颜色”复选框，可使用选区中的图像匹配当前图像的颜色；取消选择该复选框，则会使用整幅图像进行匹配。如果在目标图像中创建了选区，选择“使用目标选区计算调整”复选框，可使用选区内的图像来计算调整；取消选择该复选框，则使用整个图像中的颜色来计算调整。

❹源：在其下拉列表中可选择与目标图像中的颜色相匹配的源图像。

❺图层：在其下拉列表中可选择需要匹配颜色的图层。

❻“载入统计数据”/“存储统计数据”：单击“存储统计数据”按钮，可将当前的设置保存；单击“载入统计数据”按钮，可载入已存储的设置。

使用“匹配颜色”命令调整图像的具体操作步骤如下。

步骤01 打开光盘中的素材文件 5-22.jpg、5-23.jpg，如右图所示。

步骤02 执行“图像→调整→匹配颜色”命令，打开“匹配颜色”对话框，在“源”选项下拉列表中选择 5-23.jpg，调整“明亮度”和“颜色强度”参数，参数设置如右侧左图所示。单击“确定”按钮，关闭对话框，效果如右侧右图所示。

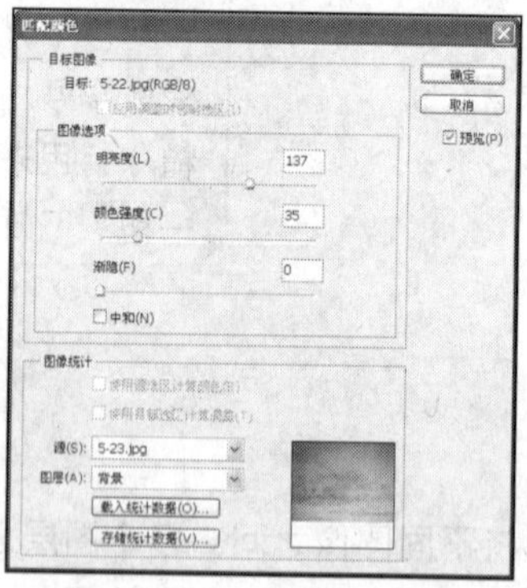

5.4.15 替换颜色

使用“替换颜色”命令可将图像中的特定颜色进行替换。该命令与“色彩范围”命令的作用基本相似，可调整图像中特定颜色区域的色相、饱和度和亮度。

使用“替换颜色”命令调整图像的具体操作步骤如下。

步骤01 打开光盘中的素材文件 5-24.jpg，如右侧左图所示。

步骤02 执行“图像→调整→替换颜色”命令，打开“替换颜色”对话框，设置“颜色容差”为 200，如右侧右图所示，使用“吸管工具”单击图像中的蓝色部分，以进行取样。

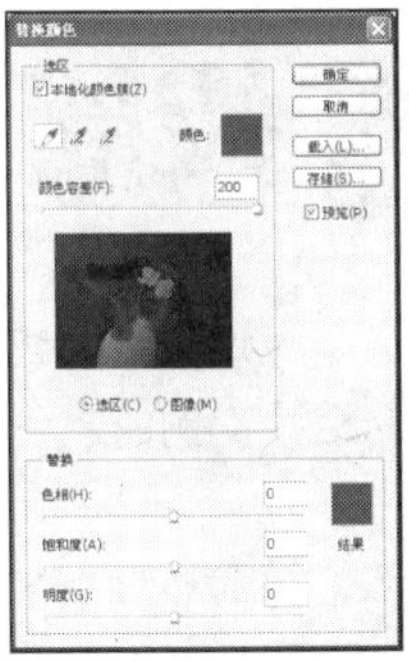

步骤03 拖动“色相”滑块，将用于替换的颜色调整为红色，如右侧左图所示。完成设置后，单击“确定”按钮，效果如右侧右图所示。

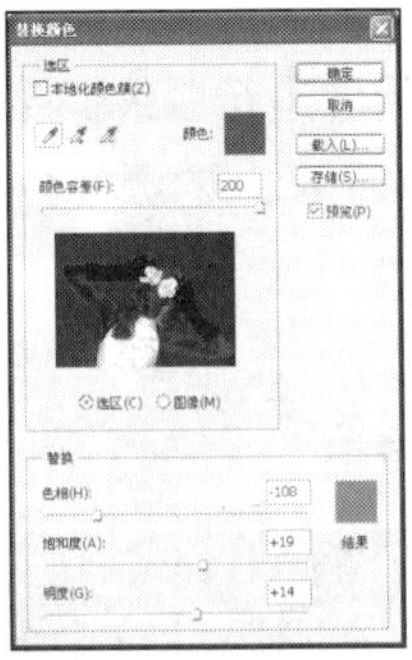

5.4.16 色调均化

使用“色调均化”命令可以自动调整明暗不均匀的图像。通过重新分布图像中的像素值，使最亮的像素呈现白色，使最暗的像素呈现黑色，使灰度像素均匀地分布在整个灰阶中。执行“图像→调整→色调均化”命令即可进行设置。

使用“色调均化”命令调整图像的具体操作步骤如下。

步骤01 打开光盘中的素材文件 5-25.jpg，如下图所示。

步骤02 执行“图像→调整→色调均化”命令，效果如下图所示。

提示

在图像中创建一个选区并执行“色调均化”命令时，会弹出“色调均化”对话框。该对话框包含两个选项，选择“仅色调均化所选区域”单选按钮，表示仅均化分布选区内的像素；选择“基于所选区域色调均化整个图像”单选按钮，则可根据选区内的像素均匀分布所有图像像素，包括选区外的像素。

技能进阶——上机实战操作

通过前面内容的学习，为了让用户进一步掌握本章内容，提高综合应用能力，下面介绍相关实例的制作。

实例制作 1 美白人物肌肤

制作本实例时，首先对图像进行曲线调整，以提亮图像的亮度，然后分别对嘴唇和眼珠区域进行色彩调整，最后调整图像中花朵的颜色，此时就得到了美白人物肌肤的效果。

效果展示

本实例的前后效果如下图所示。

原始文件	光盘\素材文件\Chapter 05\5-26.jpg
结果文件	光盘\结果文件\Chapter 05\5-01.psd
同步视频文件	光盘\同步教学文件\Chapter 05\实例制作 1.avi

知识链接

在本实例的制作与设计过程中，主要用到以下知识点。

- 魔棒工具
- 曲线调整
- “色彩平衡”命令
- “色相/饱和度”命令

操作步骤

本实例的具体操作步骤如下。

步骤01 打开光盘中的素材文件 5-26.jpg，如下图所示。

步骤02 执行“图像→调整→曲线”命令，打开“曲线“对话框，在对话框的曲线上单击并向上拖动，以改变曲线的形状，如下图所示。

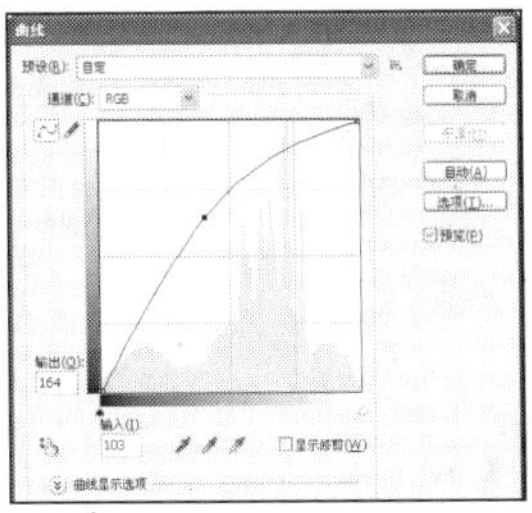

步骤03 选择工具箱中的“快速选择工具”，在图像的背景区域单击，选取嘴唇区域，效果如下图所示。

步骤04 执行“图像→调整→色相/饱和度”命令，打开“色相/饱和度”对话框，调整其“色相”参数，如下图所示。

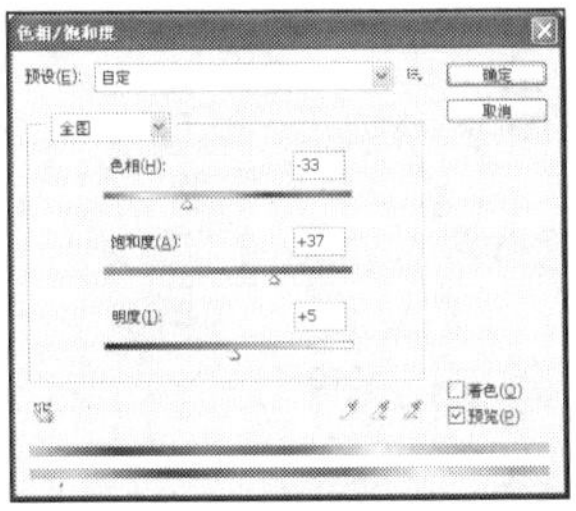

步骤05 设置完成后，单击“确定”按钮，效果如右侧左图所示。选择“快速选择工具”，选取人物眼珠区域，效果如右侧右图所示。

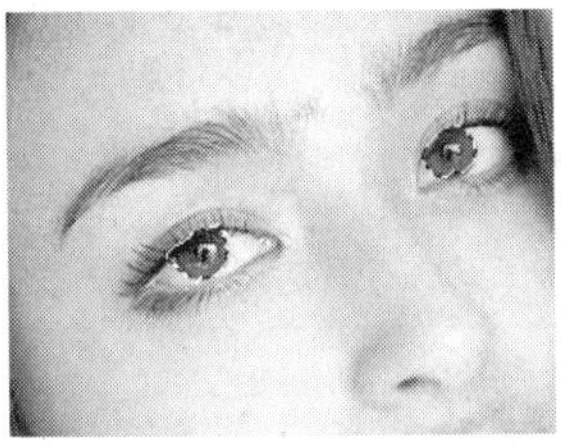

步骤06 执行“图像→调整→色彩平衡”命令，打开“色彩平衡”对话框，调整其“色阶”参数，如右侧左图所示。设置完成后，单击“确定”按钮，效果如右侧右图所示。

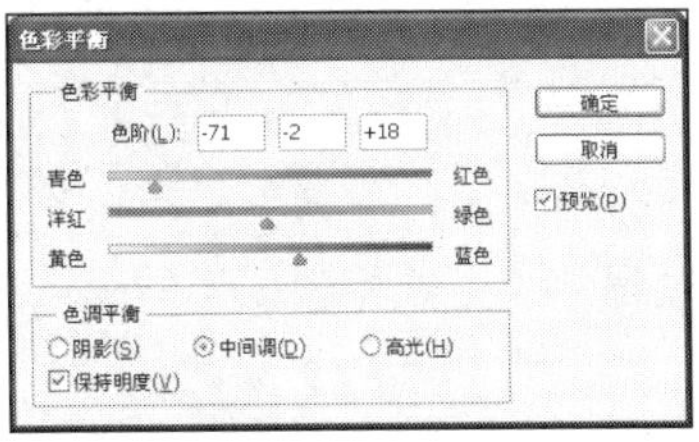

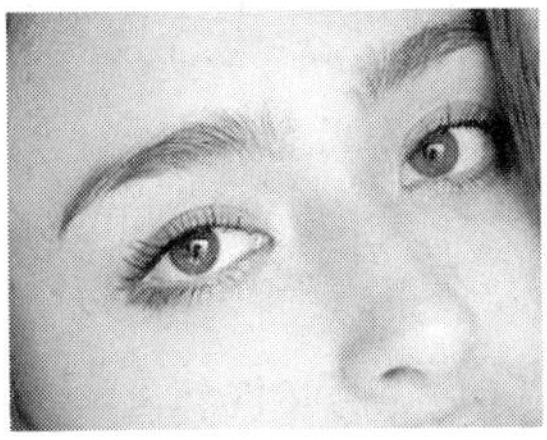

步骤07 选择“快速选择工具”，选取图像中的花朵区域，效果如右侧左图所示。执行“图像→调整→色相/饱和度”命令，打开“色相/饱和度“对话框，参数设置如右侧右图所示。

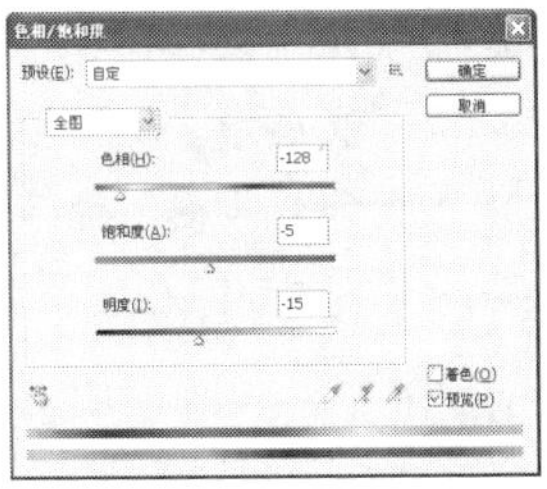

步骤08 设置完成后，单击“确定”按钮，最终效果如右图所示。

实例制作 2　制作色彩绚丽景色的效果

制作本实例时，首先对图像中的树叶进行色彩调整，以提亮图像的亮度，然后将天空色彩调整为暖色调，最后使用“照片滤镜”命令对整个图像的色彩进行调整，此时就制作完成了色彩绚丽景色的效果。

效果展示

本实例的前后效果如下图所示。

原始文件	光盘\素材文件\Chapter 05\5-27.jpg
结果文件	光盘\结果文件\Chapter 05\5-02.psd
同步视频文件	光盘\同步教学文件\Chapter 05\实例制作 2.avi

知识链接

在本实例的制作与设计过程中，主要用到以下知识点。

- “替换颜色”命令
- 曲线调整
- 快速选择区域
- “通道混合器”命令
- “色彩平衡”命令
- “色相/饱和度”命令

操作步骤

本实例的具体操作步骤如下。

步骤01 打开光盘中的素材文件5-27.jpg，如右侧左图所示。

步骤02 执行“图像→调整→替换颜色”命令，打开“替换颜色”对话框，设置“颜色容差”为85，使用“吸管工具”选择图像中的树叶部分，单击“替换”选项区域中的白色色块，将其设置为蓝色（R:130、G:191、B:243），设置“替换”选项区域中的参数，参数设置如右侧右图所示。

步骤03 设置完成后，单击“确定”按钮，选择工具箱中的“快速选择工具”，在图像中通过单击选取天空区域，效果如下图所示。

步骤04 执行“图像→调整→通道混合器”命令，打开“通道混合器”对话框，在对话框中设置“输出通道”为“红”通道，在“源通道”选项区域中设置参数，如下图所示。

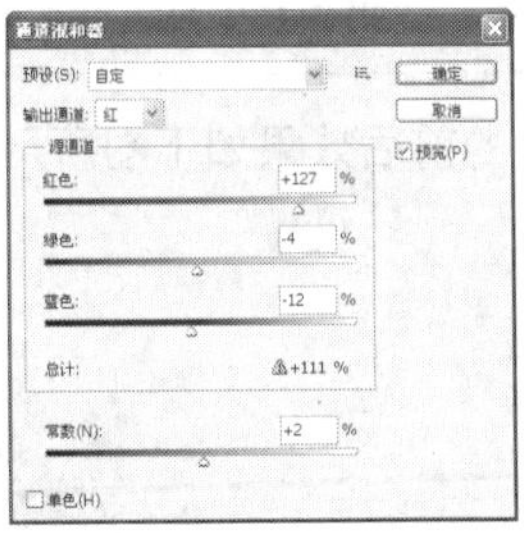

步骤05 执行“图像→调整→色彩平衡”命令，打开“色彩平衡”对话框，“色阶”选项参数设置如右侧左图所示。设置完成后，单击“确定”按钮，效果如右侧右图所示。

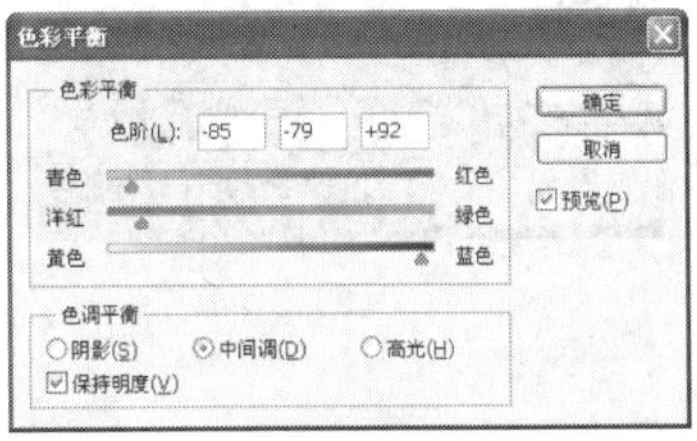

步骤06 执行“图像→调整→照片滤镜”命令，打开“照片滤镜”对话框，单击“颜色”色块，在弹出的“选择滤镜颜色”对话框中设置颜色为（R:247、G:167、B:145）。设置完成后，单击“确定”按钮，返回到“照片滤镜”对话框中，设置浓度为60%，如下图所示。

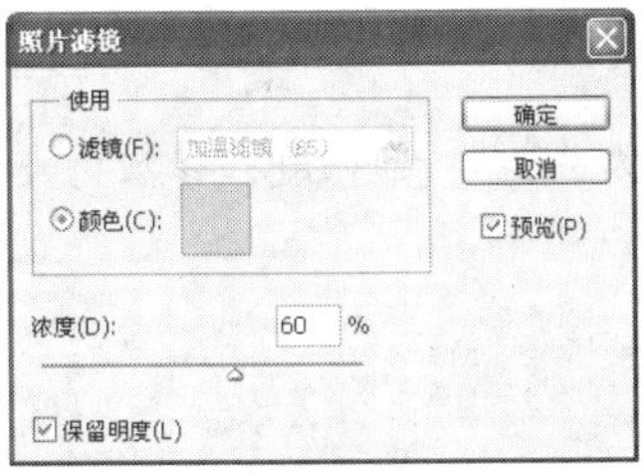

步骤07 设置完成后，单击“确定”按钮，效果如下图所示。

技能提高——举一反三应用

为了强化用户的动手能力，并巩固本章的学习内容，下面安排几个上机练习实例。用户可以根据提供的素材文件与效果文件，参考提示信息，亲自上机完成制作。

动手练习 1 制作怀旧风格效果

在 Photoshop CS5 中，运用本章所学的“匹配颜色”命令、“色相/饱和度”命令制作怀旧风格效果。

原始文件	光盘\素材文件\Chapter 05\5-28.jpg、5-29.jpg
结果文件	光盘\结果文件\Chapter 05\5-03.psd
同步视频文件	光盘\同步教学文件\Chapter 05\ 动手练习 1.avi

本练习的前后效果如下图所示。

素材

素材

最终效果

操作提示

在制作怀旧风格效果的实例操作中，主要进行了复制“背景”图层，并使用了“匹配颜色”命令、“色相/饱和度”命令等知识，主要操作步骤如下。

步骤01 打开素材文件，在“图层”面板中拖动“背景”图层到“创建新图层”按钮上，生成“背景副本”图层。

步骤02 执行“匹配颜色”命令，打开“匹配颜色”对话框，在“源”选项下拉列表中选择风景图像，调整“明亮度”参数为 139、“颜色强度”参数为 53、“渐隐”参数为 23。

步骤03 通过执行“色相/饱和度”命令调整“色相”参数为+5、“饱和度”参数为-5、“明度”参数为+27，此时即可完成制作。

动手练习 2 制作浪漫紫色情迷效果

在 Photoshop CS5 中，运用本章所学的“色彩平衡”命令制作浪漫紫色情迷效果。

原始文件	光盘\素材文件\Chapter 05\5-30.jpg
结果文件	光盘\结果文件\Chapter 05\5-04.psd
同步视频文件	光盘\同步教学文件\Chapter 05\动手练习 2.avi

本练习的前后效果如下图所示。

操作提示

在制作浪漫紫色情迷效果的实例操作中，主要使用了图像合成、通道编辑、渐变颜色填充及图层蒙版等知识，主要操作步骤如下。

步骤01 打开光盘中的素材文件，在“图层”面板中拖动“背景”图层到“创建新图层”按钮上，生成“背景副本”图层。

步骤02 执行“图像→调整→色彩平衡”命令，设置“青色/红色”为-84、“洋红/绿色”为 35、“黄色/蓝色”为 16，即设置“色阶”为-84、35、16，选择“色调平衡”选项区域中的“中间调”单选按钮，此时即可完成制作。

本章小结

本章主要介绍了对图像色彩进行校正与处理的相关知识，包括颜色模式、自动调整图像、图像明暗调整、图像色彩调整。色彩的应用在 Photoshop 中是非常重要的，除了了解理论知识外，用户还需要进行更多的练习，这样才可以熟练掌握，调整出更出色的图像效果。

Chapter 06

图层的应用

本章导读

图层是Photoshop CS5最重要的组成部分，通过图层可使图像效果的处理与艺术设计无限扩大。图像由一个或多个图层组成，利用图层的各种属性，如混合模式、图层样式等，可制作出一些绚丽多彩的图像效果。

本章核心知识点

- 图层的基本操作
- 图层组的应用
- 图层样式
- 填充图层
- 调整图层

快速入门 ——知识与应用学习

本章主要给用户讲解 Photoshop CS5 图层的基本操作、图层样式、图层组的应用、调整图层等相关知识。

6.1 图层的概念

在 Photoshop 中，图层非常重要，它是构成图像的重要组成部分。许多效果可以通过对图层进行操作得到，应用图层来实现效果是一种直观、便捷的方法。图层都是由像素组成的，图层通过上下叠加的方式组成图像，它允许用户在不影响图像中其他元素的情况下处理某个图像元素。

6.1.1 认识图层

图层就如同堆叠在一起的透明纸，每一张纸上面都保存着不同的图像。人们可以透过上面图层的透明区域看到下面图层的内容。人们可以对每个图层中的对象单独操作，而不会影响其他图层中的内容。人们可以移动图层，也可以调整堆叠顺序。

除了“背景”图层外，其他图层的不透明度都可以被调整，使图像内容变得透明；还可以修改混合模式，让上下图层之间产生特殊的混合效果。可以反复调整不透明度和混合模式，而不会损伤图像。如下图所示为“图层”面板中图层的叠加方式及得到的图像效果。

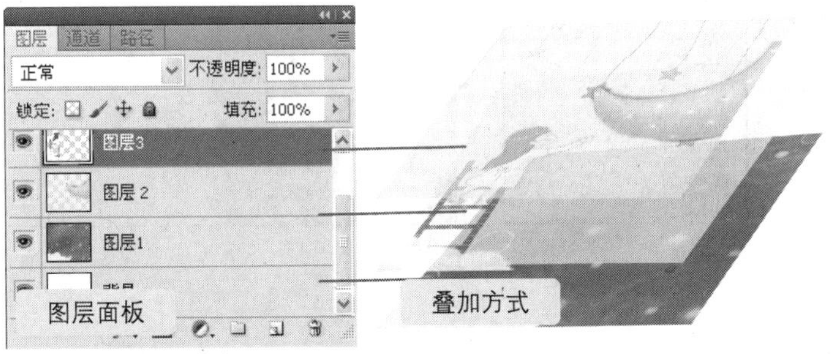

图层面板　叠加方式

图层效果

6.1.2 “图层”面板

在编辑图像时，可通过对图层进行操作来实现完美效果。“图层”面板中显示了图像中的所有图层、图层组和图层效果，用户可以使用“图层”面板中的相关功能来对图像进行编辑，例如创建图层、调整叠放顺序、设置图层不透明度等。用户还可以通过改变图层之间的重叠方式制作特殊效果，执行“窗口→图层”命令即可在工作界面中显示“图层”面板，如下图所示。

❶设置图层的混合模式：在下拉列表中可选择相应选项，用于设置当前图层的混合模式。

❷锁定按钮：当不想对某个图层应用相应的功能时，可通过单击锁定按钮将某个图层锁定。

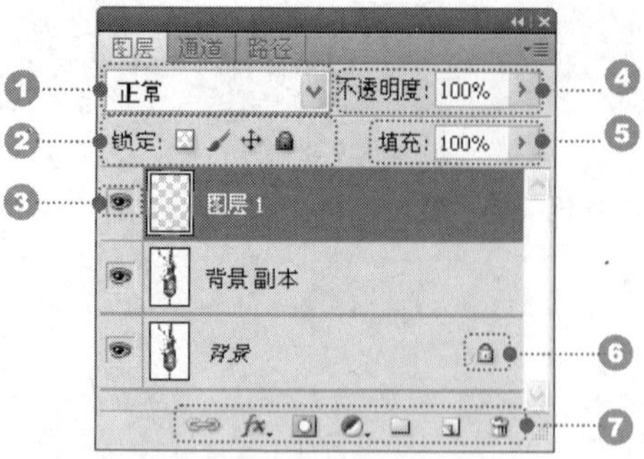

❸“指示图层可见性”图标：单击该图标可隐藏图层，再次单击该图标则显示隐藏的图层。

❹不透明度：用于设置当前图层的不透明度。

❺填充：设置当前图层的填充不透明度。它的作用与图层的“不透明度”选项类似，但只影响图层中绘制的图像和形状的不透明度，不会影响图层样式的不透明度。

❻锁定标志：显示该图标时，表示图层处于锁定状态。

❼快捷图标：对图层进行操作的常用快捷按钮，主要包括“链接图层”、“添加图层样式”、“添加图层蒙版”、“创建新的填充或调整图层”、“创建新组”、“创建新图层”、“删除图层”按钮。

提 示

要打开“图层”面板，可直接按键盘上的【F7】键完成操作。

6.1.3 “图层”菜单

“图层”菜单集成了对图层、图层组进行管理和操作的所有命令，单击菜单栏中的“图层”菜单项可打开下拉菜单，如右侧左图所示。用户也可以在“图层”面板中单击扩展按钮，打开面板菜单，如右侧右图所示。

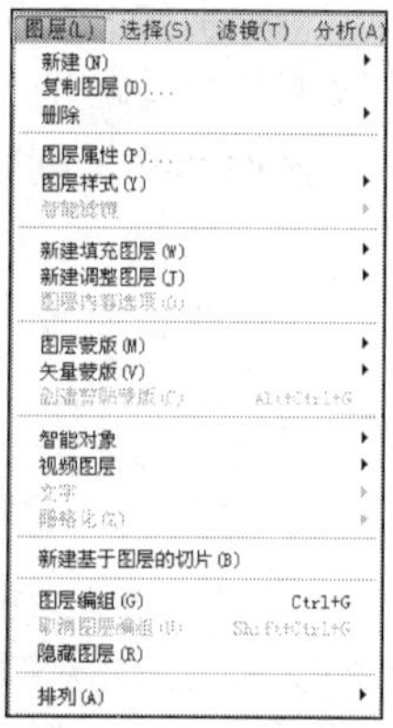

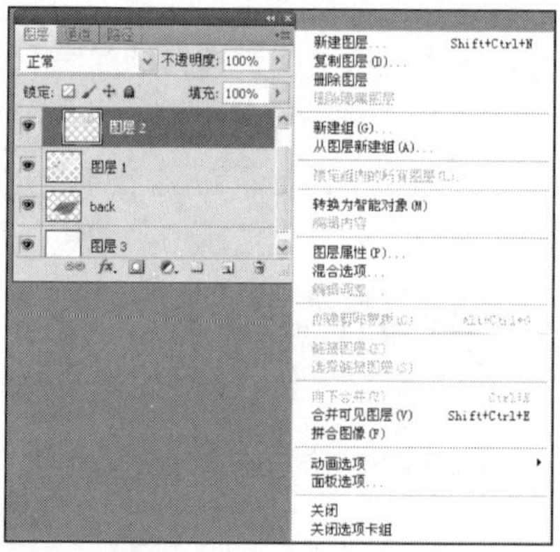

6.2 图层的基本操作

在绘制和处理图像之前，必须先了解和掌握图层最基本的使用方法。图层的基本操作包括新建、复制、删除、合并，以及顺序的调整等，这些操作都可以通过执行“图层”菜单中的相应命令或在“图层”面板中完成。

6.2.1 选择图层

在对图像进行操作时，首先确定是否选择了该图像所在的图层，如果没有选择，则无法对图像进行操作。选择图层的具体操作步骤如下。

步骤01 打开光盘中的素材文件 6-01.psd，打开“图层”面板，如下图所示。

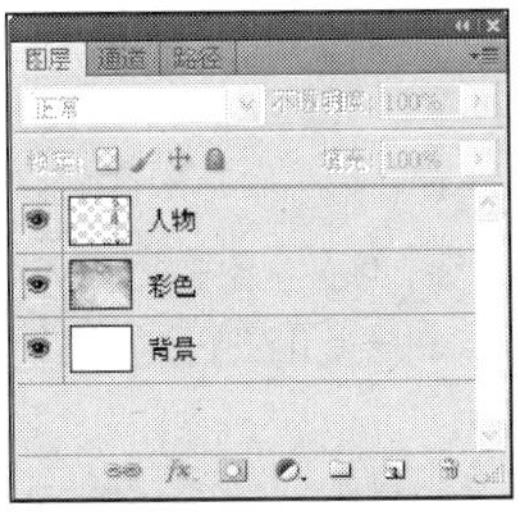

步骤02 单击“彩色”图层，则“彩色”图层呈蓝色显示，表示该图层被选中，如下图所示。

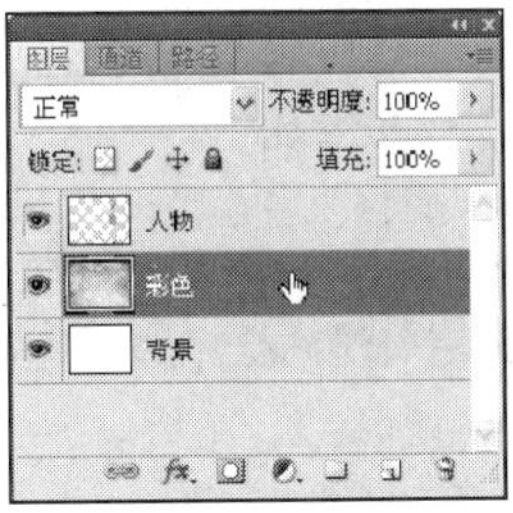

步骤03 如果要选择多个相邻的图层，可以单击第一个图层，然后按住【Shift】键单击最后一个图层即可，效果如下图所示。

步骤04 如果要选择多个不相邻的图层，可按住【Ctrl】键分别单击这些图层，如下图所示。

提示

如果不想选择任何图层，可在面板最下面图层下方的空白处单击，也可执行“选择→取消选择图层”命令。

6.2.2 新建图层

在 Photoshop CS5 中创建图层的方法很多，包括在“图层”面板中新建图层、使用命令创建图层。下面介绍常用的操作方式。

1 在面板中新建图层

在面板中可快速地新建图层，具体操作步骤如下。

步骤01 打开光盘中的素材文件 6-02.jpg，打开“图层”面板，单击“图层”面板中的“创建新图层”按钮，如右侧左图所示。

步骤02 新建的图层会自动为当前图层，如右侧右图所示。

2 通过执行“新建”命令新建图层

在创建图层的同时可设置图层的属性，如图层名称、颜色、混合模式，通过执行“新建”命令新建图层操作步骤如下。

步骤01 执行“图层→新建→图层”命令，在弹出的“新建图层”对话框中设置名称选项，如下图所示。

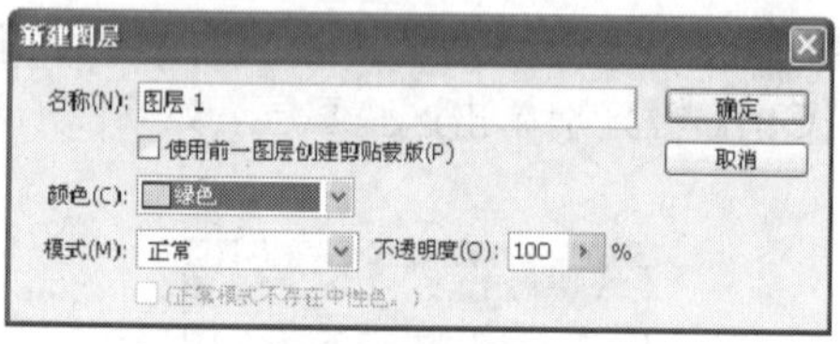

步骤02 设置完成后，单击“确定”按钮，完成新建图层操作，此时的“图层”面板如下图所示。

3 通过执行“通过拷贝的图层”命令新建图层

如果在图像中创建了选区，则可将选区内的图像复制到一个新的图层中，具体操作步骤如下。

步骤01 选择工具箱中的“矩形选框工具”，在图像中创建选区，效果如下图所示。

步骤02 执行“图层→新建→通过拷贝的图层”命令，此时的“图层”面板如下图所示。

4 将“背景”图层转换为普通图层

“图层”面板中的“背景”图层是锁定的，无法调整它的堆叠顺序、混合模式及不透明度。若要编辑“背景”图层，可将“背景”图层转换为普通图层，具体操作步骤如下。

步骤01 在“图层”面板中双击“背景”图层，在打开的“新建图层”对话框中输入名称“图层 1”，如下图所示。

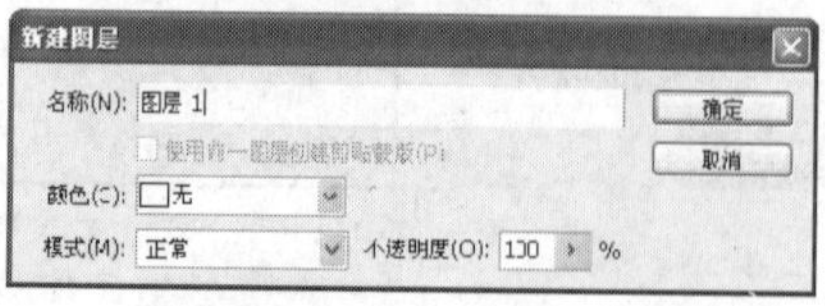

步骤02 单击“确定”按钮，即可转换为普通图层，此时的“图层”面板如下图所示。

6.2.3 复制图层

复制图层可将选定的图层进行复制，得到一个与原图层相同的图层，复制图层的具体方法如下。

方法 1 选择一个图层，执行“图层→复制图层”命令，弹出“复制图层”对话框，如左下图所示。此时，单击“确定”按钮，即可完成复制操作。

方法 2 在“图层”面板中，拖动需要进行复制的图层到面板底部的“创建新图层”按钮处，如拖动“背景”图层，如右侧右图所示，此时即可复制该图层。

6.2.4 删除图层

在编辑图像的过程中，可对不需要的图层进行删除操作，删除图层的具体操作步骤如下。

步骤01 在“图层”面板中选择“人物”图层，然后拖动“人物”图层到“图层”面板下方的“删除图层”按钮上，如下图所示。

步骤02 通过上一步的操作，即可删除“人物”图层，此时的“图层”面板如下图所示。

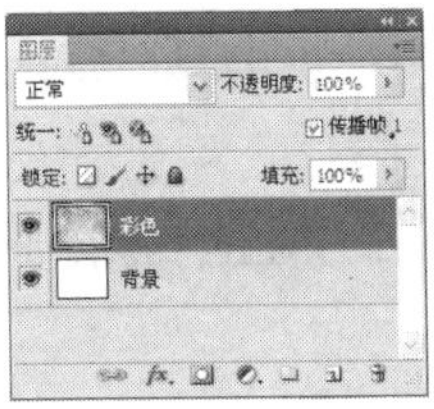

提 示

在“图层”面板的面板菜单中执行“删除图层”命令，即可删除图层。

6.2.5 修改图层名称

在“图层”面板中修改图层名称，可快速地区分图层，以便在操作中快速找到它们。

步骤01 在“图层”面板中，双击“背景副本”文字处，即可显示文本框，如下图所示。

步骤02 在显示的文本框中输入“人物”，即可完成修改，此时的“图层”面板如下图所示。

6.2.6 显示与隐藏图层

当编辑复杂图像时，在“图层”面板中单击“指示图层可见性”图标，可控制图层的显示与隐藏。显示与隐藏图层的具体操作步骤如下。

步骤01 在“图层”面板中单击“人物”图层左侧的“指示图层可见性”图标👁，如下图所示。

步骤02 通过上一步的操作，图层左侧的👁图标消失，此时即可隐藏“人物”图层，图像效果及“图层”面板如下图所示。

提 示

按住【Alt】键的同时单击所需显示图层左侧的👁图标，可隐藏图像中的其他所有图层。

6.2.7 调整图层顺序

在“图层”面板中，可将一个图层拖动到另外一个图层的上面或下面，从而自由调整图层的堆叠顺序，具体操作步骤如下。

步骤01 在“图层”面板中，按住鼠标左键不放将“人物”图层拖动至“绿色”图层下方，如下图所示。

步骤02 通过上一步的操作，“人物”图层移动至“绿色”图层下方，如下图所示。

6.2.8 链接图层

链接图层可以使多个图层之间建立链接关系。如果要对多个图层中的内容进行移动、变换，可以将这些图层链接在一起，具体操作步骤如下。

步骤01 在“图层”面板中，按住【Ctrl】键单击两个图层，如下图所示。

步骤02 单击“链接图层”按钮，即可完成链接操作，如下图所示。

提 示

如果需要取消图层的链接，在选择图层后，单击“图层”面板底部的“链接图层”按钮，即可取消图层间的链接关系。

6.2.9 锁定图层

“图层”面板提供了保护图层透明区域、图像像素和位置的锁定功能。锁定图层的作用是防止对某些图层进行错误操作。图层被锁定后，将限制图层编辑的内容和范围。“图层”面板的锁定组中提供了4个不同功能的锁定按钮，如下图所示。

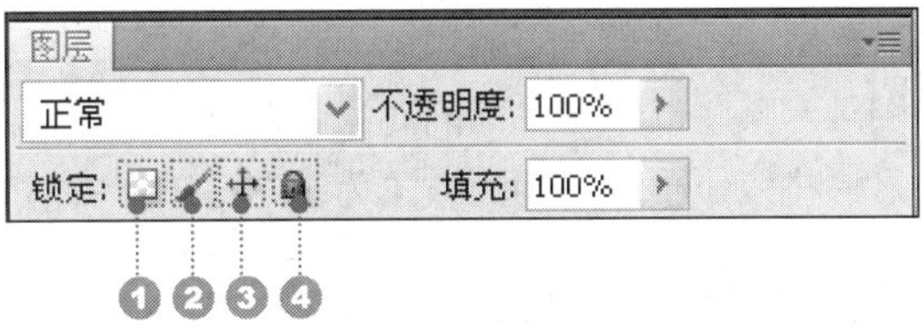

❶锁定透明像素：单击该按钮，当对图层进行编辑时，图层中的透明部分即空的部分不会被编辑，所进行的操作只对有像素的部分起作用。

❷锁定图像像素：单击该按钮，可使图像不受任何填充、描边及其他绘图操作的影响，但可进行其他编辑操作。

❸锁定位置：单击该按钮，可锁定图像的位置。当对图层进行编辑时，不能对图层内的图像进行移动、旋转、翻转和自由变换等操作，但可以对图层内的图像进行填充、描边和其他绘图的操作。

❹锁定全部：单击该按钮，图层全部被锁定，不能对图层中的图像进行任何编辑操作。

6.2.10 栅格化图层

在使用绘画工具和滤镜编辑文字图层、形状图层、矢量蒙版或智能对象等包含矢量数据的图层时，可先将其栅格化，使图层中的内容转换为栅格图像，然后进行相应的编辑。栅格化图层的具体操作步骤如下。

步骤01 在“图层”面板中，选择“天使”图层，如下图所示。

步骤02 执行“图层→栅格化”级联菜单中的命令即可栅格化图层中的内容，“天使”图层转换为栅格化文字图层的效果如下图所示。

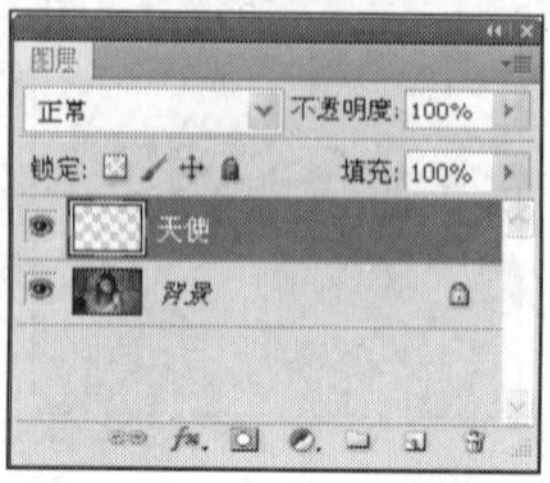

6.2.11 对齐与分布

在编辑图像时，常常要将各图层的图像进行对齐或分布，Photoshop CS5 提供了对齐、分布功能。

如果要将多个图层中的图像内容对齐，在“图层→对齐”级联菜单中，执行相应的对齐命令即可。各命令的其含义如下。

- 顶边：所选图层对象将以位于最上方的对象为基准，进行顶部对齐。
- 垂直居中：所选图层对象将以位于中间的对象为基准，进行垂直居中对齐。
- 底边：所选图层对象将以位于最下方的对象为基准，进行底部对齐。
- 左边：所选图层对象将以位于最左侧的对象为基准，进行左对齐。
- 水平居中：所选图层对象将以位于中间的对象为基准，进行水平居中对齐。
- 右边：所选图层对象将以位于最右侧的对象为基准，进行右对齐。

使用“对齐”级联菜单中的命令对齐图像的操作步骤如下。

步骤01 打开光盘中的素材文件 6-03.psd，如右侧左图所示。按住【Ctrl】键单击“图层 1”图层、“图层 2”图层、“图层 3”图层，将其选取，此时的“图层”面板如右侧右图所示。

步骤02 执行“图层→对齐→水平居中”命令，如右侧左图所示，得到的效果如右侧右图所示。

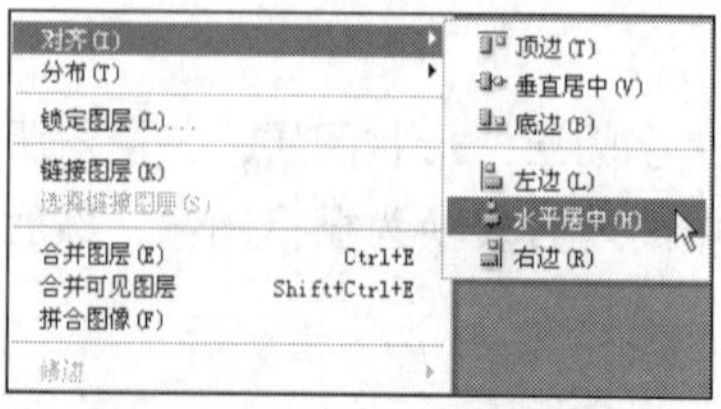

如果要让 3 个或者更多的图层按照一定的规律均匀分布，可以选择这些图层，然后执行“图层→分布”级联菜单中的命令进行操作。

- 顶边：可均匀分布各链接图层或所选择的多个图层，使它们最上方相隔同样的距离。
- 垂直居中：可将所选图层对象间垂直方向的图像相隔同样的距离。
- 底边：可将所选图层对象间最下方的图像相隔同样的距离。
- 左边：可将所选图层对象间最左侧的图像相隔同样的距离。
- 水平居中：可将所选图层对象间水平方向的图像相隔同样的距离。
- 右边：可将所选图层对象间最右侧的图像相隔同样的距离。

执行“图层→分布→左边”命令，如左下图所示，得到的效果如右下图所示。

提 示

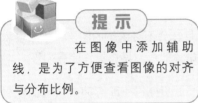

在图像中添加辅助线，是为了方便查看图像的对齐与分布比例。

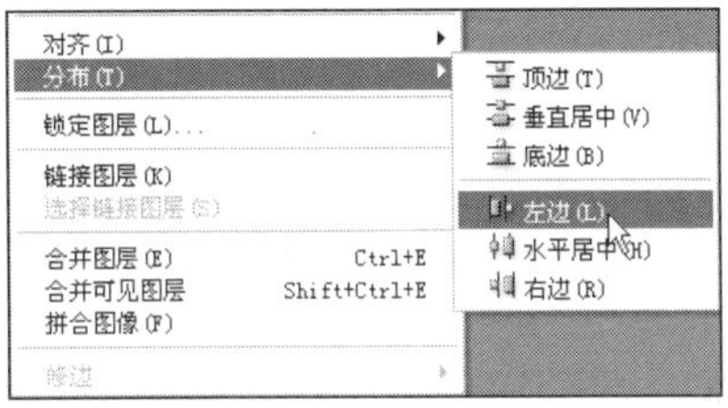

6.2.12 合并图层

在编辑图像时，图层、图层组、图层样式越多，该文件所占用的空间也就越大，计算机的运行速度就越慢。将一些不必要分开的图层合并为一个图层，可减少所占用的磁盘空间，也可以加快运行速度。合并图层的方法有很多种，下面分别进行介绍。

1 向下合并

向下合并图层就是将当前图层与下一层图层合并为一个图层，新图层以合并前的下一个图层的名称命名。向下合并图层的具体操作步骤如下。

步骤01 在“图层”面板中，选择“图层 2”图层，如下图所示，执行“图层→向下合并”命令。

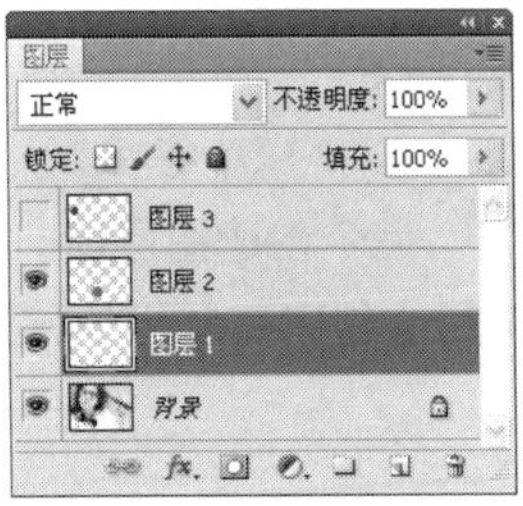

步骤02 此时便可将“图层 2”与“图层 1”图层进行合并，此时的“图层”面板如下图所示。

2 合并可见图层

合并可见图层是将目前所有处于显示状态的图层合并，处于隐藏状态的图层则不发生任何变动。合并可见图层的具体操作步骤如下。

步骤01 在“图层”面板中，单击“图层 3”图层左侧的“指示图层可见性”图标，隐藏“图层 3”图层，如下图所示。

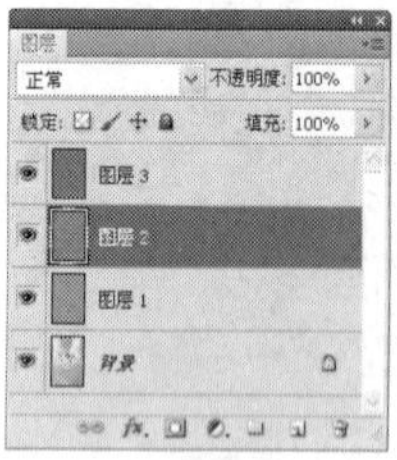

步骤02 执行“图层→合并可见图层”命令，将所显示的图层合并成为一个图层，此时的“图层”面板如下图所示。

3 拼合图像

拼合图像就是把文件中的所有图层合并为“背景”图层，使其为不可编辑的图层。如果要将所有的图层合并到“背景”图层中，执行“图层→拼合图像”命令即可，具体操作步骤如下。

步骤01 打开“图层”面板，如下图所示，执行“图层→拼合图像”命令。

步骤02 通过上步操作，即可完成拼合图像的操作，此时的“图层”面板如下图所示。

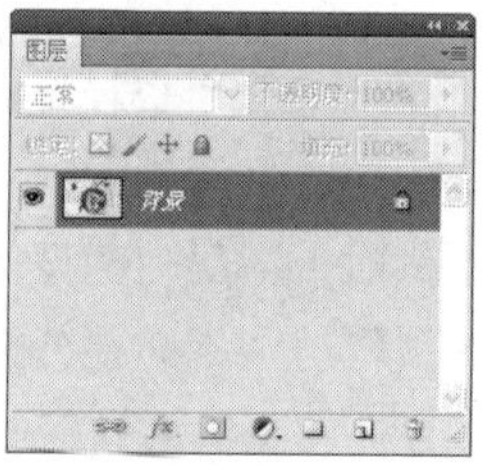

6.3 图层组的应用

在对图像进行操作的过程中，图层组类似于文件夹，用户可将不同类型的图层放置在不同的组内。创建图层组后，用户可快速分类与管理图层，以使面板变得有条不紊，方便用户操作。

6.3.1 新建图层组

创建图层组的方法有很多种，可通过执行“图层→新建→组”命令创建图层组，也可通过单击“图层”面板底部的“创建新组”按钮创建图层。下面介绍常用的创建图层组的方法。

1 通过命令创建图层组

步骤01 执行“图层→新建→组”命令，弹出“新建组”对话框，单击“确定”按钮，如右图所示。

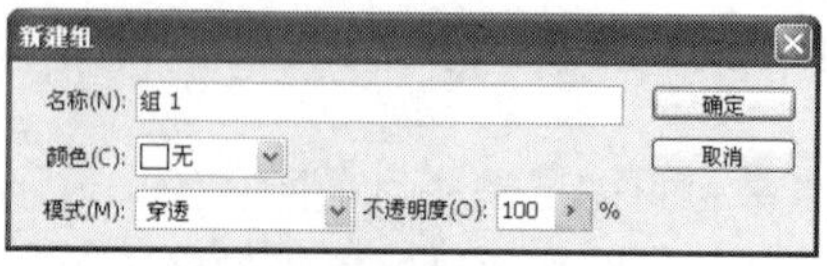

步骤02 通过上一步的操作，即可在“图层”面板中创建一个空白的图层组，如右图所示。

2 通过单击按钮创建图层组

步骤01 单击“图层”面板底部的“创建新组”按钮，如右侧左图所示。

步骤02 此时即可在“图层”面板中创建一个空白的图层组，如右侧右图所示。

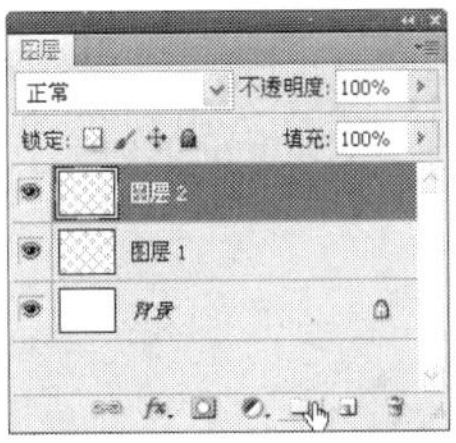

6.3.2 将图层移入或移出图层组

上一小节介绍的是新建图层组，将一个图层拖入图层组内，可将其添加到图层组中；将图层组中的图层拖出组外，可将其从图层组中移出。下面介绍如何将现有的图层拖入到图层组中，具体操作步骤如下。

步骤01 打开光盘中的素材文件 6-04.psd，在“图层”面板中，选择“图层 2”图层，将其拖动至“组 1”组中，如右侧左图所示。此时，便可在“图层”面板中看到“组 1”组中包含“图层 2”图层，如右侧右图所示。

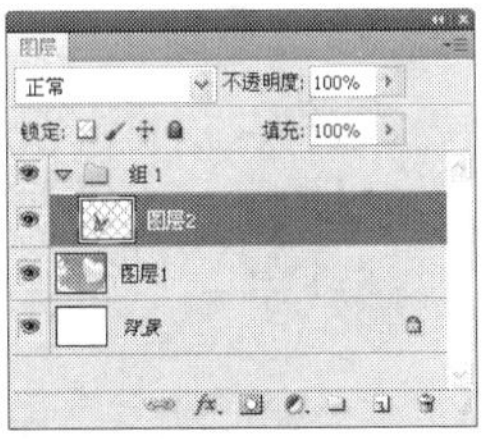

步骤02 单击“组 1”组左侧的“指示图层可见性”图标，则组中图层的“指示图层可见性”图标呈灰色显示，表示图层组被隐藏，如右侧左图所示。返回到图像窗口，可以看到蝴蝶图像被隐藏，如右侧右图所示。

6.3.3 复制与删除图层组

在复制图层组时，可以将所要复制的图层组拖动至“图层”面板下方的“创建新图层”按钮上。删除图层组的方法是拖动图层组到“删除图层”按钮上。复制与删除图层组的具体操作步骤如下。

步骤01 在"图层"面板中，选择"组 1"组，并将其拖动到面板底部的"创建新图层"按钮上，如右侧左图所示。

步骤02 此时，便可在"图层"面板中看到复制后的图层组，系统其将命名为"组 1 副本"，如右侧右图所示。

步骤03 右击"组 1"组，弹出快捷菜单，执行"删除组"命令，系统将会弹出警告对话框，在对话框中单击"组和内容"按钮，如右侧左图所示，此时，"组 1"组被删除，此时的"图层"面板如右侧右图所示。

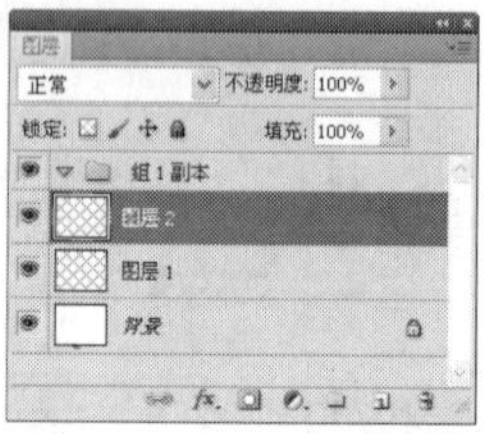

6.4 图层样式

图层样式也称为图层效果，通过对"图层样式"进行调整可以制作出不同的图层效果。Photoshop CS5 提供了多种图层样式，常用的图层样式包括"外发光"、"内阴影"、"光泽"、"图案叠加"、"渐变叠加"和"颜色叠加"等。在图像处理的过程中，用户需要熟练掌握图层样式的效果及应用方法。

6.4.1 添加图层样式

如果要为图层添加样式，首先选择这一图层，然后使用以下任意方法打开"图层样式"对话框。

方法 1 执行"图层→图层样式→混合选项"命令。

方法 2 单击"图层"面板底部的"添加图层样式"按钮 *fx*，执行"混合选项"命令。

方法 3 在"图层"面板中，双击需要添加图层样式的图层，可快速打开"图层样式"对话框。

6.4.2 "图层样式"对话框

"图层样式"对话框的左侧列出了 10 种样式，如下图所示。样式名称前面的复选框中有✓标记的，表示在图层中添加了该样式。取消样式前面的✓标记，表示停用该样式。

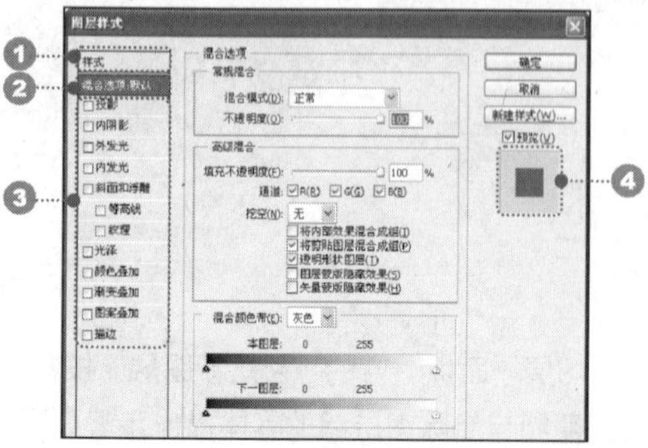

❶样式：选择对话框左上角的"样式"选项，便可以在参数设置区域显示默认的样式列表框。

❷ 混合选项：选择"混合选项：默认"选项，可设置当前图层的混合模式、不透明度、高级混合等内容。

❸样式选项栏：在样式选项栏中选择选项，可在右侧的选项区域设置各个图层样式的详细参数，以得到精美的图层样式效果。

❹样式预览框：在预览框中可预览样式选项效果。

6.4.3 投影

“投影”样式可在图像下部添加阴影，使图像更加立体化。在“图层样式”对话框中可以分别对投影的角度、距离、扩展及大小等参数进行设置。投影参数的含义如下。

- 混合模式：用来设置投影与下面图层的混合方式，默认为“正片叠底”模式。
- 设置阴影颜色：单击“混合模式”后面的颜色框，可在弹出的对话框中设置阴影的颜色。
- 不透明度：可设置图层效果的不透明度。不透明度的值越大，图像效果越明显。用户可直接在后面的文本框中输入数值，以进行精确调整，也可通过拖动滑动栏中的三角形滑块进行调整。
- 角度：可设置光照角度，可确定阴影的方向与角度。当选择后面的“使用全局光”复选框时，可将所有图层对象的阴影角度统一。
- 距离：可设置阴影偏移的幅度。“距离”值越大，层次感越强；“距离”值越小，层次感越弱。
- 扩展：可设置模糊的边界。“扩展”值越大，模糊的部分越小，阴影的边缘越清晰。
- 大小：可设置模糊的边界。“大小”值越大，模糊的部分就越大。
- 等高线：可设置阴影的明暗部分，单击下三角按钮，可在弹出的面板中选择预设效果，也可单击预设效果，在弹出的“等高线编辑器”对话框中重新进行编辑，可设置暗部与高光部分。
- 消除锯齿：选择该复选框，可混合等高线边缘的像素，使投影更加平滑。该选项对于尺寸小且具有等高线的投影最有用。
- 杂色：可为阴影增加杂点效果。“杂色”值越大，杂点越明显。
- 图层挖空投影：用来控制半透明图层中投影的可见性。选择该复选框后，如果当前图层的填充不透明度小于100%，则半透明图层中的投影不可见。

如下图所示为原图及添加“投影”样式后的图像效果。

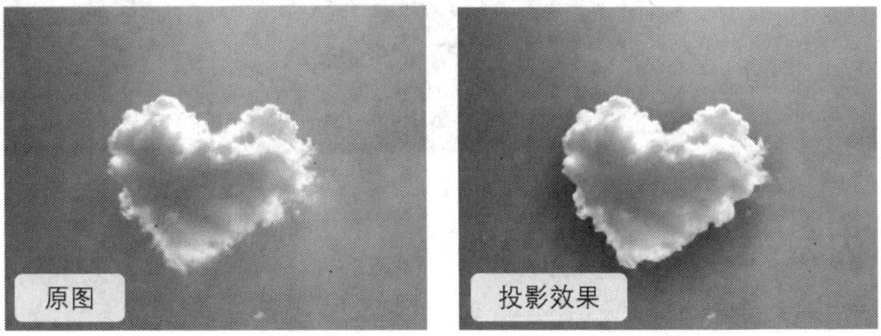

6.4.4 内阴影

“内阴影”样式可以在图层的边缘添加阴影，使图层产生凹陷效果。“内阴影”与“投影”的选项设置基本相同。它们的不同之处在于：“投影”是通过“扩展”选项来控制投影边缘渐变程度的，而“内阴影”则是通过“阻塞”选项来控制的。

如下图所示为原图及添加“内阴影”样式后的图像效果。

原图

内投影效果

6.4.5 外发光

“外发光”样式可以在图层边缘外产生发光效果，其参数含义如下。

- “混合模式”/“不透明度”：“混合模式”选项用来设置发光效果与下面图层的混合方式；“不透明度”选项用来设置发光效果的不透明度，该值越低，发光效果越弱。
- 杂色：可以在发光效果中添加随机的杂色，使光晕具有颗粒感。数值越大，添加的杂色越多。
- “设置发光颜色”/“点按可编辑渐变”：这两个选项可分别设置单色或渐变色。
- 方法：用来设置发光的方法，其下拉列表中的“柔和”与“精确”选项可控制发光的准确程度。
- “扩展”/“大小”：“扩展”选项用来设置发光范围的大小；“大小”选项用来设置光晕范围的大小。
- 等高线：用于设置外发光的样式，其中有很多预设的样式可选择。
- 范围：用于设置外发光效果与原图像之间的距离，数值越大，外发光距离图像的位置越远。

如右图所示为原图与添加“外发光”样式后的图像效果。

原图

外发光效果

6.4.6 内发光

“内发光”样式可以沿图层边缘向内创建发光效果。“内发光”效果中除了“源”和“阻塞”选项外，其他大部分选项都与“外发光”效果相同。

- 源：用来控制发光源的位置。选择“居中”单选按钮，表示应用从图层中心发出的光，此时，如果增加“大小”值，发光效果会向图像的中央收缩；选择“边缘”单选按钮，表示应用从图层的内部边缘发出的光，此时，如果增加“大小”值，发光效果会向图像的中心扩展。
- 阻塞：可以在模糊之前收缩内发光的杂边边界。

如右图所示为原图与添加“内发光”样式后的图像效果。

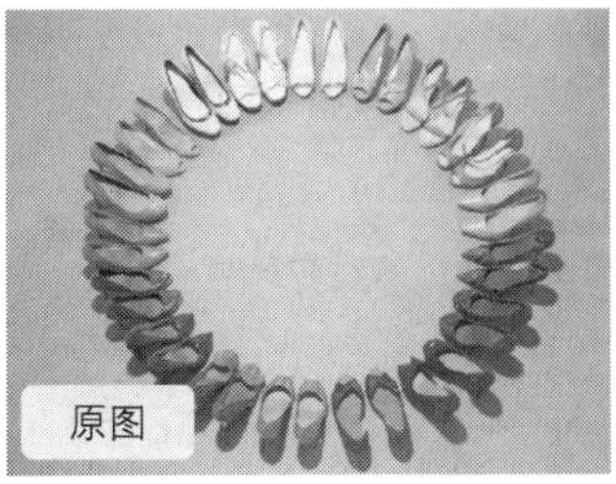
原图

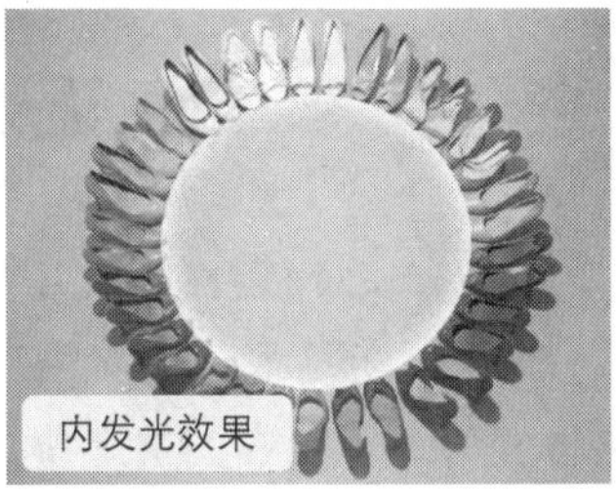
内发光效果

6.4.7 斜面和浮雕

“斜面和浮雕”样式能够模拟高光和阴影效果，高光与阴影都以半透明的形式出现，并与下层颜色进行混合，模拟出斜面的假象，使图像呈现立体的浮雕效果。“斜面和浮雕”选项的含义如下。

- 样式：在其下拉列表中可以选择“外斜面”、“内斜面”、“浮雕效果”、“枕状浮雕”和“描边浮雕”浮雕样式。
- 方法：在其下拉列表中可选择“平滑”、“雕刻清晰”和“雕刻柔和”选项。
- 深度：用于设置斜面的明显程度。“深度”值越大，斜面越明显。
- 方向：定位光源角度后，可通过该选项设置高光和阴影的位置。
- 大小：可设置斜面的大小。取值越大，斜面的面积越大。
- 软化：用于设置浮雕效果边缘的平滑程度。数值越大，图像越平滑。
- 高度：用于设置光源的高度。

使用“斜面和浮雕”图层样式使图像呈现立体的浮雕效果。如右侧左图所示为原图，如右侧右图所示为添加“斜面和浮雕”样式后的效果。

原图

斜面和浮雕效果

6.4.8 光泽

“光泽”样式可以在图像的表面形成亮光区域。用户可以对光泽的不透明度、距离、大小等选项进行设置。“光泽”样式通常用来创建金属表面的光泽外观。该样式没有特别的选项，但可以通过选择不同的等高线来改变光泽的样式。如右侧左图所示为原图，如右侧右图所示为添加“光泽”样式后的图像效果。

原图

光泽效果

6.4.9 颜色叠加

“颜色叠加”样式比其他图层样式简单。在添加“颜色叠加”图层样式时，可以在图层上叠加指定的颜色，通过设置颜色的混合模式和不透明度，可以控制叠加效果。如右侧左图所示为原图，如右侧右图所示为添加“颜色叠加”样式后的图像效果。

6.4.10 渐变叠加

添加“渐变叠加”样式可在图层中创建渐变图层效果，可在图层上叠加指定的渐变颜色。用户可对“渐变叠加”样式的混合模式、渐变样式、角度和渐变范围进行控制，如右侧左图所示为原图，如右侧右图所示为添加“渐变叠加”样式后的图像效果。

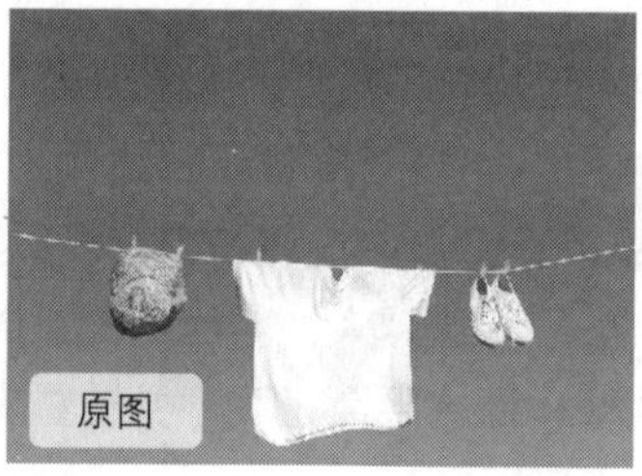

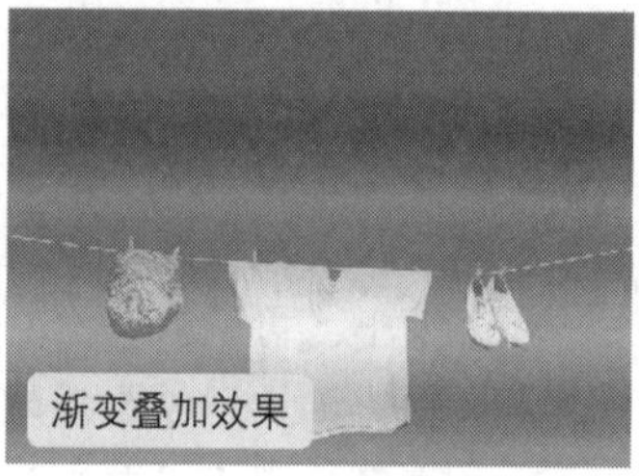

6.4.11 图案叠加

“图案叠加”样式是以图案填充图层，而非仅对图案的亮度进行效果设置。使用“图案叠加”图层样式可以缩放图案、设置图案的不透明度和混合模式。如右侧左图所示为原图，如右侧右图所示为添加“图案叠加”样式后的效果。

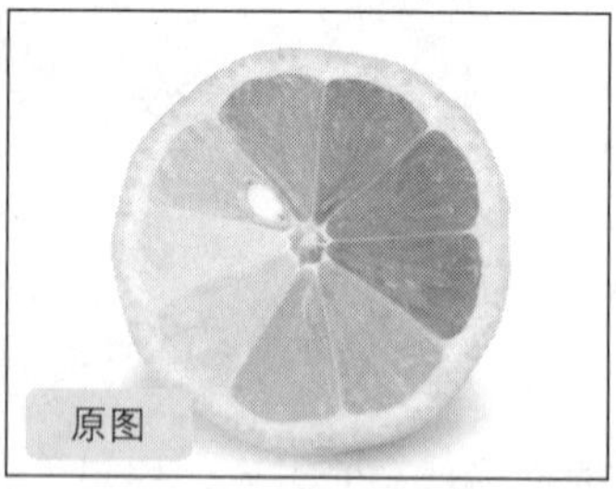

6.4.12 描边

“描边”样式与“编辑”下拉菜单中的“描边”命令的效果类似，都是在图像边缘使用颜色、渐变或图案添加轮廓。使用“描边”样式能够更加自由地控制描边的各种选项参数，如“颜色”、“位置”、“不透明度”等选项。如左下图所示为原图，如右下图所示为添加“描边”样式后的图像效果。

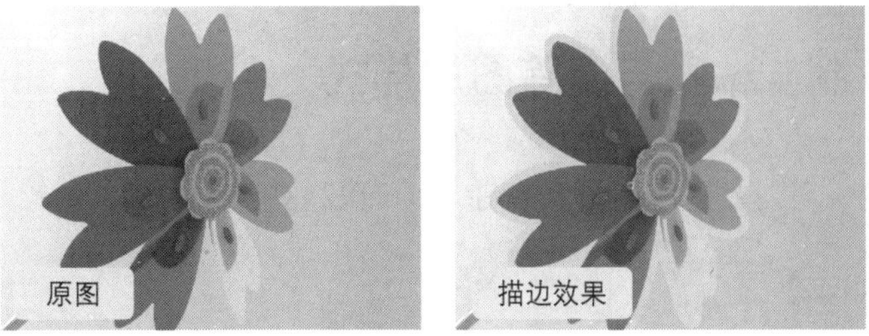
原图　描边效果

6.5 编辑图层样式

用户可以随时修改图层样式的参数、隐藏或者删除样式效果，这些操作都不会对图层中的图像产生任何影响。

6.5.1 显示与隐藏图层样式

用户可以在“图层”面板中隐藏暂时不需要的图层样式。在“图层”面板中，单击该样式名称前的“切换所有图层效果可见性”图标，可控制图层样式的可见性，如右侧左图所示。如果要隐藏一个图层中的所有效果，可单击图层样式前的“切换单一图层效果可见性”图标，如右侧右图所示。

如果要隐藏文档中的所有图层效果，可执行“图层→图层样式→隐藏所有效果”命令，“图层”面板如右侧左图所示。隐藏效果后，若需重新显示图层效果，可执行“图层→图层样式→显示所有效果”命令，“图层”面板如右侧右图所示。

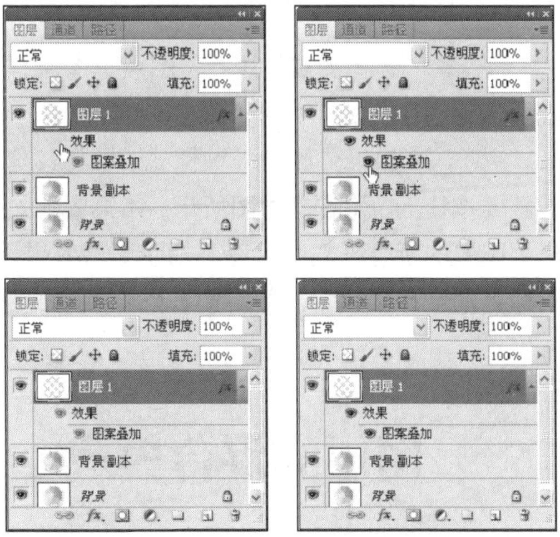

6.5.2 修改图层样式

在“图层”面板中，双击图层样式名称，可以打开“图层样式”对话框，并进入该图层样式的选项区域。此时，可在左侧列表中选择新样式并调整参数，设置完成后，单击“确定”按钮，即可将修改后的效果应用于图像。

6.5.3 缩放效果

当对一个图层应用了多种图层样式时，“缩放效果”命令能发挥其独特的作用。由于“缩放效果”对所有图层样式同时起作用，因此能够省去单独调整每一种图层样式的麻烦。用户需要执行“图层→图层样式→缩放效果”命令，打开“缩放图层效果”对话框，设置其缩放比例，即可缩放效果。

6.5.4 复制、粘贴与清除图层样式

使用图层样式时，可对其进行复制、粘贴，还可以将其清除。

1 复制、粘贴图层样式

在“图层”面板中，选择添加了图层样式的图层，如右侧左图所示。执行“图层→图层样式→拷贝图层样式”命令，复制样式，新建图层并将其选择，执行“图层→图层样式→粘贴图层样式”命令，可以将效果粘贴到该图层中，如右侧右图所示。

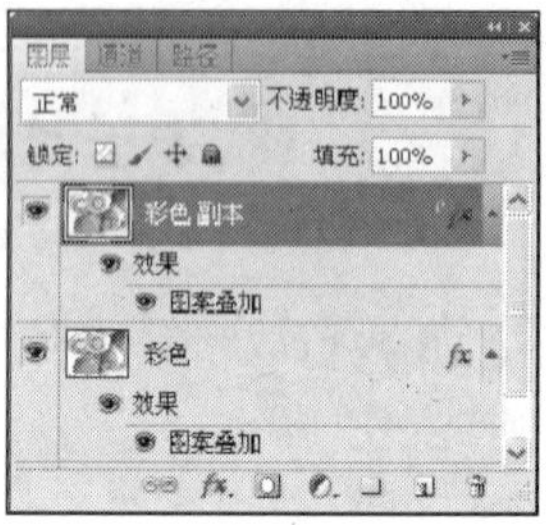

2 清除图层样式

当用户对创建的样式效果不满意时，可清除图层样式，操作方法分别如下。

方法 1 选择图层，执行“图层→图层样式→清除图层样式”命令。

方法 2 如果要删除一种样式，可将其拖动至🗑按钮上，如右侧左图所示。如果要删除一个图层的所有样式，可将“指示图层效果”图标拖动至🗑按钮上，如右侧右图所示。

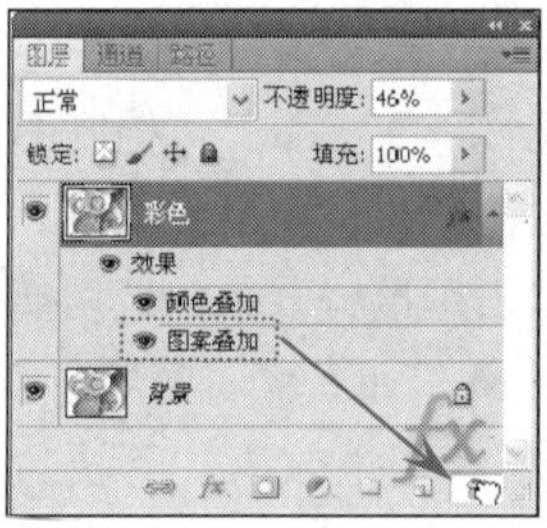

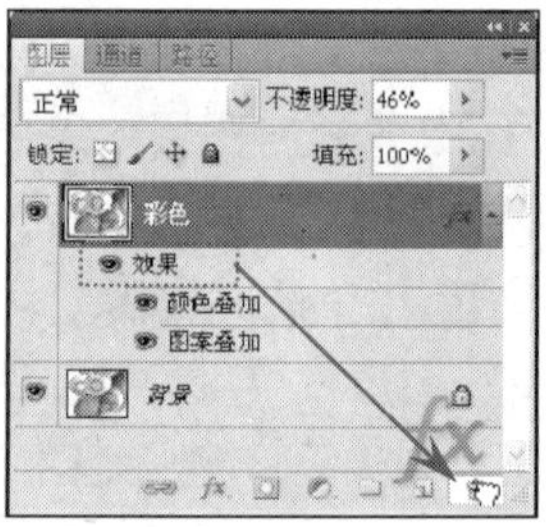

6.6 图层的混合模式

混合模式是一种非常重要的功能，它决定了像素的混合方式。在“图层”面板中，图层之间使用叠加算法形成的颜色显示方式称为图层混合模式。在实际操作过程中，应用图层混合模式可创建各种特殊效果，不会破坏图像。

6.6.1 图层混合模式介绍

图层混合模式在图像处理中是最为常用的一种技术手段。使用图层混合模式可以创建各种图层特效，可以制作出充满创意的平面设计作品。图层混合模式决定当前图层中的像素与其下层图层中的像素以何种模式进行混合，简称图层模式。

Photoshop CS5 中有 27 种图层混合模式，根据各混合模式的基本功能，大致分为 6 类，如下图所示。

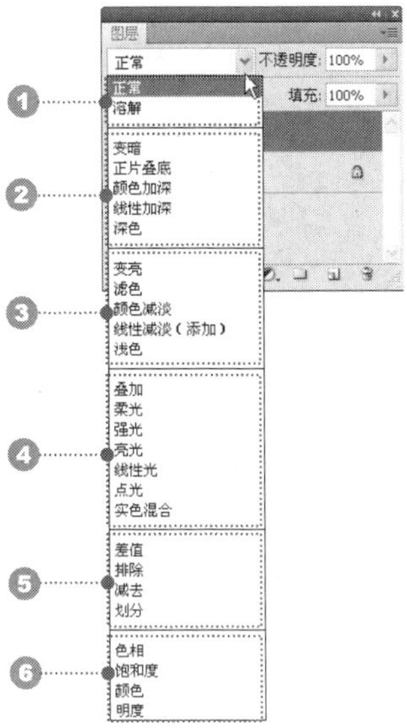

❶基本模式组：该组中利用图层的不透明度及图层填充值来控制下层的图像，达到与底色溶解在一起的效果。

❷加深模式组：该组中的混合模式主要通过滤除图像中的亮调图像，从而达到使图像变暗的目的。

❸提亮模式组：该组的图层混合模式与加深模式组中的效果相反，它们通过滤除图像中的暗调信息，达到使图像变亮的目的。

❹融合模式组：该组中的混合模式可以增强图像的反差。在混合时，50%的灰色会完全消失，任何亮度值高于 50%灰色的像素都可加亮底层的图像，亮度值低于 50%灰色的像素则可使底层图像变暗。

❺色异模式组：该组中的混合模式可比较当前图层的图像与底层图像，然后将相同的区域显示为黑色，不同的区域显示为灰度层次或彩色。如果当前图层中包含白色，白色的区域会使底层图像反相，而黑色不会对底层图像产生影响。

❻色彩模式组：该组中的混合模式主要依据上层图像中的颜色信息不同程度地映衬下面图层的图像。

6.6.2 应用图层混合模式

灵活运用好 Photoshop CS5 中的混合模式，不仅可以创作出丰富多彩的叠加及着色效果，还可以获得一些意想不到的特殊效果。首先选取要应用图层混合模式的图层，单击“图层”面板上方的“设置图层的混合模式”下拉按钮，在打开的下拉列表中选择混合模式即可。

打开光盘中的素材文件 6-05.psd，打开“图层”面板，如右侧左图所示，“图层 1”图层的图像如右侧中图所示，“背景”图层的图像如右侧右图所示。

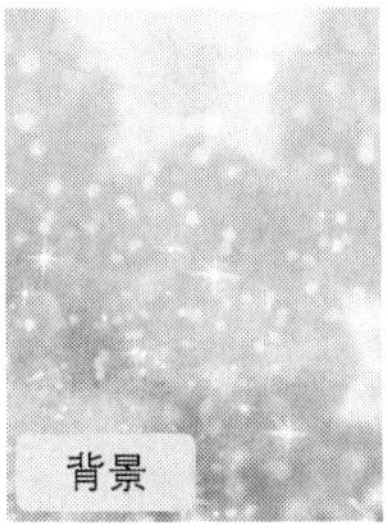

- 正常模式：在默认情况下，图层的混合模式为“正常”。在“正常”模式下，混合色的显示与不透明度的设置有关。当选择该模式时，其图层叠加效果为正常状态，没有任何特殊效果，降低不透明度可以使其与下面的图层混合。
- 溶解：可编辑或绘制每个像素，使其成为结果色。在“溶解”模式中，当降低图层的不透明度时，可以使半透明区域上的像素离散，产生点状颗粒。
- 变暗：当前图层中较亮的像素会被底层较暗的像素替换，亮度值比底层像素低的像素则保存不变。
- 正片叠底：查看每个通道中的颜色信息，并将基色与混合色复合，任何颜色与黑色复合产生黑色，与白色复合保持不变。

以上 4 种混合模式的效果如下图所示。

- 颜色加深：通过增加对比度来加强深色区域，与白色混合后不发生变化。
- 线性加深：通过减小亮度使像素变暗，它与“正片叠底”模式的效果相似，但可以保留下层图层的更多颜色信息。
- 深色：查看每个通道中的颜色信息。混合色和基色的暗色部分全部被保留，亮色部分被替换。
- 变亮：与“变暗”模式的效果相反。当前图层中较亮的像素会替换为底层较暗的像素，亮度值比底层像素亮的像素保持不变。

以上 4 种混合模式的效果如下图所示。

- 滤色：与“正片叠底”模式的效果相反。它将图像的基色与混合色结合起来，产生比两种颜色都浅的第三种颜色。它可以使图像产生漂白的效果，类似于多个摄影幻灯片在彼此之上投影。
- 颜色减淡：与“颜色加深”模式的效果相反。它通过减小对比度来加亮底层的图像，使颜色变得更加饱和。
- 线性减淡（添加）：与“线性加深”模式的效果相反。通过增加亮度来减淡颜色，亮化效果比“滤色”模式和“颜色减淡”模式都强烈，与黑色混合则不发生变化。
- 浅色：查看每个通道中的颜色信息，保留较亮的混合色和基色，替换掉较亮的颜色。

以上 4 种混合模式的效果如下图所示。

- 叠加：把图像的基色与混合色相混合，产生一种中间色，并保持底色图像的高光和暗调。
- 柔光：“柔光”模式会产生一种柔光照射的效果。可使颜色变亮或变暗，取决于基色，如果混合色颜色比基色颜色的像素更亮一些，那么结果色将更亮；如果混合色比基色的像素暗一些，那么结果色颜色将更暗，从而使图像的亮度反差增大。
- 强光：可复合或过滤颜色，具体取决于混合色。当前图层中比 50%灰色亮的像素会使图像变亮，比 50%灰色暗的像素会使图像变暗。产生的效果与耀眼的聚光灯照在图像上相似。
- 亮光：通过增加或减小对比度来加深或减淡颜色，如果当前图层中的像素比 50%灰色亮，则可通过减小对比度的方式使图像变亮；如果当前图层中的像素比 50%灰色暗，则可通过增加对比度的方式使图像变暗，从而使混合后的颜色更加饱和。

以上 4 种混合模式的效果如下图所示。

- 线性光：通过减小或增加亮度来加深或减淡颜色。如果当前图层中的像素比 50%灰色亮，可通过增加亮度使图像变亮；如果当前图层中的像素比 50%灰色暗，则可通过减小亮度使图像变暗。与“强光”模式相比，“线性光”模式可以使图像产生更高的对比度。
- 点光：“点光”模式其实就是替换颜色。如果当图层中的像素比 50%灰色亮，则替换暗的像素；如果当前图层中的像素比 50%灰色暗，则替换亮的像素。当需要向图像中添加特殊效果时，该模式非常有用。
- 实色混合：如果当前图层中的像素比 50%灰色亮，则会使底层图像变亮；如果当前图层中的像素比 50%灰色暗，则会使底层图像变暗。该模式通常会使图像产生色调分离的效果。
- 差值：查看每个通道中的颜色信息，当前图层的白色区域会使底层图像产生反相效果，黑色则不会对底层图像产生影响。

以上 4 种混合模式的效果如下图所示。

- 排除：与“差值”模式的原理基本相似，但该模式可以创建对比度更低的混合效果。使用“排除”模式可使人物或自然景色图像产生更真实或更吸引眼球的图像合成效果。

- 减去："减去"模式是 Photoshop CS5 中的新增图层混合模式，可以查看每个通道中的颜色信息，使用目标通道中相应的像素值减去源通道中的像素值。
- 划分："划分"模式是 Photoshop CS5 中的新增图层混合模式，可以查看每个通道中的颜色信息，从基色中划分混合色。
- 色相：将当前图层的色相应用到底层图像的亮度和饱和度中，可以改变底层图像的色相，但不会影响其亮度和饱和度。但需要注意的是，"色相"模式不能用于灰度模式的图像。

以上 4 种混合模式的效果如下图所示。

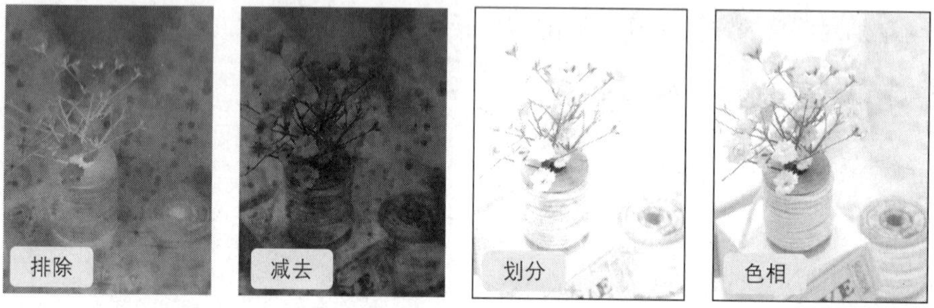

- 饱和度："饱和度"模式的作用方式与"色相"模式相似，只用混合色的饱和度值进行着色，色相值和亮度值保持不变。
- 颜色："颜色"模式能够使用混合色的饱和度值和色相值同时进行着色，而使基色的亮度值保持不变。
- 明度：将当前图层的亮度应用到底层图像的颜色中，可改变底层图像的亮度，但不会对其色相与饱和度产生影响。

以上 3 种混合模式的效果如下图所示。

6.7 填充图层

填充图层主要通过为图像添加颜色、渐变和图案而创建特殊效果，通过设置混合模式或调整不透明度生成各种图像效果。

6.7.1 纯色填充图层

新建纯色填充图层可以为图像添加纯色效果，新建纯色填充图层的具体操作步骤如下。

步骤01 打开光盘中的素材文件6-06.psd，打开"图层"面板，选择"背景副本"图层，如下图所示。

步骤02 执行"图层→新建填充图层→纯色"命令，弹出"新建图层"对话框，如下图所示。

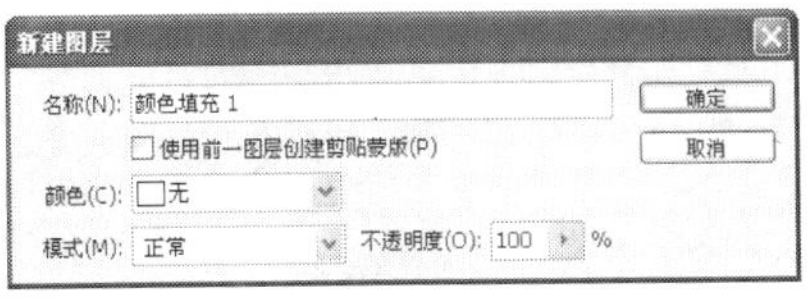

步骤03 单击"确定"按钮，在弹出的"拾取实色"对话框中设置颜色参数为（R:250、G:251、B:165），如下图所示，单击"确定"按钮。

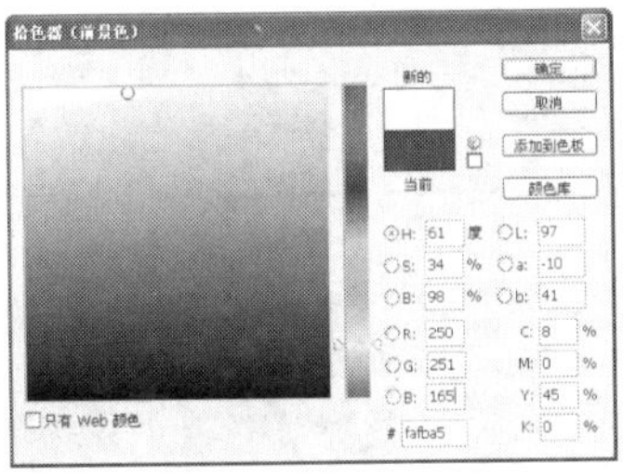

步骤04 通过前面的操作，"背景"图层上方会自动新建一个纯色填充图层，如下图所示。

6.7.2 渐变色填充图层

新建渐变色填充图层可以为图像添加渐变色效果，新建渐变色填充图层的具体操作步骤如下。

步骤01 继续使用上小节的图层，打开"图层"面板，选择"背景副本"图层，执行"图层→新建填充图层→渐变"命令，弹出"新建图层"对话框，单击"确定"按钮，如下图所示。

步骤02 在弹出的"渐变填充"对话框中，单击"渐变"后的颜色块，在弹出的"渐变编辑器"窗口中选择渐变样式，并设置颜色值为（R:247、G:39、B:12），如下图所示，然后单击"确定"按钮。

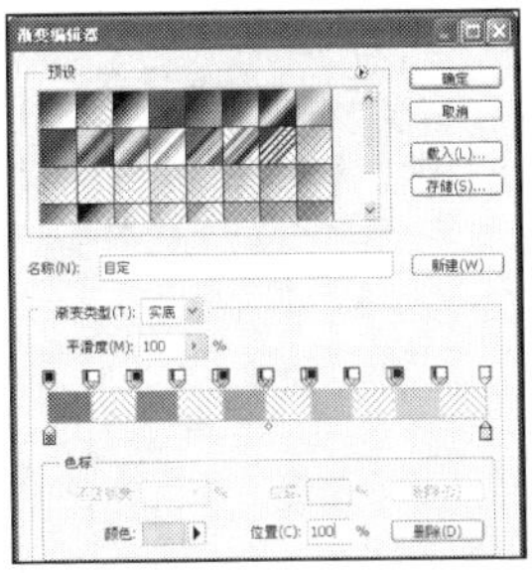

步骤03 返回"渐变填充"对话框，参数设置如右侧左图所示，单击"确定"按钮。通过前面的操作，在"背景"图层上方创建了渐变填充图层，效果如右侧右图所示。

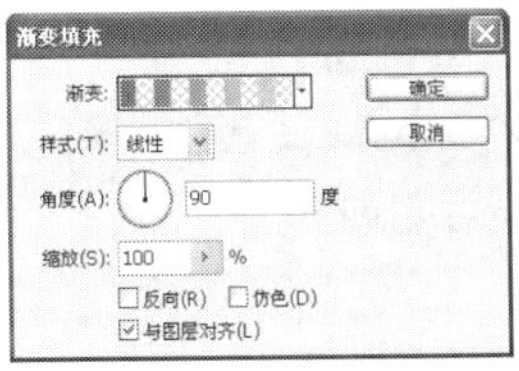

6.7.3 图案填充图层

步骤01 打开“图层”面板，选择“背景副本”图层，执行“图层→新建填充图层→图案”命令，弹出“新建图层”对话框，如下图所示，然后单击“确定”按钮。

步骤02 在弹出的“图案填充”对话框中，选择“扎染”样式，在对话框中设置“缩放”选项为120%，如下图所示。

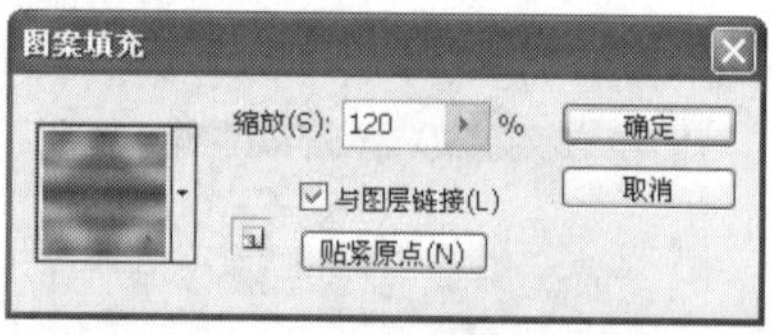

步骤03 设置完成后，单击“确定”按钮，此时“背景副本”图层上方会自动新建一个图案填充图层，如右侧左图所示，效果如右侧右图所示。

6.7.4 修改填充图层

创建填充图层以后，如果用户不满意制作效果，可以随时修改填充颜色、渐变颜色和图案。只需双击填充图层的缩览图，在弹出的填充对话框中修改其参数即可，具体操作步骤如下。

步骤01 打开“图层”面板，双击填充图层的缩览图，如右侧左图所示。打开的“图案填充”对话框如右侧右图所示。

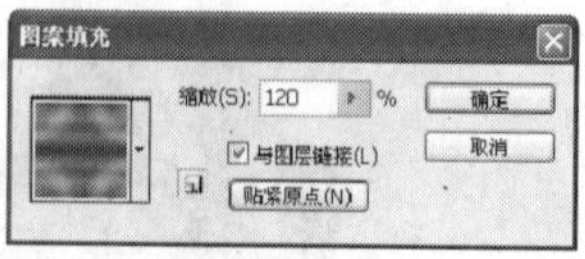

步骤02 单击图案右侧的下拉按钮，选择“红色犊皮纸”样式，如右侧左图所示。在“图案填充”对话框中单击“确定”按钮，关闭对话框，此时即可修改图层的图案填充，效果如右侧右图所示。

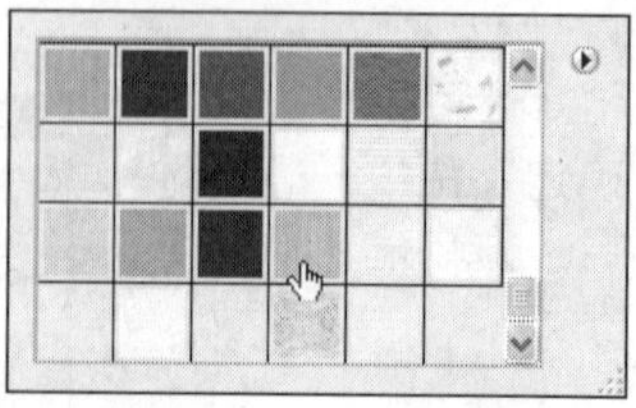

6.8 调整图层

调整图层是一种特殊的图层，使用调整图层对图像进行调整是一种非破坏性的图像调整方法。调整图层可将颜色和色调调整应用于图像，但不会改变原图像的像素。

6.8.1 调整图层的优势

调整图像色彩与色调主要有两种方法：一种是通过执行菜单中的“调整”命令，另外一种就是通过调整图层来操作。执行“调整”命令，会直接修改所选图层中的像素，如右侧左图所示。使用调整图层可以得到同样的效果，但不会修改像素，如右侧右图所示。

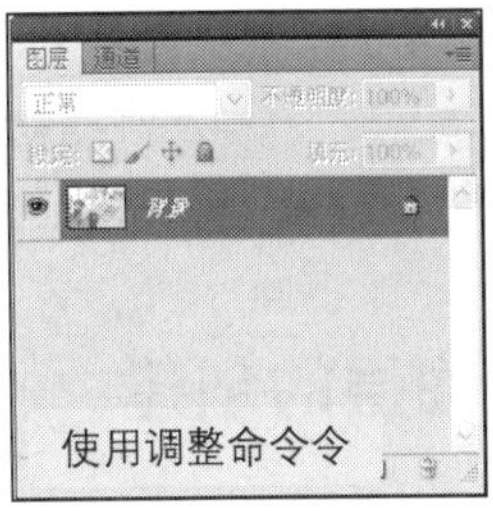

使用调整命令令

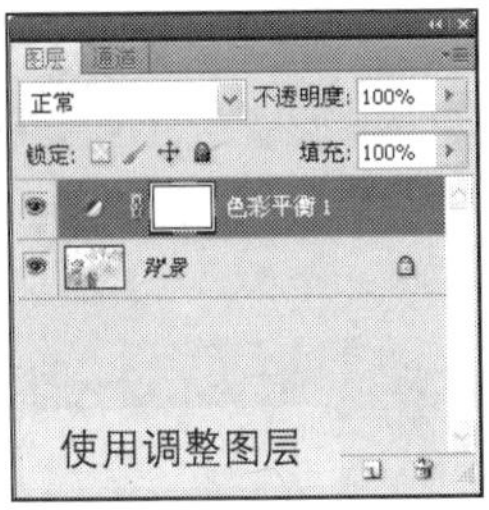

使用调整图层

6.8.2 “调整”面板

在“调整”面板中操作或者执行“图层→新建调整图层”级联菜单中的命令，都可以创建调整图层。在“调整”面板中，用户可以方便、快速地操作。“调整”面板包含应用于常规图像校正的一系列调整预设，预设可用于色阶、曲线、曝光度、色相/饱和度、黑白、通道混合器等。“调整”面板如下图所示。

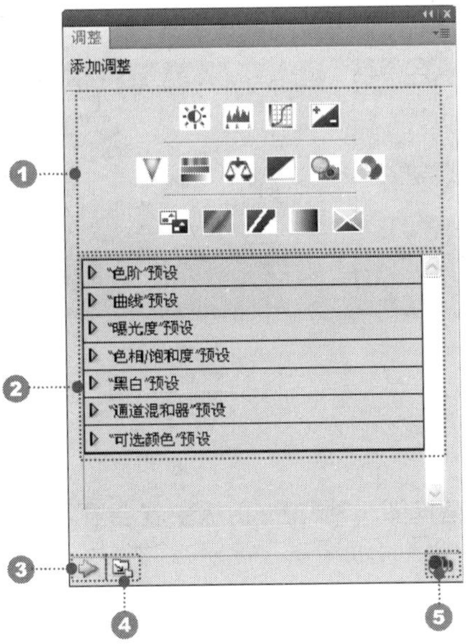

❶调整图层按钮：单击其中的一个调整图层按钮，面板会显示相应的选项。

❷调整预设：单击预设前面的三角形按钮，可以展开预设列表，从中选择一个预设，即可使用该预设调整图像，同时面板中会显示相应的选项。

❸返回当前调整图层的控制：单击该按钮，可以将面板切换到当前调整图层选项的界面。

❹将面板切换到展开的视图：单击该按钮，可以调整面板的宽度。

❺新调整影响下面的所有图层：默认情况下，新建的调整图层会影响到下面所有的图层。如果单击该按钮，则以后创建任何调整图层时，都会自动将其与下面的图层创建为剪贴蒙版组，使该调整图层只影响它下面的一个图层。

单击某一个调整图层按钮或选择一个预设，都可以显示相应的参数设置选项，同时创建调整图层。如下图所示为单击“创建新的亮度/对比度调整图层”按钮后的“调整”面板。

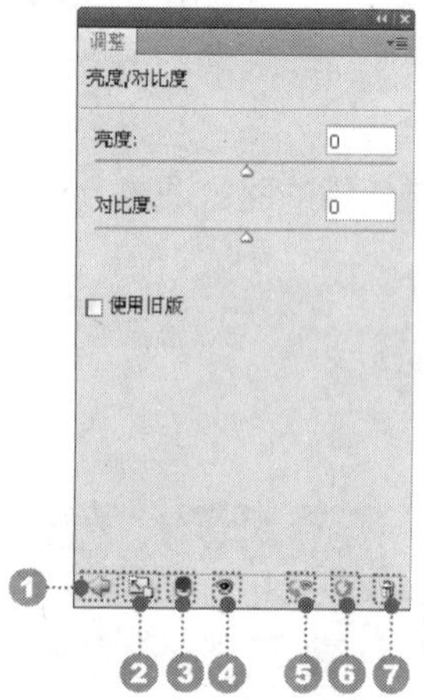

❶返回到调整列表：单击该按钮，可以返回到显示调整按钮和预设列表的界面。

❷将面板切换到展开的视图：单击该按钮，可调整面板的宽度。

❸此调整影响下面的所有图层：单击该按钮，可创建剪贴蒙版，而调整图层仅影响它下面的图层。再次单击该按钮，可将调整用于调整图层下面的所有图层。

❹切换图层可见性：单击该按钮，可以隐藏或重新显示调整图层。

❺按此按钮可查看上一状态：当调整完参数后，可通过单击该按钮查看图像的上一个调整状态。

❻复位到调整默认值：单击该按钮，可以将调整参数恢复为默认值。

❼删除此调整图层：单击该按钮，可以删除当前调整图层。

6.8.3 调整图层的创建

创建调整图层的具体操作步骤如下。

步骤01 打开光盘中的素材文件6-07.jpg，如右侧左图所示。单击“调整”面板中的“创建新的色彩平衡调整图层”按钮⚖，显示“色彩平衡”选项区域，参数设置如右侧右图所示。

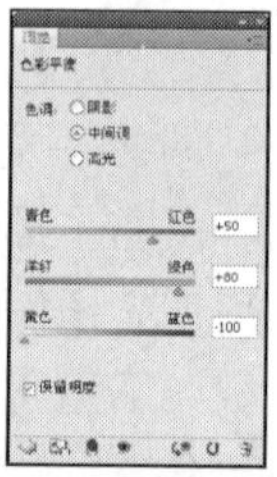

步骤02 此时，即可创建“色彩平衡1”调整图层，如右侧左图所示，图像效果如右侧右图所示。

6.8.4 修改调整参数

创建调整图层以后，在“图层”面板中单击调整图层的缩览图，“调整”面板中就会显示调整选项，此时即可修改调整参数，具体操作步骤如下。

步骤01 打开光盘中的素材文件6-08.jpg，单击“图层”面板中的调整图层缩览图，如右侧左图所示。此时，“调整”面板中显示它的设置选项，如右侧右图所示。

步骤02 在"调整"图层的选项区域中，单击"复位到调整默认值"按钮，将参数恢复到默认值，图像便会显示调整前的效果，如右侧左图所示。重新设置相关参数后，图像效果如右侧右图所示。

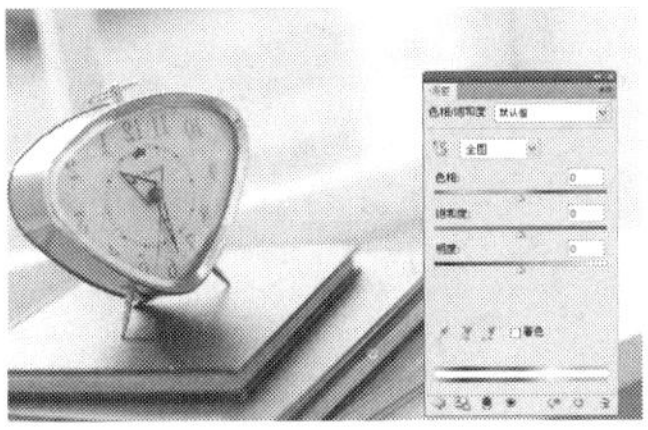

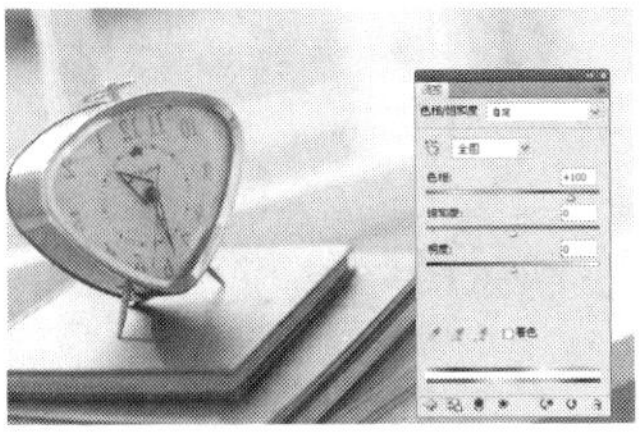

注意

创建填充图层或调整图层后，可执行"图层→图层内容选项"命令，从而在打开的"调整"面板中修改选项和参数。

技能进阶——上机实战操作

通过前面内容的学习，为了让用户进一步掌握本章内容，提高综合应用能力，下面介绍相关实例的制作。

实例制作 1 为裙子添加花朵

制作本实例时，首先将花朵图案定义为图案，然后对人物的裙子区域进行选取，最后将花朵图案填充至裙子区域中，此时就完成了为裙子添加花朵的操作。

效果展示

本实例的前后效果如下图所示。

原始文件	光盘\素材文件\Chapter 06\6-09.jpg、6-10.jpg
结果文件	光盘\结果文件\Chapter 06\6-01.psd
同步视频文件	光盘\同步教学文件\Chapter 06\实例制作 1.avi

知识链接

在本实例的制作与设计过程中，主要用到以下知识点。

- 快速选择工具
- 图案填充图层

操作步骤

本实例的具体操作步骤如下。

步骤01 打开光盘中的素材文件 6-09.jpg，如右侧左图所示。执行“编辑→定义图案”命令，打开“图案名称”对话框，如右侧右图所示，单击“确定”按钮，将花朵图案定义为图案。

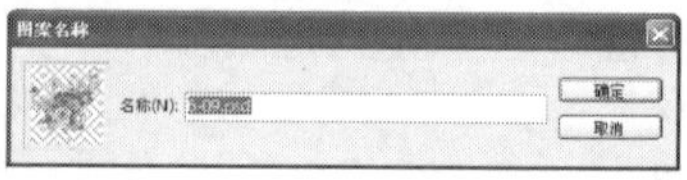

步骤02 打开光盘中的素材文件 6-10.jpg，选择工具箱中的“快速选择工具”，在裙子上单击并拖动，创建的选区如右侧左图所示。

步骤03 在“图层”面板中，单击“创建新的填充或调整图层”按钮，执行“图案”命令，打开“图案填充”对话框，选择自定义花朵图案，并设置“缩放”为 23%，参数设置如右侧右图所示。

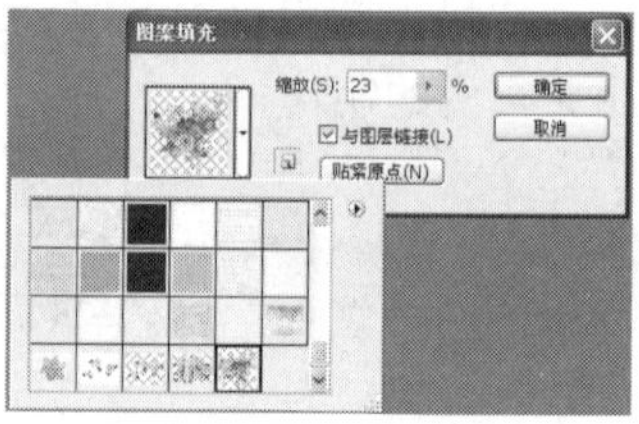

步骤04 设置完成后，单击“确定”按钮，在“图层”面板中，设置“不透明度”选项为 80%，如右侧左图所示，最终效果如右侧右图所示。

实例制作 2　制作电影胶片效果

制作本实例时，首先在“调整”面板的“色相/饱和度”选项区域中设置参数，然后在“照片滤镜”选项区域中调整图像的色调，最后使用“矩形选框工具”和“铅笔工具”绘制胶片形状，此时便可制作完成电影胶片效果。

效果展示

本实例的前后效果如下图所示。

原始文件	光盘\素材文件\Chapter 06\6-11.jpg
结果文件	光盘\结果文件\Chapter 06\6-02.psd
同步视频文件	光盘\同步教学文件\Chapter 06\实例制作 2.avi

知识链接

在本实例的制作与设计过程中，主要用到以下知识点。

- 色相/饱和度调整
- 照片滤镜调整
- 铅笔工具
- “向下合并”命令

操作步骤

本实例的具体操作步骤如下。

步骤01 打开光盘中的素材文件 6-11.jpg，如右侧左图所示，单击“调整”面板中的“创建新的色相/饱和度调整图层”按钮，使“调整”面板切换到“色相/饱和度”选项区域，参数设置如右侧右图所示。

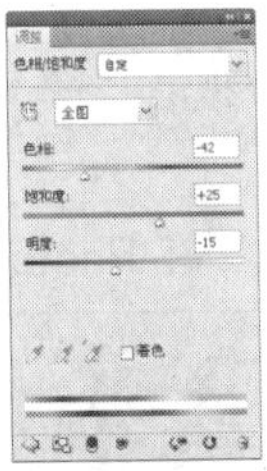

步骤02 单击“调整”面板中的“创建新的照片滤镜调整图层”按钮，使“调整”面板切换到“照片滤镜”选项区域，单击其中的色块，在弹出的“选择滤镜颜色”对话框中将颜色参数值设置为（R:236、G:138、B:0）。设置完成后，单击“确定”按钮，关闭对话框，在“调整”面板中设置浓度为 80%，如右侧左图所示。设置完成后，图像效果如右侧右图所示。

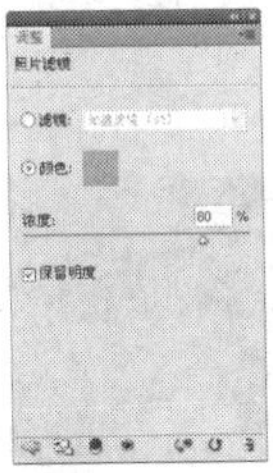

步骤03 在“图层”面板中新建一个图层，如右侧左图所示。选择工具箱中的“矩形选框工具”，在图像上方中创建矩形，并填充为黑色，效果如右侧右图所示。

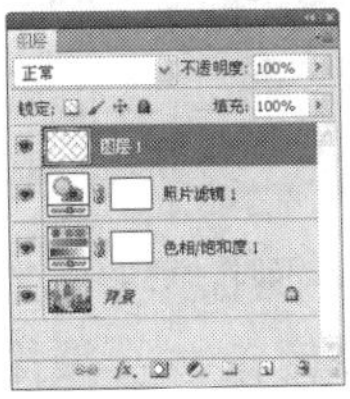

步骤04 选择工具箱中的“铅笔工具”，按【F5】键打开“画笔”面板，从中选择“方头画笔”样式，选择“画笔笔尖形状”选项，设置“大小”为24px、“间距”为180%，如右侧左图所示。

步骤05 将前景色设置为白色，按住【Shift】键并拖动鼠标绘制格子图形，效果如右侧右图所示。

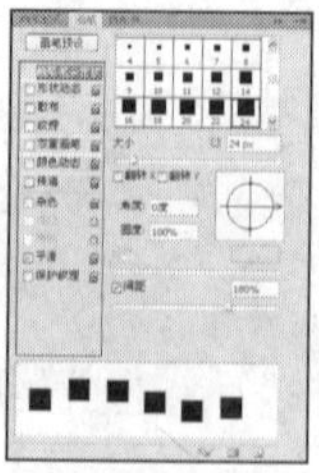

步骤06 在“图层”面板中，按【Ctrl+J】快捷键复制“图层1”图层，系统会自动命名为“图层1副本”，如右侧左图所示。

步骤07 选择工具箱中的“移动工具”，将绘制完成的胶片图形移动至图像下方，调整好位置后，执行“图层→向下合并”命令，在“图层”面板中设置“不透明度”为70%，最终效果如右侧右图所示。

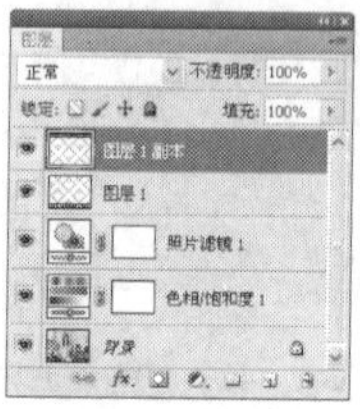

技能提高——举一反三应用

为了强化用户的动手能力，并巩固本章的学习内容，下面安排几个上机练习实例。用户可以根据提供的素材文件与效果文件，参考提示信息，亲自上机完成制作。

动手练习1 制作星空梦幻效果

在Photoshop CS5中，运用本章所学的添加图层样式等知识制作星空梦幻效果。

原始文件	光盘\素材文件\Chapter 06\6-12.jpg
结果文件	光盘\结果文件\Chapter 06\6-03.psd
同步视频文件	光盘\同步教学文件\Chapter 06\动手练习1.avi

本练习的前后效果如下图所示。

素材

最终效果

操作提示

在制作星空梦幻效果的实例操作中，主要使用了“椭圆选框工具”、图层样式的“外发光”、“内发光”、“渐变叠加”等知识，主要操作步骤如下。

步骤01 打开素材文件，并复制“背景”图层，在工具箱中选择“椭圆选框工具”，在图像中创建椭圆选区，调整位置后，执行“图层→新建→通过拷贝的图层”命令，创建“图层1”图层。

步骤02 双击“图层1”图层，在打开的“图层样式”对话框中选择“外发光”选项，设置“不透明度”为75%、“大小”为“51像素”、“范围”为50%；选择“内发光”选项，设置“不透明度”为75%、“大小”为87像素、“范围”为50%；选择“渐变叠加”选项，设置“不透明度”为38%、“渐变样式”为“红，绿渐变”、“缩放”为50%。

动手练习 2 制作发黄老照片图像特效

在Photoshop CS5中，运用本章所学的创建新的填充与设置不透明度等知识制作发黄老照片效果。

原始文件	光盘\素材文件\Chapter 06\6-13.jpg
结果文件	光盘\结果文件\Chapter 06\6-04.psd
同步视频文件	光盘\同步教学文件\Chapter 06\动手练习 2.avi

本练习的前后效果如下图所示。

素材

最终效果

操作提示

在制作发黄老照片效果的实例操作中，主要使用了图层的混合模式、图层不透明度设置等知识，主要操作步骤如下。

步骤01 打开素材文件，执行“滤镜→杂色→添加杂色”命令，在弹出的“添加杂色”对话框中设置“数量”为8%，为图像添加杂色。

步骤02 单击“图层”面板中的“创建新的填充或调整图层”按钮，执行“纯色”命令，在打开的拾色器中将颜色值设置为（R:237、G:193、B:130），然后在“图层”面板中设置混合模式为“颜色”，并调整“不透明度”为80%。

本章小结

图层是Photoshop CS5中很重要的一部分，在制作复杂的图像或者特殊的图像效果时都会运用到图层。本章前面介绍了图层的基本运用，包括图层的基本操作、图层组的应用，后面介绍了图层的样式、图层的混合模式、填充图层及调整图层。通过本章的学习，用户可以熟练掌握图层的创建和编辑，并灵活运用到作品中。

Chapter 07

路径的创建与编辑

本章导读

路径是Photoshop CS5的重要工具之一，路径通常用于绘制矢量图形或创建光滑的选区。使用路径可以很方便地光滑图像选择区域、绘制光滑线条、定义画笔等工具的绘制轨迹，还可以和选区进行相互转换，下面一起感受路径带来的神奇魅力吧。

本章核心知识点

- 路径的创建
- 路径的修改
- 路径的运用

快速入门——知识与应用学习

本章主要为用户讲解路径的创建方法、路径的修改及路径的运用等知识。

7.1 认识路径

路径的应用很广泛，不仅可以用于绘制线条繁多、复杂的图像，也可以用于创建精确的选区，还可以将路径应用到矢量蒙版中。

7.1.1 路径的概念

路径是Photoshop CS5中的重要工具，主要用于光滑图像选择区域及辅助抠图、绘制光滑的线条，定义“画笔工具”等的绘制轨迹、输出输入路径及与选择区域之间进行转换。使用路径可以创建任何复杂的直线段和曲线段。封闭一段曲线段后即可创建一个矢量图形，引入路径后，可使用户在计算机上绘制曲线段更加灵活和方便。

7.1.2 路径的组成

路径是由一个或多个直线段或曲线段组成的。用锚点标记路径的端点，通过锚点可以固定路径、移动路径、修改路径长短、改变路径形状。使用路径绘制的线条非常光滑，不会出现明显的锯齿状边缘。利用路径可以编辑不规则图形，建立不规则选区。用户还可以对路径进行描边、填充，从而制作特殊的图像效果。如左下图所示为曲线段的组成，如右下图所示为直线段的组成。

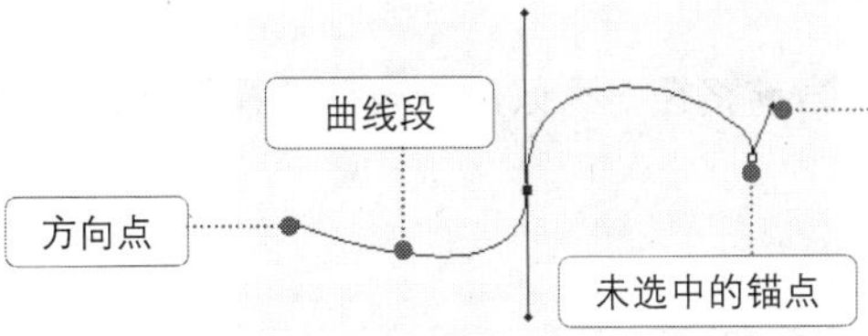

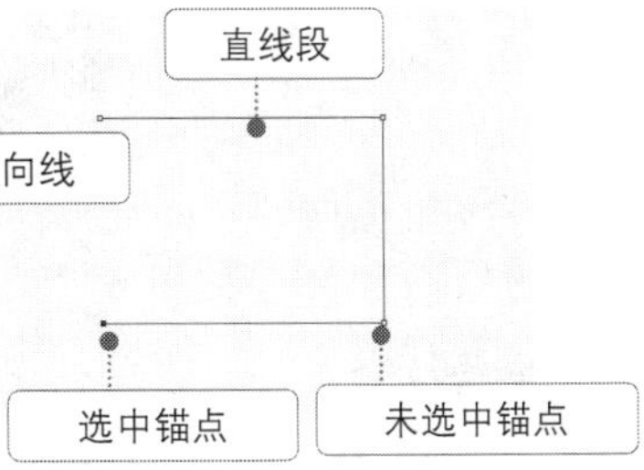

1 锚点

锚点也称为节点，是标记每条路径片段的开始与结束的点，用于固定路径。锚点包括直线锚点和曲线锚点两种。曲线锚点又分为平滑锚点和尖突锚点两种。平滑锚点是连接平滑曲线的锚点，尖突锚点是连接尖角曲线的锚点。在操作中，当锚点显示为白色空心时，表示该锚点未被选取；当锚点为黑色实心时，表示该锚点为当前选取的点。

2 线段

锚点之间连接的部分就称为线段。如果线段两端的锚点都带有直线属性，则该线段为直线；如果任意一端的锚点带有曲线属性，则该线段为曲线。锚点是线段与线段之间的连接点，当改变锚点的属性时，通过该锚点的线段会被影响。路径线段的轮廓，用于控制图形的形状。

3 方向线

当使用“直接选择工具”或“转换点工具”选取带有曲线属性的锚点时，锚点的两侧便会出现方向线。用鼠标拖动方向线末端的方向点，即可改变曲线段的弯曲程度。

7.1.3 “路径”面板

在编辑路径时，一般需要配合“路径”面板进行操作。“路径”面板用于保存和管理路径。执行“窗口→路径”命令，打开“路径”面板，当创建路径后，在“路径”面板上就会自动创建一个新的工作路径，“路径”面板如下图所示。

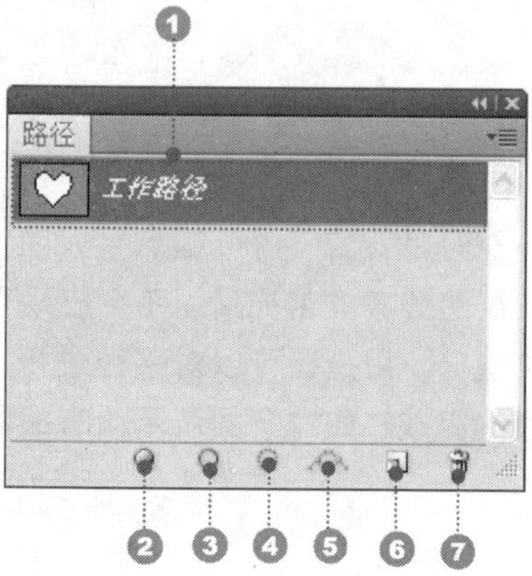

❶工作路径：显示了当前文件中包含的路径。

❷用前景色填充路径：可以用设置好的前景色填充当前路径。删除路径后，填充色依然存在。

❸用画笔描边路径：可以使用当前选择的绘画工具和前景色沿路径进行描边，描边的大小由画笔大小决定。

❹将路径作为选区载入：可以将创建的路径作为选区载入。

❺从选区生成工作路径：可以将当前创建的选区转换为工作路径。

❻创建新路径：可重新创建一个路径，与原路径互不影响。

❼删除当前路径：可以删除当前选择的工作路径。

提示

单击“路径”面板右上角的扩展按钮，可打开“路径”面板菜单，菜单命令和“路径”面板中的按钮功能大致相同。

7.2 认识钢笔工具组

使用“钢笔工具”可以创建直线路径、曲线路径及形状图层。形状的轮廓称为路径。通过编辑路径的锚点，可以改变路径的形状。

7.2.1 使用“钢笔工具”创建路径

1 “钢笔工具”选项栏

灵活使用“钢笔工具”可以创建各种形状的路径，还可以创建带矢量蒙版的形状图层。选择工具箱中的“钢笔工具”，通过其属性栏，用户不仅可以创建路径或形状图层，而且可快速切换到“自由钢笔工具”、形状工具等其他路径工具。“钢笔工具”属性栏如下图所示。

❶形状图层：单击“形状图层”按钮，即可用“钢笔工具”或形状工具在图像中添加一个新的矢量蒙版形状图层，且以当前的前景色进行填充。用户也可使用其他颜色、渐变或图案来进行填充。

❷路径：创建的路径可在“路径”面板中临时存放；用于定义形状轮廓。当单击该按钮后，即可用“钢笔工具”或形状工具绘制路径，而不会创建形状图层。

❸填充像素：单击该按钮，在绘制图像时，既不会创建路径，也不会创建形状图层，而是在当前图层中创建一个由前景色填充的像素区域。

❹路径工具组：路径工具组包括“钢笔工具”、“自由钢笔工具”、“矩形工具”、“圆角矩形工具”、“椭圆工具”、“多边形工具”、“直线工具”和“自定形状工具”。在绘制路径的过程中，用户可快速选择不同的形状工具进行绘制。

❺自动添加/删除：选择该复选框，则“钢笔工具”就具有了智能增加和删除锚点的功能。将“钢笔工具”放在选取的路径上，当指针为形状时，表示可以增加锚点；将“钢笔工具”放在选中的锚点上，当指针为形状时，表示可以删除此锚点。

❻路径的运算：单击“添加到路径区域”按钮，则新绘制的路径会添加到现有的路径中；单击“从路径区域减去”按钮，可从现有的路径中减去新绘制的路径；单击“交叉路径区域”按钮，得到的路径为新路径与现有路径的交叉区域；单击“重叠路径区域除外”按钮，得到的路径为合并路径后排除掉重叠的区域。

2 绘制直线

使用“钢笔工具”绘制直线的操作步骤如下。

步骤01 选择“钢笔工具”，单击“路径”按钮，在图像窗口中单击，确定路径的起始点，如下图所示。

步骤02 释放鼠标，将指针移动至下处位置，通过单击创建第二个锚点，两个锚点之间会自动连接成一条直线，如下图所示。

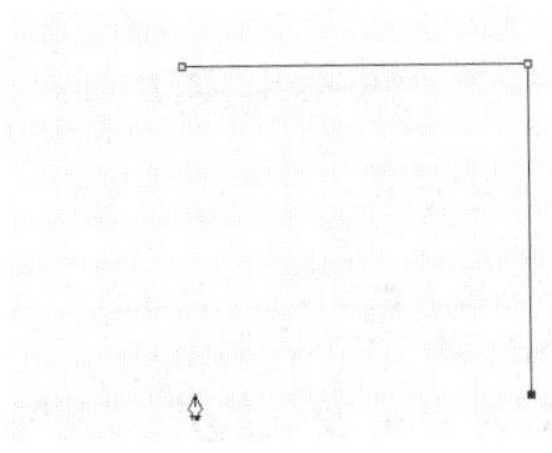

步骤03 按照相同的操作依次确定路径的相关锚点。如果要闭合路径，可以将指针放至路径的起点，当指针变为✎形状时，如右侧左图所示，此时单击即可创建一条闭合路径，效果如右侧右图所示。

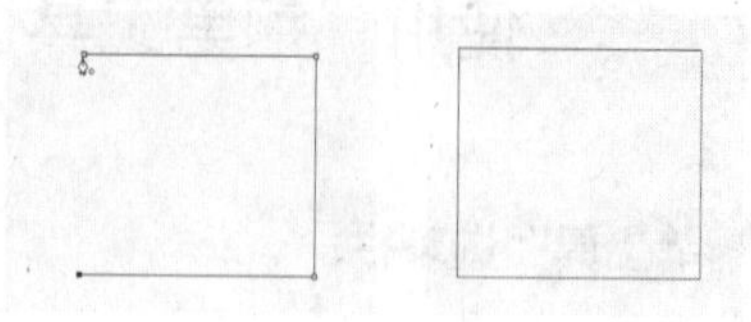

3 绘制曲线

使用“钢笔工具”绘制曲线的步骤如下。

步骤01 选择“钢笔工具”，单击“路径”按钮，在图像窗口中单击并向上拖动创建一个锚点，如右侧左图所示。

步骤02 将指针移动至下处位置，单击并向下拖动创建第二个锚点，如右侧右图所示。

步骤03 在拖动时调整方向线的长度与方向，以调整好方向线，如右侧左图所示。继续添加锚点，可以创建一段平滑的曲线，如右侧右图所示。

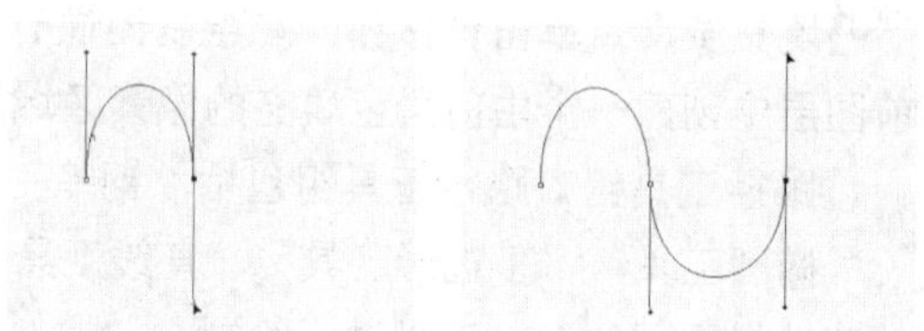

7.2.2 使用“自由钢笔工具”创建路径

使用“自由钢笔工具”可以绘制出随意的图形，使用方法与“套索工具”非常相似。其属性栏与“钢笔工具”基本一致，只是将“自动添加/删除”复选项改为了“磁性的”复选项。选择“磁性的”复选框，在绘制路径时，可按照“磁性套索工具”的用法设置平滑的路径曲线，对创建具有轮廓的路径很有帮助。使用“自由钢笔工具”绘制曲线的步骤如下。

步骤01 选择“自由钢笔工具”，在图像窗口中单击并按住鼠标左键进行拖动，如下图所示。

步骤02 绘制完成后，释放鼠标，即可结束路径的创建，效果如下图所示。

提 示

如果当前使用的是“钢笔工具”或任意形状工具，可在属性栏中单击“自由钢笔工具”按钮，切换为“自由钢笔工具”。

7.2.3 使用“磁性钢笔工具”创建路径

“磁性钢笔工具”与“磁性套索工具”非常相似。选择“自由钢笔工具”后，在属性栏中选择“磁性的”复选框，可将“自由钢笔工具”转换为“磁性钢笔工具”，在需要编辑的图像边缘单击，然后沿边缘拖动即可创建路径，如右侧左图所示。在绘制路径时，双击则可闭合路径，效果如右侧右图所示。

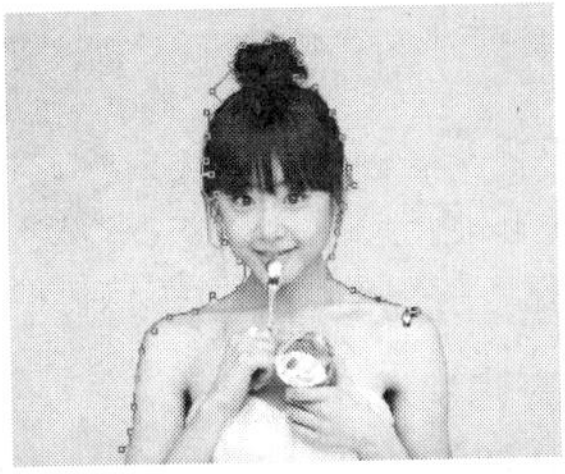

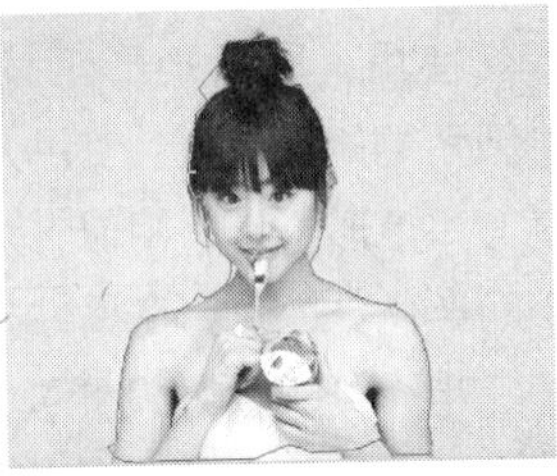

7.3 认识形状工具组

在 Photoshop CS5 中，形状工具是创建路径最主要的工具之一，其包括“矩形工具”、“圆角矩形工具”、“椭圆工具”、“多边形工具”、“直线工具”和“自定形状工具”。每种形状工具都可通过属性栏的设置创建不同的路径。

7.3.1 矩形工具

“矩形工具”主要用于绘制矩形或正方形路径，在其属性栏中，单击“几何选项”按钮，弹出“矩形选项”面板，如右侧左图所示，从中可对矩形样式进行多种参数设置，以得到所需的矩形样式。在图像中拖动鼠标左键即可创建矩形路径，效果如右侧右图所示。

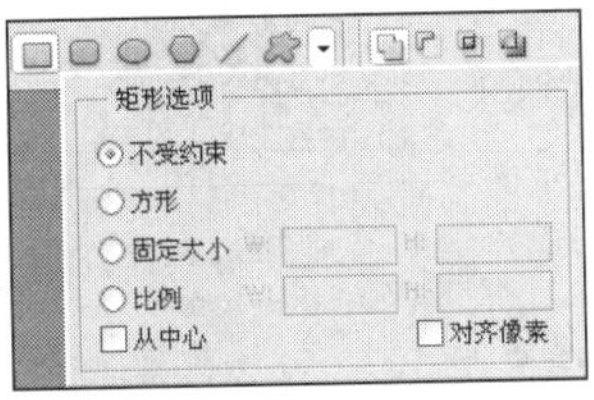

- 不受约束：可通过拖动鼠标创建出任意长宽比例的矩形路径。
- 方形：拖动鼠标可创建任意大小的正方形，长宽比例为 1:1。
- 固定大小：选择该单选按钮并在它右侧的文本框中输入数值（W 表示宽度，H 表示高度），以后单击时，只能创建预设大小的矩形。
- 比例：选择该单选按钮并在它右侧的文本框中输入数值，以后拖动鼠标时，无论创建多大的矩形，矩形的宽度和高度都保持预设的比例。
- 从中心：在创建矩形路径时，以单击点为中心开始创建。
- 对齐像素：选择该复选框，矩形的边缘可与像素的边缘重合，图形的边缘不会出现锯齿；取消选择该复选框时，矩形边缘会出现模糊的像素。

提 示

按住【Shift】键拖动则可以创建正方形；按住【Alt】键拖动会以单击点为中心向外创建矩形；按住【Shift+Alt】快捷键会以单击点为中心向外创建正方形。

7.3.2 圆角矩形工具

使用“圆角矩形工具” 可创建圆角的矩形路径。使用方法及属性栏与“矩形工具”相似，只是多了一个“半径”选项。在属性栏中，可通过“半径”选项来设置圆角的幅度，数值越大，产生的圆角效果越明显。“半径”为10px的圆角矩形如右侧左图所示，“半径”为50px的圆角矩形如右侧右图所示。

7.3.3 椭圆工具

使用“椭圆工具” 可以绘制椭圆形或圆形的路径。用户可通过对“椭圆选项”面板的参数进行设置来确定创建椭圆的样式与方法，与“矩形工具”的操作方法相同，只是绘制的形状不同，“椭圆选项”面板如右侧左图所示。其中，“圆（绘制直径或半径）”选项用于绘制正圆，在绘制时，以直径来确定圆的大小，绘制的正圆如右侧右图所示。

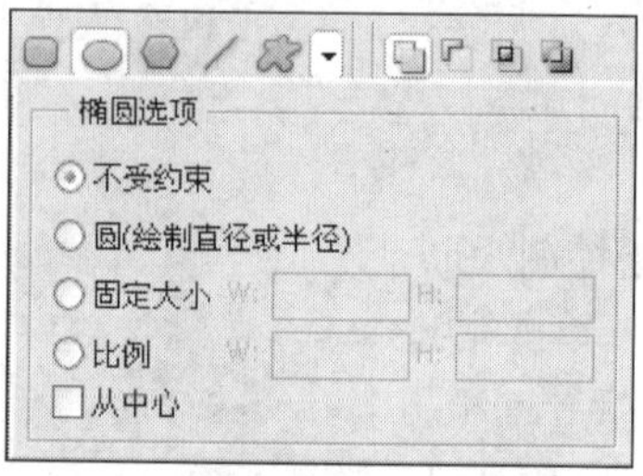

7.3.4 多边形工具

“多边形工具” 用于绘制多边形路径，通过在属性栏中设置“边”选项来创建不同边数的多边形图形。单击“几何选项”按钮，打开“多边形选项”面板，如右侧左图所示，在图像中创建的多边形路径如右侧右图所示。

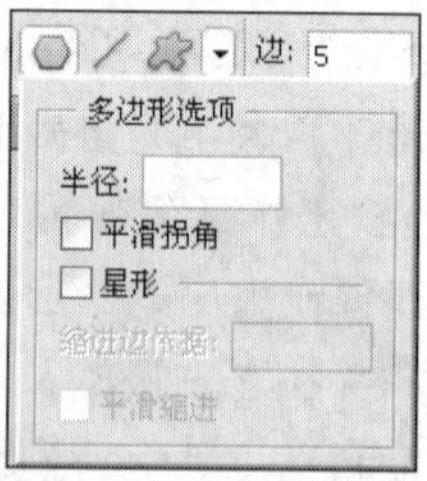

- ➢ 边：设置多边形的边数。
- ➢ 半径：设置多边形的半径长度，以后单击并拖动鼠标时可创建指定半径的多边形。
- ➢ 平滑拐角：创建具有平滑拐角的多边形。
- ➢ 星形：选择该复选框可以创建星形。
- ➢ 缩进边依据：当选择“星形”复选框后，该选项才可用，可设置星形的形状与尖锐度，是以百分比的方式设置内外半径比的。当“边”为5、“缩进边依据”为50%时，就可得到标准的五角星。
- ➢ 平滑缩进：当选择“星形”复选框后，该选项才可用，可将缩进的角变为圆角。

7.3.5 直线工具

使用“直线工具”可创建直线和带有箭头的线段。选择该工具后，单击其属性栏中的“几何选项”按钮，打开“箭头”面板，如右侧左图所示。将属性栏中的“精细”选项设置为30px，选择“起点”或“终点”复选框，然后单击并拖动，释放鼠标后即可绘制箭头，效果如右侧右图所示。

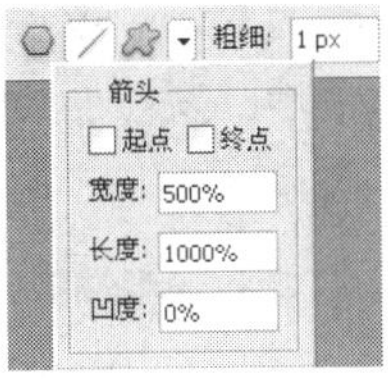

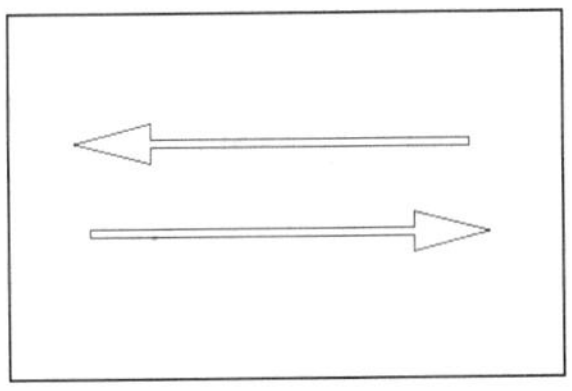

在“箭头”面板中，各选项含义如下。

- “起点”/“终点”：选择“起点”复选框，可在直线的起点添加箭头；选择“终点”复选框，可在直线的终点添加箭头；两个复选框都选择，则起点和终点都会添加箭头。
- 宽度：用来设置箭头宽度与直线宽度的百分比。百分比越大，箭头就越大，范围为10%~1000%。
- 长度：用来设置箭头长度与直线宽度的百分比。百分比越大，箭头就越大，范围为10%~1000%。
- 凹度：用来设置箭头的凹陷程度，范围为-50%~50%。该值为0%时，箭头尾部平齐；大于0%时，向内凹陷；小于0%时，向外凸出。

7.3.6 自定形状工具

使用“自定形状工具”可以自定义形状。选择该工具后，单击属性栏中的“几何选项”按钮，可打开“自定形状选项”下拉面板，如右侧左图所示。如果要使用其他方法创建图形，可以在“自定形状选项”下拉面板中设置。如果想使用预设的形状，可单击“形状”右侧的下拉按钮，在弹出的面板中选择即可，如右侧右图所示。

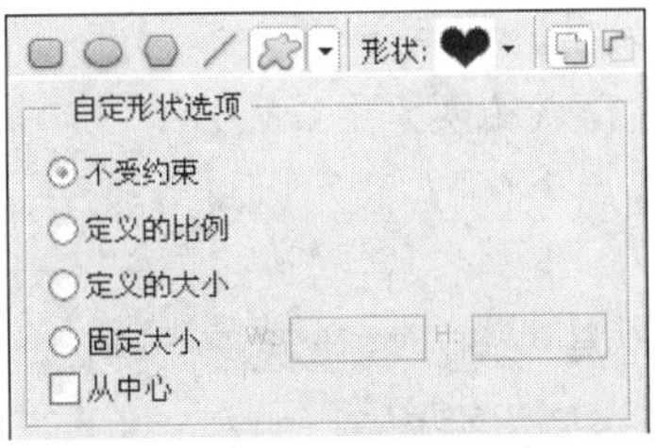

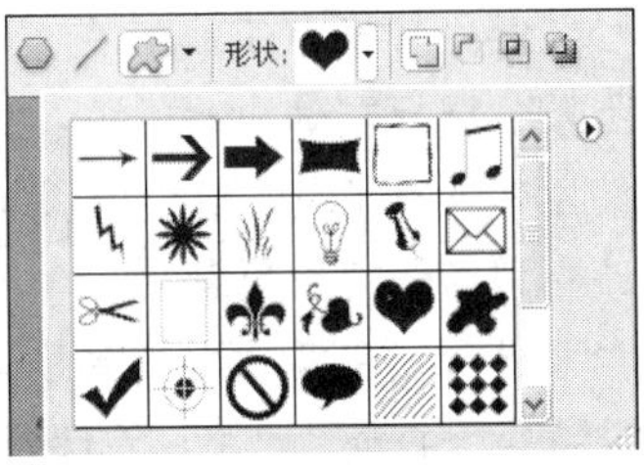

7.4 路径的修改

当创建一条完整的路径后，一般还需要对路径进行编辑，以便完善图形。在Photoshop CS5中，提供了多种修改路径的方法，包括选择路径、添加/删除锚点、转换描点等。

7.4.1 选择路径

要对创建的路径进行编辑和修改，首先要选取路径，选择路径的工具包括“路径选择工具”和“直接选择工具”两种。只有选择了路径锚点，才可以对路径形状进行调整。

1 路径选择工具

“路径选择工具” 用于选取一个或多个路径，并可对路径进行移动、组合、对齐、分布、复制和变形。选择“路径选择工具”后，可通过属性栏对路径进行编辑，“路径选择工具”的属性栏如下图所示。

2 直接选择工具

“直接选择工具” 主要用于移动和调整路径上的锚点和线段。使用“路径选择工具”选取目标后，如果路径中所有的锚点以为实心显示，表示选取的是整条路径，如果锚点均以空心显示，则表示还不能使用“直接选择工具”对锚点进行编辑。

7.4.2 添加/删除锚点

在对路径进行编辑时，可对路径中的锚点进行添加与删除操作。添加锚点就是在路径中添加新的锚点，删除锚点则是将路径中的锚点删除掉。

选择工具箱中的“添加锚点工具” ，在已创建的路径上单击即可添加一个新锚点。

选择工具箱中的“删除锚点工具” ，在已创建的路径上单击即可删除一个已有的锚点。

7.4.3 转换锚点

使用转换点工具 在直线段上的任何一个锚点上按住鼠标左键拖动，即可将该角点转换为平滑点。使用转换点工具 在曲线段的锚点上单击，又可以将该平滑点转换为角点。

选择工具箱中的“转换点工具” ，在直线属性锚点上拖动，可将该直线锚点转换为平滑点。如右图所示为角点和平滑点。

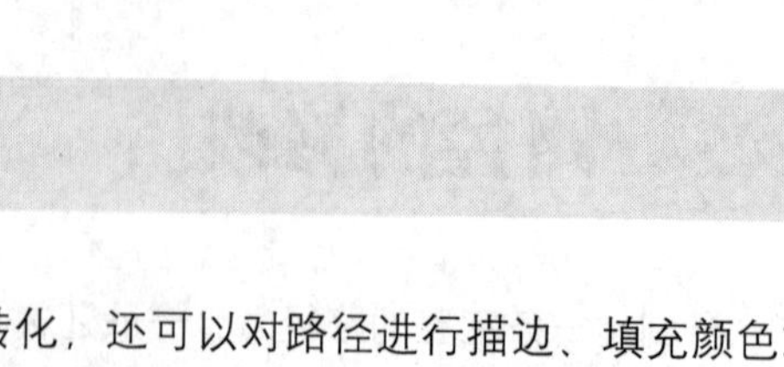

7.5 路径的运用

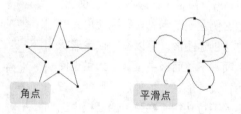

创建好路径后，不仅可以将路径与选区进行相互转化，还可以对路径进行描边、填充颜色或图层等操作。

7.5.1 将路径转换为选区

在 Photoshop CS5 中可将创建好的路径转换为选区，然后进行选区的各种操作。路径和选区之间是可以互相转换的。将路径转换为选区的具体操作步骤如下。

步骤01 打开光盘中的素材文件 7-01.jpg，选择工具箱中的“自定形状工具”，在图像窗口中通过拖动鼠标创建路径，创建的路径如下图所示。

步骤02 在“路径”面板中，右击工作路径，在弹出的快捷菜单中执行“建立选区”命令，如下图所示。

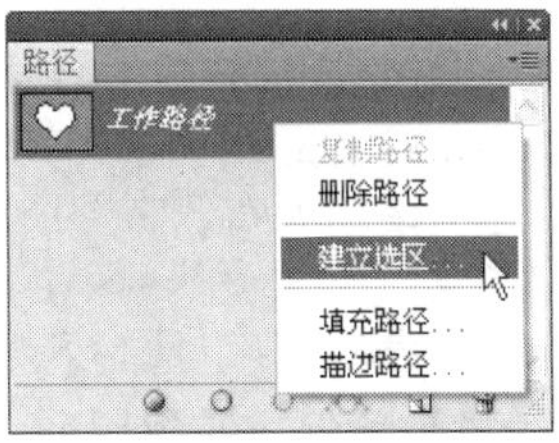

步骤03 在打开的“建立选区”对话框中，设置选区的“羽化半径”为“2 像素”，如右侧左图所示。单击“确定”按钮，完成的效果如右侧右图所示。

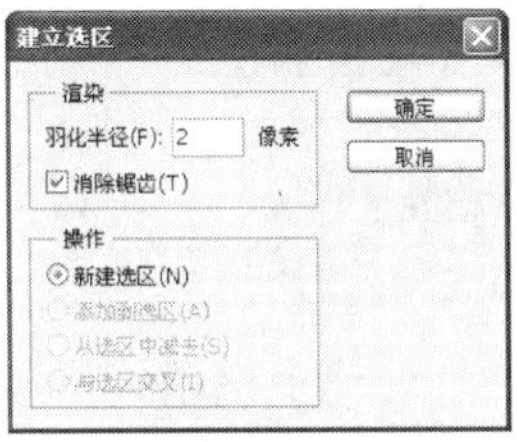

注 意

单击“路径”面板下的“将路径作为选区载入”按钮，可以直接将路径转换为选区，而不会弹出“建立选区”对话框。

7.5.2 将选区转换为路径

创建好选区后，在“路径”面板中单击“从选区生成工作路径”按钮，即可将创建的选区转换为路径。将选区转换为路径的具体操作步骤如下。

步骤01 打开光盘中的素材文件 7-02.jpg，选择工具箱中的“快速选择工具”，在图像窗口中通过拖动鼠标选取人物轮廓，单击“路径”面板中的“从选区生成工作路径”按钮，如下图所示。

步骤02 通过上步的操作，即可将选区转换为路径，此时的“路径”面板如下图所示。

7.5.3 填充路径

填充路径与填充选区的方法类似，不仅可以填充颜色，还可以填充图案。填充路径的具体操作步骤如下。

步骤01 打开光盘中的素材文件 7-03.jpg，如右侧左图所示。

步骤02 选择工具箱中的"自定形状工具"，选择"边框"样式，在图像窗口中通过拖动创建路径，创建的路径如右侧右图所示。

步骤03 设置前景色为（R:117、G:2138、B:249），单击"路径"面板中的"用前景色填充路径"按钮，填充路径，此时的"路径"面板如右侧左图所示，效果如右侧右图所示。

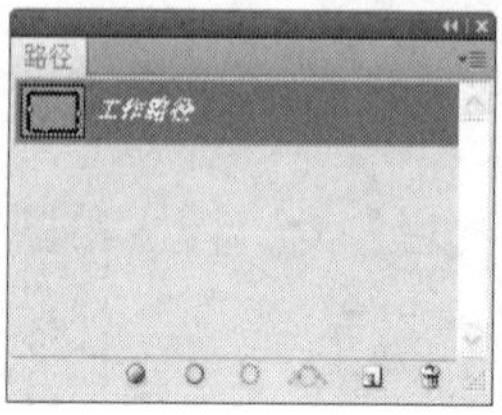

注 意

当绘制好路径后，用户可按住【Alt】键的同时单击"路径"面板底部的"用前景色填充路径"按钮，弹出"填充路径"对话框，单击"使用"选项右侧的下拉按钮，在弹出的下拉列表中可以选择"前景色"、"背景色"和"图案"选项。

7.5.4 描边路径

创建好路径后，可以对其用前景色进行描边，描边方式由当前"画笔工具"的设置决定。要对路径进行描边，首先需要设置好画笔。描边路径的具体操作步骤如下。

步骤01 打开光盘中的素材文件 7-04.jpg，选择工具箱中的"圆角矩形工具"，在图像窗口中创建一个圆角矩形，如下图所示。

步骤02 选择"画笔工具"，打开"画笔"面板，设置画笔样式为星形，并在"画笔笔尖形状"选项区域中设置参数，如下图所示。

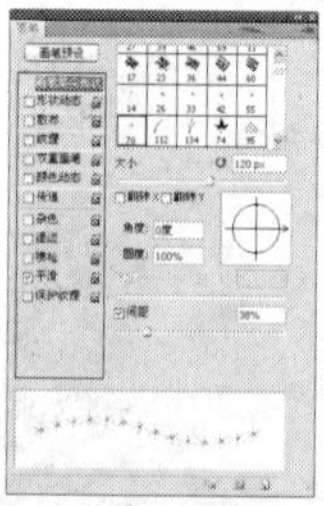

步骤03 单击"路径"面板中的"用画笔描边路径"按钮，如右侧左图所示。此时，即可完成路径描边操作，效果如右侧右图所示。

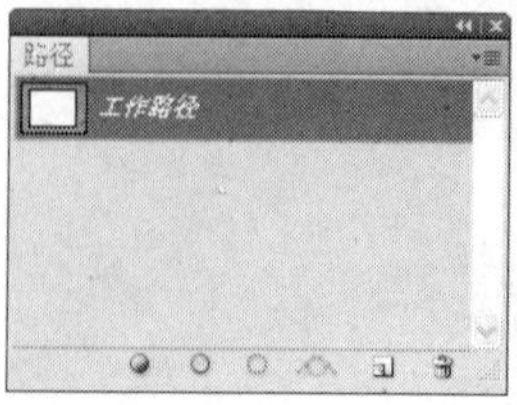

技能进阶——上机实战操作

通过前面内容的学习，为了让用户进一步掌握本章内容，提高综合应用能力，下面介绍相关实例的制作。

实例制作 1　绘制可爱卡通兔

制作本实例时，首先创建新文件，然后使用“自定形状工具”创建边框，接着使用“钢笔工具”与“椭圆工具”创建兔子的轮廓，最后使用前景色填充路径，此时就完成了可爱卡通兔效果的制作。

效果展示

本实例完成的最终效果如下图所示。

原始文件	无
结果文件	光盘\结果文件\Chapter 07\7-01.psd
同步视频文件	光盘\同步教学文件\Chapter 07\实例制作 1.avi

知识链接

在本实例的制作与设计过程中，主要用到以下知识点。

- 自定形状工具
- 钢笔工具
- 椭圆工具
- 使用前景色填充路径

操作步骤

本实例的具体操作步骤如下。

步骤01 执行“文件→新建”命令，新建一个“宽度”为“700 像素”、“高度”为“500 像素”、“分辨率”为“300 像素/英寸”的文件，参数设置如右图所示。

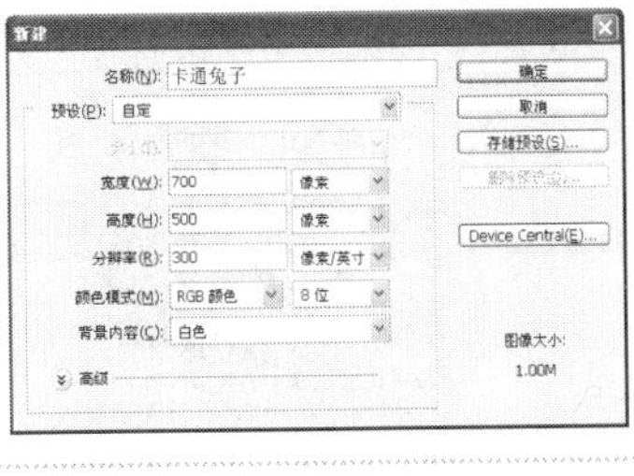

步骤02 选择工具箱中的“油漆桶工具”，填充值为（R:234、G:251、B:195）的背颜色，选择“自定形状工具”，从其属性栏中选择“边框”样式，然后在图像中创建路径，效果如右图所示。

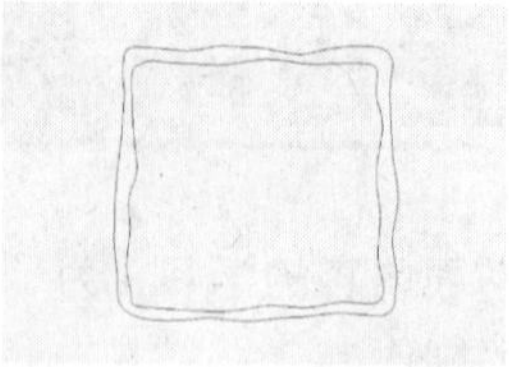

步骤03 单击“路径”面板底部的“创建新路径”按钮，系统自动命名为“路径 2”，选择“钢笔工具”，在图像窗口中绘制路径，然后按【Ctrl+T】快捷键调整路径，如下图所示。

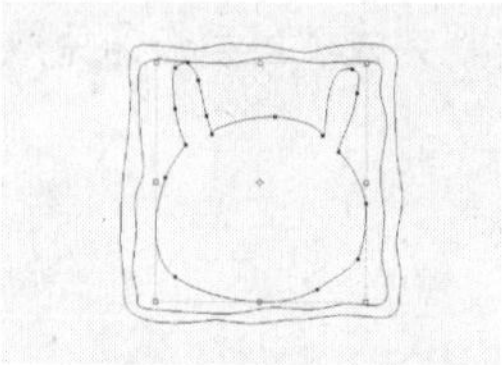

步骤04 将前景色的颜色值设置为（R:18、G:181、B:103），在“路径”面板中选择“路径 1”路径，单击底部的“用前景色填充路径”按钮，如下图所示。

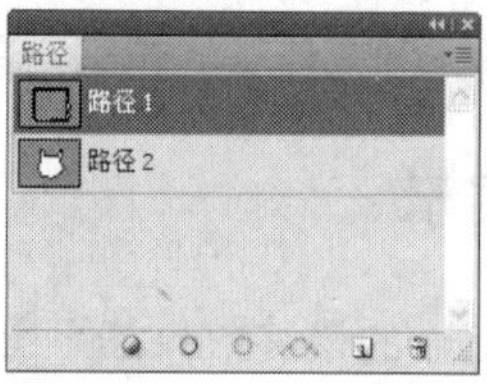

步骤05 选择“路径 2”路径，将前景色的颜色值设置为（R:141、G:109、B:23），单击“路径”面板底部的“用画笔描边路径”按钮，如右侧左图所示。设置前景色为白色，单击底部的“用前景色填充路径”按钮，填充路径，效果如右侧右图所示。

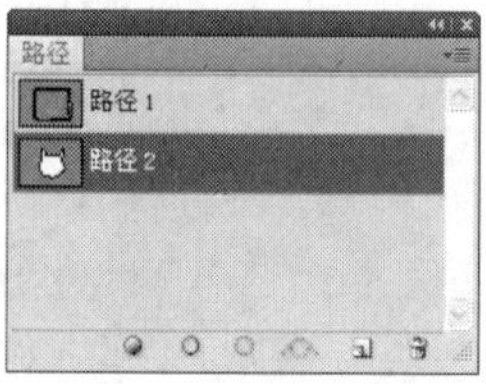

步骤06 选择“椭圆工具”，按住鼠标左键绘制兔子的五官，效果如左下图所示。

步骤07 设置前景色颜色值为（R:41、G:30、B:2），选择“路径选择工具”，对眼睛进行填充；设置前景色颜色值为（R:246、G:201、B:231），选择“路径选择工具”，对腮部进行填充；设置前景色颜色值为（R:245、G:45、B:83），选择“路径选择工具”，选择嘴唇，单击“路径”面板底部的“用画笔描边路径”按钮，对其进行描边，效果如右下图所示。

步骤08 选择工具箱中的“自定形状工具”，在属性栏中选择“红心形卡”形状，在图像窗口中创建路径，如下图所示。

步骤09 分别设置前景色颜色值为（R:247、G:165、B:225）、（R:95、G:230、B:242），单击“路径”面板底部的“用前景色填充路径”按钮，进行填充颜色，最终效果如下图所示。

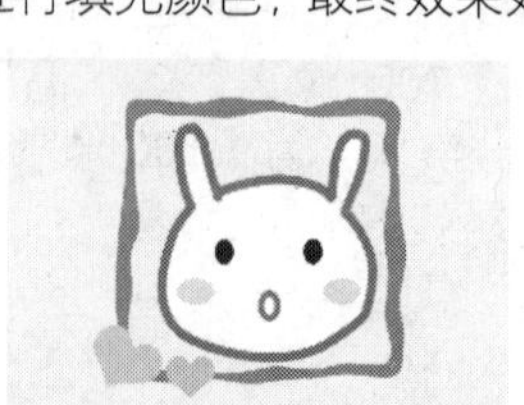

实例制作 2　制作五彩丝带效果

制作本实例时，首先使用“钢笔工具”绘制彩带的路径，然后设置画笔样式，接着对路径进行描边，最后为绘制完成的路径添加渐变，此时就完成了五彩丝带效果的制作。

效果展示

本实例的前后效果如下图所示。

原始文件	光盘\素材文件\Chapter 07\7-05.jpg
结果文件	光盘\结果文件\Chapter 07\7-02.psd
同步视频文件	光盘\同步教学文件\Chapter 07\实例制作 2.avi

知识链接

在本实例的制作与设计过程中，主要用到以下知识点。

- 钢笔工具
- 用画笔描边路径
- 渐变叠加

操作步骤

本实例的具体操作步骤如下。

步骤01 打开光盘中的素材文件 7-05.jpg，如下图所示。

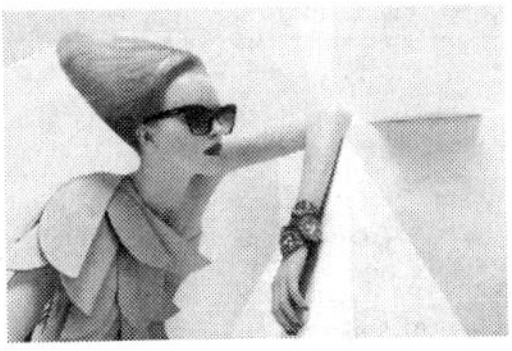

步骤02 在“图层”面板中新建一个图层。选择工具箱中的“钢笔工具”，在图像窗口中绘制五彩丝带路径，如下图所示。

步骤03 设置前景色颜色值为（R:245、G:148、B:110），选择“画笔工具”，在“画笔”面板中设置相关参数，如右侧左图所示。

步骤04 单击“路径”面板中底部的“用画笔描边路径”按钮，如右侧右图所示。

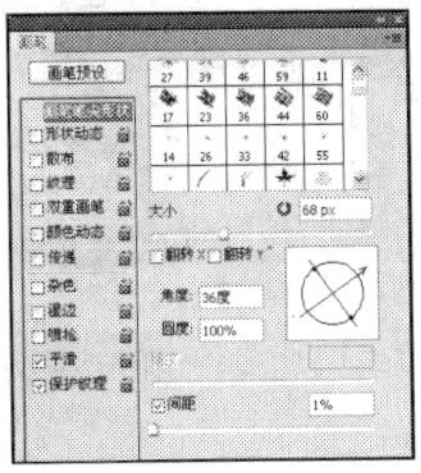

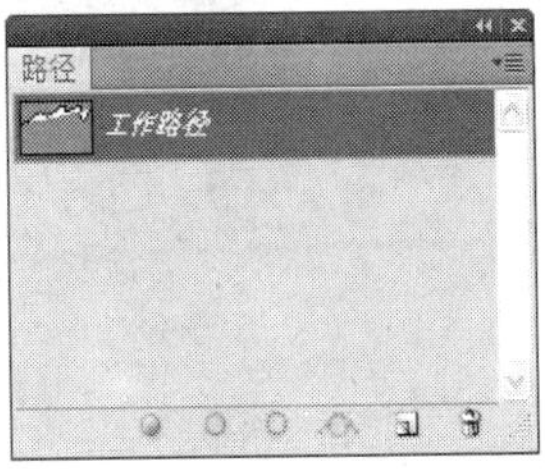

步骤05 此时便完成了对路径进行描边，执行“选择→取消选择”命令，效果如下图所示。

步骤06 在“图层”面板中双击“图层 1”图层，如下图所示。

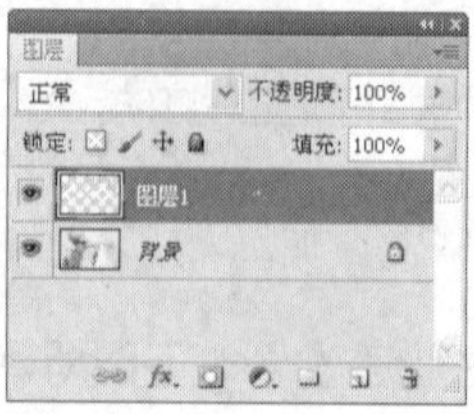

步骤07 在打开的“图层样式”对话框中选择“渐变叠加”选项，并设置相关参数，如右侧左图所示。设置完成后，单击“确定”按钮，最终效果如右侧右图所示。

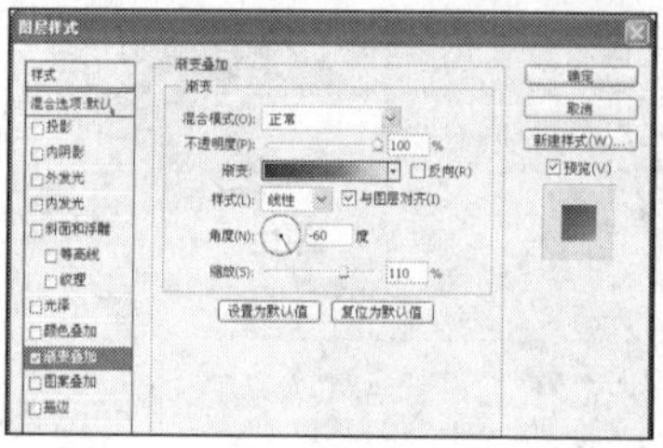

技能提高——举一反三应用

为了强化用户的动手能力，并巩固本章的学习内容，下面安排几个上机练习实例。用户可以根据提供的素材文件与效果文件，参考提示信息，亲自上机完成制作。

动手练习 1　制作可爱大头贴

在 Photoshop CS5 中，运用本章所学的“自定形状工具”、使用前景色填充路径等知识制作可爱大头贴。

原始文件	光盘\素材文件\Chapter 07\7-06.jpg
结果文件	光盘\结果文件\Chapter 07\7-03.psd
同步视频文件	光盘\同步教学文件\Chapter 07\动手练习 1.avi

本练习的前后效果如下图所示。

素材

最终效果

操作提示

在制作可爱大头贴的实例操作中，主要使用了“自定形状工具”、使用前景色填充路径等知识，具体操作步骤如下。

步骤01 打开素材文件，新建一个图层，选择工具箱中的“自定形状工具”，在属性栏中选择“云彩”形状。在“图层 1”图层上通过拖动创建形状路径，并将路径载入选区，执行“选择→反向”命令并填充颜色值为（R:125、G:195、B:231）的前景色。

步骤02 选择“自定形状工具”，在属性栏中选择“雪花”形状，设置前景色为白色，在图像窗口中通过拖动创建形状路径，填充前景色，此时即可完成制作。

动手练习 2 制作动感音符效果

在 Photoshop CS5 中，运用本章所学的“自定形状工具”等制作动感音符效果。

原始文件	光盘\素材文件\Chapter 07\7-07.jpg
结果文件	光盘\结果文件\Chapter 07\7-04.psd
同步视频文件	光盘\同步教学文件\Chapter 07\动手练习 2.avi

本练习的前后效果如下图所示。

素材

最终效果

操作提示

在制作动感音符效果的实例操作中，主要使用了“自定形状工具”、使用前景色填充路径等知识，具体操作步骤如下。

步骤01 打开素材文件，新建一个图层，在“自定形状工具”的属性栏中选择“八音符”形状，在图像窗口中拖动，以创建路径。

步骤02 将前景色设置为黑色，并为创建的路径填充颜色，即可完成制作。

本章小结

本章首先介绍了路径的组成，然后详细地介绍了使用“钢笔工具”与形状工具创建路径的方法，最后介绍了路径编辑等方面的内容。通过本章内容的学习，用户可对路径进行填充与描边，可以创建特殊形状的选区，从而制作出各种特殊效果。

Chapter 08

文字的创建与编辑

本章导读

在图像设计中，文字的使用是非常广泛的，如果少了文字的点缀与说明，所表达的意义就不能很好地展示出来。

在Photoshop CS5中，用户可使用文字工具创建文字图层，然后对创建的文字进行编排与修改，从而设计出灵活多变的文字效果。

本章核心知识点

- 文字的创建
- 文字的编辑
- 文字的转换

快速入门——知识与应用学习

本章主要给用户讲解文字的创建方法，以及文字的编辑与转换知识。

8.1 文字的创建

Photoshop CS5 提供了多种文字创建工具，文字工具组中的“横排文字工具” 和“直排文字工具” 用来创建点文字、段落文字和路径文字；“横排文字蒙版工具” 和“直排文字蒙版工具” 用来创建文字选区。

8.1.1 创建点文字

在图像窗口中输入文字前，需要在属性或“字符”面板中设置字符的属性，包括字体、大小、文字颜色等。“横排文字工具”的属性栏如下图所示。

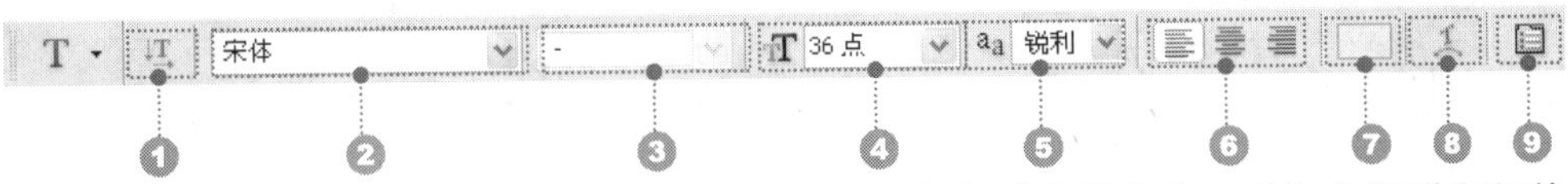

①切换文本取向：单击该按钮可在“横排文字工具”与“直排文字工具”之间进行切换。

②设置字体系列：在该选项的下拉列表中可以选择字体，包括系统字体和用户安装的字体。

③设置字体样式：可为字符设置样式，包括 Regular（规则的）、Italic（斜体）、Bold（粗体）和 Bold Italic（粗斜体）。该选项只对部分英文字体有效。

④设置字体大小：在下拉列表中可以选择字体的大小，也可以直接输入数值来进行设置。

⑤设置消除锯齿的方法：从下拉列表中可以为文字选择一种消除锯齿的方法，Photoshop 会通过填充边缘像素来产生边缘平滑的文字，使文字的边缘混合到背景中，从而看不出锯齿。下拉列表中的选项包括“无”、“锐利”、“犀利”、“浑厚”和“平滑”。

⑥文本对齐：根据输入文字时光标的位置来设置文本的对齐方式，包括“左对齐文本” 、“居中对齐文本” 和“右对齐文本” 。

⑦设置文本颜色：设置输入文字时所使用的颜色，单击颜色块，可以在打开的“选择文本颜色”对话框中设置文字的颜色，设置方法和设置前景色相同。

⑧创建文字变形：单击该按钮，在打开的“变形文字”对话框中可对文字进行变形操作。

⑨切换字符和段落面板：单击该按钮，可以显示或隐藏“字符”面板和“段落”面板。

点文字是水平或垂直的文本行，在处理标题等字数较少的文字时，可通过点文字来完成，输入点文字的具体操作步骤如下。

步骤01 打开光盘中的素材文件 8-01.jpg，选择工具箱中的“横排文字工具” ，在属性栏中设置字体为“方正粗简体”、字体大小为“48点”、颜色为紫色，在需要输入文字的位置单击，设置插入点，此时会出现一个闪烁的光标，如右图所示。

步骤02 文字输入完成后，可单击属性栏中的✔按钮，同时“图层”面板中会生成一个文字图层，如右图所示。

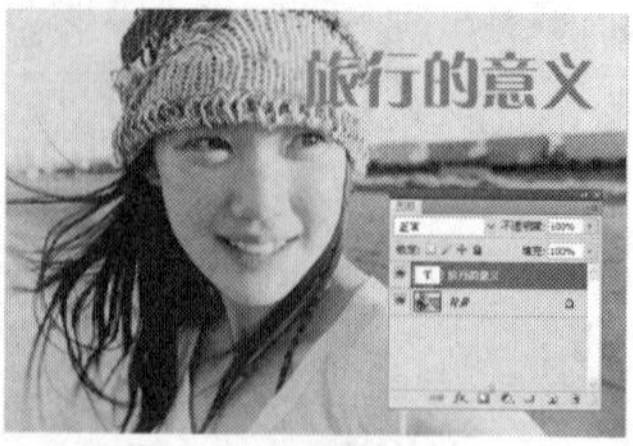

8.1.2 创建段落文字

段落文字是在定界框内输入的文字，它具有自动换行、可调整文字区域大小等优势，创建段落文字的具体操作步骤如下。

步骤01 打开光盘中的素材文件 8-04.jpg，选择工具箱中的“横排文字工具”T，在属性栏中设置字体、大小、颜色等属性，如下图所示。

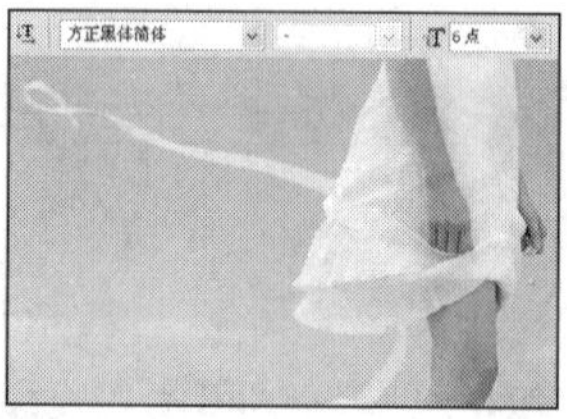

步骤02 在图像窗口中单击并向右下角拖动，拖出一个定界框，如下图所示。

步骤03 释放鼠标后，图像窗口中会出现一个闪烁的光标，此时可输入文字，当文字到达文本框边界时会自动换行，如下图所示。

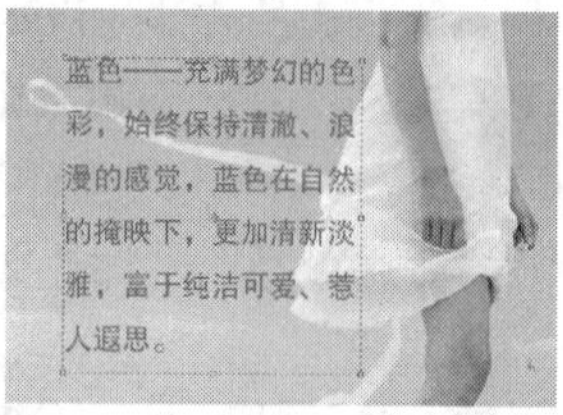

步骤04 单击属性栏中的✔按钮，确定文字的创建，创建的段落文字如下图所示。

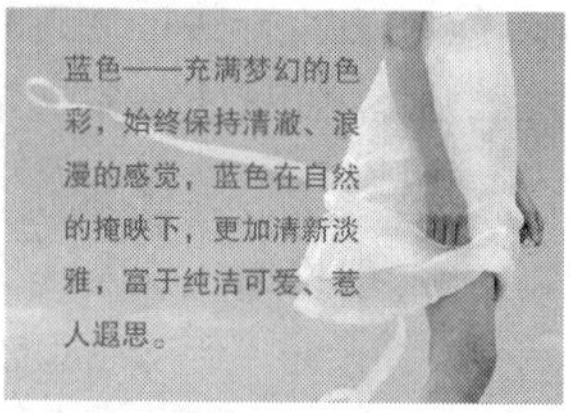

8.2 文字的编辑

在图像窗口中输入文字后，可对已输入的文字进行编辑，例如更改文字体、转换文字方向、创建文字选区、改变文字形状、文字样式、栅格化文字、查找和替换文字等。

8.2.1 编辑点文字

在图像窗口中输入点文字后，还可以对其进行相关的操作，如更改文字字体、颜色等，编辑点文字的具体操作步骤如下。

步骤01 打开光盘中的素材文件 8-02.jpg，选择工具箱中的“横排文字工具”T，输入点文字，如右侧左图所示。

步骤02 通过在文字上单击并拖动选择文字，效果如右侧右图所示。

步骤03 在属性栏中设置字体为“方正隶书繁体”、字体大小为“80 点”、颜色为绿色，设置完成后可单击属性栏中的✔按钮，效果如右侧左图所示。按【Delete】键可删除所选文字，效果如右侧右图所示。

8.2.2 转换横排与直排文字

创建文字后，可根据需要调整文字方向，执行“图层→文字→水平”／“图层→文字→垂直”命令，或单击属性栏中的“切换文本取向”按钮，可切换文本方向，具体操作步骤如下。

步骤01 打开光盘中的素材文件 8-03.jpg，选择工具箱中的“横排文字工具”T，输入点文字，如下图所示。

步骤02 在属性栏中单击“切换文本取向”按钮，即可改变文字方向，效果如下图所示。

8.2.3 编辑段落文字

创建段落文字后，用户可以根据需要调整定界框的大小，文字会自动在调整后的定界框内重新排列，还可以通过定界框旋转、缩放和斜切文字，编辑段落文字的具体操作步骤如下。

步骤01 打开光盘中的素材文件 8-05.psd，选择“横排文字工具”T，单击文字定界框，如下图所示。

步骤02 拖动控制点调整定界框的大小，文字会在调整后的定界框内重新排列，如下图所示。

步骤03 按住【Ctrl】键拖动控制点，可等比例缩放文字，如下图所示。

步骤04 将指针移动至定界框外，当指针变为弯曲的双向箭头时拖动，可以旋转文字，如下图所示。

注意

在编辑过程中，如果要放弃对文字的修改，可按【Esc】键退出。

8.2.4 创建文字选区

文字选区像任何其他选区一样，可对其进行移动、复制、填充、描边。“横排文字蒙版工具”和“直排文字蒙版工具”都可创建文字选区。选择其中的一个工具，在图像窗口中输入文字即可创建文字选区，也可以使用创建段落文字的方法，单击并拖出一个矩形定界框，在定界框内输入文字，然后创建文字选区。创建文字选区的具体操作步骤如下。

步骤01 打开光盘中的素材文件 8-06.psd，选择“人物”图层，选择 “横排文字蒙版工具”，在图像窗口中通过单击确定文字起始点，然后输入文字，如下图所示。

步骤02 输入完文字后，文字自动转化为选区，效果如下图所示。

步骤03 按【Delete】键删除文字选区，如下图所示。创建蒙版文字不会在“图层”面板中生成文字图层，如右图所示。

8.2.5 创建变形文字

文字变形是指对图像窗口中已选取的文字进行各种变形处理，使其产生特殊的文字效果，文字变形的具体操作步骤如下。

步骤01 打开光盘中的素材文件 8-07.psd，选择文字图层，如下图所示。

步骤02 执行“图层→文字→文字变形”命令，弹出“变形文字”对话框，在“样式”下拉列表中选择“花冠”选项，将“弯曲”设置为+55，如下图所示。

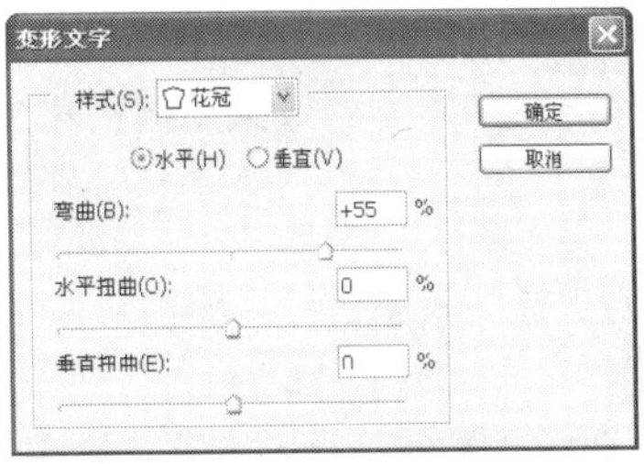

步骤03 单击“确定”按钮，关闭对话框，完成创建变形文字，效果如右侧左图所示。此时，在变形文字的图层缩览图中出现了一条弧线，如右侧右图所示。

8.2.6 应用文字样式

在 Photoshop CS5 中，可以为创建的文字图层添加各种样式。添加文字样式的操作方法和添加图层样式相同，在添加样式后，文字属性不会发生改变，具体操作步骤如下。

步骤01 打开光盘中的素材文件 8-08.psd，如下图所示。

步骤02 选择文字图层，执行“窗口→样式”命令，打开“样式”面板，单击面板右上角的扩展按钮，在打开的面板菜单中执行“文字效果”命令，如下图所示。

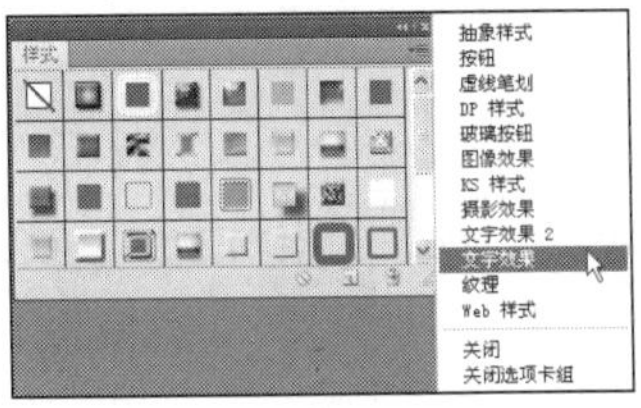

步骤03 在弹出的提示框中单击“追加”按钮，如右侧左图所示。在“样式”面板中选择“饱满黑白色”样式，此时的“样式”面板及图像效果如右侧右图所示。

8.2.7 栅格化文字

使用文字工具输入的文字属于矢量图，它的优点是无限放大时不会出现马赛克，缺点是无法使用 Photoshop CS5 中的滤镜。使用“栅格化”命令可将文字栅格化，将文字由矢量图变为位图，从而制作出更加丰富的效果。栅格化文字的具体操作如下。

步骤01 在“图层”面板中，右击文字图层，在弹出的快捷菜单中选择“栅格化文字”命令，如下图所示。

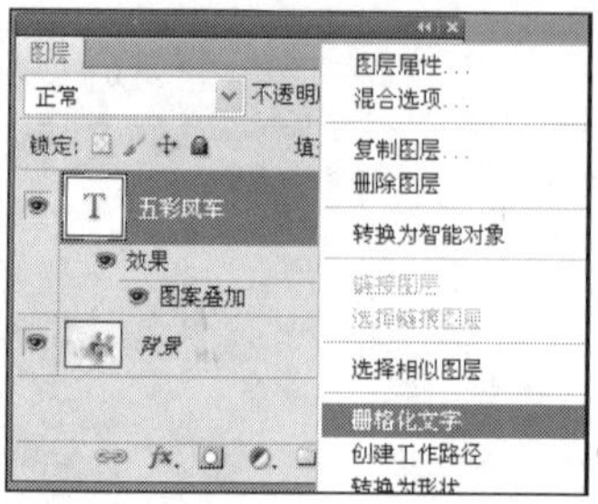

步骤02 此时，文字被栅格化，“图层”面板如下图所示。

注 意

对文字进行栅格化后，其图像窗口中的文字效果没有发生变化，只是将文字的属性由矢量图属性转换为位图属性，以便更好地对文字进行处理。并不是所有的文字都需要栅格化，创建的蒙版文字选区就无法使用“栅格化”命令。

8.2.8 拼写检查

如果要检查当前文本中的英文单词拼写是否有误，可执行“编辑→拼写检查”命令，打开“拼写检查”对话框，当检查到有错误时，Photoshop CS5 会提供修改建议，拼写检查的具体操作步骤如下。

步骤01 打开光盘中的素材文件 8-09.psd，如下图所示。

步骤02 选择文字图层，执行“编辑→拼写检查”命令，打开“拼写检查”对话框，输入正确的单词，如下图所示。

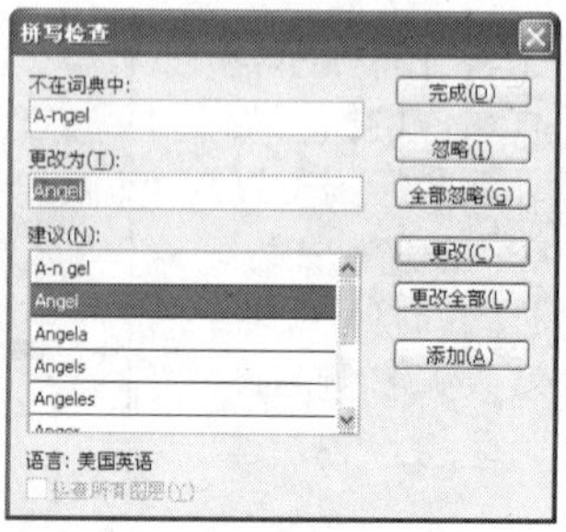

步骤03 单击“更改”按钮，文字效果如右侧左图所示。在“图层”面板中，文字缩览图也发生了改变，如右侧右图所示。

8.2.9 查找和替换文字

在 Photoshop CS5 中，执行“编辑→查找和替换文本”命令，可以查找当前文本中需要修改的文字、单词、标点等，并将其替换为指定的内容。

8.3 认识“段落”面板

“段落”面板可用来设置段落属性，单击属性栏中的“切换字符和段落面板”按钮或者执行“窗口→段落”命令，都可以打开“段落”面板。“段落”面板中的常见参数作用如下。

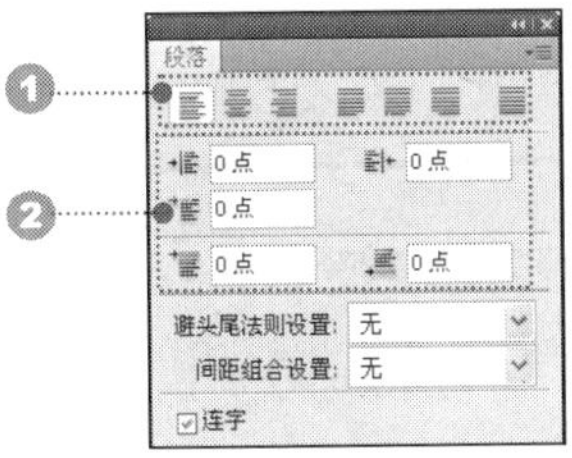

❶对齐方式：包括“左对齐文本”、“右对齐文本”、“居中对齐文本”、“最后一行左对齐”、“最后一行居中对齐”、“最后一行右对齐”和“全部对齐”方式。

❷段落调整：包括“左缩进”、“右缩进”、“首行缩进”、“段前添加空格”和“段后添加空格”调整方式。

8.4 文字的转换

8.4.1 将文字转换为路径

利用“创建工作路径”命令可以将字符作为矢量形状处理，工作路径是出现在“路径”面板中的临时路径，用于定义形状轮廓。将文字转换为路径，就可以像其他路径那样存储和编辑，但不能将此路径作为文本进行编辑。将文字转换为工作路径后，可以应用填充和描边，还可以通过调整描点得到变形文字，原文字图层保持不变并可继续进行编辑。将文字转换为路径的具体操作步骤如下。

步骤01 打开光盘中的素材文件 8-10.jpg，选择工具箱中的“横排文字工具”，在属性栏中设置字体样式、大小、颜色，如右图所示。

步骤02 输入文字后，执行“图层→文字→创建工作路径”命令，将文字转换为工作路径。在“图层”面板中单击文字图层左侧的“指示图层可见性”图标，将其隐藏，然后新建一个图层，系统会自动命名为“图层 1”，如右图所示。

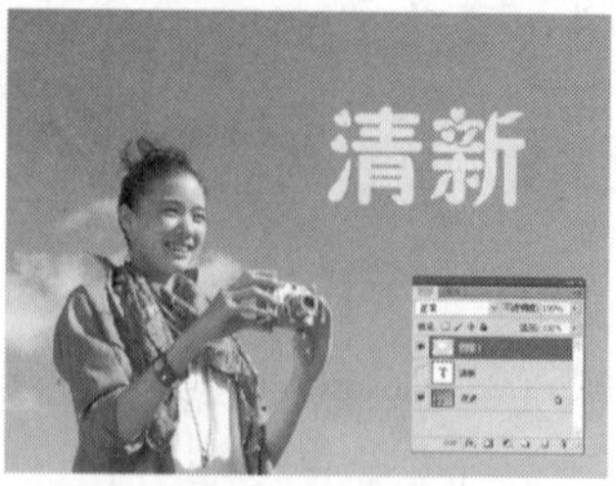

步骤03 选择工具箱中的“画笔工具”，在属性栏中设置画笔样式为“硬边圆”、“大小”为5px，设置前景色颜色值为（R:216、G:242、B:248），单击“路径”面板中的“用画笔描边路径”按钮，如下图所示。

步骤04 单击“路径”面板的空白区域，效果如下图所示。

8.4.2 将文字转换为形状

将文字转换为形状，可以创建基于文字的矢量蒙版。通过编辑矢量蒙版，可以改变文字的形状，还可以实时地看到改变文字形状的过程。将文字转换为形状的具体操作步骤如下。

步骤01 打开光盘中的素材文件8-11.jpg，选择工具箱中的“横排文字工具”，在属性栏中设置字体样式、大小、颜色，如下图所示。

步骤02 输入文字后，执行“图层→文字→转换为形状”命令，此时，转换为形状的文字图层如下图所示。

步骤03 选择工具箱中的“删除锚点工具”，单击文字上的锚点，将多余的锚点删除，然后使用“直接选择工具”调整各个锚点，如下图所示。

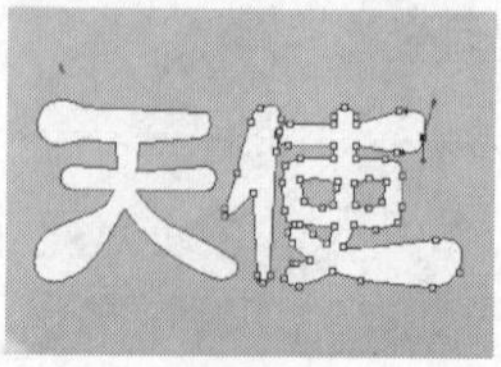

步骤04 调整完成后，单击“路径”面板中的空白处，文字效果如下图所示。

8.4.3 创建路径文字

路径文字是指沿路径排列的文字，当改变路径的形状时，文字的排列方式也会随之改变。沿路径所创建的文字，具有灵活、方便的特点，创建路径文字的具体操作步骤如下。

步骤01 打开光盘中的素材文件 8-12.jpg，选择工具箱中的“钢笔工具”，在属性栏中单击“路径”按钮，绘制一条曲线路径，效果如下图所示。

步骤02 选择“横排文字工具”，将指针放在路径上，指针会变成 I 状，在属性栏中设置字体样式、大小、颜色，如下图所示。

步骤03 当出现了闪烁的 I 光标后，此时输入文字即可使文字沿着路径排列，如左下图所示。完成输入后，在“路径”面板的空白处单击，即可隐藏路径，效果如右下图所示。

技能进阶——上机实战操作

通过前面内容的学习，为了让用户进一步掌握本章内容，提高综合应用能力，下面介绍相关实例的制作。

实例制作 1 为海报添加文字

制作本实例时，首先要创建文字，然后设置文字字体、大小、颜色等，并设置文字样式，最后为文字添加图层样式，此时就完成了为海报添加文字的制作。

效果展示

本实例的前后效果如下图所示。

原始文件	光盘\素材文件\Chapter 08\8-13.jpg
结果文件	光盘\结果文件\Chapter 08\8-01.psd
同步视频文件	光盘\同步教学文件\Chapter 08\实例制作 1.avi

知识链接

在本实例的制作与设计过程中，主要用到以下知识点。

- 横排文字工具
- 变形文字
- 图层样式

操作步骤

本实例的具体操作步骤如下。

步骤01 打开光盘中的素材文件 8-13.jpg，如右侧左图所示。

步骤02 选择“横排文字工具” T，将指针放在路径上，指针会变成 I 状，此时输入文字，并在属性栏中设置字体样式、大小、颜色，如右侧右图所示。

步骤03 执行“图层→文字→文字变形”命令，弹出“变形文字”对话框，在“样式”下拉列表中选择“扇形”选项，将“弯曲”设置为+30，如右侧左图所示。

步骤04 设置完成后，单击“确定”按钮，效果如右侧右图所示。

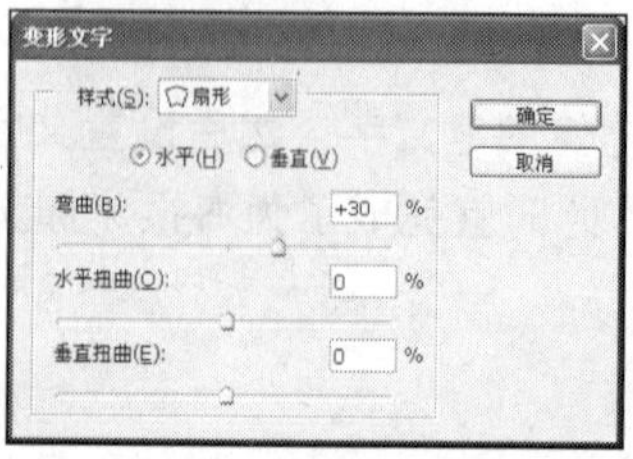

步骤05 单击“图层”面板下方的“添加图层样式”按钮 *fx*，在弹出的菜单中执行“投影”命令，在打开的“图层样式”对话框中设置其参数，如下图所示。

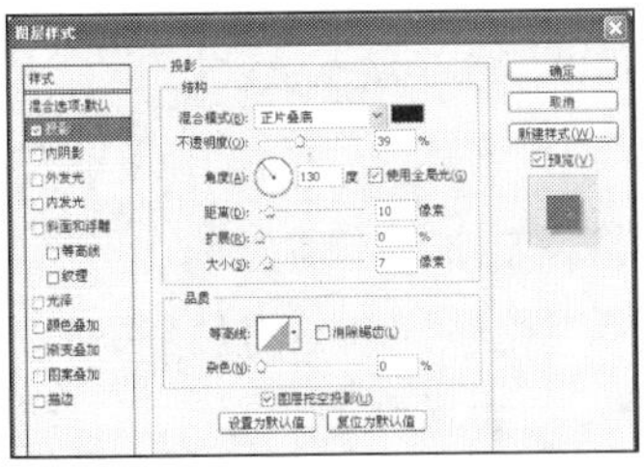

步骤06 选择“描边”样式，在打开的“描边”选项区域中设置其参数，如下图所示。

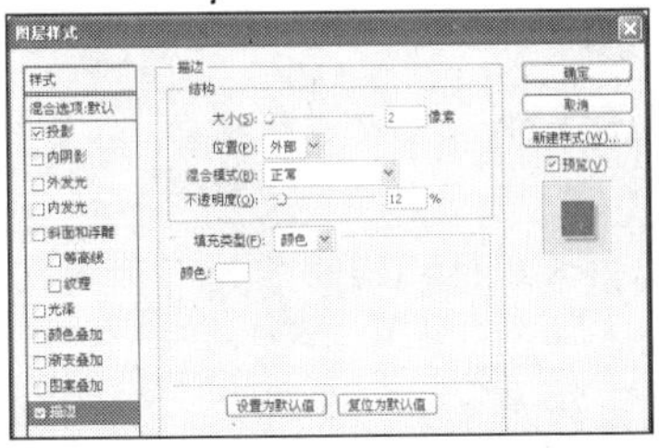

步骤07 设置完成后，单击“确定”按钮，文字效果如右侧左图所示。

步骤08 选择工具箱中的“横排文字工具” T，在其属性栏中设置字体为 Bradley Hand ITC，字体大小为“14点”，然后输入文字，最终效果如右侧右图所示。

实例制作 2 制作蓝色玻璃文字效果

制作本实例时，首先创建文字，然后设置文字“内发光”、“外发光”、“内阴影”、“投影”样式，最后在文字上方创建选区并填充渐变色，此时就完成了蓝色玻璃文字效果的制作。

效果展示

本实例的前后效果如下图所示。

原始文件	光盘\素材文件\Chapter 08\8-14.jpg
结果文件	光盘\结果文件\Chapter 08\8-02.psd
同步视频文件	光盘\同步教学文件\Chapter 08\实例制作 2.avi

知识链接

在本实例的制作与设计过程中，主要用到以下知识点。

- 横排文字工具
- 图层样式
- 钢笔工具
- 渐变工具

操作步骤

本实例的具体操作步骤如下。

步骤01 打开光盘中的素材文件8-14.jpg，如下图所示。

步骤02 选择“横排文字工具”T，输入文字，在属性栏中设置字体样式、大小、颜色，如下图所示。

步骤03 在“图层”面板中单击底部的“添加图层样式”按钮fx，选择“内发光”选项，设置参数如右侧左图所示。选择“外发光”复选框，设置参数如右侧右图所示。

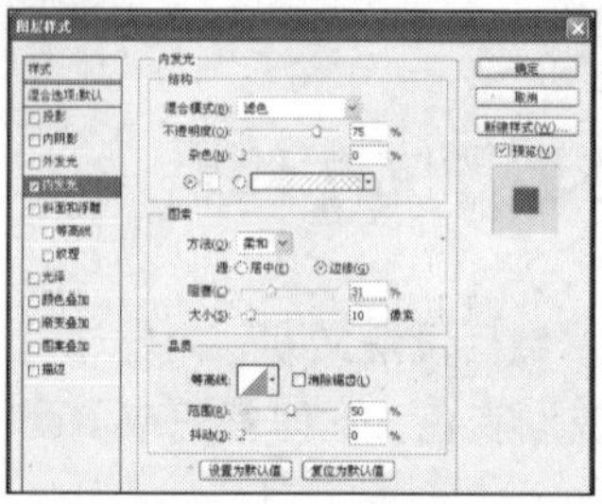

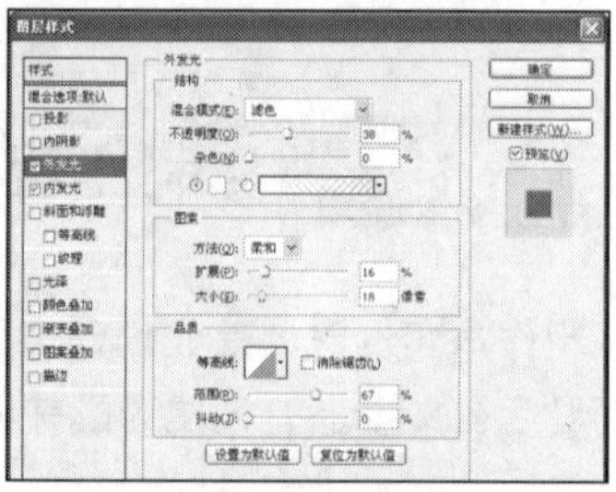

步骤04 选择“内阴影”复选框，设置参数如右侧左图所示。选择“投影”复选框，设置参数如右侧右图所示。

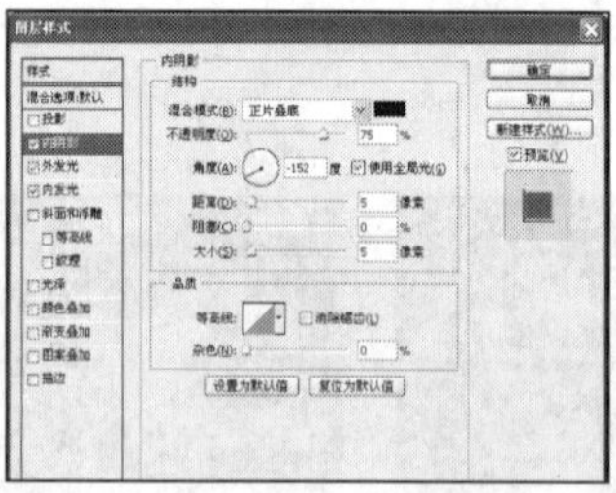

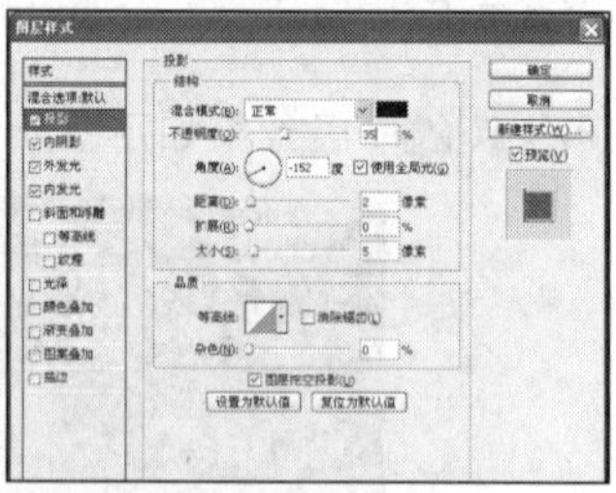

步骤05 设置完成后，单击“确定”按钮，效果如下图所示。

步骤06 在“图层”面板中新建一个图层，选择工具箱中的“钢笔工具”，在字母的上方绘制路径，如下图所示。

步骤07 单击“路径”面板底部的“将路径作为选区载入”按钮，选择工具箱中的“渐变工具”，将前景色设置为白色，进行渐变填充，如下图所示。

步骤08 选择工具箱中的“橡皮擦工具”，擦除文字外多余的区域，最终效果如下图所示。

技能提高 ——举一反三应用

为了强化用户的动手能力，并巩固本章的学习内容，下面安排几个上机练习实例。用户可以根据提供的素材文件与效果文件，参考提示信息，亲自上机完成制作。

动手练习 1　制作文字倒影效果

在 Photoshop CS5 中，运用本章所学的文字工具等知识制作文字倒影效果。

原始文件	光盘\素材文件\Chapter 08\8-15.jpg
结果文件	光盘\结果文件\Chapter 08\8-03.psd
同步视频文件	光盘\同步教学文件\Chapter 08\动手练习 1.avi

本练习的前后效果如下图所示。

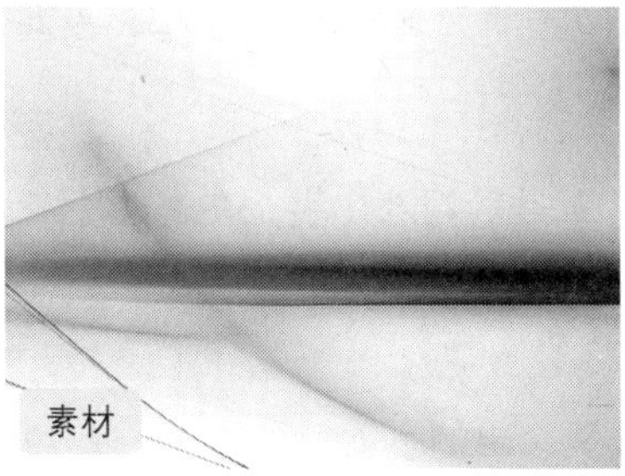
素材

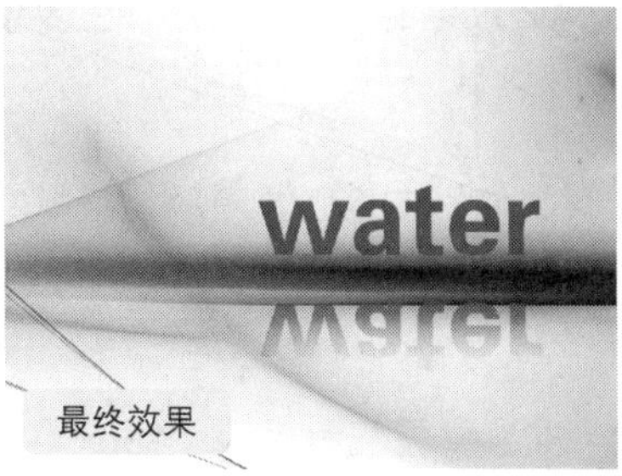

最终效果

操作提示

在制作文字倒影效果的实例操作中，主要使用了“横排文字工具”、自由变换、图层“不透明度”设置、羽化、删除等知识，主要操作步骤如下。

步骤01 打开素材文件，选择“横排文字工具”，输入文字，复制文字图层，选择刚刚复制的文字图层，并执行“变换”命令，然后分别执行“水平翻转”命令和“旋转 180 度”命令。

步骤02 将复制的文字拖到下方，注意要保持一定的距离，使用工具箱中的“矩形选框工具”在文字创建选区并右击，在打开的快捷菜单中，执行“羽化”命令，设置羽化半径大小为 20 像素，单击“确定”按钮，按【Delete】键删除选区内容，此时即可完成制作。

动手练习 2　制作杂志封面效果

在 Photoshop CS5 中，运用本章所学的文字工具等知识制作杂志封面效果。

原始文件	光盘\素材文件\Chapter 08\8-16.jpg
结果文件	光盘\结果文件\Chapter 08\8-04.psd
同步视频文件	光盘\同步教学文件\Chapter 08\动手练习 2.avi

本练习的前后效果如下图所示。

素材

最终效果

操作提示

在制作杂志封面效果的实例操作中，主要使用了“横排文字工具”、投影等知识，主要操作步骤如下。

步骤01 打开素材文件，使用工具箱的“横排文字工具”输入文字，在属性栏中设置文字样式为“汉仪大黑简”，“大小”为 72px，颜色为红色。在“图层”面板中，单击“添加图层样式”按钮 fx，选择“投影”样式，设置“角度”为“-177 度”。

步骤02 分别输入文字，设置大小为“18px”，设置突出的字体大小为 30，颜色为橙色、绿色、白色，此时即可完成制作。

本章小结

本章主要讲述与文字处理相关的知识，包括点文字、段落文字和路径文字的创建，文字的特殊编辑与处理，以及文字的转换。用户需熟练掌握创建文字的方法，将文字与图像结合，设计出优秀的作品。

Chapter 09 蒙版的应用

本章导读

蒙版是制作图像特效的另一种工具，它可以保护图像的选择区域，并可以将部分图像处理成透明或半透明效果。因此，蒙版在图像合成中得到了广泛的应用。

本章核心知识点

- 认识蒙版
- 图层蒙版
- 矢量蒙版
- 剪贴蒙版

快速入门——知识与应用学习

本章主要给用户讲解 Photoshop CS5 中的图层蒙版、矢量蒙版的创建与编辑，以及剪贴蒙版等知识。

9.1 认识蒙版

蒙版是一种特殊的选区，使用它的目的并不是对选区进行操作，而是要保护选区不被操作。蒙版虽然是一种选区，但它跟常规的选区又不相同。蒙版、通道、选区是 Photoshop 中最容易让人产生困惑的 3 个概念。蒙版可将不同的灰度色值转化为不同的透明度，并运用到它所在的图层，使图层不同部位的透明度产生相应的变化。将选区作为蒙版来编辑的优点是，几乎可以使用 Photoshop CS5 中的所有工具或滤镜来修改。

9.1.1 关于蒙版

蒙版主要用于控制图像的显示区域，隐藏不想显示的区域。Photoshop CS5 主要提供了 3 种蒙版类型：图层蒙版、剪贴蒙版和矢量蒙版。图层蒙版通过蒙版中的灰度信息控制图像的显示区域；剪贴蒙版通过一个对象的形状控制其他图层的显示区域；矢量蒙版通过路径和矢量的形状控制图像的显示区域。

9.1.2 “蒙版”面板

在“蒙版”面板中，可以通过其中的选项直接为选择的图层创建图层蒙版和矢量蒙版。在创建图层蒙版后，还可以通过面板中的其他选项对蒙版区域进行调整，例如边缘调整、羽化和浓度调整等。

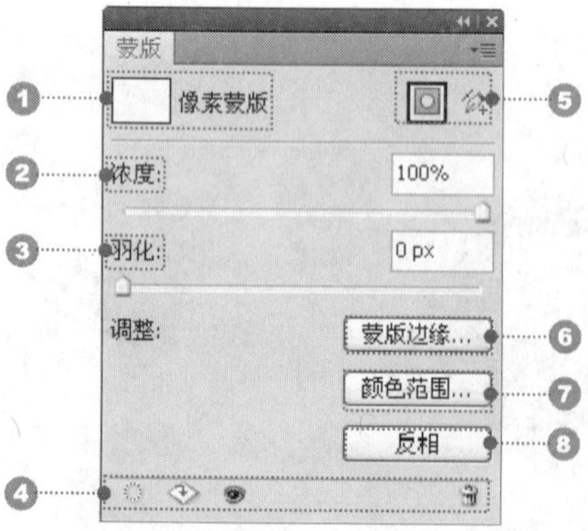

❶当前选择蒙版：通过预览框可查看蒙版形状，并在其后显示当前创建的蒙版类型。

❷浓度：拖动滑块可以控制蒙版的不透明度，即蒙版的遮盖强度。

❸羽化：拖动滑块可以柔化蒙版的边缘。

❹快速图标：单击 ◌ 按钮，可将蒙版载入选区；单击 ◈ 按钮，可将蒙版效果应用到图层中；单击 👁 按钮，可停用或启用蒙版；单击 🗑 按钮，可删除蒙版。

❺添加蒙版：▣表示添加像素蒙版，▨表示添加矢量蒙版。

❻蒙版边缘：单击该按钮，可以在打开的“调整蒙版”对话框中修改蒙版边缘，并可以针对不同的背景查看蒙版。这些操作与调整选区边缘的操作基本相同。

❼颜色范围：单击该按钮，可以打开“色彩范围”对话框，通过在图像中取样并调整颜色容差修改蒙版范围。

❽反相：可反转蒙版的遮盖区域。

9.2 图层蒙版

图层蒙版依附于目标图层，主要功能是控制目标图层特定区域的显示属性。当不需要图层蒙版时，可以断开图层蒙版之间的链接或者直接将其删除。

图层蒙版主要用于合成图像，是一种特殊的蒙版，它附加在目标图层上，用于控制图层中部分区域的隐藏和显示。使用图层蒙版，可以在图像处理中制作出特殊的效果。

9.2.1 创建图层蒙版

创建图层蒙版后，对目标图层特定区域的编辑会更加方便，在“图层”面板中创建图层蒙版的具体操作步骤如下。

步骤01 打开光盘中的素材文件 9-01.psd，单击“图层”面板底部的“添加图层蒙版”按钮，如下图所示。

步骤02 创建图层蒙版后，“图层”面板如下图所示。

步骤03 选择工具箱中的“画笔工具”，设置前景色为黑色，设置画笔的笔触为“柔边圆”、“不透明度”为 80%，然后在图像窗口中的人物图像背景处进行涂抹，涂抹处即可显示出下方图层中的内容，如下图所示。

步骤04 继续在图像背景的其他位置处涂抹，使人物与背景图像融合为一个整体，效果如下图所示。

9.2.2 停用图层蒙版

对于已经通过蒙版进行编辑的图层，如果需要查看原图效果，就可以通过执行停用蒙版的命令暂时隐藏图层蒙版效果。下面介绍几种停用图层蒙版方法。

方法 1 执行“图层→图层蒙版→停用”命令。

方法 2 在“图层”面板中选择需要停用的蒙版，并在该蒙版缩览图处右击，在弹出的快捷菜单中执行“停用图层蒙版”命令。

方法 3 按住【Shift】键的同时单击该蒙版的缩览图，可快速停用该图层蒙版；若按住【Shift】键再次单击该缩览图，则可显示图层蒙版。

方法 4 在“图层”面板中选择需要停用的图层蒙版缩览图，单击“蒙版”面板底部的“停用/启用蒙版”按钮。

9.2.3 删除图层蒙版

如果不再需要创建的图层蒙版，可以将其删除，删除图层蒙版的操作方法有以下几种。

方法 1 在“图层”面板中选择需要删除的图层蒙版，并在该图层蒙版缩览图处右击，在弹出的快捷菜单中执行“删除图层蒙版”命令即可。

方法 2 执行“图层→图层蒙版→删除”命令。

方法 3 单击“蒙版”面板底部的“删除蒙版”按钮。

方法 4 在“图层”面板中选择需要删除的图层蒙版缩览图，并将其拖动至面板底部的“删除图层”按钮处。

9.2.4 复制与转移图层蒙版

选择所需复制的图层蒙版，如右侧左图所示，按住【Alt】键将其拖至另外的图层，此时即可将图层蒙版复制到目标图层，如右侧右图所示。

如果直接将图层蒙版拖至另外的图层，如右侧左图所示，则可将该图层蒙版转移到目标图层，原来的图层中将不再有蒙版，如右侧右图所示。

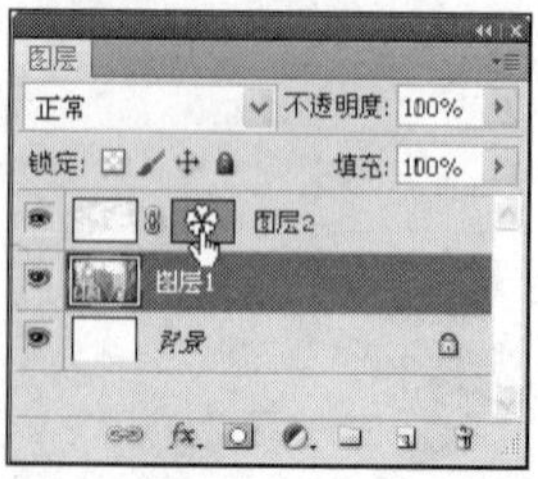

9.3 矢量蒙版

矢量蒙版是由“钢笔工具”、“自定形状工具”等矢量工具创建的蒙版，主要通过路径和矢量形状来控制图像的显示区域。矢量蒙版与分辨率无关，在进行缩放、旋转、扭曲等变换和变形操作时不会产生锯齿，常用来创建 LOGO、按钮、面板等。

9.3.1 创建矢量蒙版

矢量蒙版的创建方法很简单，具体操作步骤如下。

步骤01 打开光盘中的素材文件 9-02.psd，选择“图层 1”图层，选择工具箱中的“自定形状工具”，在图像窗口中创建选区，如下图所示。

步骤02 执行“图层→矢量蒙版→当前路径”命令，此时的“图层”面板及效果如下图所示。

提 示

创建蒙版后，蒙版的缩览图和图像缩览图中间有一个链接图标，它表示蒙版与图层处于链接状态，此时进行任何变换操作，蒙版与图像都会一同变换；执行“图层→矢量蒙版→取消链接”命令或单击该图标，即可取消链接，此时则变换为单独的图层与蒙版。

9.3.2 为矢量蒙版图层添加样式

在“图层”面板中可为矢量蒙版添加图层样式，具体操作步骤如下。

步骤01 打开光盘中的素材文件 9-03.psd，如右侧左图所示。单击“图层 1”底部的“添加图层样式”按钮，如右侧右图所示。

步骤02 在打开的“图层样式”对话框中选择“描边”样式，并设置相关参数，如下图所示。

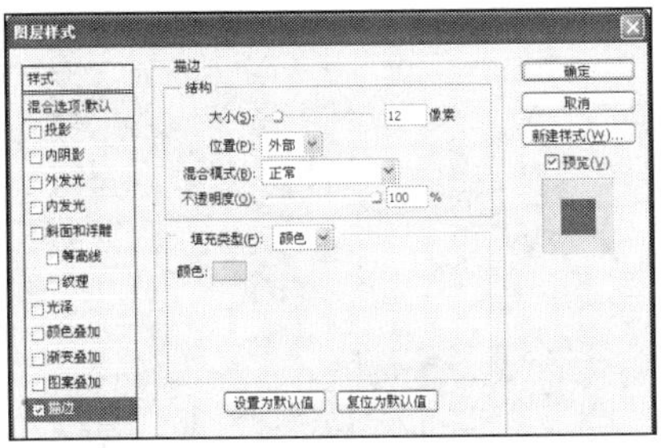

步骤03 设置完成后，单击“确定”按钮，此时的“图层”面板及效果如下图所示。

9.3.3 将矢量蒙版转换为图层蒙版

选择矢量蒙版所在的图层，执行“图层→栅格化→矢量蒙版”命令，即可将其栅格化，转换为图层蒙版。如右侧左图所示为矢量蒙版，如右侧右图所示为图层蒙版。

9.4 剪贴蒙版

剪贴蒙版是一种非常灵活的蒙版，通过下方图层的形状来限制上方图层的显示状态，得到一种剪贴画的效果。因此，用户可以通过一个图层来控制多个图层的显示区域，而矢量蒙版和图层蒙版只能控制一个图层的显示区域。

9.4.1 创建剪贴蒙版

剪贴蒙版至少需要两个图层才能创建，位于最下面的图层称为基底图层，位于基底图层之上的图层称为剪贴层，剪贴层可以有若干个。创建剪贴蒙版的具体操作步骤如下。

步骤01 打开光盘中的素材文件9-04.psd，如右侧左图所示，选择工具箱中的“横排文字工具”T，输入文字，如右侧右图所示。

步骤02 选择文字图层，执行“图层→栅格化→文字”命令，并将“图层 1”移动至“田园”图层上，如下图所示。

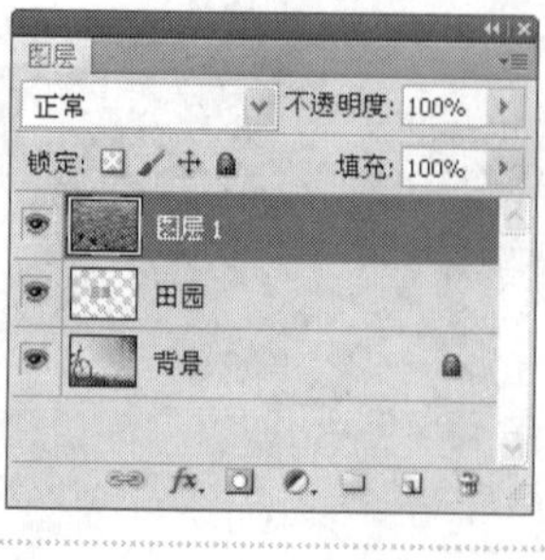

步骤03 执行“图层→创建剪贴蒙版”命令，将该图层与它下面的图层创建为一个剪贴蒙版，效果如下图所示。

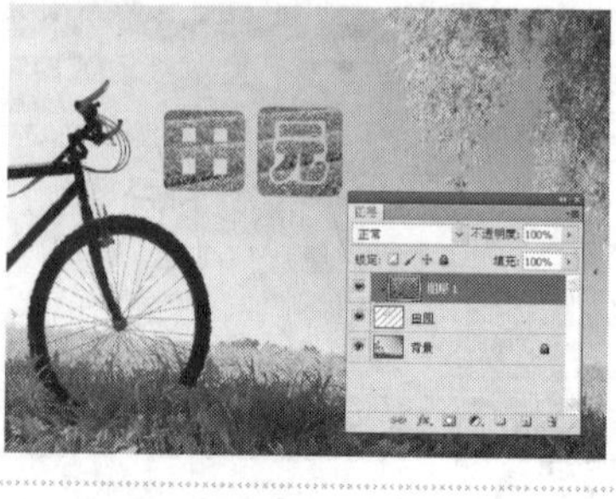

9.4.2 将图层移入或移出剪贴蒙版组

选择剪贴蒙版组外的图层，如右侧左图所示，将其拖动到剪贴蒙版组中的基底图层上方，即可将其加入到剪贴蒙版组，如右侧右图所示。

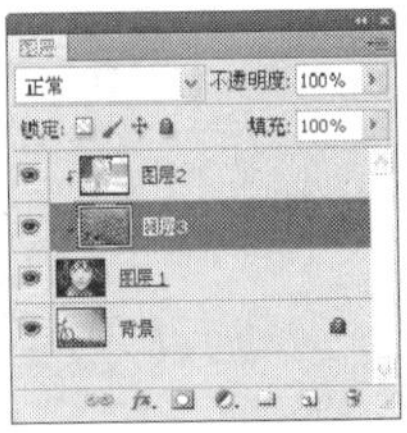

选择剪贴蒙版组中基底图层上方的剪贴层，如右侧左图所示，将其拖出剪贴蒙版组即可释放该图层，如右侧右图所示。

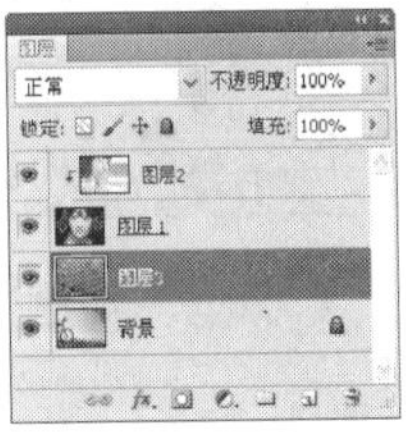

9.4.3 释放剪贴蒙版

选择基底图层上方的剪贴层，如右侧左图所示，执行“图层→释放剪贴蒙版”命令，即可释放全部剪贴蒙版，如右侧右图所示。

技能进阶——上机实战操作

通过前面内容的学习，为了让用户进一步掌握本章内容，提高综合应用能力，下面介绍相关实例的制作。

实例制作 1 制作水墨画特效

制作本实例时，首先使用“置入”命令置入文件，然后创建图层蒙版并复制图层，最后添加文字并创建剪贴蒙版，此时就完成水墨画特效的制作。

效果展示

本实例的前后效果如下图所示。

原始文件	光盘\素材文件\Chapter 09\9-05.jpg、9-06.jpg、9-07.jpg
结果文件	光盘\结果文件\Chapter 09\9-01.psd
同步视频文件	光盘\同步教学文件\Chapter 09\实例制作 1.avi

知识链接

在本实例的制作与设计过程中，主要用到以下知识点。

- 置入图像
- 复制图层
- 文字工具
- 图层蒙版

操作步骤

本实例的具体操作步骤如下。

步骤01 打开光盘中的素材文件9-05.jpg，如右侧左图所示。执行“文件→置入”命令，置入9-06.jpg文件，如右侧右图所示。

步骤02 使用工具箱中的“魔棒工具”对人物区域进行选取，然后反向选区，按【Delete】键删除背景，按【Ctrl+T】快捷键调整人物区域的大小，按【Ctrl+Enter】快捷键取消选区，如下图所示。

步骤03 单击“图层”面板底部的“添加图层蒙版”按钮，如下图所示，然后复制“图层1”。

步骤04 使用工具箱中的“移动工具”将人物拖动至左边位置，执行“编辑→变换→水平翻转”命令，按【Ctrl+T】快捷键调整大小，如右侧左图所示。然后调整“图层”面板中的“不透明度”选项为50%，此时的“图层”面板及效果如右侧右图所示。

步骤05 使用工具箱中的“横排文字工具”输入文字，在属性栏中设置字体颜色值为（R:199、G:194、B:194），如右侧左图所示。

步骤06 执行“文件→置入”命令，置入9-07.jpg文件，如右侧右图所示。

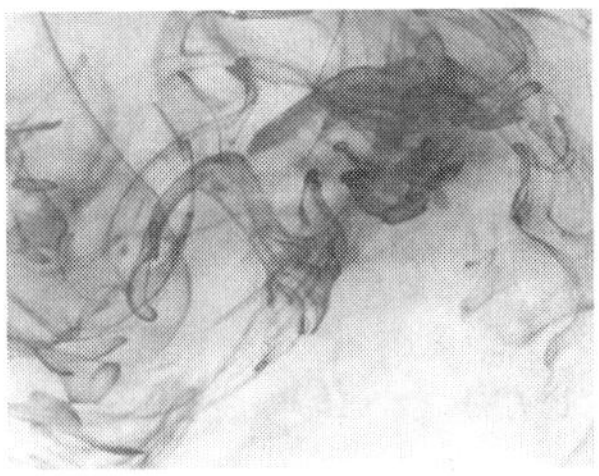

步骤07 执行“图层→创建剪贴蒙版”命令，此时的“图层”面板如右侧左图所示，通过前面的操作，最终效果如右侧右图所示。

实例制作 2 为黑白图像上色

制作本实例时，首先添加图层蒙版并复制图层，然后使用“画笔工具”对上色区域进行涂抹，最后设置颜色并进行上色，此时就完成了为黑白图像上色。

效果展示

本实例的前后效果如下图所示。

原始文件	光盘\素材文件\Chapter 09\9-08.jpg
结果文件	光盘\结果文件\Chapter 09\9-02.psd
同步视频文件	光盘\同步教学文件\Chapter 09\实例制作 2.avi

知识链接

在本实例的制作与设计过程中，主要用到以下知识点。

- 图层蒙版
- 复制图层
- 画笔工具
- “色相/饱和度”对话框

操作步骤

本实例的具体操作步骤如下。

步骤01 打开光盘中的素材文件 9-08.jpg，如下图所示。

步骤02 复制“背景”图层，并将其命名为“基础蒙版”，如下图所示。

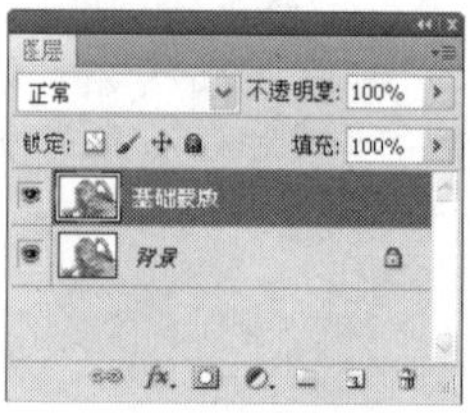

步骤03 单击“图层”面板底部的“添加图层蒙版”按钮，为“基础蒙版”图层创建一个蒙版，设置前景色设为白色、背景色设为黑色，按【Ctrl+Delete】快捷键将蒙版填充为黑色。如下图所示。

步骤04 将“基础蒙版”图层拖到“创建新的图层”按钮上，创建一个副本，并重命名为“皮肤”，如下图所示。

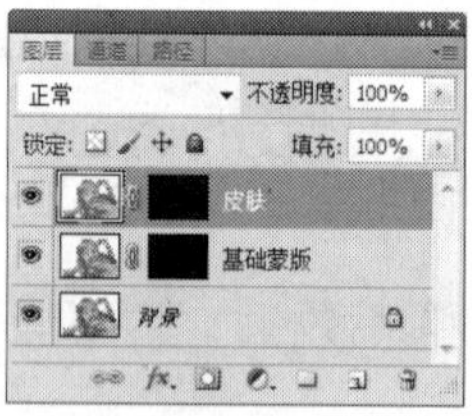

步骤05 选择工具箱中的“画笔工具”，在属性栏中设置合适的画笔大小，在女孩的皮肤区域进行涂抹，此时图层蒙版的缩览图中会显示涂抹区域，如下图所示。

步骤06 涂抹完成人物皮肤后，选择图层，并按【Ctrl+U】快捷键打开“色相/饱和度”对话框，选择“着色”复选框，参数设置如下图所示。

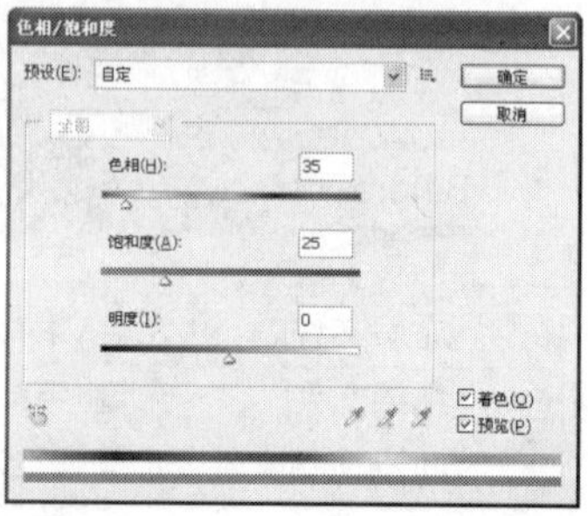

注 意

如果在涂抹的时候发现图片上出现了涂画的痕迹，表示所绘制的位置是图层而不是蒙版，这时需要单击图层右侧的蒙版。

步骤07 设置完成后，单击“确定”按钮，效果如下图所示。

步骤08 将“基础蒙版”图层拖动至“创建新图层”按钮上，创建一个副本，并重命名为“头发”，使用工具箱中的“快速选择工具”对头发区域进行选取，使用“油漆桶工具”在选区中填充白色，如下图所示。

步骤09 选择图层并按【Ctrl+U】快捷键，打开“色相/饱和度”对话框，选择“着色”复选框，头发颜色值设置如右侧左图所示，设置完成后，单击“确定”按钮，效果如右侧右图所示。

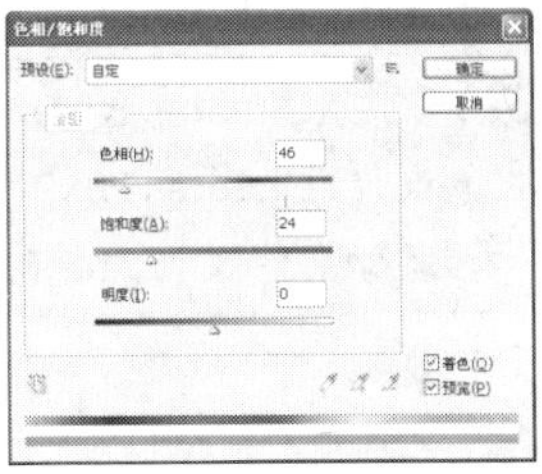

步骤10 复制“基础蒙版”图层，并命名为“衣服”，使用工具箱中的“画笔工具”在图像中涂抹出衣服区域，如下图所示。

步骤11 选择图层，打开“色相/饱和度”对话框，选择“着色”复选框，设置色相为100、饱和度为25、明度为0，单击“确定”按钮后的效果如下图所示。

步骤12 按照相同的方法，连续复制“基础蒙版”图层3次，并分别命名为“苹果”、“裤子”、“袜子”，使用“画笔工具”涂抹所需上色的区域，如下图所示。

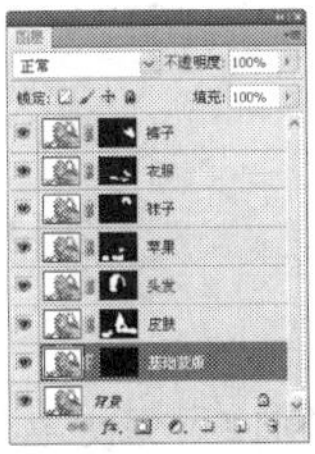

步骤13 打开“色相/饱和度”对话框，设置苹果区域的色相为7、饱和度为32、明度为10，裤子区域的色相为200、饱和度为25、明度为0，袜子区域的色相为288、饱和度为25、明度为0，单击“确定”按钮，最终效果如下图所示。

提 示

对区域进行上色时，如果颜色超出了上色范围，可将前景色设置为黑色，再在所需修改区域涂抹，直到调整至合适为止。

技能提高——举一反三应用

为了强化用户的动手能力，并巩固本章的学习内容，下面安排几个上机练习实例。用户可以根据提供的素材文件与效果文件，参考提示信息，亲自上机完成制作。

动手练习 1　更改图像背景

在 Photoshop CS5 中，运用本章所学的知识更改图像背景。

原始文件	光盘\素材文件\Chapter 09\9-09.jpg、9-10.jpg
结果文件	光盘\结果文件\Chapter 09\9-03.psd
同步视频文件	光盘\同步教学文件\Chapter 09\动手练习 1.avi

本练习的前后效果如下图所示。

素材

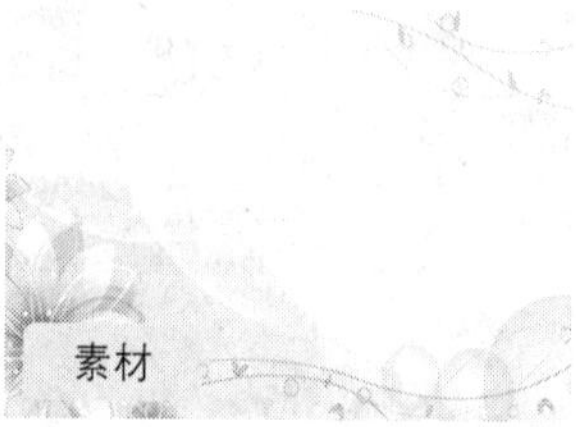
素材

最终效果

操作提示

在更改图像背景的实例操作中，主要使用了快速蒙版、“移动工具”等，主要操作步骤如下。

步骤01 打开素材文件，在“图层”面板中将“背景”图层转换为普通图层，单击工具箱底部的“以快速蒙版模式编辑”按钮，并设置前景色为黑色、背景为白色，在人物轮廓上涂抹（注意：可以选用具有羽化作用的画笔，硬度也可以调低，流量设置为 75%左右，这样易于对人物边进行的修饰）。

步骤02 将人物覆盖后，取消快速蒙版，此时可以看到人物选区，直接将其拖动到另一个文件中，按【Ctrl+T】快捷键调整大小（注意：边缘不融合的部分可以用“橡皮擦工具”擦除，仔细修饰），此时即可完成制作。

动手练习 2　制作可爱大头贴

在 Photoshop CS5 中，运用本章所学的创建剪贴蒙版等知识制作可爱大头贴。

原始文件	光盘\素材文件\Chapter 09\9-11.jpg
结果文件	光盘\结果文件\Chapter 09\9-04.psd
同步视频文件	光盘\同步教学文件\Chapter 09\动手练习 2.avi

本练习的前后效果如下图所示。

操作提示

在制作可爱大头贴的实例操作中，主要使用了图像合成、通道编辑、渐变颜色填充及图层蒙版等知识，主要操作步骤如下。

步骤01 打开素材文件，并新建一个“图层 1”图层，选择工具箱的“矩形工具”，在图像人物中创建矩形轮廓，并填充颜色。

步骤02 将“人物”图层拖动至“图层 1”图层上方，执行“图层→创建剪贴蒙版”命令后选择“图层 1”图层，单击“添加图层样式”按钮，选择“描边”选项，并设置描边颜色为白色、“大小”为“7 像素”。

步骤03 新建“图层 2”图层，选择工具箱中的“自定形状工具”，在属性栏中选择“回形针”形状，在图像中创建轮廓，并填充颜色值为（R:222、G:198、B:98）的颜色，此时即可完成制作。

本章小结

本章主要讲解了 Photoshop CS5 中蒙版的基础知识，并将蒙版分为 3 种，分别为图层蒙版、矢量蒙版、剪贴蒙版。图层蒙版可对所得到的选区进行存储，用于合成图像；矢量蒙版则可应用形状工具绘制的形状，通过调整颜色和图层样式等对所绘制的形状进行编辑，从而制作出矢量效果的图像；剪贴蒙版最大的优点就是可以通过一个图层来控制多个图层的可见区域。图层蒙版是本章所学习的重点，图层蒙版在合成图像时有重要的作用，用户需对该部分内容进行反复学习，从而熟练运用。

Chapter 10

通道的应用

本章导读

通道、蒙版与图层是Photoshop CS5的三大核心部分，虽然通道没有通过菜单的形式表现出来，但是它所具有的存储颜色信息和选择范围的功能是非常强大的，因此，学好通道内容对图像处理有着举足轻重的作用。

本章核心知识点

- 认识通道
- 通道的基本操作
- 通道的计算

快速入门——知识与应用学习

本章主要为用户讲解 Photoshop CS5 中通道的基本类型、通道的操作及通道的计算等知识。

10.1 认识通道

通道主要用于存储颜色和选区，可以将通道看成一种特殊的图层，用户可在“通道”面板中完成通道的所有操作，并且能够对颜色通道进行色彩调整、计算等高级操作。

10.1.1 通道的类型

在 Photoshop CS5 中，通道的主要功能是存储图像的颜色信息，可分为颜色通道、专色通道、Alpha 通道 3 种。

1 颜色通道

在 Photoshop CS5 中编辑图像时，用于保存颜色信息的通道称为颜色通道。颜色通道由不同颜色的灰度图像组合而成，不同的图像格式决定了灰度图像的数量和模式。例如，一幅 RGB 颜色模式的图像，其“通道”面板中就显示了 RGB、红、绿、蓝 4 个通道；在 CMYK 颜色模式下，图像通道由 CMYK、青色、洋红、黄色、黑色 5 个通道构成；在 Lab 颜色模式下，图像通道由 Lab、明度、a、b 这 4 个通道构成。各种颜色模式图像的通道如下图所示。

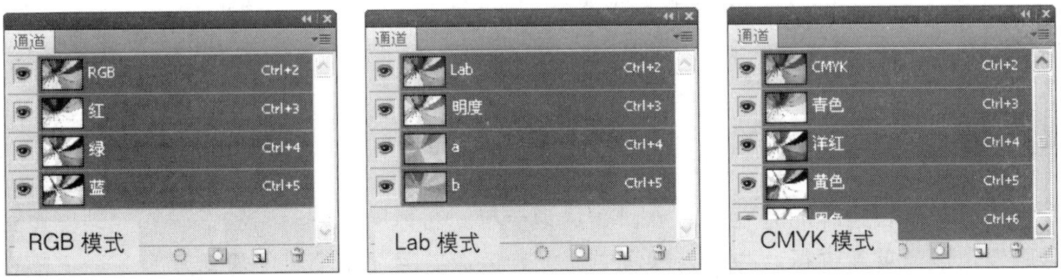

提 示

每个颜色通道都可以保存图像中相应颜色元素的信息，最后通过颜色通道的叠加来获取图像的最终颜色。如果需要改变图像的颜色通道类型，只需将图像转换为相应的颜色模式即可。

2 Alpha 通道

用户可以通过创建 Alpha 通道来保存和编辑图像选区。Alpha 通道是一种储存选区的通道，它是利用颜色的灰阶亮度来储存选区的。创建 Alpha 通道后，用户可使用工具或命令对其进行编辑，然后载入通道中的选区。Alpha 通道的基本作用在于保存选区，因此不会影响显示和印刷效果。创建 Alpha 通道的具体操作步骤如下。

步骤01 打开光盘中的素材文件10-01.jpg，如右侧左图所示。选择工具箱中的"钢笔工具"，选择图像中的心形盒子轮廓，如右侧右图所示。

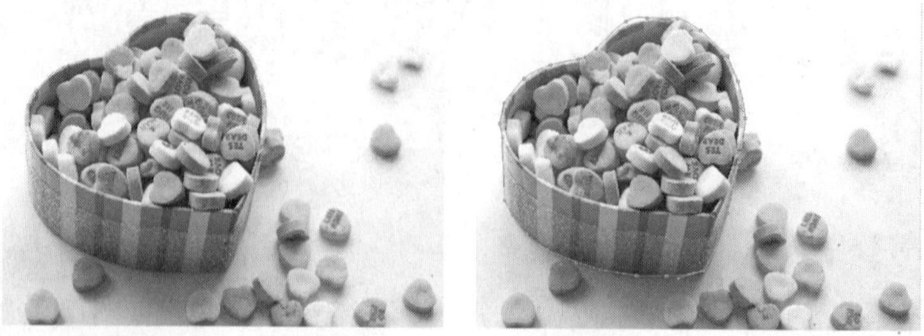

步骤02 打开"路径"面板，单击面板底部的"将路径作为选区载入"按钮，如下图所示。

步骤03 执行"选择→存储选区"命令，即可将心形的形状选区进行存储。打开"通道"面板，便可看到新建的Alpha通道。选择新建的Alpha通道，便可在图像窗口中看到所存储的图形呈黑白显示，如下图所示。

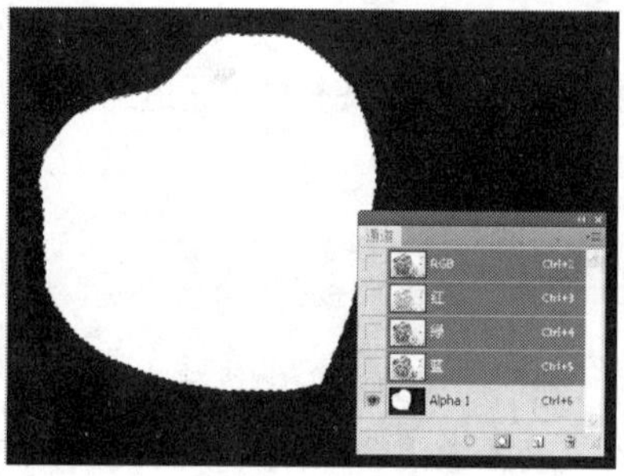

提 示

在Photoshop CS5中选择所创建的Alpha通道，便可在图像窗口中显示该通道所包含的图像效果。

3 专色通道

专色通道是一种特殊的通道，像Alpha通道一样，可以对其进行单独编辑和处理，也可以将处理后的专色通道重新进行合并。在图像中添加专色通道后，必须将图像转换为多通道模式。每一种专色都有其固定的色相，因此解决了印刷中颜色传递的准确性问题。

10.1.2 认识"通道"面板

通道显示了图像的大量信息，它们是文档的重要组成部分。与"图层"面板一样，对通道进行的大多数操作都可以通过"通道"面板来完成。通过"通道"面板可以创建和管理通道，也可以进行通道的拆分与合并操作，还可以完成通道和选区的互相转换。执行"窗口→通道"命令即可弹出"通道"面板，如左下图所示。单击"通道"面板中的扩展按钮，弹开的"通道"面板菜单如右下图所示。

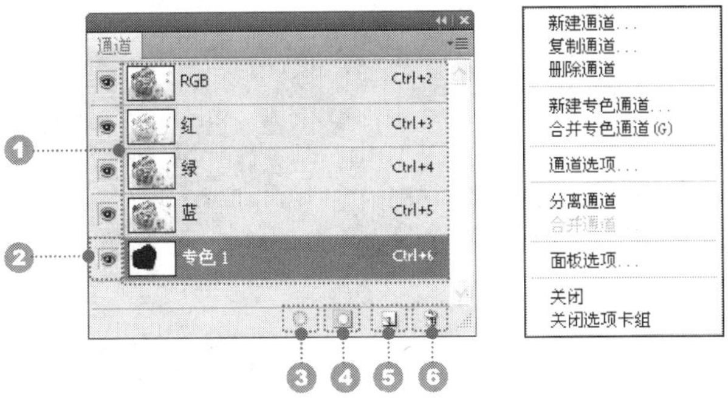

❶颜色通道：用于记录图像颜色信息的通道。

❷指示通道可见性：单击通道名称前面的 图标，即可快速显示或隐藏当前通道。当通过单击隐藏某一个分色通道时，RGB 混合通道会自动隐藏。若显示 RGB 混合通道，则各分色通道会自动显示出来。

❸将通道作为选区载入：单击该按钮，可将当前通道中的内容转换为选区，也可以将某一通道拖动至该按钮上，从而将其载入选取。

❹将选区存储为通道：单击该按钮，可以在“通道”面板中自动生成一个 Alpha 通道，用于存储当前选区。

❺创建新通道：单击该按钮，可快速创建一个新通道。如果拖动某个通道至“创建新通道”按钮上，可快速复制该通道。

❻删除当前通道：单击该按钮，可删除当前选择的通道，但混合通道不能删除。

10.2 通道的基本操作

通道与图层的操作方式基本相似，也包括复制通道、显示与隐藏通道、删除通道等操作，通过进行一系列的操作，可得到不同的图像效果。下面就介绍在编辑图像时对通道进行的一些操作。

10.2.1 显示与隐藏通道

显示或隐藏通道的操作很简单，只需要打开“通道”面板，然后单击需要显示或隐藏的通道前的“指示通道可视性”图标 即可。如果原来的通道之前有“指示通道可视性”图标 ，单击该图标即可将该通道隐藏。隐藏与显示通道的具体操作步骤如下。

步骤01 打开光盘中的素材文件 10-02.jpg，如下图所示。

步骤02 打开“通道”面板，单击“红”通道前面的“指示通道可视性”图标 ，即可将“红”通道隐藏，如下图所示。

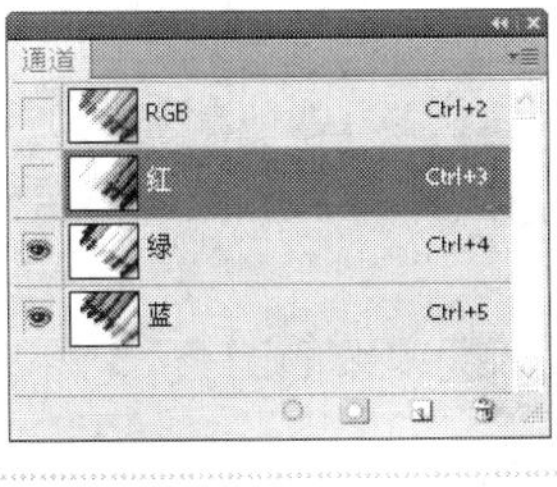

步骤03 隐藏“红”通道后的图像效果如右侧左图所示。

步骤04 单击“绿”通道前的“指示通道可视性”图标，可将“绿”通道隐藏，此时的“通道”面板如右侧右图所示。

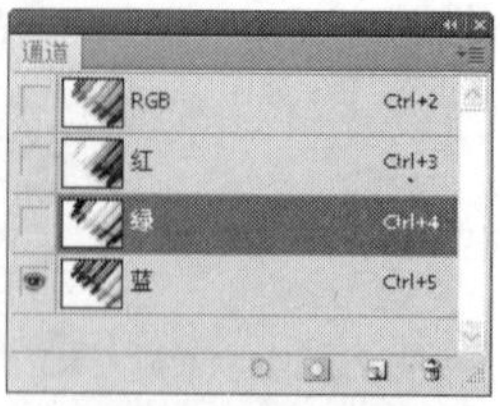

步骤05 隐藏“绿”通道后的图像效果如右侧左图所示。

步骤06 单击RGB通道前的“指示通道可视性”图标，即可将所有的通道显示出来，此时的“通道”面板如右侧右图所示。

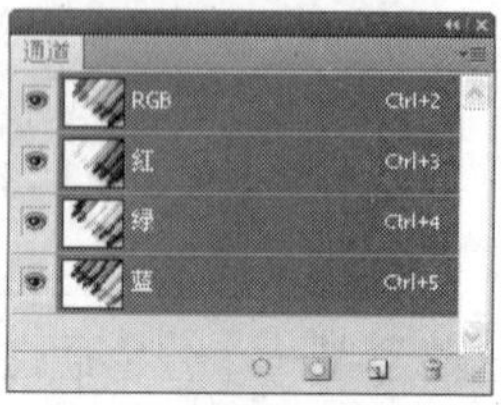

提 示

将两个通道同时显示，可以从中看出不同通道时图像之间的变化和差异。

10.2.2 复制通道

在“通道”面板中，将一个通道拖动到“通道”面板中的“创建新通道”按钮上，可以复制该通道，具体操作步骤如下。

步骤01 打开光盘中的素材文件 10-03.jpg，如下图所示。

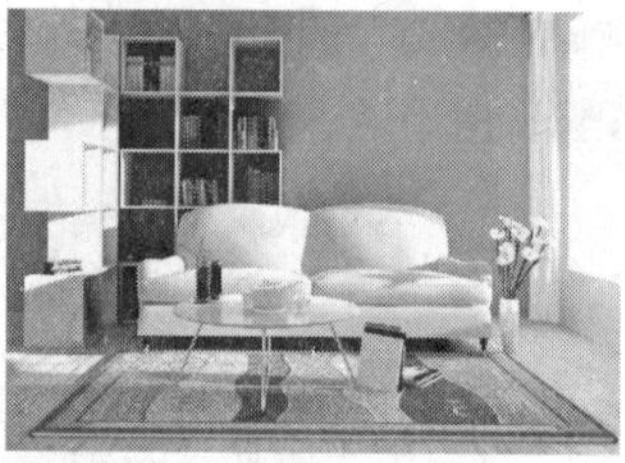

步骤02 打开“通道”面板，选取“红”通道，然后将其拖动到面板底部的“创建新通道”按钮上，如下图所示。

步骤03 在“通道”面板中，可看到上步所复制的新通道，如右侧左图所示。此时，只显示“红”通道的图像，效果如右侧右图所示。

10.2.3 重命名通道

在绘制较为复杂的图像时，可对新建的通道重新命名，重命名通道的具体操作步骤如下。

步骤01 双击“通道”面板中需要重命名的通道名称，如右侧左图所示。

步骤02 在显示的文本框中输入“洋红”，即可完成重命名，如右侧右图所示。

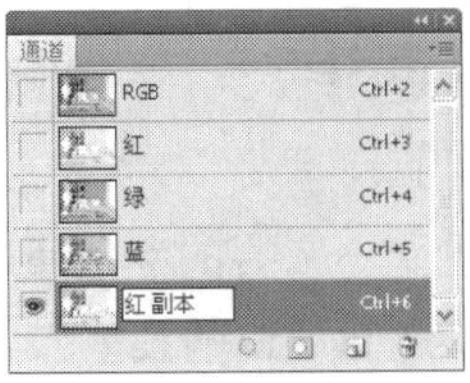

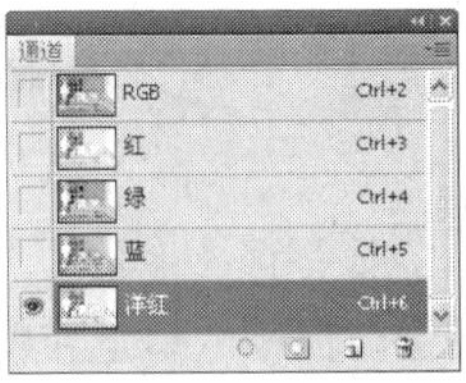

10.2.4 分离与合并通道

使用“分离通道”命令可将图像中的各个颜色通道分离出来，也可将分离后的通道进行合并，分离与合并通道的具体操作步骤如下。

步骤01 打开光盘中的素材文件 10-04.jpg，如下图所示。

步骤02 打开“通道”面板，单击右上角的扩展按钮，在弹出的面板菜单中执行“分离通道”命令，如下图所示。

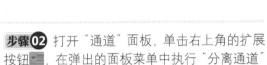

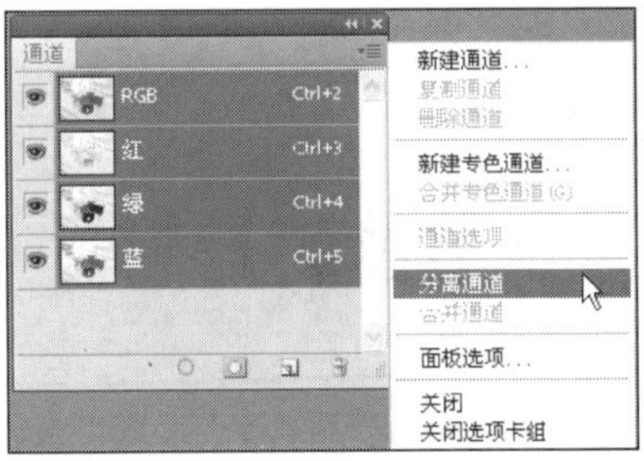

步骤03 通过上步的操作，原图像分为 3 个图像，如下图所示。

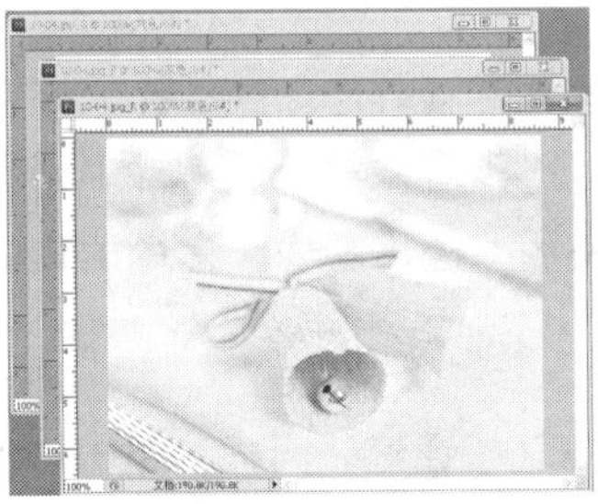

步骤04 在“通道”面板中，单击右上角的扩展按钮，在弹出的面板菜单中执行“合并通道”命令，如下图所示。

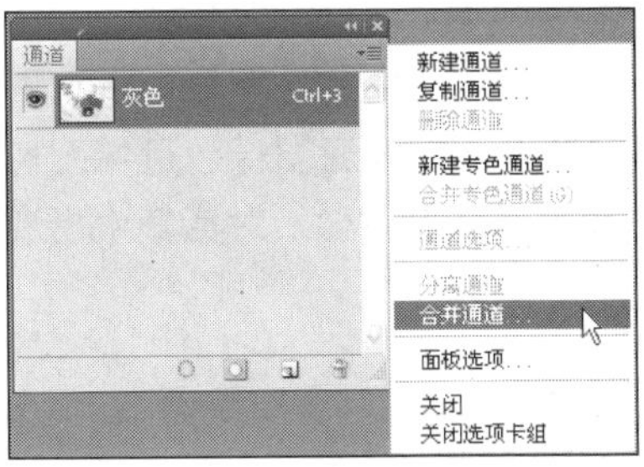

步骤05 在弹出的“合并通道”对话框中，设置合并通道的模式和通道数量，如右侧左图所示，单击“确定”按钮，即可完成通道中的合并操作，此时的“通道”面板如右侧右图所示。

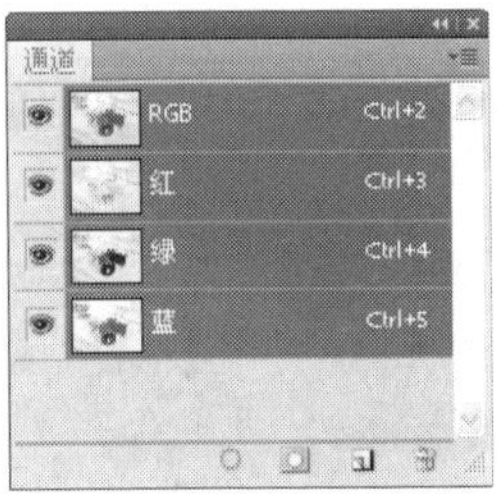

10.2.5 删除通道

在存储图像前，可删除不需要的专色通道或 Alpha 通道，因为复杂的 Alpha 通道可增加存储图像时所需的磁盘空间，删除通道的具体操作步骤如下。

步骤01 返回到上一小节未分离通道之前，打开“通道”面板，将“蓝”通道拖动至面板底部的“删除当前通道”按钮上，如下图所示。

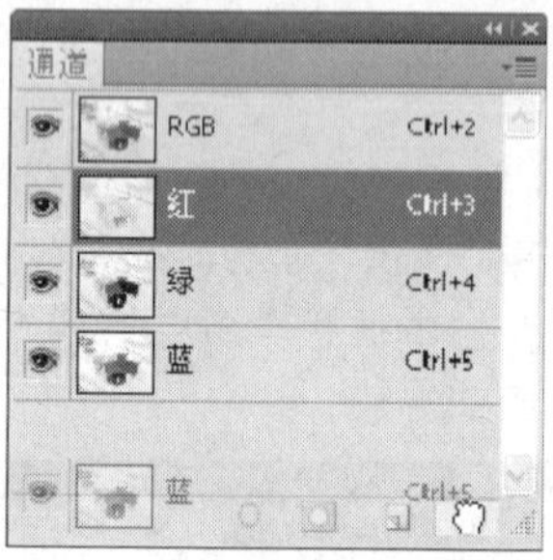

步骤02 删除“蓝”通道后，“通道”面板中会显示“青色”通道和“洋红”通道，如下图所示。

10.3 通道的计算

通道的计算功能可将两个不同图像中的两个通道混合起来，也可把一个图像的两个通道混合起来。通道的计算应用于创建的新通道或新文件中，一般用于创建特殊效果。

10.3.1 “应用图像”命令

“应用图像”命令可将一个图像的图层和通道（源）与当前图像（目标）的图层和通道混合。需要注意的是，打开源图像和目标图像后，应在目标图像中选择所需要的图层和通道，图像的尺寸必须与“应用图像”对话框中出现的图像尺寸匹配。使用“应用图像”命令的具体操作步骤如下。

步骤01 打开光盘中的素材文件 10-05.psd，如下图所示。

步骤02 打开“通道”面板，单击右上角的扩展按钮，在弹出的面板菜单中执行“分离通道”命令，如下图所示。

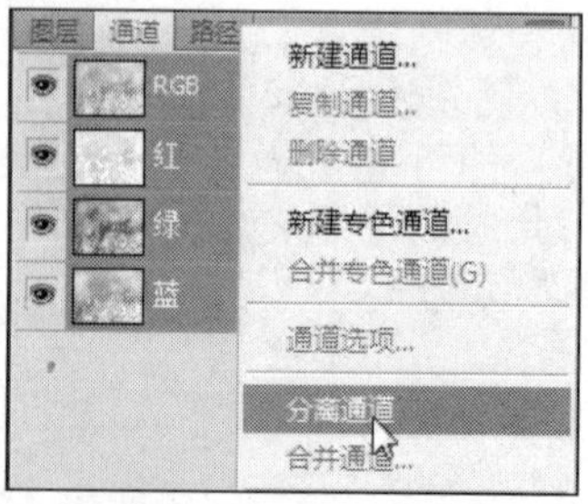

步骤03 执行“图像→应用图像”命令，在弹出的“应用图像”对话框中设置“混合”为“正片叠底”，如下图所示，单击“确定”按钮。

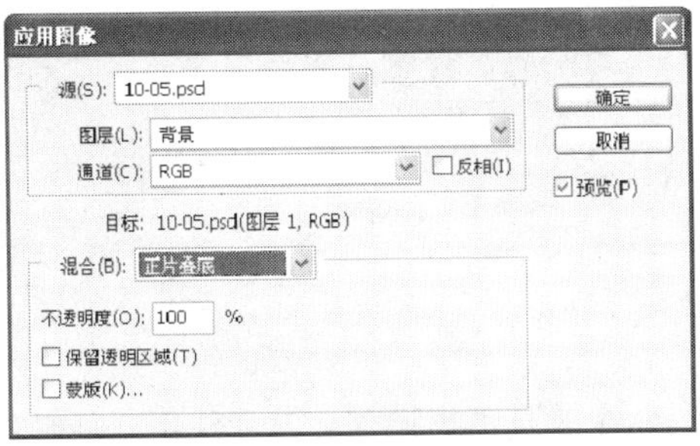

步骤04 通过前面的操作，完成的效果及“图层”面板如下图所示。

10.3.2 “计算”命令

“计算”命令的工作原理与“应用图像”命令相同，它可以混合两个或多个源图像中的单个通道。使用该命令可以创建新的通道和选区，混合出来的图像以黑、白、灰显示。使用“计算”命令混合通道的具体操作步骤如下。

步骤01 打开光盘中的素材文件10-06.jpg，如下图所示。

步骤02 执行“图像→计算”命令，打开“计算”对话框，设置“源 2”选项区域中的“通道”为“红”，如下图所示。

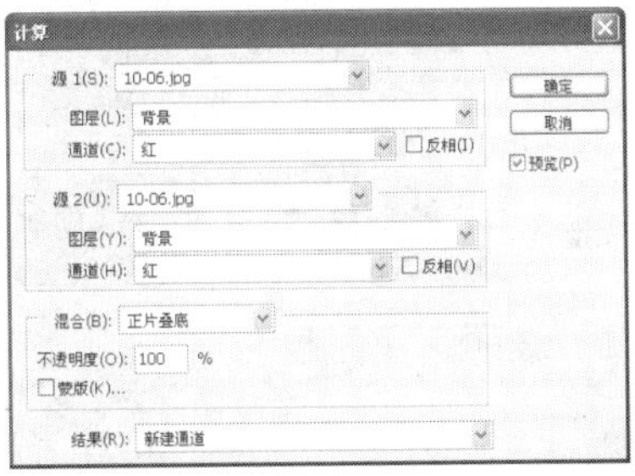

步骤03 单击“确定”按钮，“通道”面板中新建的Alpha1通道如右侧左图所示。使用“计算”命令完成的效果如右侧右图所示。

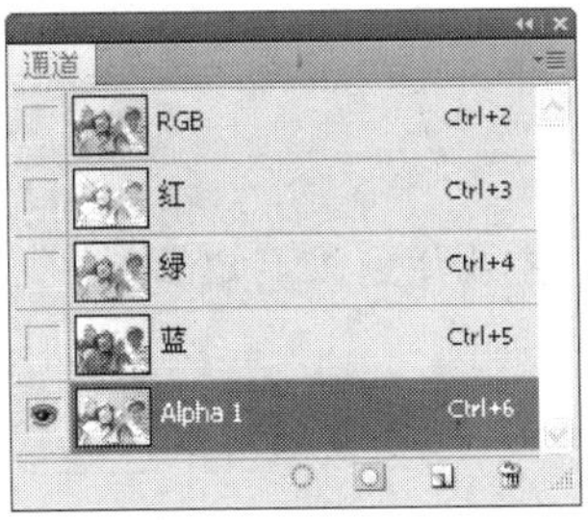

提 示

“计算”命令对话框中的“图层”、“通道”、“混合”、“不透明度”和“蒙版”等选项与“应用图像”对话框中相应的选项作用相同。

技能进阶——上机实战操作

通过前面内容的学习，为了让用户进一步掌握本章内容，提高综合应用能力，下面介绍相关实例的制作。

实例制作 1 给照片添加背景

制作本实例时，首先复制通道，并使用“色阶”命令对其进行调整，然后使用“画笔工具”在不需要选择的区域涂抹，最后将通道载入选区，删除选区内容，并添加背景素材，此时就完成了给照片添加背景的操作。

效果展示

本实例的前后效果如下图所示。

原始文件	光盘\素材文件\Chapter 10\10-07.jpg、10-08.jpg
结果文件	光盘\结果文件\Chapter 10\10-01.psd
同步视频文件	光盘\同步教学文件\Chapter 10\实例制作 1.avi

知识链接

在本实例的制作与设计过程中，主要用到以下知识点。

- 复制通道
- 色阶调整
- 将通道载入选区

操作步骤

本实例的具体操作步骤如下。

步骤01 打开光盘中的素材文件 10-07.jpg，如下图所示。

步骤02 在“通道”面板中，拖动“蓝”通道至面板下方的“创建新通道”按钮上，复制出“蓝 副本”通道，如下图所示。

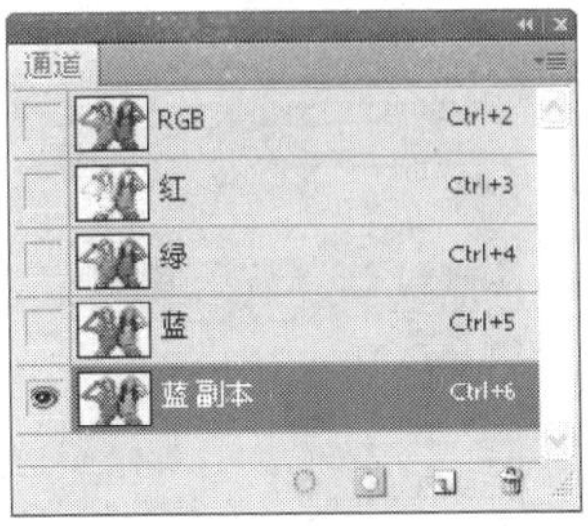

步骤03 执行“图像→调整→色阶”命令，弹出“色阶”对话框，参数调整如下图所示。

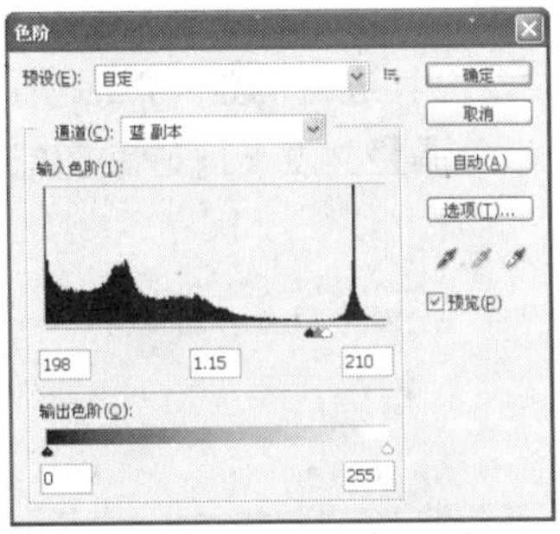

步骤04 单击“确定”按钮，效果如下图所示。

步骤05 设置前景色为黑色，选择“画笔工具”，在图像人物区域涂抹，如下图所示。

步骤06 在“通道”面板中，单击“将通道作为选区载入”按钮，如下图所示。

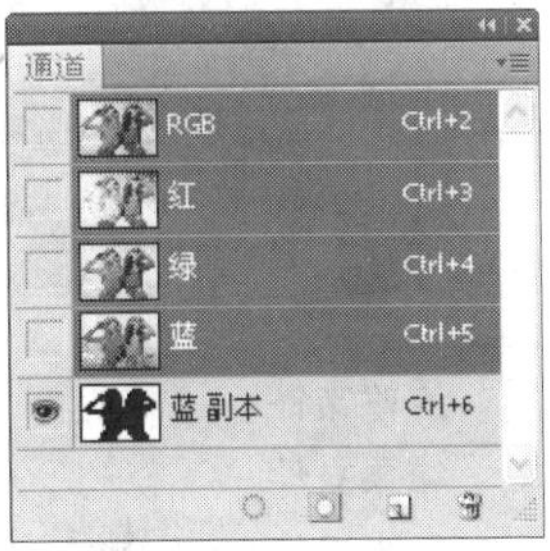

步骤07 在“图层”面板中，双击“背景”图层，在弹出的对话框中单击“确定”按钮，如下图所示，将“背景”图层转换为普通图层。

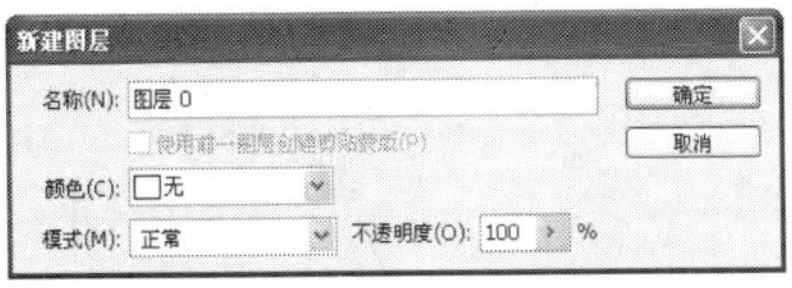

步骤08 按【Delete】键删除选区内容，执行“选择→取消选择”命令取消选区，效果如下图所示。

步骤09 执行“文件→置入”命令，置入10-08.jpg文件，右击10-08图层，在打开的快捷菜单中执行“栅格化图层”命令，此时的“图层”面板如下图所示。

步骤10 将“图层0”图层拖动至10-08图层上方，效果如下图所示。

实例制作2 制作磨皮换肤效果

制作本实例时，首先复制通道，并使用“高反差保留”命令对其进行调整，然后使用“计算”命令得到Alpha通道，接着将图像反向，最后使用“曲线”命令调整亮度，此时就完成了磨皮换肤效果的制作。

效果展示

本实例的前后效果如下图所示。

原始文件	光盘\素材文件\Chapter 10\10-09.jpg
结果文件	光盘\结果文件\Chapter 10\10-02.psd
同步视频文件	光盘\同步教学文件\Chapter 10\实例制作2.avi

知识链接

在本实例的制作与设计过程中，主要用到以下知识点。

- 复制通道
- “计算”命令
- 曲线调整

操作步骤

本实例的具体操作步骤如下。

步骤01 打开光盘中的素材文件 10-09.jpg，如下图所示。

步骤02 选择“背景”图层并拖动至“创建新图层”按钮上，如下图所示。

步骤03 在“通道”面板中，拖动“绿”通道至“通道”面板下方的“创建新通道”按钮上，复制出“绿 副本”通道，如下图所示。

步骤04 执行“滤镜→其他→高反差保留”命令，打开“高反差保留”对话框，设置“半径”为“10 像素”，如下图所示。

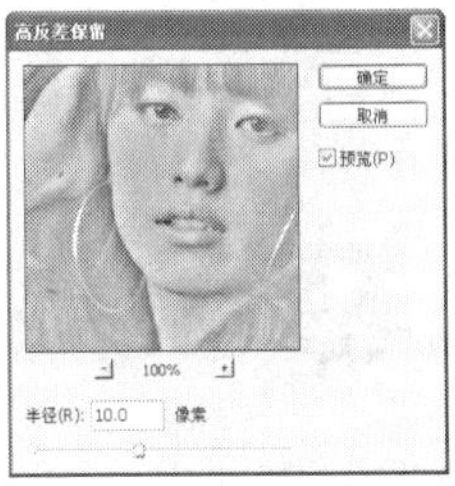

步骤05 执行“图像→计算”命令，在弹出的“计算”对话框中设置“混合”为“强光”，如下图所示。

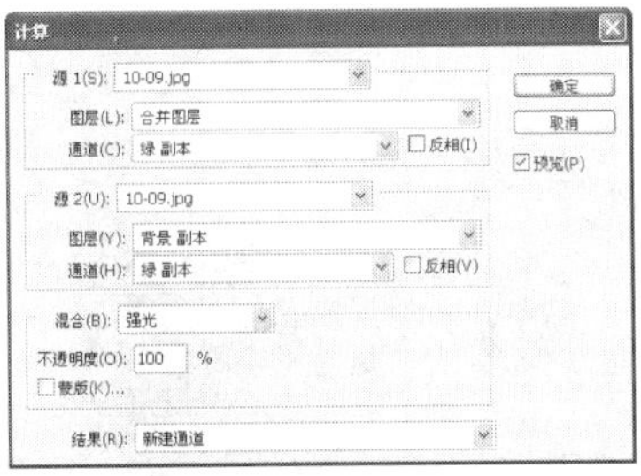

步骤06 连续执行 3 次“计算”命令，得到 Alpha 3 通道，选择 Alpha 3 通道，单击“将通道作为选区载入”按钮，如下图所示。

步骤07 返回“图层”面板，执行“选择→反向”命令，此时的图像效果如下图所示。

步骤08 单击“图层”面板底部的“创建新的填充或调整图层”按钮，在弹出的菜单中执行“曲线”命令，打开“曲线”对话框，从中拖动控制点，如下图所示。

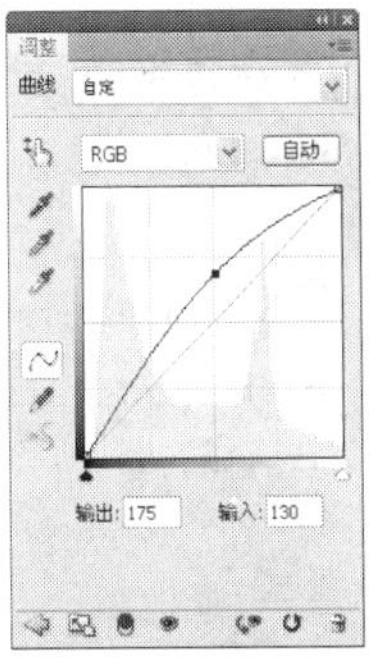

Chpater 01
Chpater 02
Chpater 03
Chpater 04
Chpater 05
Chpater 06
Chpater 07
Chpater 08
Chpater 09
Chpater 10
Chpater 11

步骤09 执行"图层→向下合并"命令，合并图层，如右侧左图所示。经过前面的操作，得到的效果如右侧右图所示。

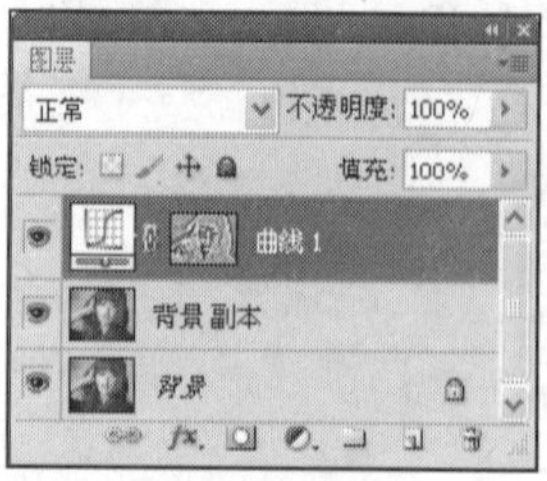

技能提高——举一反三应用

为了强化用户的动手能力，并巩固本章的学习内容，下面安排几个上机练习实例。用户可以根据提供的素材文件与效果文件，参考提示信息，亲自上机完成制作。

动手练习 1　制作梦幻紫色调效果

在 Photoshop CS5 中，运用本章所学的通道知识制作梦幻紫色调效果。

原始文件	光盘\素材文件\Chapter 10\10-10.jpg
结果文件	光盘\结果文件\Chapter 10\10-03.psd
同步视频文件	光盘\同步教学文件\Chapter 10\动手练习 1.avi

本练习的前后效果如下图所示。

素材

最终效果

操作提示

在制作梦幻紫色调效果的实例操作中，主要对通道进行了分离与合并，还使用了自然饱和度的知识，主要操作步骤如下。

步骤01 打开素材文件，打开"通道"面板，在面板菜单中执行"分离通道"命令，分离后的原图像可分为 R、G、B 这 3 个图像，此时在面板菜单中执行"合并通道"命令（注意，在合并的时候需要将原来的 R、G、B 顺序调整为 R、B、G）。

步骤02 单击“图层”面板的“设置新的填充或调整图层”按钮，选择“自然饱和度”选项，在“调整”面板中设置“饱和度”为-25、“饱和度”为+15，此时即可完成操作。

动手练习 2 更换汽车颜色

在 Photoshop CS5 中，运用本章所学的知识更换汽车颜色。

原始文件	光盘\素材文件\Chapter 10\10-11.jpg
结果文件	光盘\结果文件\Chapter 10\10-4.psd
同步视频文件	光盘\同步教学文件\Chapter 10\动手练习 2.avi

本练习的前后效果如下图所示。

素材

最终效果

操作提示

在更换汽车颜色的实例操作中，主要使用了“快速选择工具”、“通道混合器”命令等知识，主要操作步骤如下。

步骤01 打开素材文件，使用“快速选择工具”选取需要更改颜色的区域。（注意，在选取细节部分时可调整画笔大小）。

步骤02 执行“图层→新建调整图层→通道混合器”命令，在“调整”面板中设置“输出通道”为“蓝”，并设置“红色”为 100、“绿色”为 45、“蓝色”为 200，此时即可制作完成。

本章小结

本章主要讲解了通道的概念与分类，并详细介绍了通道的基本操作、通道与选区的互相转换、分离通道和合并通道及通道的计算。通道对于选取图像及选区的编辑有着很重要的作用。通过本章的学习，用户应能用简单的操作达到对图像进行编辑的目的。

Chapter 11

滤镜的综合应用

本章导读

滤镜是Photoshop 中功能最丰富、效果最奇特的工具之一。它不仅可以对图像进行模糊、锐化等操作，而且还可以通过对图像进行艺术化效果设置生成各种艺术效果，如水彩画效果、马赛克效果、波浪效果、浮雕效果等，使用户拥有更广阔的设计空间。

本章核心知识点

- 认识滤镜
- 滤镜库
- 独立滤镜
- 其他滤镜
- 外挂滤镜

Chpater 01
Chpater 02
Chpater 03
Chpater 04
Chpater 05
Chpater 06
Chpater 07
Chpater 09
Chpater 09
Chpater 10
Chpater 11

快速入门——知识与应用学习

本章主要为用户讲解滤镜的知识，包括滤镜的概念、滤镜库、独立滤镜、其他滤镜及外挂滤镜的应用等知识。

11.1 认识滤镜

Photoshop CS5 除了具有强大的调整图像颜色的功能外，还可以利用滤镜制作出特殊的图像效果。滤镜是 Photoshop CS5 中最具有创造力的工具。

11.1.1 滤镜的概念

所谓滤镜，是指以特定的方式修改图像像素特性的工具，例如，摄影时使用的滤镜能使图像产生特殊的效果。Photoshop CS5 提供了近百种滤镜，种类丰富、功能强大，这些滤镜经过归类后，存放在“滤镜”菜单中。位图是由像素构成的，每一个像素都有自己的位置和颜色值，滤镜通过改变像素的位置或者颜色来生成各种特殊效果。使用滤镜不仅可以制作出各类纹理、变形、艺术风格和光线等特效，还能模拟逼真的素描、水彩、油画等绘画效果。

11.1.2 滤镜的种类与用途

滤镜分为内置滤镜和外挂滤镜两种。Photoshop CS5 自带的滤镜称为内置滤镜，由第三方公司开发的滤镜称为外挂滤镜，它们需要安装在 Photoshop CS5 中才能使用。在安装外挂滤镜后，这些滤镜会出现在“滤镜”菜单的底部。使用内置滤镜的方法非常简单，直接单击“滤镜”菜单，在下拉菜单中选择所需的滤镜命令即可。

11.1.3 滤镜的使用规则与技巧

在使用滤镜的时候，掌握一些规则与技巧，可以提高效率，需要注意的具体使用规则与技巧如下。

- 滤镜的处理是以像素为单位的，所有的处理效果与图像的分辨率有关，使用相同的滤镜参数处理不同分辨率的图像时，其效果也不同。
- Photoshop CS5 可针对选取区域进行滤镜效果的处理。如果当前没有选区，则滤镜将对整个图像进行处理；如果当前选中的是某一个图层或者某一个通道，则滤镜只对当前图层或通道进行处理。
- 如果只对局部图像进行滤镜效果的处理，并为选区设定羽化值，可使处理后的区域自然地与原图像融合，减少突兀的感觉。
- 在进行滤镜效果的处理后，“滤镜”下拉菜单的第一行将自动记录最近一次的滤镜操作。
- 使用“编辑”菜单中的“后退一步”、“前进一步”命令，可对比添加滤镜前后的效果。

- 在位图和索引颜色的色彩模式下不能使用滤镜。此外，对于不同的颜色模式，滤镜的使用范围也不同。在 CMYK 颜色模式与 Lab 颜色模式下，部分滤镜不可用。
- 在任意的滤镜对话框中按住【Alt】键，“取消”按钮都会变成“复位”按钮，单击该按钮可以将参数恢复到初始状态。
- 如果在应用滤镜的过程中终止应用，可以按【Esc】键。
- 使用滤镜时，通常会打开滤镜库或者相应的对话框，在其中的预览框中可以预览滤镜效果。单击⊞或⊟按钮可以放大或缩小图像的显示比例；单击并拖动预览框内的图像，可以移动图像；如果想要查看某一区域内的图像，在图像窗口中单击，滤镜预览框中就会显示单击处的图像。

11.2 滤镜库

滤镜库是一个集合了多个滤镜的对话框，提供了直观预览效果的功能。用户使用滤镜库可以批量应用滤镜或者将单个滤镜应用多次，也可以重新整理滤镜，更改所应用的各个滤镜的设置，从而得到理想的效果。

11.2.1 滤镜库概述

执行“滤镜→滤镜库”命令，即可打开“滤镜库”对话框。“滤镜库”对话框包括了“风格化”、“画笔描边”、“扭曲”、“素描”、“纹理”和“艺术效果”6 类滤镜。该对话框的左侧是预览区，中间是 6 类滤镜，右侧是参数设置区，如下图所示。

在“滤镜库”对话框中，各参数的作用及含义如下。

❶预览区：用于预览滤镜的效果。

❷滤镜缩览图：显示了当前使用的滤镜。

❸缩放区：单击⊞按钮，可放大预览区图像的显示比例；单击⊟按钮，可缩小显示比例。

❹滤镜组：“滤镜库”对话框中有 6 类滤镜。单击滤镜组前面的展开按钮▷，可以展开该滤镜组；单击滤镜组中的一个滤镜，即可使用该滤镜。

❺显示/隐藏滤镜缩览图：单击该按钮，可以隐藏滤镜缩览图，将空间留给图像预览区；再次单击，则可显示滤镜缩览图。

❻下拉列表：单击按钮，可在打开的下拉列表中选择一个滤镜。

❼参数设置区：该区域会显示该滤镜的参数选项。

❽效果图层：显示当前使用的滤镜。单击图标，可以隐藏或显示滤镜。

11.2.2 效果图层

滤镜效果图层可以对图像实现多种滤镜效果的叠加，在“滤镜库”对话框中选择一个滤镜后，该滤镜就会出现在对话框右下角的滤镜列表中。单击“新建效果图层”按钮，可以添加一个效果图层，具体操作步骤如下。

步骤01 打开光盘中的素材文件 11-01.jpg，如下图所示。

步骤02 执行“滤镜→滤镜库”命令，打开“滤镜库”对话框，在“艺术描边”组中选择“海报边缘”滤镜，如下图所示。

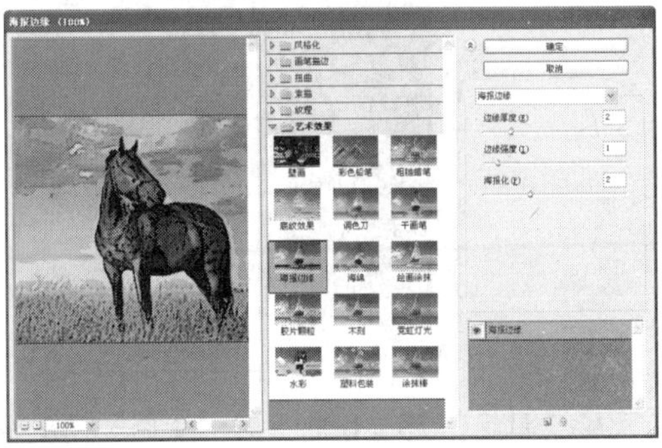

步骤03 单击右下角的“新建效果图层”按钮，即可创建一个效果图层，在“纹理”组中选择“纹理化”滤镜效果，则新建的效果图层为“纹理化”，如下图所示。

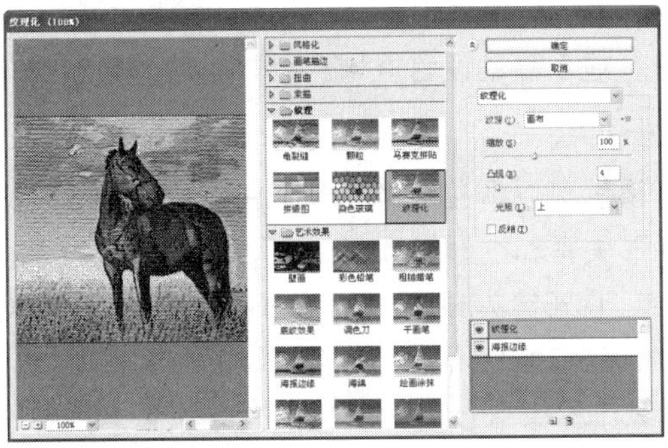

步骤04 单击“确定”按钮，图像便应用了“海报边缘”与“纹理化”两个滤镜，效果如下图所示。

提 示

滤镜效果图层与图层的编辑方法相同，上下拖动效果图层可以调整它们的顺序，图像效果也会发生改变。

11.3 独立滤镜的应用

在 Photoshop CS5 中，“镜头校正”、“液化”和“消失点”滤镜为 3 个独立的滤镜，使用它们可以制作出不一样的图像效果。

11.3.1 “镜头校正”滤镜

“镜头校正”滤镜不仅可以修复由于数码相机镜头缺陷而导致的桶形失真、枕形失真、色差及晕影等问题，还可以校正倾斜的照片、修复由于数码相机垂直或水平倾斜而导致的图像透视现象。

执行“滤镜→镜头校正”命令，打开“镜头校正”对话框，如左下图所示。在“镜头校正”对话框中切换至“自定”选项卡，显示手动设置区域，如下图所示。

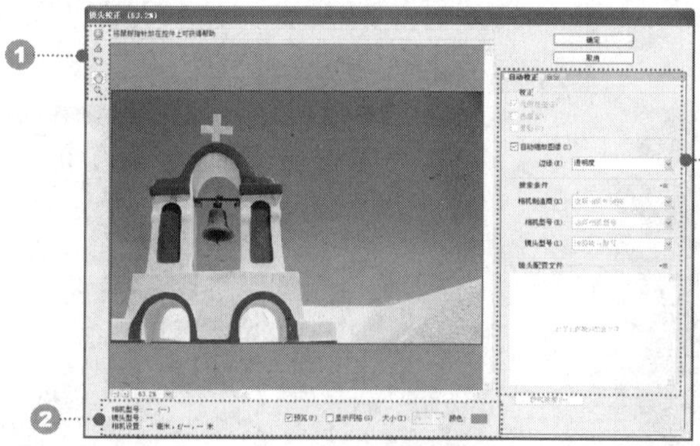

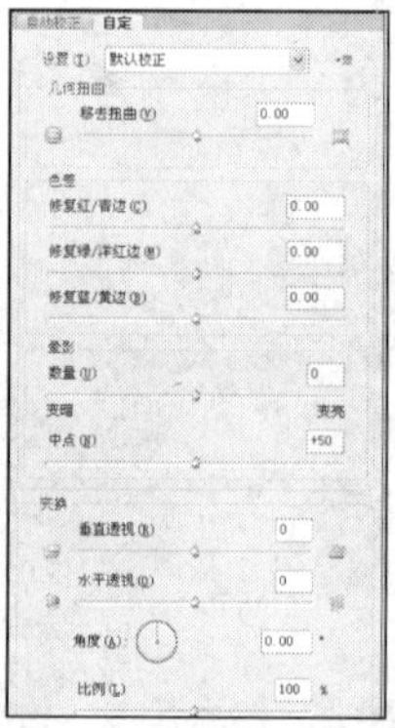

❶工具组：“移去扭曲工具”用于校正照片镜头，在图像中拖动可校正图像；“拉直工具”用于校正照片的角度，通过绘制线条可将图像拉直到新的横轴或纵轴；“移动网格工具”用于在图像中显示网格，便于校正镜头；“抓手工具”用于移动视图；“缩放工具”用于缩小或放大图像。

❷当前显示状态：用于显示图像在窗口中的显示比例、预览效果、网格大小、网格颜色等信息。

❸“自动校正”和“自定”选项卡：在“自动校正”选项卡中，可使用“镜头配置文件”选项快速而准确地修复失真问题；在“自定”选项卡中，可使用手动校正。

在“镜头校正”对话框中切换至“自定”选项卡，显示手动设置区域，可以手动调整参数，从而校正照片。“自定”选项卡中的各项参数含义如下。

- “几何扭曲”选项区域：拖动“移去扭曲”滑块可以调整图像向外弯曲或朝中心弯曲的水平和垂直线条，这种变形功能可以校正桶形失真和枕形失真。
- “色差”选项区域：拖动滑块可消除色差。例如，由于镜头对不同平面中不同颜色的光进行对焦而产生的杂色，具体表现为背景与前景对象相接的边缘出现的红、蓝或绿色的异常杂边。
- “晕影”选项区域：晕影的特点是图像的边缘比图像中心暗。“数量”用于设置运用量的多少。“中点”用于指定受“数量”选项所影响的区域宽度。“中点”数值大，只影响图像的边缘；数值小，则影响较多的图像区域。
- “变换”选项区域：可以修复图像的倾斜透视现象。“垂直透视”可以使图像中的垂直线平行；“水平透视”可以使水平线平行；“角度”可以通过旋转图像对其加以校正；“比例”可以调整图像缩放，图像的像素尺寸不会发生改变。

11.3.2 “液化”滤镜

“液化”滤镜可以使用选择的工具对图像的任意区域进行推、拉、旋转、反射、折叠和膨胀，使图像呈现不同的液化效果。“液化”滤镜是修饰图像和创建艺术效果的强大工具。执行“滤镜→液化”命令，打开“液化”对话框，如右图所示。

在“液化”对话框中，各项参数的含义如下。

❶“涂抹工具”组用于对图像进行变形操作，变形集中在画笔区域中心，并会随着鼠标在某个区域中的重复拖动而得到增强。

- “向前变形工具”：单击“向前变形工具”按钮，可通过推动像素变形图像。
- “重建工具”：可使图像恢复为原来的效果。
- “顺时针旋转扭曲工具”：可顺时针旋转扭曲像素，按住【Alt】键操作可逆时针旋转扭曲像素。
- “褶皱工具”：用于缩小图像。
- “膨胀”工具”：用于放大图像。
- “左推工具”：可将像素向左推动，使其变形。
- “镜像工具”：可将图像扭曲为反射形态。
- “湍流工具”：可使图像产生波浪变形。
- “冻结蒙版工具”：用于设置蒙版，保护不进行编辑的图像区域。
- “解冻蒙版工具”：涂抹冻结区域可以解除冻结。

❷“工具选项”选项区域：用来设置当前选择工具的各种属性。

❸“重建选项”选项区域：用于恢复被扭曲的图像。

❹“蒙版选项”选项区域：用于编辑、修改蒙版区域。

❺“视图选项”选项区域：可在画面中显示或隐藏蒙版区域或网格。

了解了“液化”对话框中的参数含义后，液化图像的具体操作步骤如下。

步骤01 打开光盘的中素材文件 11-02.jpg，执行“滤镜→液化”命令，打开“液化”对话框，单击左侧的“膨胀工具”按钮，设置“画笔大小”为 120，移动指针至人物左眼处单击，如右图所示。

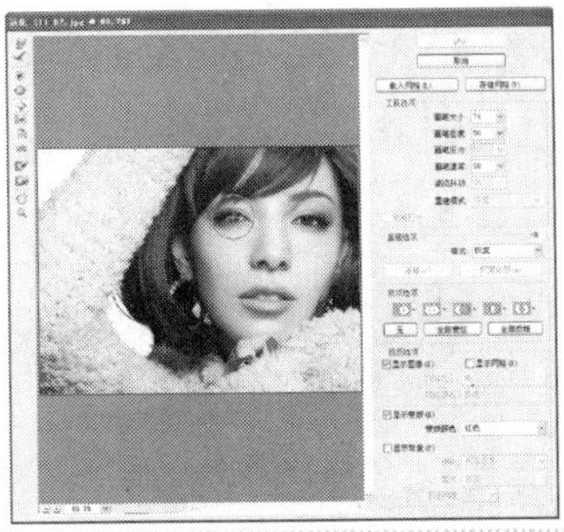

步骤02 当图像膨胀变形至适当状态后释放鼠标左键，按照同样的方法在人物右眼处单击，当人物右睛变大后单击“确定”按钮，效果如右图所示。

11.3.3 “消失点”滤镜

“消失点”滤镜可以使用户在包含透视平面（例如，建筑物侧面或任何矩形对象）的图像中进行透视校正。使用“消失点”滤镜，用户可以在图像中指定平面，然后应用诸如绘画、仿制、复制、粘贴及变换等操作。系统可正确确定这些操作的方向，并且将它们缩放到透视平面。当用户使用“消失点”滤镜来修饰、添加或移去图像中的内容时，可使图像效果更为逼真。使用“消失点”滤镜修饰图像的具体操作步骤如下。

步骤01 打开光盘中的素材文件11-03.jpg，按【Ctrl+J】快捷键复制“背景”图层，系统自动命名为“图层1”，如下图所示。

步骤02 打开光盘中的素材文件11-04.jpg，如下图所示。执行“选择→全部”命令全选图像，按【Ctrl+C】快捷键复制图像。

步骤03 执行“滤镜→消失点”命令，打开“消失点”对话框，在对话框中选择“创建平面工具”，在白色图像的4个边角上单击，创建一个网格，效果如下图所示。

步骤04 按【Ctrl+V】快捷键将复制的图像粘贴在“消失点”对话框中，效果如下图所示。

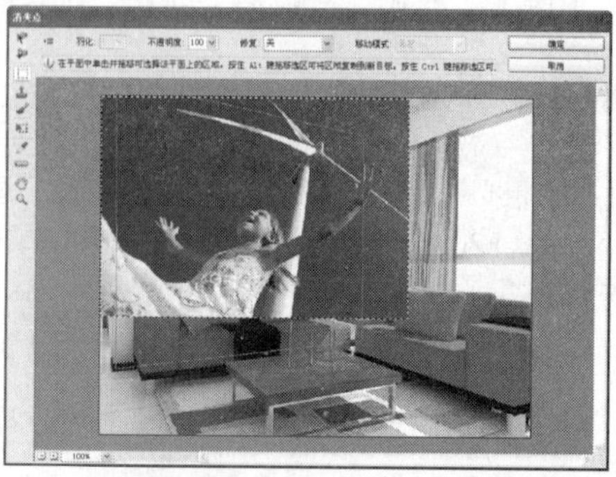

步骤05 选择“变换工具”，将粘贴的图像拖动到蓝色边框内，并通过移动位置调整图像，如下图所示，单击“确定”按钮。

步骤06 选择工具箱中的“多边形套索工具”，选择壁画轮廓，执行“选择→反向”命令，按【Delete】键删除多余背景，效果如下图所示。

步骤07 双击“图层 1”图层，打开“图层样式”对话框，选择“投影”选项并设置相关参数，如右侧左图所示。设置完成后，单击“确定”按钮，效果如右侧右图所示。

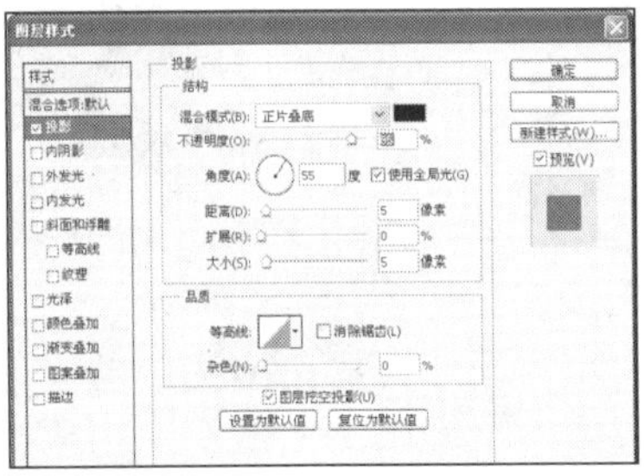

11.4 其他滤镜的应用

在 Photoshop CS5 中，有很多滤镜组，包括“风格化”、“画笔描边”、“模糊”、“扭曲”、“锐化”、“视频”、“素描”、“像素化”、“纹理”、“渲染”、“艺术效果”、“杂色”等滤镜组。使用这些滤镜组中的滤镜可以为图像添加各种特殊的效果。

11.4.1 “风格化”滤镜组

该滤镜组的中滤镜可以查找图像中的高对比像素，并将这些像素凸显处理，以提高像素的对比度，从而产生强烈的凹凸或边缘效果。

1 查找边缘

“查找边缘”滤镜可自动搜索像素对比度变化剧烈的边界，将高反差区变亮、低反差区变暗，显示出图像中有明显过渡的区域，并使边缘强化。如右侧左图所示为原图，如右侧右图所示为“查找边缘”滤镜效果。

原图

“查找边缘”滤镜效果

2 等高线

“等高线”滤镜可查找图像亮度区域的过渡色，并在颜色通道中勾勒出主要亮度区域，以获得与等高线图中的线条相似的效果。如下图所示为“等高线”滤镜效果。

“等高线”滤镜效果

3 风

“风”滤镜可以在图像上添加一些短而细的水平线来模拟被风吹过的效果。在“风”对话框中可以选择“风”、“大风”或“飓风”单选按钮。该滤镜只在水平方向上起作用，要得到其他方向的风吹效果，需要先将图像旋转，然后使用此滤镜。如下图所示为“风”滤镜效果。

“风”滤镜效果

4 浮雕效果

“浮雕效果”滤镜可通过勾画图像或选区的轮廓及降低周围的色值来生成凸起或凹陷的浮雕效果。如下图所示为“浮雕效果”滤镜效果。

“浮雕效果”滤镜效果

5 扩散

“扩散”滤镜通过置换图像边缘的颜色像素将像素扩散显示，可以获得图像绘画溶解的艺术效果。如下图所示为“扩散”滤镜效果。

“扩散”滤镜效果

6 拼接

“拼接”滤镜可以将图像分割成有规则的方块，并使其偏离原来的位置，得到不规则瓷砖拼凑的图像效果，如拼图效果。如下图所示为“拼接”滤镜效果。

“拼接”滤镜效果

7 曝光过度

“曝光过度”滤镜能产生混合正片和负片的图像效果，类似摄影中曝光过度的效果。如下图所示为“曝光过度”滤镜效果。

“曝光过度”滤镜效果

8 凸出

“凸出”滤镜可以将图像转换成一系列大小相同且有机重叠放置的立方体或锥体，产生特殊的 3D 效果。如下图所示为“凸出”滤镜效果。

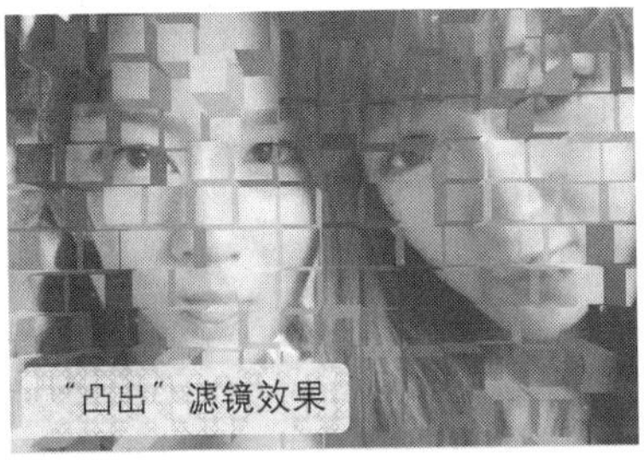
“凸出”滤镜效果

9 照亮边缘

“照亮边缘”滤镜可以加强图像边缘的过渡像素，勾画出图像的边缘，并向其添加类似霓虹灯的光亮。如下图所示为“照亮边缘”滤镜效果。

“照亮边缘”效果

11.4.2 “画笔描边”滤镜组

“画笔描边”滤镜组包含了 8 种滤镜，一般使用“画笔描边”组中的滤镜来获得不同的画笔和油墨描边效果，从而模拟自然绘画的效果。

1 成角的线条

“成角的线条”滤镜通过描边重新绘制图像，用相反的方向来绘制亮部和暗部区域。在“成角的线条”对话框中，可以设置方向平衡、线条长度和清晰度。如右侧左图所示为原图，如右侧右图所示为“成角的线条”滤镜效果。

原图

“成角的线条”效果

2 墨水轮廓

“墨水轮廓”滤镜模拟钢笔画的风格，使用纤细的线条在原细节上重绘图像。如下图所示为“墨水轮廓”滤镜效果。

“墨水轮廓”滤镜效果

3 喷溅

“喷溅”滤镜通过模拟喷枪，使图像产生喷溅的艺术效果。喷溅半径越大，喷溅效果越强。如下图所示为“喷溅”滤镜效果。

“喷溅”滤镜效果

4 喷色描边

“喷色描边”滤镜的效果与“喷溅”滤镜效果相似。不同的是，“喷色描边”滤镜可以通过线条长度的设置来产生较强的笔触，还可以选择描边产生的方向。如下图所示为“喷色描边”滤镜效果。

“喷色描边”滤镜效果

5 强化的边缘

“强化的边缘”滤镜可以查找图像中的高对比度区域。当设置较高的边缘亮度值时，强化效果类似于白色粉笔；当设置较低的边缘亮度值时，强化效果类似于黑色油墨。如下图所示为“强化的边缘”滤镜效果。

“强化的边缘”滤镜效果

6 深色线条

“深色线条”滤镜可以使图像产生一种很强烈的黑色阴影，其中短线条表示阴影，长线条表示高光。如下图所示为“深色线条”滤镜效果。

“深色线条”滤镜效果

7 烟灰墨

“烟灰墨”滤镜可模仿毛笔饱含黑色墨水在宣纸上绘画的效果，该效果具有非常黑的柔化模糊边缘。如下图所示为“烟灰墨”滤镜效果。

“烟灰墨”滤镜效果

8 阴影线

“阴影线”滤镜模拟使用铅笔添加纹理，产生交叉网状的笔触效果，可使图像中的色彩区域边缘变粗糙。如右图所示为“阴影线”滤镜效果。

“阴影线”滤镜效果

11.4.3 “模糊”滤镜组

“模糊”滤镜组中包含了 11 种滤镜，通过将图像中区域边缘对比清晰的邻近像素进行平均而产生平滑的过渡效果，一般用于修饰图像。

1 表面模糊

“表面模糊”滤镜可以使图像的表面以一定的半径、阈值和色阶范围产生出模糊的效果。该滤镜可用于创建特殊效果并消除杂色或颗粒。如左下图所示为原图，如右下图所示为“表面模糊”滤镜效果。

原图

“表面模糊”滤镜效果

2 动感模糊

“动感模糊”滤镜可以使图像按照指定方向和指定强度模糊。在“动感模糊”对话框中，“角度”用于设置模糊的方向，“距离”用于设置模糊的强度。如下图所示为“动感模糊”滤镜效果。

“动感模糊”滤镜效果

3 方框模糊

“方框模糊”滤镜使用相邻像素的平均颜色值来模糊对象，用于创建特殊效果。“半径”可以调整给定像素平均值的区域大小。如下图所示为“方框模糊”滤镜效果。

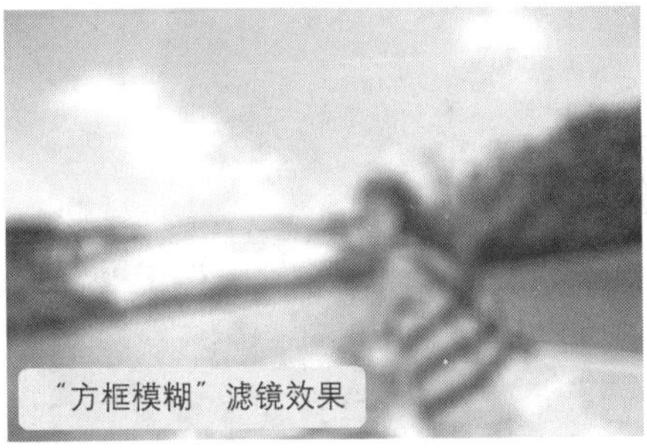
“方框模糊”滤镜效果

4 高斯模糊

“高斯模糊”滤镜是利用高斯曲线的分布模式来添加低频率的细节，使图像产生一种朦胧的效果。如下图所示为“高斯模糊”滤镜效果。

“高斯模糊”滤镜效果

5 进一步模糊

“进一步模糊”滤镜可以得到应用“模糊”滤镜 3~4 次的效果。如下图所示为“进一步模糊”滤镜效果。

“进一步模糊”滤镜效果

6 径向模糊

“径向模糊”滤镜有“旋转”和“缩放”两种模糊方法。“旋转”方式是围绕着一个中心形成旋转的模糊效果；“缩放”方式可形成从模糊中心向四周发射的模糊效果。如下图所示为“径向模糊”滤镜效果。

“径向模糊”滤镜效果

8 模糊

“模糊”滤镜可柔化整体或部分图像。如下图所示为“模糊”滤镜效果。

“模糊”滤镜效果

10 特殊模糊

“特殊模糊”滤镜的对话框中提供了“半径”、“阈值”和“品质”等选项，可以精确地模糊图像。如下图所示为“特殊模糊”滤镜效果。

“特殊模糊”滤镜效果

7 镜头模糊

“镜头模糊”滤镜能够对图像添加与相机镜头类似的模糊效果，并且可以设置不同的焦点位置，使得一些区域变模糊。如下图所示为“镜头模糊”滤镜效果。

“镜头模糊”滤镜效果

9 平均

“平均”滤镜首先寻找图像或者选区的平均颜色，然后用该颜色填充图像或选区，从而创建出平滑的外观效果。如下图所示为“平均”滤镜效果。

“平均”滤镜效果

11 形状模糊

“形状模糊”滤镜可通过指定的形状对图像进行模糊处理。形状不同，模糊的效果也不同。如下图所示为“形状模糊”设置形状为“梅花形卡”的滤镜效果。

“形状模糊”滤镜效果

11.4.4 “扭曲”滤镜组

“扭曲”滤镜组包含了 12 种滤镜，使用该滤镜组中的滤镜可以对图像进行各种形状的变换，例如可获得波浪、波纹、玻璃、扭曲、变形等效果。

1 波浪

“波浪”滤镜可以根据设定的波长使图像产生强烈的波纹起伏效果。如右侧左图所示为原图，如右侧右图所示为“波浪”滤镜效果。

原图

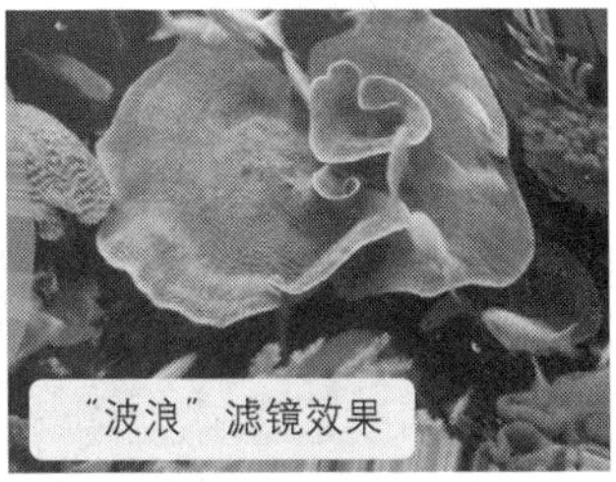
“波浪”滤镜效果

2 波纹

“波纹”滤镜与“波浪”滤镜相似，可以使图像产生波纹起伏的效果，但“波纹”对话框提供的选项较少，只能控制波纹的数量和波纹大小。如下图所示为“波纹”滤镜效果。

“波纹”滤镜效果

3 玻璃

“玻璃”滤镜可以产生一系列细小的纹理，获得透过玻璃观看图像的一种特殊效果。在“玻璃”对话框中，调整“扭曲度”和“平滑度”可以平衡扭曲和图像质量之间的矛盾。如下图所示为“玻璃”滤镜效果。

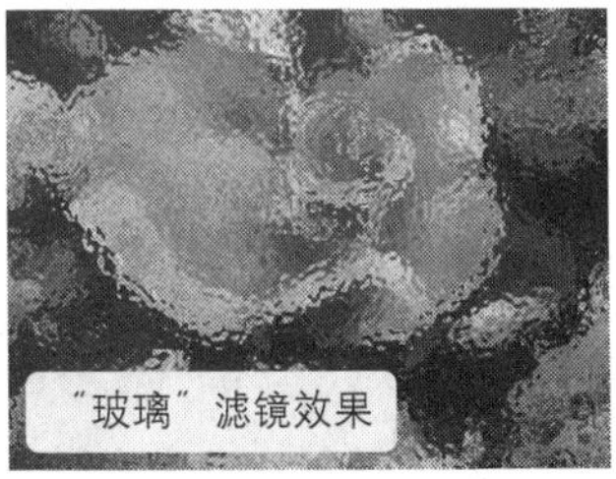
“玻璃”滤镜效果

4 海洋波纹

“海洋波纹”滤镜可在图像的表面生成一种随机的间隔波纹，产生类似于图像置于水下的效果。在“海洋波纹”对话框中可以设置波纹大小和波纹幅度。如下图所示为“海洋波纹”滤镜效果。

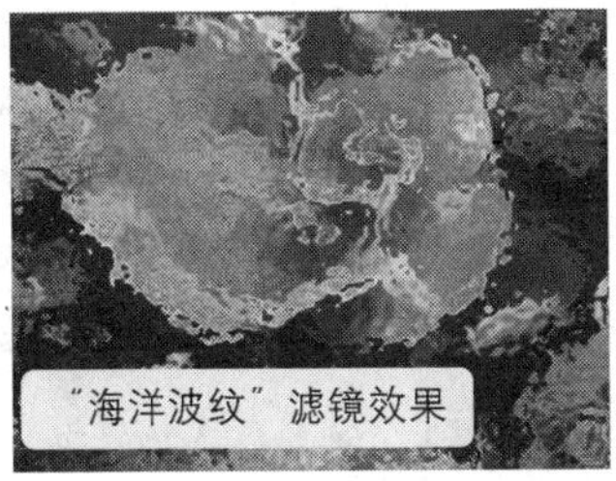
“海洋波纹”滤镜效果

5 极坐标

“极坐标”滤镜可使图像坐标从平面坐标转换成极坐标，或者将极坐标转化为平面坐标。如下图所示为“极坐标”滤镜效果。

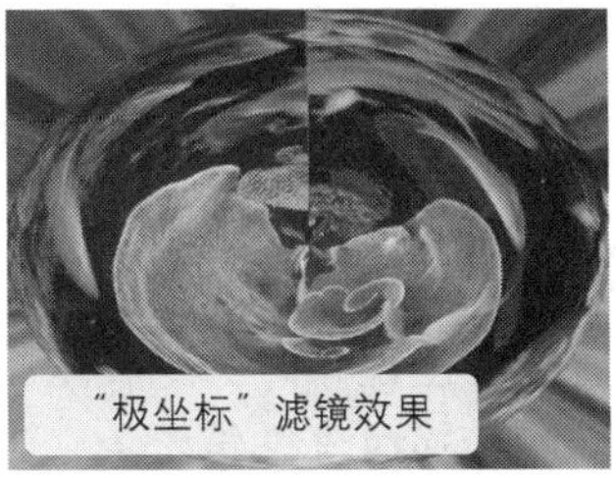
“极坐标”滤镜效果

6 挤压

“挤压”滤镜可以将图像挤压变形、收缩膨胀，从而产生离奇的效果。当挤压值为负值时将向外挤压；为正值时将向内挤压。如下图所示为“挤压”滤镜效果。

“挤压”滤镜效果

8 切变

“切变”滤镜可以将图像沿用户所设置的曲线进行变形，产生扭曲的图像效果。如下图所示为“切变”滤镜效果。

“切变”滤镜效果

7 扩散亮光

“扩散亮光”滤镜可以在图像中添加白色杂色，并从图像中心向外渐隐，让图像产生一种光芒漫射的效果。如下图所示为“扩散亮光”滤镜效果。

“扩散亮光”滤镜效果

9 球面化

“球面化”滤镜可以对图像进行扭曲、伸展、挤压，以适合球面，使对象具有3D效果。在“球面化”对话框中，“数量”用于设置球面化效果的程度，在“模式”下拉列表中可以选择球面的方式。如下图所示为“球面化”滤镜效果。

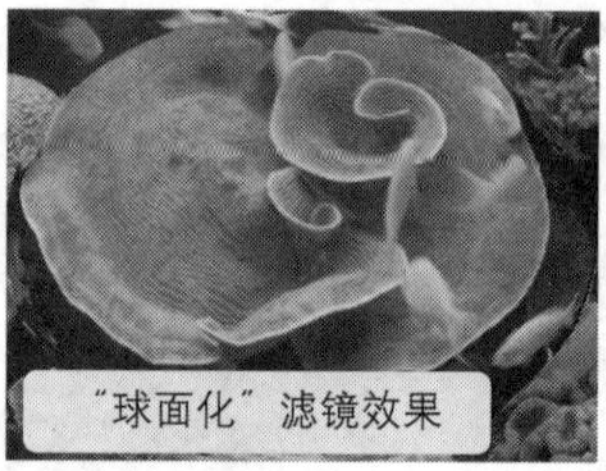
“球面化”滤镜效果

10 水波

“水波”滤镜可以径向地扭曲图像，使图像产生类似水中泛起涟漪的效果。如左下图所示为“水波”滤镜效果。

11 旋转扭曲

“旋转扭曲”滤镜可以将选区内的图像旋转，图像中心的旋转程度比图像边缘的旋转程度大。在“旋转扭曲”对话框中，“角度”用于指定旋转角度。“角度”值为正时，图像顺时针旋转扭曲；值为负时，图像逆时针旋转扭曲。如右侧右图所示为“旋转扭曲”滤镜效果。

“水波”滤镜效果

“旋转扭曲”滤镜效果

12 置换

“置换”滤镜用置换图来确定如何扭曲原图像，使用时需要使用一个 PSD 格式的图像作为置换图，然后对置换图进行相关的设置，以确定当前图像如何根据转换图发生弯曲、破碎的效果。

11.4.5 “锐化”滤镜组

“锐化”滤镜组包含了 5 种滤镜，该滤镜组中的滤镜可以通过增加相邻像素的对比度来减弱或消除图像的模糊，从而获得更加鲜明、清晰的图像。

1 USM 锐化

“USM 锐化”滤镜可以调整图像边缘的对比度，并在边缘的每一侧生成一条暗线和一条亮线，使图像的边缘变得更清晰、突出。如右侧左图所示为原图，如右侧右图所示为“USM 锐化”滤镜效果。

原图

“USM 锐化”滤镜效果

2 进一步锐化

“进一步锐化”滤镜比“锐化”滤镜的效果更加显著，使图像更加清楚。如下图所示为“进一步锐化”滤镜效果。

“进一步锐化”滤镜效果

3 锐化

“锐化”滤镜通过增加相邻像素的对比度，使模糊的图像变得清晰。如下图所示为“锐化”滤镜效果。

“锐化”滤镜效果

4 锐化边缘

“锐化边缘”滤镜只强调图像的边缘部分，对图像的整体平滑度没有影响。如下图所示为“锐化边缘”滤镜效果。

“锐化边缘”滤镜效果

5 智能锐化

“智能锐化”滤镜通过设置锐化算法，或者设置阴影和高光中的锐化量来使图像产生锐化效果。如下图所示为“智能锐化”滤镜效果。

“智能锐化”滤镜效果

11.4.6 “视频”滤镜组

“视频”滤镜组中的滤镜是Photoshop CS5中的外部接口程序，可以从摄像机中输入图像或将图像输出到录像带上。“视频”滤镜组包含了两种滤镜，分别是“NTSC颜色”滤镜和“逐行”滤镜。

1 NTSC颜色

“NTSC颜色”滤镜可以解决当使用NTSC方式向电视机输出图像时色域变窄的问题，实际上就是将色彩表现范围缩小。

2 逐行

“逐行”滤镜是通过去掉视频图像中的奇数或偶数交错行，平滑在视频上捕捉到的移动图像。执行“滤镜→逐行”命令，打开“逐行”对话框，如下图所示。

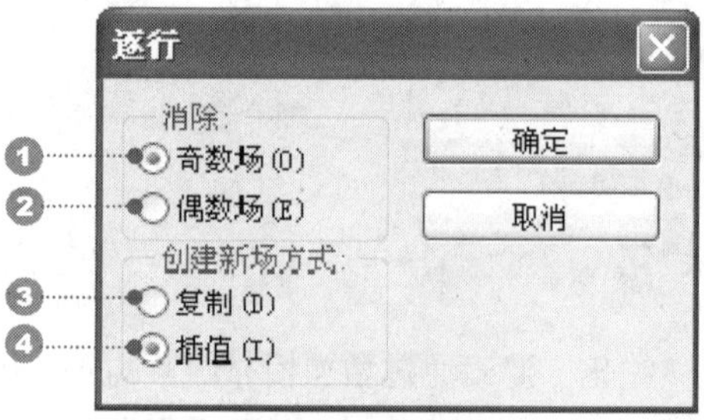

❶奇数场：用于删除奇数的扫描线。

❷偶数场：用于删除偶数的扫描线。

❸复制：复制被删除像素周围的像素并进行填充。

❹插值：利用被删除像素周围的像素，通过插值的方法进行填充。

如左下图所示为原图，如右下图所示为“逐行”滤镜效果。

原图

“逐行”滤镜效果

11.4.7 “素描”滤镜组

“素描”滤镜组包含14种滤镜，该滤镜组中的滤镜通过对图像添加纹理，模拟出素描和速写等逼真的手绘效果。

1 半调图案

“半调图案”滤镜在保存图像中连续色调范围的同时模拟半调网屏的效果，并保持图像色调的连续性。如左下图所示为原图，如右下图所示为“半调图案”滤镜效果。

原图

“半调图案”滤镜效果

2 便条纸

“便条纸”滤镜可以将图像简化，制作出有浮雕凹陷和纸颗粒感纹理的效果。如下图所示为“便条纸”滤镜效果。

“便条纸”滤镜效果

3 粉笔和炭笔

“粉笔和炭笔”滤镜以粗糙粉笔线条用背景色代替原图像中的高光和中间调区域，以大约 45° 的炭笔线条用前景色代替原图像中的阴影区域。如下图所示为“粉笔和炭笔”滤镜效果。

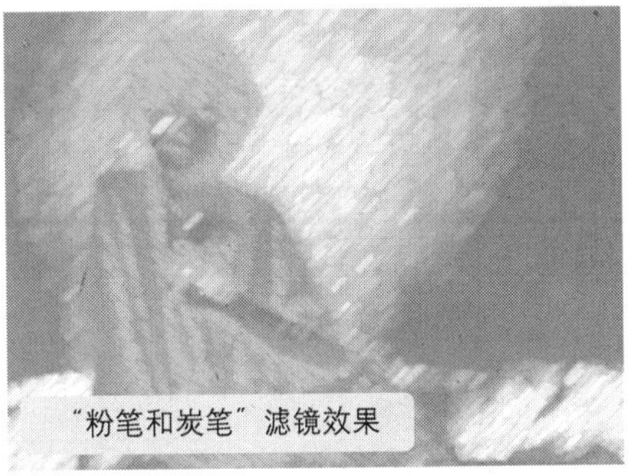
“粉笔和炭笔”滤镜效果

4 铬黄

“铬黄”滤镜可以通过调整色阶来增加图像的对比度，从而产生像被磨光了的铬表面或液体金属的效果。图像表面上的亮光为亮点、暗调为暗点。如下图所示为“铬黄”滤镜效果。

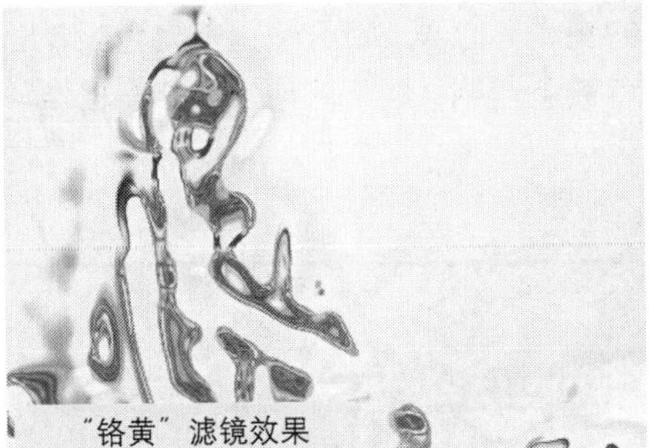
“铬黄”滤镜效果

5 绘图笔

“绘图笔”滤镜使用精细的油墨线条来捕捉图像中的细节，可以模拟铅笔素描的效果。如下图所示为“绘图笔”滤镜效果。

“绘图笔”滤镜效果

6 基底凸现

“基底凸现”滤镜可以使图像呈现加亮浮雕的雕刻状，使图像的暗区呈现前景色，亮区呈现背景色。如下图所示为“基底凸现”滤镜效果。

“基底凸现”滤镜效果

7 石膏效果

“石膏效果”滤镜可以按 3D 效果塑造图像，然后使用前景色与背景色为结果图像着色，图像中的暗区凸起、亮区凹陷。如下图所示为“石膏效果”滤镜效果。

“石膏效果”滤镜效果

8 水彩画纸

“水彩画纸”滤镜可以模拟出图像在潮湿纸上绘制时所产生的效果。如下图所示为“水彩画纸”滤镜效果。

“水彩画纸”滤镜效果

9 撕边

“撕边”滤镜可以在图像交界处制作喷溅的分裂效果。如下图所示为“撕边”滤镜效果。

“撕边”滤镜效果

10 炭笔

“炭笔”滤镜可以使图像产生色调分离的涂抹效果。图像的主要边缘以粗线条绘制，中间色调用对角描边进行素描，炭笔应用前景色，纸张应用背景。如下图所示为“炭笔”滤镜效果。

“炭笔”滤镜效果

11 炭精笔

“炭精笔”滤镜可以在图像上模拟浓黑和纯白的炭精笔纹理，暗区使用前景色绘制，亮区使用背景色绘制。如下图所示为“炭精笔”滤镜效果。

“炭精笔”滤镜效果

12 图章

“图章”滤镜可以简化图像，使之呈现出用橡皮或木制图章盖印的效果。如下图所示为“图章”滤镜效果。

“图章”滤镜效果

13 网状

“网状”滤镜可以模仿胶片感光乳剂的受控收缩和扭曲，从而产生一种类似网眼覆盖的效果。如下图所示为“网状”滤镜效果。

“网状”滤镜效果

14 影印

“影印”滤镜可以模拟影印效果，使图像的暗区趋向于边缘的描绘，中间调为纯白或纯黑色，如右图所示为“影印”滤镜效果。

“影印”滤镜效果

11.4.8 “纹理”滤镜组

“纹理”滤镜组包含 6 种滤镜，它们可以使图像表面产生特殊的纹理或材质效果，从而使图像具有深度感和质感。

1 龟裂缝

“龟裂缝”滤镜模拟将图像绘制在一个高凸现的石膏表面上，从而生成龟裂纹理并使图像产生浮雕效果。如左下图所示为原图，如右下图所示为“龟裂缝”滤镜效果。

原图

“龟裂缝”滤镜效果

2 颗粒

“颗粒”滤镜可以通过模拟不同种类的颗粒来为图像添加纹理。如下图所示为“颗粒”滤镜效果。

“颗粒”滤镜效果

3 马赛克拼贴

“马赛克拼贴”滤镜可以产生分布不均且形状不规则的马赛克拼贴效果。如下图所示为“马赛克拼贴”滤镜效果。

“马赛克拼贴”滤镜效果

4 拼缀图

“拼缀图”滤镜可以将图像分解为若干个正方形，形成一种拼贴瓷片效果，每个正方形都由该区域的主色进行填充。如下图所示为“拼缀图”滤镜效果。

“拼缀图”滤镜效果

5 染色玻璃

“染色玻璃”滤镜可以使图像产生不规则的彩色玻璃单元格效果，生成的玻璃块之间的缝隙使用前景色来填充。如下图所示为“染色玻璃”滤镜效果。

“染色玻璃”滤镜效果

6 纹理化

“纹理化”滤镜可以向图像中添加系统所提供的各种纹理效果。如右图所示为“纹理化”滤镜效果。

“纹理化”滤镜效果

11.4.9 “像素化”滤镜组

“像素化”滤镜组包含 7 种滤镜，它们通过平均分配色度值使单元格中颜色相近的像素结成块，进行分离整理，使产生其平面化等效果。

1 彩块化

“彩块化”滤镜通过将图像中的纯色或相近颜色的像素结成像素块，使图像产生手绘效果，也可以使现实主义图像产生类似抽象派的绘画效果。如下图所示为“彩块化”滤镜效果。

“彩块化”滤镜效果

2 彩色半调

“彩色半调”滤镜模拟在图像的每个通道上使用扩大的半调网屏效果，它先将图像的每一个通道划分出矩形区域，再以与矩形区域亮度成比例的圆形替代这些矩形，圆形的大小与矩形的亮度成比例，高光部分生成的网点较小，阴影部分生成的网点较大。如下图所示为“彩色半调”滤镜效果。

“彩色半调”滤镜效果

3 点状化

“点状化”滤镜可使图像产生随机的彩色斑点效果，如同点状化绘画一样，背景色将填充网点之间的画布区域。如下图所示为“点状化”滤镜效果。

“点状化”滤镜效果

4 晶格化

“晶格化”滤镜可以使图像中颜色相近的像素集中到多边形色块中，产生类似结晶的颗粒效果。如下图所示为“晶格化”滤镜效果。

“晶格化”滤镜效果

5 马赛克

“马赛克”滤镜可以将图像中的像素分组，并将其转换成颜色单一的方块，从而生成马赛克效果。如右图所示为“马赛克”滤镜效果。

“马赛克”滤镜效果

6 碎片

“碎片”滤镜可以把图像的像素复制4次，再将它们平均并相互偏移，使图像产生一种类似于相机没有对准焦距所拍摄出的照片效果。如下图所示为“碎片”滤镜效果。

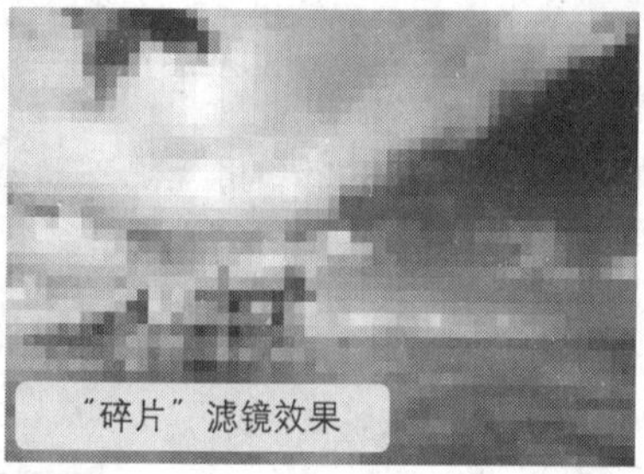

“碎片”滤镜效果

7 铜版雕刻

“铜版雕刻”滤镜可以在图像中随机生成各种不规则的直线、曲线和斑点，使图像产生年代久远的金属版画效果。如下图所示为“铜版雕刻”滤镜效果。

“铜版雕刻”滤镜效果

11.4.10 “渲染”滤镜组

“渲染”滤镜组包含5种滤镜，它们可以在图像中创建出三维形状、云彩形状，以及模拟灯光照射或通过镜头产生的光晕效果。

1 分层云彩

“分层云彩”滤镜将前景色和背景色随机变化，并与图像原来的像素混合生成云彩。如右侧左图所示为原图，如右侧右图所示为“分层云彩”滤镜效果。

原图

“分层云彩”滤镜效果

2 光照效果

“光照效果”滤镜可以在图像上模拟出光线照射在图像上的效果，如左下图所示为“光照效果”滤镜效果。

3 镜头光晕

“镜头光晕”滤镜可以模拟亮光照射到照相机镜头所产生的折射效果。拖动光晕的十字线，可以指定光晕的中心位置，如右侧右图所示为“镜头光晕”滤镜效果。

“光照效果”滤镜效果

“镜头光晕”滤镜效果

4 纤维

“纤维”滤镜可以使用前景色和背景色来创建纤维外观效果。在“纤维”对话框中通过拖动“差异”滑块来控制颜色的变换方式，较小的值会产生较长的颜色条纹，较大的值会产生更多颜色的纤维。

5 云彩

“云彩”滤镜利用前景色和背景色之间的随机值来生成柔和的云彩图案。

11.4.11 “艺术效果”滤镜组

“艺术效果”滤镜组包含 15 种滤镜，用户可以使用“艺术效果”滤镜组中的滤镜为图像添加具有艺术特色的绘制效果。

1 壁画

“壁画”滤镜使用小块的颜色以短且圆的笔触涂抹图像，从而产生一种粗糙风格的图像效果。如左下图所示为原图，如右下图所示为“壁画”滤镜效果。

原图

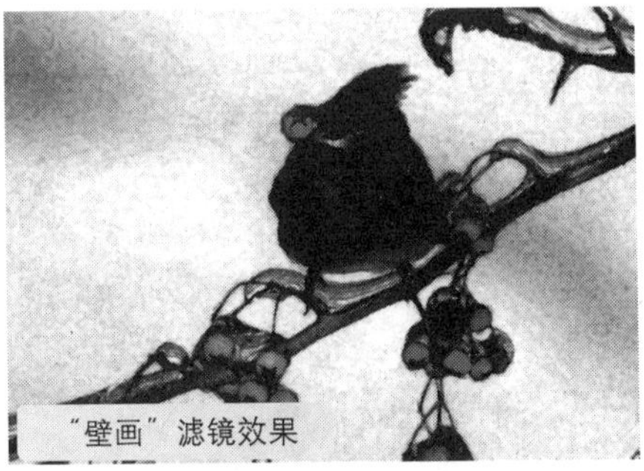
“壁画”滤镜效果

2 彩色铅笔

“彩色铅笔”滤镜可以模拟各种颜色的铅笔在图像上绘制的效果，较明显的边缘将被保留。如下图所示为“彩色铅笔”滤镜效果。

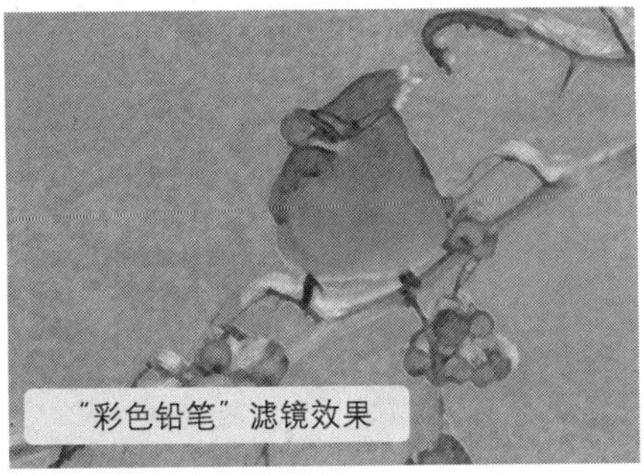
“彩色铅笔”滤镜效果

3 粗糙蜡笔

“粗糙蜡笔”滤镜模拟在布满纹理的背景上绘制，从而产生一种覆盖纹理效果。如下图所示为“粗糙蜡笔”滤镜效果。

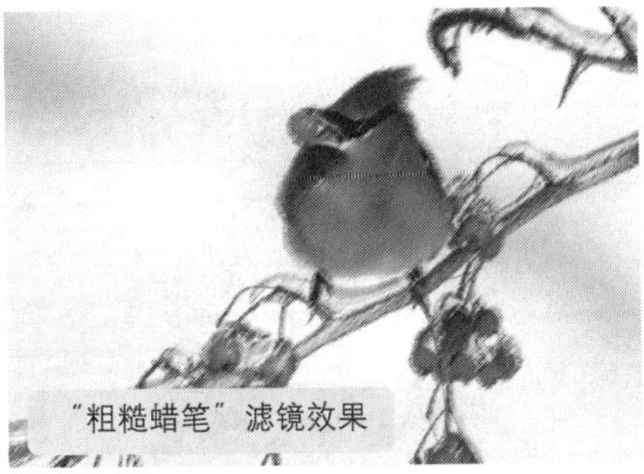
“粗糙蜡笔”滤镜效果

4 底纹效果

“底纹效果”滤镜可以在带有纹理效果的图像上绘制图像，然后将最终图像效果绘制在原图像上。如下图所示为“底纹效果”滤镜效果。

“底纹效果”滤镜效果

5 调色刀

“调色刀”滤镜可以减少图像中的细节，得到描绘得很淡的图像效果。如下图所示为“调色刀”滤镜效果。

“调色刀”滤镜效果

6 干画笔

“干画笔”滤镜可模拟干画笔绘制的图像，从而产生一种不饱和、较干燥的油画效果。如下图所示为“干画笔”滤镜效果。

“干画笔”滤镜效果

7 海报边缘

“海报边缘”滤镜可以减少图像中的颜色数量、查找图像的边缘，并在边缘绘制黑的线条，使图像产生类似海报招贴画的效果。如下图所示为“海报边缘”滤镜效果。

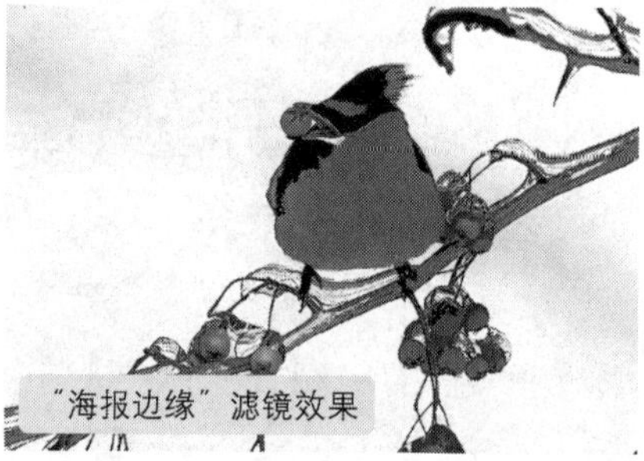
“海报边缘”滤镜效果

8 海绵

“海绵”滤镜可以模拟类似海绵的柔软而富有弹性的笔触。如下图所示为“海绵”滤镜效果。

“海绵”滤镜效果

9 绘制涂抹

“绘制涂抹”滤镜可以模拟使用各种类型的画笔来创建绘画的效果，使图像产生一种被水浸湿的艺术效果。如下图所示为“绘制涂抹”滤镜效果。

“绘制涂抹”滤镜效果

10 胶片颗粒

“胶片颗粒”滤镜可以将平滑的图像应用在图像的阴影和中间调区域，将更平滑、更高饱和度的图像应用到图像的高光区域。如下图所示为“胶片颗粒”滤镜效果。

“胶片颗粒”滤镜效果

11 木刻

“木刻”滤镜以块状颜色来归纳图像中的颜色像素，产生类似于在木头上雕刻或剪纸拼贴而成的效果。如下图所示为“木刻”滤镜效果。

“木刻”滤镜效果

12 霓虹灯光

“霓虹灯光”滤镜可将各种各样的灯光效果添加到图像上，得到类似霓虹灯一样的发光效果。如下图所示为“霓虹灯光”滤镜效果。

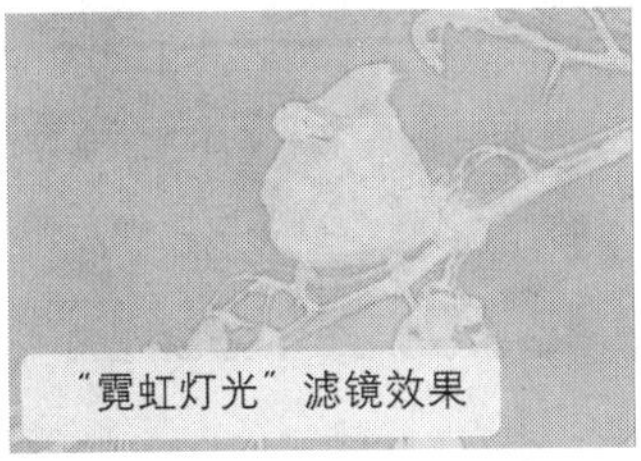

“霓虹灯光”滤镜效果

13 水彩

“水彩”滤镜模拟水彩绘画风格的图像，类似于使用蘸了水和颜料的画笔绘制简化的图像，使图像具有水彩画一样的艺术效果。如下图所示为“水彩”滤镜效果。

“水彩”滤镜效果

14 塑料包装

“塑料包装”滤镜可以给图像涂上一层光亮的塑料，使图像表面质感强烈。如下图所示为“塑料包装”滤镜效果。

“塑料包装”滤镜效果

15 涂抹棒

“涂抹棒”滤镜使用黑色的短线条来涂抹图像的阴影区域，使图像显得更加柔和。如下图所示为“涂抹棒”滤镜效果。

“涂抹棒”滤镜效果

11.4.12 “杂色”滤镜组

“杂色”滤镜组包括“减少杂色”、“蒙尘与划痕”、“去斑”、“添加杂色”、“中间值”5 个滤镜命令。使用该组中的滤镜可以增加图像上的杂点，使之产生色彩漫散的效果，也可以使用这些滤镜去除图像中的杂色。

1 减少杂色

“减少杂色”滤镜可以减少图像中的杂色，同时又可保留图像的边缘。在“减少杂色”对话框中，通过设置“强度”和“锐化细节”等参数，使图像效果更自然、清晰。如右侧左图所示为原图，如右侧右图所示为“减少杂色”滤镜效果。

原图

“减少杂色”滤镜效果

2 蒙尘与划痕

“蒙尘与划痕”滤镜通过更改图像的像素来减少图像中的杂色、痕迹等，使图像看上去更干净。另外，该滤镜对图像有一定的模糊作用。如下图所示为“蒙尘与划痕”滤镜效果。

“蒙尘与划痕”滤镜效果

3 去斑

“去斑”滤镜可对图像进行轻微模糊和柔化处理，使图像上的杂点被移除的同时保留图像细节。如下图所示为“去斑”滤镜效果。

“去斑”滤镜效果

4 添加杂色

“添加杂色”滤镜可以在图像中添加杂点，使图像产生颗粒状效果，常用于修饰图像中的不自然区域。如下图所示为“添加杂色”滤镜效果。

“添加杂色”滤镜效果

5 中间值

“中间值”滤镜通过设定的像素选区半径搜索相同亮度的像素，去掉与邻近像素相差太大的像素，并用搜索到的像素中间亮度值进行替换。如下图所示为“中间值”滤镜效果。

“中间值”滤镜效果

11.4.13 “其他”滤镜组

“其他”滤镜组包括“高反差保留”、“位移”、“自定”、“最大值”、“最小值”5个滤镜命令。

在“其他”滤镜组中，有自定义滤镜的命令，也有使用滤镜修改蒙版、在图像中使选区发生位移和快速调整颜色的命令。

1 高反差保留

“高反差保留”滤镜在图像的明显颜色过渡处保留指定半径内的边缘细节，并隐藏图像的其他部分。如右侧左图所示为原图，如右侧右图所示为“高反差保留”滤镜效果。

原图

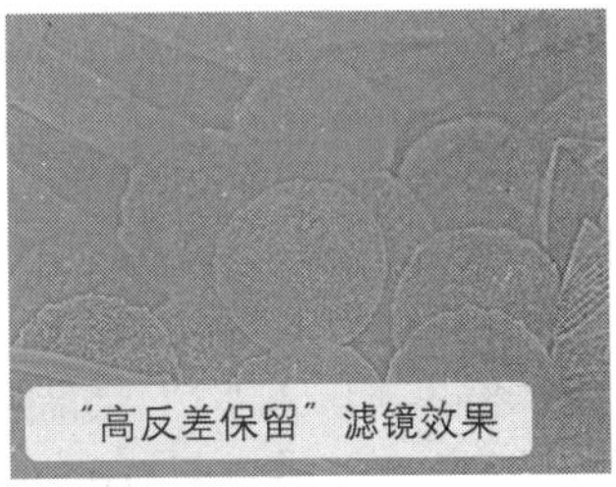
“高反差保留”滤镜效果

2 位移

“位移”滤镜可以根据用户设置的水平和垂直距离对图像进行移动，从而得到一些特殊的效果。如下图所示为“位移”滤镜效果。

“位移”滤镜效果

3 自定

“自定”滤镜可以允许用户自己创建滤镜效果，从而获得清晰、模糊、浮雕等效果。如下图所示为“自定”滤镜效果。

“自定”滤镜效果

4 最大值

“最大值”滤镜可用高光颜色的像素代替图像的边缘部分。如下图所示为“最大值”滤镜效果。

“最大值”滤镜效果

5 最小值

“最小值”滤镜可以放大图像的暗部区域，同时缩小亮部区域。如下图所示为“最小值”滤镜效果。

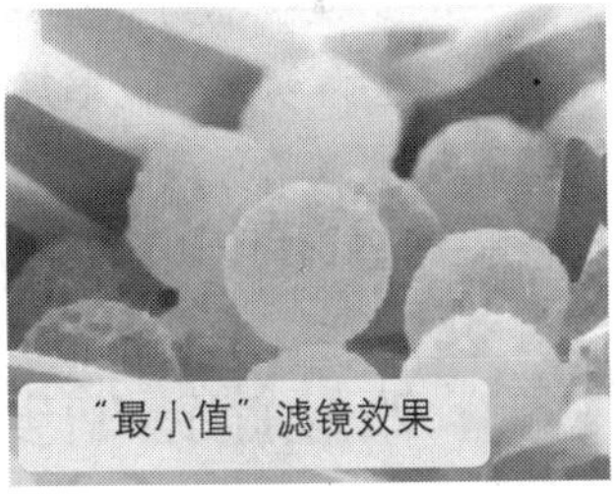
“最小值”滤镜效果

11.4.14 Digimarc 滤镜组

Digimarc 滤镜组包括“读取水印”滤镜和“嵌入水印”滤镜。它们的主要作用是为 Photoshop 中的图像加入著作权信息。当用户使用用这类滤镜处理过的图像时，就会提醒用户，该图像受到数字化水印的保护。

1 读取水印

“读取水印”滤镜主要用来读取图像中的数字水印内容。当一个图像中含有数字水印效果时，图像窗口中的标题栏和状态栏上会显示©符号。若在图像中找不到数字水印效果，或者数字水印因过度编辑而损坏，则 Photoshop 会弹出提示对话框，告诉用户该图像中没有数字水印或是水印已经遭受破坏的信息。

2 嵌入水印

使用“嵌入水印”滤镜能够在图像中加入著作权信息，当其他用户使用该图像时，会提醒用户，该图像已经使用 Digimarc Picture Marc 技术在图像中嵌入了数字水印，即著作权已受到保护。这种水印效果以杂纹的形式加入，用眼睛是不易察觉到的，它可以在计算机中或者在印刷出版物上永久性地保存。嵌入水印滤镜只能用于 CMYK 颜色、RGB 颜色、Lab 颜色或灰度模式的图像。

提 示

由于水印效果不可以取消，因此，在嵌入水印之前，最好复制一份作为副件备份。此外，在图像中嵌入水印之前，必须考虑以下内容：图像颜色变化、图像像素数目、工作流程等。

11.5 外挂滤镜

外挂滤镜是由第三方厂商开发的滤镜，可以以插件的形式安装在 Photoshop 中。外挂滤镜不仅可以轻松制作出各种特效，还能够创造出 Photoshop 内置滤镜较难实现的神奇效果。

11.5.1 外挂滤镜简介

Photoshop 提供了开发的平台，可以安装和使用其他厂商或个人研发的滤镜，这些来自 Photoshop 以外的滤镜被称为外挂滤镜或第三方滤镜。外挂滤镜不仅可以为用户的创作提供更为丰富的表现手法，也为创作过程增加了许多意想不到的效果。

外挂滤镜有的可以单独运行，有的必须挂靠在大型软件上面，类似寄生程序。因为它们能实现的功能恰巧是大型软件所缺少的，从某种意义上说，是增加了大型软件的功能。

11.5.2 外挂滤镜的安装

外挂滤镜与一般程序的安装方法基本相同，只是要将其安装在 Photoshop CS5 的 Plug-ins 目录下，否则就无法直接运行。安装完成后，重新运行 Photoshop CS5，在“滤镜”菜单底部便可以看到它们。

如果没有将外挂滤镜安装在 Plug-ins 文件夹内也没有关系，可执行 “编辑→首选项→增效工具”命令，打开“首选项”对话框，选择“附加的增效工具文件夹”复选框，如左下图所示，然后在打开的对话框中选择安装外挂滤镜的文件，如右下图所示。此时单击“确定”按钮，关闭“首选项”对话框，即可完成外挂滤镜的安装。

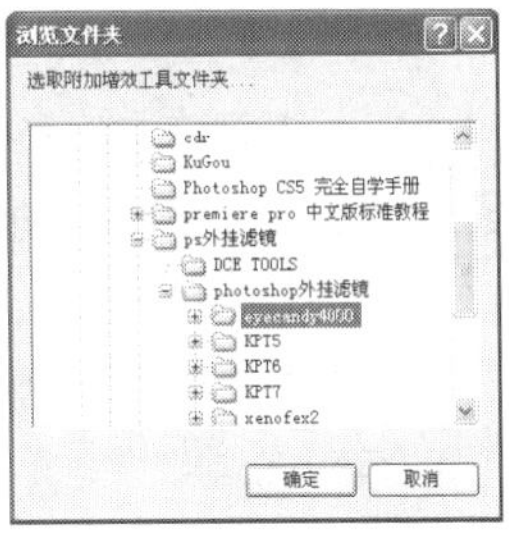

提 示

虽然外挂滤镜可以为用户提供更为丰富的效果，但不宜安装过多，因为 Photoshop CS5 在启动时需要初始化这些滤镜，过多的外挂滤镜会降低 Photoshop CS5 的运行速度。

11.5.3 KPT

KPT 的全称为 Kai's Power Tools，作为 Photoshop 第三方滤镜的佼佼者，KPT 系列滤镜一直受到广大用户的青睐。KPT系列滤镜经历了 KPT 3、KPT 5、KPT 6 和 KPT 7 等几个版本的升级，如今的最新版为 KPT 7。如右侧左图所示为原图，如右侧右图所示为 KPT 系列滤镜提供的闪电效果。

11.5.4 DCE Tools

DCE Tools 滤镜是 Mediachance 公司开发的一套 Photoshop 的外挂滤镜，包括 CCD 噪点修复、人像皮肤修复、智能色彩还原、曝光补偿、桶形失真校正、枕形失真校正、自动修缮 7 个特效滤镜。如右侧左图所示为原图，如右侧右图所示为使用人像皮肤修缮滤镜后的效果。

11.5.5 Eye Candy 4000

Eye Candy 4000 是 Alien Skin 公司出口的一组极为强大的经典 Photoshop 外挂滤镜。其功能千变万化，包括反相、铬合金、闪耀、发光、阴影、HSB 噪点、水滴、水迹、挖剪、玻璃、斜面、烟幕、漩涡、毛发、木纹、编织、星星、斜视、大理石、摇动、运动痕迹、溶化、火焰23个特效滤镜，由于拥有丰富的特效，因此受到广大设计师的喜爱。如右侧左图所示为原图，如右侧右图所示为Eye Candy 4000提供的编织滤镜效果。

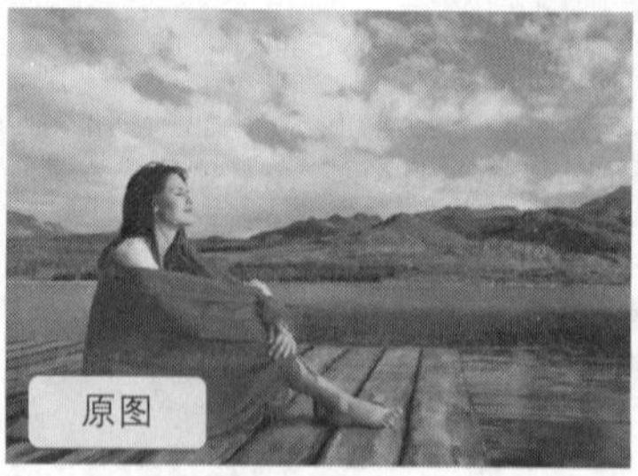
原图

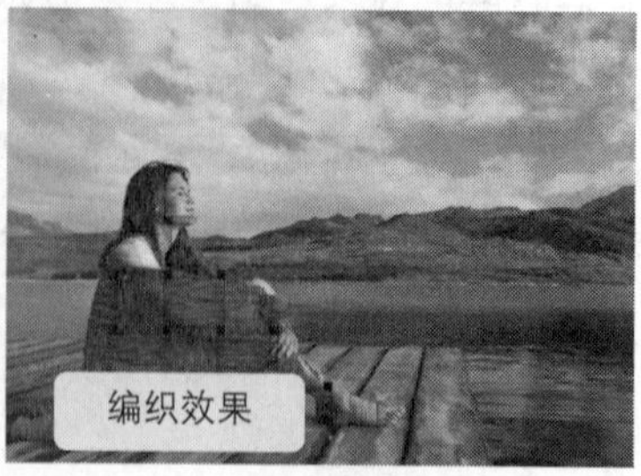
编织效果

技能进阶——上机实战操作

通过前面内容的学习，为了让用户进一步掌握本章内容，提高综合应用能力，下面介绍相关实例的制作。

实例制作1 制作下雨效果

制作本实例时，首先复制“背景”图层，然后执行“点状化”命令，以及“阈值”、“动感模糊”命令，最后使用“色彩平衡”命令，此时就完成了下雨效果的制作。

效果展示

本实例的前后效果如下图所示。

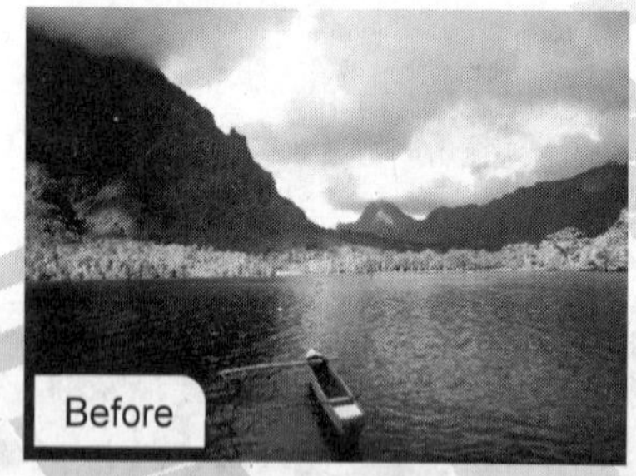
Before

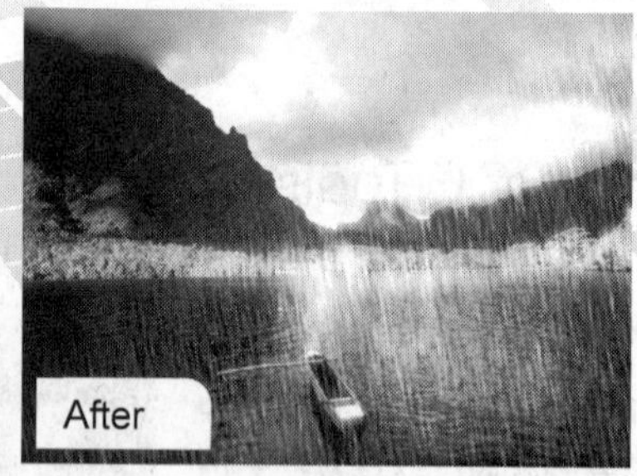
After

原始文件	光盘\素材文件\Chapter 11\11-05.jpg
结果文件	光盘\结果文件\Chapter 11\11-01.psd
同步视频文件	光盘\同步教学文件\Chapter 11\实例制作1.avi

知识链接

在本实例的制作与设计过程中，主要用到以下知识点。

- 复制图层
- “点状化”命令
- “阈值”命令

- ➢ “动感模糊”命令
- ➢ “色彩平衡”命令

操作步骤

本实例的具体操作步骤如下。

步骤01 打开光盘中的素材文件11-05.jpg，如下图所示。

步骤02 选择“背景”图层并将其拖动到“创建新图层”按钮上，创建出“背景副本”图层，如下图所示。

步骤03 执行“滤镜→像素化→点状化”命令，打开“点状化”对话框，设置“单元格大小”为7，如下图所示。设置完成后，单击“确定”按钮。

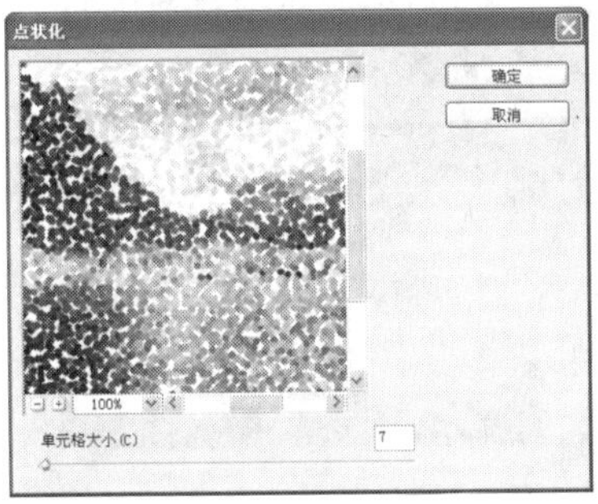

步骤04 执行“图像→调整→阈值”命令，打开“阈值”对话框，设置“阈值色阶”为165，如下图所示。设置完成后，单击“确定”按钮。

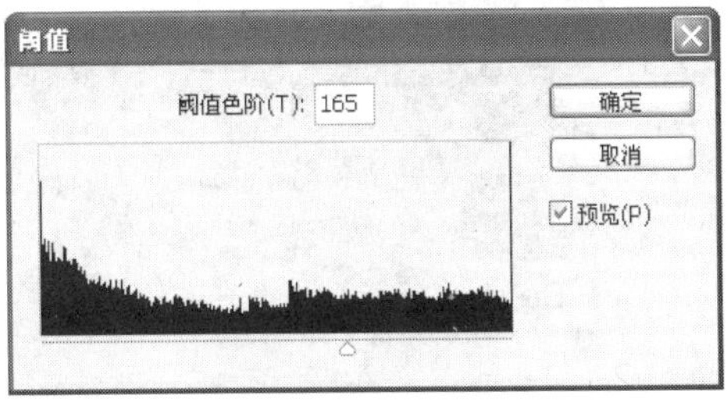

步骤05 选择“图层”面板中的“背景 副本”图层，设置图层混合模式为“滤色”，如右则左图所示，图像效果如右侧右图所示。

步骤06 执行“滤镜→模糊→动感模糊”命令，并设置“角度”为“-80”、“距离”为“35像素”，如右侧左图所示。设置完成后，单击“确定”按钮，图像效果如右侧右图所示。

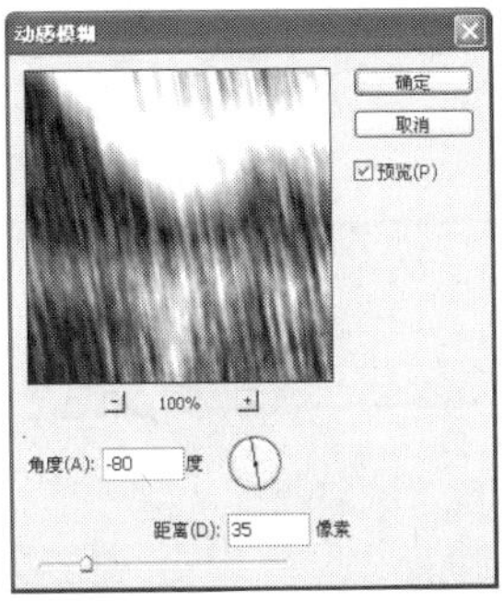

步骤07 此时的画面更像雨天效果。执行“图像→调整→色彩平衡”命令，参数设置如右侧左图所示。通过以上的操作，最终效果如右侧右图所示。

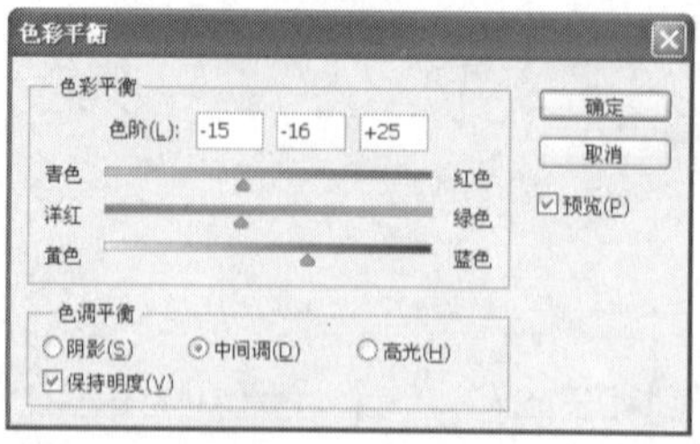

实例制作 2 制作木质油画画框效果

制作本实例时，首先使用“纤维”命令与“色彩范围”命令制作出木质材料的效果，然后对其添加图层样式以增加立体感，最后置入油画并使用“玻璃”及“绘画涂抹”等命令，此时就完成了木质油画画框效果的制作。

效果展示

本实例的前后效果如下图所示。

原始文件	光盘\素材文件\Chapter 11\11-06.jpg
结果文件	光盘\结果文件\Chapter 11\11-02.psd
同步视频文件	光盘\同步教学文件\Chapter 11\实例制作 2.avi

知识链接

在本实例的制作与设计过程中，主要用到以下知识点。

- “转换为智能滤镜”命令
- “纤维”命令
- “玻璃”命令
- “绘画涂抹”命令
- “成角的线条”命令

操作步骤

本实例的具体操作步骤如下。

步骤01 执行“文件→新建”命令，在打开的“新建”对话框中设置文件的“宽度”为“700像素”、“高度”为“500像素”、“背景内容”为“白色”，并输入名称为“木质画框”，如下图所示。

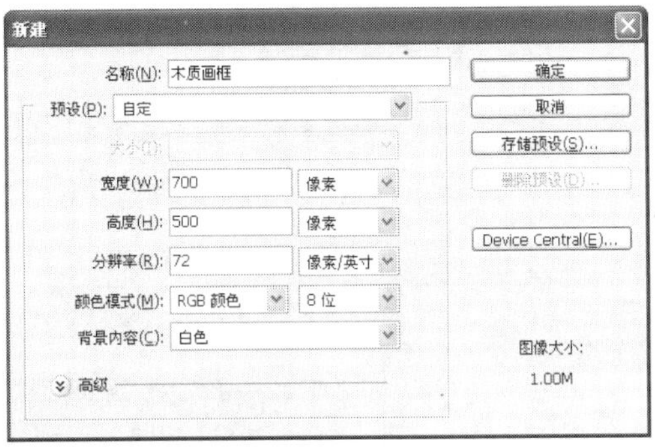

步骤02 新建文件后，执行“滤镜→转换为智能滤镜”命令，此时的“图层”面板如下图所示。

步骤03 单击工具箱中的“设置前景色”色块，弹出“拾色器（前景色）”对话框，从中设置前景色颜色值为（R:80、G:60、B:22），按照同样的方法设置背景色颜色值为（R:132、G:83、B:25）。执行“滤镜→渲染→纤维”命令，在打开的“纤维”对话框中设置“差异”为20、“强度”为10，如下图所示。

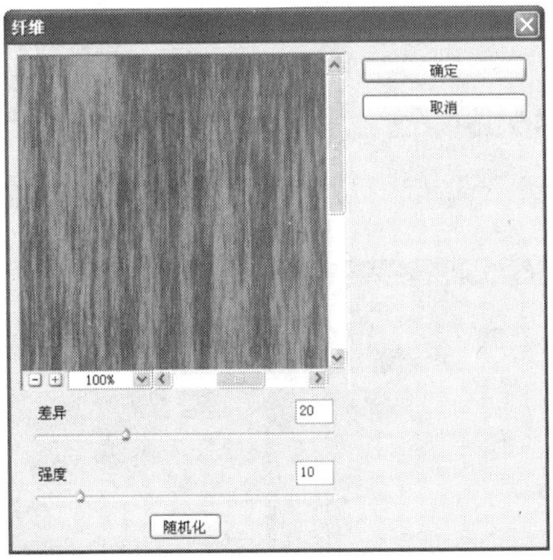

步骤04 设置完成后，单击“确定”按钮后，效果如下图所示。

步骤05 执行“选择→色彩范围”命令，打开“色彩范围”对话框，将“颜色容差”设置为50，如右侧左图所示。单击“确定”按钮，容差范围内的区域变为选区，效果如右侧右图所示。

步骤06 执行“图层→新建→通过拷贝的图层”命令，得到新图层，如下图所示，单击“图层”面板下方的“添加图层样式”按钮fx.，为得到的“图层1”图层添加图层样式。

步骤07 在“图层样式”对话框中，选择“斜面和浮雕”复选框，相关参数设置如下图所示。

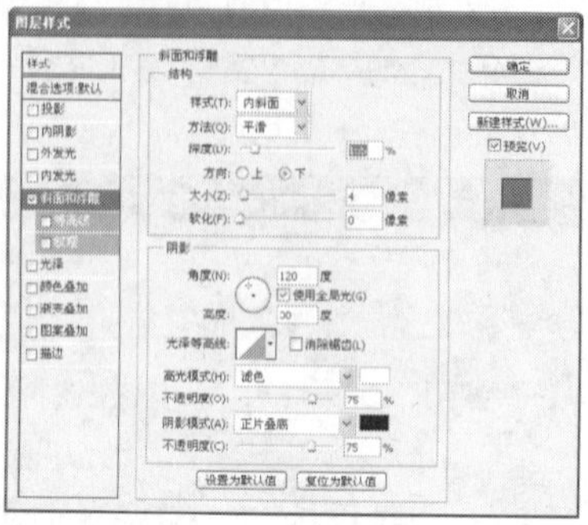

步骤08 选择“投影”复选框，相关参数设置如右侧左图所示。设置完成后，单击“确定”按钮，图像效果如右侧右图所示。

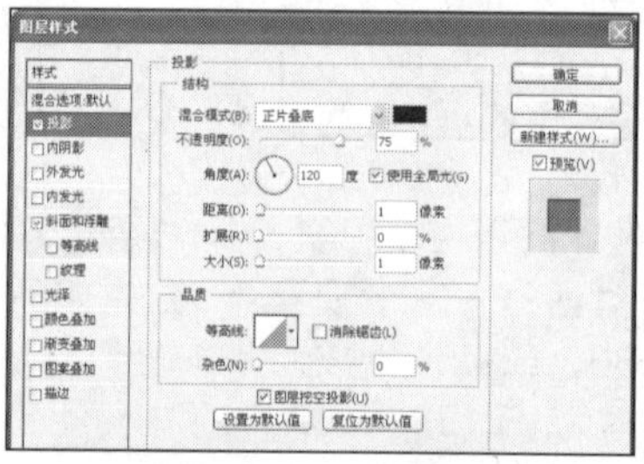

步骤09 执行“图层→合并可见图层”命令，将所有图层合并为一个图层。选择工具箱中的“矩形选框工具”，在图像窗口中创建一个矩形选区，如右侧左图所示。按【Delete】键删除矩形选区内的图像，效果如右侧右图所示。

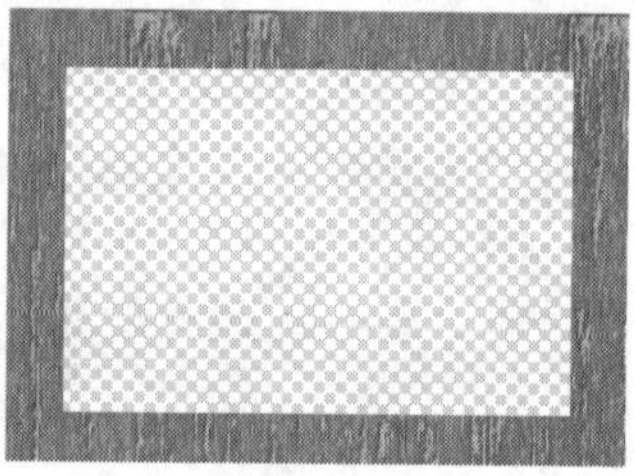

步骤10 单击“图层”面板下方的“添加图层样式”按钮fx.，选择“内阴影”复选框，相关参数设置如右侧左图所示。设置完成后，单击“确定”按钮，效果如右侧右图所示。

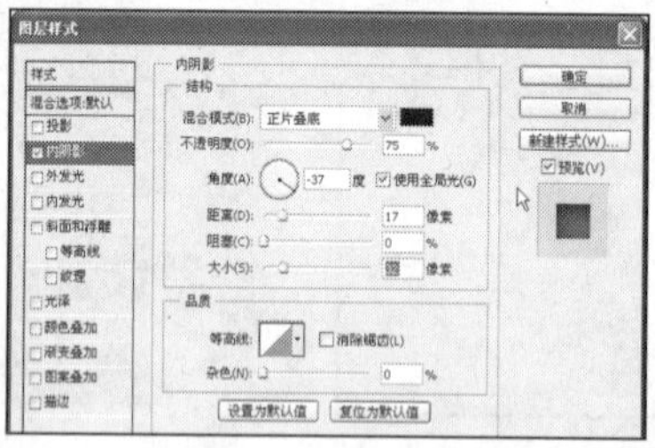

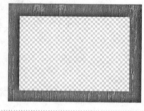

步骤11 执行“文件→置入”命令，打开光盘中的素材文件11-06.jpg，执行“图层→栅格化→图层”命令，并修改图层名称为“油画”，效果如下图所示。

步骤12 执行“滤镜→扭曲→玻璃”命令，相关参数设置如下图所示。

步骤13 执行“滤镜→艺术效果→绘画涂抹”命令，相关参数设置如右侧左图所示。执行“滤镜→画笔描边→成角的线条”命令，相关参数设置如右侧右图所示。

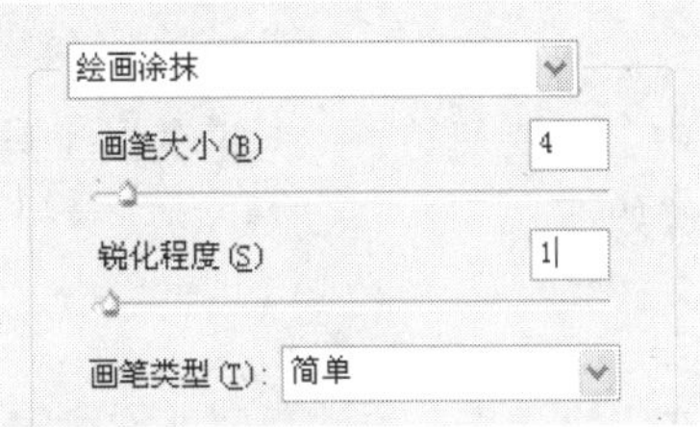

步骤14 设置完成后，单击“确定”按钮，效果如右侧左图所示。将“油画”图层拖动至“图层1”图层下方，最终效果如右侧右图所示。

技能提高——举一反三应用

为了强化用户的动手能力，并巩固本章的学习内容，下面安排几个上机练习实例。用户可以根据提供的素材文件与效果文件，参考提示信息，亲自上机完成制作。

动手练习 1　快速给美女瘦身

在 Photoshop CS5 中，运用本章所学的“液化”知识快速给美女瘦身。

原始文件	光盘\素材文件\Chapter 11\11-07.jpg
结果文件	光盘\结果文件\Chapter 11\11-03.psd
同步视频文件	光盘\同步教学文件\Chapter 11\动手练习 1.avi

本练习的前后效果如下图所示。

素材

最终效果

操作提示

在快速给美女瘦身的实例操作中，主要使用了“向前变形工具”、“液化”命令，以及“自然饱和度”命令等知识，主要操作步骤如下。

步骤01 打开素材文件，复制“背景”图层，并命名为“人物”，执行“滤镜→液化”命令，在对话框中选择“向前变形工具”，在人物所需修饰的手臂处按住鼠标向手臂内进行适当拖动。

步骤02 使用“膨胀工具”单击人物的眼睛部位，进行放大操作。

步骤03 创建“自然饱和度1”图层，在“调整”面板中设置“自然饱和度”为-40，此时即可完成制作。

动手练习 2　制作森林仙雾图像特效

在 Photoshop CS5 中，运用所学的滤镜知识制作森林仙雾效果。

原始文件	光盘\素材文件\Chapter 11\11-08.jpg
结果文件	光盘\结果文件\Chapter 11\11-04.psd
同步视频文件	光盘\同步教学文件\Chapter 11\动手练习 2.avi

本练习的前后效果如下图所示。

操作提示

在制作森林仙雾效果的实例操作中，主要使用了“云彩”命令、添加图层蒙版等知识，主要操作步骤如下。

步骤01 打开素材文件，新建图层，并执行“滤镜→渲染→云彩”命令，设置“图层1”图层的混合模式为“浅色”。

步骤02 单击“图层”面板底部的“添加图层蒙版”按钮，再执行“滤镜→渲染→云彩”命令，即可完成制作。

本章小结

通过本章的学习，用户了解和掌握了 Photoshop CS5 中滤镜的使用方法和技巧，通过对不同的图像进行编辑来讲述滤镜的作用。本章将滤镜分为 5 个部分，分别是认识滤镜、滤镜库、独立滤镜、其他滤镜及外挂滤镜。对滤镜有了初步的认识后，最后通过几个应用实例了解如何合理地使用滤镜，从而创作出精美的图像效果。

Chapter

12 3D图像的创建与编辑

本章导读

在Photoshop CS5中可以使用3D工具制作出逼真的3D效果，自由创建各种形状的3D对象，并能够对创建的3D对象进行贴图和添加纹理等操作。下面就对3D工具及创建和编辑3D对象的相关知识进行介绍。

本章核心知识点

- 3D工具介绍
- 3D面板
- 3D对象的基本操作
- 图像渲染
- 存储与导出3D文件

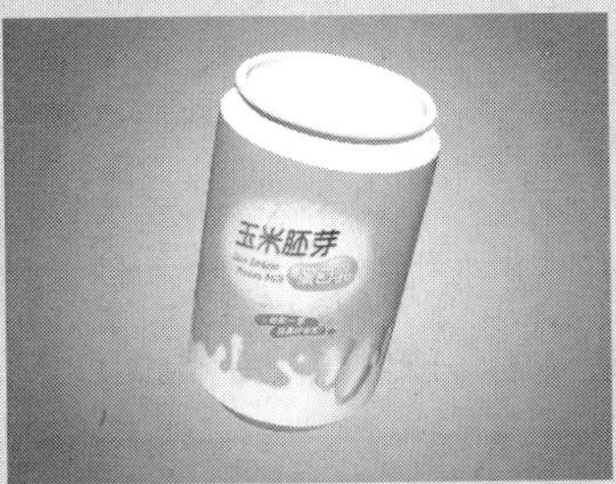

快速入门——知识与应用学习

本章主要给用户讲解 Photoshop CS5 中的 3D 工具及创建和编辑 3D 对象的知识。

12.1 3D 工具介绍

在 Photoshop CS5 中可以利用 3D 对象工具与 3D 相机工具随意地旋转、查看 3D 图形，下面就介绍 3D 工具的基本操作。

12.1.1 打开 3D 对象

在对 3D 对象进行操作之前，首先需要打开一幅 3D 对象，在 Photoshop CS5 中打开 3D 对象的方法有很多，常用的方法是执行“文件→打开”命令，打开 3D 文件，打开的 3D 文件如右侧左图所示，“图层”面板如右侧右图所示。

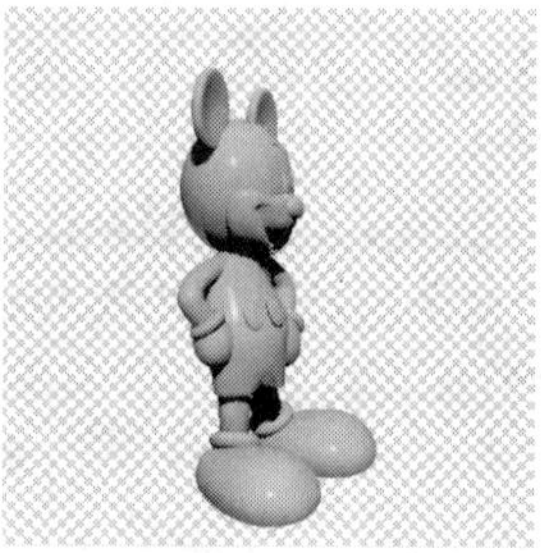

12.1.2 3D 对象工具组

单击 3D 对象工具按钮后，属性栏中会显示设置该工具的选项，从而对该工具进行设置，使工具操作更方便，“3D 对象旋转工具”的属性栏如下图所示。

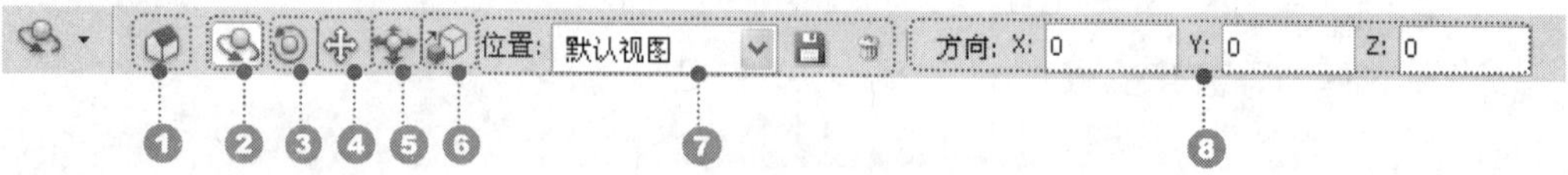

❶返回到初始对象位置：在对 3D 对象进行旋转、缩放等操作后，单击该按钮，即可返回到模型的初始视图。

❷旋转 3D 对象：单击该按钮，即选择了“3D 对象旋转工具”。在 3D 模型中，竖向拖动可将模型绕 X 轴旋转，横向拖动可将模型绕 Y 轴旋转，按住【Alt】键拖动可滚动模型。

❸滚动 3D 对象：单击该按钮，即选择了“3D 对象滚动工具”。使用该工具在 3D 模型中横向拖动，可使模型绕 Z 轴旋转。

❹拖动 3D 对象：单击该按钮，即选择了“3D 对象平移工具”。使用该工具在 3D 模型中的两侧拖动可沿水平方向移动模型，上下拖动可沿垂直方向移动模型，按住【Alt】键的同时进行拖动可沿 X/Y 轴方向移动。

❺滑动 3D 对象：单击该按钮，即可切换到“3D 对象滑动工具”。在模型的两侧拖动可沿水平方向移动模型，上下拖动可将模型移近或移远，按住【Alt】键的同时进行拖动可沿 X/Y 方向移动。

❻缩放 3D 对象：单击该按钮，即可切换到“3D 缩放相机工具”，可通过上下拖动模型进行放大或缩小操作。

❼位置：用于调整 3D 模型的位置，即视图显示方式。单击“位置”右侧的下拉按钮，在弹出的下拉列表中可选择“默认视图”、“左视图”、“右视图”、“俯视图”、“仰视图”、“后视图”和“前视图”7 种视图。单击💾按钮，可以将模型的当前位置保存为预设的视图。

❽参数设置：可通过输入具体的数字对模型进行准确的移动、旋转或缩放操作。

12.1.3 3D 相机工具组

3D 相机工具包括“3D 旋转相机工具”、“3D 滚动相机工具”、“3D 平移相机工具”、“3D 移动相机工具”和“3D 缩放相机工具”，“3D 旋转相机工具”的属性栏如下图所示。

❶返回到初始相机位置：单击“返回到初始相机位置”按钮，可以将相机恢复到初始位置，即打开文档时的状态。

❷环绕移动 3D 相机：单击该按钮，即可选择“3D 旋转相机工具”，拖动可将相机沿 X 方向或 Y 方向环绕移动，按住【Ctrl】键进行拖动可滚动相机。

❸滚动 3D 相机：单击该按钮，即选择了“3D 滚动相机工具”，拖动即可滚动相机。

❹用 3D 相机拍摄全景：单击该按钮，即选择了“3D 平移相机工具”，拖动可以将相机沿 X 方向或 Y 方向平移，按住【Ctrl】键的同时进行拖动可将模型沿 X 方向或 Z 方向平移。

❺与 3D 相机一起移动：单击该按钮，即选择了“3D 移动相机工具”，拖动可以移动视图。

❻变焦 3D 相机：单击该按钮，即选择了“3D 缩放相机工具”，拖动可以更改 3D 相机的视角，最大视角为 180°。

❼视图：在该下拉列表中可以选择一个预设的视图。单击💾按钮，可以将相机的当前位置保存为预设的视图。如果要根据数字精确定义相机位置，可在“方向”文本框中输入 X、Y 和 Z 的数值。

❽透视相机-使用视角：单击该按钮，可显示汇聚消失点的平行线。

❾正交相机-使用缩放：单击该按钮，使平行线不相交，可在精确的缩放视图中显示模型，不会出现任何透视扭曲现象。

❿标准视角：可通过输入数值进行调整，当单击“正交相机-使用缩放”按钮时，可通过该选项设置缩放的参数。

12.2 3D 面板

选择 3D 图层后，3D 图层会显示与之关联的 3D 文件组件。执行“窗口→3D”命令，即可打开 3D 面板，面板顶部列出了用于显示文件网格、材质和光源的按钮，面板底部显示了 3D 组件的相关选项，下面介绍 3D 面板。

12.2.1 3D场景设置

在3D面板中，单击3D面板中的“滤镜：整个场景”按钮，可显示所有组件；单击滤镜材质按钮，只能看材质。下面介绍打开3D面板的方法，3D面板如下图所示。

方法1 执行“窗口→3D”命令。

方法2 在“图层”面板中双击3D图层按钮。

方法3 执行“窗口→工作区→3D”命令。

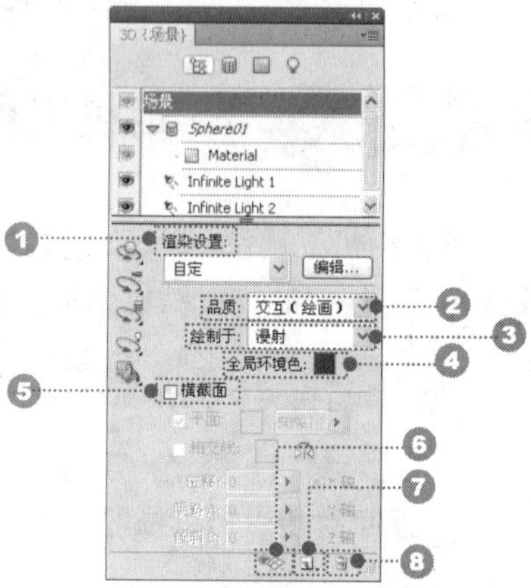

❶渲染设置：可在下拉列表中指定模型的渲染方式。如果要自定选项，可单击“编辑”按钮。

❷品质：用于设置3D模型的显示品质。品质越高，屏幕的刷新速度越慢。

❸绘制于：当直接在3D模型上绘画时，可在该下拉列表中选择要在其上绘制的纹理映射。

❹全局环境色：设置在反射表面上可见的全局环境光的颜色，该颜色与用于特定材料的环境色相互作用。

❺横截面：选择“横截面”复选框后，可创建所选角度与模型相交的平面横截面。这样，可以切入模型内部，查看里面的内容。

❻切换地面：地面可以反映相对于3D模型的地面位置的网格，单击该按钮，可以在下拉菜单中选择显示或隐藏地面、3D轴、3D光源等命令。

❼创建新光源：单击该按钮，可以新建光源。

❽删除光源：单击该按钮，可以删除光源。

12.2.2 3D网格设置

在3D面板中单击“滤镜：网格”按钮，则显示打开的3D对象的网格组件。面板上部分显示了所有网格的个数，面板的下部分显示了网格设置和3D面板的底部信息，如应用于网格的材质和纹理数量，以及其中所包含的顶点和表面的数量，“3D{网格}”面板如下图所示。

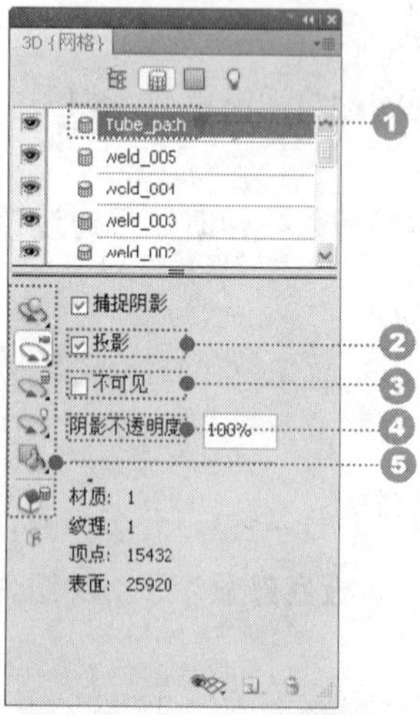

❶当前选择的网格：3D模型中的每个网格都会出现在3D面板的上部分。当选择一个网格时，会在面板下部显示网格信息，包括应用于网格的材质和纹理数量，以及其中所包含的顶点和表面的数量。

❷捕捉阴影：在“光线跟踪”渲染模式下，可以控制是否在选定的网格表面显示来自其他网格的阴影。

❸投影：在“光线跟踪”渲染模式下，控制选定的网格是否在其他网格表面产生投影。需要注意的是，必须设置光源才能产生阴影。

❹不可见：隐藏网格，但显示其表面的所有阴影。

❺网格调整工具组：此工具组包括“对象旋转工具”、“相机旋转工具”、“网格旋转工具”、“光源旋转工具”、“材质拖放工具”和“返回到初始网格位置”6个网格调整工具。使用这些工具可以对3D对象的网格进行任意调整。

12.2.3 3D 材质设置

在 3D 面板中单击“滤镜：材质”按钮，便可在面板上部列出在 3D 文件中使用的材料。在创建模型时，可使用一种或者多种材质来创建模型的整体外观。如果模型包含多个网格，则每个网格可能会使用与之关联的特定材质。模型也可以从一个网格创建，但需要使用多种材质。在这种情况下，每种材质分别控制网格特定部分的外观，“3D{材质}”面板如右图所示。

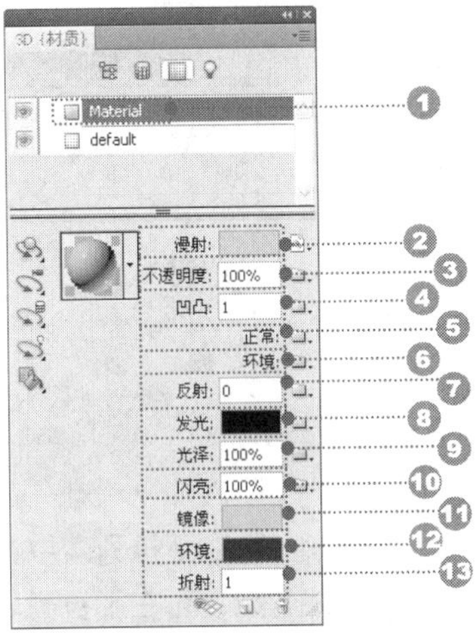

❶当前选择的材质：选择一个材质，面板下部会显示该材质所使用的特定纹理映射。某些纹理映射，如“漫射”和“凹凸”，通常依赖于 2D 文件来提供创建纹理的特定颜色或图案。材质所使用的 2D 纹理映射也会作为纹理出现在“图层”面板中。

❷漫射：用于设置材质的颜色，可以是实色，也可以是任意的 2D 内容。

❸不透明度：用来增加或减少材质的不透明度。

❹凹凸：使用灰度图像在材质表面创建凹凸效果，但并不修改网格。灰度图像中较亮的值可创建突出的表面区域，较暗的值可创建平坦的表面区域。

❺正常：像凹凸映射纹理一样，正常映射会增加表面细节。

❻环境：设置反射表面上可见的环境光颜色，该颜色与用于整个场景的全局环境色相互作用。

❼反射：设置反射率，当两种反射率不同的介质（如空气和水）相交时，光线方向发生改变，即产生反射。新材料的默认值是 1.0（空气的近似值）。

❽发光：定义不依赖光照即可显示的颜色，可创建从内部照亮 3D 对象的效果。

❾光泽：定义来自发光源的光线经表面反射折回到人眼中的光线数量。

❿闪亮：定义“光泽”设置所产生的反射光的散射。低反光度（高散射）可产生更明显的光照，但焦点不足；高反光度（低散射）可产生较不明显、更亮、更耀眼的亮光。

⓫镜像：可以为镜面属性设置显示的颜色。

⓬环境：可存储 3D 模型周围的环境图像。环境映射可作为球面全景来应用，用户可以在模型的反射区域中看到环境映射的内容。

⓭折射：可增加 3D 场景、环境映射和材质表面上其他对象的反射。

12.2.4 3D 光源设置

3D 光源可从不同角度照亮模型，从而添加逼真的深度和阴影。Photoshop CS5 提供了 3 种类型的光源：点光、聚光灯和无限光。每种光源在 3D 面板中都有各自的选项。“3D{光源}”面板如左下图所示，3 种光源效果如右下图所示。

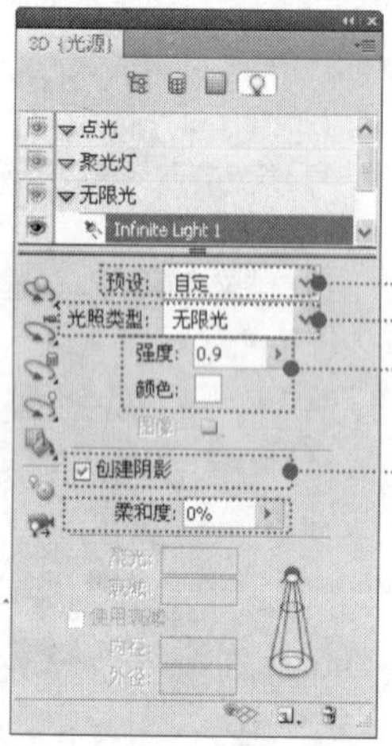

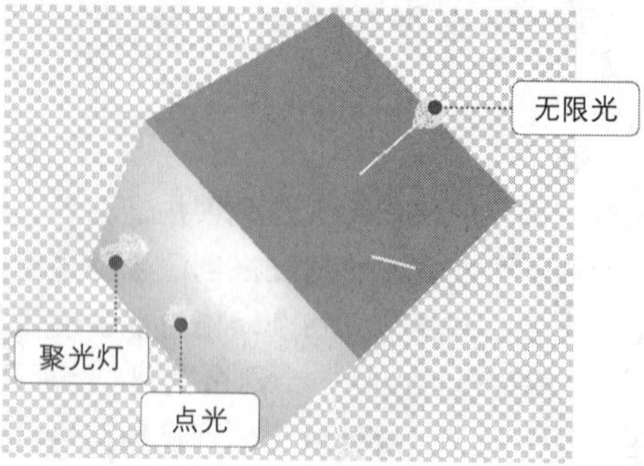

❶预设：可在下拉列表中选择光照样式。

❷光照类型：可在下拉列表中选择光照类型，包括“点光”、“聚光灯”、“无限光”和“基于图像”选项。“点光”效果显示为小球，“聚光灯”效果显示为锥形，“无限光”效果显示为直线。

❸“强度”/“颜色”：选择光源后，可调整它的亮度。单击颜色块，可以在打开的拾色器中设置光源的颜色。

❹创建阴影：选择该复选框，可以创建从前景表面到背景表面、从单一网格到其自身或从一个网格到另一个网格的投影。取消选择该复选框可稍微改善性能。

❺柔和度：可以模糊阴影边缘，产生逐渐的衰减。

❻聚光：设置光源中心的宽度（仅限聚光灯）。

❼衰减：设置光源的外部宽度（仅限聚光灯）。

❽使用衰减：“内径”和“外径”选项决定衰减锥形，以及光源强度随对象距离的增加而减弱的速度。对象接近“内径”限制时，光源强度最大；对象接近“外径”限制时，光源强度为零；处于中间距离时，光源从最大强度线性衰减为零。

12.3 3D对象的基本操作

在 Photoshop CS5 中，使用 3D 菜单命令可以将 2D 图层作为起始点，产生各种基本的 3D 对象，例如创建 3D 明信片、3D 形状或 3D 网格。创建 3D 对象后，可以在 3D 空间对其进行移动、更改渲染设置、添加光源或将其他 3D 图层合并。下面介绍 3D 图层的基本操作。

12.3.1 从3D文件中新建图层

执行 3D 菜单中的“从 3D 文件新建图层”命令，可以在打开的 3D 图像中添加新的 3D 图像，也可以将 3D 图层与一个或多个 2D 图层合并，以创建复合效果。从 3D 文件中新建图层的具体操作步骤如下。

步骤01 打开光盘中的素材文件 12-01.jpg，如下图所示。

步骤02 执行“3D→从 3D 文件新建图层”命令，在“打开”对话框中选择 3D 文件 12-02.3ds，单击“打开”按钮，即可将 3D 文件添加到 2D 素材中，此时的“图层”面板及图像效果如下图所示。

12.3.2 创建 3D 明信片

使用 3D 工具可以将 2D 图层或多图层转换为 3D 明信片，即具有 3D 属性的平面。如果起始图层是文本图层，则会保留所有不透明度。创建 3D 明信片的具体步骤如下。

步骤01 打开光盘中的素材文件 12-03. jpg，如左下图所示。

步骤02 执行“3D→从图层新建 3D 明信片”命令，即可创建 3D 明信片，2D 图层作为 3D 明信片对象的“漫射”纹理映射在“图层”面板中，这时就可以使用 3D 工具对明信片进行旋转、移动和缩放等操作，此时的“图层”面板及图像效果如右下图所示。

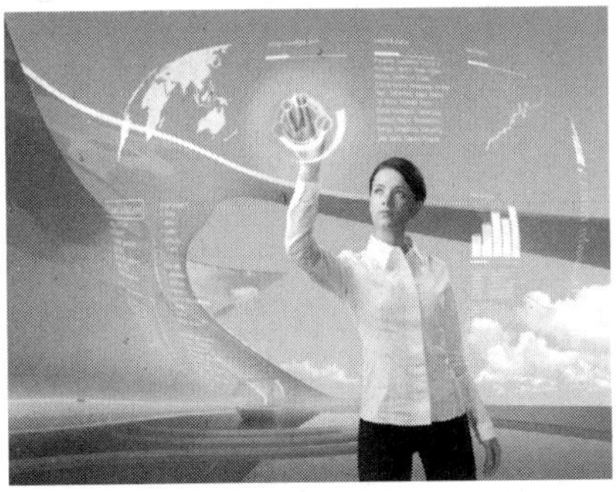

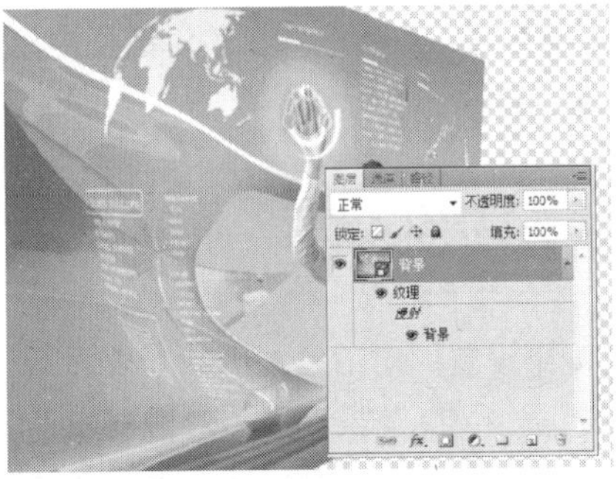

12.3.3 创建 3D 形状

Photoshop CS5 提供了很多 3D 形状，执行“3D→从图层新建形状”命令，即可在级联菜单中选择一个 3D 形状。这些形状包括“圆环”、“球体”或“帽形”等单一的网格对象，还包括“锥形”、“立方体”、“圆柱体”、“易拉罐”或“酒瓶”等多网格对象，“酒瓶”形状如右图所示。

12.3.4 创建 3D 网格

通过“从灰度新建网格”命令可将灰度图像转换为深度映射，利用基于图像的明度值转换创建出深度不一的表面，较亮的值生成表面上凸起的区域，较暗的值生成凹下的区域。对灰度图像执行“3D→从灰度新建网格”命令，在弹出的级联菜单中可选择“平面”、“双面平面”、“圆柱体”和“球体”命令。

步骤01 打开光盘中的素材文件 12-04. jpg，如下图所示。

步骤02 执行“3D→从灰度新建网格→双面平面”命令，即可创建平面图形，效果如下图所示。

12.4 3D 对象渲染

渲染是完成 3D 对象的最后一道工序，当完成 3D 对象后，就可执行“3D→渲染设置”命令，打开“3D 渲染设置”对话框。在该对话框中设置各参数，完成对 3D 对象的渲染，下面就详细介绍 3D 对象的渲染。

12.4.1 渲染设置

选择“渲染设置”对话框左侧的“表面”、“边缘”、“顶点”、“体积”或“立体”的复选框，即可调整各选项，“3D 渲染设置”对话框如下图所示。

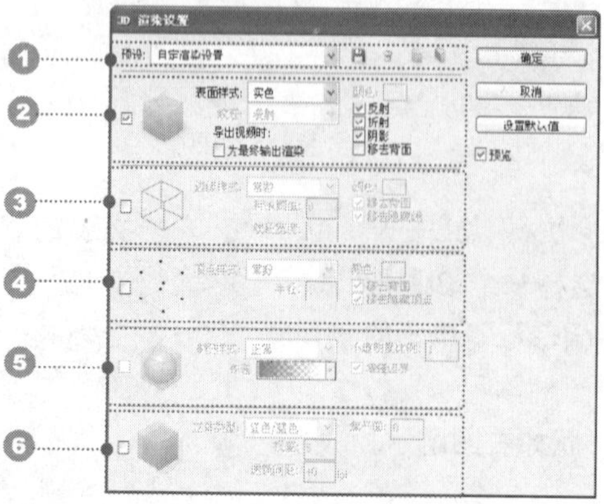

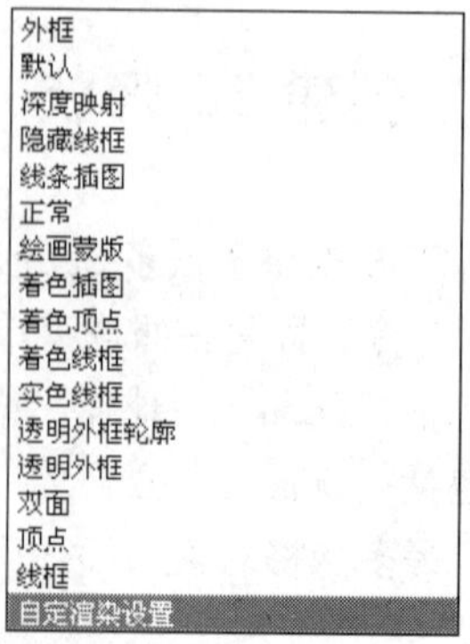

在“3D 渲染设置”对话框中，各项参数含义如下。

❶预设：在该选项的下拉列表中包含了 17 种渲染预设，标准渲染预设为“实色”，可显示模型的可见表面。“线框”和“顶点”预设会显示底层结构。要合并“实色”和“线框”渲染，可选择“实色线框”预设。要以能反映最外侧尺寸的简单线框来查看模型，可选择“外框”预设。

❷“表面”选项区域中的选项决定了如何显示模型的表面。

- 表面样式：可以选择以何种方式绘制表面。
- 纹理：当将“表面样式”设置为“未照亮的纹理”时，可指定纹理映射。
- 为最终输出渲染：对于已导出的视频动画，可产生更平滑的阴影和逼真的颜色出血（来自反射的对象和环境），但需要较长的处理时间。
- 颜色：如果要调整表面的颜色，可单击颜色块；如果要调整边缘或顶点的颜色，可单击相应选项中的颜色块。
- “反射”/“折射”/“阴影”：可显示或隐藏光线跟踪特定的功能。
- 移去背面：隐藏双面组件背景的表面。

❸“边缘”选项区域中的选项决定了线框、线条的显示方式。

- 边缘样式：反映用于以上“表面样式”的“常数”、“平滑”、“实色”和“外框”选项。
- 折痕阈值：当模型中的两个多边形在某个特定角度相接时，会形成一条折痕或线，该选项可调整模型中的结构线条数量。
- 线段宽度：指定宽度（以像素为单位）。
- 移去背面：隐藏双面组件背景的边缘。
- 移去隐藏线：移去与前景线条重叠的线条。

❹“顶点”选项区域中的选项用于调整顶点的外观，即组成线框模型的多边形相交点。

- 顶点样式：反映用于以上“表面样式”的“常数”、“平滑”、“实色”和“外框”选项。
- 半径：决定每个顶点的像素半径。
- 移去背面：隐藏双面组件背景的顶点。
- 移去隐藏顶点：移去与前景顶点重叠的顶点。

❺“体积”选项区域中的选项用于 DICOM 图像的体积设置。

- 体积样式：可选择一种体积样式，可在不同的渲染模式下查看 3D 对象的体积。
- “传递”/“不透明度比例”：使用传递函数的渲染模式，使用 Photoshop 渐变来渲染体积中的值。渐变颜色和不透明度值与体积中的灰度值合并，以优化或高亮显示不同类型的内容。传递函数渲染模式只适用于灰度 DICOM 图像。
- 增强边界：在保持边界不透明度的同时，降低同质区域的不透明度。

❻“立体”选项区域中的选项用于调整图像的设置。可透过红、蓝色玻璃查看图像，或打印成包括透镜镜头的对象。

- 立体类型：可以为透过彩色玻璃查看的图像指定“红色”/“蓝色”，或为透镜打印指定“垂直交错”。
- 视差：调整两个立体相机之间的距离。较高的设置会增大三维深度，减少景深，使焦点平面前后的物体呈现在焦点之外。
- 透镜间距：指定“透镜镜头”每英寸包含多少线条数。

➢ 焦平面：确定相对于模型外框中心的焦平面位置。输入负值可将平面向前移动，输入正值可将其向后移动。

12.4.2 连续渲染选区

3D 模型的结构、灯光和贴图越复杂，渲染时间越长。为了提高工作效率，可以指定渲染模型的局部，从中判断整个模型的最终效果，以便为修改提供参考。使用选框工具在模型上创建一个选区，执行“3D→连续渲染选区”命令，即可渲染选中的内容。

12.4.3 恢复渲染选区

在渲染 3D 模型时，如果进行了其他操作，就会中断渲染，执行“3D→恢复连续渲染”命令可以重新恢复渲染 3D 模型。

12.4.4 地面阴影捕捉器

单击 3D 面板中的“滤镜→整修场景”按钮，可显示场景选项。在“场景”下拉列表中选择“光线跟踪最终效果”选项以后，可执行“3D→地面阴影捕捉器”命令捕捉模型投射在地面上的阴影。移动 3D 对象以后，执行“3D→将对象紧贴地面”命令可以使其紧贴到 3D 地面上。

12.5 存储与导出 3D 文件

在 Photoshop CS5 中编辑 3D 对象时，可以栅格化 3D 图层，将其转换为智能对象，也可以与 2D 图层合并，还可以将 3D 图层导出。

12.5.1 存储 3D 文件

编辑 3D 文件后，如果要保留文件中的 3D 内容，包括位置、光源、渲染模式和横截面，可执行“文件→存储”命令，选择 PSD、PDF 或 TIFF 格式作为保存格式。

12.5.2 导出 3D 文件

在“图层”面板中选择要导出的 3D 图层，执行“3D→导出 3D 图层”命令，打开“存储为”对话框，在“格式”下拉列表中选择 DAE、OBJ、U3D 和 KMZ 格式即可。

12.5.3 合并 3D 图层

执行“3D→合并 3D 图层”命令可以合并一个场景中的多个 3D 模型，合并后，可以单独处理每一个模型，也可以同时在所有模型上使用对象工具和相机工具。

打开一个 2D 文件，执行“3D→从 3D 文件新建图层”命令，在打开的对话框中选择一个 3D 文件，并将其打开，即可将 3D 文件与 2D 文件合并。如果图层数量较多，为了在编辑对象时快速进行屏幕渲染，可执行“3D→自动隐藏图层以改善性能”命令，此后使用工具编辑 3D 对象时，所有 2D 图层会暂时隐藏，释放鼠标时，又会恢复显示。

12.5.4 栅格化 3D 图层

在完成 3D 模型的编辑后，当不再需要编辑 3D 模型的位置、渲染位置、纹理或光源时，可将 3D 图层转换为 2D 图层。执行“3D→栅格化”命令即可将 3D 图层转换为 Photoshop CS5 中的平面图层，栅格化的图像会保留 3D 场景的外观，但格式为平面化的 2D 格式。

12.5.5 将 3D 图层转换为智能对象

在“图层”面板中选择 3D 图层，在面板菜单中选择“转换为智能对象”命令，可以将 3D 图层转换为智能对象。转换后，可保留 3D 图层中的 3D 信息，可以对它应用智能滤镜，也可以通过双击智能对象图层重新编辑原始的 3D 场景。

技能进阶——上机实战操作

通过前面内容的学习，为了让用户进一步掌握本章内容，提高综合应用能力，下面介绍相关实例的制作。

实例制作 1　制作 3D 易拉罐效果

制作本实例时，首先打开 3D 模型的纹理，然后对其进行 2D 纹理的编辑，最后使编辑的内容自动识别到 3D 模型中，此时就完成了 3D 易拉罐效果的制作。

效果展示

本实例的前后效果如下图所示。

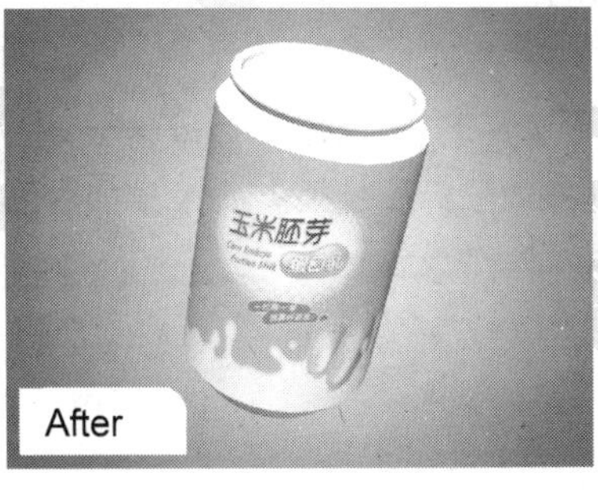

原始文件	光盘\素材文件\Chapter 12\12-05.jpg
结果文件	光盘\结果文件\Chapter 12\12-01.psd
同步视频文件	光盘\同步教学文件\Chapter 12\实例制作 1.avi

知识链接

在本实例的制作与设计过程中，主要用到以下知识点。

- “从图层新建形状”命令
- 设置光源
- 编辑 2D 格式的纹理

操作步骤

本实例的具体操作步骤如下。

步骤01 执行“文件→新建”命令，在弹出的“新建”对话框中，设置“宽度”为“22.5 厘米”、“高度”为“17 厘米”，“分辨率”为“300 像素/英寸”，如下图所示，单击“确定”按钮。

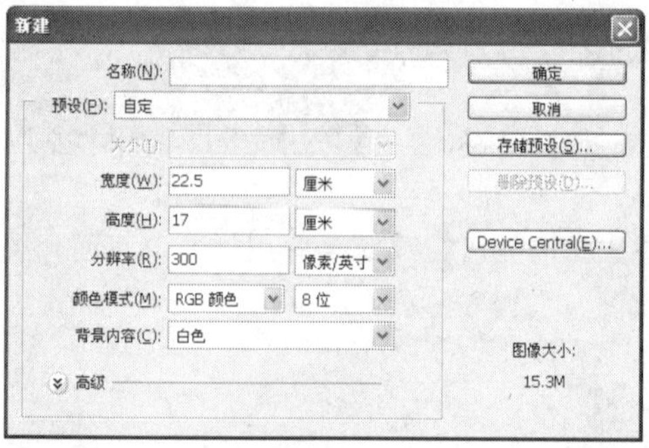

步骤02 单击工具箱中的“渐变工具”按钮，打开“渐变编辑器”窗口，设置渐变从左至右的颜色值分别为（R:227、G:244、B:230）、（R:34、G:132、B:103），如下图所示。

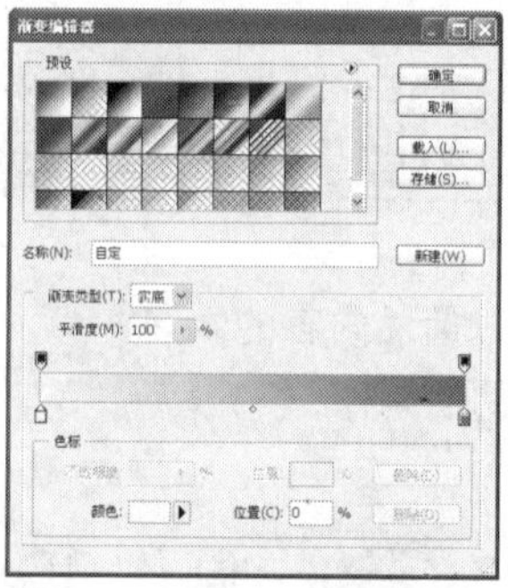

步骤03 单击“径向渐变”按钮，通过拖动填充背景，效果如下图所示。

步骤04 新建一个图层，执行“3D→从图层新建形状→易拉罐”命令，效果如下图所示。

步骤05 单击工具箱中的“3D 对象旋转工具”按钮，通过拖动鼠标旋转模型，效果如右图所示。

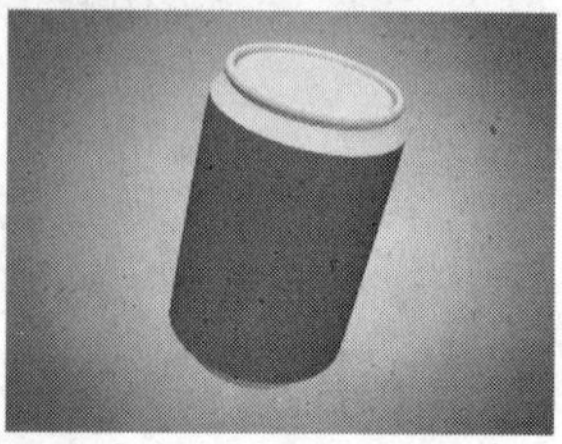

步骤06 执行“窗口→3D”命令，打开 3D 面板，选择标签材质，单击“编辑漫射纹理”按钮，在弹出的菜单中执行“载入纹理”命令，如下图所示。

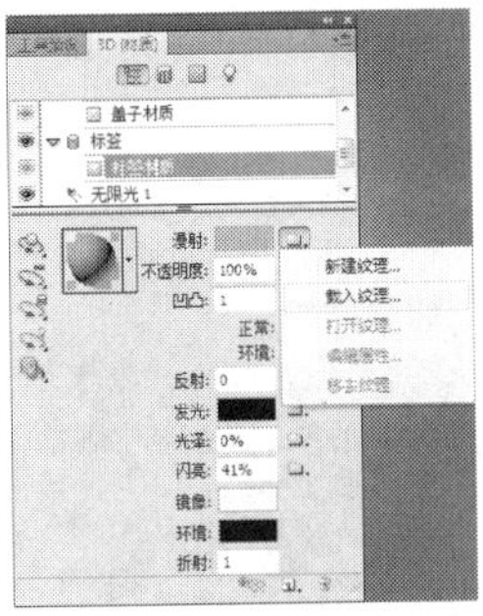

步骤07 在弹出的“打开”对话框中，选择光盘中的素材文件 12-05.jpg，如下图所示，然后单击“打开”按钮。

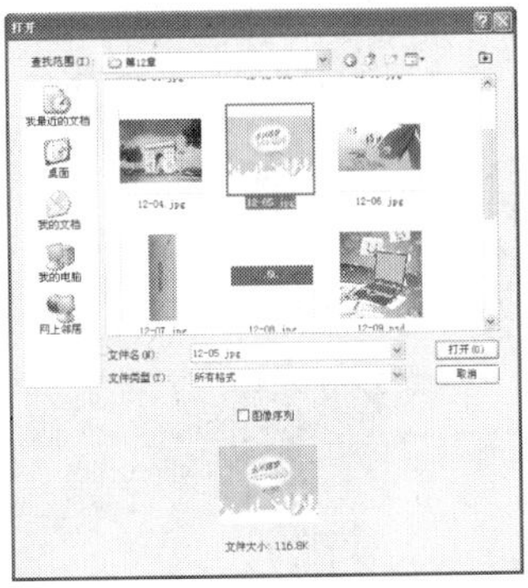

步骤08 载入右侧纹理，载入后的图像效果如下图所示。

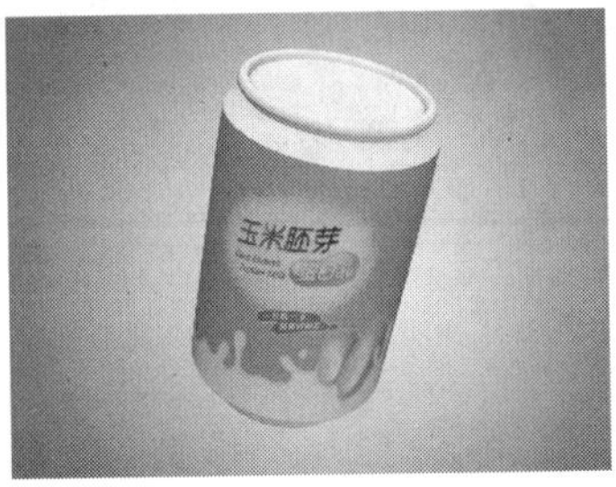

步骤09 在“图层”面板中，双击“盖子材质-默认纹理”纹理，为弹出的 3D 模型纹理文件设置前景色，颜色参数为（R:244、G:243、B:191），按【Alt+Delete】快捷键填充图像，此时的“图层”面板如下图所示。

步骤10 返回到易拉罐图像，易拉罐的其他位置被填充了颜色，效果如下图所示。

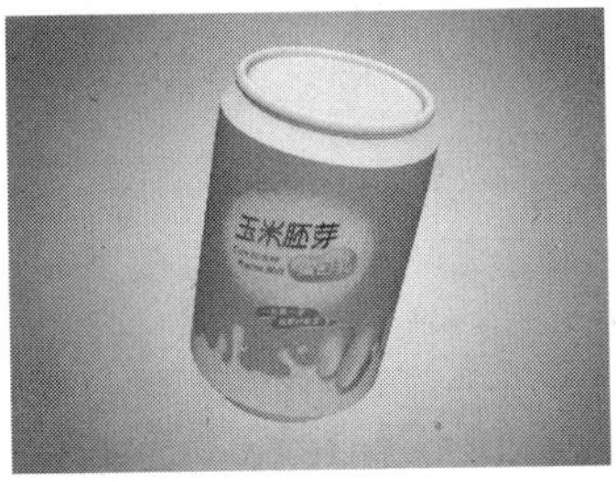

步骤11 在 3D 面板中，单击“滤镜：光源”按钮，选择“无限光 1”选项，在面板中设置“强度”为 2.18，如下图所示。

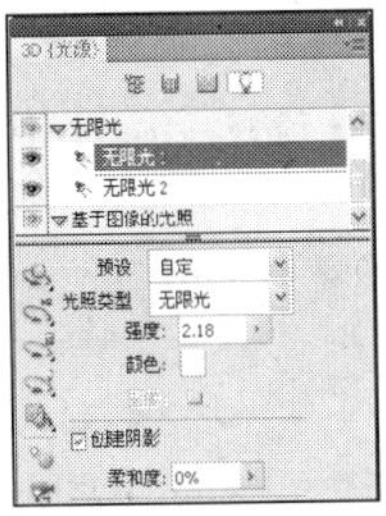

步骤12 使用所设置的参数增强图像的亮度，最终效果如右图所示。

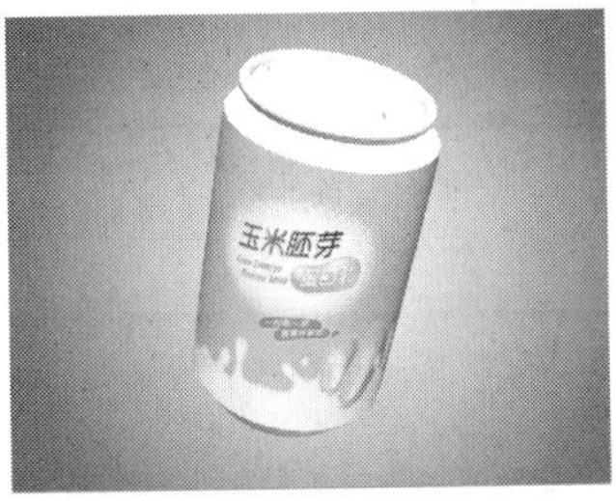

实例制作 2 制作 3D 茶叶包装效果

制作本实例时，首先创建立方体，旋转其位置，然后载入素材图片，并将其粘贴到打开的纹理中，在 3D 模型中就会显示编辑的纹理，此时就完成了 3D 茶叶包装效果的制作。

效果展示

本实例的前后效果如下图所示。

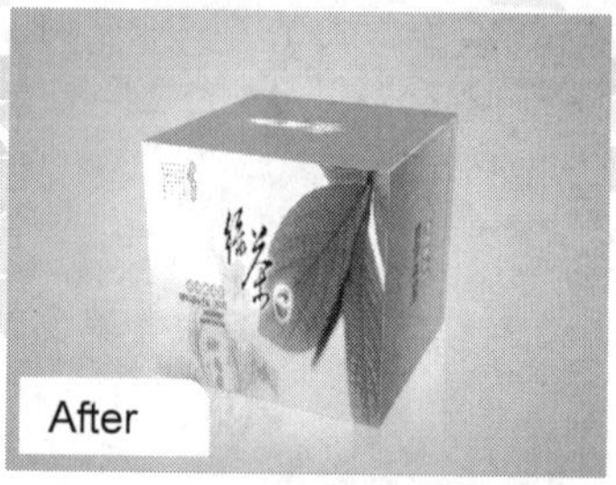

原始文件	光盘\素材文件\Chapter 12\12-06.jpg、12-07.jpg、12-08.jpg
结果文件	光盘\结果文件\Chapter 12\12-02.psd
同步视频文件	光盘\同步教学文件\Chapter 12\实例制作 2.avi

知识链接

在本实例的制作与设计过程中，主要用到以下知识点。

- 从图层创建形状
- 载入纹理
- 设置光源

操作步骤

本实例的具体操作步骤如下。

步骤01 执行“文件→新建”命令，在弹出的“新建”对话框中，设置“宽度”为“640 像素”，“高度”为“480 像素”，“分辨率”为“300 像素/英寸”，如下图所示，单击“确定”按钮。

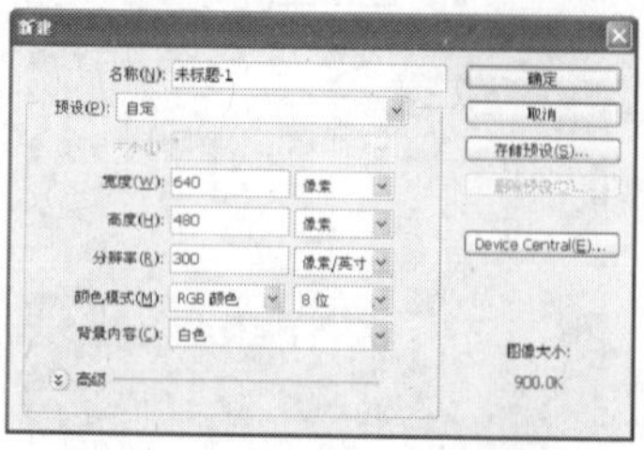

步骤02 单击工具箱中的“渐变工具”按钮，打开“渐变编辑器”窗口，从中设置渐变，从左至右的颜色值分别为（R:253、G:253、B:253）、（R:153、G:153、B:153），如下图所示。

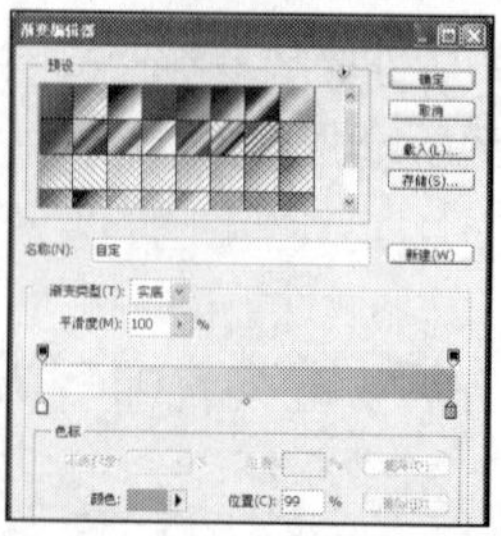

步骤03 单击“径向渐变”按钮，填充径向渐变，效果如下图所示。

步骤04 新建一个图层，执行“3D→从图层新建形状→立方体”命令，效果如下图所示。

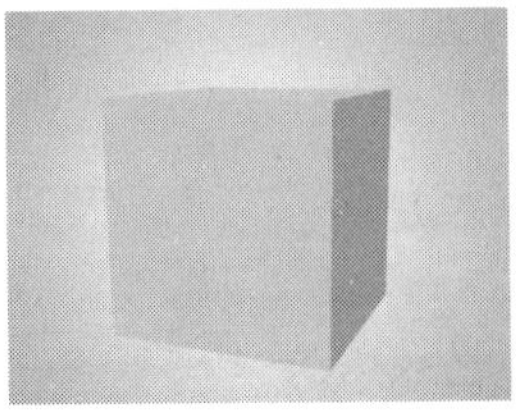

步骤05 单击工具箱中的“3D 对象比例工具”按钮，向内拖动鼠标，缩小模型，效果如下图所示。

步骤06 执行“窗口→3D”命令，打开 3D 面板，选择右侧材质，单击“编辑漫射纹理”按钮，在弹出的菜单中执行“载入纹理”命令，如下图所示。

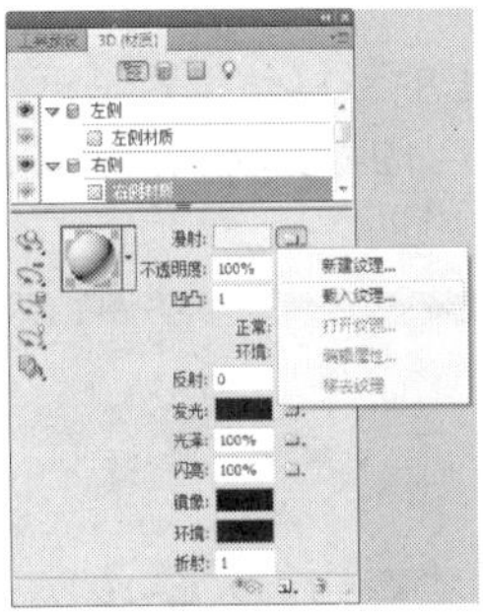

步骤07 在弹出的“打开”对话框中，选择光盘中的素材文件 12-06.jpg，如下图所示，然后单击“打开”按钮。

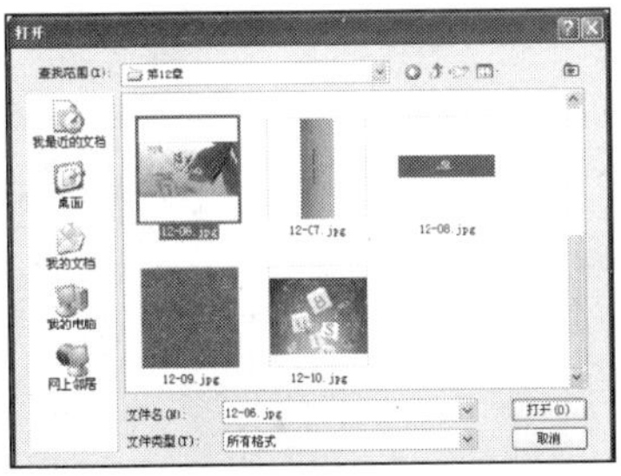

步骤08 载入右侧纹理，载入后的图像效果如下图所示。

步骤09 选择“底部材质”，单击“编辑漫射纹理”按钮，在弹出的菜单中执行“载入纹理”命令，如下图所示。

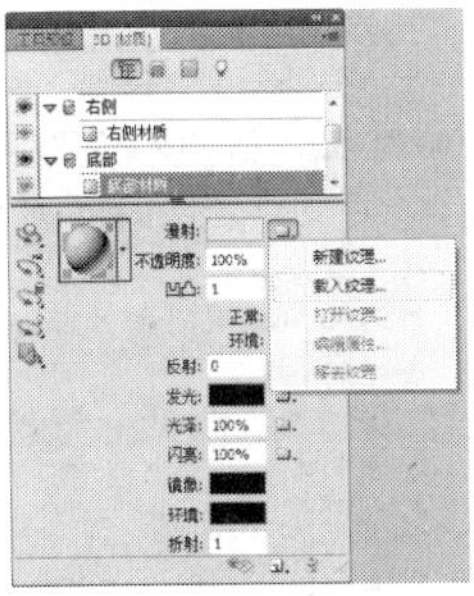

步骤10 在弹出的“打开”对话框中，选择光盘中的素材文件 12-07. jpg，如下图所示，然后单击“打开”按钮。

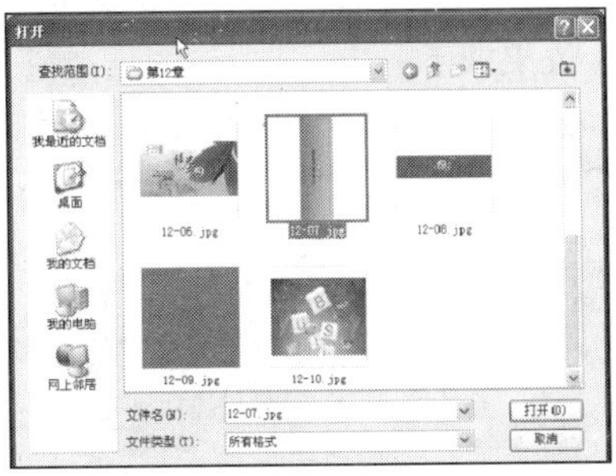

步骤11 载入底部纹理，载入后的图像效果如下图所示。

步骤12 选择“背面材质”，单击“编辑漫射纹理”按钮，在弹出的菜单中执行“载入纹理”命令，如下图所示。

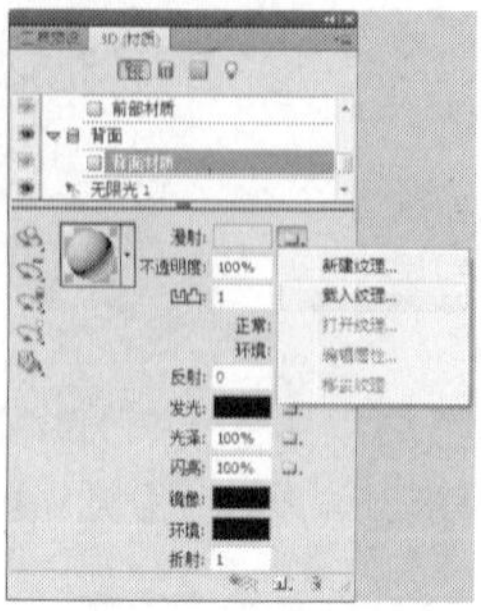

步骤13 在弹出的“打开”对话框中，选择光盘中的素材文件 12-08.jpg，如下图所示，然后单击“打开”按钮。

步骤14 载入底部纹理，载入后的图像效果如下图所示。

步骤15 在 3D 面板中，单击“滤镜：光源”按钮，选择“无限光 1”选项，在面板中设置“强度”为 3.5，如下图所示。

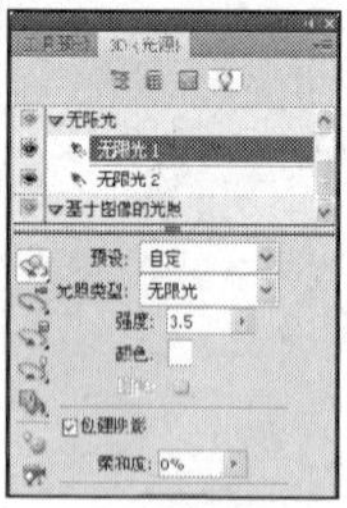

步骤16 使用所设置的参数增强图像的亮度，效果如下图所示。

步骤17 选择“图层 1”图层，单击工具箱中的“多边形套索工具”按钮，在图像窗口中创建选区，效果如下图所示。

步骤18 按【Ctrl+J】快捷键，得到“图层 2”图层，此时的“图层”面板如下图所示。

步骤19 执行“编辑→变换→垂直翻转”命令，按【Ctrl+T】快捷键显示编辑框，按【Ctrl】键单击并拖动鼠标，如右侧左图所示。当两个图像吻合后，如右侧右图所示，单击属性栏中的“进行变换”按钮✓。

步骤20 选择“图层 1”图层，单击工具箱中的“多边形套索工具”按钮，在图像窗口中创建选区，效果如下图所示。

步骤21 按【Ctrl+J】快捷键，得到“图层 3”图层，此时的“图层”面板如下图所示。

步骤22 执行“编辑→变换→垂直翻转”命令，按【Ctrl+T】快捷键显示编辑框，按【Ctrl】键单击并拖动鼠标，如右侧左图所示。当两个图像相吻合后，单击属性栏中的“进行变换”按钮✓，效果如右侧右图所示。

步骤23 在“图层”面板中，选择“图层 3”图层，执行“图层→向下合并”命令，合并为一个图层，此时的“图层”面板如右侧左图所示。设置图层混合模式为“叠加”，效果如右侧右图所示。

步骤24 单击“图层”面板底部的“添加图层蒙版”按钮，添加蒙版后，选择工具箱中的“画笔工具”，选择柔角画笔，并设置前景色为黑色，通过涂抹隐藏底部部分图像，如下图所示。

步骤25 涂抹完成后，最终效果如下图所示。

技能提高——举一反三应用

为了强化用户的动手能力，并巩固本章的学习内容，下面安排几个上机练习实例。用户可以根据提供的素材文件与效果文件，参考提示信息，亲自上机完成制作。

动手练习 1 制作笔记本屏幕效果

在 Photoshop CS5 中，运用本章所学的 3D 编辑漫射纹理等知识制作笔记本屏幕效果。

原始文件	光盘\素材文件\Chapter 12\12-09.psd、12-10.jpg
结果文件	光盘\结果文件\Chapter 12\12-03.psd
同步视频文件	光盘\同步教学文件\Chapter 12\动手练习 1.avi

本练习的前后效果如下图所示。

素材

最终效果

操作提示

在制作笔记本屏幕效果的实例操作中，主要使用了全选图像、复制与粘贴图像、编辑 2D 格式纹理等知识，主要操作步骤如下。

步骤01 打开素材文件，打开 3D 面板，单击“滤镜：材质”按钮，在“滤镜材料”面板中选择“漫射”选项，设置其颜色值为（R:18、G:17、B:17），将笔记本的材质设置为黑色。

步骤02 在“图层”面板中，将 3D 模型的纹理文件粘贴至 3D 文件中，即可完成制作。

动手练习 2 制作 3D 皮革沙发效果

在 Photoshop CS5 中，运用本章所学的 3D 编辑漫射纹理、编辑 2D 格式纹理制作 3D 皮革沙发效果。

原始文件	光盘\素材文件\Chapter 12\12-11.psd、12-12.jpg
结果文件	光盘\结果文件\Chapter 12\12-03.psd
同步视频文件	光盘\同步教学文件\Chapter 12\动手练习 2.avi

本练习的前后效果如下图所示。

操作提示

在制作 3D 皮革沙发效果的实例操作中，主要使用了全选图像、复制与粘贴图像、编辑 2D 格式纹理等知识，主要操作步骤如下。

步骤01 打开 3D 素材文件，再打开素材图像并复制图像。

步骤02 在“图层”面板中，双击 Caligaris 默认纹理，在图像窗口中弹出 3D 模型的纹理文件，并将其粘贴至 3D 文件中。

本章小结

本章主要介绍了 3D 工具的使用及对 3D 对象的操作。前面介绍了 3D 面板、3D 图像的基本操作、创建和编辑 3D 模型纹理，后面介绍了 3D 对象渲染、存储和导出 3D 文件。通过本章的学习，用户可以对 3D 对象有一个更新的认识。另外，用户需进行更多的操作练习才可以熟练掌握，将它的强大功能应用于学习和工作中。

Chapter 13

视频与动画

本章导读

在Photoshop CS5中，不仅可以对视频文件进行编辑和处理，还可以通过“动画”面板来创建动画，并且可根据需要创建关键帧和时间轴动画。下面介绍视频与动画的相关制作方法。

本章核心知识点

- 了解视频功能
- 创建与编辑视频图层
- 认识和制作动画

快速入门——知识与应用学习

本章主要给用户讲解 Photoshop CS5 中视频的创建与编辑以及动画的创建方法等知识。

13.1 了解视频功能

使用某些功能可以对视频进行编辑和绘制，如应用滤镜、蒙版、变换、图层样式和混合模式等，从而编辑视频的各个帧和图像序列文件。

13.1.1 了解视频图层

在“图层”面板中可为视频图层分组，或者将颜色和色调调整应用于视频图层。进行编辑之后，可以将文档存储为 PSD 格式的文件（该格式的文件可以在 Premiere 和 After Effects 这样的 Adobe 应用程序中播放，也可以在其他应用程序中作为静态文件出现），也可以将文档作为 QuickTime 影片或图像序列进行渲染。视频图层参考的是原始文件，因此，对视频图层进行的编辑不会改变原始视频或图像序列文件。

13.1.2 “动画（时间轴）”面板

执行“窗口→动画”命令，打开“动画”面板，单击“转换为时间轴动画”按钮，切换为时间轴模式状态。时间轴模式显示了文档图层的帧持续时间和动画属性，如下图所示。

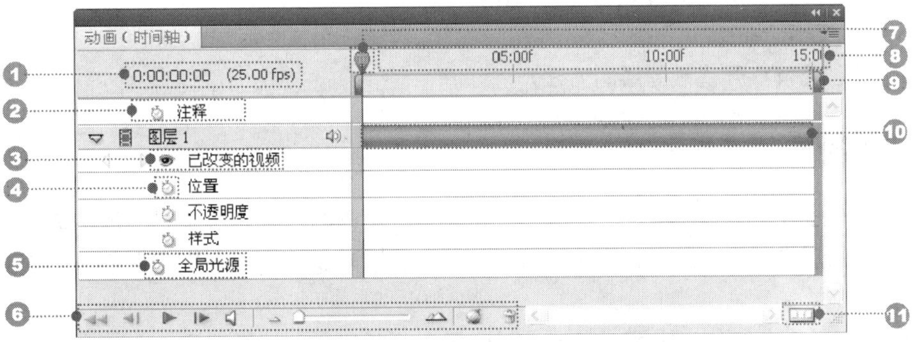

❶当前时间：显示当前帧的时间码或帧号，取决于“当前时间指示器”的位置。

❷“注释”轨道：从面板菜单中执行“编辑时间轴注释”命令，可以在当前时间处插入注释。注释在“注释”轨道中显示为■状图标，当指针移动到图标上方时，注释会作为提示信息出现。

❸“已改变的视频”轨道：对于视频图层，可为已改变的每个帧显示一个关键帧图标。要跳转到已改变的帧，应使用轨道标签左侧的关键帧导航器。

❹时间-变化秒表：可启用或停用图层属性的关键帧设置。单击该按钮，可插入关键帧并启用图层属性的关键帧设置。再次单击可移去所有的关键帧并停用图层属性的关键帧设置。

❺“全局光源”轨道：显示要在该轨道中设置和更改的图层效果，如“投影”、“内阴影”及

“斜面和浮雕”图样式的关键帧。

❻面板底部工具：为“启用音频播放”按钮；为“缩放滑块”；为“缩小”按钮；为“放大”按钮；为“删除关键帧”按钮；为“切换洋葱皮”按钮。洋葱皮模式可显示在当前帧上绘制的内容及在周围的帧上绘制的内容。附加描边将以指定的不透明度显示，以便与当前帧上的描边区分开。洋葱皮模式对于绘制逐帧动画很有用，因为该模式可以为用户提供描边位置的参考点。

❼当前时间指示器：拖动“当前时间指示器”可导航帧，也可更改当前时间或帧。

❽时间标尺：根据文档的持续时间和帧速率水平测量持续时间或帧计数。从面板菜单中执行“文档设置”命令可更改持续时间或帧速率，可使刻度线和数字沿标尺出现，并且其间距会随时间轴的缩放而改变。

❾工作区域指示器：拖动轨道任一端的蓝色标签，都可标记要预览或导出的动画及视频的特定部分。

❿图层持续时间条：指定图层在视频或动画中的时间位置。要将图层移动到其他时间位置，可拖动该时间条。要裁切图层（调整图层的持续时间），可拖动该时间条的任一端。

⓫转换为帧动画：单击该按钮，可以将时间轴模式切换为帧动画模式。

13.2 创建与编辑视频图层

在 Photoshop CS5 中，可以打开多种 QuickTime 视频格式的文件，其中包括 MPEG-1、MPEG-4、MOV 和 AVI；如果计算机上安装了 Adobe Flash 8，则可支持 QuickTime 的 FLV 格式；如果安装了 MPEG-2 编码器，可以支持 MPEG-2 格式。打开视频文件以后，即可对其进行编辑。

13.2.1 创建及打开视频图层

下面介绍创建及打开视频图层的方法。

1 创建视频图层

方法 1 执行“文件→新建”命令，在“新建”对话框的“预设”下拉列表中选择“胶片和视频”选项，然后在“大小”下拉列表中选择一个文件大小选项，此时即可创建一个空白的视频图像文件。

方法 2 打开一个文件，执行“图层→视频图层→新建空白视频图层”命令，可以新建一个空白的视频图层。

方法 3 执行“图层→视频图层→从文件新建视频图层”命令，可以将视频文件添加为新视频图层。

2 打开视频图层

执行“文件→打开”命令，选择一个视频文件，然后单击“打开”按钮即可将其打开。

13.2.2 将视频帧导入图层

在 Photoshop CS5 中可以将视频帧导入图层，具体操作步骤如下。

步骤01 执行“文件→导入→视频帧到图层”命令，打开“载入”对话框，选择光盘中的素材文件 13-01.mp4，打开“将视频导入图层”对话框，如下图所示。

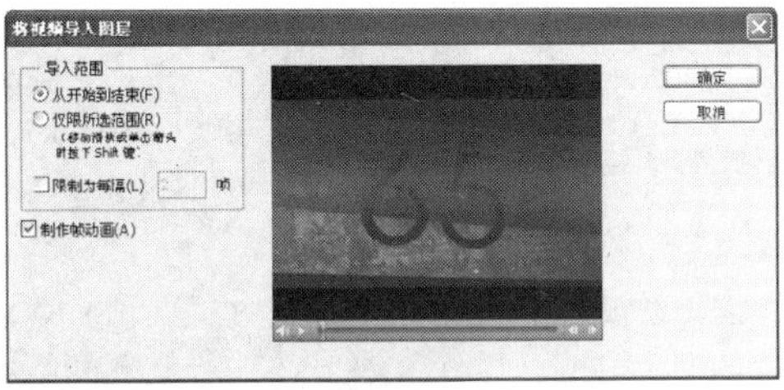

步骤02 在“将视频导入图层”对话框中，选择“仅限所选范围”单选按钮，然后按【Shift】键拖动时间滑块，设置导入的帧的范围，参数设置如下图所示。

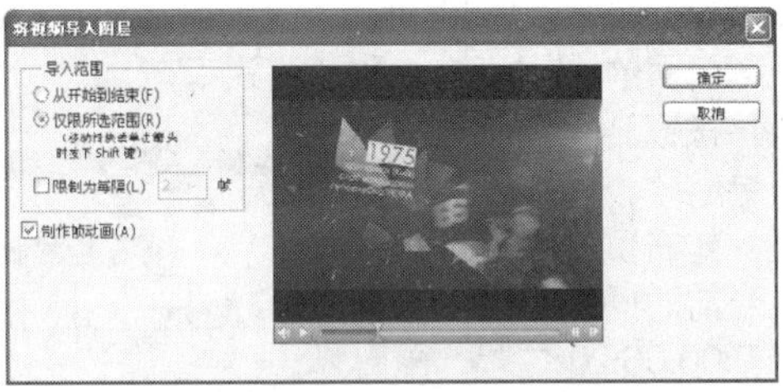

步骤03 单击“确定”按钮，即可将指定范围内的视频帧导入为图层，如右图所示。

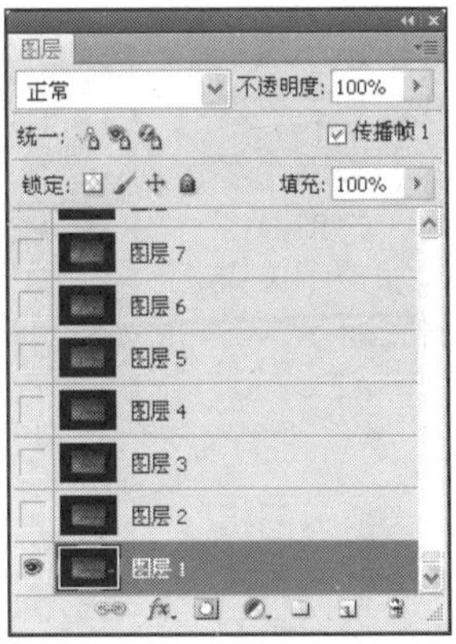

提 示

要在 Photoshop CS5 中处理视频，必须在计算机上安装 QuickTime 7.1 或更高版本，才能导入视频图层。

13.2.3 修改视频图层的不透明度

通过修改视频图层的不透明度，可以制作出渐隐渐现的动画效果，修改视频图层不透明度的具体操作步骤如下。

步骤01 打开光盘中的素材文件 13-02.mp4，如左下图所示。将其拖动至视频文件中，将“图层 1”图层拖动至“图层 2”图层上，如右下图所示。

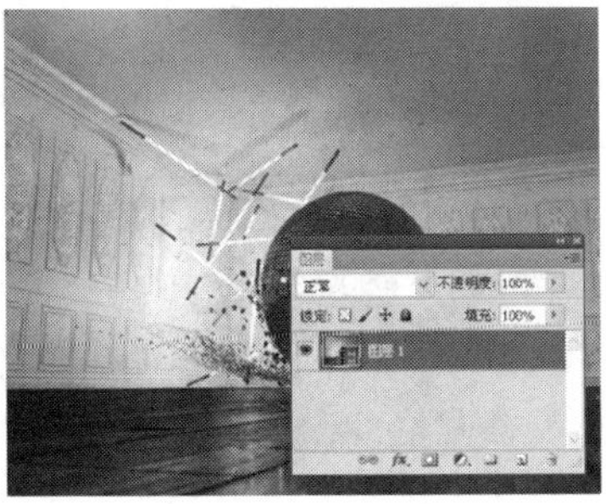

步骤02 打开“动画（时间轴）”面板，单击“图层 1”轨道前面的按钮，将“当前时间指示器”拖动至 0:00:04:00 位置，如右侧左图所示，此时画面的效果如右侧右图所示。

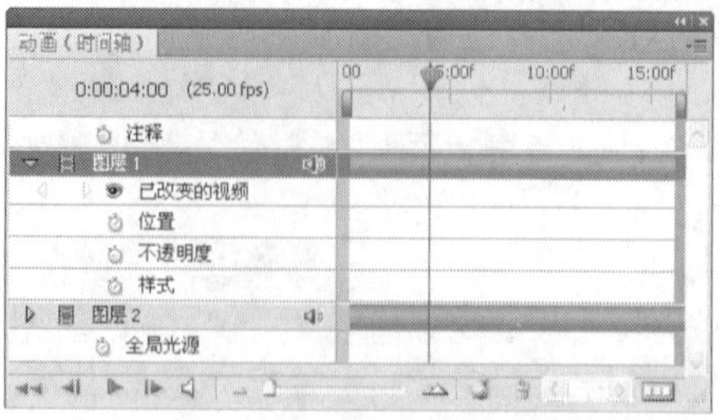

步骤03 单击“不透明度”轨道前面的“时间-变化秒表”按钮，显示出关键帧导航器，添加一个关键帧，如右侧左图所示。将“当前时间指示器”拖动至 0:00:06:20 位置，画面效果如右侧右图所示。

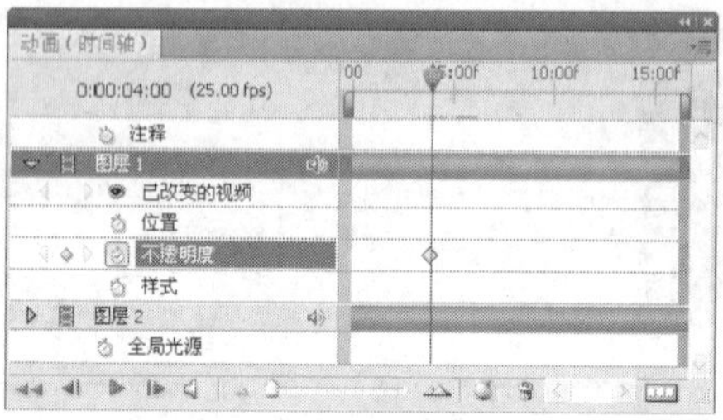

步骤04 设置视频图层的不透明度为 0%，如右侧左图所示。修改图层的不透明度后，可在“当前时间指示器”处添加一个关键帧，如右侧右图所示。

步骤05 将“当前时间指示器”拖动至如右侧左图所示的位置，将视频图层恢复至 100%，如右侧右图所示。

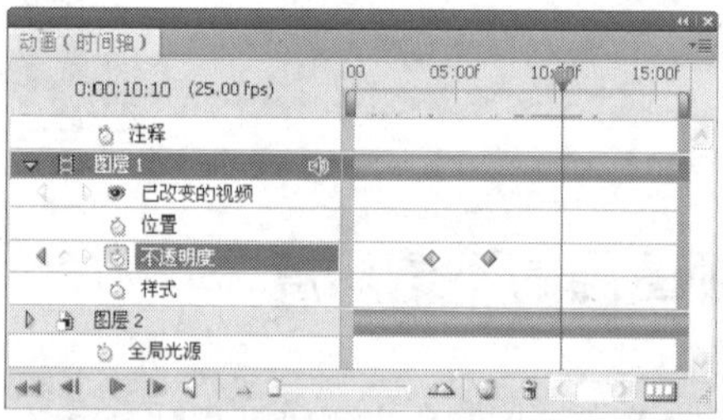

步骤06 单击“选择第一帧”按钮，切换到视频的起始点；单击“播放”按钮，播放视频。此时，可以在第一个关键帧处看到视频图层为透明的，如左下图所示。到了第二个关键帧处，则完全显示“图层 2”图层中的图像，此后又逐渐恢复，最终效果如右下图所示。

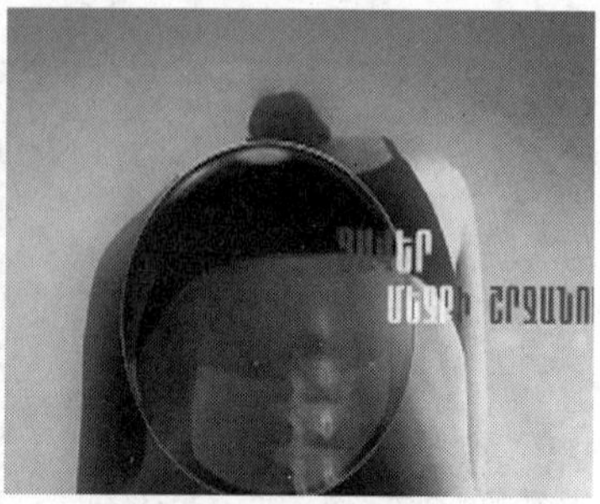

13.2.4 为视频图层添加样式

通过为图层添加样式，可以制作出特殊的动画效果，添加图层样式的具体操作步骤如下。

步骤01 打开光盘中的素材文件13-04.mp4，如右侧左图所示。复制“图层1”图层，并命令为“图层2”，如右侧右图所示。

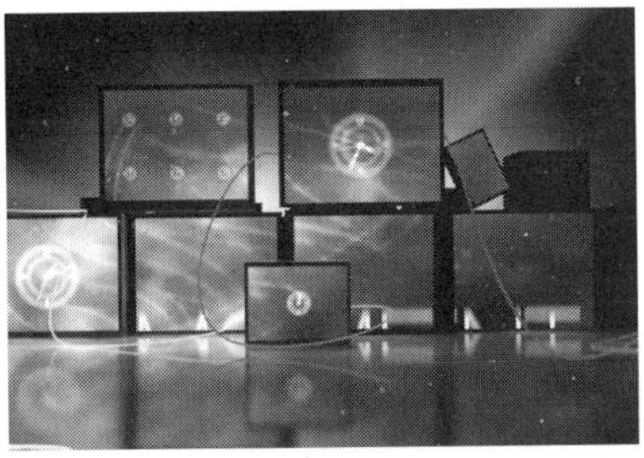

步骤02 打开“动画（时间轴）”面板，单击“样式”轨道前的“时间-变化秒表”按钮，添加一个关键帧，如右侧左图所示。将“当前时间指示器”拖动至如右侧右图所示的位置。

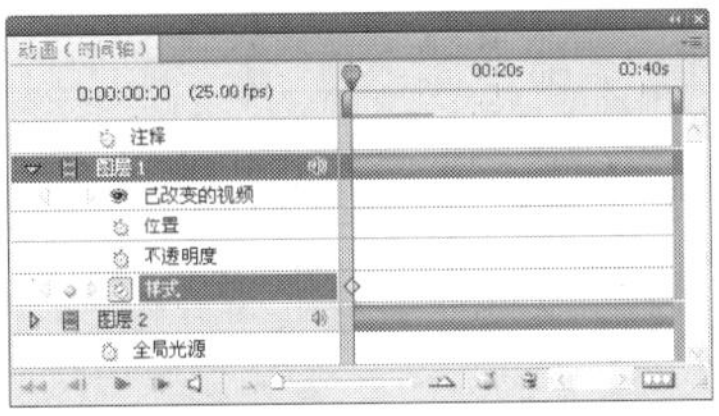

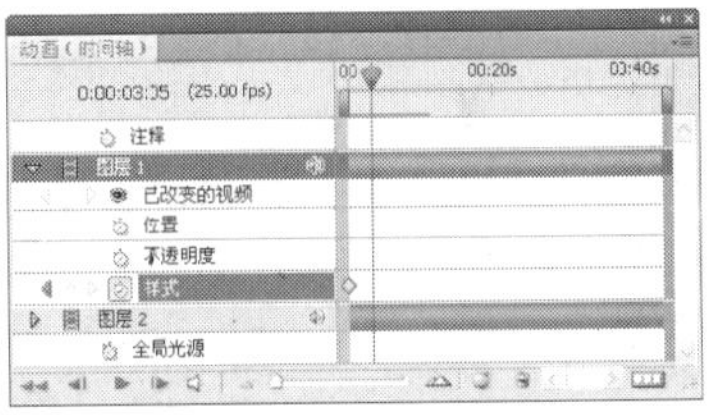

步骤03 单击“图层”面板中的fx按钮，选择“内发光”选项，打开“内发光”对话框，添加内发光效果，参数设置如右侧左图所示，此时的“图层”面板如右侧右图所示。

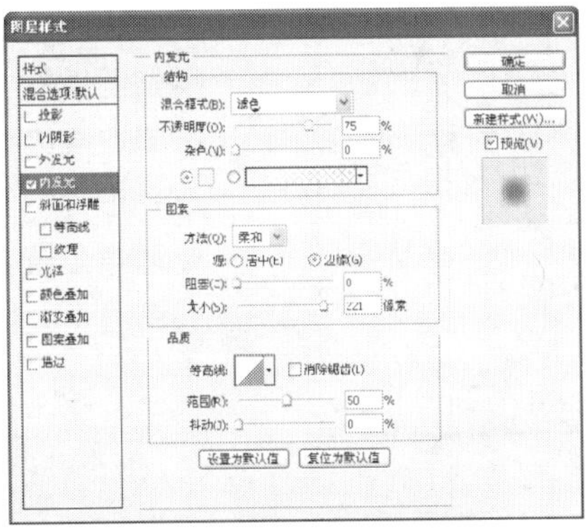

步骤04 单击“播放”按钮，播放视频文件。播放至第一个关键帧处，视频图层效果如右侧左图所示。到了第二个关键帧，整个画面变为内发光，最终效果如右侧右图所示。

13.2.5 插入、复制和删除空白视频帧

创建空白视频图层以后，可在“动画（时间轴）”面板中将其选择，然后“将当前时间指示器”

拖动到所需帧处，执行“图层→视频图层→插入空白帧”命令，即可在当前时间处插入空白视频帧；执行“图层→视频图层→删除帧”命令，则会删除当前时间处的视频帧；执行“图层→视频图层→复制帧”命令，可以添加一个当前时间视频帧的副本。

13.2.6 像素长宽比校正

由于计算机显示器上的图像是由方形像素组成的，而在视频编码设备上显示的图像则是由非方形像素组成的，这就会在两者之间交换图像时由于像素的不一致而造成图像扭曲。此时，执行“视图→像素长宽比校正”命令可以校正图像，这样就可以在显示器的屏幕上准确地查看视频格式的文件。

13.2.7 解释视频素材

在 Photoshop 中，可以指定如何解释已打开或导入视频的 Alpha 通道和帧速率。在“动画（时间轴）”面板或“图层”面板中选择视频图层，执行“图层→视频图层→解释素材”命令，打开“解释素材”对话框，如下图所示。

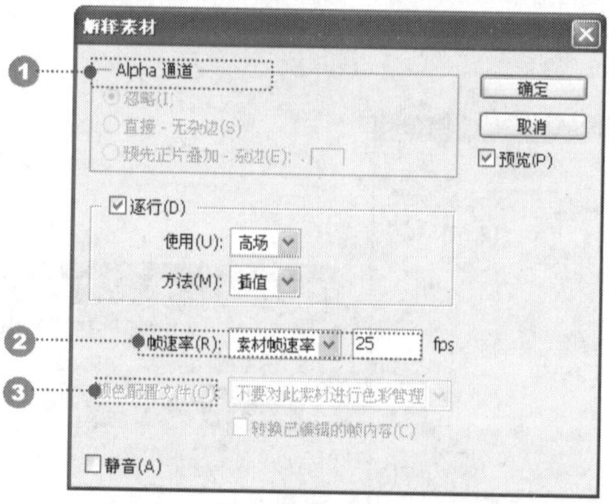

❶ Alpha 通道：选择“忽略”选项，表示忽略 Alpha 通道；选择“直接-无杂边”选项，表示将 Alpha 通道解释为直接 Alpha 透明度；选择“预先正片叠加-杂边”选项，表示使用 Alpha 通道来确定有多少杂边颜色与颜色通道混合。

❷帧速率：可指定每秒播放的视频帧数。

❸颜色配置文件：可以选择一个配置文件，对视频图层中的帧或图像进行色彩管理。

13.2.8 在视频图层中恢复帧

用户可以丢弃对帧视频图层和空白视频图层所进行的编辑。用户可在“动画（时间轴）”面板中选择视频图层，然后将“当前时间指示器”移动到特定的视频帧上，执行“图层→视频图层→恢复帧”命令，此时即可恢复特定的帧。如果要恢复视频图层或空白视频图层中的所有帧，则可以执行“图层→视频图层→恢复所有帧”命令。

13.2.9 在视频图层中替换素材

如果由于某种原因导致视频图层和源文件之间的链接断开，“动画”面板中的视频图层上就会显示一个警告图标。出现这种情况时，可在“动画（时间轴）”或“图层”面板中选择要重新链接到源文件或替换内容的视频图层，然后执行“图层→视频图层→替换素材”命令，在打开的“替换素材”对话框中选择视频或图像序列文件，单击“打开”按钮即可重新建立链接。

13.2.10 渲染和保存视频文件

对视频文件进行编辑后，可以执行“文件→导出→渲染视频”命令，将视频存储为 QuickTime 影片。

编辑视频图层后，执行“文件→存储”命令，可将文件存储为 PSD 格式的文件。

13.2.11 导出视频预览

如果要将显示设置为通过 FireWire 链接到计算机上，可以打开一个文档，执行“文件→导出→视频预览”命令，然后在打开的“视频预览”对话框中设置选项，从而在视频显示器上预览文档。

13.3 认识和制作动画

利用 Photoshop 可创建由多个帧组成的动画。在 Photoshop 中，可把单一的画面扩展到多个画面，并在这多个画面中营造一种影像上的连续性。通过“动画”面板，用户可以根据需要创建出帧动画和时间轴动画。

13.3.1 “动画（帧）”面板

在 Photoshop CS5 中，通过“动画（帧）”面板可以创建出动画，并且可根据需要创建关键帧动画和时间轴动画，下面介绍“动画（帧）”面板。

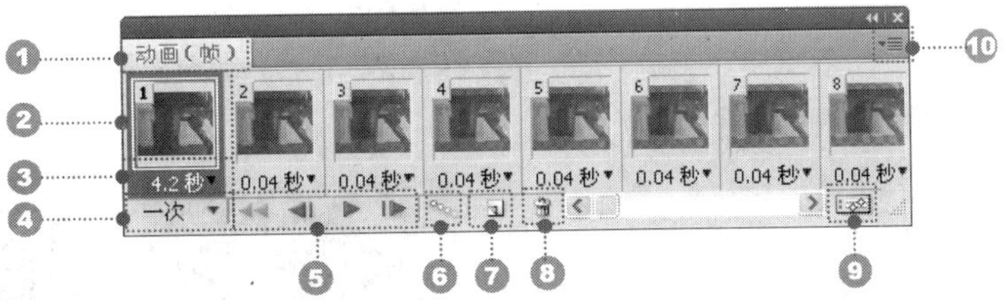

❶动画（帧）：显示当前创建的动画是帧动画。当创建的是时间轴动画时，显示为“动画（时间轴）”。

❷当前帧：显示了每个关键帧的图像效果，并显示排列顺序。

❸帧延迟时间：设置帧在回放过程中的持续时间。

❹循环选项：设置动画播放的次数，在下拉列表中可选择“一次”、“3 次”、“永远”、“其他”选项。

❺控制按钮：可自动选择序列中的第一个帧作为当前帧。单击按钮，可选择当前帧的前一帧；单击该按钮，可播放动画，再次单击可停止播放；单击按钮可选择当前帧的下一帧。

❻过渡动画帧：单击按钮，可以打开“过渡”对话框，可以在两个现有帧之间添加一系列帧，并让新帧之间的图层属性均匀变化。

❼复制所选帧：单击按钮，可将当前选中的帧进行复制。

❽删除所选帧：单击按钮，即可将选中的帧删除。

❾转换为时间轴动画：单击按钮，可切换到“动画（时间轴）”面板。

❿扩展按钮：单击按钮，在弹出的面板菜单中可执行“新建帧”、“删除单帧”、“拷贝单帧”、“优化动画”、“将帧拼合到图层”等命令。

13.3.2 制作动画

在“动画（帧）”面板中，用户可以制作出有趣、生动的动画效果，其操作方法非常简单，具体的操作步骤如下。

步骤01 打开光盘中的素材文件13-05.psd，如右侧左图所示，“图层”面板如右侧右图所示。

步骤02 在“动画（帧）”面板中，将帧延迟时间设置“0.2 秒”，将循环次数设置为“永远”，如下图所示。

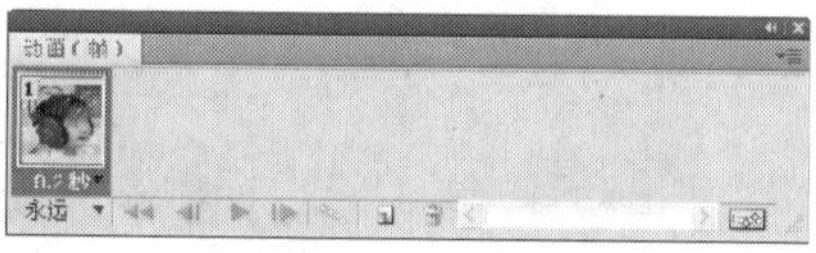

步骤03 单击“复制所选帧”按钮，添加一个动画帧，如下图所示。

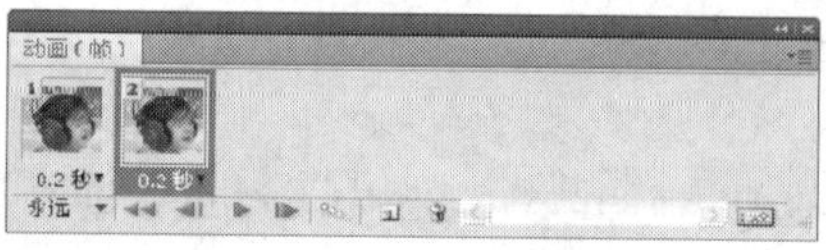

步骤04 在“图层”面板中，将“音乐”图层的不透明度设置为 0%，如下图所示。

步骤05 在“动画（帧）”面板中，单击▶按钮播放动画，最终效果如下图所示。

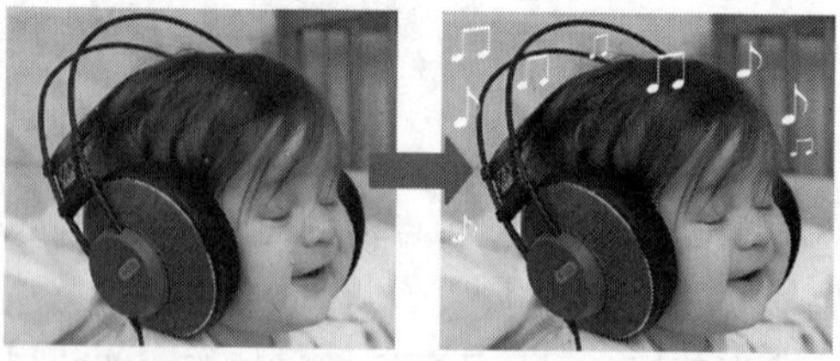

13.3.3 存储动画

存储动画的方法有 3 种。

方法 1 执行“文件→存储为 Web 和设备所用格式”命令，将动画存储为 GIF 格式的动画。

方法 2 执行“文件→导出→渲染视频”命令，将动画存储为图像序列或视频。

方法 3 使用 PSD 格式存储动画，此格式的动画可导入到 Adobe After Effects 中。

技能进阶——上机实战操作

通过前面内容的学习，为了让用户进一步掌握本章内容，提高综合应用能力，下面介绍相关实例的制作。

实例制作 1 制作画卷缓缓展开的动画

制作本实例时，首先复制图层，然后使用“矩形选框工具”选择并删除图像，通过移动图像制作动画效果，最后复制帧、设置播放时间，使动画更为连贯、自然。

效果展示

本实例的效果如下图所示。

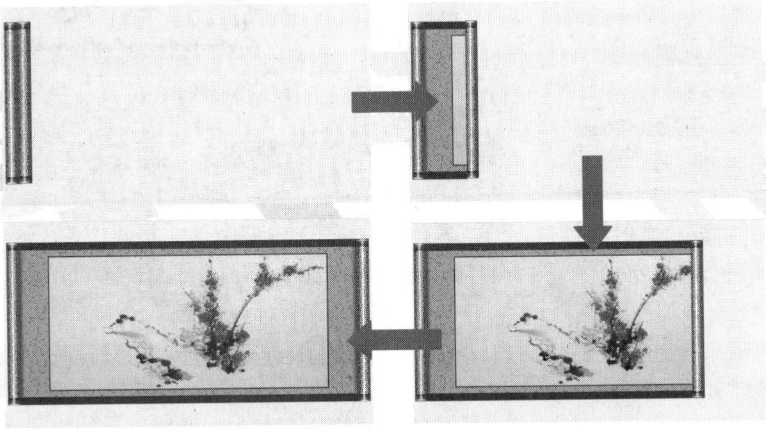

原始文件	光盘\素材文件\Chapter 13\13-06.psd
结果文件	光盘\结果文件\Chapter 13\13-01.psd
同步视频文件	光盘\同步教学文件\Chapter 13\实例制作 1.avi

知识链接

在本实例的制作与设计过程中，主要用到以下知识点。

- 移动工具
- 矩形选框工具
- “存储为 Web 和设备所用格式”命令

操作步骤

本实例的具体操作步骤如下。

步骤01 打开光盘中的素材文件13-06.psd，如右侧左图所示，“图层”面板如右侧右图所示。

步骤02 在“图层”面板中，选择“画”图层，连续按【Ctrl+J】快捷键5次，然后隐藏所复制的画副本图层，如下图所示。

步骤03 选择“卷头2”图层，选择工具箱中的“移动工具”，将“卷头2”图层中的图像移动至合适的位置后，效果如下图所示。

步骤04 选择“画”图层，选择工具箱中的“矩形选框工具”，框选多余的图像，如右侧左图所示。按【Delete】键删除选区中的图像，效果如右侧右图所示。

步骤05 执行“窗口→动画”命令，在“动画（帧）”面板中设置帧延迟时间为“0.1秒”，如下图所示。

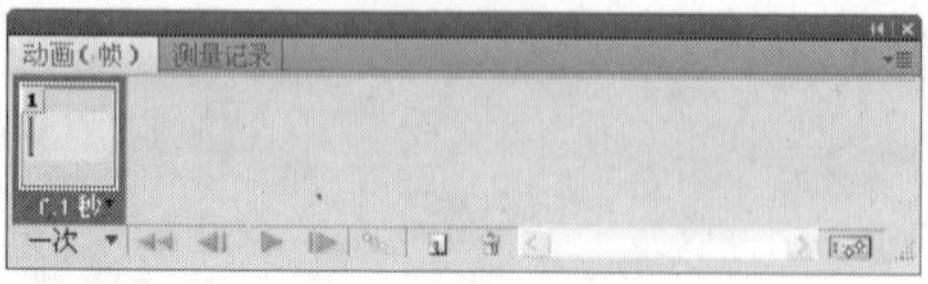

步骤06 选择“卷头2”图层，选择工具箱中的“移动工具”，将“卷头2”图层中的图像移动至合适的位置后，选择“画副本”图层，选择工具箱中的“矩形选框工具”，框选多余的图像，效果如下图所示。

步骤07 按【Delete】键删除选区中的图像，效果如下图所示。

步骤08 单击“动画（帧）”面板底部的“复制所选帧”按钮，得到第二个帧，如下图所示。

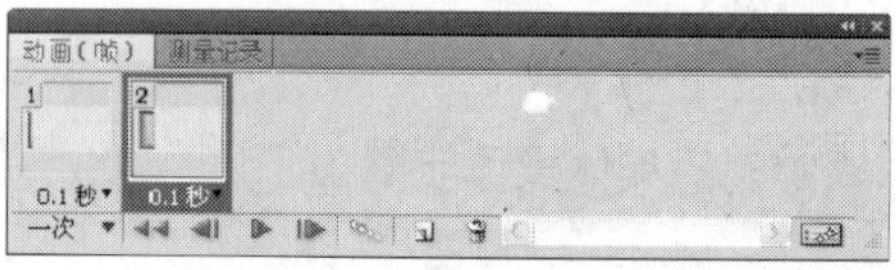

步骤09 选择“卷头 2”图层，使用“移动工具”将“卷头 2”图层中的图像移动至合适位置后，选择“画副本 2”图层，使用“矩形选框工具”框选多余的画纸，按【Delete】键删除选区中的图像，效果如下图所示。

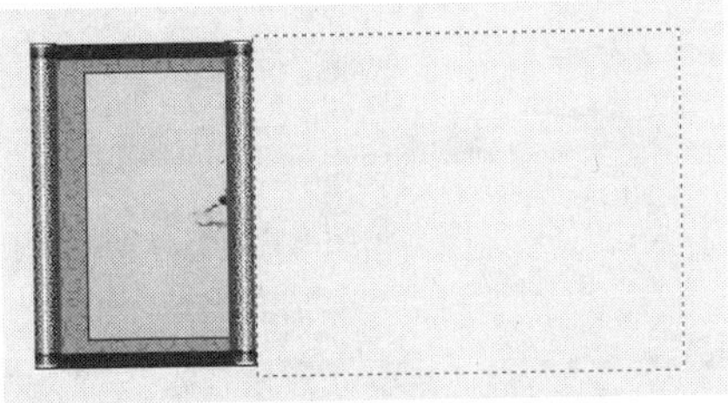

步骤10 单击“复制所选帧”按钮，得到第三个帧，如下图所示。

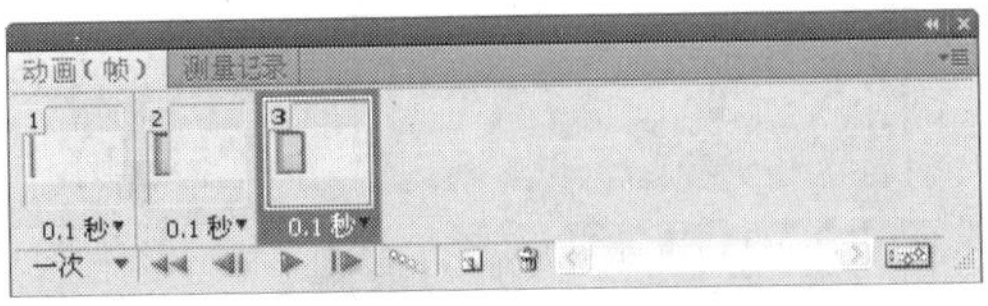

步骤11 选择“卷头 2”图层，使用“移动工具”将“卷头 2”图层中的图像移动至合适的位置后，选择“画副本 3”图层，使用“矩形选框工具”框选多余的画纸，按【Delete】键删除选区中的图像，效果如下图所示。

步骤12 在“动画（帧）”面板中单击“复制所选帧”按钮，选择“卷头 2”图层，使用“移动工具”将“卷头 2”图层中的图像移动至合适的位置后，选择“画副本 4”图层，使用“矩形选框工具”框选多余的画纸，按【Delete】键删除选区中的图像，效果如下图所示。

步骤13 在“动画（帧）”面板中单击“复制所选帧”按钮，如下图所示。

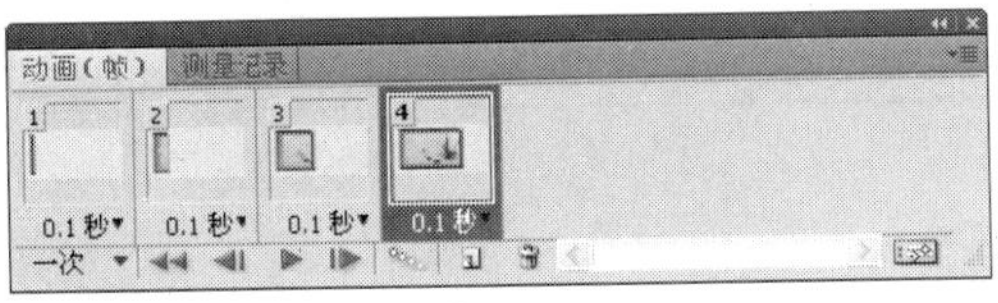

步骤14 单击“卷头 2”图层，使用“移动工具”将“卷头 2”图层中的图像移动至合适位置后，选择“画副本 5”图层，对“画副本 5”图层操作后的效果如下图所示。

步骤15 在“动画（帧）”面板中单击“复制所选帧”按钮，如下图所示。

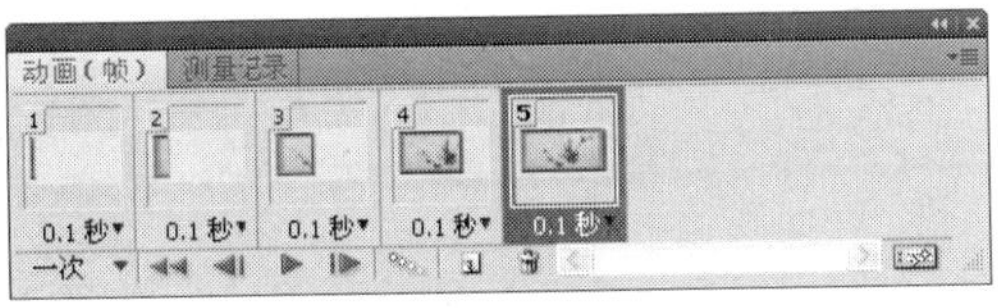

步骤16 设置第 1 帧与第 5 帧的帧延迟时间为“0.2 秒”，如下图所示。

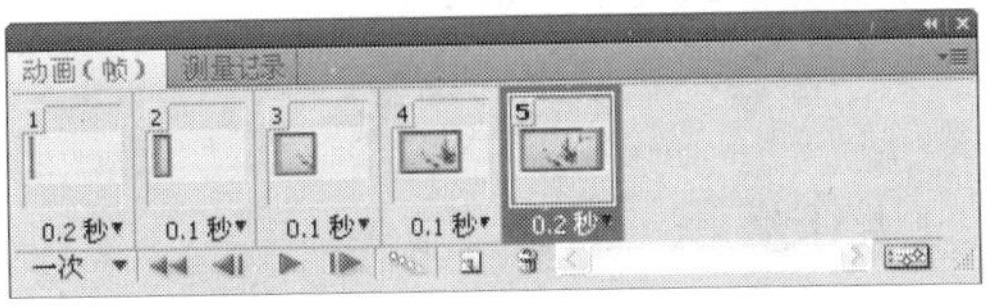

步骤17 执行"文件→存储为 Web 和设备所用格式"命令，弹出"存储为 Web 和设备所用格式"对话框，如左下图所示。存储为 GIF 格式，单击"确定"按钮，播放此动画，最终效果如右下图所示。

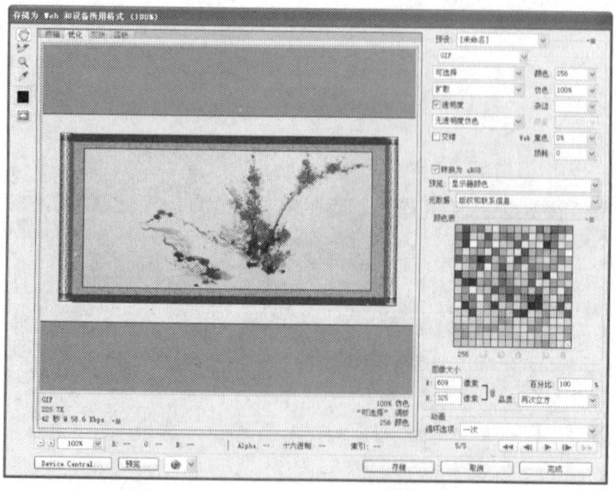

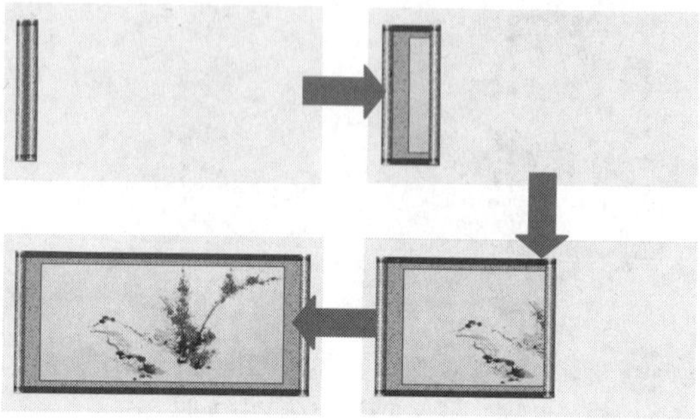

实例制作 2　制作雷鸣闪电动画效果

制作本实例时，首先将闪电图层的不透明度设置为 0%，并设置文档时间，然后分别添加关键帧，最后渲染视频，得到雷鸣闪电的动画效果。

效果展示

本实例的最终效果如下图所示。

原始文件	光盘\素材文件\Chapter 13\13-07.psd
结果文件	光盘\结果文件\Chapter 13\13-02.psd
同步视频文件	光盘\同步教学文件\Chapter 13\实例制作 2.avi

知识链接

在本实例的制作与设计过程中，主要用到以下知识点。

- "动画（时间轴）"面板
- 时间-变化秒表
- 图层不透明度的调整

操作步骤

本实例的具体操作步骤如下。

步骤01 打开光盘中的素材文件 13-07.psd，此文件有 4 个图层，分别为“背景”图层、“闪电 1”图层、“闪电 2”图层、“闪电 3”图层，如下图所示。

步骤02 在“动画（时间轴）”面板中单击右上角的扩展按钮，在弹出的面板菜单中执行“文档设置”命令，弹出“文档时间轴设置”对话框，设置持续时间为 0:00:05:00，如下图所示。

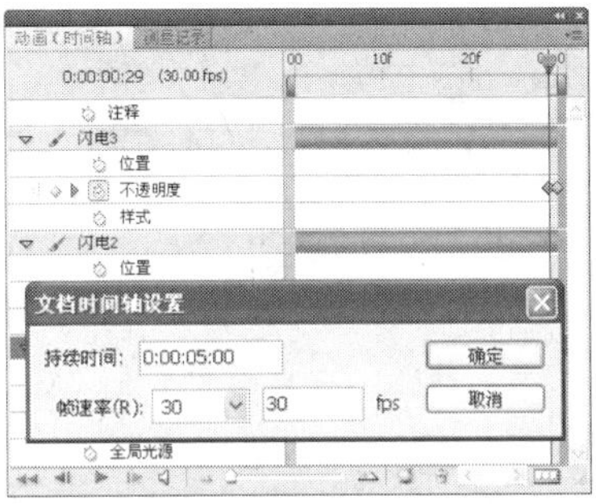

步骤03 在“动画（时间轴）”面板中，将“当前时间指示器”拖动到 0:00:01:00 的位置，单击“图层 2”的“不透明度”轨道前面的“时间-变化秒表”按钮，添加一个关键帧，设置其“闪电 1”图层的不透明度为 100%，如下图所示。

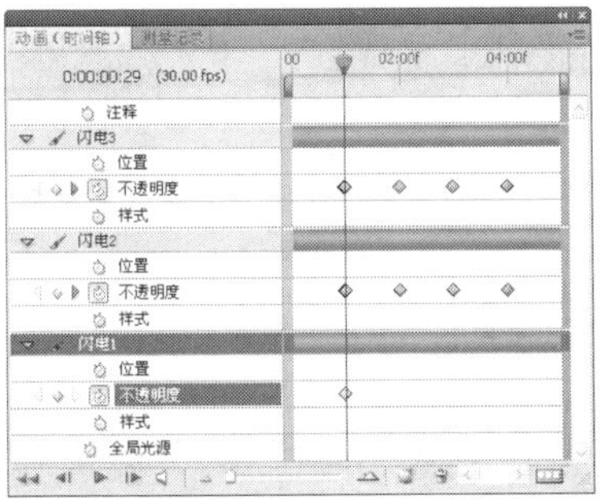

步骤04 将“当前时间指示器”拖动到 0:00:02:00 的位置，分别单击“闪电 2”与“闪电 3”的“不透明度”轨道前面的“时间-变化秒表”按钮，此时便添加了两个关键帧，然后调整“闪电 2”图层与“闪电 3”图层的不透明度为 100%，如下图所示。

步骤05 单击“闪电 1”的“不透明度”轨道前面的“时间-变化秒表”按钮，将“当前时间指示器”拖动到 0:00:03:00 的位置，此时自动添加了一个关键帧，调整“闪电 1”图层、“闪电 2”图层、“闪电 3”图层的不透明度为 0%，如下图所示。

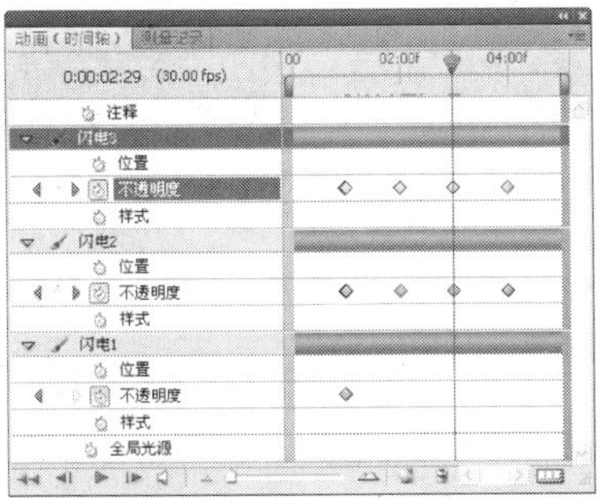

步骤06 将“当前时间指示器”拖动到 0:00:04:00 的位置，调整“闪电 1”图层、“闪电 2”图层、“闪电 3”图层的不透明度为 100%，如下图所示。

步骤07 执行“文件→导出→渲染视频”命令，弹出“渲染视频”对话框，设置“名称”和存储路径，参数设置如下图所示。

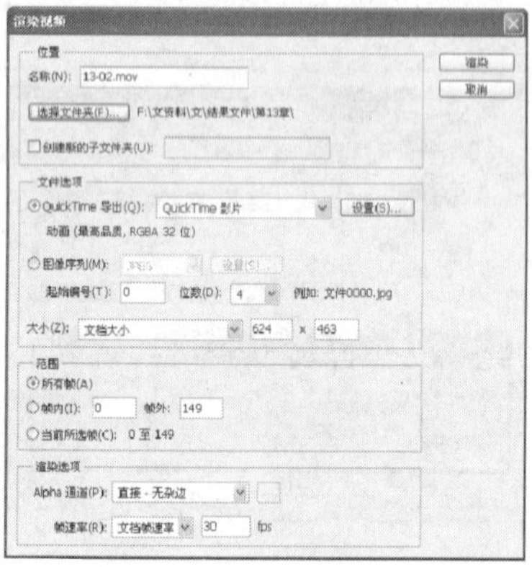

步骤08 单击“确定”按钮，播放动画，便可观看闪电雷鸣的动画效果，最终效果如下图所示。

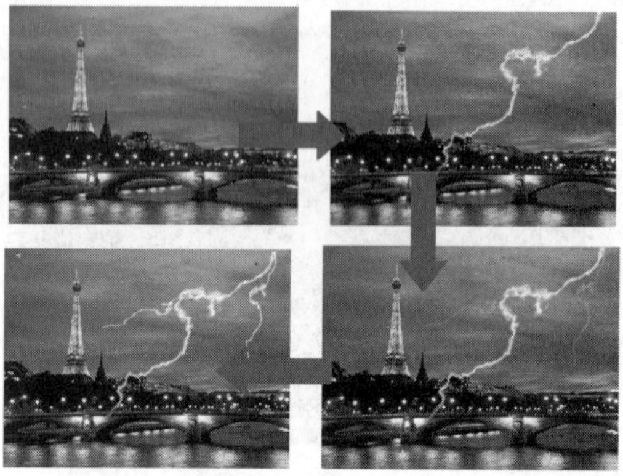

技能提高 ——举一反三应用

为了强化用户的动手能力，并巩固本章的学习内容，下面安排几个上机练习实例。用户可以根据提供的素材文件与效果文件，参考提示信息，亲自上机完成制作。

动手练习 1　制作美女眨眼动画

在 Photoshop CS5 中，运用本章所学的知识制作美女眨眼动画。

原始文件	光盘\素材文件\Chapter 13\13-17.jpg
结果文件	光盘\结果文件\Chapter 13\13-10.psd
同步视频文件	光盘\同步教学文件\Chapter 13\动手练习 2.avi

本练习的最终效果如下图所示。

操作提示

在制作美女眨眼动画的实例操作中，主要使用 Photoshop 中的“向前变形工具”、“动画”面板，再配合图层的隐藏和显示功能等知识，主要操作步骤如下。

步骤01 打开素材文件，通过双击解锁图层，复制出 5 个图层，并按图层排列顺序分别命名为“图层 1”、“图层 2”、“图层 3”、“图层 4”、“图层 5”。

步骤02 分别对每个图层执行“滤镜→液化”命令，使用“向前变形工具”将眼睛向下拖动，使眼睛呈现出自然地向下闭合状态，制作完成后隐藏所有图层。

步骤03 执行“窗口→动画”命令，设置新建帧数为 10 帧。选择第 1 帧，显示图层 1；选择第 2 帧，显示图层 2，将图层 1 隐藏；选择第 3 帧，显示图层 3，将其他图层隐藏；选择第 4 帧，显示图层 4，将其他图层隐藏；选择第 5 帧，显示图层 5，将其他图层隐藏。

步骤04 选择第 6 帧，显示图层 4，将其他图层隐藏；选择第 7 帧，显示图层 3，将其他图层隐藏；选择第 8 帧，显示图层 2，将其他图层隐藏；选择第 9 帧，显示图层 1，将其他图层隐藏；选择第 10 帧，显示图层 1，将其他图层隐藏；设置第一帧为 1 秒停顿，其他为 0.1 秒停顿，最后将制作完成的动画储存为 GIF 格式，即可完成制作。

动手练习 2 制作雪花飞舞动画

在 Photoshop CS5 中，运用本章所学的动画知识制作雪花飞舞效果。

原始文件	光盘\素材文件\Chapter 13\13-09.psd
结果文件	光盘\结果文件\Chapter 13\13-04.psd
同步视频文件	光盘\同步教学文件\Chapter 13\动手练习 2.avi

本练习的前后效果如下图所示。

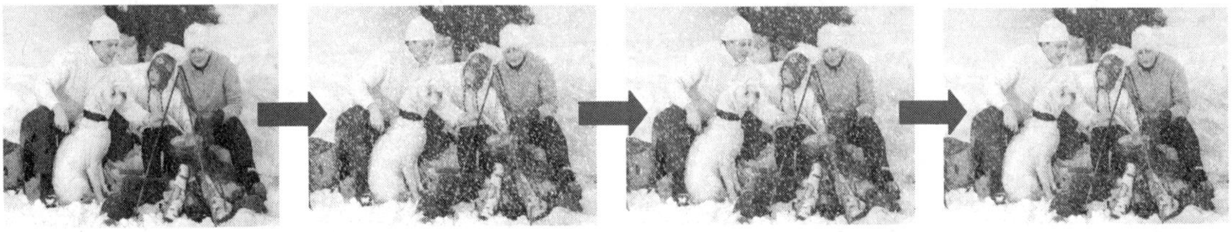

操作提示

在制作雪花飞舞动画的实例操作中，主要使用“动画”面板，图层的隐藏等知识，主要操作步骤如下。

步骤01 打开素材文件，执行“窗口→动画”命令，单击“复制所选帧”按钮，在“图层”面板中复制图层中的“雪花”图层，得到“雪花副本”图层，隐藏“雪花”图层，选择“雪花副本”图层，按【Ctrl+T】快捷键调出变换框，按【Shift】键拖动变换框。

步骤02 单击“过渡动画帧”按钮，弹出“过渡”对话框，设置要添加的帧数为 5，并设置每个帧为 0.1 秒，然后将制作完成的动画储存为 GIF 格式，此时即可完成制作。

本章小结

本章主要介绍了视频与动画的相关知识，首先介绍了视频图层和“动画（时间轴）”面板，然后介绍视频图层的创建与编辑、“动画（帧）”面板和动画的制作等。通过本章的学习，用户可以掌握视频与动画的相关知识，并能够利用“动画”面板制作出简单、有趣的动画效果。

Chapter 14

Web图像与打印、输出

本章导读

在Photoshop CS5中，可将制作好的图像存储为Web环境所需要的图像。本章将介绍用于创建Web图像的工具、Web图像的常用文件格式、打印、输出。

本章核心知识点

- Web图像介绍
- 创建切片
- Web图像的优化选项
- 打印和输出

快速入门——知识与应用学习

本章主要给用户介绍 Web 图像的相关知识、Web 图像优化选项及打印、输出等知识。

14.1 Web 图像介绍

使用 Photoshop CS5 中的 Web 工具可以帮助用户在设计图像、优化单个 Web 图像或整个页面布局时，轻松创建网页组件。Web 流行的一个很重要的原因就在于，它可以在一页上同时显示色彩丰富的图形和文本。

14.1.1 了解 Web

在 Photoshop CS5 中对图像进行编辑后，可将图像直接进行切片、优化，然后存储为 Web 图像所需的格式，以便于网络传输或直接在网页上使用。简单地讲，Web 仅是一种环境（因特网的使用环境、氛围、内容等）。对于网站制作者和设计者来说，它是一系列技术的复合总称。

14.1.2 Web 安全色

颜色是网页设计的重要内容，为了使 Web 图像的颜色能够在所有的显示器上看起来一样，在制作网页时，就需要使用 Web 安全颜色。

在拾色器或“颜色”面板中调整颜色时，如果出现警告图标，如左下图所示，选择“只有 Web 颜色”复选框，可将当前颜色替换为与其最为接近的 Web 安全颜色，如右下图所示。

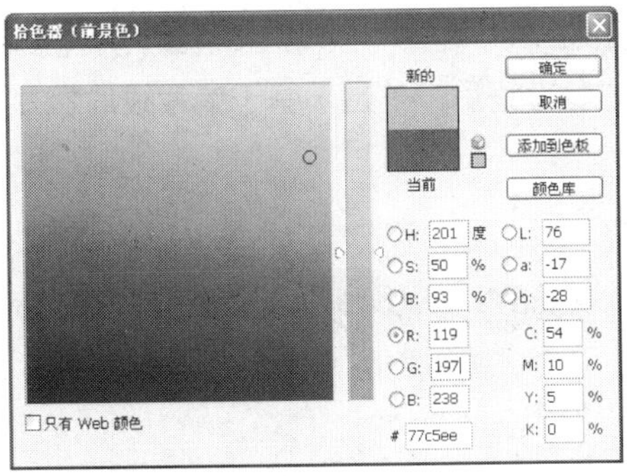

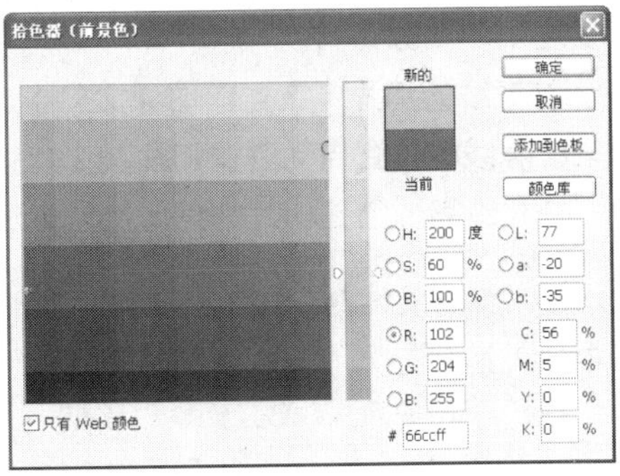

14.2 创建切片

在 Photoshop CS5 中制作网页时，通常要对网页进行分割，即制作切片。用户可以直接对图像进行切片，每个切片可以根据使用环境单独进行优化，完成图像优化后可以输出为 Web 网页图片。另外，还可以为切片制作动画，链接到 URL 地址，或者使用它们制作翻转按钮。

14.2.1 了解切片类型

在 Photoshop CS5 中，使用“切片工具”创建的切片称为用户切片，通过图层创建的切片称为基于图层的切片。

创建新的用户切片或基于图层的切片时，会生成附加的自动切片来占据图像的其余区域。自动切片可填充图像中用户切片或基于图层的切片未定义的空间。每次添加或编辑用户切片或基于图层的切片时，都会重新生成自动切片。用户切片和基于图层的切片由实线定义，自动切片则由虚线定义。

14.2.2 切片的创建

创建切片的方法包括使用“切片工具”创建用户切片和基于图层创建切片，接下来就详细讲解这两种切片的创建方法。

1 使用“切片工具”创建用户切片

Photoshop CS5 可以将每个切片存储为单独文件并生成 HTML 或 CSS 代码，单击工具箱中的“切片工具”按钮，其属性栏中如下图所示。

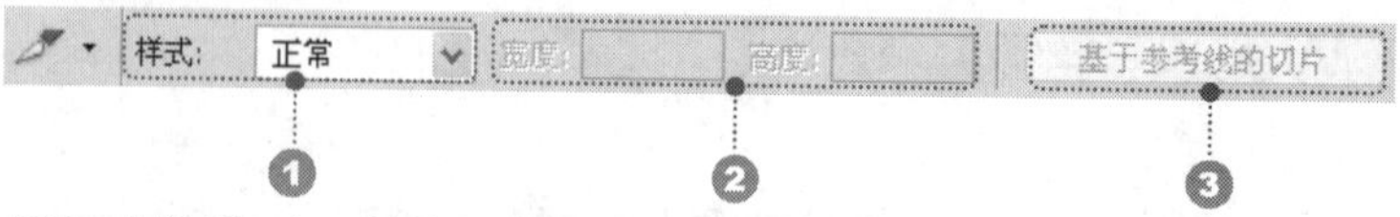

❶样式：设置切片的类型，在其下拉列表中可以选择“正常”、“固定长宽比”、“固定大小”等选项。选择“正常”选项，可通过拖动鼠标确定切片的大小；选择“固定长宽比”选项，可通过输入切片的高宽比创建具有固定长宽比的切片；选择“固定大小”选项，可先输入切片的高度和宽度，然后在图像上单击，即可创建指定大小的切片。

❷“宽度”/“高度”：在“宽度”和“高度”后面的文本框中可以输入精确的切片宽度和高度。

❸基于参考线的切片：在当前图像文件中创建参考线后，单击“基于参考线的切片”按钮，系统会根据参考线的位置自动创建切片。

使用“切片工具“创建切片的具体操作方法如下。

步骤01 打开光盘中的素材文件 14-01.jpg，选择工具箱中的“切片工具”，在需要创建切片的区域上通过单击并拖动创建一个矩形框，如下图所示。

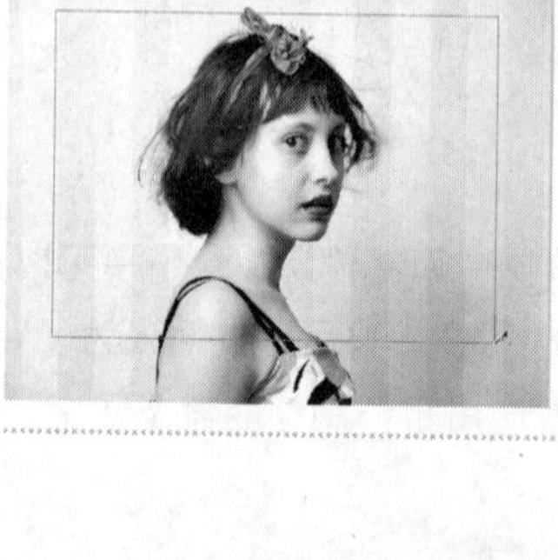

步骤02 释放鼠标后即可创建一个用户切片，用户切片以外的部分会生成自动切片，如下图所示。

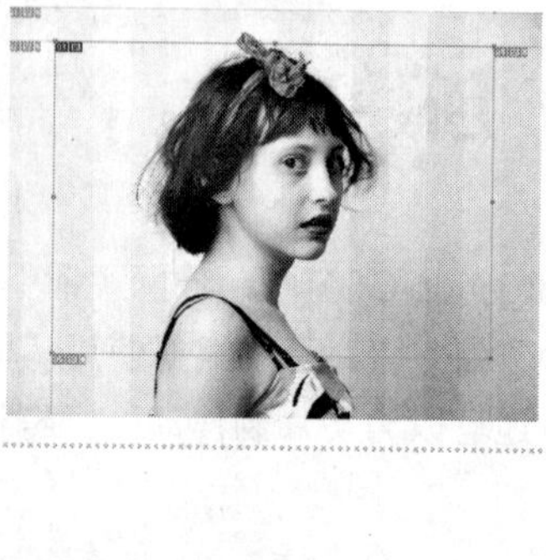

2 基于图层创建切片

如果要基于图层创建切片，则必须要有两个或两个以上的图层，这样才能完成操作，创建的具体操作步骤如下。

步骤01 打开光盘中的素材文件 14-02.psd，如右侧左图所示。在“图层”面板中选择“人物”图层，如右侧右图所示。

步骤02 执行“图层→新建基于图层的切片”命令，即可基于图层创建切片，创建的切片会包含该图层中所有的像素，如下图所示。

步骤03 当移动图层内容时，切片区域会随着自动调整。当缩放图层内容时，切片也会自动调整，如下图所示。

14.2.3 修改切片

用户可以使用“切片选择工具”对图像的切片进行选择、移动和调整大小等操作，选择工具箱中的“切片选择工具”，其属性栏如下图所示。

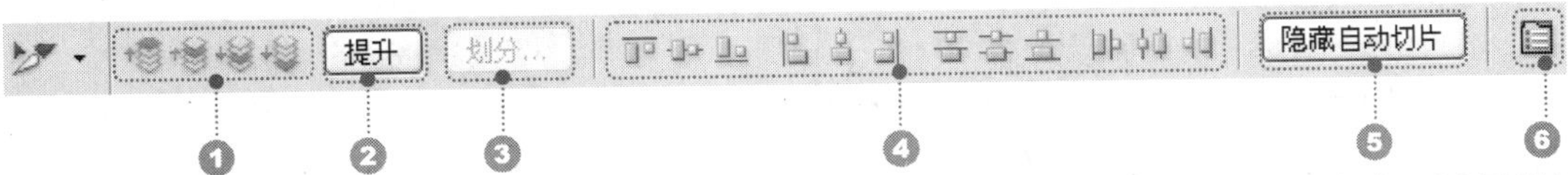

❶调整切片堆叠顺序：当切片重叠时，可单击其中的按钮，改变切片的堆叠顺序，以便能够选择到底层的切片。

❷提升：单击该按钮，可将所选的自动切片或基于图层的切片转换为用户切片。

❸划分：单击该按钮，可打开“划分切片”对话框，对所选切片进行划分。

❹对齐与分布切片：当选择多个切片后，可单击其中的按钮来对齐或分布切片。这些按钮的使用方法与对齐和分布图层的按钮相同。

❺隐藏自动切片：单击该按钮，可以隐藏自动切片。

❻为当前切片设置选项：可在打开的“切片选项”对话框中设置切片的名称、类型，并指定 URL 地址等。

使用“切片选择工具”修改切片的具体操作步骤如下。

步骤01 打开光盘中的素材14-03.jpg，如右侧左图所示。选择“切片工具”，单击图像创建的一个切片，然后按住【Shift】键单击其他切片，如右侧右图所示。

步骤02 选择切片后，拖动切片定界框上的控制点可调整切片大小，如右侧左图所示。拖动切片便可以移动切片，如右侧右图所示。

14.2.4 划分切片

在使用“切片选择工具”选择切片时，单击其属性栏中的“划分”按钮，打开“划分切片”对话框，可在对话框中对切片进行水平划分、垂直划分或同时沿这两个方向重新设置划分，如左下图所示。设置完成后，其效果如右下图所示。

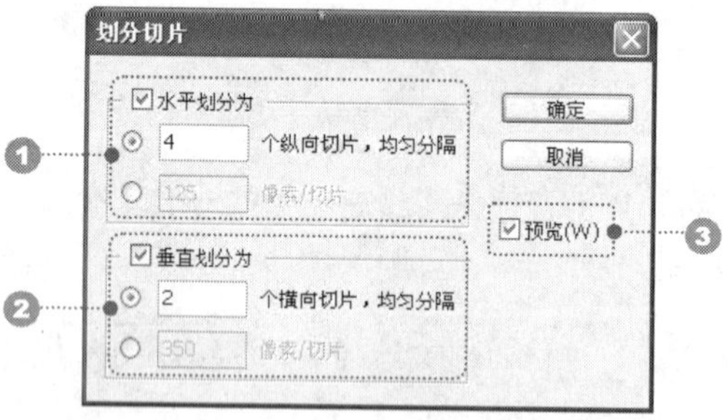

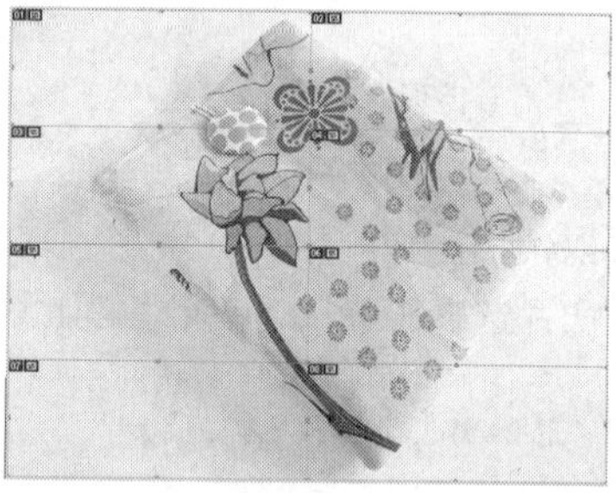

在“划分切片”对话框中，各参数含义如下。

❶水平划分为：选择该复选框，可在长度方向上划分切片。水平划分有两种划分方式，选择“个纵向切片，均匀分隔”单选按钮，可输入切片的划分数目；选择“像素/切片”单选按钮可输入一个数值，从而基于指定数目的像素创建切片。如果按该像素数目无法平均地划分切片，则会将剩余部分划分为另一个切片。

❷垂直划分为：选择该复选框后，可在宽度方向上划分切片。它也包含两种划分方法。

❸预览：可在画面中预览切片划分结果。

14.2.5 组合切片与删除切片

使用“切片选择工具”选择两个或更多的切片，然后右击，执行“组合切片”命令，如左下图所示。此时可以将所选切片组合为一个切片，如右下图所示。

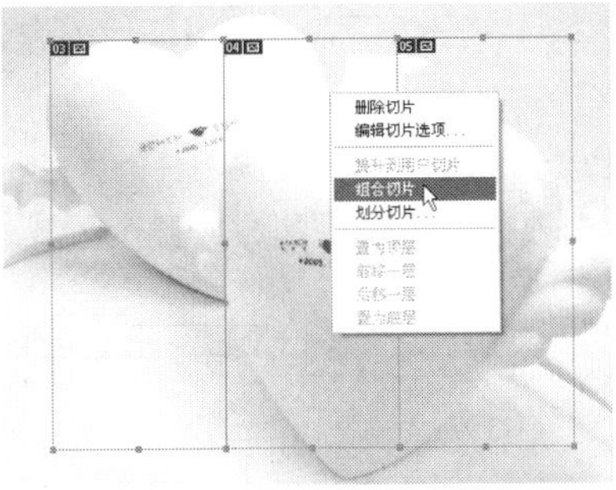

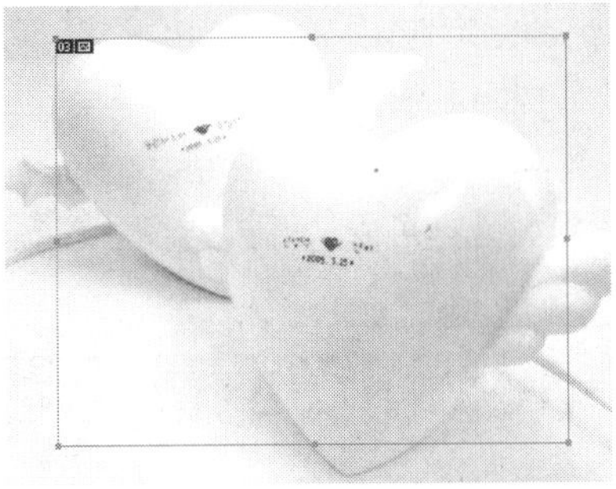

使用“切片选择工具”选择一个或者多个切片，然后右击，执行“删除切片”命令，可以将所选切片删除。如果要删除所有切片，可执行“视图→清除切片”命令。

14.2.6 转换为用户切片

基于图层的切片与图层的像素内容相关联，在对切片进行移动、组合、划分、调整大小和对齐等操作时，需编辑相应的图层。只有将其转换为用户切片，才能使用“切片工具”对其进行编辑。此外，图像中的所有自动切片都链接在一起并共享相同的优化设置，如果要为自动切片设置不同的优化设置，也必须将其转换为用户切片。

使用“切片选择工具”选择要转换的切片，在其属性栏中单击“提示”按钮，即可将其转换为用户切片。

14.2.7 设置切片选项

使用“切片选择工具”双击切片或者选择切片，然后单击属性中的按钮，可以打开“切片选项”对话框，如下图所示。

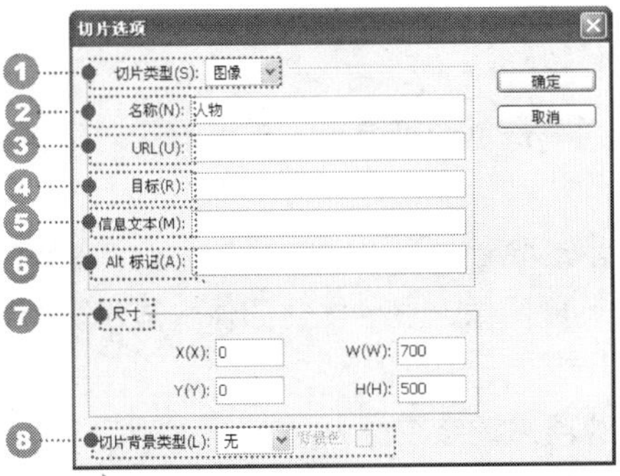

提示

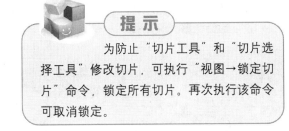

为防止“切片工具”和“切片选择工具”修改切片，可执行“视图→锁定切片”命令，锁定所有切片。再次执行该命令可取消锁定。

❶切片类型：可以选择要输出切片的内容类型，其下拉列表中包括“图像”、“无图像”、“表”选项。

❷名称：用于输入切片的名称。

❸URL：输入切片链接的 Web 地址，在浏览器中单击切片图像，即可链接到此选项设置的网址和目标框架。该选项只能用于“图像”类型的切片。

❹目标：输入目标框架的名称。

❺信息文本：该选项只能用于“图像”类型的切片，并且只会在导出的 HTML 文件中出现。

❻Alt 标记：指定选定切片的 Alt 标记。Alt 文本可在图像下载过程中取代图像，并在一些浏览器中作为工具提示出现。

❼尺寸：X 与 Y 选项用于设置切片的位置，W 与 H 选项用于设置切片的大小。

❽切片背景类型：可以从下拉列表中选择一种选项来填充透明区域或整个区域。

14.3 Web 图像的优化选项

Web 图像的主要特点是体积小、色彩丰富。常见的 Web 格式有 GIF、JPEG、PNG 等，在 Web 上发布图像时，较小的文件可以使 Web 服务器更加高效地存储和传输图像，可使用户更快地下载图像。

14.3.1 优化图像

执行“文件→存储为 Web 和设备所用格式”命令，打开“存储为 Web 和设备所用格式”对话框，如右图所示。使用对话框中的优化功能可以对图像进行优化和输出。

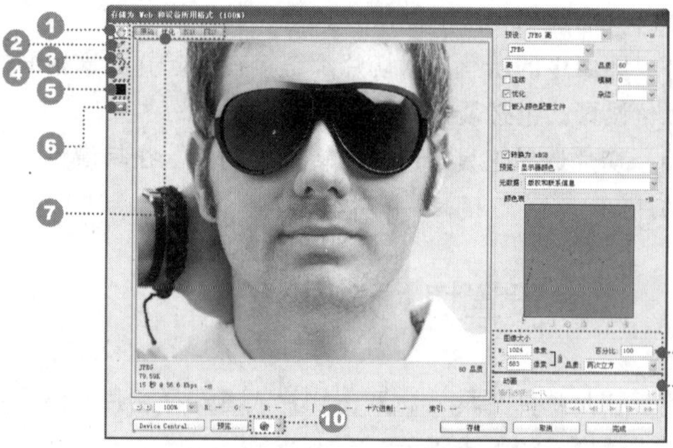

❶抓手工具：可以通过移动查看图像。

❷切片选项工具：可选择窗口中的切片，以便用户对其进行优化。

❸缩放工具：可以放大或缩小图像。

❹吸管工具：可吸取图像中的颜色。

❺吸管颜色■：显示用“吸管工具”选择的颜色，单击色块可弹出“拾色器”对话框，从中可选择任意颜色。

❻切换切片可视性：将切分的图像在画面上显示或隐藏。

❼标签：有 4 个标签可供选择，其作用分别是显示原图像，显示优化图像，显示两个预览框和显示 4 个预览框。

❽图像大小：显示了当前的图像大小，并可通过选项来调整图像大小。

❾动画：当创建了动画时，使用该选项可进行动画的播放。

❿在浏览器中预览：运行网页浏览器，在网页浏览器上显示优化后的图像，并在图像下方显示图像的所有信息，包括格式、大小、设置等信息。

14.3.2 优化为 GIF 和 PNG-8 格式

GIF 格式是适用于压缩具有单调颜色和清晰细节图像的标准格式，它是一种无损压缩格式。

PNG-8 格式与 GIF 格式一样，也可以有效地压缩纯色区域，同时保留清晰的细节，这两种格式都支持 8 位颜色，因此它们可以显示多达 256 种颜色。

在“存储为 Web 和设备所用格式”对话框中的文件格式下拉列表中选择 GIF 选项或 PNG-8 选项，可显示它们的优化选项。选择 GIF 时的选项区域如左下图所示，选择 PNG-8 时的选项区域如右下图所示。

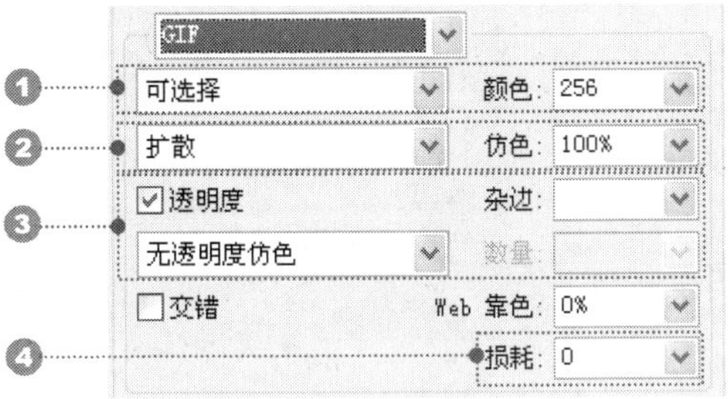

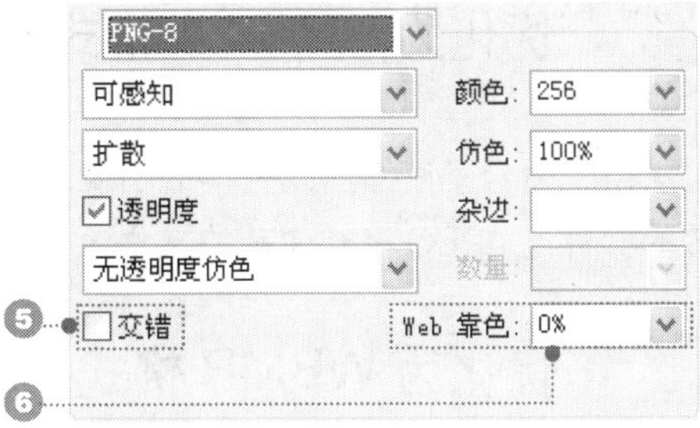

GIF 格式或 PNG-8 格式的选项区域中各参数的含义如下。

❶减低颜色深度算法/“颜色”：用于生成颜色查找表的方法，以及在颜色查找表中所使用的颜色数量。

❷仿色算法/“仿色”：“仿色”是通过模拟计算机的颜色来显示系统中未提供颜色的方法。较高的仿色百分比不仅会使图像中出现更多的颜色和细节，而且也会增大文件的大小。

❸“透明度”/“杂边”：确定如何优化图像中的透明像素。

❹损耗：通过有选择地扔掉数据来减小文件大小，可以将文件减小 5%~40%。

❺交错：当图像文件正在下载时，在浏览器中显示图像的低分辨率版本，使用户感觉下载时间更短，但会增加文件的大小。

❻Web 靠色：指定将颜色转换为最接近的 Web 面板等效颜色的容差级别，并防止颜色在浏览器中进行仿色。该值越高，转换的颜色越多。

14.3.3 优化为 JPEG 格式

JPEG 格式是用于压缩连续色调图像的标准格式。将图像优化为 JPEG 格式时采用的是有损压缩，它会有选择性地扔掉数据以减小文件大小。在“存储为 Web 和设备所用格式”对话框中的文件格式下拉列表中选择 JPEG 格式，可显示其选项区域，如右图所示。

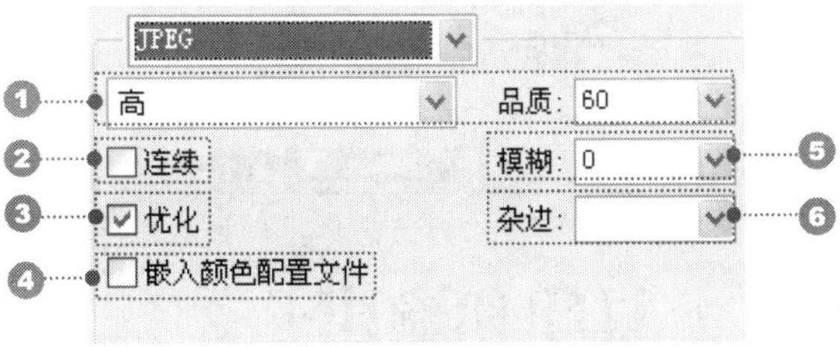

❶压缩品质/品质：用来设置压缩程度。“品质”设置越高，压缩算法保留的细节越多，但生成的文件也越大。

❷连续：在 Web 浏览器中以渐进方式显示图像。

❸优化：创建文件大小稍小的增强型 JPEG。如果要最大限度地压缩文件，建议使用优化的 JPEG 格式。

❹嵌入颜色配置文件：在优化文件中保存颜色配置文件，某些浏览器会使用颜色配置文件进

行颜色的校正。

❺模糊：应用于图像的模糊量。使用“模糊”选项与使用“高斯模糊”滤镜具有相同的效果，并允许进一步压缩文件、以获得更小的文件。

❻杂边：为原始图像中透明的像素指定一个填充颜色。

14.3.4 优化为 PNG-24 格式

PNG-24 格式适合于压缩连续色调的图像，它的优点是可在图像中保留多达 256 个透明度级别，但生成的文件比 JPEG 格式生成的文件大得多。

14.3.5 优化为 WBMP 格式

WBMP 格式是用于优化移动设置（如移动电话）图像的标准格式。使用该格式优化后，图像中只包含黑色和白色像素。

14.3.6 Web 图像的输出设置

优化 Web 图像后，在“存储为 Web 和设备所用格式”对话框中，在“优化”扩展菜单中执行“编辑输出设置”命令，如左下图所示，弹出“输出设置”对话框。如果要使用预设的输出选项，可以在“设置”选项的下拉列表中选择一个选项；如要自定义输出选项，则可在如右下图所示的选项下拉列表中选择 HTML、“切片”、“背景”或“存储文件”选项，对话框中会显示详细的设置内容。

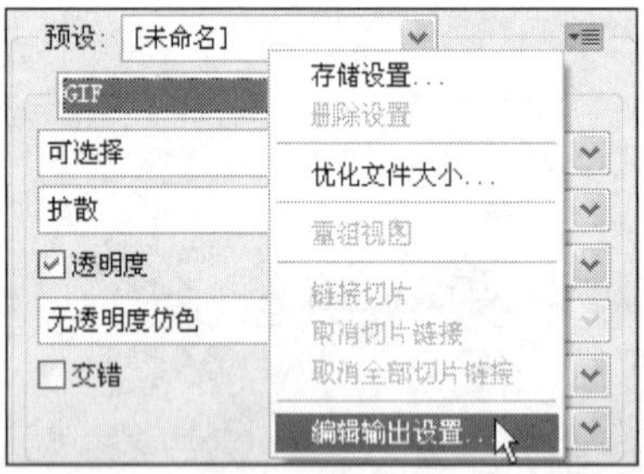

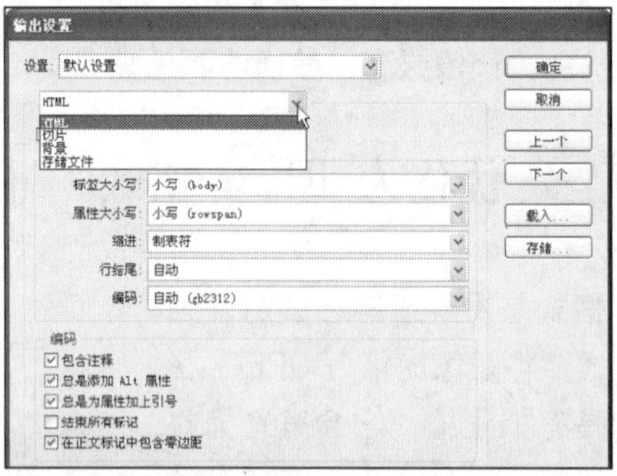

14.4 打印和输出

在制作完成精美的图像效果后，如果需要将作品利用打印机打印在纸张上，方便传阅或使用，可在“打印”对话框中预览打印作业并设置打印机、打印份数、输出选项和色彩管理选项。

14.4.1 “打印”对话框

执行“文件→打印”命令，打开“打印”对话框，如下图所示。

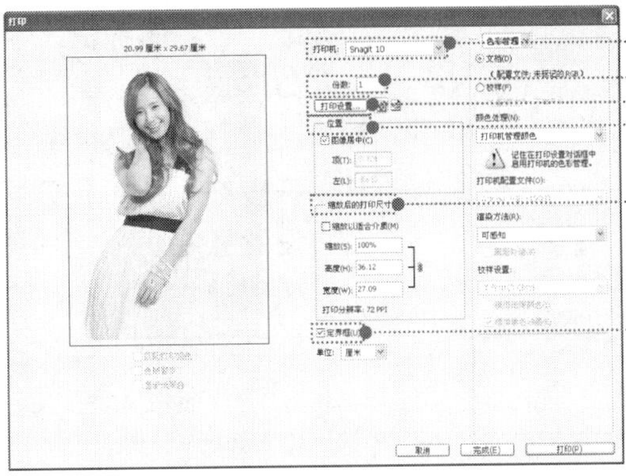

❶打印机：在该选项的下拉列表中可以选择打印机。

❷份数：设置打印份数。

❸打印设置：单击该按钮，可以打开一个对话框，从中设置纸张的方向、页面的打印顺序和打印页数等选项。

❹位置：选择“图像居中”复选框，可以将图像定位于可打印区域的中心；取消选择该复选框，则可在“顶”和“左”选项中输入数值，以定位图像，从而只打印部分图像。

❺缩放后的打印尺寸：如果选择“缩放以适合介质”复选框，可自动缩放图像至适合纸张的可打印区域；取消选择该复选框，则可在“缩放”选项中输入图像的缩放比例，或者在“高度”和“宽度”选项中设置图像的尺寸。

❻定界框：取消选择“图像居中”及“缩放以适合介质”复选框时，选择该复选框可调整定界框，从而移动或者缩放图像。

14.4.2 色彩管理和校样选项

在“打印”对话框中，右侧是“色彩管理”选项区域，可通过该选项区域调整色彩管理设置，以获得最佳的打印效果。

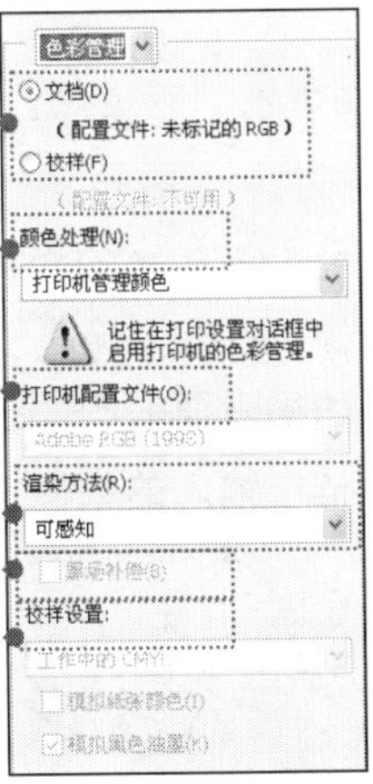

❶“文档”/“校样”：选择“文档”单选按钮，可打印当前文档；选择“校样”单选按钮，可打印印刷校样。印刷校样用于模拟当前文档在印刷机上的输出效果。

❷颜色处理：用于确定是否使用色彩管理。如果使用，则需要确定是将其用在应用程序中还是打印设备中。

❸打印机配置文件：可以设置打印机和将要使用的纸张类型的配置文件。

❹渲染方法：指定 Photoshop CS5 如何将颜色转换为打印机颜色。对于大多数照片而言，“可感知”或“相对比色”是适合的选项。

❺黑场补偿：通过模拟输出设备的全部动态范围来保留图像中的阴影细节。

❻“校样设置”/“模拟纸张颜色”/“模拟黑色油墨”：当选择“校样设置”单选按钮时，可在该选项中选择以本地方式保存在硬盘驱动器上的自定校样；选择“模拟纸张颜色”选项，可以模拟颜色在模拟设备上的纸张显示效果；选择“模拟黑色油墨”选项，可以对模拟设备深色的亮度进行模拟。

14.4.3 制定印前输出

如果要将图像直接从 Photoshop CS5 中进行商业印刷，可单击“打印”对话框右上角的⌄按钮，选择“输出”选项，然后指定页面标记和其他输出内容。

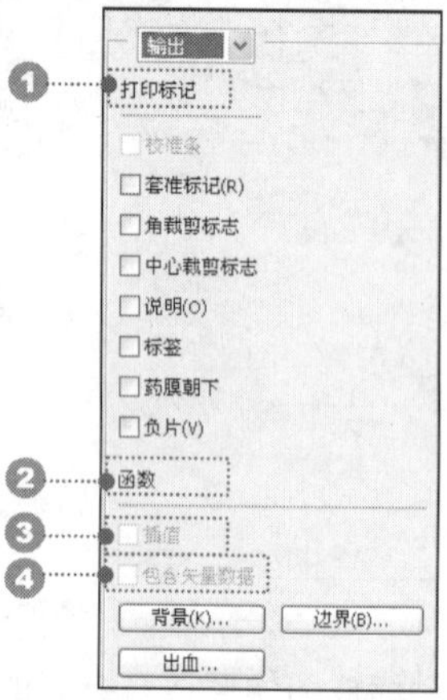

❶打印标记：在图像周围选择合适的位置，然后添加各种打印标记。

❷函数：单击“函数”选项中的“背景”、“边界”、“出血”等按钮，即可打开相应的选项设置对话框。其中，“背景”用于设置要在页面上的图像区域外打印的背景色；“边界”用于在图像周围打印一个黑色边框；“出血”用于在图像内而不是在图像外打印裁切标记。

❸插值：通过在打印时自动重新取样，减少低分辨率图像的锯齿状外观。

❹包含矢量数据：如果图像包含矢量图形，如形状和文字，选择该复选框，Photoshop CS5 可以将矢量数据发送到 PostScript 打印机。

14.4.4 打印一份

如果要使用当前的打印选项打印一份文件，可执行“文件→打印一份”命令，该命令无对话框。

14.4.5 陷印

在叠印套色版时，如果出现套印不准、相邻的纯色之间没有对齐的情况，打印后的图像效果便会出现小的缝隙。出现这种情况后，通常采用一种陷印技术来进行校正。

执行“图像→陷印”命令，打开“陷印”对话框，如下图所示，从中设置“宽度”与“陷印单位”选项即可。

“宽度”是指印刷时颜色向外扩张的距离。该选项仅用于 CMYK 颜色模式的图像。图像是否需要陷印，一般由印刷商决定。如果需要陷印，印刷商会告知用户在“陷印”对话框中输入的数值。

技能进阶——上机实战操作

通过前面内容的学习，为了让用户进一步掌握本章内容，提高综合应用能力，下面就介绍相关实例的制作。

实例制作 为图片添加水印

制作本实例时，首先输入文字，然后添加图层样式，并调整图层的填充，此时就完成了为图片添加水印的制作。

效果展示

本实例的前后效果如下图所示。

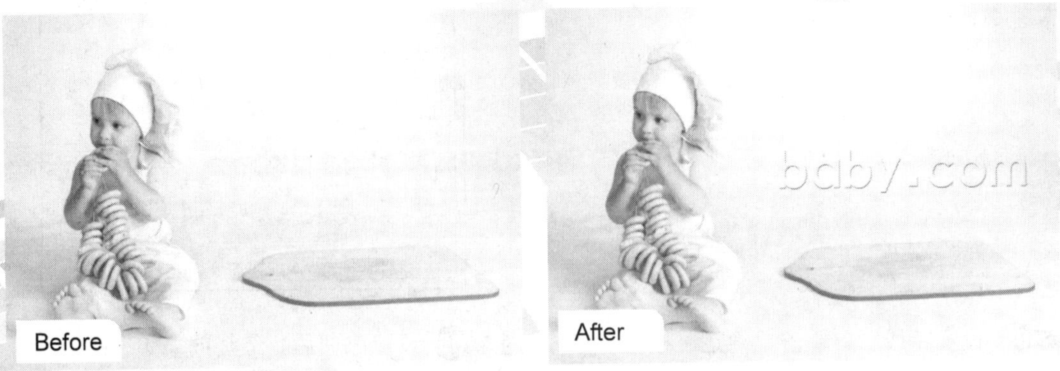

原始文件	光盘\素材文件\Chapter 14\14-04.jpg
结果文件	光盘\结果文件\Chapter 14\14-01.psd
同步视频文件	光盘\同步教学文件\Chapter 14\实例制作.avi

知识链接

在本实例的制作与设计过程中，主要用到以下知识点。

- 横排文字工具
- 添加图层样式
- 调整填充

操作步骤

本实例的具体操作步骤如下。

步骤01 打开光盘中的素材文件 14-04.jpg，如下图所示。

步骤02 选择工具箱中的“横排文字工具” T，输入“baby.com”，在属性栏中设置字体样式、大小，如下图所示。

步骤03 在“图层”面板中，单击底部的“添加图层样式”按钮 fx.，在弹出的菜单中选择“斜面和浮雕”选项，弹出“图层样式”对话框，相关参数设置如右图所示。

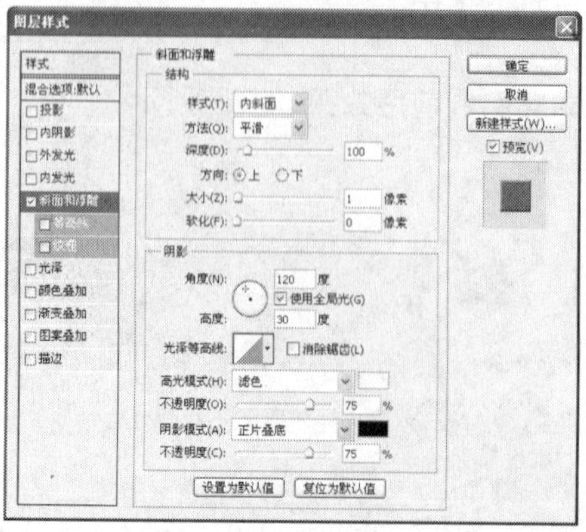

步骤04 设置完成后，单击“确定”按钮，在“图层”面板中，设置“填充”为0%，如下图所示。

步骤05 设置完成后，最终效果如下图所示。

技能提高——举一反三应用

为了强化用户的动手能力，并巩固本章的学习内容，下面安排几个上机练习实例。用户可以根据提供的素材文件与效果文件，参考提示信息，亲自上机完成制作。

动手练习 制作划分图像效果

使用“切片选择工具”设置好划分切片，然后对图像进行划分，再存储为Web和设备所用格式，此时就完成了划分图像效果的制作。

原始文件	光盘\素材文件\Chapter 14\14-05.jpg
结果文件	光盘\结果文件\Chapter 14\images
同步视频文件	光盘\同步教学文件\Chapter 14\动手练习.avi

本练习的前后效果如下图所示。

素材

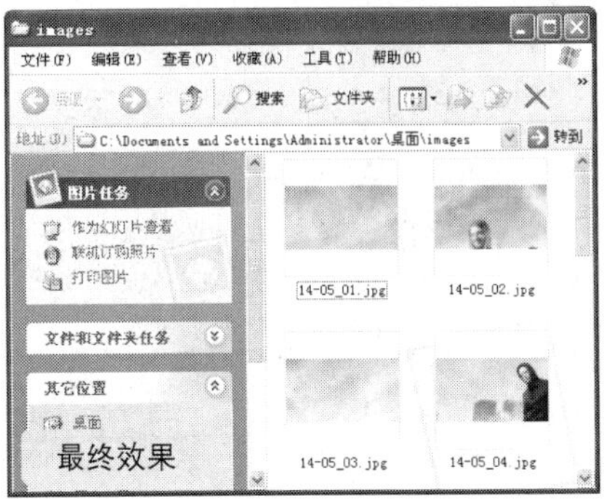

最终效果

操作提示

在制作划分图像效果的实例操作中，主要使用了“切片选择工具”、“存储为 Web 和设备所用格式”命令等知识，主要操作步骤如下。

步骤01 打开素材文件，使用“切片选择工具”选择切片后，弹出“划分切片”对话框，设置“水平划分为”为 4、“垂直划分为”为 3。

步骤02 执行“文件→存储为 Web 和设备所用格式”命令，在打开的“存储为 Web 和设置所用格式”对话框中单击“存储”按钮，在弹出的“将优化结果存储为”对话框中，设置其格式为“HTML 和图像”，并保存到合适位置，此时即可制作完成。

本章小结

本章主要介绍了 Web 图像与打印输出的相关知识，包括认识 Web 图像、创建切片、编辑切片、Web 图像的优化与打印、输出等。通过本章的学习，用户掌握了 Web 图像与打印、输出的相关知识，从而可以更全面地运用到工作和学习中。

Chapter 15

艺术字特效设计

本章导读

艺术字特效设计在广告、包装等平面设计中运用得十分广泛。通过本章的学习，用户可以熟练掌握多种特效字的制作方法与处理技巧，从而创作出丰富多彩的艺术字体。

本章核心知识点

- 制作闪亮水钻字体效果
- 制作数字饼干效果
- 制作液体玻璃瓶字体效果
- 制作红色立体字效果
- 制作超炫放射字体效果
- 制作可爱花边字体效果
- 制作彩块字体效果
- 制作金色亮片飞溅字体效果
- 制作发光霓虹灯字体效果
- 制作金属字体效果

15.1 制作闪亮水钻字体效果

制作本实例时，首先打开素材文件，然后使用文字工具创建文字，接着使用滤镜与图层样式制作出字体的水钻立体效果，最后使用“画笔工具”制作出字体周围的璀璨闪光，此时就完成了闪亮水钻字体的制作。

效果展示

本实例的最终效果如下图所示。

原始文件	光盘\素材文件\Chapter 15\15-01.jpg
结果文件	光盘\结果文件\Chapter 15\15-01.psd
同步视频文件	光盘\同步教学文件\Chapter 15\15.1.avi

知识链接

在本实例的制作与设计过程中，主要用到以下知识点。

- “玻璃”命令
- 图层样式
- 画笔工具

操作步骤

本实例的具体操作步骤如下。

步骤01 打开光盘中的素材文件 15-01.jpg，如右侧左图所示。选择工具箱中的“横排文字工具” T，在图像中输入“star”，在属性栏中设置字体样式、大小，如右侧右图所示。

步骤02 选择“魔棒工具”在图像中选取选区，执行“选择→反向”命令对字体进行选取，效果如下图所示。

步骤03 执行“滤镜→转换为智能滤镜”命令，此时的“图层”面板如下图所示。

步骤04 执行“滤镜→扭曲→玻璃”命令，相关参数设置如右侧左图所示。设置完成后，单击“确定”按钮，效果如右侧右图所示。

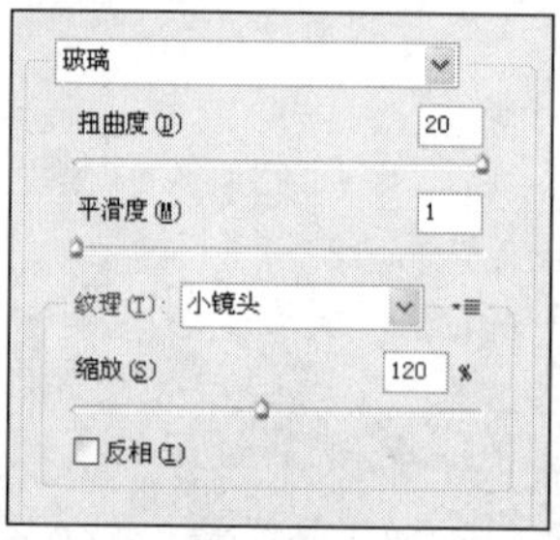

步骤05 单击“图层”面板底部的“添加图层样式”按钮，在弹出的菜单中选择“描边”选项，弹出“图层样式”对话框，相关参数设置如右侧左图所示。选择“斜面和浮雕”复选框，相关参数设置如右侧右图所示。

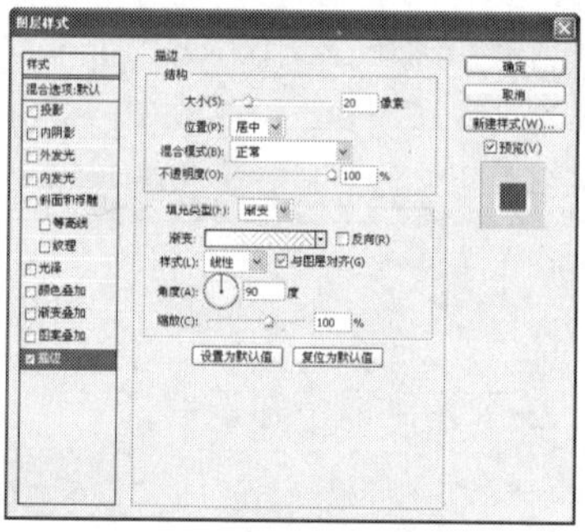

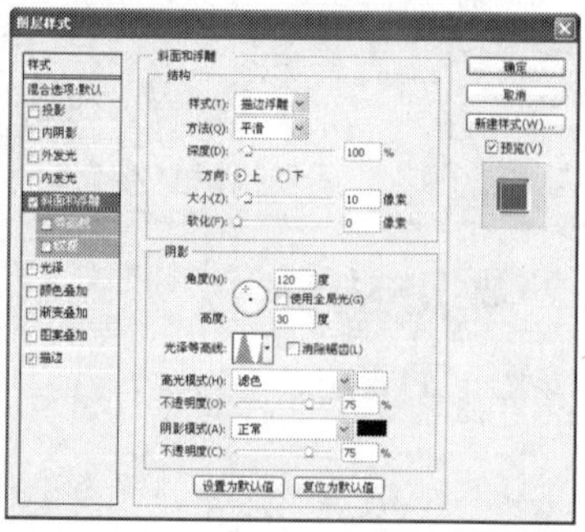

步骤06 设置完成后，单击“确定”按钮，效果如下图所示。

步骤07 新建一个图层，选择工具箱中的“画笔工具”，单击属性栏中的按钮，在打开的“画笔”面板中设置画笔的相关参数，如下图所示。

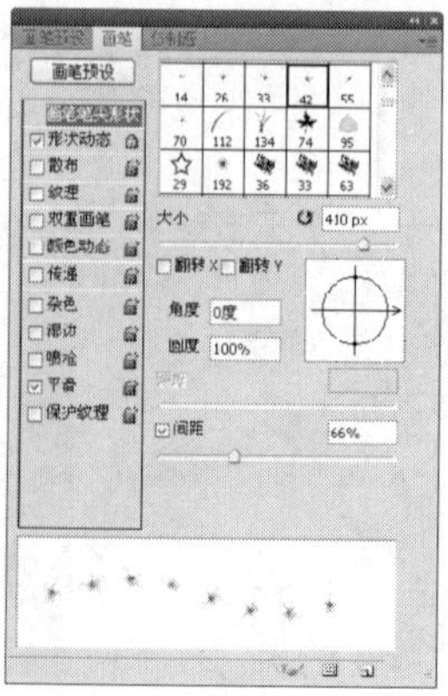

步骤08 设置前景色为白色，在字体周围绘制出水钻的璀璨效果，最终效果如右图所示。

15.2 制作数字饼干效果

制作本实例时，首先新建一个渐变背景图层，然后使用文字工具创建文字，并创建剪贴蒙版，最后通过添加图层样式制作出立体与阴影效果，此时就完成了数字饼干效果的制作。

效果展示

本实例的最终效果如下图所示。

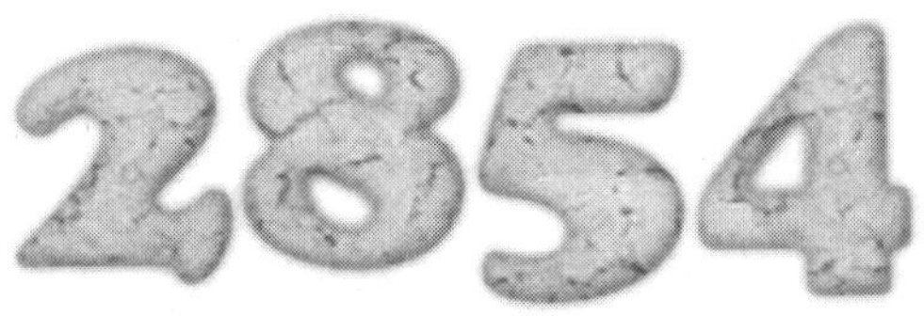

原始文件	光盘\素材文件\Chapter 15\15-02.jpg
结果文件	光盘\结果文件\Chapter 15\15-02.psd
同步视频文件	光盘\同步教学文件\Chapter 15\15.2.avi

知识链接

在本实例的制作与设计过程中，主要用到以下知识点。

- “渐变叠加”选项
- “创建剪贴蒙版”命令
- “喷色描边”命令
- 图层样式

操作步骤

本实例的具体操作步骤如下。

步骤01 执行“文件→新建”命令，在弹出的“新建”对话框中，设置“宽度”为“700像素”、“高度”为“500像素”、“分辨率”为“72像素/英寸”，如下图所示，单击“确定”按钮。

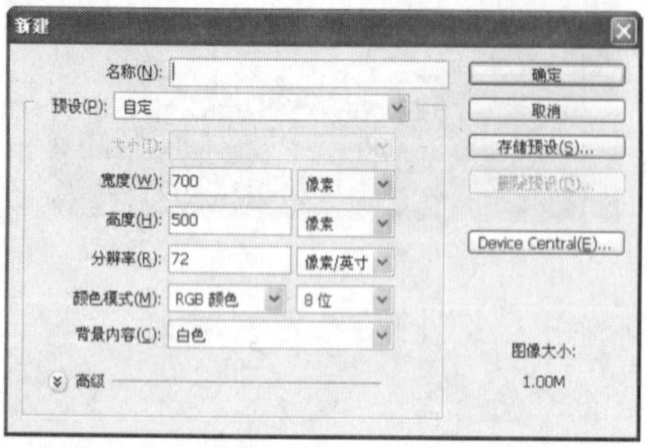

步骤02 在“图层”面板中，双击“背景”图层，转换为普通图层后，单击“图层”面板底部的“添加图层样式”按钮 fx，在弹出的菜单中选择“渐变叠加”选项，弹出“图层样式”对话框，相关参数设置如下图所示。

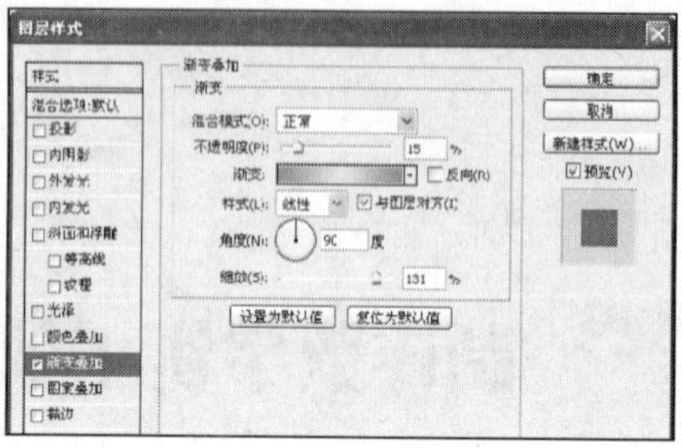

步骤03 选择工具箱中的“横排文字工具” T，输入“2854”，在属性栏中设置字体样式、大小，如下图所示。

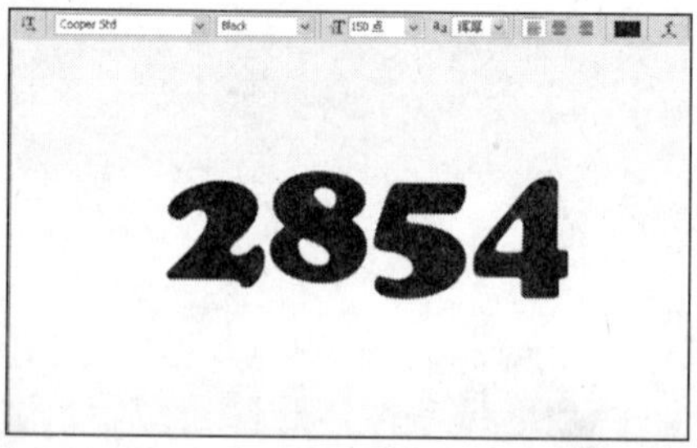

步骤04 执行“文件→置入”命令，置入光盘中的素材文件15-02.jpg，如下图所示。

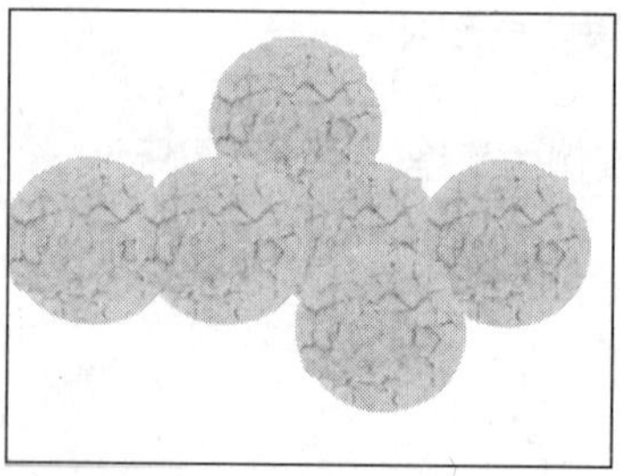

步骤05 选择“图层1”图层，执行“图层→创建剪贴蒙版”命令，此时的“图层”面板如右侧左图所示，图像效果如右侧右图所示。

步骤06 执行“滤镜→画笔描边→喷色描边”命令，在弹出的对话框中设置“描边方向”为“垂直”，如下图所示。

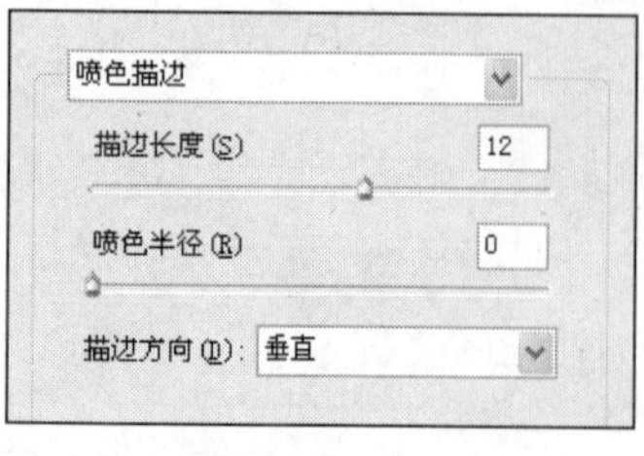

步骤07 执行“滤镜→模糊→高斯模糊”命令，在打开的“高斯模糊”对话框中设置“半径”为“2像素”，如下图所示。

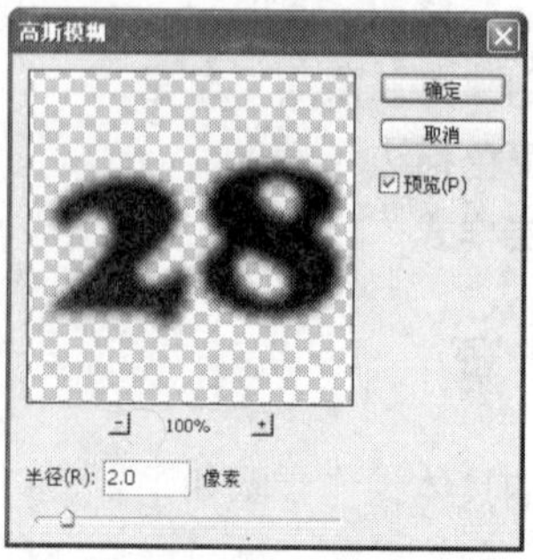

步骤08 单击“图层”面板底部的“添加图层样式”按钮 fx，在弹出的菜单中选择“内阴影”选项，弹出“图层样式”对话框，相关参数设置如右侧左图所示。选择“内发光”复选框，相关参数设置如右侧右图所示。

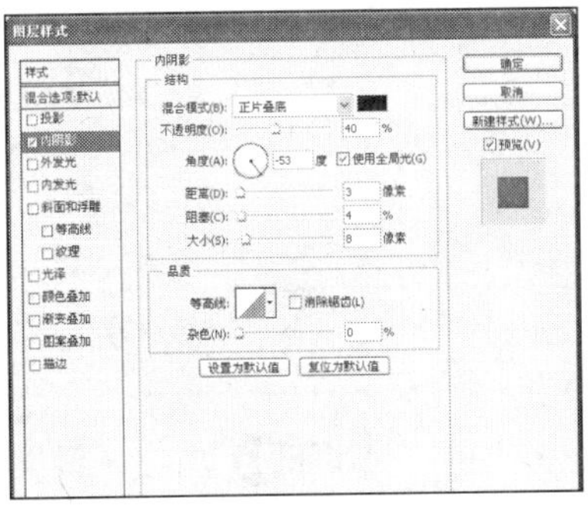

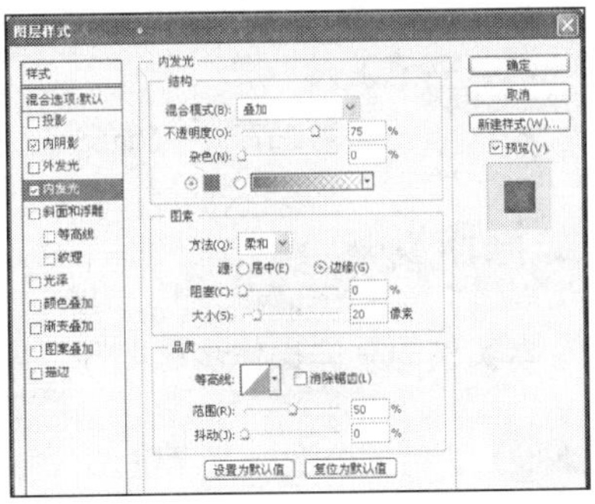

步骤09 选择“投影”复选框，相关参数设置如右侧左图所示。设置完成后，单击“确定”按钮，最终效果如右侧右图所示。

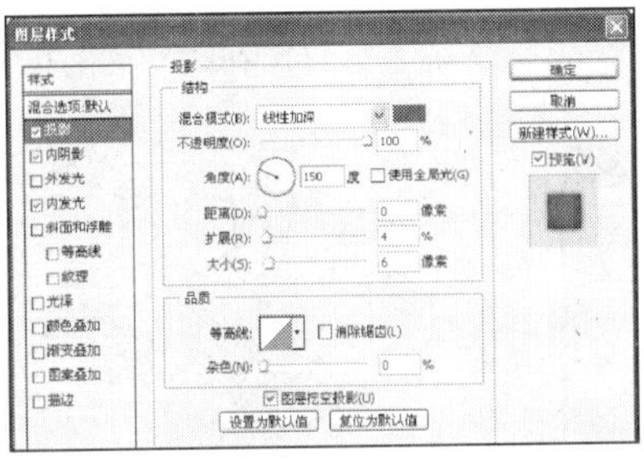

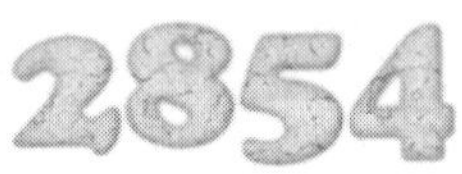

15.3 制作液体玻璃瓶文字效果

制作实例时，首先新建文档，然后使用文字工具创建文字，复制文字图层并添加图层样式，接着使用“钢笔工具”绘制出液体的轮廓并填充颜色，最后执行“创建剪贴蒙版”命令，此时就完成了液体玻璃瓶文字效果的制作。

效果展示

本实例的最终效果如下图所示。

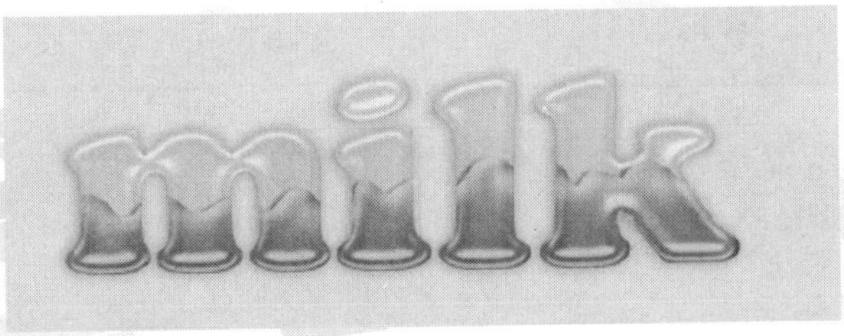

原始文件	光盘\素材文件\Chapter 15\无
结果文件	光盘\结果文件\Chapter 15\15-03.psd
同步视频文件	光盘\同步教学文件\Chapter 15\15.3.avi

知识链接

在本实例的制作与设计过程中，主要用到以下知识点。

- 图层样式
- 钢笔工具
- “创建剪贴蒙版”命令

操作步骤

本实例的具体操作步骤如下。

步骤01 执行“文件→新建”命令，在弹出的“新建”对话框中，设置“宽度”为“600 像素”，“高度”为“400 像素”、“分辨率”为“72 像素/英寸”，如下图所示，单击“确定”按钮。

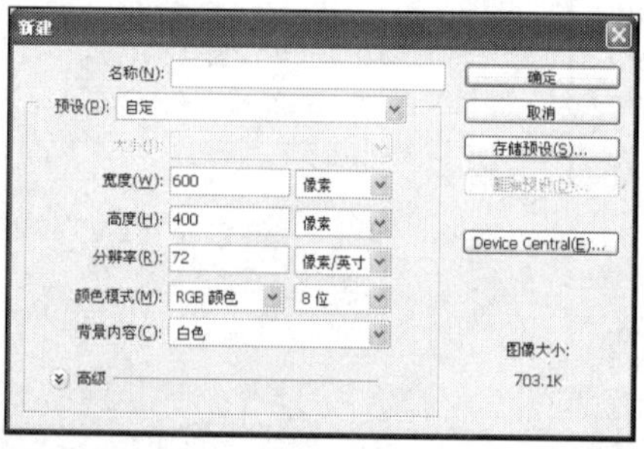

步骤02 单击“设置背景色”色块，在打开的对话框中设置背景颜色值为（R:207、G:206、B:202），单击“确定”按钮。选择“油漆桶工具”，填充背景为灰色，效果如下图所示。

步骤03 选择工具箱中的“横排文字工具”，在图像中输入“milk”，在属性栏中设置字体颜色值为（R:225、G:225、B:225），并设置字体样式、大小，如下图所示。

步骤04 复制 milk 图层，得到“milk 副本”图层，如下图所示。

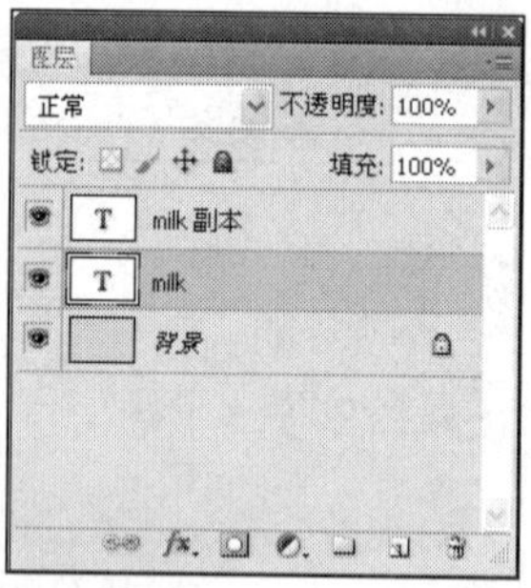

步骤05 选择 milk 图层，单击“图层”面板底部的“添加图层样式”按钮，在弹出的菜单中选择“投影”选项，弹出“图层样式”对话框，相关参数设置如下图所示。

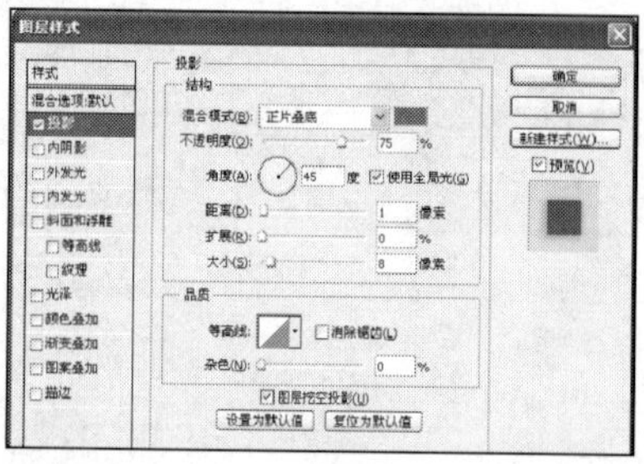

步骤06 选择“内阴影”复选框，相关参数设置如下图所示。

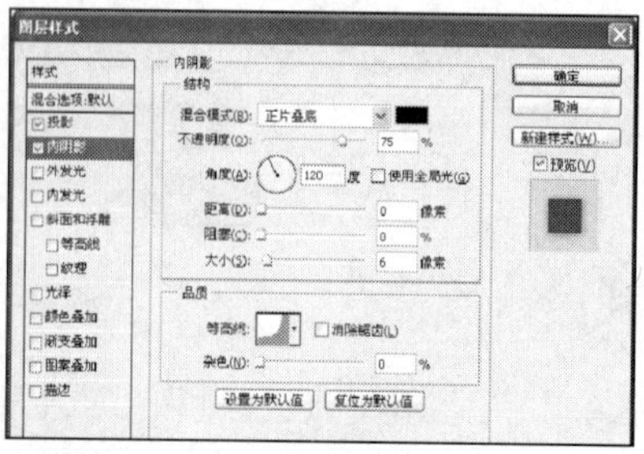

步骤07 选择“斜面和浮雕”复选框，相关参数设置如下图所示。

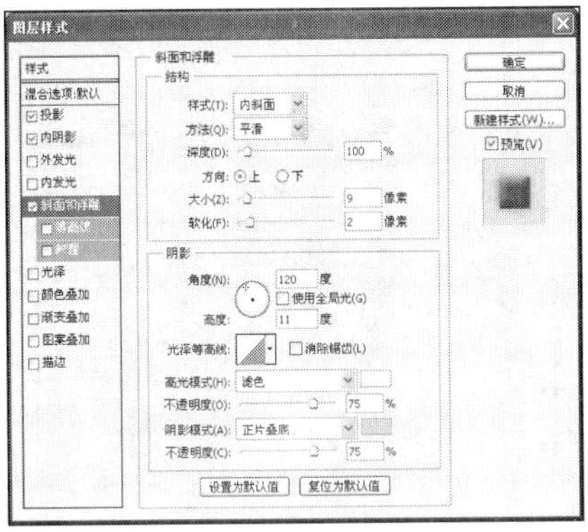

步骤08 选择“等高线”复选框，相关参数设置如下图所示，设置完成后，单击“确定”按钮。

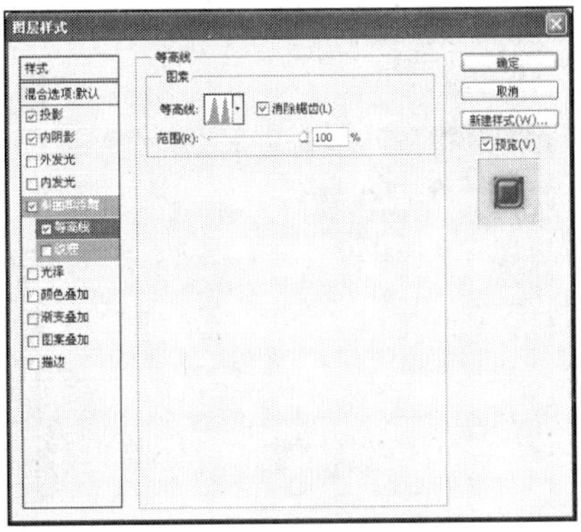

步骤09 在“图层”面板中，选择“milk 副本”图层，单击“图层”面板底部的“添加图层样式”按钮fx，在弹出的菜单中选择“内阴影”复选框，弹出“图层样式”对话框，相关参数设置如下图所示。

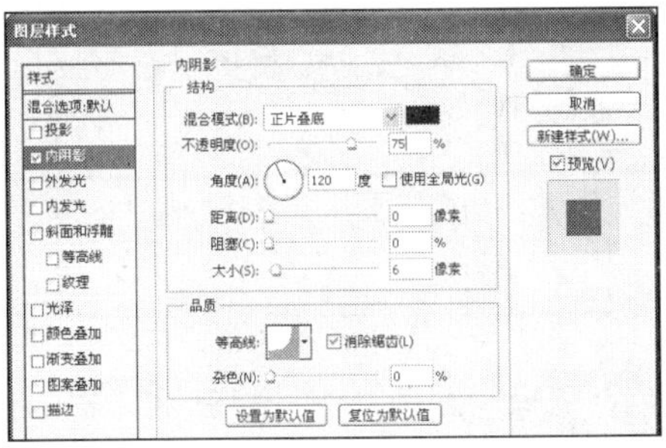

步骤10 选择“斜面和浮雕”复选框，相关参数设置如下图所示。

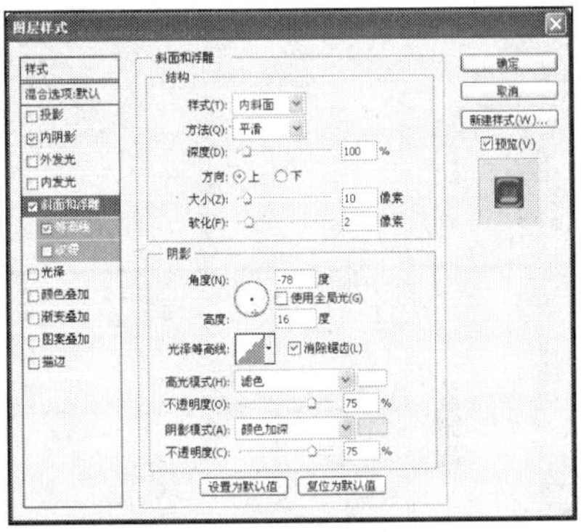

步骤11 选择“等高线”复选框，相关参数设置如右侧左图所示。设置完成后，单击“确定”按钮，效果如右侧右图所示。

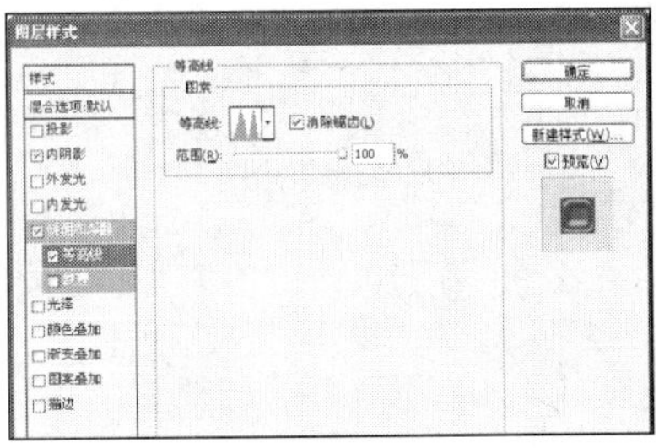

步骤12 单击“图层”面板中的“创建新图层”按钮，创建“图层 1”图层，选择工具箱中的“钢笔工具”，在字体的下半部绘制路径，如右侧左图所示。填充颜色值为（R:61、G:162、B:232）的颜色，如右侧右图所示。

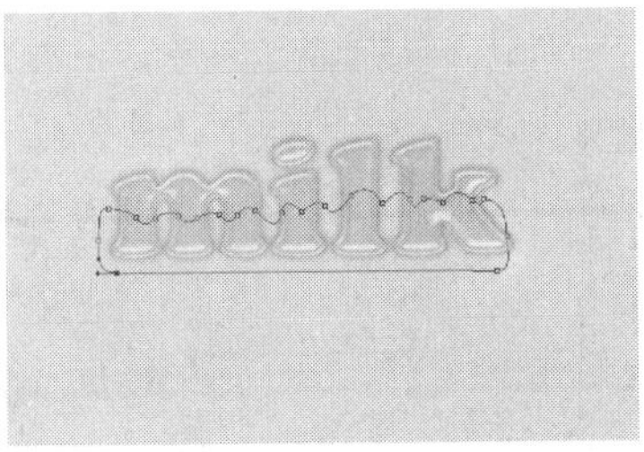

步骤13 单击“图层”面板底部的“添加图层样式”按钮 *fx*，在弹出的菜单中选择“投影”选项，弹出“图层样式”对话框，相关参数设置如下图所示。

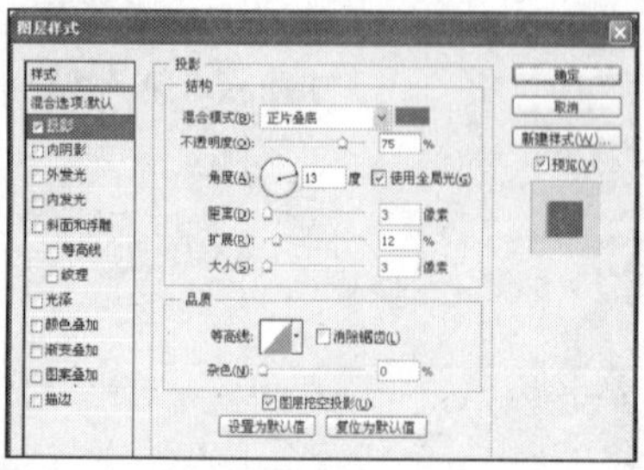

步骤14 选择“内阴影”复选框，相关参数设置如下图所示。

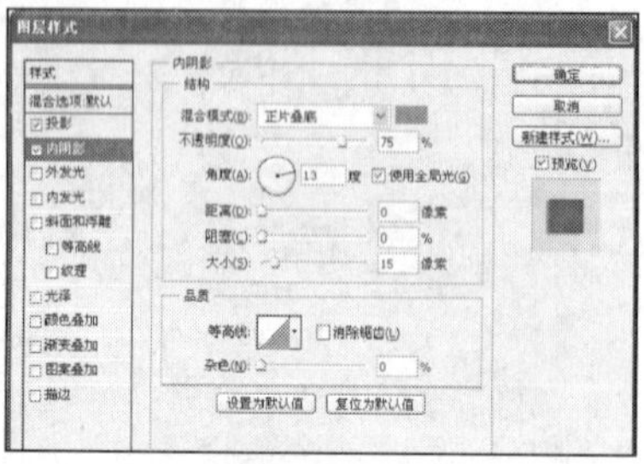

步骤15 选择“斜面和浮雕”复选框，相关参数设置如下图所示。

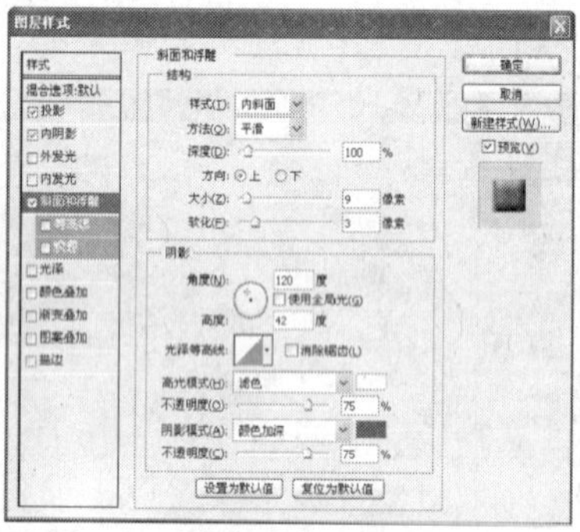

步骤16 选择“纹理”复选框，相关参数设置如下图所示。

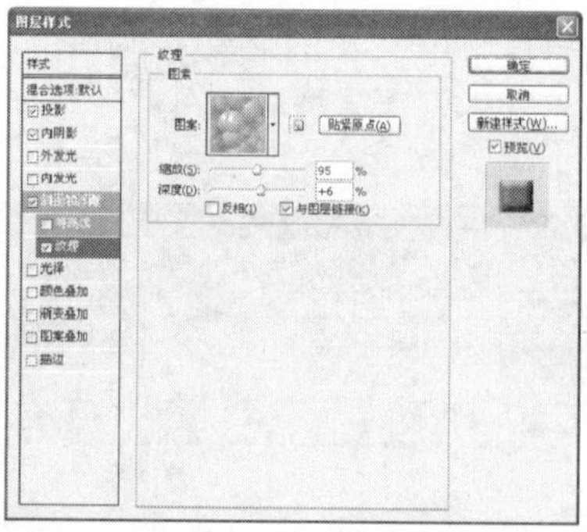

步骤17 选择“光泽”复选框，相关参数设置如下图所示。

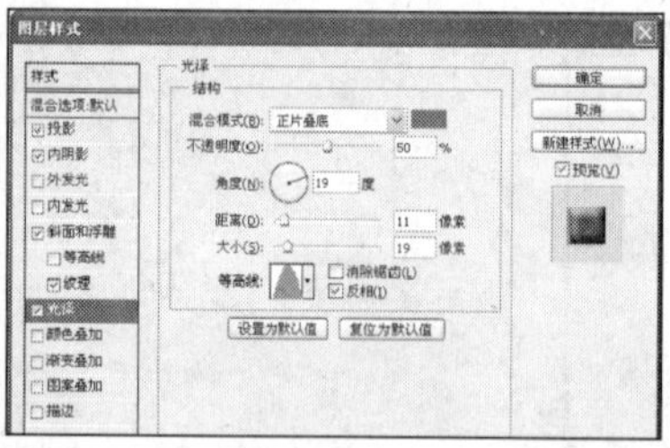

步骤18 选择“颜色叠加”复选框，相关参数设置如下图所示。

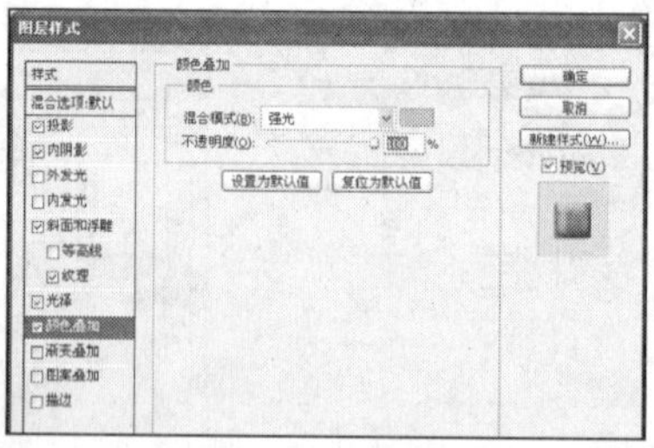

步骤19 选择“渐变叠加”复选框，相关参数设置如下图所示。

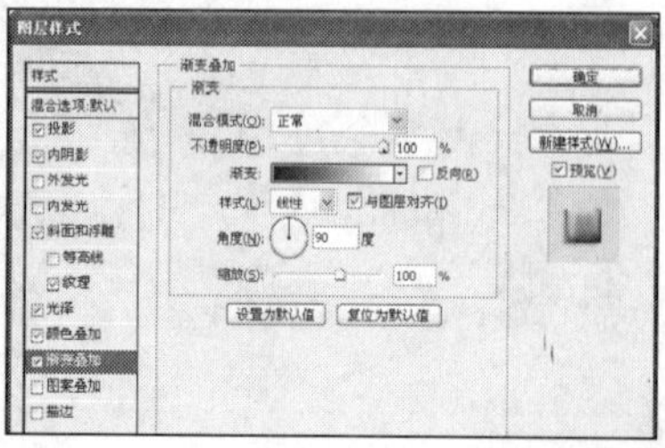

步骤20 设置完成后，单击“确定”按钮，执行“图层→创建剪贴蒙版”命令，最终效果如下图所示。

15.4 制作红色立体字效果

制作本实例时，首先新建文档并设置颜色，然后输入文字并添加图层样式，接着复制图层，最后使用心形形状在字体周围绘制出心形，并调整不透明度，此时就完成了红色立体字效果的制作。

效果展示

本实例的最终效果如下图所示。

原始文件	光盘\素材文件\Chapter 15\无
结果文件	光盘\结果文件\Chapter 15\15-04.psd
同步视频文件	光盘\同步教学文件\Chapter 15\15.4.avi

知识链接

在本实例的制作与设计过程中，主要用到以下知识点。

- 图层样式
- 自定形状工具
- “镜头光晕”命令

操作步骤

本实例的具体操作步骤如下。

步骤01 执行“文件→新建”命令，在弹出的“新建”对话框中，设置“宽度”为“500 像素”、“高度”为“400 像素”、“分辨率”为“72 像素/英寸”，如右图所示，单击“确定”按钮。

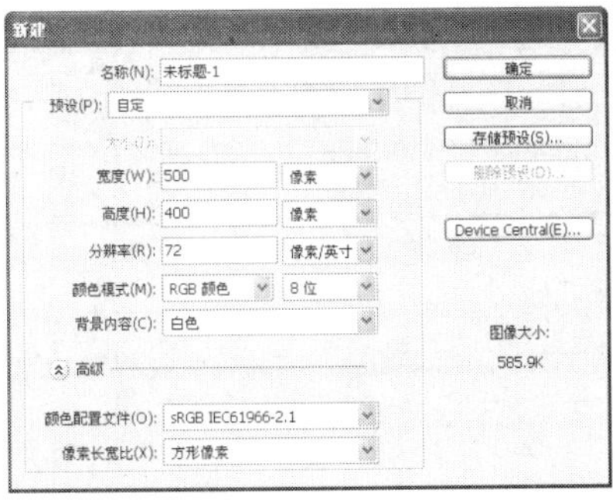

步骤02 设置前景色颜色值为（R:153、G:0、B:0），然后填充新建的文档，效果如右图所示。

步骤03 选择工具箱中的“横排文字工具”[T]，在图像中输入“Love”，在属性栏中设置字体颜色值为（R: 186、G:20、B:37），并设置字体样式、大小，如下图所示。

步骤04 在“图层”面板中，选择 love 图层，并将其拖动至“创建新图层”按钮上，如下图所示。

步骤05 单击“图层”面板底部的“添加图层样式”按钮*fx*，在弹出的菜单中选择“斜面和浮雕”选项，弹出“图层样式”对话框，相关参数设置如右侧左图所示。设置完成后，单击“确定”按钮，关闭对话框，效果如右侧右图所示。

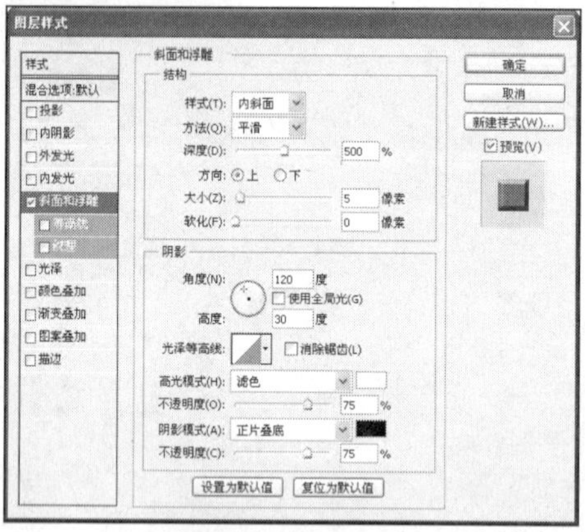

步骤06 选择“love 副本”图层，按【Ctrl+J】快捷键 15 次，此时的“图层”面板如右侧左图所示。将复制的图层进行合并，并拖动至 love 图层下，“图层”面板如右侧右图所示。

步骤07 选择工具箱中的“移动工具”，将love图层拖动至上方，效果如下图所示。

步骤08 单击“图层”面板底部的“添加图层样式”按钮，在弹出的菜单中选择“斜面和浮雕”选项，弹出“图层样式”对话框，相关参数设置如下图所示。

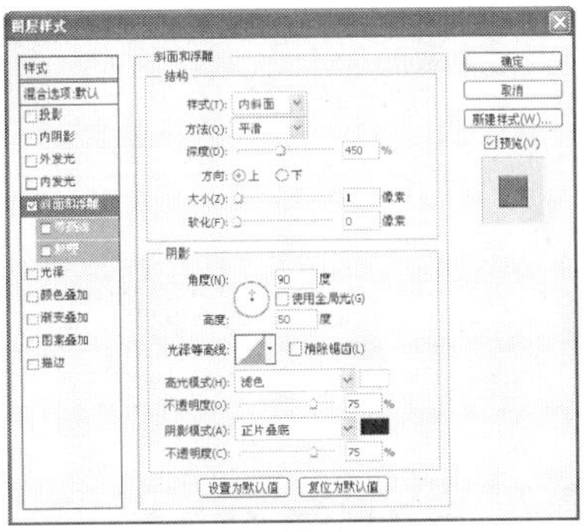

步骤09 选择“内阴影”复选框，相关参数设置如右侧左图所示。设置完成后，单击“确定”按钮，效果如右侧右图所示。

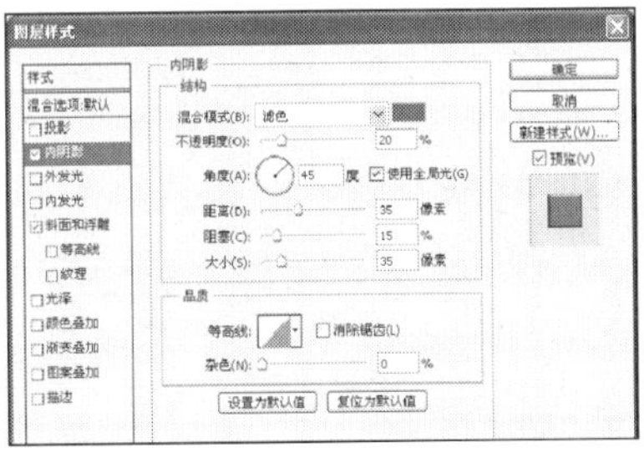

步骤10 新建图层，选择工具箱中的“自定形状工具”，在“形状”下拉面板中选择心形形状，在图像窗口中创建出心形轮廓，效果如下图所示。

步骤11 单击“路径”面板中的“用前景色填充路径”按钮，将其填充为红色，并复制图层，设置图层“不透明度”选项为25%，如下图所示。

步骤12 设置完成后，图像效果如右侧左图所示。选择“背景”图层，执行“滤镜→渲染→镜头光晕”命令，设置“亮度”为30%，如右侧右图所示。

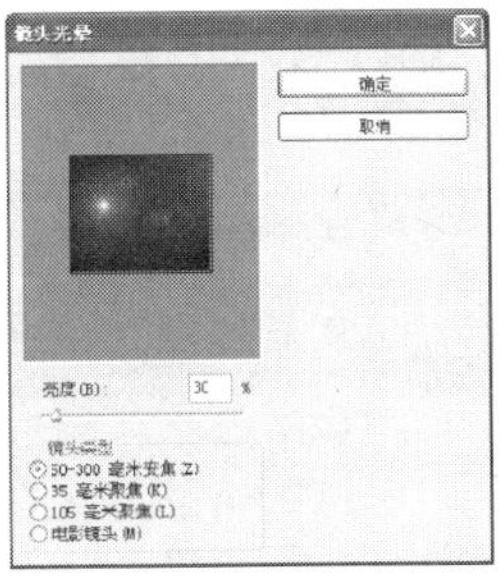

步骤13 执行"滤镜→渲染→光照效果"命令，相关参数设置如右侧左图所示。设置完成后，单击"确定"按钮，最终效果如右侧右图所示。

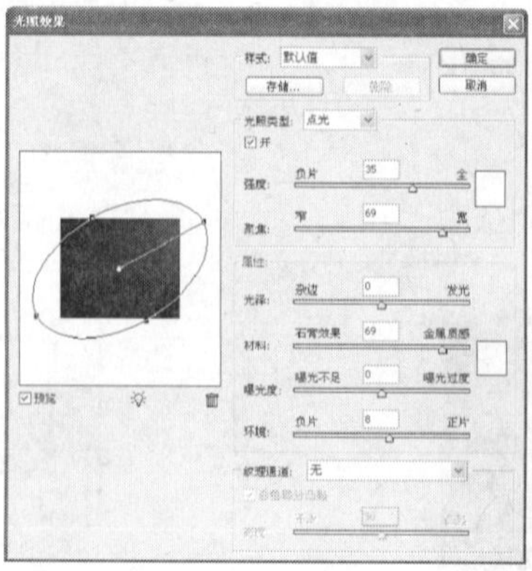

15.5 制作超炫放射字体效果

制作本实例时，首先输入文字，然后利用一系列的滤镜来制作出放射的光芒，接着调整颜色，最后设置放射的光芒颜色，此时就完成了超炫放射字体效果制作。

效果展示

本实例的最终效果如下图所示。

原始文件	光盘\素材文件\Chapter 15\无
结果文件	光盘\结果文件\Chapter 15\15-05.psd
同步视频文件	光盘\同步教学文件\Chapter 15\15.5.avi

知识链接

在本实例的制作与设计过程中，主要用到以下知识点。

- "高斯模糊"命令
- "极坐标"命令
- "风"命令
- 图层样式

操作步骤

本实例的具体操作步骤如下。

步骤01 执行“文件→新建”命令，在弹出的“新建”对话框中设置“宽度”为“680 像素”、“高度”为“480 像素”、“分辨率”为“72 像素/英寸”，如下图所示，单击“确定”按钮。

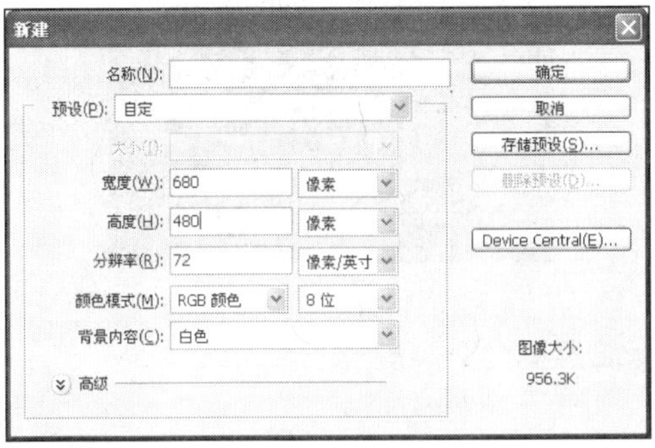

步骤02 选择工具箱中的“横排文字工具”T，在图像中输入“super star”，在属性栏中设置样式，如下图所示。

步骤03 执行“图层→栅格化→文字”命令，“图层”面板如下图所示。

步骤04 按住【Ctrl】键单击文字图层，将文字载入选区，效果如下图所示。

步骤05 执行“选择→存储选区”命令，在打开的对话框中，单击“确定”按钮，切换到“通道”面板，便可看到增加了 Alpha 1 通道，如下图所示。

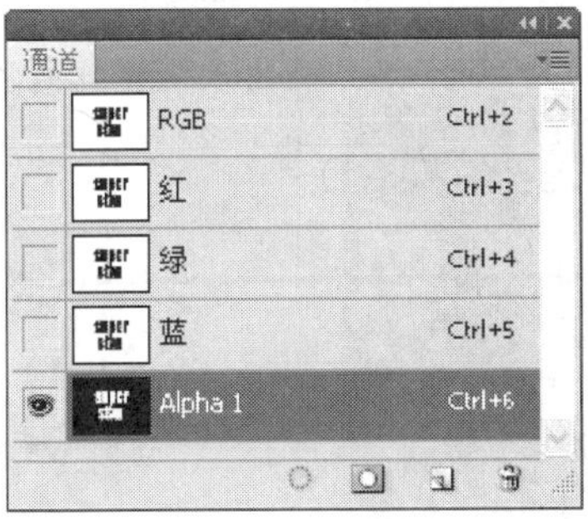

步骤06 选择“图层”面板中的 super star 图层，执行“编辑→填充”命令，在打开的对话框中，设置“使用”为“白色”、“模式”为“正片叠底”，如下图所示。设置完成后，单击“确定”按钮。

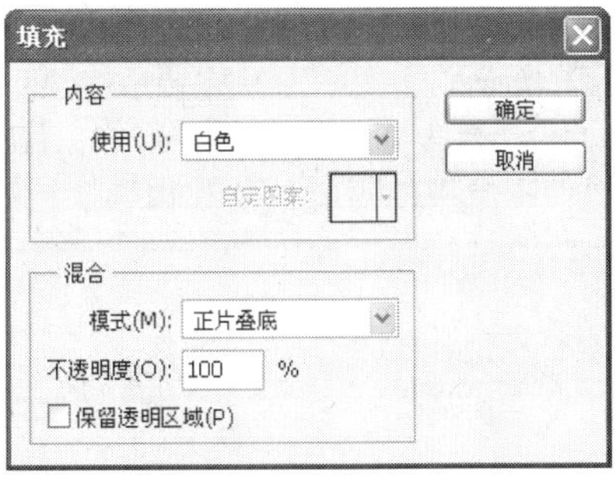

步骤07 执行“滤镜→模糊→高斯模糊”命令，在打开的“高斯模糊”对话框中设置“半径”为“4像素”，如下图所示。

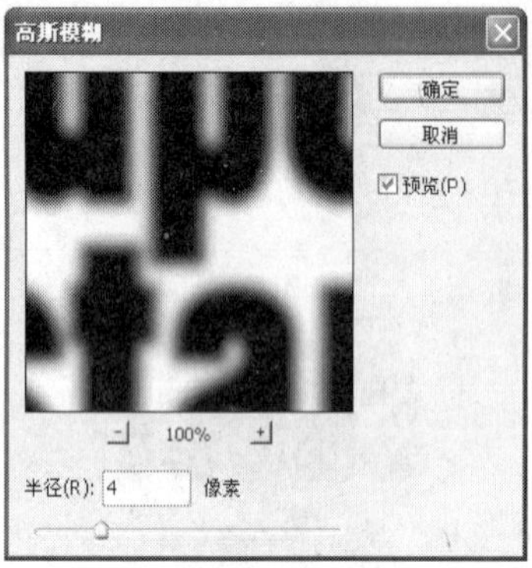

步骤08 执行“风格化→曝光过度”命令，效果如下图所示。

步骤09 按【Ctrl+L】快捷键打开“色阶”对话框，相关参数设置如右侧左图所示。设置完成后，单击“确定”按钮，效果如右侧右图所示。

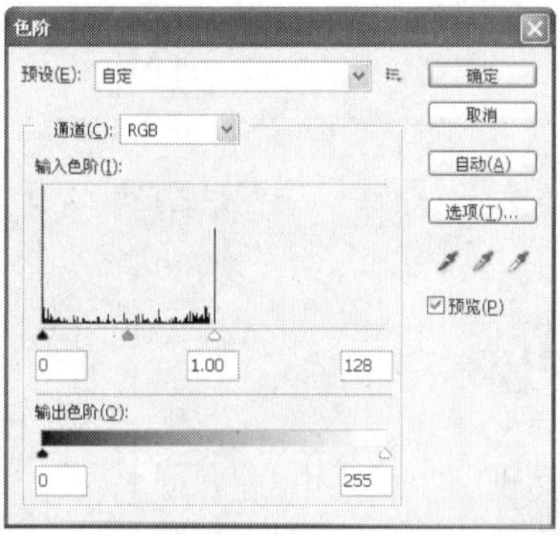

步骤10 在“图层”面板中，复制 super star 图层，“图层”面板如下图所示。

步骤11 选择“super star 副本”图层，执行“滤镜→扭曲→极坐标”命令，效果如下图所示。

步骤12 执行“图像→图像旋转→90度（顺时针）”命令，效果如右侧左图所示。按【Ctrl+I】快捷键使图像中的黑白颜色互相调换，效果如右侧右图所示。

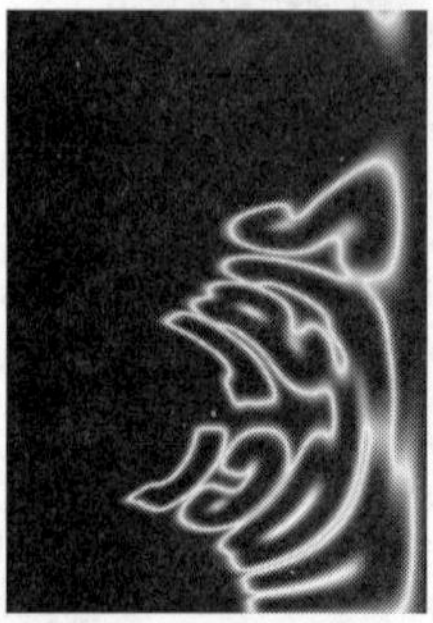

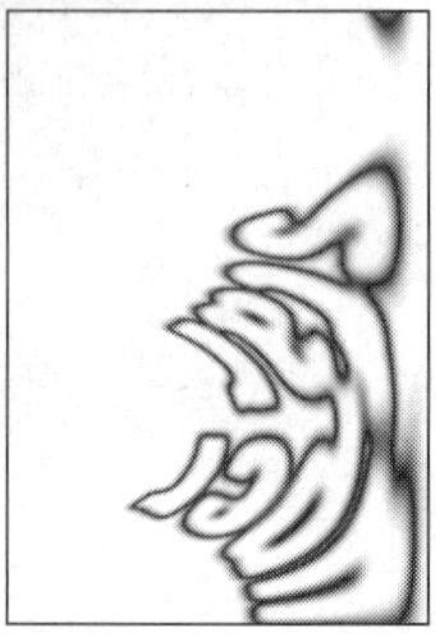

步骤13 执行“滤镜→风格化→风”命令，弹出“风”对话框，相关参数设置如下图所示。单击“确定”按钮，按【Ctrl+F】快捷键两次，执行“风”命令两次。

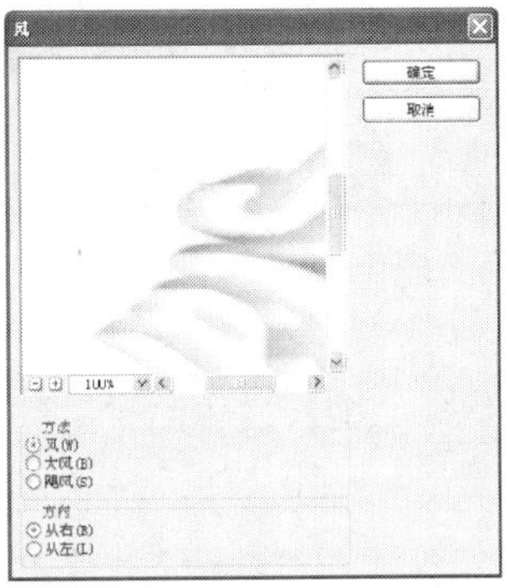

步骤14 按【Ctrl+I】快捷键调换黑白颜色，再按【Ctrl+F】快捷键 3 次，图像效果如下图所示。

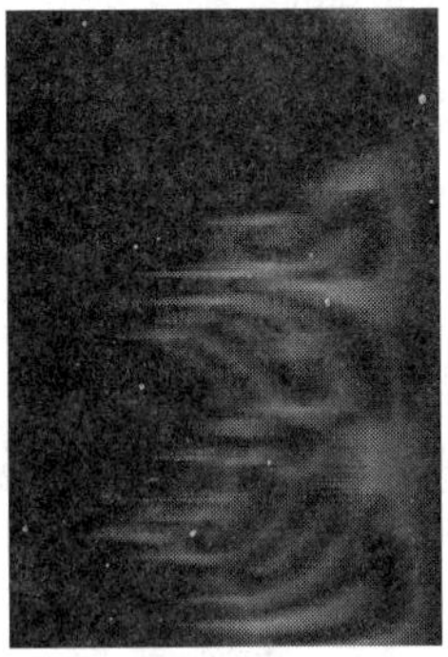

步骤15 按【Shift+Ctrl+L】快捷键使用“自动色调“命令调整图像，效果如下图所示。

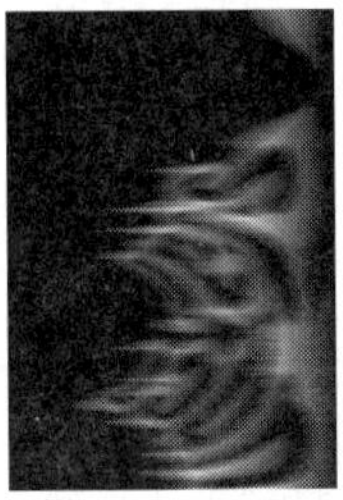

步骤16 执行“图像→图像旋转→90 度（逆时针）”命令，旋转图像后的效果如下图所示。

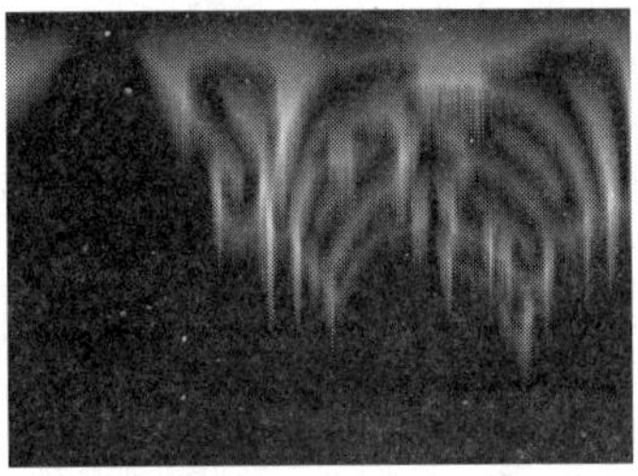

步骤17 执行“滤镜→扭曲→极坐标”命令，在打开的“极坐标”对话框中，选择“平面坐标到极坐标”单选按钮，如下图所示。

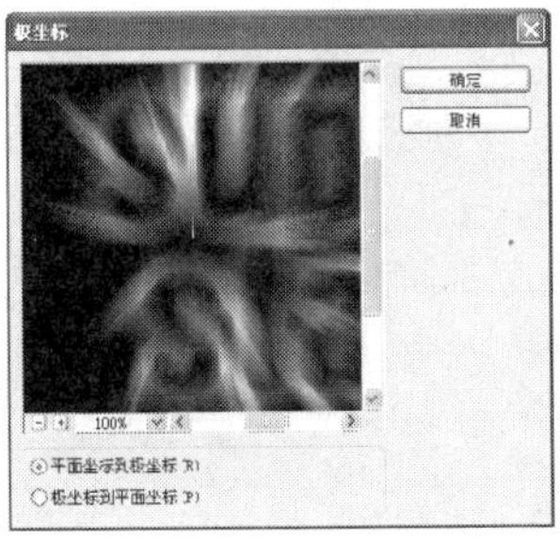

步骤18 在“图层”面板中，设置“super star 副本”图层的混合模式为“滤色”，如下图所示。

步骤19 单击“图层”面板底部的“创建新的填充或调整图层”按钮，在打开的菜单栏中选择“渐变”选项，如右侧左图所示。在打开的“渐变填充”对话框中选择“红，绿渐变”样式，如右侧右图所示。设置完成后，单击“确定”按钮。

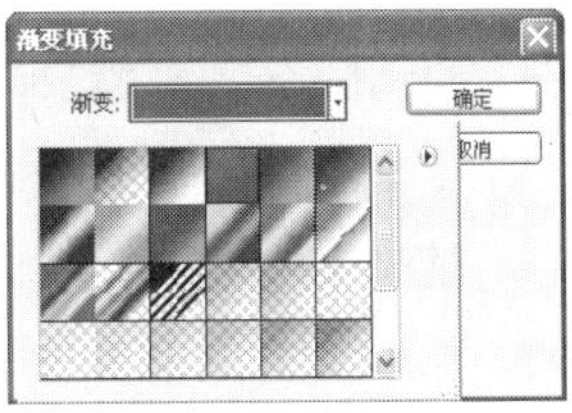

步骤20 在"图层"面板中，设置"渐变填充 1"图层的混合模式为"颜色"，如右侧左图所示，最终效果如右侧右图所示。

15.6 制作可爱花边字体效果

制作本实例时，首先制作出花边的图案，并载入"画笔"面板中，接着输入文字并使用制作完成的花边图案进行描边，最后对花边与文字添加图层样式，以增加立体感，此时就完成了可爱花边字体效果的制作。

效果展示

本实例的最终效果如下图所示。

原始文件	光盘\素材文件\Chapter 15\15-03.jpg
结果文件	光盘\结果文件\Chapter 15\15-06.psd
同步视频文件	光盘\同步教学文件\Chapter 15\15.6.avi

知识链接

在本实例制作与设计过程中，主要用到以下知识点。

- 自定形状工具
- 画笔工具
- 描边路径
- 图层样式

操作步骤

本实例的具体操作步骤如下。

步骤01 执行“文件→新建”命令，在弹出的“新建”对话框中，设置“宽度”为“250 像素”、“高度”为“250 像素”、“分辨率”为“300 像素/英寸”，如下图所示，单击“确定”按钮。

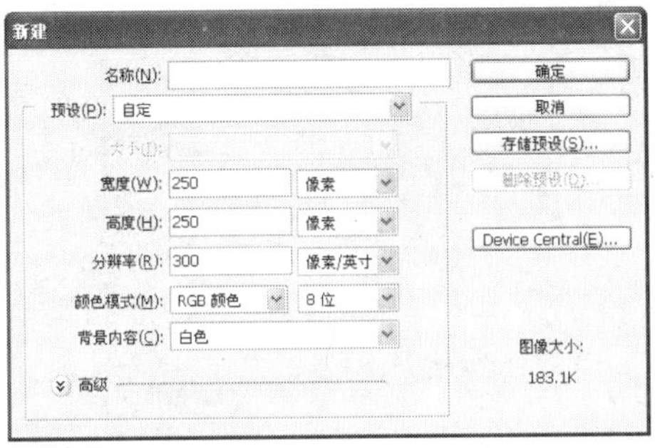

步骤02 选择工具箱中的“多边形工具”，在属性栏中设置“边”为 10，单击“几何选项”按钮，打开“多边形选项”面板，选择“平滑拐角”、“星形”、“平滑缩进”3 个复选框，如下图所示。

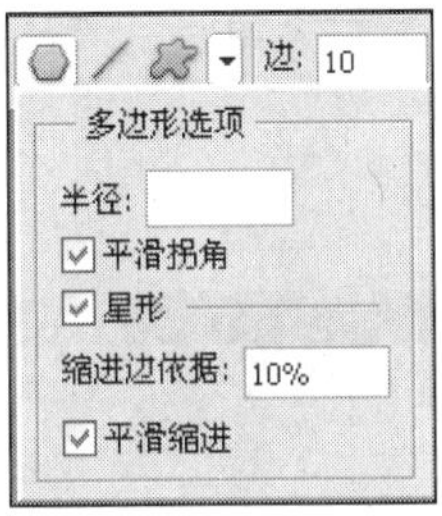

步骤03 设置前景色为黑色，使用设置好的“多边形工具”在图像窗口中单击并拖动，即可创建一个花边圆形，如下图所示。

步骤04 选择工具箱中的“椭圆工具”，按住【Shift】键在花边圆形中绘制一个正圆形，如下图所示。

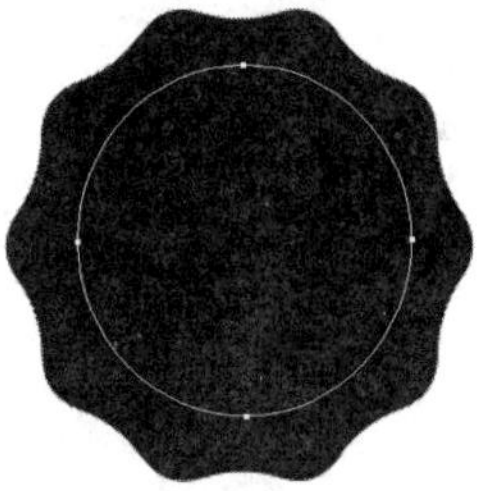

步骤05 选择工具箱中的“画笔工具”，单击属性栏中的“切换画笔面板”按钮，打开“画笔”面板，选择“尖角 30”样式，设置“大小”为 17px、“间距”为 227%，如下图所示。

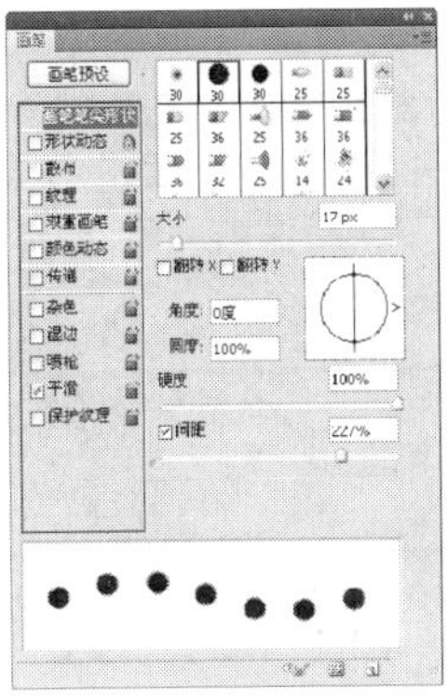

步骤06 设置前景色为白色，在“路径”面板中，单击面板底部的“用画笔描边路径”按钮，单击“路径”面板的空白处，隐藏路径后的效果如下图所示。

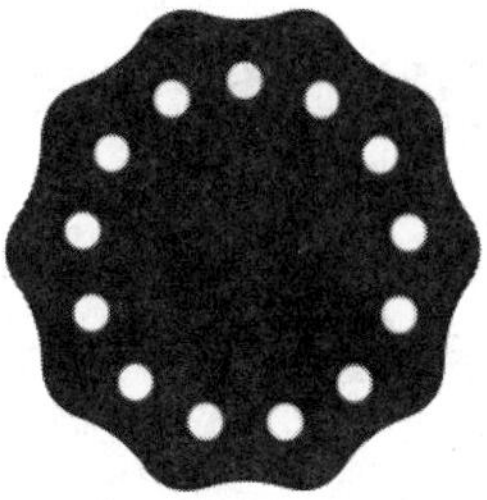

步骤07 选择工具箱中的“椭圆工具”，按住【Shift】键在花边圆形中绘制小正圆形，如右侧左图所示。选择“画笔工具”，设置“大小”为5px，单击“路径”面板中的“用画笔描边路径”按钮，进行描边，效果如右侧右图所示。

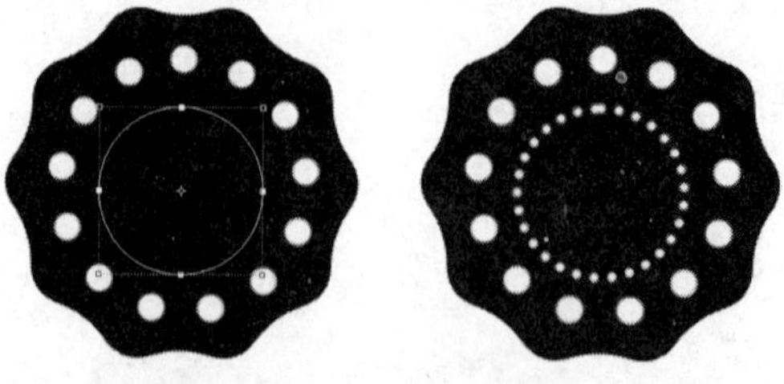

步骤08 执行“编辑→定义画笔预设”命令，打开的“画笔名称”对话框，输入名称为“花边”，如下图所示，单击“确定”按钮，即可将绘制完成的花边载入“画笔”面板中。

步骤09 打开光盘中的素材文件15-03.jpg，如下图所示。

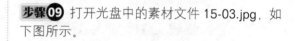

步骤10 选择工具箱中的“横排文字工具”，在图像中输入“Pink”，在属性栏中设置字体颜色值为（R:255、G:51、B:102），并设置字体样式，如下图所示。，

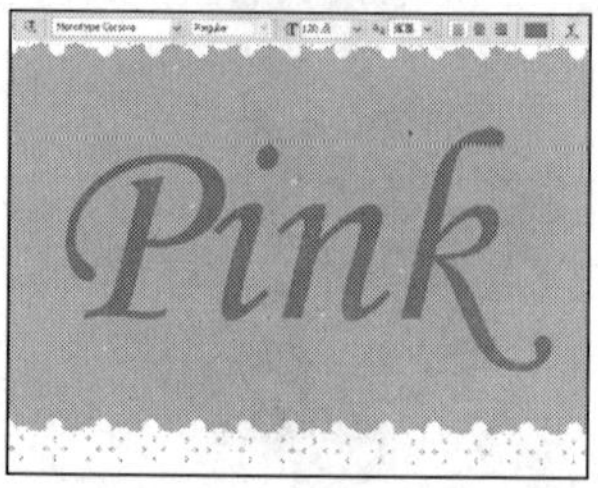

步骤11 执行“图层→文字→创建工作路径”命令，图像效果如下图所示。

步骤12 在“图层”面板中，单击“创建新图层”按钮，得到“图层1”图层，将“图层1”图层拖动至文字图层下方，如下图所示。

步骤13 选择工具箱中的“画笔工具”，单击属性栏中的“切换画笔面板”按钮，打开“画笔”面板，选择前面所存储的“花边”样式，设置“大小”为“21px”、“间距”为98%，如下图所示。

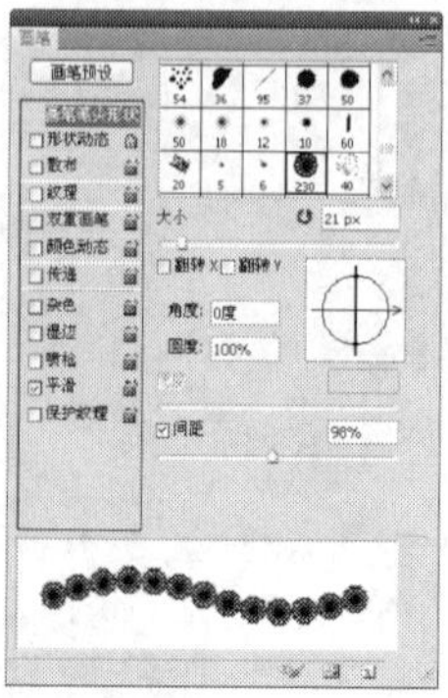

步骤14 设置前景色为白色，单击“路径”面板中的“用画笔描边路径”按钮，单击“路径”面板的空白处，隐藏路径后的效果如下图所示。

步骤15 单击“图层”面板底部的“添加图层样式”按钮 fx，在弹出的菜单中选择“投影”选项，弹出“图层样式”对话框，相关参数设置如下图所示。

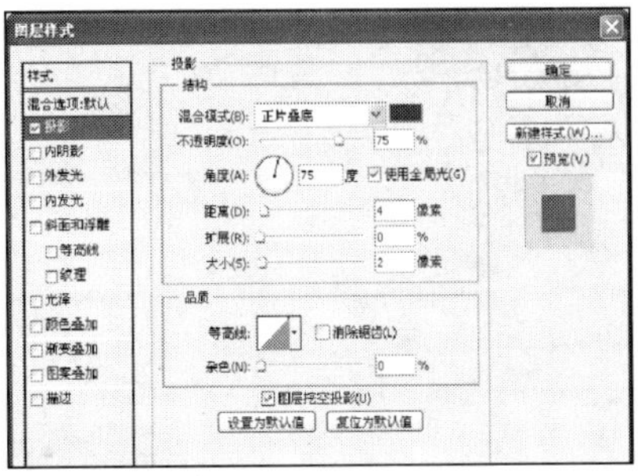

步骤16 选择“斜面和浮雕”复选框，设置阴影颜色值为（R:153、G:153、B:153），其他相关参数设置如右侧左图所示。设置完成后，单击“确定”按钮，效果如右侧右图所示。

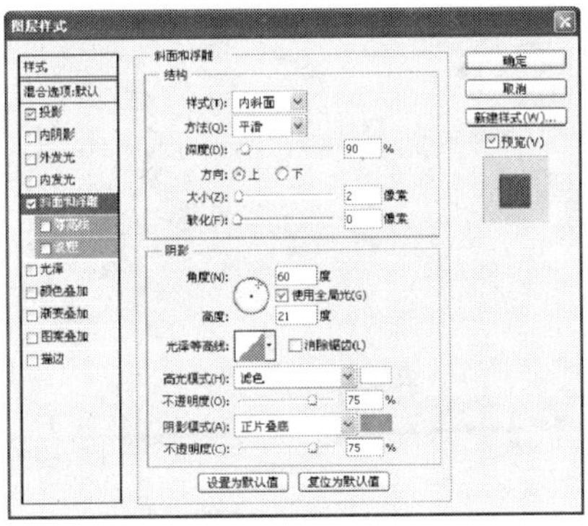

步骤17 在“图层”面板中，选择文字图层，如右侧左图所示。单击“图层”面板底部的“添加图层样式”按钮 fx，在弹出的菜单中选择“内阴影”选项，弹出“图层样式”对话框，设置阴影颜色值为（R:204、G:51、B:51），其他相关参数设置如右侧右图所示。

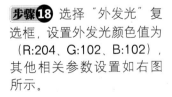

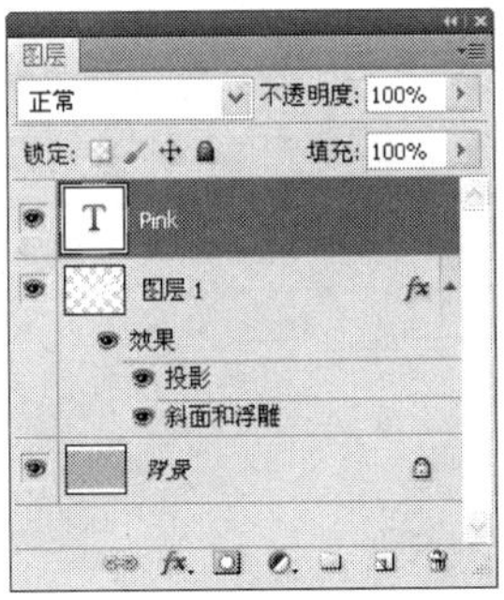

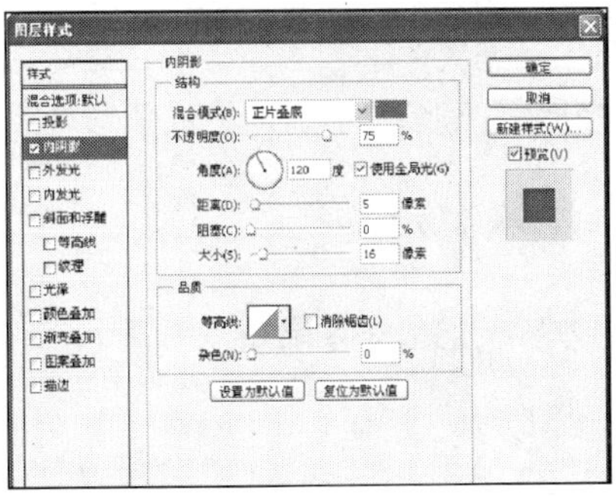

步骤18 选择“外发光”复选框，设置外发光颜色值为（R:204、G:102、B:102），其他相关参数设置如右图所示。

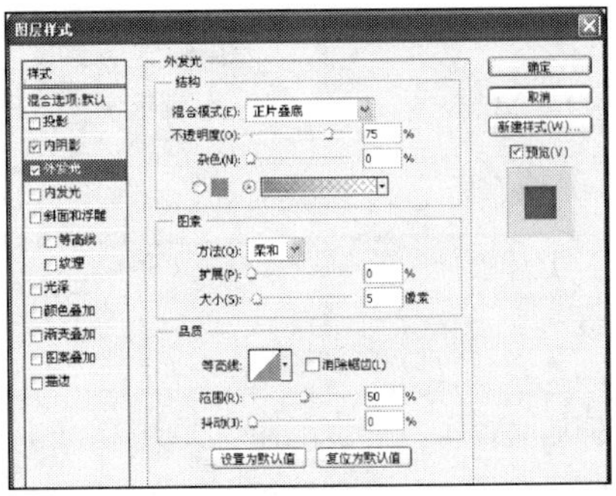

步骤19 选择"斜面和浮雕"复选框，设置高光颜色值为（R:204、G:153、B:153），设置阴影颜色值为（R:204、G:51、B:51），其他相关参数设置如右图所示。

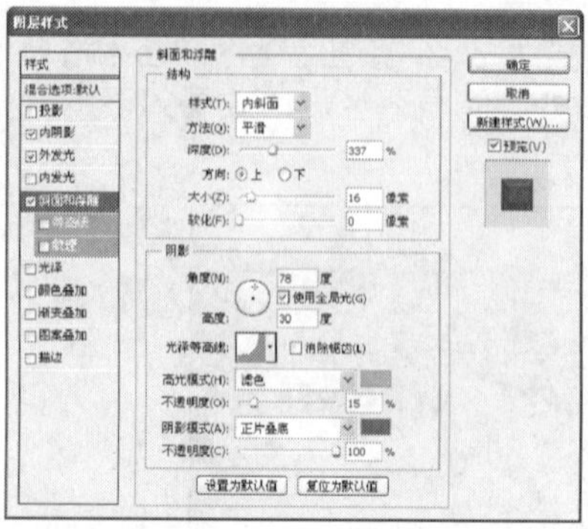

步骤20 选择"纹理"复选框，单击"图案"下三角按钮，在下拉面板中选择"纱布"图案，并调整其"缩放"参数，如右侧左图所示。设置完成后，单击"确定"按钮，最终效果如右侧右图所示。

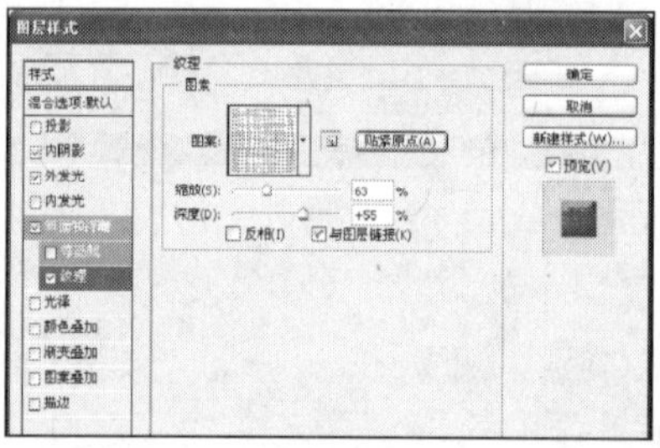

15.7 制作彩块字体效果

制作本实例时，首先使用"渐变工具"制作出背景色，然后输入文字并对文字进行描边，接着使用滤镜中的"彩色玻璃"命令制作出彩块的轮廓，并填充不同的颜色，最后复制字体图层并进行垂直翻转，此时就完成了彩块字体效果的制作。

效果展示

本实例的最终效果如下图所示。

原始文件	光盘\素材文件\Chapter 15\无
结果文件	光盘\结果文件\Chapter 15\15-07.psd
同步视频文件	光盘\同步教学文件\Chapter 15\15.7.avi

知识链接

在本实例的制作与设计过程中，主要用到以下知识点。

- “描边”命令
- “彩色玻璃”命令
- 油漆桶工具
- “垂直翻转”命令
- “透视”命令

操作步骤

本实例的具体操作步骤如下。

步骤01 执行“文件→新建”命令，在弹出的“新建”对话框中，设置“宽度”为“680 像素”、“高度”为“480 像素”、“分辨率”为“72 像素/英寸”，如下图所示，单击“确定”按钮。

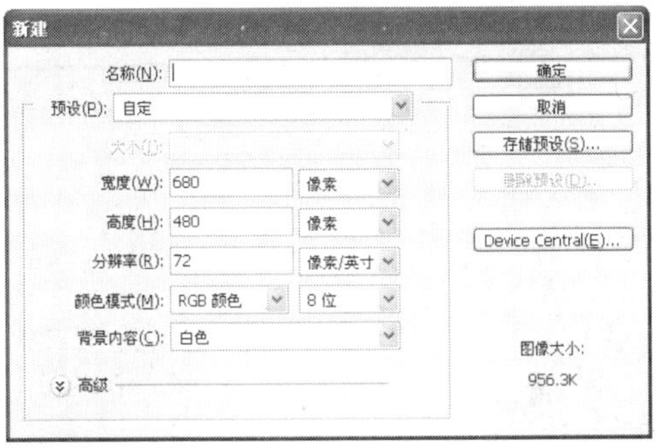

步骤02 设置前景色颜色值为（R:255、G:255、B:204）、背景色颜色值为（R:255、G:204、B:102），选择工具箱中的“渐变工具”，单击属性栏中的色块打开“渐变编辑器”窗口，选择“前景色到背景色渐变”填充方式，如下图所示。在图像窗口中拖动鼠标，为“背景”图层填充渐变色。

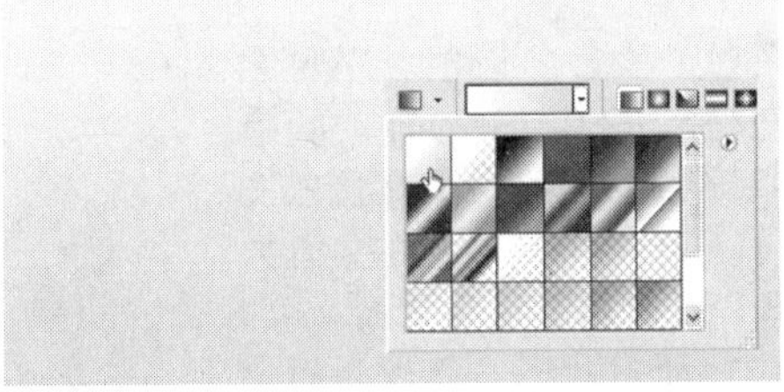

步骤03 选择工具箱中的“横排文字工具”T，输入“Colour”，在属性栏中设置字体颜色为白色，以及字体样式，如下图所示。

步骤04 单击“图层”面板底部的“添加图层样式”按钮fx，选择“描边”选项，在打开的对话框中设置“大小”为“2 像素”，设置完成后，单击“确定”按钮，效果如下图所示。

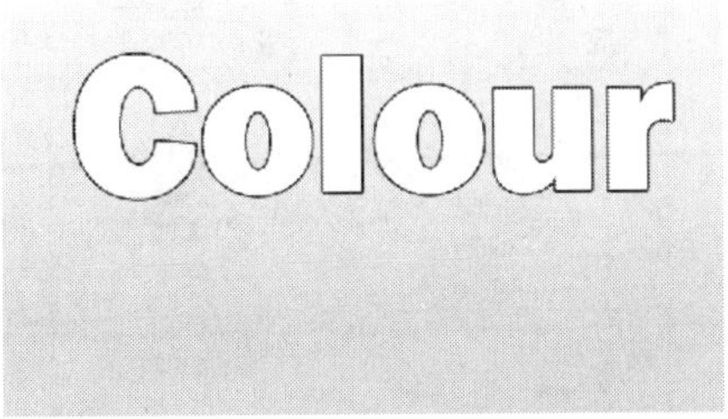

步骤05 执行“图层→栅格化→文字”命令，接着执行“滤镜→纹理→彩色玻璃”命令，在打开的对话框中设置相关参数，如右侧左图所示。设置完成后，单击“确定”按钮，效果如右侧右图所示。

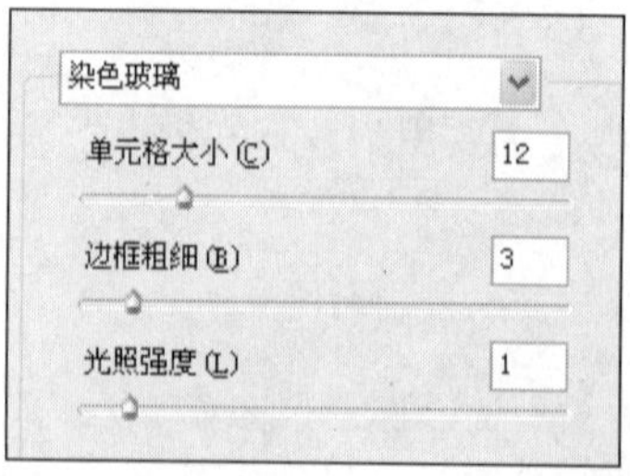

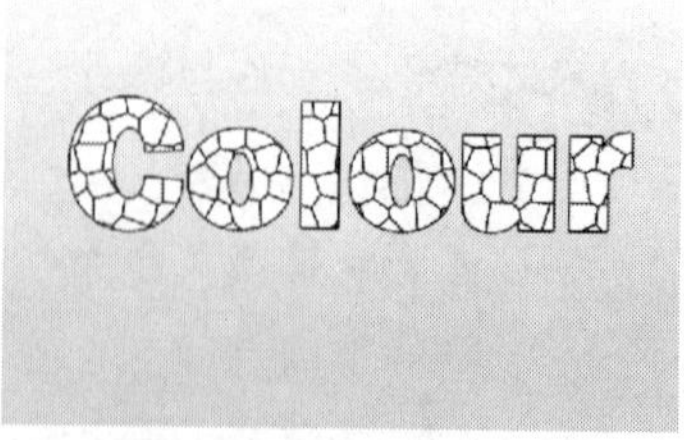

步骤06 选择工具箱中的“油漆桶工具”，设置前景色颜色值为（R:255、G:51、B:51），填充字体为红色，效果如右侧左图所示。设置前景色颜色值为（R:255、G:153、B:51），填充字体为橙色，效果如右侧右图所示。

步骤07 设置前景色颜色值为（R:102、G:204、B:153），为字体填充绿色，效果如右侧左图所示。设置前景色颜色值为（R:51、G:153、B:255），为字体填充蓝色，效果如右侧右图所示。

步骤08 设置前景色颜色值为（R:153、G:0、B:204），为字体填充紫色，效果如右侧左图所示。设置前景色颜色值为（R:255、G:204、B:255），为字体填充粉红色，效果如右侧右图所示。

步骤09 字体颜色填充完毕后，在“图层”面板中将Colour图层拖动至“创建新图层”按钮上，得到“Colour副本”图层，如下图所示。

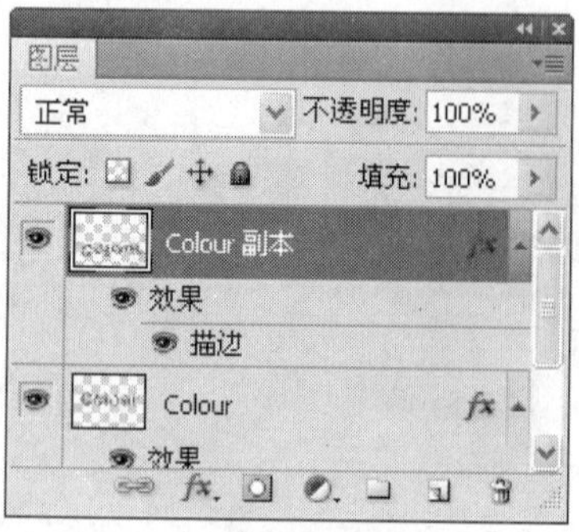

步骤10 执行“编辑→变换→垂直翻转”命令，选择工具箱中的“移动工具”，将垂直翻转的图像移动至字体下方，效果如下图所示。

步骤11 执行“编辑→变换→透视”命令，拖动图像周围的控制点，将图像进行透视变换，如下图所示。

步骤12 在“图层”面板中，设置“Colour 副本”图层的“不透明度”为 25%，最终效果如下图所示。

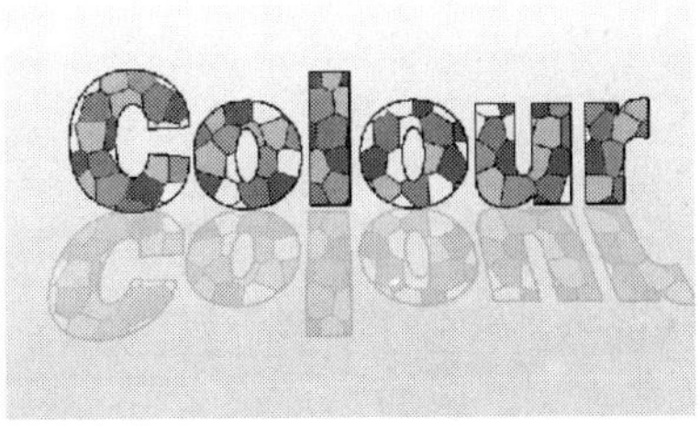

15.8 制作金色亮片飞溅字体效果

制作本实例时，首先使用“渐变工具”与“添加杂色”命令制作出背景，然后输入文字并对文字添加图层样式，以制作出立体的效果，接着使用滤镜中的“便条纸”、“染色玻璃”、“照亮边缘”命令制作出亮片效果，最后使用“椭圆工具”复制出亮片，并制作飞溅的效果，此时就完成了金色亮片飞溅字体效果。

效果展示

本实例的最终效果如下图所示。

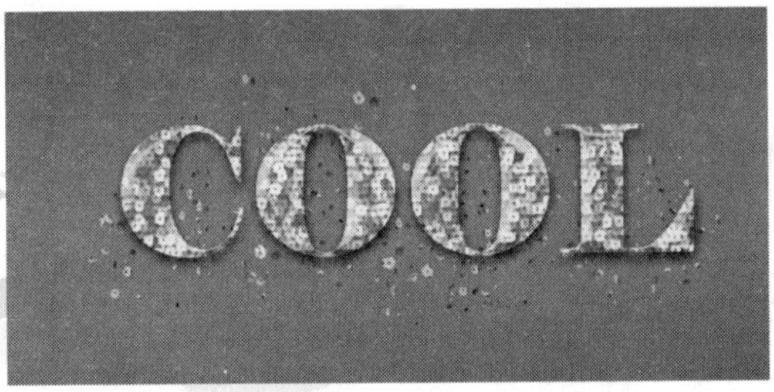

原始文件	光盘\素材文件\Chapter 15\无
结果文件	光盘\结果文件\Chapter 15\15-08.psd
同步视频文件	光盘\同步教学文件\Chapter 15\15.8.avi

知识链接

在本实例的制作与设计过程中，主要用到以下知识点。

- “添加杂色”命令
- 图层样式
- “便条纸”命令
- “染色玻璃”命令
- “照亮边缘”命令

操作步骤

本实例的具体操作步骤如下。

步骤01 执行“文件→新建”命令，在弹出的“新建”对话框中，设置“宽度”为“680 像素”、“高度”为“480 像素”、“分辨率”为“72 像素/英寸”，如下图所示。

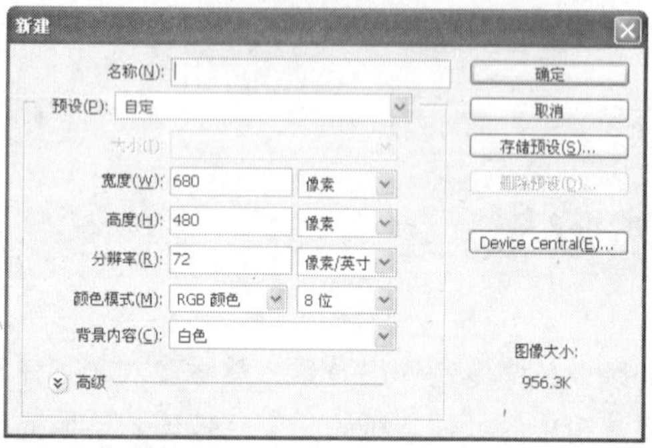

步骤02 选择工具箱中的“渐变工具”，单击属性栏中的色块打开“渐变编辑器”窗口，设左右两边色标的颜色值的（R:51、G:51、B:51）、中间色标的颜色值为（R:102、G:102、B:102），如下图所示。

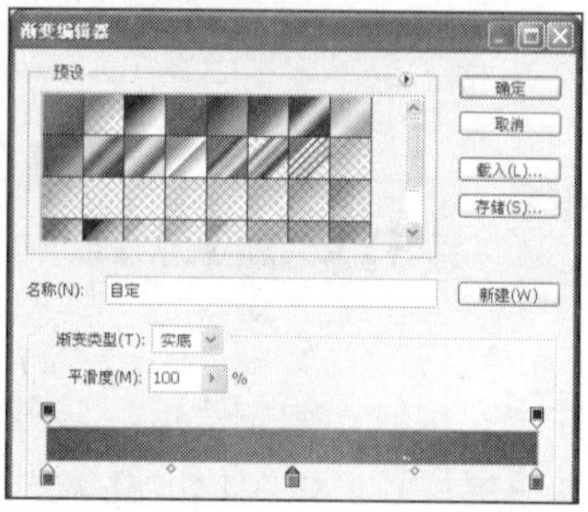

步骤03 设置完成后，单击“确定”按钮，在图像窗口中从上至下拖动鼠标，创建渐变效果，如下图所示。

步骤04 执行“滤镜→杂色→添加杂色”命令，在打开的“添加杂色”对话框中设置“数量”为2.5%、“分布”为“高斯分布”，如下图所示。

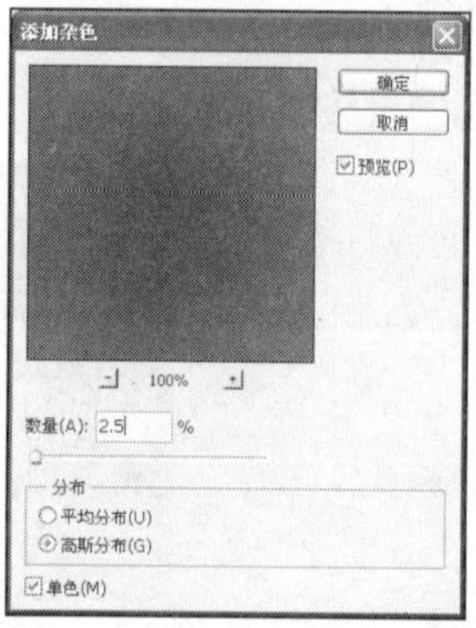

步骤05 选择工具箱中的“横排文字工具”，输入“COOL”，在属性栏中设置字体颜色值为（R:222、G:255、B:0），以及字体样式，如下图所示。

步骤06 单击“图层”面板底部的“添加图层样式”按钮，在弹出的菜单中选择“投影”选项，弹出“图层样式”对话框，相关参数设置如下图所示。

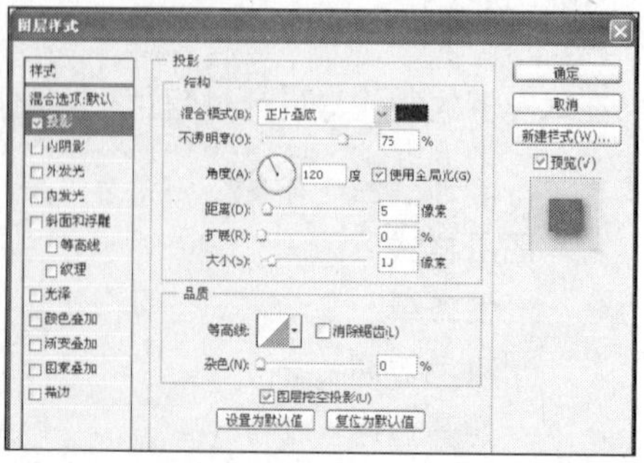

步骤07 设置完成后，单击“确定”按钮，关闭对话框。选择COOL图层，并将其拖动至“图层”面板底部的“创建新图层”按钮上，得到“COOL副本”图层，如下图所示。

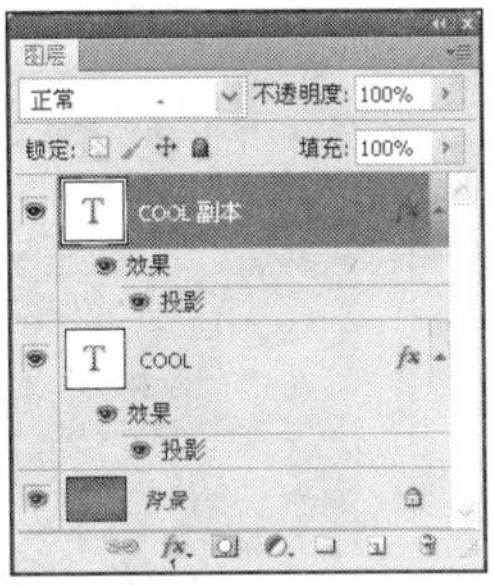

步骤08 单击“图层”面板底部的“添加图层样式”按钮，在弹出的菜单中选择“内投影”选项，弹出“图层样式”对话框，设置内阴影颜色值为（R:108、G:92、B:20），其他参数设置如下图所示。

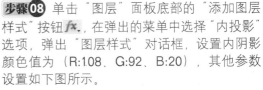

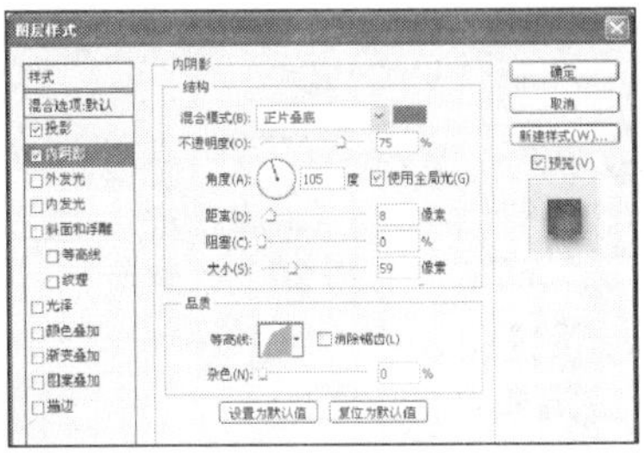

步骤09 选择“斜面和浮雕”复选框，设置高光颜色值为（R:255、G:244、B:20），设置阴影颜色值为（R:138、G:124、B:63），其他参数设置如下图所示。

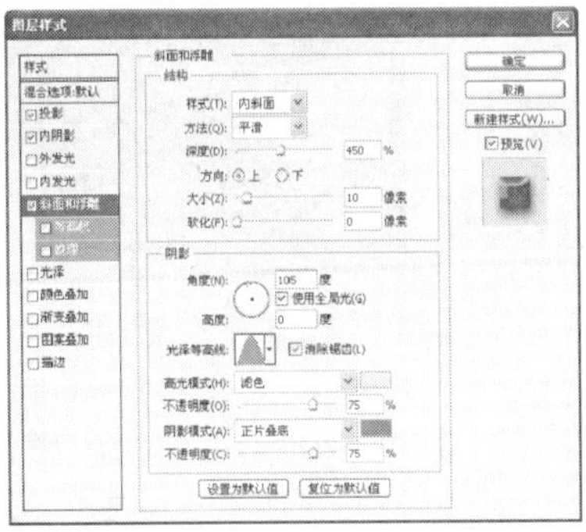

步骤10 选择“等高线”复选框，参数设置如下图所示。

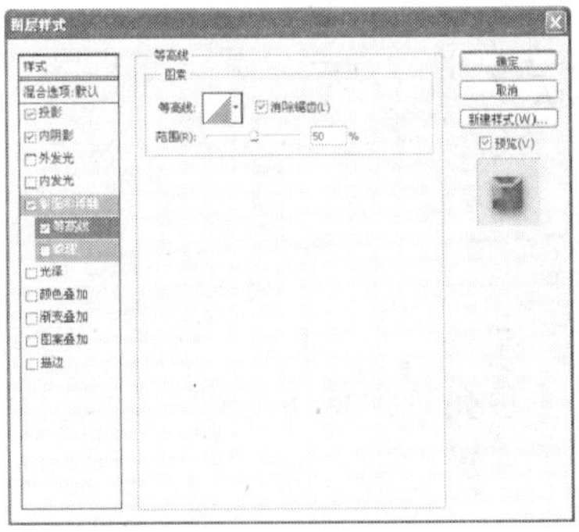

步骤11 设置完成后，单击“确定”按钮，效果如下图所示。

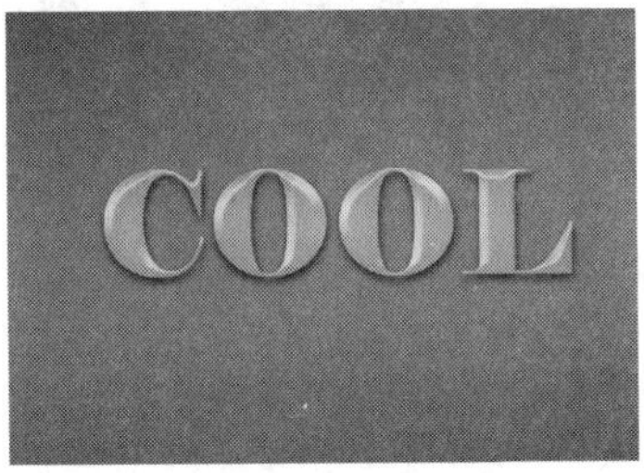

步骤12 复制“COOL副本”图层，得到“COOL副本2”图层，如下图所示，执行“图层→栅格化→文字”命令。

步骤13 执行“滤镜→素描→便条纸”命令，在打开的“便条纸”对话框中，相关参数设置如右侧左图所示。设置完成后，单击“确定”按钮，效果如右侧右图所示。

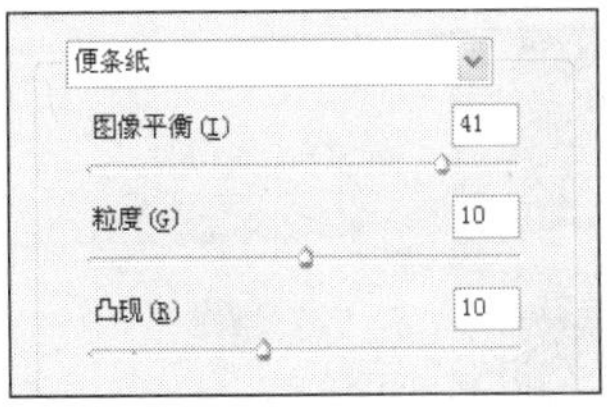

步骤14 执行"滤镜→纹理→染色玻璃"命令，在打开的"染色玻璃"对话框中，相关参数设置如右侧左图所示。设置完成后，单击"确定"按钮，效果如右侧右图所示。

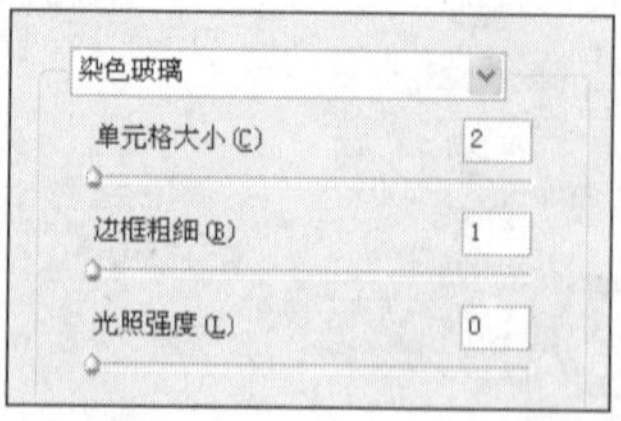

步骤15 执行"滤镜→风→照亮边缘"命令，在打开的"照亮边缘"对话框中，相关参数设置如右侧左图所示。设置完成后，单击"确定"按钮，效果如右侧右图所示。

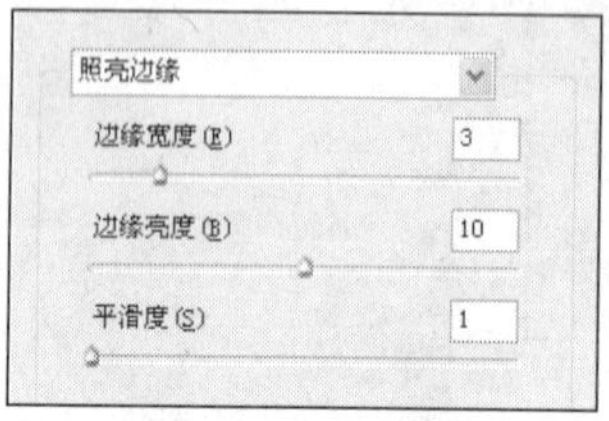

步骤16 在"图层"面板中，设置"COOL 副本 2"图层的图层混合模式为"叠加"，如右侧左图所示。此时，在图像窗口中可看到设置的图层混合模式效果，如右侧右图所示。

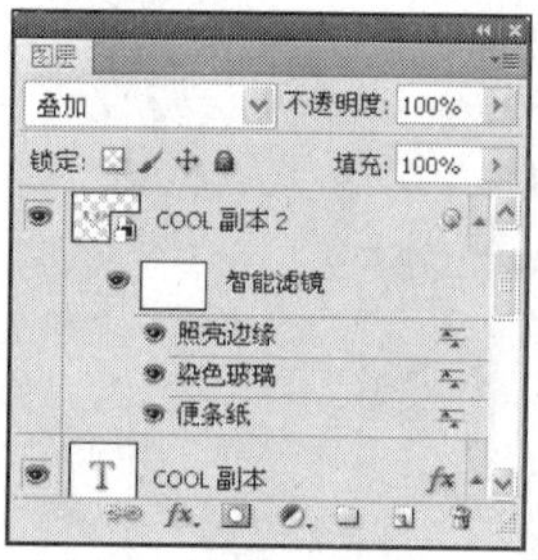

步骤17 选择工具箱中的"椭圆工具"，在字体的金色亮片上创建不同的椭圆，模拟出亮片飞溅的效果，如下图所示。

步骤18 在"路径"面板中，单击面板底部的"将路径作为选区载入"按钮，转换为选区后，执行"图层→新建→通过拷贝的图层"命令，得到新图层并重命名为"金色亮片"。选择工具箱中的"移动工具"，移动上步所创建的亮片选区，效果如下图所示。

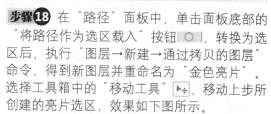

步骤19 复制"金色亮片"图层，使用"移动工具"将其移动至字体周围的适当位置后，按【Ctrl+T】快捷键调整大小，如下图所示，

步骤20 按照相同的操作方法，复制图层，调整大小，制作出亮片效果，最终效果如下图所示。

15.9 制作发光霓虹灯字体效果

制作本实例时，首先使用“渐变工具”制作出背景效果，然后输入文字并添加图层样式，制作出立体效果，最后选取素材中的灯泡，并将其移动至文字上，调整图层混合模式，此时就完成了发光霓虹灯字体效果。

效果展示

本实例的最终效果如下图所示。

原始文件	光盘\素材文件\Chapter 15\15-04.jpg
结果文件	光盘\结果文件\Chapter 15\15-09.psd
同步视频文件	光盘\同步教学文件\Chapter 15\15.9.avi

知识链接

在本实例的制作与设计过程中，主要用到以下知识点。

- 渐变填充
- “云彩”命令
- 图层样式
- 图层混合模式

操作步骤

本实例的具体操作步骤如下。

步骤01 执行“文件→新建”命令，在弹出的“新建”对话框中，设置“宽度”为“680 像素”、“高度”为“480 像素”、“分辨率”为“72 像素/英寸”，如右图所示。

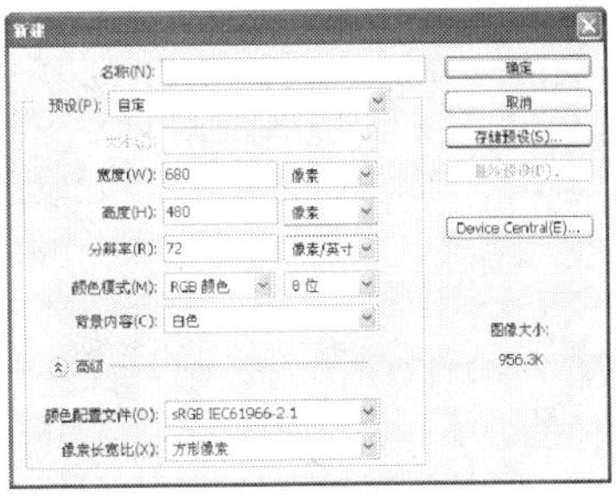

步骤02 设置前景色颜色值为（R:204、G:0、B:0）、背景色颜色值为（R:102、G:0、B:0），选择工具箱中的“渐变工具”，单击属性栏中的“径向渐变”按钮，在图像窗口中拖动鼠标，为“背景”图层填充渐变色，效果如右图所示。

步骤03 选择工具箱中的“横排文字工具”T，输入“GASINO”，在属性栏中设置字体颜色值为（R:153、G:102、B:0），并设置字体样式，如下图所示。

步骤04 新建图层，设置前景色颜色值为（R:102、G:52、B:0）、背景色颜色值为（R:255、G:254、B:153），执行“滤镜→渲染→云彩”命令，得到的效果如下图所示。

步骤05 按住【Ctrl】键单击“图层”面板中的文字图层，并执行“选择→反向”命令，效果如右侧左图所示。按【Delete】键删除多余图像，保留文字部分，效果如右侧右图所示。

步骤06 在“图层”面板中选择“图层1”图层，单击“图层”面板底部的“添加图层样式”按钮fx，在弹出的菜单中选择“投影”选项，弹出“图层样式”对话框，相关参数设置如下图所示。

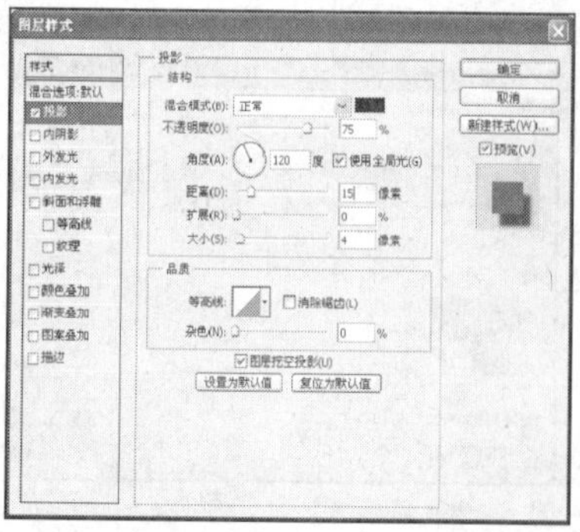

步骤07 选择“内阴影”复选框，相关参数设置如下图所示。

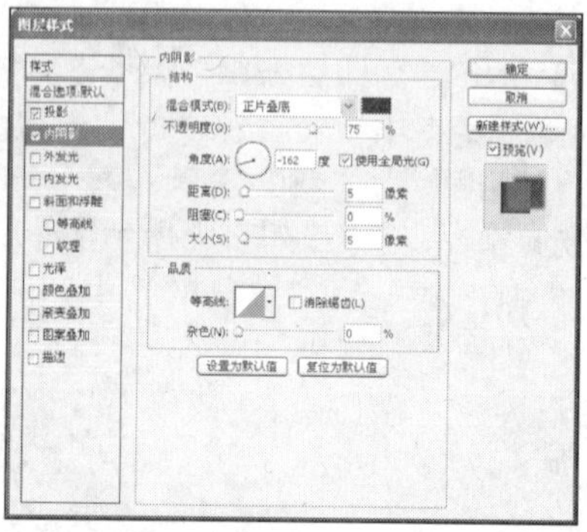

步骤08 选择“外发光”复选框，设置外发光的颜色值为（R:255、G:51、B:51），其他相关参数设置如下图所示。

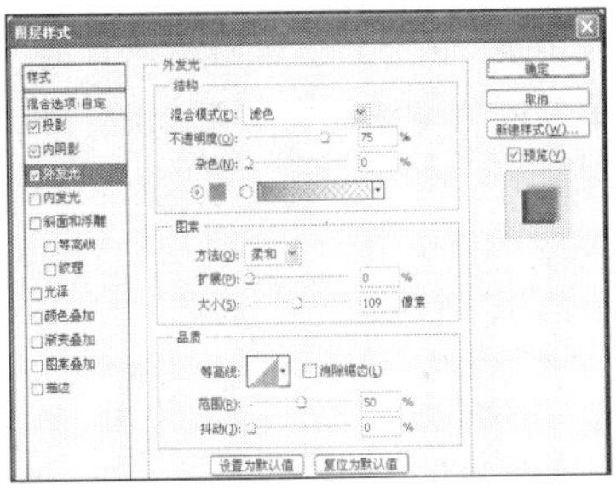

步骤09 选择“描边”复选框，设置描边的颜色为白色，其他相关参数设置如下图所示。

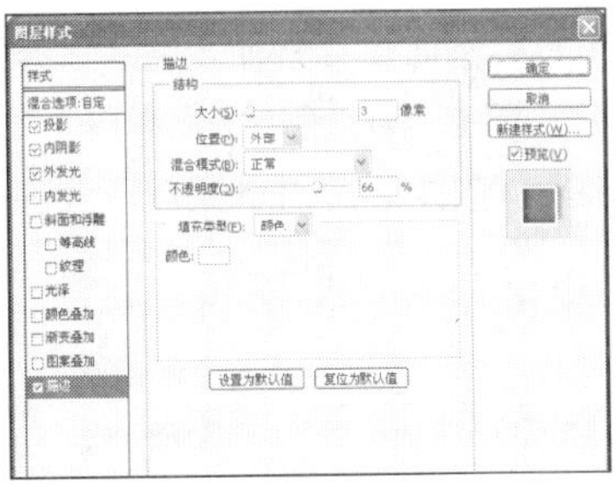

步骤10 设置完成后，单击“确定”按钮，效果如下图所示。

步骤11 打开光盘中的素材文件 15-04.jpg，如下图所示。

步骤12 选择工具箱中的“矩形选框工具”，选取图像中发光的灯泡轮廓，效果如下图所示。

步骤13 选择工具箱中的“移动工具”，将灯泡移动到字体的合适位置，效果如下图所示。

步骤14 使用“移动工具”，将灯泡分别移动到字体上，按【Ctrl+T】快捷键调整灯泡的角度，如右侧左图所示。按照上步的操作方法，分别将其他字母制作出灯泡的效果，如右侧右图所示。

步骤15 在“图层”面板中，选择“亮点”图层，设置图层的混合模式为“滤色”，如右侧左图所示，图像的最终效果如右侧右图所示。

15.10 制作金属字体效果

制作本实例时，首先输入文字，并使用“高斯模糊”与“光照效果”滤镜调整出金属的纹理，然后使用“曲线”与“色相/饱和度”命令调整出字体的金属颜色，最后通过添加图层样式为金属字体添加立体效果，此时就完成了金属字体效果的制作。

效果展示

本实例的最终效果如下图所示。

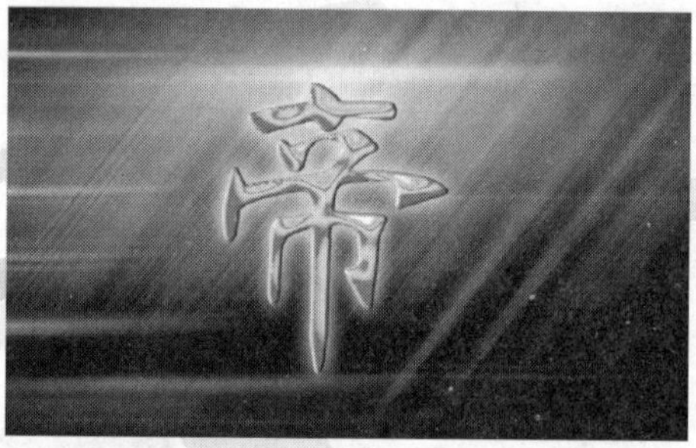

原始文件	光盘\素材文件\Chapter 15\15-05.jpg
结果文件	光盘\结果文件\Chapter 15\15-10.psd
同步视频文件	光盘\同步教学文件\Chapter 15\15.10.avi

知识链接

在本实例的制作与设计过程中，主要用到以下知识点。

- “存储选项”命令
- “光照效果”命令
- “曲线”命令
- “色相/饱和度”命令
- 图层样式

操作步骤

本实例的具体操作步骤如下。

步骤01 执行“文件→新建”命令，在弹出的“新建”对话框中，设置“宽度”为“680 像素”、“高度”为“480 像素”、“分辨率”为“72 像素/英寸”，如右图所示，单击“确定”按钮。

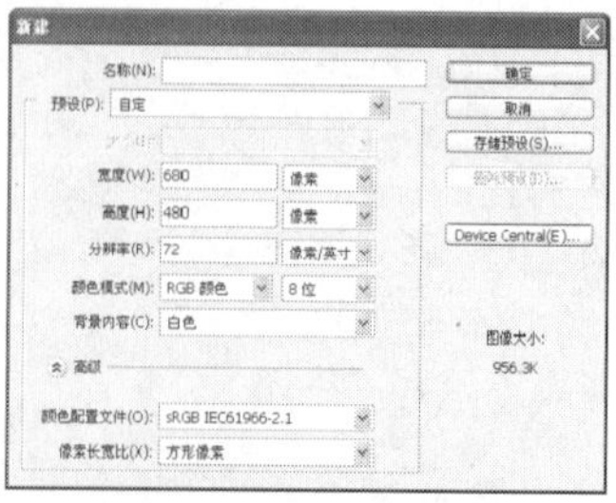

15.9 制作发光霓虹灯字体效果

制作本实例时，首先使用“渐变工具”制作出背景效果，然后输入文字并添加图层样式，制作出立体效果，最后选取素材中的灯泡，并将其移动至文字上，调整图层混合模式，此时就完成了发光霓虹灯字体效果。

效果展示

本实例的最终效果如下图所示。

原始文件	光盘\素材文件\Chapter 15\15-04.jpg
结果文件	光盘\结果文件\Chapter 15\15-09.psd
同步视频文件	光盘\同步教学文件\Chapter 15\15.9.avi

知识链接

在本实例的制作与设计过程中，主要用到以下知识点。

- 渐变填充
- “云彩”命令
- 图层样式
- 图层混合模式

操作步骤

本实例的具体操作步骤如下。

步骤01 执行“文件→新建”命令，在弹出的“新建”对话框中，设置“宽度”为“680 像素”、“高度”为“480 像素”、“分辨率”为“72 像素/英寸”，如右图所示。

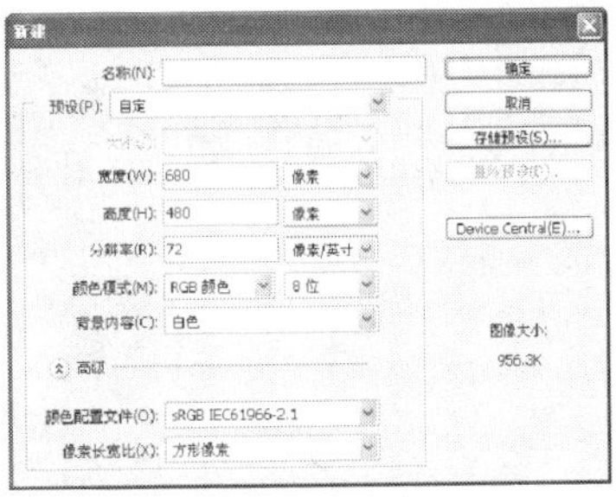

步骤02 设置前景色颜色值为（R:204、G:0、B:0）、背景色颜色值为（R:102、G:0、B:0），选择工具箱中的"渐变工具"，单击属性栏中的"径向渐变"按钮，在图像窗口中拖动鼠标，为"背景"图层填充渐变色，效果如右图所示。

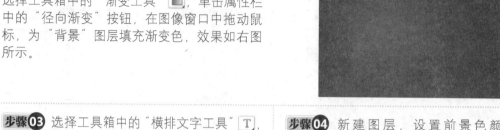

步骤03 选择工具箱中的"横排文字工具"T，输入"GASINO"，在属性栏中设置字体颜色值为（R:153、G:102、B:0），并设置字体样式，如下图所示。

步骤04 新建图层，设置前景色颜色值为（R:102、G:52、B:0）、背景色颜色值为（R:255、G:254、B:153），执行"滤镜→渲染→云彩"命令，得到的效果如下图所示。

步骤05 按住【Ctrl】键单击"图层"面板中的文字图层，并执行"选择→反向"命令，效果如右侧左图所示。按【Delete】键删除多余图像，保留文字部分，效果如右侧右图所示。

步骤06 在"图层"面板中选择"图层1"图层，单击"图层"面板底部的"添加图层样式"按钮fx，在弹出的菜单中选择"投影"选项，弹出"图层样式"对话框，相关参数设置如下图所示。

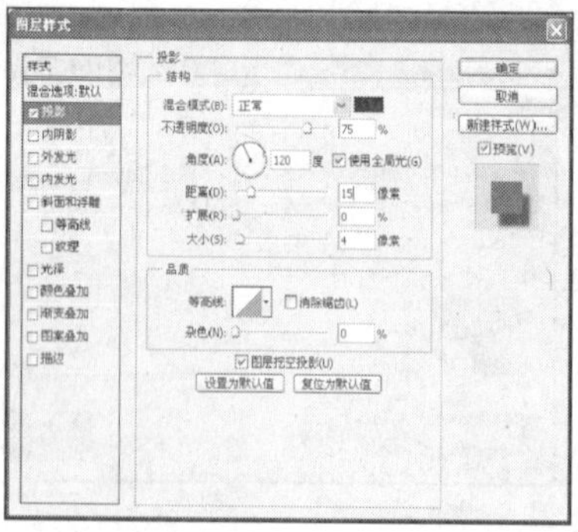

步骤07 选择"内阴影"复选框，相关参数设置如下图所示。

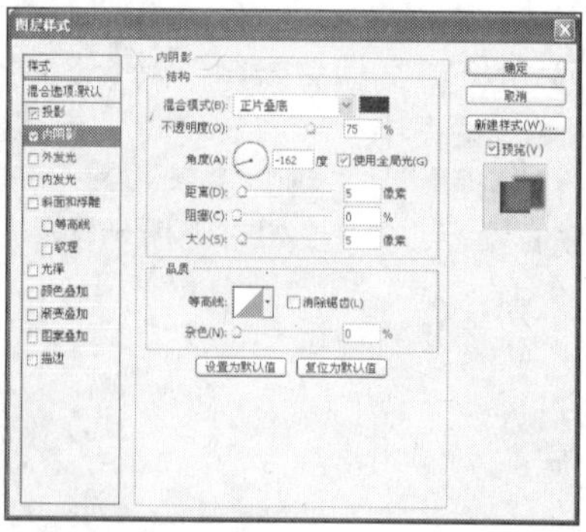

步骤08 选择“外发光”复选框，设置外发光的颜色值为（R:255、G:51、B:51），其他相关参数设置如下图所示。

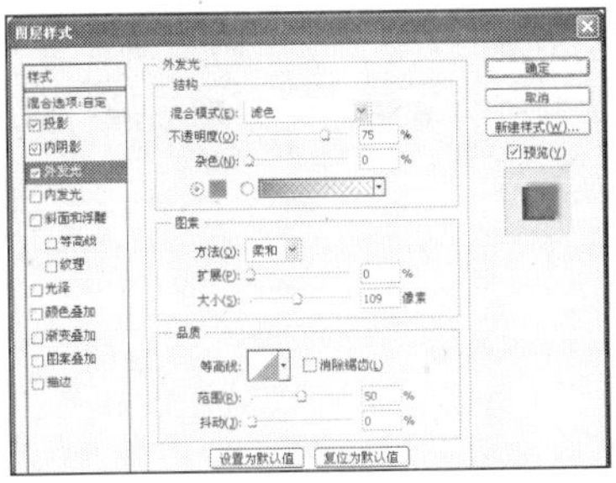

步骤09 选择“描边”复选框，设置描边的颜色为白色，其他相关参数设置如下图所示。

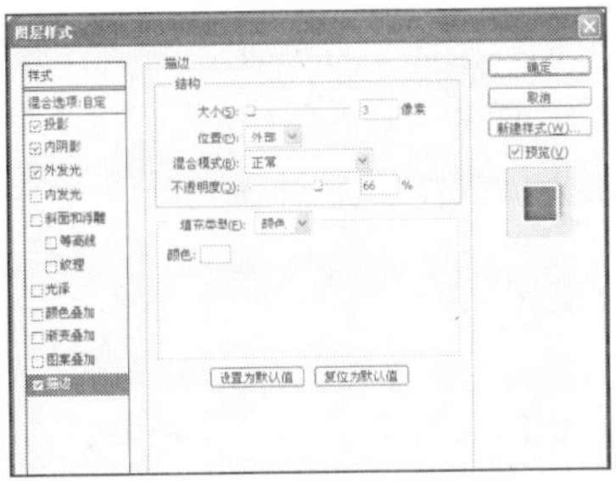

步骤10 设置完成后，单击“确定”按钮，效果如下图所示。

步骤11 打开光盘中的素材文件 15-04.jpg，如下图所示。

步骤12 选择工具箱中的“矩形选框工具”，选取图像中发光的灯泡轮廓，效果如下图所示。

步骤13 选择工具箱中的“移动工具”，将灯泡移动到字体的合适位置，效果如下图所示。

步骤14 使用“移动工具”，将灯泡分别移动到字体上，按【Ctrl+T】快捷键调整灯泡的角度，如右侧左图所示。按照上步的操作方法，分别将其他字母制作出灯泡的效果，如右侧右图所示。

步骤15 在“图层”面板中，选择“亮点”图层，设置图层的混合模式为“滤色”，如右侧左图所示，图像的最终效果如右侧右图所示。

15.10 制作金属字体效果

制作本实例时，首先输入文字，并使用“高斯模糊”与“光照效果”滤镜调整出金属的纹理，然后使用“曲线”与“色相/饱和度”命令调整出字体的金属颜色，最后通过添加图层样式为金属字体添加立体效果，此时就完成了金属字体效果的制作。

效果展示

本实例的最终效果如下图所示。

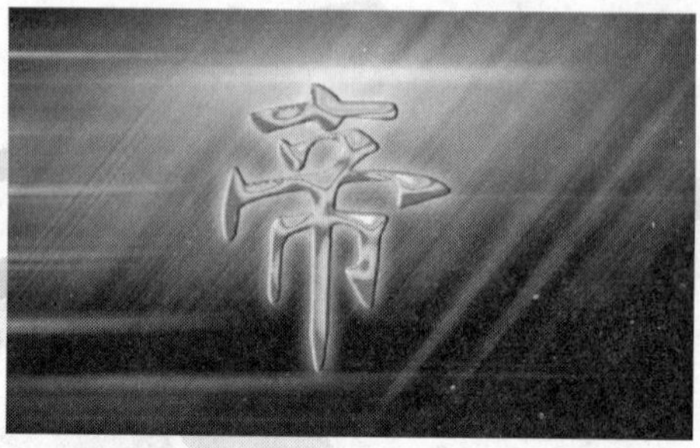

原始文件	光盘\素材文件\Chapter 15\15-05.jpg
结果文件	光盘\结果文件\Chapter 15\15-10.psd
同步视频文件	光盘\同步教学文件\Chapter 15\15.10.avi

知识链接

在本实例的制作与设计过程中，主要用到以下知识点。

- “存储选项”命令
- “光照效果”命令
- “曲线”命令
- “色相/饱和度”命令
- 图层样式

操作步骤

本实例的具体操作步骤如下。

步骤01 执行“文件→新建”命令，在弹出的“新建”对话框中，设置“宽度”为“680 像素”、“高度”为“480 像素”、“分辨率”为“72 像素/英寸”，如右图所示，单击“确定”按钮。

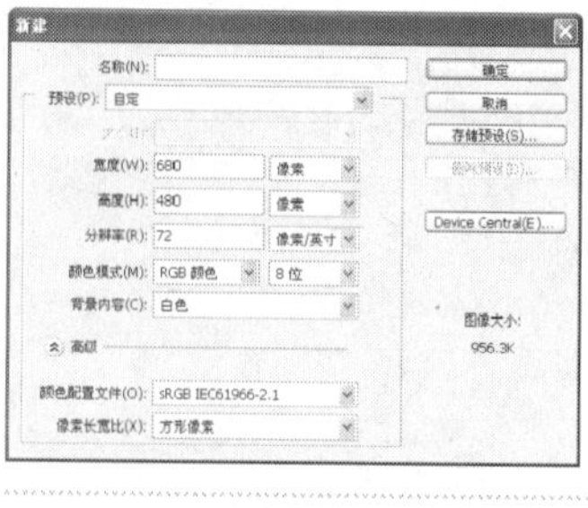

步骤02 选择工具箱中的“横排文字工具”T，输入“帝”，在属性栏中设置字体颜色值为（R:102、G:102、B:102），并设置字体样式，如右图所示。

步骤03 执行“图层→栅格化文字→文字”命令，按住【Ctrl】键单击文字层，执行“选择→存储选区”命令，弹出“存储选区”对话框，在“名称”中输入“帝”，如右侧左图所示。单击“确定”按钮，关闭对话框，此时的“图层”面板如右侧右图所示。

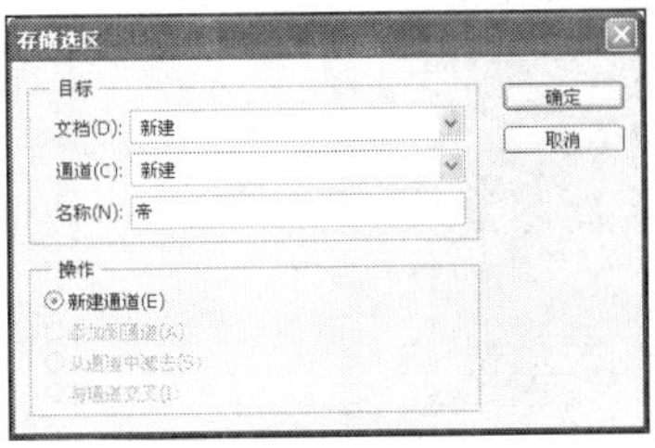

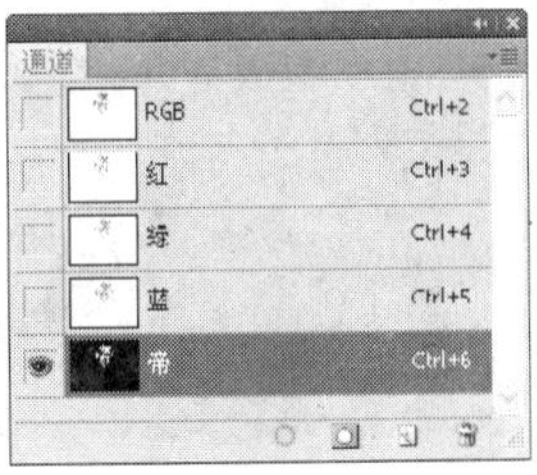

步骤04 执行“滤镜→模糊→高斯模糊”命令，在弹出的“高斯模糊”对话框中设置“半径”为“8 像素”，如右侧左图所示。设置完成后，单击“确定”按钮，图像效果如右侧右图所示。

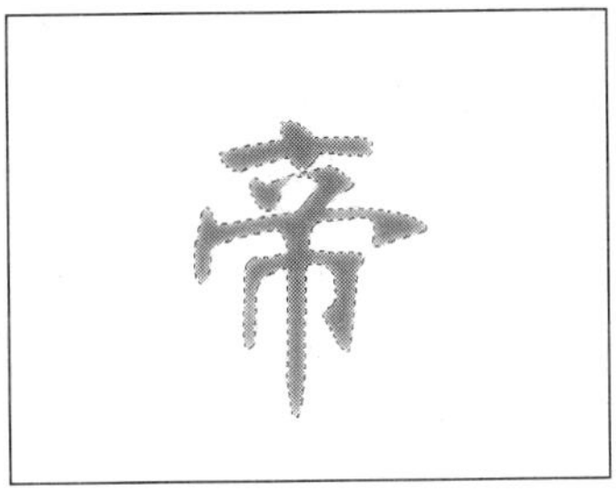

步骤05 执行“滤镜→渲染→光照效果”命令，在弹出的“光照效果”对话框中，设置“纹理通道”为“帝”，其他相关参数设置如右侧左图所示。设置完成后，单击“确定”按钮，图像效果如右侧右图所示。

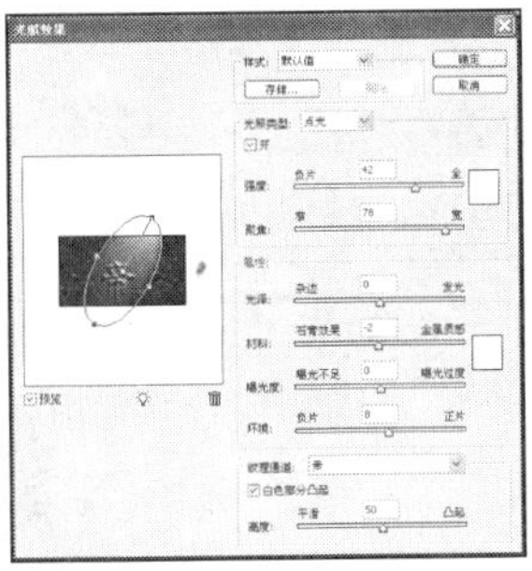

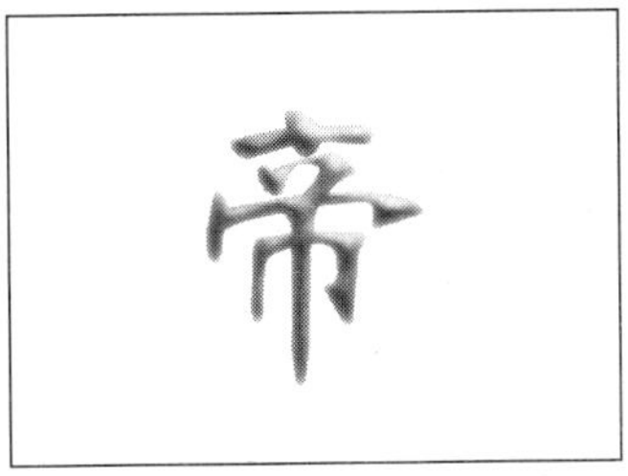

步骤06 执行“图像→调整→曲线”命令，在弹出的“曲线”对话框中调整曲线，如下图所示。

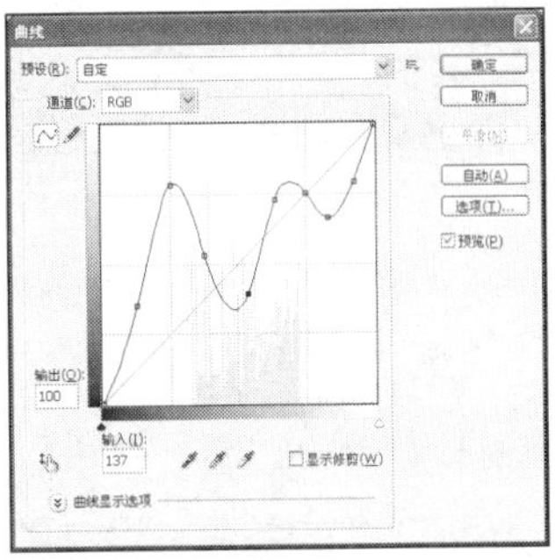

步骤07 执行“图像→调整→色相/饱和度”命令，在弹出的“色相/饱和度”对话框中，选择“着色”复选框，设置“色相”为 45、“饱和度”为 75、“明度”为 0，如下图所示。设置完成后，单击“确定”按钮。

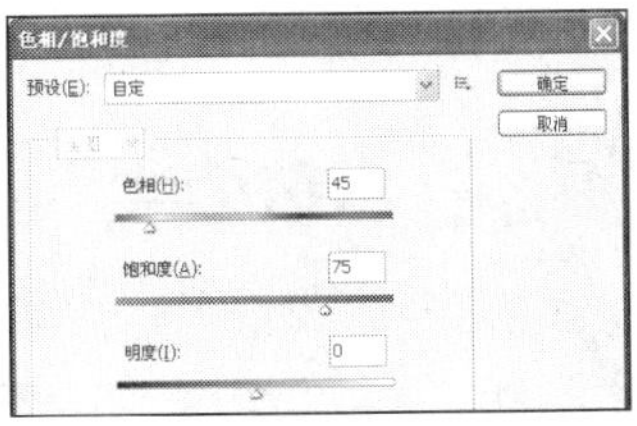

步骤08 在“图层”面板中，双击“背景”图层，将其转换为普通图层，填充颜色为黑色，效果如下图所示。

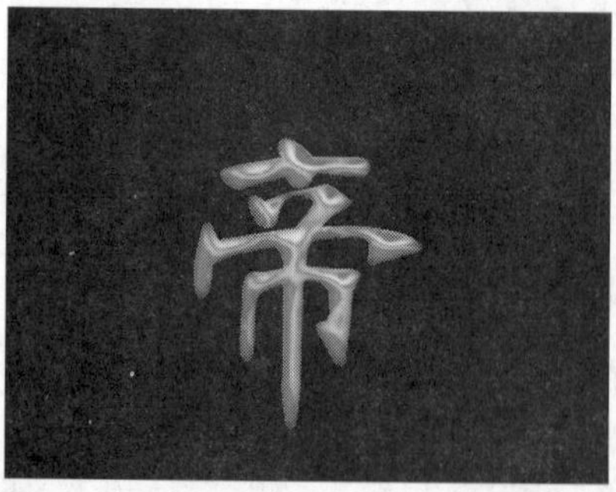

步骤09 单击“图层”面板底部的“添加图层样式”按钮fx.，在弹出的菜单中选择“外发光”选项，弹出“图层样式”对话框，设置外发光的颜色值为（R:204、G:204、B:102），其他相关参数设置如下图所示。

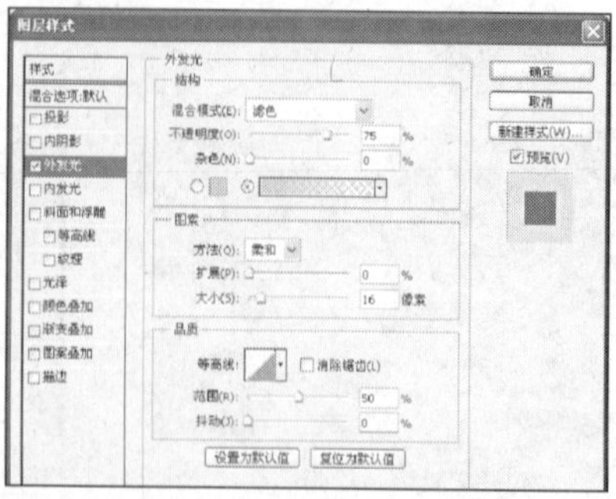

步骤10 选择“斜面和浮雕”复选框，相关参数设置如右侧左图所示，设置完成后，单击“确定”按钮，效果如右侧右图所示。

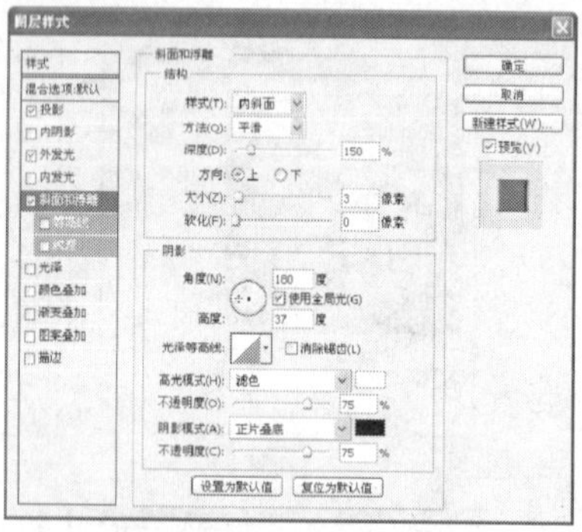

步骤11 执行“文件→置入”命令，置入光盘中的素材文件15-05.jpg，并将其栅格化，命名为“金色背景”，将其移动至文字图层下方，并调整图层的混合模式为“滤色”，“图层”面板如下图所示。

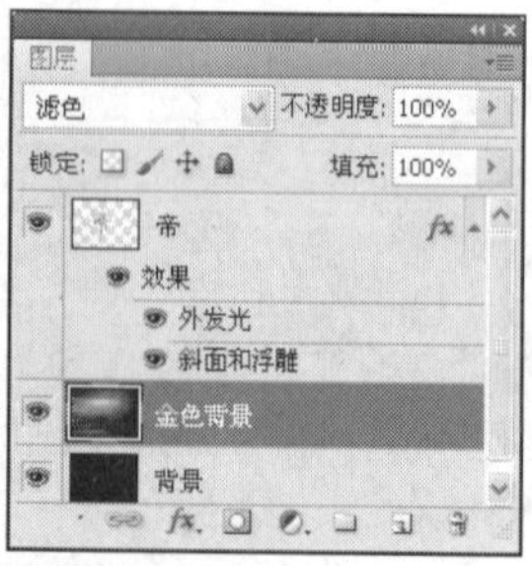

步骤12 设置完成后，最终效果如下图所示。

本章小结

本章主要介绍了艺术字特效制作。在制作特效字时，经常会用滤镜、图层混合模式、图层样式等知识进行编辑。通过本章的学习，用户需掌握制作特效字的方法，并灵活运用到设计作品中。

Chapter

16 图像特效制作

本章导读

图片特效制作的应用领域非常的广泛。通过本章的学习，用户可掌握图像特效制作的方法和技巧，从而制作出较强视觉冲击力的图像效果。

本章核心知识点

- 制作合成插画人物效果
- 制作人物溶解字母效果
- 制作闪电效果
- 制作雪花纷飞效果
- 制作逼真雾景效果
- 制作人物颗粒碎片效果
- 制作魔法恐龙效果
- 制作金色璀璨唇色效果
- 制作提线木偶效果
- 制作真人SD娃娃效果

16.1 制作合成插画人物效果

制作本实例时，首先将素材移动至背景中，并删除多余的图像，保留选区图像，接着对选区进行自由变换，最后合成特效，此时就完成了合成插画人物效果的制作。

效果展示

本实例的前后效果如下图所示。

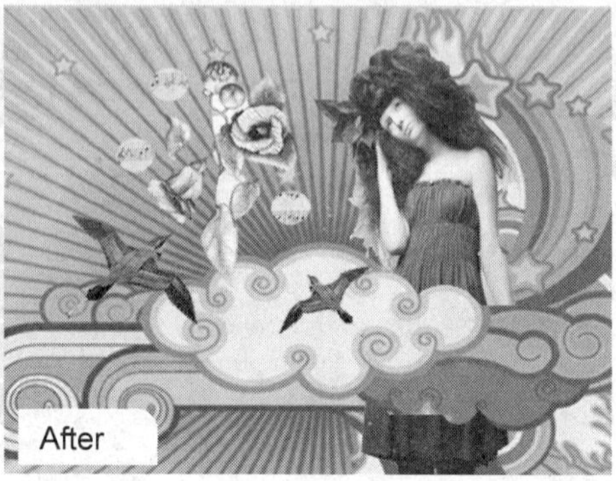

原始文件	光盘\素材文件\Chapter 16\16-01.jpg、16-02.jpg、16-03.jpg
结果文件	光盘\结果文件\Chapter 16\16-01.psd
同步视频文件	光盘\同步教学文件\Chapter 16\16.1.avi

知识链接

在本实例的制作与设计过程中，主要用到以下知识点。

- 自由变换
- 复制图层
- 移动工具

操作步骤

本实例的具体操作步骤如下。

步骤01 打开光盘中的素材文件16-01.jpg，如右侧左图所示。打开素材文件16-02. jpg，如右侧右图所示。

步骤02 选择工具箱中的“移动工具”，将人物图像移动至背景图中，选择“魔棒工具”，将人物图像中的多余图像进行选取，按【Delete】键删除，保留人物图像，如下图所示。

步骤03 选择“图层”面板中的“背景”图层，按【Ctrl+J】快捷键，得到“背景副本”图层，并移动至“图层 1”上，选择“魔棒工具”，选取白云轮廓，执行“选择→反向”命令，效果如下图所示。

步骤04 按【Delete】键删除，保留白云轮廓，“图层”面板如下图所示。

步骤05 打开光盘中的素材文件 16-03.jpg，如下图所示。

步骤06 选择工具箱中的“移动工具”，将花鸟图像移动至图像中，按【Ctrl+T】快捷键调整图像大小并旋转方向，如下图所示。

步骤07 选择工具箱中的“套索工具”，选择小鸟的轮廓，将其移动至白云的位置，最终效果如下图所示。

16.2 制作人物溶解字母效果

制作本实例时，首先复制图层，并使用“深色线条”与“照亮边缘”滤镜制作出模糊效果，然后合并图层，最后置入素材并设置图层混合模式为“正片叠底”，此时就完成了人物溶解字母的效果制作。

效果展示

本实例的前后效果如下图所示。

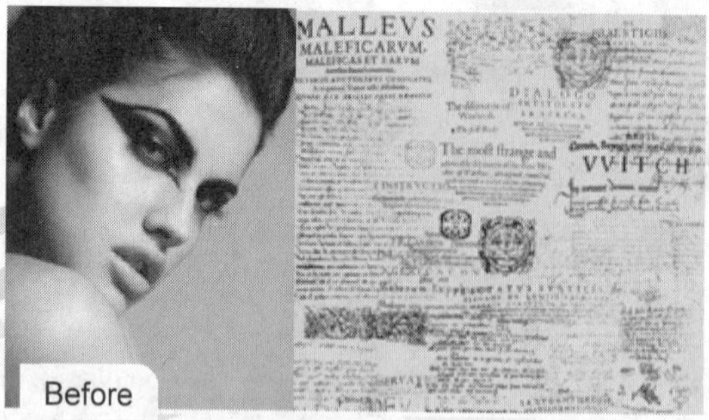

原始文件	光盘\素材文件\Chapter 16\16-04.jpg、16-05.jpg
结果文件	光盘\结果文件\Chapter 16\16-02.psd
同步视频文件	光盘\同步教学文件\Chapter 16\16.2.avi

知识链接

在本实例的制作与设计过程中，主要用到以下知识点。

- “深色线条”滤镜
- “照亮边缘”滤镜
- 图层混合模式

操作步骤

本实例的具体操作步骤如下。

步骤01 打开光盘中的素材文件16-02.jpg，如右侧左图所示。选择“图层”面板中的“背景”图层，按【Ctrl+J】快捷键，得到“背景副本”图层，如右侧右图所示。

步骤02 执行“滤镜→画笔描边→深色线条”命令，相关参数设置如右侧左图所示。

步骤03 执行“滤镜→风格化→照亮边缘”命令，相关参数设置如右侧右图所示。

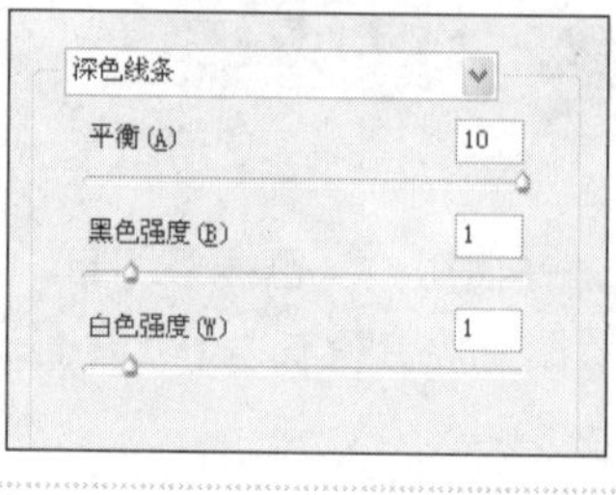

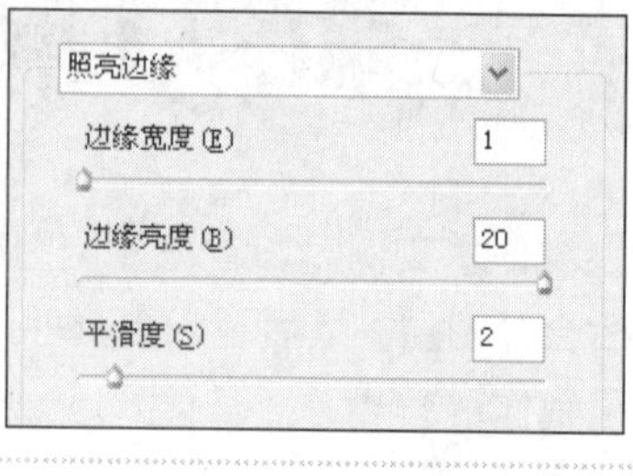

步骤04 设置图层混合模式为“叠加”，如右侧左图所示，图像效果如右侧右图所示。

步骤05 执行“图层→合并可见图层”命令，“图层”面板如右侧左图所示。

步骤06 执行“文件→置入”命令，置入光盘中素材文件16-05.jpg，如右侧右图所示。

步骤07 设置“字母”图层的混合模式为“正片叠底”、“不透明度”为70%，如右侧左图所示，最终效果如右侧右图所示。

16.3 制作闪电效果

制作本实例时，首先填充渐变，然后使用“分层云彩”滤镜并对图像进行反向，接着调整图像的色彩参数，最后置入素材并调整，此时就完成了闪电效果制作。

效果展示

本实例的前后效果如下图所示。

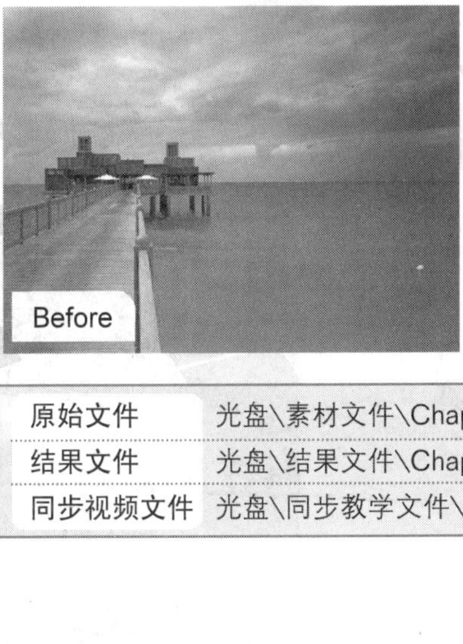

原始文件	光盘\素材文件\Chapter 16\16-06.jpg
结果文件	光盘\结果文件\Chapter 16\16-03.psd
同步视频文件	光盘\同步教学文件\Chapter 16\16.3.avi

知识链接

在本实例的制作与设计过程中，主要用到以下知识点。

- 渐变工具
- “分层云彩”命令
- “色阶”命令
- “色相/饱和度”命令

操作步骤

本实例的具体操作步骤如下。

步骤01 执行“文件→新建”命令，在弹出的“新建”对话框中，设置“宽度”为“640 像素”、“高度”为“480 像素”、“分辨率”为“72 像素/英寸”，如下图所示，单击“确定”按钮。

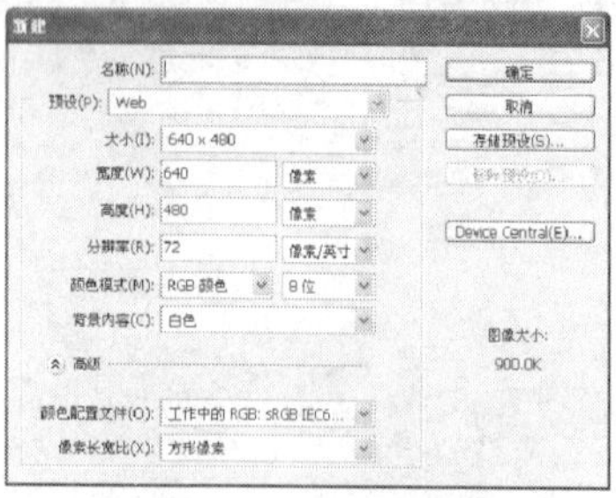

步骤02 新建图层，单击工具箱中的“渐变工具”按钮，单击属性栏中的“径向渐变”按钮，在图像窗口中拖动鼠标，为“背景”图层填充渐变色，效果如下图所示。

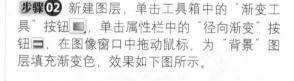

步骤03 执行“滤镜→渲染→分层云彩”命令，效果如下图所示。

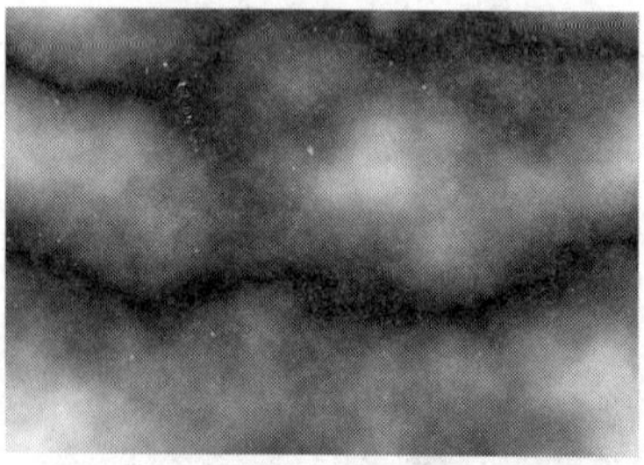

步骤04 按【Ctrl+I】快捷键将图像反选，效果如下图所示。

步骤05 执行“图像→调整→色阶”命令，在弹出的“色阶”对话框中，相关参数设置如右侧左图所示。设置完成后，单击“确定”按钮，效果如右侧右图所示。

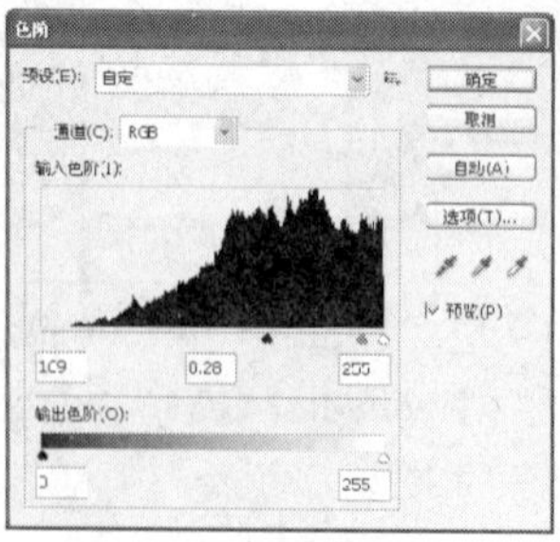

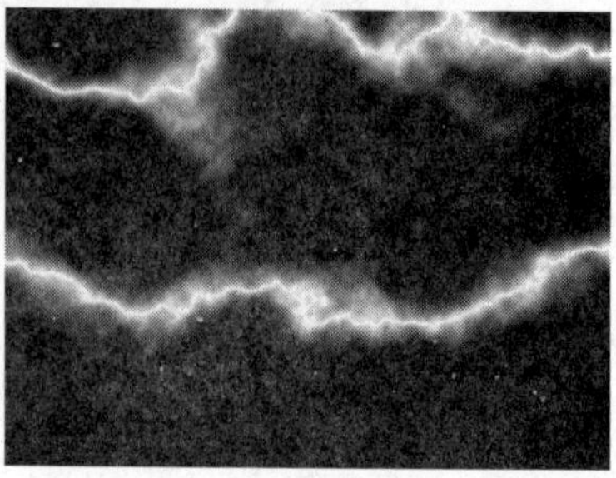

步骤06 执行"图像→调整→色相/饱和度"命令，在弹出的"色相/饱和度"对话框中，相关参数设置如右侧左图所示。设置完成后，单击"确定"按钮，效果如右侧右图所示。

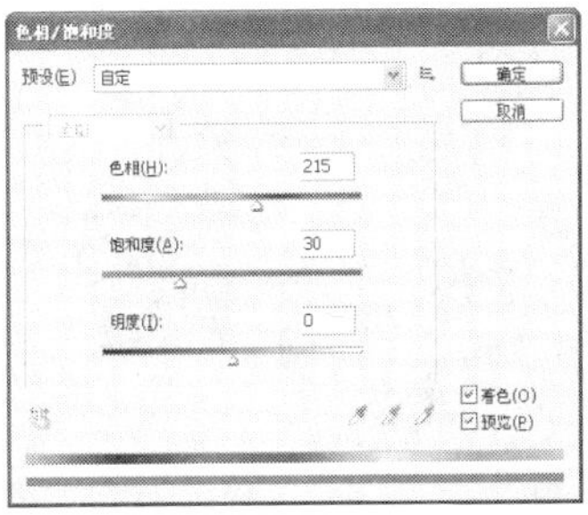

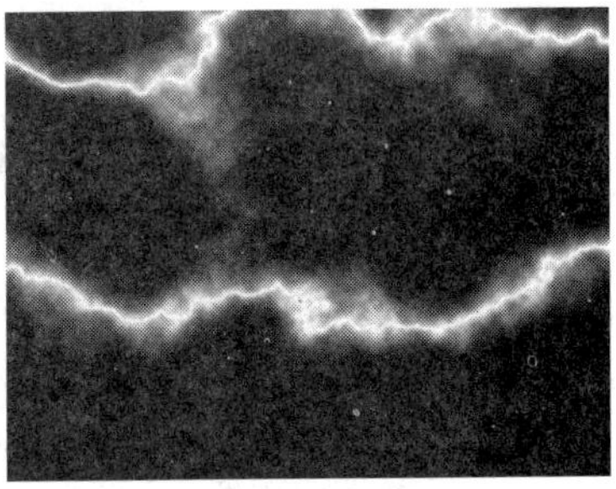

步骤07 执行"文件→置入"命令，置入光盘中的素材文件16-06.jpg，如下图所示。

步骤08 设置图层的混合模式为"滤色"，如下图所示。

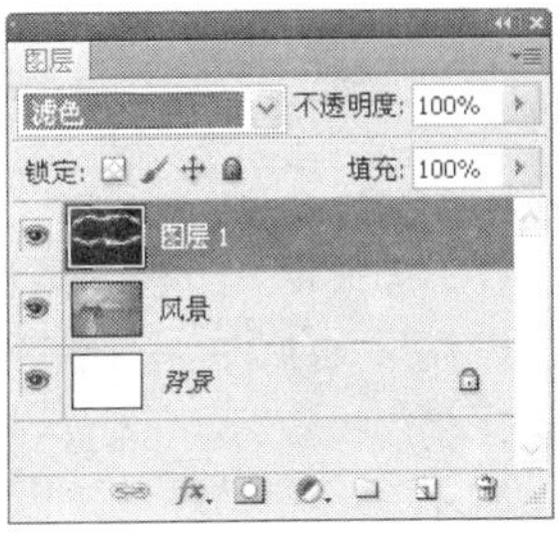

步骤09 设置"滤色"模式后，图像效果如下图所示。

步骤10 选择"风景"图层，按【Ctrl+T】快捷键旋转图像，效果如下图所示。

步骤11 单击工具箱中的"橡皮擦工具"，在图像中擦除多余的闪电，如右侧左图所示。擦除完后，图像效果如右侧右图所示。

16.4 制作雪花纷飞效果

制作本实例时，首先利用滤镜来制作一些小的白色斑点，然后通过模糊及色彩调整把斑点调明显，接着进行适当的模糊处理，此时就完成了雪花纷飞效果的制作。

效果展示

本实例的前后效果如下图所示。

原始文件	光盘\素材文件\Chapter 16\16-07.jpg
结果文件	光盘\结果文件\Chapter 16\16-04.psd
同步视频文件	光盘\同步教学文件\Chapter 16\16.4.avi

知识链接

在本实例的制作与设计过程中，主要用到以下知识点。

- "添加杂色"滤镜
- "色阶"命令
- "动感模糊"滤镜
- "晶格化"滤镜

操作步骤

本实例的具体操作步骤如下。

步骤01 打开光盘中的素材文件16-07.jpg，如下图所示。

步骤02 按【Ctrl+J】快捷键复制背景图层，并单击"图层"面板中的"创建新图层"按钮，得到"图层1"图层，填充黑色，如下图所示。

步骤03 执行“滤镜→杂色→添加杂色”命令，弹出“添加杂色”对话框，设置“数量”为300%，“分布”为“平均分布”，如下图所示。设置完成后，单击“确定”按钮。

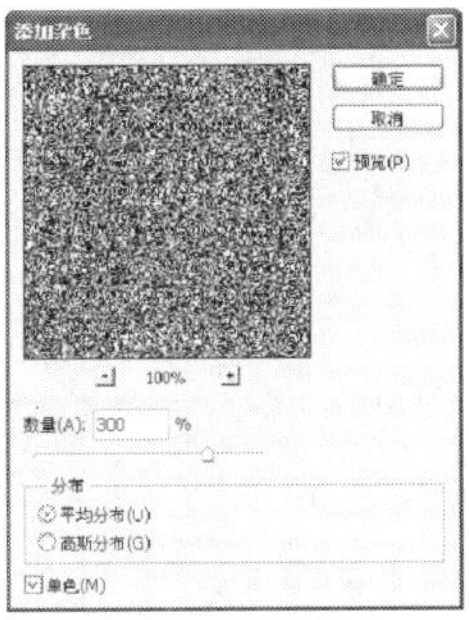

步骤04 执行“滤镜→模糊→进一步模糊”命令，效果如下图所示。

步骤05 执行“图像→调整→色阶”命令，弹出“色阶”对话框，设置“输入色阶”为160、2.04、199，如右侧左图所示。设置完成后，效果如右侧右图所示。

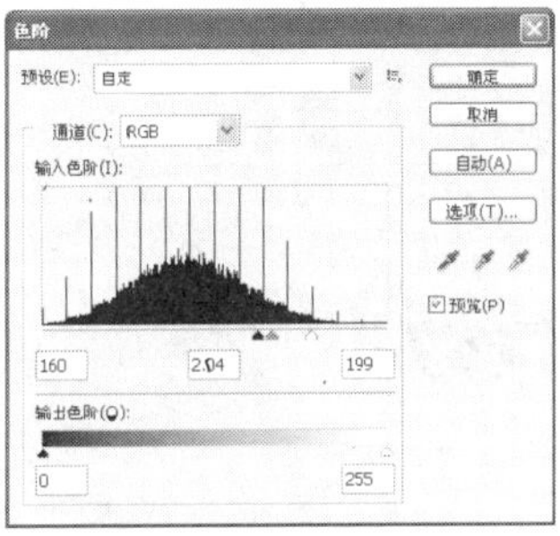

步骤06 设置“图层1”图层的混合模式为“滤色”，如右侧左图所示，效果如右侧右图所示。

步骤07 执行“滤镜→模糊→动感模糊”命令，弹出“动感模糊”对话框，设置“角度”为“-65度”、“距离”为“3像素”，如下图所示。

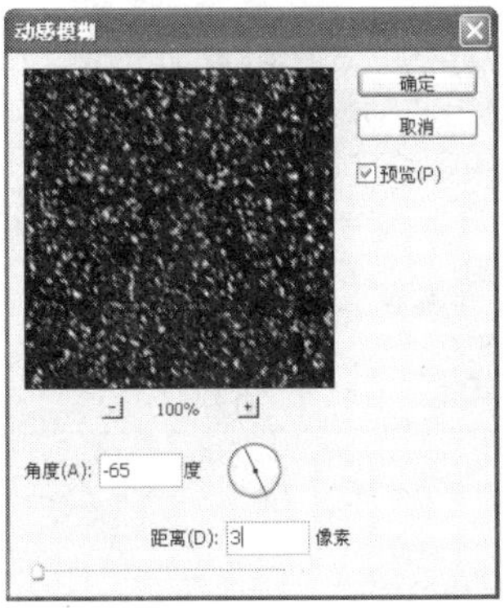

步骤08 选择“图层1”图层，按【Ctrl+J】快捷键复制，得到“图层1副本”图层，执行“编辑→变换→旋转180度”命令。执行“滤镜→像素化→晶格化”命令，弹出“晶格化”对话框，设置“单元格大小”为4，如下图所示。设置完成后，单击“确定”按钮。

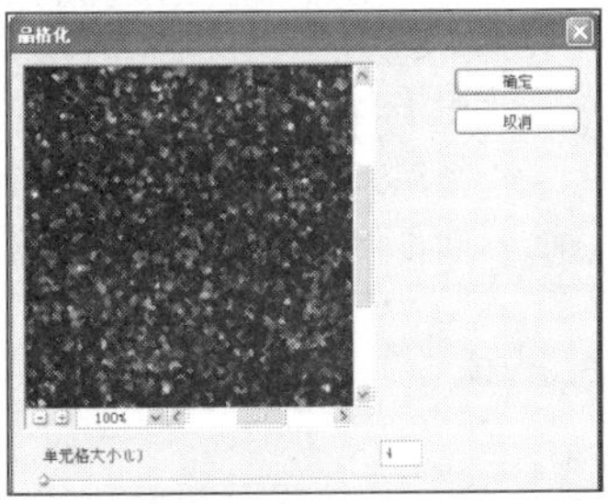

步骤09 执行"滤镜→模糊→动感模糊"命令，弹出"动感模糊"对话框，设置"角度"为"-65 度"、"距离"为"6 像素"，如右侧左图所示。设置完成后，单击"确定"按钮，效果如右侧右图所示。

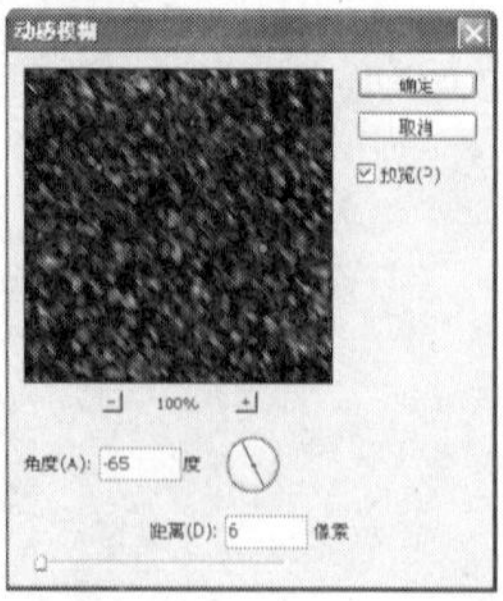

步骤10 选择"图层"面板中的"图层 1 副本"图层，执行"图层→向下合并"命令，再按【Ctrl+J】快捷键，得到"图层 1 副本"图层，并设置其"不透明度"为 40%，如右侧左图所示，最终效果如右侧右图所示。

16.5 制作逼真雾景效果

制作本实例时，首先新建图层，利用滤镜制作出雾景的轮廓，然后设置图层混合模式为"浅色"，添加图层蒙版并利用滤镜制作出雾景，最后使用"橡皮擦工具"擦除多余的雾景，此时就完成了逼真雾景效果的制作。

效果展示

本实例的前后效果如下图所示。

原始文件	光盘\素材文件\Chapter 16\16-08jpg
结果文件	光盘\结果文件\Chapter 16\16-05.psd
同步视频文件	光盘\同步教学文件\Chapter 16\16.5.avi

知识链接

在本实例的制作与设计过程中，主要用到以下知识点。

- “云彩”命令
- 图层混合模式
- 图层蒙版
- 橡皮擦工具

操作步骤

本实例的具体操作步骤如下。

步骤01 打开光盘中的素材文件 16-08.jpg，如下图所示。

步骤02 新建一个图层，并执行“滤镜→渲染→云彩”命令，效果如下图所示。

步骤03 设置“图层 1”图层的混合模式为“浅色”，如右侧左图所示，图像效果如右侧右图所示。

步骤04 单击“图层”面板底部的“添加图层蒙版”按钮，如右侧左图所示。执行“滤镜→渲染→云彩”命令，效果如右侧右图所示。

步骤05 单击工具箱中的“橡皮擦工具”按钮，擦除木地板上的云雾，如右侧左图所示。擦除完成后，最终效果如右侧右图所示。

16.6 制作人物颗粒碎片效果

制作本实例时，首先设置画笔的样式、间距等，并在图像中绘制出碎片，然后使用“仿制图章工具”在人物图像上进行采样，并涂抹碎片效果，此时就完成了人物颗粒碎片效果的制作。

效果展示

本实例的前后效果如下图所示。

原始文件	光盘\素材文件\Chapter 16\16-09.jpg
结果文件	光盘\结果文件\Chapter 16\16-06.psd
同步视频文件	光盘\同步教学文件\Chapter 16\16.6.avi

知识链接

在本实例的制作与设计过程中，主要用到以下知识点。

- 画笔工具
- 仿制图章工具

操作步骤

本实例的具体操作步骤如下。

步骤01 打开光盘中的素材文件16-09.jpg，如下图所示。

步骤02 选择“图层”面板中的“背景”图层，按【Ctrl+J】快捷键得到“背景副本”图层，单击工具箱中的“画笔工具”按钮，在属性栏中单击“点按可打开‘画笔预设’选取器”按钮，弹出下拉面板，从中选择“硬边方形24像素”笔触，如下图所示。

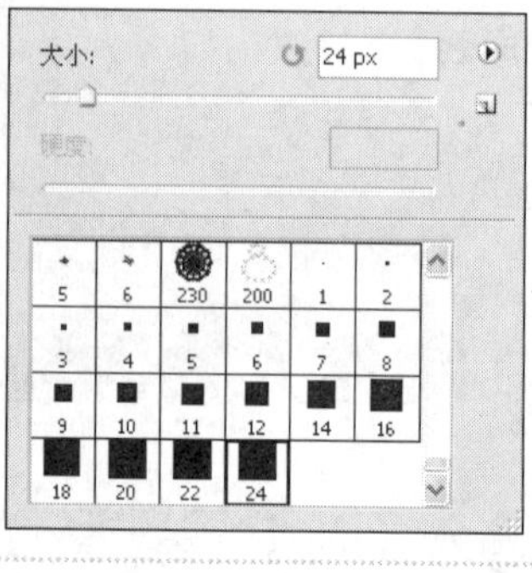

提 示

如果下拉面板中没有硬边方形样式，可单击面板右上方的扩展按钮，弹出扩展菜单，选择“方头画笔”选项，在弹出的对话框中单击“追加”按钮即可。

步骤03 单击“切换画笔面板”按钮，在“画笔”面板中选择“形状动态”复选框，相关参数设置如右侧左图所示。选择“散布”复选框，相关参数设置如右侧右图所示。

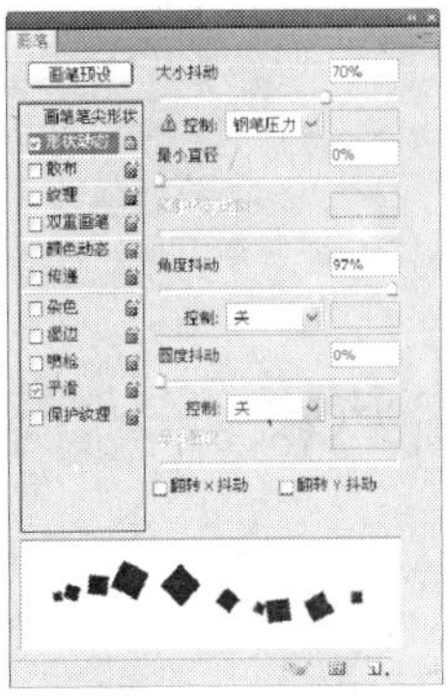

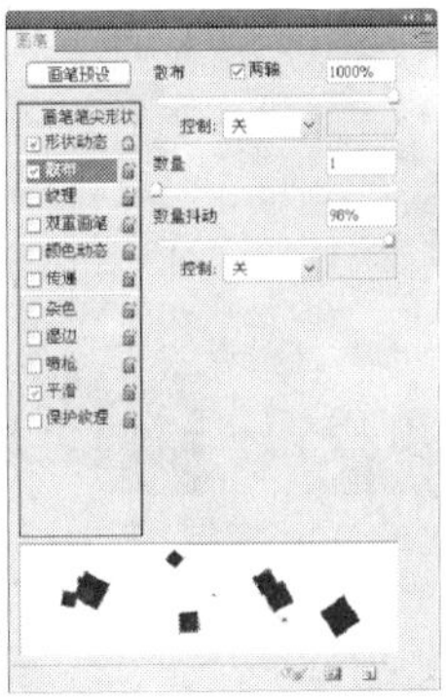

步骤04 选择“纹理”复选框，相关参数设置如下图所示。

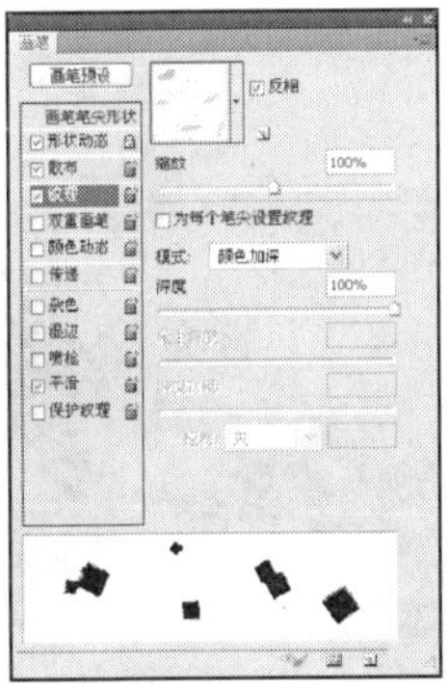

步骤05 在“图层”面板中，单击“创建新图层”按钮，得到“图层 1”图层，设置前景色为白色，使用设置完成的“画笔工具”，分别使用 8~15px 不同大小的笔触在图像上进行绘制，效果如下图所示。

步骤06 在“画笔工具”属性栏的下拉面板中单击“从此画笔创建新的预设”按钮，如右侧左图所示。弹出“画笔名称”对话框，如右侧右图所示，单击“确定”按钮。

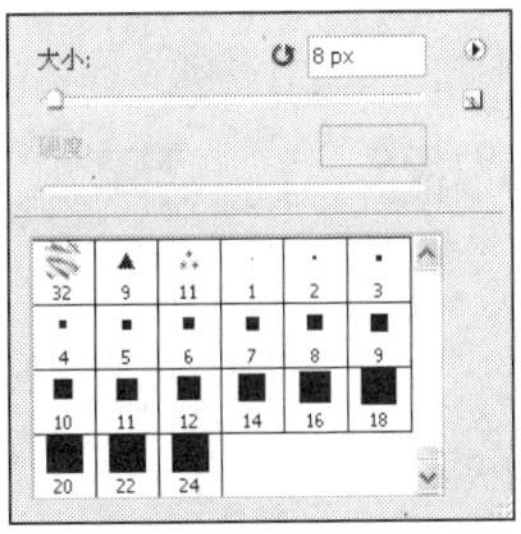

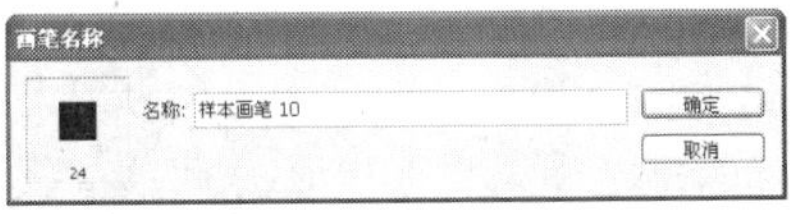

步骤07 选择“背景副本”图层，如右侧左图所示。单击工具箱中的“仿制图章工具”按钮，按【Alt】键在人物图像上进行采样，如右侧右图所示。

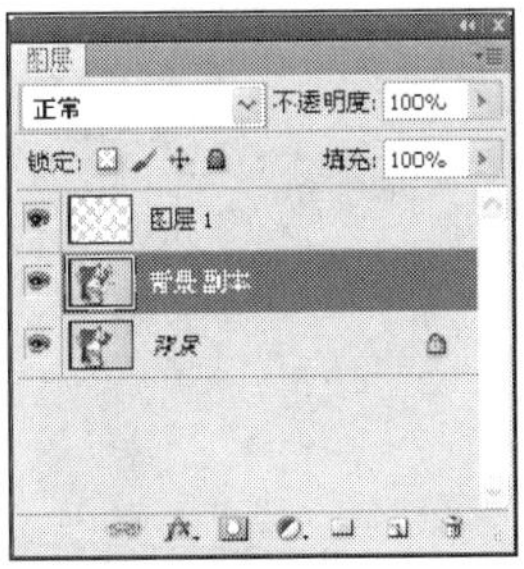

步骤08 采样完成后，在碎片上进行涂抹，效果如右侧左图所示。设置画笔“大小”为15px，进行采样涂抹，最终效果如右侧右图所示。

16.7 制作魔法恐龙效果

制作本实例时，首先使用“变形”命令对素材进行扭曲变形，接着设置图层的混合模式，并调整颜色，最后导入恐龙素材，调整大小后移动至合适的位置，此时就完成了魔法恐龙效果的制作。

效果展示

本实例的前后效果如下图所示。

原始文件	光盘\素材文件\Chapter 16\16-10.psd、16-11.jpg、16-12.jpg
结果文件	光盘\结果文件\Chapter 16\16-07.psd
同步视频文件	光盘\同步教学文件\Chapter 16\16.7.avi

知识链接

在本实例的制作与设计过程中，主要用到以下知识点。

- “变形”命令
- 正片叠底
- “自然饱和度”命令

操作步骤

本实例的具体操作步骤如下。

步骤01 打开光盘中的素材文件 16-10.psd，如右侧左图所示。打开光盘中的素材文件 16-11.jpg，如右侧右图所示。

步骤02 单击工具箱中的“矩形选框工具”按钮⬚，框选素材图像，并移动至左边位置，按【Ctrl+T】快捷键调整大小，如下图所示。

步骤03 执行“编辑→变换→变形”命令，调整图像使其与书本吻合，如下图所示。

步骤04 单击工具箱中的“矩形选框工具”按钮⬚，选取图像，并移动至右边位置，如下图所示。

步骤05 执行“编辑→变换→变形”命令，调整图像使其与书本吻合，如下图所示。

步骤06 将图像调整完成后，单击属性栏中的✓按钮，变形效果如右侧左图所示。在“图层”面板中，选择“风景右”图层，如右侧右图所示。

步骤07 执行“图层→向下合并”命令，得到“风景左”图层，设置图层混合模式为“正片叠底”，如右侧左图所示，图像效果如右侧右图所示。

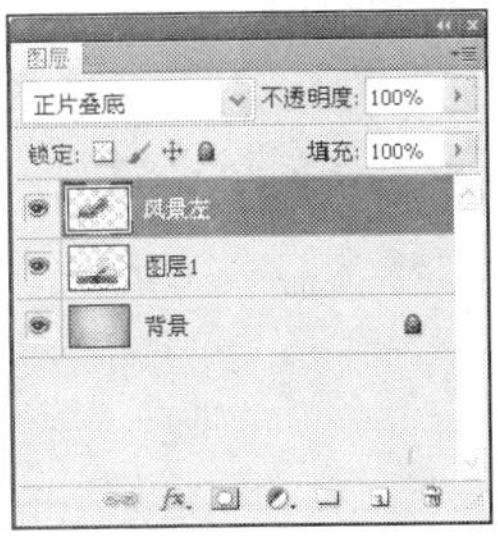

步骤08 执行“图像→调整→自然饱和度”命令，在弹出的“自然饱和度”对话框中，设置“自然饱和度”为-64“饱和度”为-22，如下图所示。

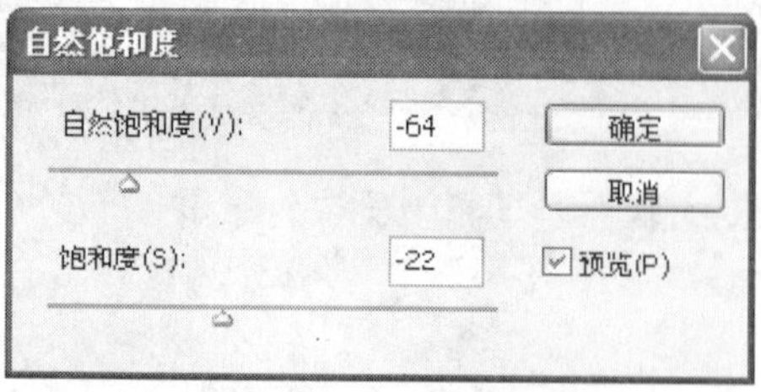

步骤09 设置完成后，单击“确定”按钮，效果如下图所示。

步骤10 打开光盘中的素材文件 16-12.jpg，如下图所示。

步骤11 使用“移动工具”将素材移动至图像中，单击工具箱中的“魔棒工具”按钮，选择恐龙背景图像，效果如下图所示。

步骤12 按【Delete】键删除背景图像，保留恐龙图像，按【Ctrl+T】快捷键调整图像大小，如左下图所示，调整完成后，移动至合适位置，最终效果如右下图所示。

16.8 制作金色璀璨唇色效果

制作本实例时，首先勾勒出嘴唇的轮廓，然后填充颜色，并设置图层混合模式，最后调整图像的色彩平衡，此时就完成了金色璀璨唇色效果的制作。

效果展示

本实例的前后效果如下图所示。

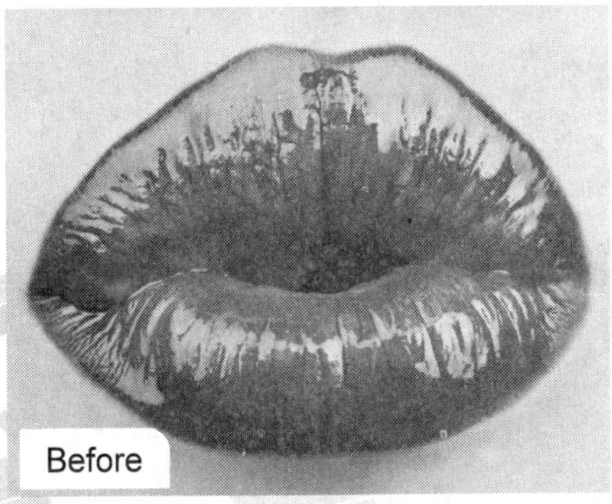

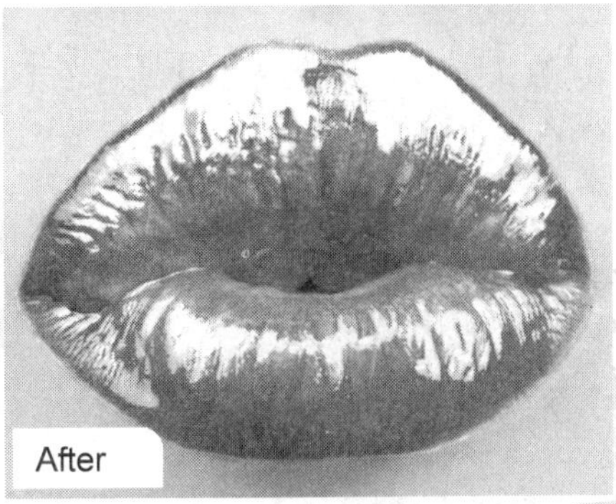

原始文件	光盘\素材文件\Chapter 16\16-13.jpg
结果文件	光盘\结果文件\Chapter 16\16-08.psd
同步视频文件	光盘\同步教学文件\Chapter 16\16.8.avi

知识链接

在本实例的制作与设计过程中，主要用到以下知识点。

- 钢笔工具
- “颜色减淡”模式
- “色相”模式
- “色彩平衡”命令

操作步骤

本实例的具体操作步骤如下。

步骤01 打开光盘中的素材文件 16-13.jpg，如下图所示。

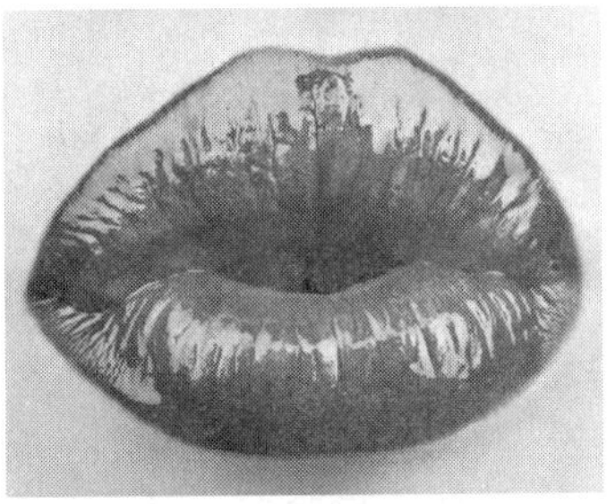

步骤02 单击工具箱中的“钢笔工具”按钮，沿着嘴唇的轮廓绘制路径，如下图所示。

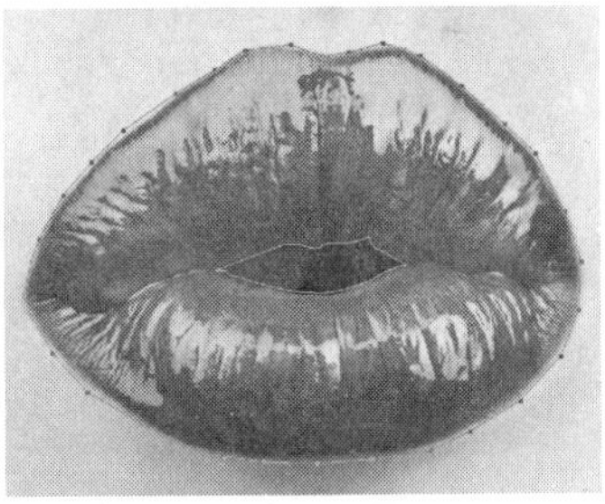

步骤03 在“路径”面板中双击“工作路径”，如右侧左图所示。弹出“存储路径”对话框，如右侧右图所示，单击“确定”按钮。

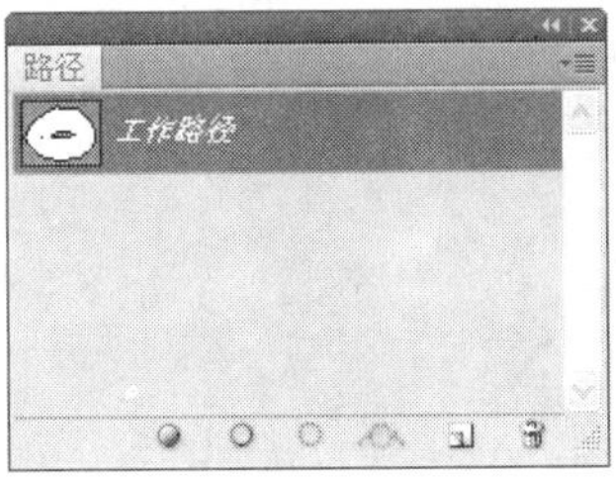

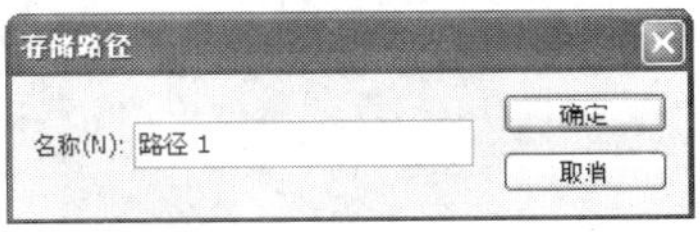

步骤04 按【Ctrl+Enter】快捷键将路径作为选区载入，效果如下图所示。

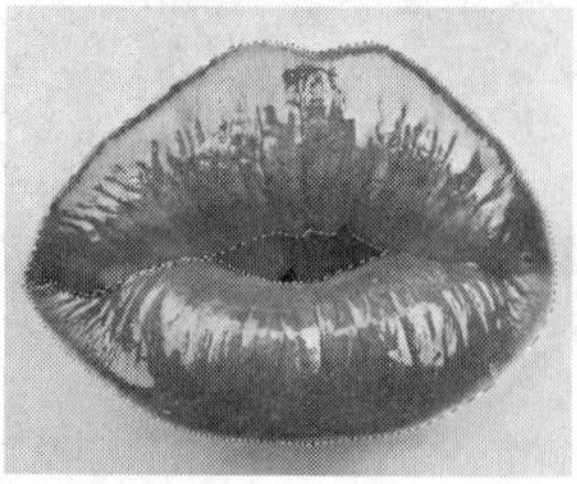

步骤05 打开“通道”面板，单击该面板底部的“将选区存储为通道”按钮，将选区保存为Alpha1 通道，如下图所示。

步骤06 新建图层，设置前景色颜色值为（R:50、G:50、B:50），按【Alt+Delete】快捷键为选区填充颜色，如下图所示。

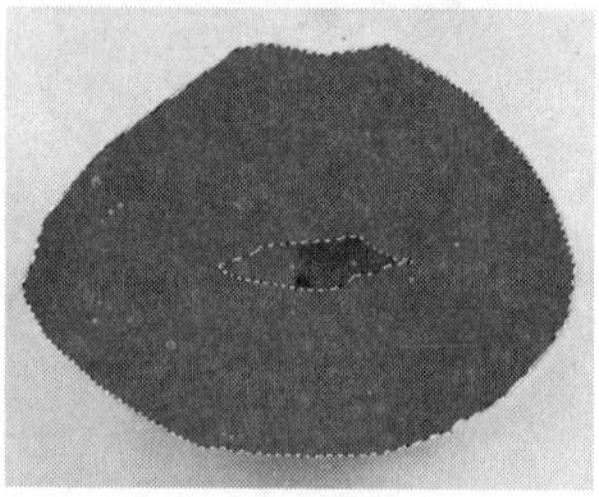

步骤07 执行“滤镜→杂色→添加杂色”命令，在弹出的“添加杂色”对话框中设置“数量”为 30%，如下图所示。

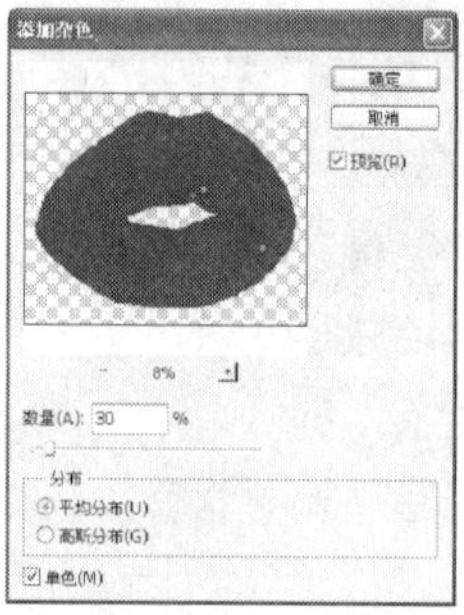

步骤08 设置完成后，单击“确定”按钮，效果如下图所示。

步骤09 在“图层”面板中，设置图层混合模式为“颜色减淡”，如下图所示。

步骤10 设置“颜色减淡”后，图像效果如下图所示。

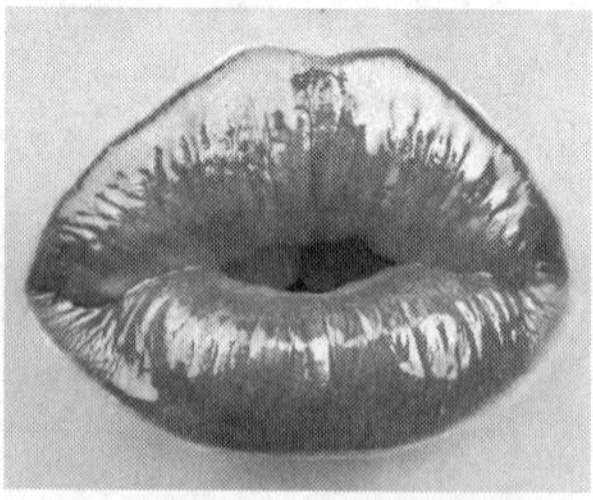

步骤11 选中“图层副本”图层，在“路径”面板中单击“将路径作为选区载入”按钮，按【Ctrl+J】快捷键复制选区中的图像至新图层，得到“图层 2”图层，如下图所示。

步骤12 执行"图像→调整→渐变映射"命令，弹出"渐变映射"对话框，如右侧左图所示。单击颜色色块，弹出"渐变编辑器"窗口，相关参数设置如右侧右图所示。

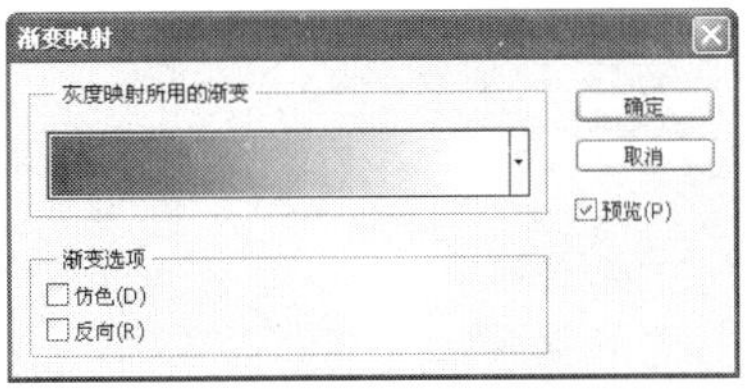

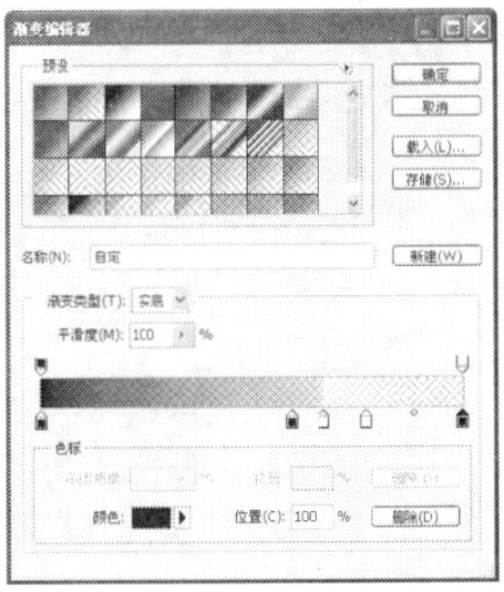

步骤13 设置完成后，单击"确定"按钮，效果如下图所示。

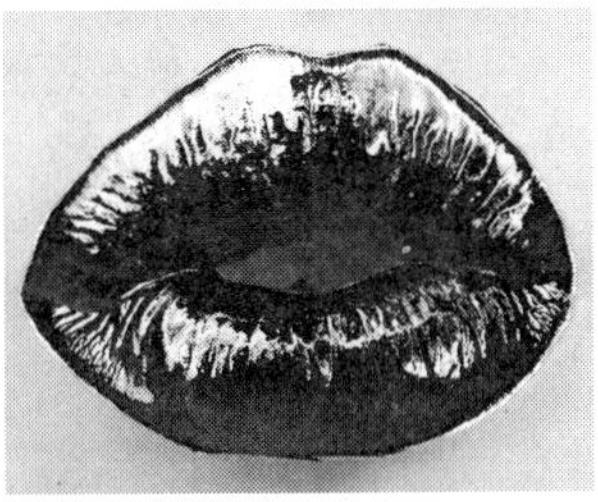

步骤14 在"图层"面板中，选择"图层2"图层，设置图层混合模式为"颜色减淡"，如下图所示。

步骤15 按【Ctrl++】快捷键将图像放大后，单击工具箱中的"橡皮擦工具"按钮，在嘴唇处进行涂抹，擦除多余部位的图像，效果如下图所示。

步骤16 选择"背景副本"图层，单击工具箱中的"颜色替换工具"按钮，设置前景色为黑色，在图像中进行涂抹，效果如下图所示。

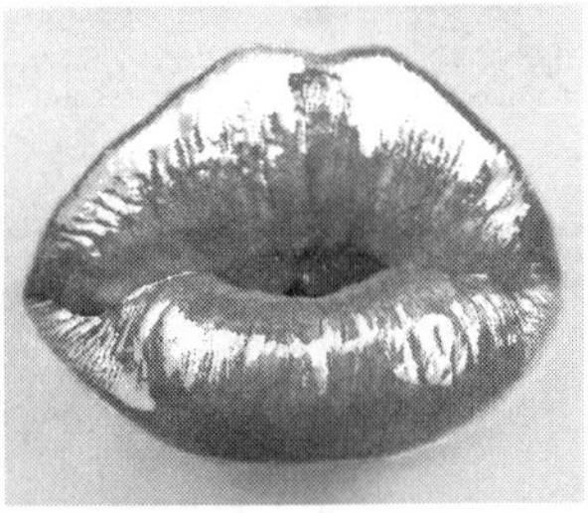

步骤17 选择"背景副本"图层，在"路径"面板中，单击"将路径作为选区载入"按钮，按【Ctrl+J】快捷键复制选区中的图像至新图层，得到"图层 3"图层，设置前景色颜色值为（R:254、G:232、B:165），按【Alt+Delete】快捷键为选区填充颜色，效果如下图所示。

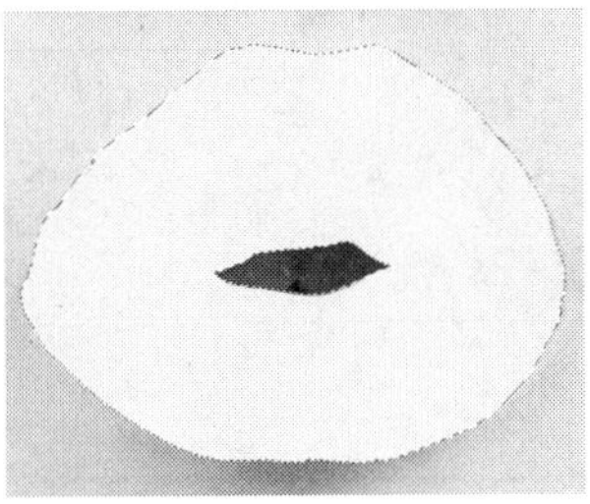

步骤18 选择"图层3"图层，并将其移动至"图层1"图层下，设置图层混合模式为"色相"，如下图所示。

步骤19 执行“图像→调整→色彩平衡”命令，弹出“色彩平衡”对话框，相关参数设置如下图所示。

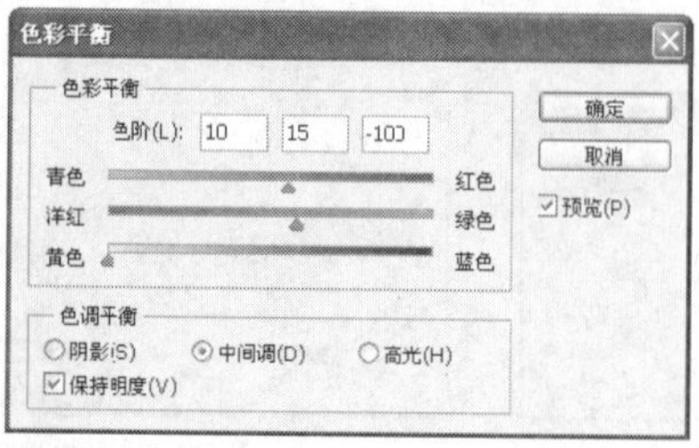

步骤20 设置完成后，单击“确定”按钮，并使用“套索工具”选择牙齿区域，效果如下图所示。

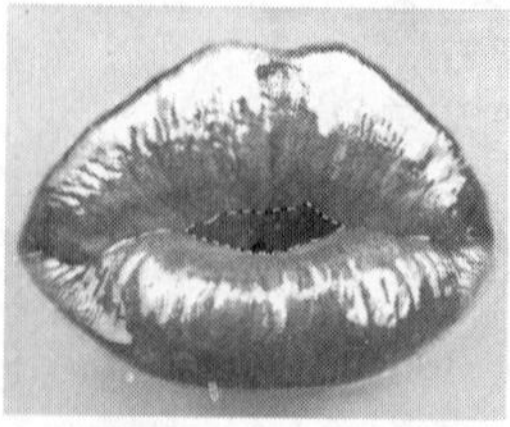

步骤21 执行“图像→调整→自然饱和度”命令，弹出“自然饱和度”对话框，相关参数设置如右侧左图所示。设置完成后，单击“确定”按钮，最终效果如右侧右图所示。

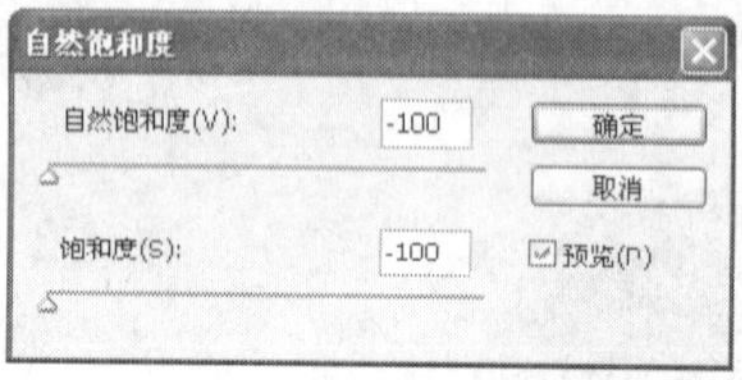

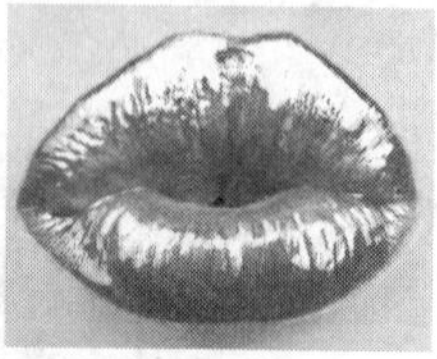

16.9 制作提线木偶效果

制作本实例时，首先勾勒出人物膝盖的椭圆轮廓，然后填充颜色并添加图层样式，接着使用“椭圆工具”绘制脚踝的轮廓并填充颜色，最后使用“钢笔工具”制作线条，此时就完成了提线木偶效果的制作。

效果展示

本实例的前后效果如下图所示。

原始文件	光盘\素材文件\Chapter 16\16-14.jpg
结果文件	光盘\结果文件\Chapter 16\16-09.psd
同步视频文件	光盘\同步教学文件\Chapter 16\16.9.avi

知识链接

在本实例的制作与设计过程中，主要用到以下知识点。

- 钢笔工具
- 图层样式
- 椭圆工具
- 画笔工具

操作步骤

本实例的具体操作步骤如下。

步骤01 打开光盘中的素材文件 16-14. jpg，如下图所示。

步骤02 单击工具箱中的“椭圆工具”按钮，在膝盖位置绘制两个椭圆，效果如下图所示。

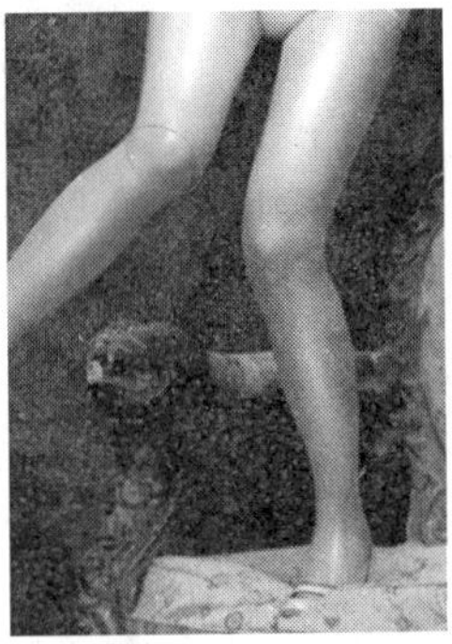

步骤03 新建图层，得到“图层 1”图层，如下图所示。

步骤04 设置前景色颜色值为（R:171、G:128、B:112），单击“路径”面板中的“用前景色填充路径”按钮，如右侧左图所示。

步骤05 填充颜色后，效果如右侧右图所示。

步骤06 单击“图层”面板底部的“添加图层样式”按钮，在弹出的菜单中选择 “斜面和浮雕”选项，弹出“图层样式”对话框，相关参数设置如右图所示。

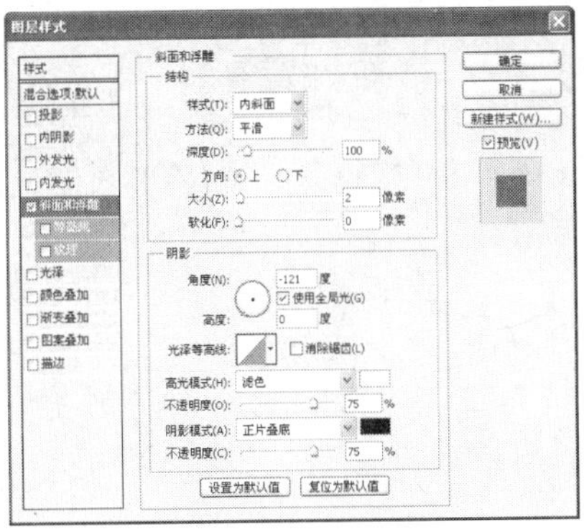

步骤07 设置完成后的单击“确定”按钮，效果如右侧左图所示。

步骤08 新建图层，得到“图层2”图层，单击工具箱中的“椭圆工具”按钮，在脚踝位置绘制椭圆，效果如右侧右图所示。

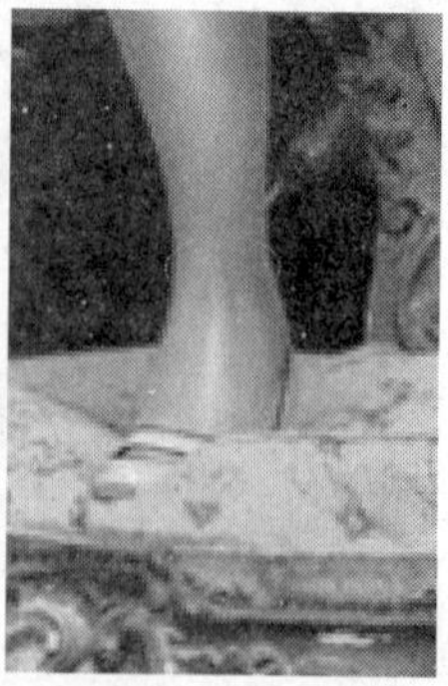

步骤09 按【Ctrl+C】快捷键复制椭圆，按【Ctrl+V】快捷键粘贴并移动至椭圆上方，如右侧左图所示。在属性栏中单击“组合”按钮，效果如右侧右图所示。

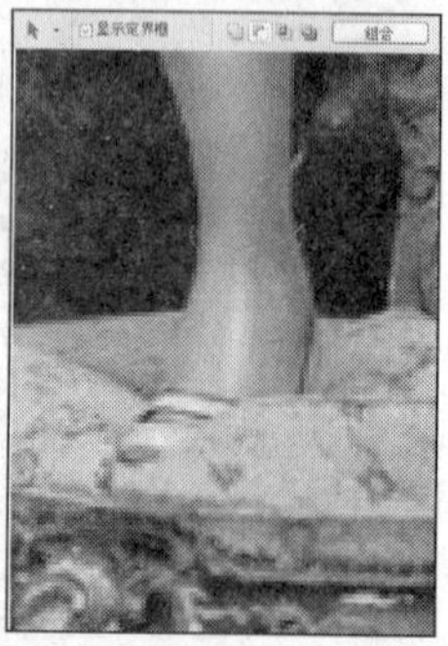

步骤10 复制图形，并移动至左脚踝处，如右侧左图所示。

步骤11 单击“路径”面板中的“用前景色填充路径”按钮，填充颜色后的效果如右侧右图所示。

步骤12 新建图层，得到“图层3”图层，单击工具箱中的“钢笔工具”按钮，绘制出的直线如右侧左图所示。

步骤13 单击工具箱中的“画笔工具”按钮，在“画笔工具”属性栏中单击“切换画笔面板”按钮，弹出“画笔”面板，相关参数设置如右侧右图所示。

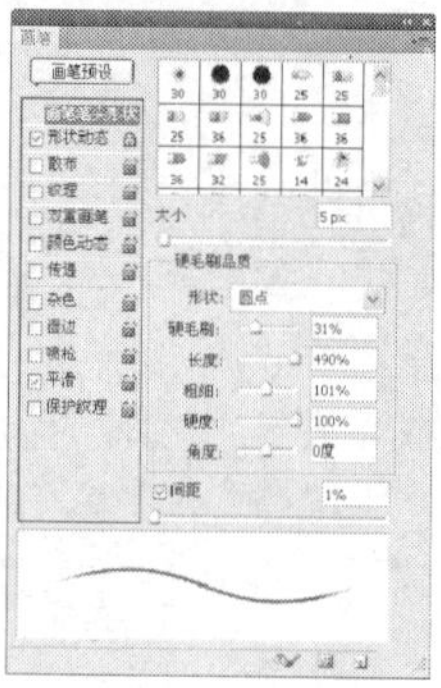

步骤14 设置前景色为白色，单击“用画笔描边路径”按钮，如右侧左图所示，最终效果如右侧右图所示。

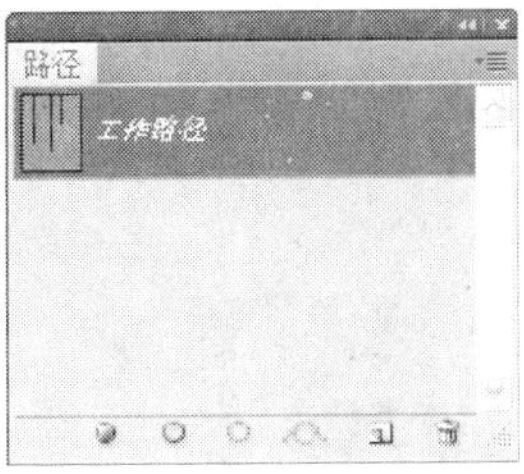

16.10 制作真人SD娃娃效果

制作本实例时，首先使用“套索工具”将人物五官部位勾勒出来，并创建图层，然后打开素材图片，将所勾勒的五官移动至素材图片中，并继续变形，最后添加矢量蒙版，将多余的部分擦除，此时就完成了真人SD娃娃效果的制作。

效果展示

本实例的前后效果如下图所示。

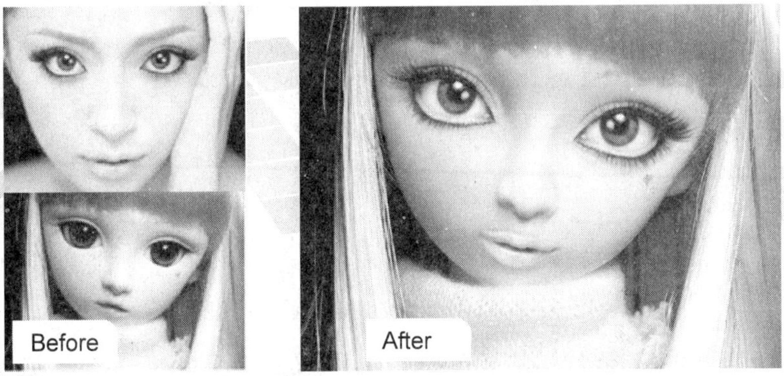

原始文件	光盘\素材文件\Chapter 16\16-15.jpg、16-16.jpg
结果文件	光盘\结果文件\Chapter 16\16-10.psd
同步视频文件	光盘\同步教学文件\Chapter 16\16.10.avi

知识链接

在本实例的制作与设计过程中，主要用到以下知识点。

- 套索工具
- 羽化选区
- “变形”命令
- 图层蒙版

操作步骤

本实例的具体操作步骤如下。

步骤01 打开光盘中的素材文件16-15.jpg，如下图所示。

步骤02 选择工具箱中的"套索工具"，在图像人物眼睛处通过拖动鼠标创建选区，如下图所示。

步骤03 执行"选择→修改→羽化"命令，弹出"羽化选区"对话框，设置"羽化半径"为"2像素"，如下图所示。设置完成后单击"确定"按钮。

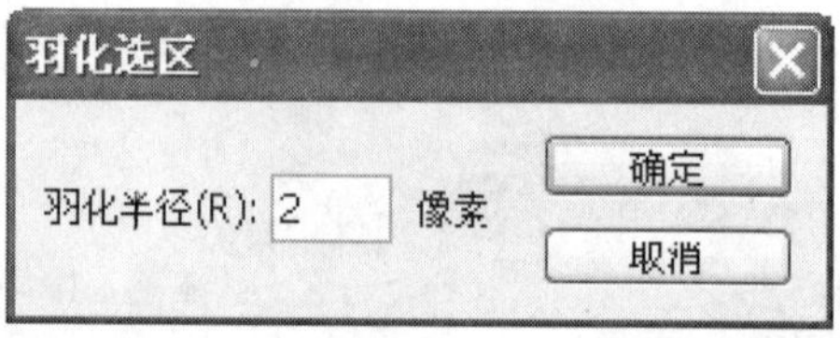

步骤04 按【Ctrl+J】快捷键新建图层，得到"图层1"图层，如下图所示。

步骤05 选择"背景"图层，使用"套索工具"在图像人物鼻子位置通过拖动鼠标创建选区，执行"选择→修改→羽化"命令，弹出"羽化选区"对话框，设置"羽化半径"为"2像素"，设置完成后单击"确定"按钮，效果如右图所示。

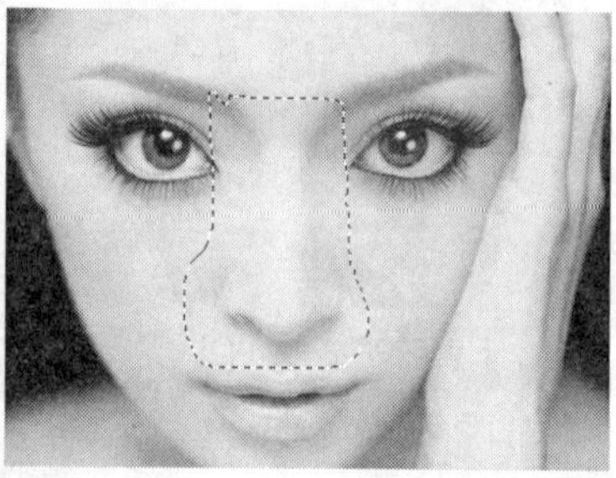

步骤06 按【Ctrl+J】快捷键新建图层，得到"图层2"图层，如下图所示。

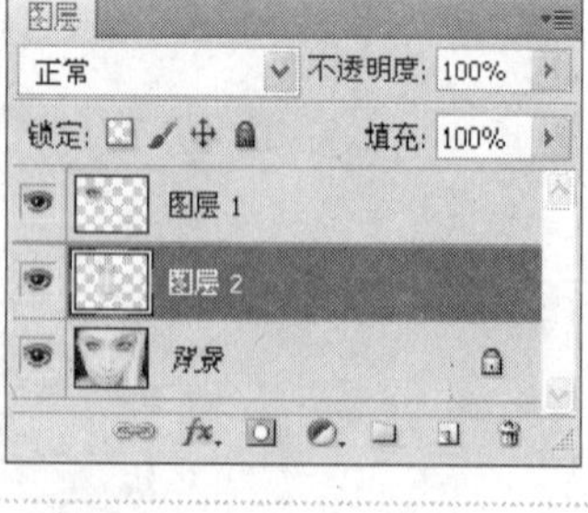

步骤07 选择"背景"图层，使用"套索工具"在图像人物嘴巴位置通过拖动鼠标创建选区，如下图所示。

步骤08 执行“选择→修改→羽化”命令，弹出“羽化选区”对话框，设置“羽化半径”为“2 像素”，设置完成后单击“确定”按钮。按【Ctrl+J】快捷键新建图层，得到“图层 3”图层，如下图所示。

步骤09 打开光盘中的素材文件 16-16.jpg，如下图所示。

步骤10 选择工具箱中的“移动工具”，将人物“图层 1”图层移动至 16-16.jpg 文件中，得到“图层 1”图层，按【Ctrl+T】快捷键调整大小及位置，如下图所示。

步骤11 在变换框内右击，在弹出的快捷菜单中选择“变形”命令，通过拖动控制点，调整眼睛形状，效果如下图所示。

步骤12 按【Ctrl+J】快捷键复制图层，使用“移动工具”将复制的图像向右移动，并执行“编辑→变换→水平翻转”命令，效果如下图所示。

步骤13 单击“图层”面板底部的“添加图层蒙版”按钮，选择工具箱中的“画笔工具”，在蒙版中多余的部分进行涂抹，如下图所示。

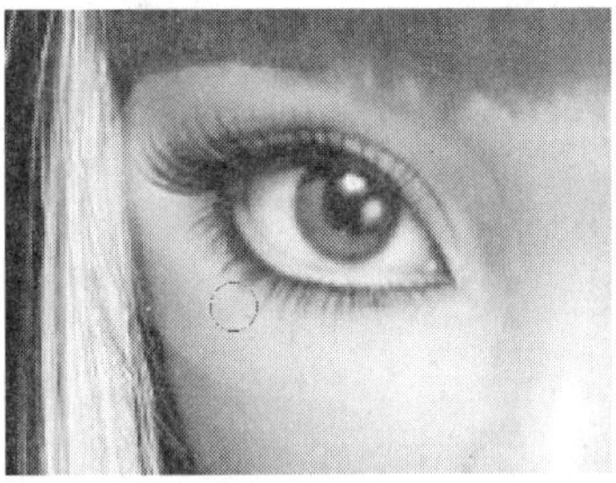

步骤14 在属性栏中设置画笔“不透明度”为 45%、“流量”为 50%，将多余的部分涂抹掉，效果如右图所示。

步骤15 单击工具箱中的“移动工具”按钮，将人物“图层 2”图层移动至 16-16.jpg 文件中，得到“图层 2”图层，按【Ctrl+T】快捷键调整大小及位置，如下图所示。

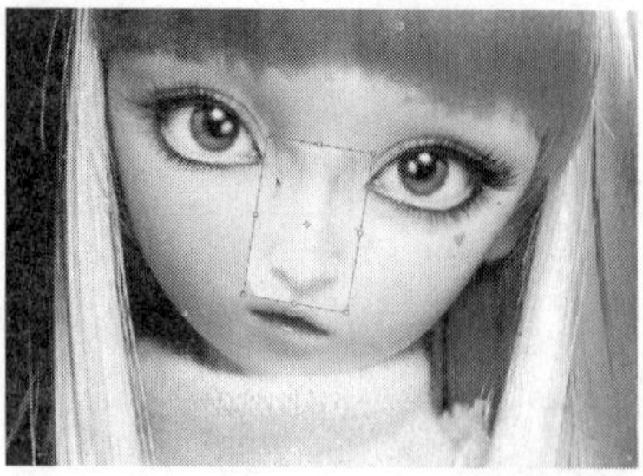

步骤16 在变换框内右击，在弹出的快捷菜单中选择“变形”命令，通过拖动控制点调整眼睛形状，如下图所示。

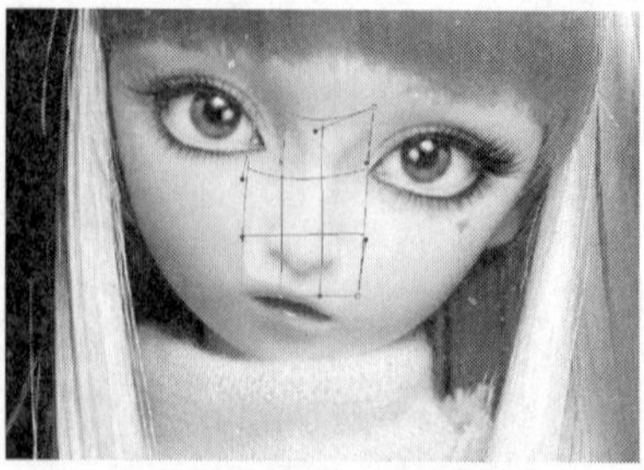

步骤17 在“图层”面板中设置“不透明度”为 50%，选择“画笔工具”，在属性栏中设置画笔“流量”为 20%，在蒙版中的多余部分进行涂抹，保留鼻子部位，如右侧左图所示。涂抹完成后，设置“图层 2”图层的“不透明度”为 75%，效果如右侧右图所示。

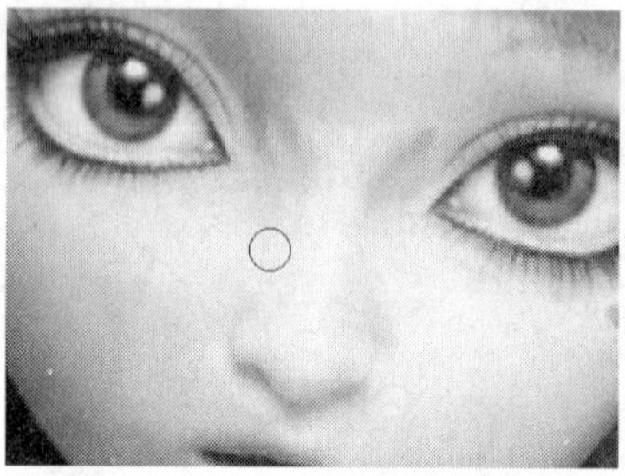

步骤18 使用“移动工具”将人物“图层 3”图层移动至 16-16. jpg 文件中，得到“图层 3”图层，按【Ctrl+T】快捷键调整大小及位置，如下图所示。

步骤19 在变换框内右击，在弹出的快捷菜单中选择“变形”命令，通过拖动控制点调整眼睛形状，效果如下图所示。

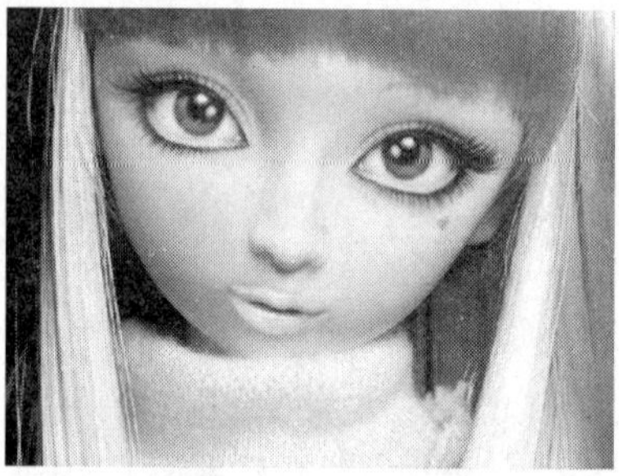

本章小结

本章的案例数量不多，但涵盖范围及实际用途很广。通过本章的学习，用户可以感受到不同特效的精妙之处，并可以学习多种图像特效的制作方法，有助于在以后的平面设计中发挥想象力。

Chapter 17 数码照片后期处理

本章导读

对于大多摄影爱好者来说，摄影是一门艺术，不太容易在短时间内掌握，但却可以使用Photoshop对摄影作品进行颠覆性地再次创作，而这在传统摄影中是很难做到的。下面就一起领略Photoshop对数码照片进行处理的神奇魅力吧。

本章核心知识点

- 认识数码相机
- 数码照片后期处理软件
- 数码照片处理

17.1 相关行业知识介绍

近年来，随着计算机技术的迅速发展，出现了许多数码产品，且功能越来越强大。数码相机已经成为人们日常生活中不可缺少的电子产品，通过数码相机，人们可以记录生活中的点点滴滴，从而留下美好回忆。下面介绍数码相机的相关知识。

17.1.1 认识数码相机

数码相机对人们来说已经习以为常并被接受了。对于高端的专业人士使用的数码单反相机，随着价格的不断下降，正逐渐走入平常百姓的家庭中。

数码相机也称数字式相机，是集光学、机械、电子于一体的产品，集成了影像信息的转换、存储和传输等部件，具有数字化存取模式、与计算机交互处理和实时拍摄等特点。

数码相机可分为两大类，分别是消费类相机和专业类相机。

- 卡片机：属于家用相机，通常不能更换镜头。卡片机在业界没有明确的概念，小巧的外形、相对较轻的机身及超薄时尚的设计是衡量此类数码相机的主要标准，卡片机如左下图所示。
- 长焦相机：指具有较大光学变焦倍数的相机，光学变焦倍数越大，能拍摄的景物远近范围就越大。一般长焦数码相机的功能比较丰富，自动模式与手动模式都比较齐全，在某种程度上来说类似于单反相机，但是由于本质结构的不同，镜头不能更换，略次于单反相机，长焦相机如右下图所示。

- 单反相机：指单镜头反光数码相机。这种相机只有一个镜头，这个镜头既负责摄影也用来取景，这样就能基本上解决视差造成的照片质量下降的问题。另外，用单反相机取景时，来自被摄物的光线经镜头聚焦，然后被斜置的反光镜反射到聚焦屏上成像，再经过顶部的“屋脊棱镜”反射，摄影者通过取景目镜就能观察景物，而且上下左右都是与景物相同的影像，因此取景、调焦都十分方便。在摄影时，反光镜会立刻弹起来，镜头光圈自动收缩到预定的数值，快门开启使胶片感光；曝光结束后快门关闭，反光镜和镜头光圈同时复位。这就是相机中的单反技术，数码相机采用这种技术后就成为了专业级的数码单反相机。数码单反相机的特点是可以更换不同规格的镜头，且成像质量优于消费相机，数码单反相机如右图所示。

17.1.2 数码照片后期处理软件介绍

作为普通的摄影者，为了能拍摄出专业摄影师拍摄出的那种美轮美奂的照片，可借助照片后期处理软件得到最完美的效果。在众多的照片处理软件中，Photoshop 可称为专业的图形图像处理软件，除了该软件之外，下面介绍其他几款照片后期处理软件。

1 光影魔术手

光影魔术手是一款对数码照片的画质进行改善及效果处理的软件。该软件简单、易用，用户不需要任何专业的图像技术，就可以制作出专业胶片摄影的色彩效果。相对于 Photoshop 等专业的图像软件而言，该软件显得十分小巧、易用，其大部分功能都是针对数码照片的后期处理的。

2 ACDSee Photo Manager

ACDSee Photo Manager 是目前最流行的数字图像处理软件，它广泛应用于图片的获取、管理、浏览、优化，以及和他人的分享。ACDSee Photo Manager 可以轻松处理数码影像，拥有的功能如去除红眼、剪切图像、锐化、浮雕特效、曝光调整、旋转、镜像等，最重要的是还能进行批量处理。

3 Turbo Photo

Turbo Photo 最早是由 Cterm 的作者编写的一个简易图像处理程序，后来成为一款运行在 Windows 系统下的软件。Turbo Photo 的所有功能均围绕“如何让照片更出色”这样的一个主题而设计。每个功能都针对数码相机本身的特点和最常见的问题。通过 Turbo Photo，用户能很轻易地掌握和控制组成优秀摄影作品的多个元素：曝光、色彩、构图、锐度、反差等。一目了然的界面和操作，使得没有任何图像处理基础的用户都能够在最短的时间内体会到数码影像处理的乐趣。同时，Turbo Photo 还为用户提供了较专业的调整和处理手段，对作品的细微控制、调整提供了可能。

4 彩影

彩影软件是梦幻科技推出的国内最强大、最傻瓜的图形处理和照片制作软件。彩影拥有非常智能、傻瓜、强大的图像处理、修复和合成功能，专业但并不复杂，解决了国内外图像处理软件过于复杂、不易操作的问题，是初学者进行相片处理的实用工具。在软件的帮助下，用户能比较轻松地处理好自己的照片，并能实现各种艺术效果，使照片的实用性、观赏性和趣味性得到进一步的增强，从而让用户不使用专业的图像美工技能即可轻松制作出绚丽多彩的图像特效。

17.2 照片处理

下面通过制作唯美艺术照，向用户讲解 Photoshop CS5 在处理数码照片中的应用。

效果展示

本实例的最终效果如下图所示。

原始文件	光盘\素材文件\Chapter 17\17-01.jpg
结果文件	光盘\结果文件\Chapter 17\数码照片处理.psd
同步视频文件	光盘\同步教学文件\Chapter 17\17.2.avi

17.2.1 调色与瘦身

本实例中的图像整体偏暗，可使用“曲线”、“色彩平衡”、“可选颜色”命令调整图像的色调，使图像效果变亮，再使用“液化工具”对人物进行瘦身处理，具体操作步骤如下。

步骤01 打开光盘中的素材文件 17-01.jpg，如下图所示。

步骤02 创建一个图层组，并命名为“调色”，单击“背景”图层，按【Ctrl+J】快捷键复制到新建的图层组中，如下图所示。

步骤03 执行“图像→调整→曲线”命令，打开“曲线”对话框，在“输入”文本框中输入“78”，在“输出”文本框中输入“102”，如右侧左图所示。输入完成后，单击“确定”按钮，效果如右侧右图所示。

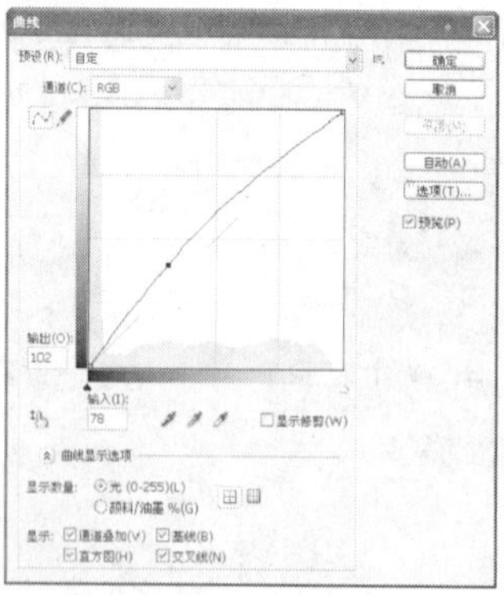

步骤04 执行“图像→调整→色彩平衡”命令，弹出“色彩平衡”对话框，选择“高光”单选按钮，相关参数设置如下图所示。

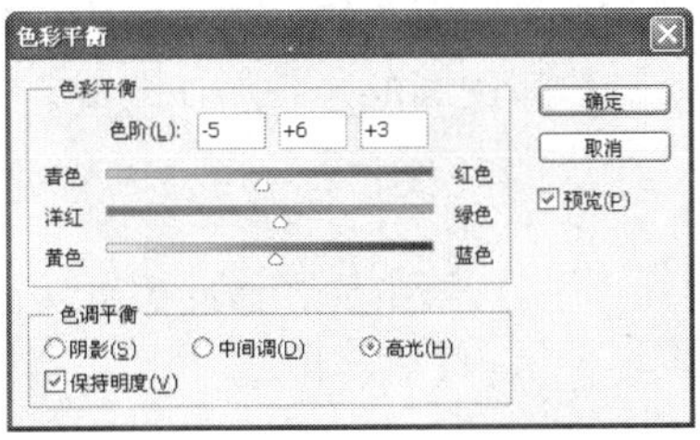

步骤05 设置完成后，单击“确定”按钮，关闭对话框，再次打开“色彩平衡”对话框，选择“阴影”单选按钮，相关参数设置如下图所示。

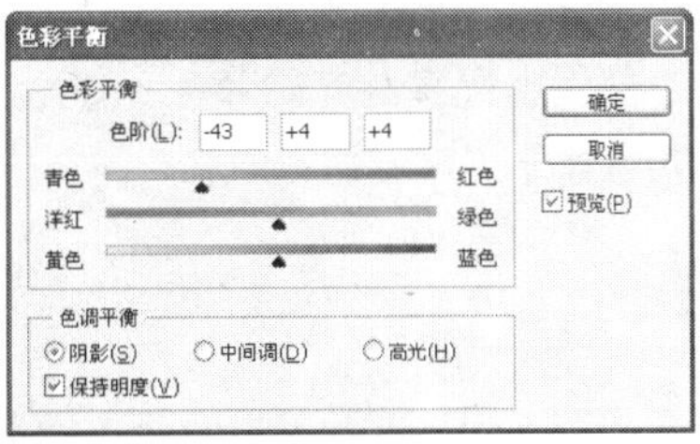

步骤06 设置完成后，单击“确定”按钮，退出对话框，效果如下图所示。

步骤07 执行“图像→调整→可选颜色”命令，弹出“可选颜色”对话框，单击“颜色”下拉按钮，在弹出的下拉列表中选择“红色”选项，相关参数设置如下图所示。

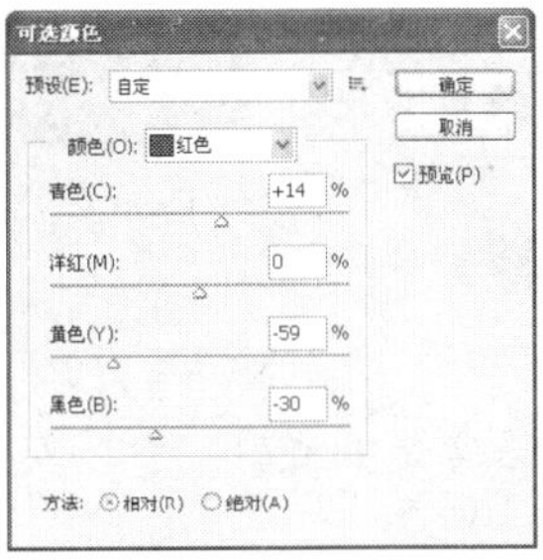

步骤08 单击“颜色”下拉按钮，在弹出的下拉列表中选择“黄色”选项，相关参数设置如右侧左图所示。设置完成后，单击“确定”按钮，效果如右侧右图所示。

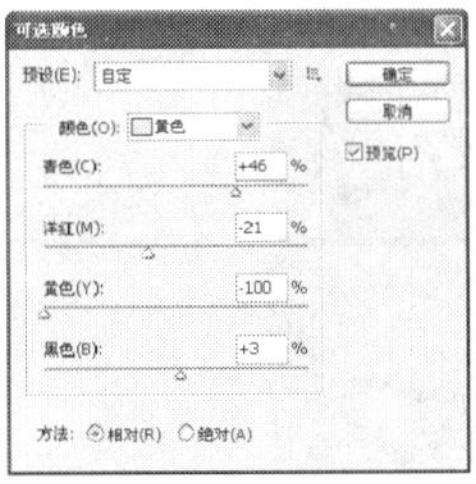

步骤09 执行“滤镜→液化”命令，弹出“液化”对话框，选择“向前变形工具”，画笔相关参数设置如右侧左图所示。使用“向前变形工具”向内拖动鼠标对腿部进行瘦身，如右侧右图所示。

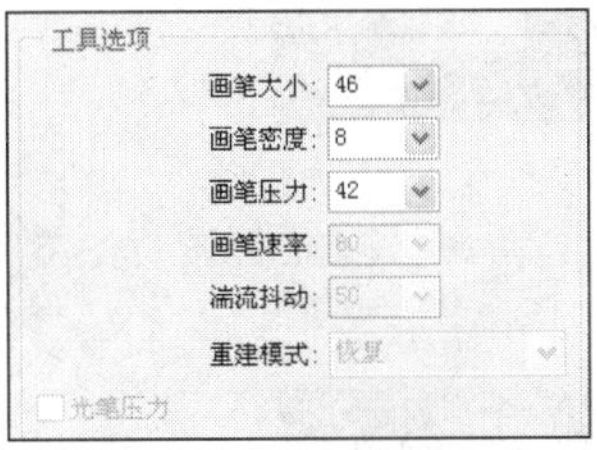

步骤10 设置完成后，单击“确定”按钮，效果如右图所示。

17.2.2 制作背景

对人物进行调色后，首先复制人物图层，水平旋转后并移动至合适位置，接着使用“镜头光晕”滤镜制作出逼真的光晕效果，最后使用“画笔工具”绘制散布的圆形，并添加图层样式，具体操作步骤如下。

步骤01 在“图层”面板中，单击“背景副本”图层，按【Ctrl+J】快捷键得到“背景副本 2”图层，并调整图层的“不透明度”为 60%，如下图所示。

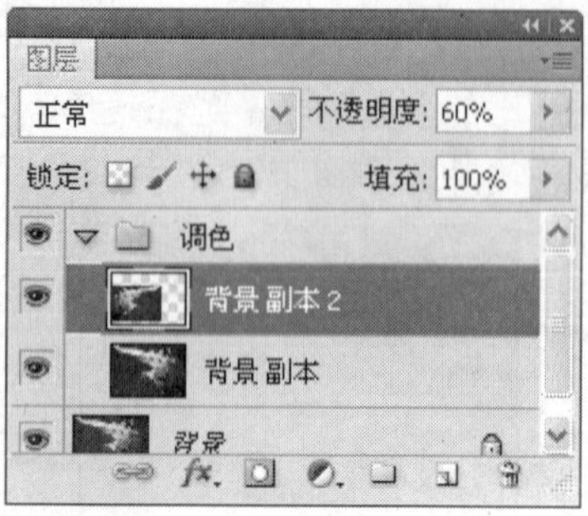

步骤02 选择工具箱中的“橡皮擦工具”，将“背景”图层中多余的部分擦掉，效果如下图所示。

步骤03 擦除多余的背景图像，只保留人物轮廓，效果如下图所示。

步骤04 选择“图层”面板中的“背景副本”图层，执行“滤镜→渲染→镜头光晕”命令，弹出“镜头光晕”对话框，设置“亮度”为 60%，如下图所示。

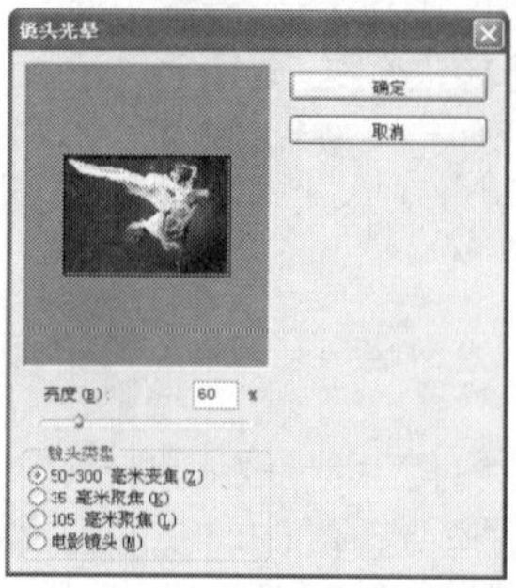

步骤05 设置完成后，单击“确定”按钮，效果如下图所示。

步骤06 再次打开“镜头光晕”对话框，设置“亮度”为 97%，如下图所示。

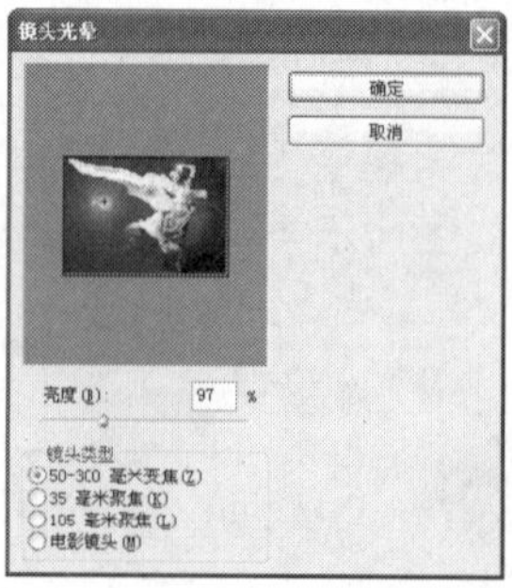

步骤07 设置完成后，单击“确定”按钮，效果如下图所示。

步骤08 创建一个新图层，并命名为“光晕”，如下图所示。

步骤09 选择工具箱中的“画笔工具”，单击属性栏中的“切换画笔面板”按钮，在弹出的“画笔”面板中选择画笔笔尖形状，设置“大小”为30px、“间距”为85%，如右侧左图所示。

步骤10 选择“形状动态”复选框，设置“大小抖动”91%，如右侧右图所示。

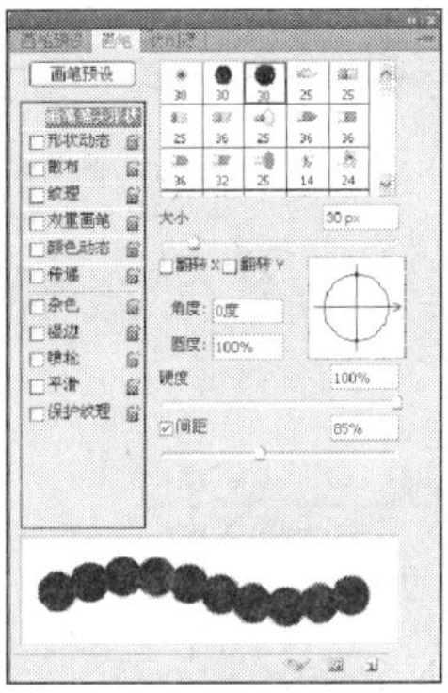

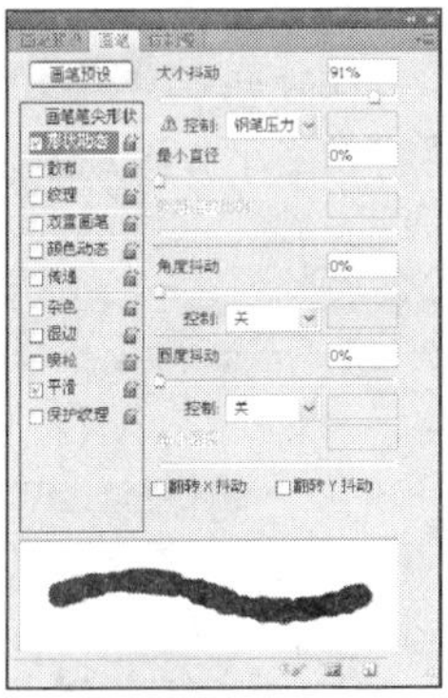

步骤11 选择“散布”复选框，设置“散布”为1000%，如右侧左图所示。在“画笔工具”属性栏中设置“不透明度”为75%，效果如右侧右图所示。

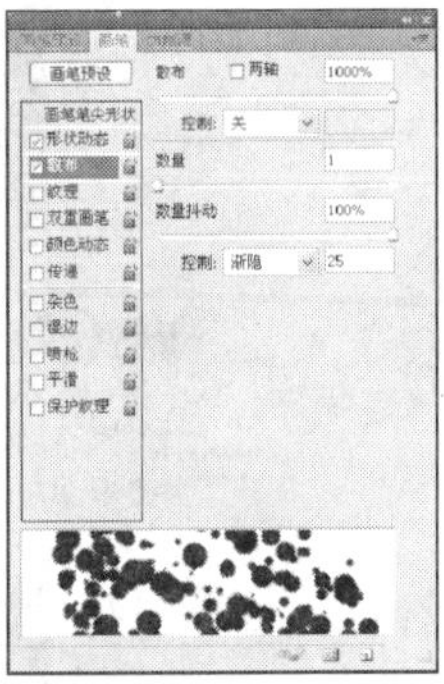

步骤12 单击“图层”面板底部的“添加图层样式”按钮 *fx*，在弹出的菜单中选择“渐变叠加”选项，弹出“图层样式”对话框，相关参数设置如下图所示。

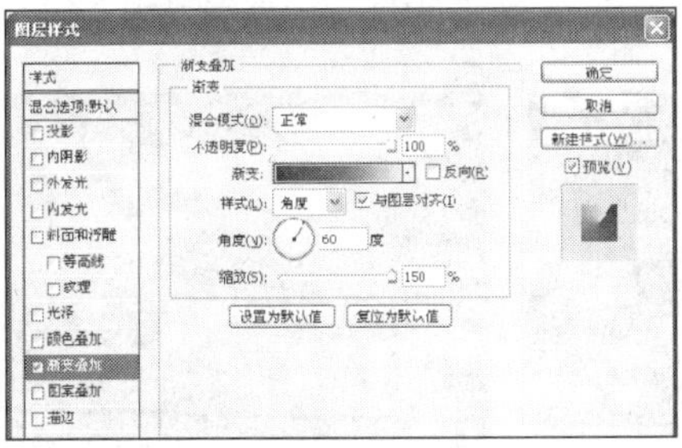

步骤13 设置完成后，效果如下图所示。

步骤14 执行"滤镜→模糊→径向模糊"命令，弹出"径向模糊"对话框，设置"数量"为 12，如右侧左图所示。设置完成后，效果如右侧右图所示。

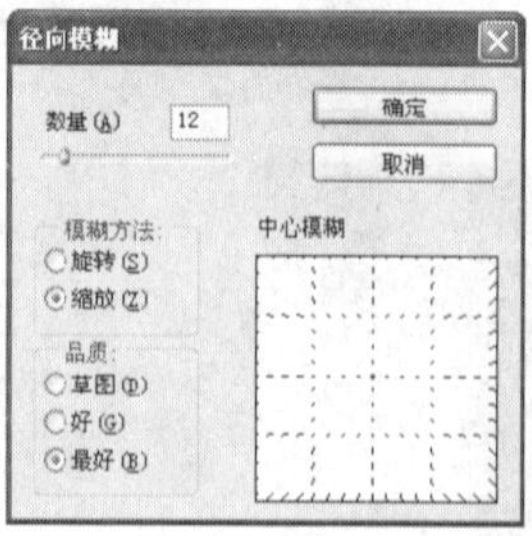

17.2.3 添加文字

制作完成背景图像后，需要对图像添加文字，从而丰富整个画面。输入文字后将其栅格化，再将其缩小并移动至合适位置，对齐并添加图层样式，制作出渐变效果，具体操作步骤如下。

步骤01 创建一个图层组，并命名为"文字"，如下图所示。

步骤02 选择工具箱中的"横排文字工具" T，输入"印象"，在属性栏中设置字体样式、大小，如下图所示。

步骤03 执行"图层→栅格化→文字"命令，选择工具箱中的"矩形选框工具"，框选"象"字，如下图所示。

步骤04 按【Ctrl+T】快捷键缩小文字并移动至合适位置，如下图所示。

步骤05 创建一个图层，选择工具箱中的"钢笔工具"，绘制路径，如右侧左图所示。按【Ctrl+Enter】快捷键将路径转换为选区，并填充颜色，效果如右侧右图所示。

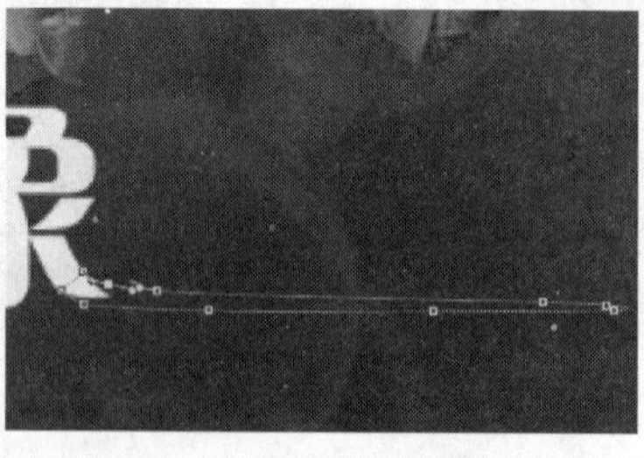

步骤06 单击“图层”面板底部的“添加图层样式”按钮 *fx*，在弹出的菜单中选择“渐变叠加”选项，弹出“图层样式”对话框，相关参数设置如下图所示。

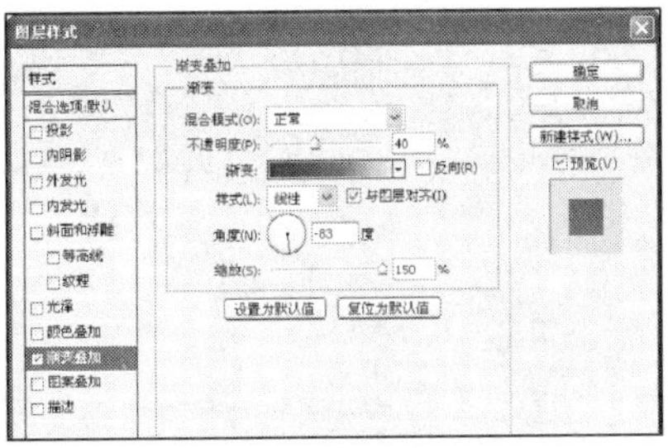

步骤07 选择“描边”复选框，相关参数设置如下图所示。

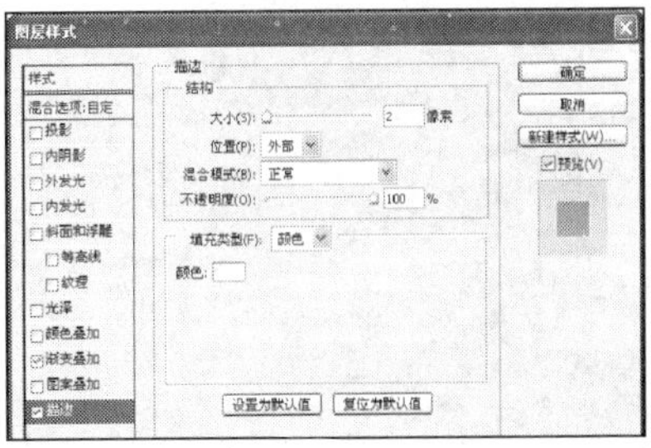

步骤08 设置完成后，单击“确定”按钮，关闭对话框，效果如下图所示。

步骤09 使用“横排文字工具” T 在图像中输入“Beauty of nature”，在属性栏中设置字体样式、大小，如下图所示。

步骤10 选择“印象”图层，并设置图层的“不透明度”为50%，如右侧左图所示。设置完成后，最终效果如右侧右图所示。

本章小结

本章主要介绍了数码相机的相关知识及对数码照片进行后期处理的软件，并对数码照片进行艺术化处理。对日常生活中的数码照片进行艺术化处理，可通过对图像进行调色制作背景效果，通过添加文字增加艺术照的氛围和意境。需要注意的是，在制作照片的艺术效果时，原照片的内容应与需要添加的效果协调。相信通过对本章的学习，用户一定能够体会到照片处理的乐趣，在以后的学习和应用中，可以根据照片的内容添加一些个性、有趣的元素，制作出精美的效果。

Chpater 12
Chpater 13
Chpater 14
Chpater 15
Chpater 16
Chpater 17
Chpater 18
Chpater 19
Chpater 20
Chpater 21
Chpater 22

Chapter 18

平面广告设计

本章导读

平面设计利用视觉元素来传播广告项目的设想和计划，并通过视觉元素向目标客户表达广告主的诉求点。平面设计的好坏除了灵感之外，更重要的是是否准确地将诉求点表达出来，是否符合商业的需要。

本章结合Photoshop CS5广告设计的强大功能，详细介绍房地产DM单设计，讲解Photoshop CS5在平面商业广告方面的应用。

本章核心知识点

- 相关行业知识介绍
- 房地产DM单设计

18.1 相关行业知识介绍

如今的市场竞争日益扩张、竞争不断升级、商战已开始进入“智”战时期，广告也从以前的所谓“媒体大战”、“投入大战”上升到广告创意的竞争。就目前市场形势而言，可以说任何产品的成功销售都离不开广告宣传。

18.1.1 平面设计的概念

平面设计是将设计师的思想以图片的形式表达出来，可以将不同的基本图形按照一定的规则在平面上组合成图案，也可以以手绘方法创作。平面设计主要在二度空间范围内以轮廓线划分图与地之间的界限，描绘形象。平面设计所表现的立体空间感，并非真实的三度空间，而是图形对人的视觉引导作用形成的幻觉空间。

平面广告设计是以增加销售为目的所进行的设计，也就是以广告学与设计为基础来替产品、品牌、活动等做广告。最早的广告设计是早期报纸上的小布告栏，也就是以平面设计的形式展现出来的。平面广告设计可以用一些特殊的操作来处理一些数字化的图像，是集计算机技术、数字技术和艺术创意于一体的综合内容。

平面广告，若从空间概念界定，泛指现有的以长、宽两维形态传达视觉信息的各种广告媒体的广告；若从制作方式界定，可分为印刷类、非印刷类和光电类 3 种形态；若从使用场所界定，又可分为户外、户内及可携带式 3 种形态；若从设计的角度来看，它包含着文案、图形、线条、色彩、编排等诸要素。平面广告因为传达信息简洁、明了，能瞬间扣住人心，从而成为广告的主要表现手段之一。平面广告设计在创作上要求表现手段浓缩化和具有象征性，一幅优秀的平面广告设计作品具有充满时代意识的新奇感，并具有设计上的独特表现手法和感情。

18.1.2 平面设计的元素

平面设计除了在视觉上给人一种美的享受外，更重要的是向广大的消费者转达一种信息、一种理念。因此在平面设计中，不仅要注重表面视觉上的美感，还应该考虑信息的传达。不管是现在的报刊广告、邮寄广告，还是人们经常看到的广告招贴等，都是将这些要素通过巧妙的安排、配置、组合而成的。

1 概念元素

所谓概念元素，是那些不实际存在的、不可见的，但人们的意识又能感觉到的东西。概念元素包括点、线、面。

2 视觉元素

概念元素如果不在实际的设计中加以体现，它将是没有意义的。概念元素通常是通过视觉元素体现的，视觉元素包括图形的大小、形状、色彩等。

3 关系元素

视觉元素在画面上如何组织、排列是由关系元素来决定的。关系元素包括方向、位置、空间、重心等。

4 实用元素

实用元素指设计所表达的含义、内容、设计的目的及功能。

18.1.3 平面设计的术语

在设计中，设计师将选择特定的美术元素并以独特的表现方式将它们加以组合。下面介绍平面设计中常用到的术语。

1 和谐

从狭义上理解，和谐的平面设计是统一与对比的结合，两者之间不是乏味、单调或杂乱无章的。从广义上理解，在判断两种以上的要素或部分与部分之间的相互关系时，各部分给人们的感觉和意识是一种整体协调的关系。

2 对比

对比又称对照，可以把质或量反差很大的两个要素成功地配列在一起，使人感觉鲜明、强烈，而又具有统一感，使主体更加鲜明、作品更加活跃。

3 对称

假定在一个图形的中央设定一条垂直线，将图形分为相等的左右两个部分，其左右两个部分的图形完全相等，这就是对称图。

4 平衡

从物理上指的是重量关系，在平面设计中指的是图像的形量、大小、轻重、色彩和材质的分布与视觉判断上的平衡。

5 比例

比例是指部分与部分或部分与全体之间的数量关系。比例是构成设计中一切单位大小，以及各单位间编排、组合的重要因素。

6 重心

画面的中心点就是视觉的重心点，画面图像的轮廓变化、图形的聚散、色彩或明暗的分布都可对视觉重心产生影响。

7 节奏

节奏具有时间感，在构成设计上指同一要素连续重复时所产生的运动感。

8 韵律

平面构成中单纯的单元组合重复易于单调，由有规律变化的形象或色群以数比、等比处理排列，使之产生音乐的旋律感，成为韵律。

18.1.4 平面设计的分类

广告是目前常见的平面设计项目，由于广告涉及的社会层面较广，因此可以按照广告的性质、覆盖的层面、广告主或者企业广告的策略进行分类。在多数情况下，广告是按媒体来分类的，大致可以分为印刷媒体类、电子媒体类、数字互动媒体类与户外媒体四大类。下面主要介绍印刷类广告和户外广告。

1 印刷类广告

印刷类广告包括印刷品广告和印刷绘制广告。印刷品广告包括报纸广告、杂志广告、图书广告、招贴广告、传单广告、产品目录、组织介绍等，印刷绘制广告包括墙壁广告、工具广告、包装广告、挂历广告等。下面集中介绍具有代表性的印刷类广告。

- 杂志广告：顾名思义，杂志广告就是刊登在杂志刊物上的广告，如下图所示。杂志广告相对于报纸广告而言，可以说是处于一种对已有信息进行补充的地位。杂志广告发行范围广，读者阶层和对象极其明确，阅读率和反复率高，印刷质量与传真程度高，出版周期长，一般独占版面，形式精美漂亮，纸质较好，容易吸引读者的注意力，印象比较强。

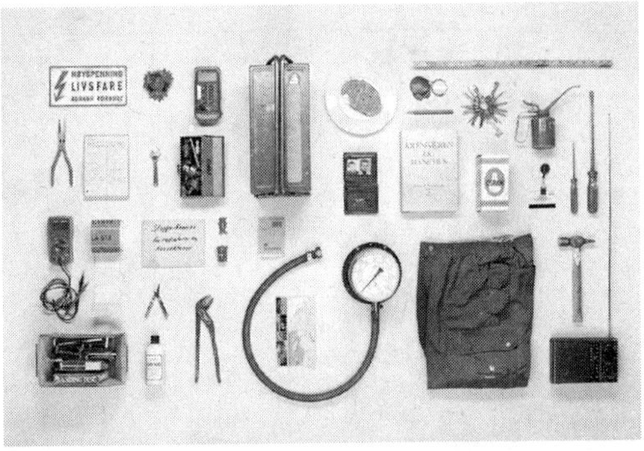

- 报纸广告：刊登在报纸上的广告，如下图所示。报纸是一种印刷媒介（Print-Medium），与杂志、广播、电视一同被称为四大最佳广告媒体。最传统的报纸广告几乎是伴随着报纸的创刊而诞生的，是数量最多、普及性最广、影响力最大的媒体。报纸是当下人们了解时事与接收信息的主要媒体之一，它的特点是发行频率高、发行量大、信息传递快，因此报纸广告可及时、广泛地发布。

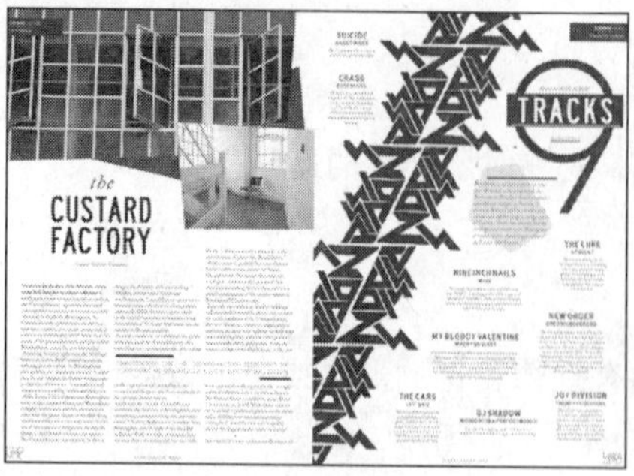

- DM：英文 Direct Mail advertising 的省略表述，直译为“直接邮寄广告”，即通过邮寄、赠送等形式，将宣传品送到消费者手中、家里或公司所在地。亦有人将其表述为 Direct Magazine advertising（直投杂志广告）。两者没有本质上的区别，都强调直接投递（邮寄）。如下图所示为 DM 广告。

- 封面设计：封面是装帧艺术的重要组成部分，犹如音乐的序曲，是把读者带入内容的向导。在设计之余，可感受设计带来的魅力，感受设计带来的烦忧，感受设计的欢乐。封面设计应遵循平衡、韵律与调和的造型规律，突出主题，大胆设想，运用构图、色彩、图案等知识，设计出比较完美、典型、富有情感的封面，提高设计应用的能力。如下图所示为封面设计作品。

- POP 广告：POP 是 Point Of Purchase advertising 的缩写，意为“购买点广告”，如下图所示。其概念分为广义的和狭义的两种。广义的 POP 广告是指在商业空间、购买场所、零售商店的周围、内部及在商品陈设的地方所设置的广告物。狭义的 POP 广告仅指在购买场所和零售店内部设置的展销专柜，以及在商品周围悬挂、摆设与陈设的可以促销的广告媒体。

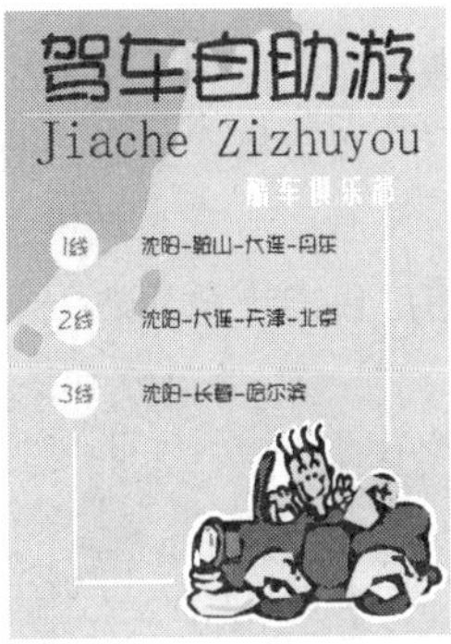

2 户外广告

一般把设置在户外的广告称为户外广告。它历史悠久，在广告界举足轻重，一直沿用于今天，是四大媒体以外的另一种重要广告载体。户外广告的种类很多，常见的有交通广告牌、路边广告牌、高立柱广告牌（俗称高炮）、灯箱和霓虹灯广告牌等，现在甚至出现了升空气球、飞艇等先进的户外广告形式。下面将介绍常见的户外广告。

➢ 招贴广告：招贴广告又称为“海报”，是一种信息传递艺术，是一种大众化的宣传工具，如下图所示。一般的海报通常具有通知性，所以主题应该明确显眼、一目了然，主要内容以最简洁的语句体现。招贴广告通常出现于户外的马路、闹市、广场、戏院等场所，是一种以招贴形式张贴的户外广告。由于招贴幅度较大，所以比报纸、杂志广告更能吸引过往行人的注意，是宣传事件与商品的常用广告形式。

➢ 路牌广告：户外广告的一种重要形式，是一种标准化的设计。路牌广告在公路或交通要道两侧利用喷绘或灯箱进行广告宣传，如下图所示。一方面，路牌广告可以根据地区的特点选择广告形式；另一方面，路牌广告可对经常在城内活动的固定消费者进行反复的宣传，使其印象深刻。

➢ 交通广告：应用于交通工具及其相关场所的广告，如下图所示。交通广告的创意灵活，不仅可以直接在交通工具本身制作广告，还可以在火车、飞机、轮船、公共汽车等交通工具及旅客候车、候机、候船等地点进行广告宣传，旅客量大、面广，宣传效果很好。交通广告由于是交通工业的副产品，因此费用比较低廉。

18.2 房地产 DM 单设计

制作本实例时，首先制作出背景图像，旋转并调整大小位置，然后导入素材并调整图像的色调，放置到相应的位置，最后创建文字并对其添加图层样式，突出画面的整体美感，此时就完成了房地产 DM 单的设计。

效果展示

本实例的最终效果如下图所示。

原始文件	光盘\素材文件\Chapter 18\18-01.jpg、18-02.jpg、18-03.jpg、18-04.jpg、18-05.jpg
结果文件	光盘\结果文件\Chapter 18\房地产 DM 单设计.psd
同步视频文件	光盘\同步教学文件\Chapter 18\18.2.avi

18.2.1 制作背景

制作背景图像主要应用了“变换”命令将复制的图像进行旋转变换，然后使用“修补工具”

将多余的图像进行覆盖，并删除白色区域，保留风景图像，最后使用“橡皮擦工具”在图像中心位置擦除图像，具体操作步骤如下。

步骤01 执行“文件→新建”命令，在弹出的“新建”对话框中，设置“宽度”为“680像素”、“高度”为“480像素”、“分辨率”为“300像素/英寸”，如下图所示，单击“确定”按钮。

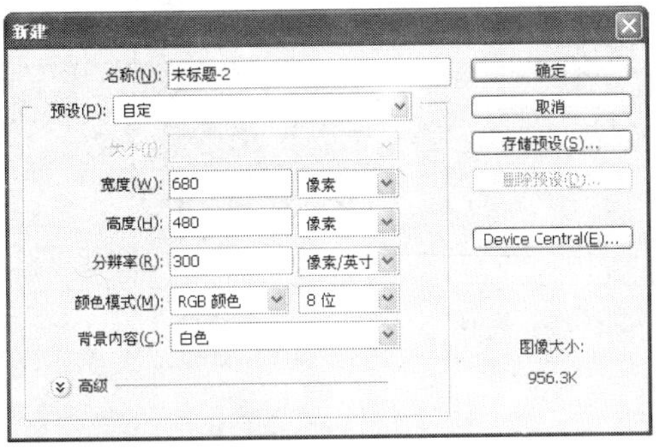

步骤02 打开光盘中的素材文件18-01. jpg，如下图所示。

步骤03 选择工具箱中的“移动工具”，将素材移动至图像窗口中，按【Ctrl+T】快捷键调整图像大小，如下图所示。

步骤04 打开光盘中的素材文件18-02.jpg，如下图所示。

步骤05 新建图层，并填充白色，将18-02.jpg文件移动至图像窗口中，如下图所示。按【Ctrl+J】快捷键复制图像，并执行“编辑→变换→水平翻转”命令旋转图像，如下图所示。

步骤06 单击工具箱中的“套索工具”按钮，在图像中树的周围单击并拖动进行选择，效果如下图所示。

步骤07 按【Delete】键删除，单击工具箱中的“修补工具”按钮，在图像中沿着左边小船的边缘拖动，如左下图所示。将选择的区域向左移动后，如右下图所示，释放鼠标，即可将小船隐藏。

步骤08 选择工具箱中的“魔棒工具”，单击白色背景，效果如右侧左图所示。按【Delete】键删除，效果如右侧右图所示。

步骤09 创建一个图层组，如右侧左图所示。选择工具箱中的“橡皮擦工具”，在属性栏中单击下三角按钮，打开下拉面板，选择“粗边圆形钢笔”样式，设置“大小”为100px，如右侧右图所示。

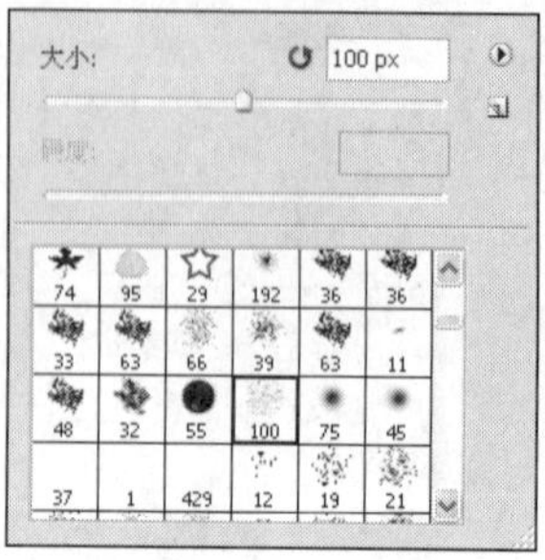

步骤10 在“橡皮擦工具”属性栏中设置“不透明度”为20%、“流量”为65%，在图像中按住左键进行擦除，如右侧左图所示。擦除完成，效果如右侧右图所示。

18.2.2 修饰图像

制作完成背景图像后，打开素材并调整色相/饱和度，使其与背景的色调统一，具体操作步骤如下。

步骤01 打开光盘中的素材文件18-03.jpg，如右侧左图所示。执行“图像→调整→色相/饱和度”命令，在弹出的“色相/饱和度”对话框中，相关参数设置如右侧右图所示。

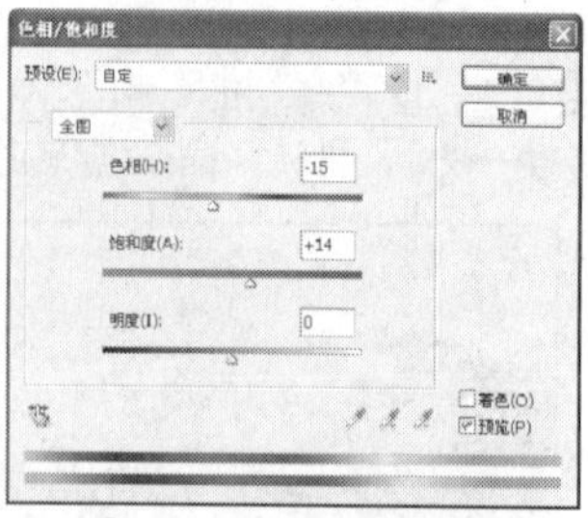

步骤02 设置完成后，效果如右侧左图所示。使用“移动工具”将素材移动至18-01.jpg文件中，并移动至“图层1”图层下方，如右侧右图所示。

步骤03 按【Ctrl+T】快捷键调整图像大小，如右侧左图所示。调整完成后，效果如右侧右图所示。

步骤04 置入光盘中的素材文件18-04.jpg，如右侧左图所示。按【Ctrl+T】快捷键调整图像大小，效果如右侧右图所示。

18.2.3 添加文字

为了制作出完整的设计效果，要为其添加文字，使所表达的主题与图像相互结合。使用“直排文字工具”输入文字后，对其添加图层样式，制作出立体效果，具体操作步骤如下。

步骤01 新建图层组，得到“组 2”，如下图所示。

步骤02 单击工具箱中的“直排文字工具”按钮，在图像窗口中输入“芙蓉古城”，在属性栏中设置字体颜色值为（R:29、G:28、B:28），并设置字体样式、大小，如下图所示。

步骤03 单击“图层”面板底部的“添加图层样式”按钮，如右侧左图所示。在弹出的菜单中选择“外发光”选项，弹出“图层样式”对话框，设置颜色值为（R:128、G:151、B:120），相关参数设置如右侧右图所示。

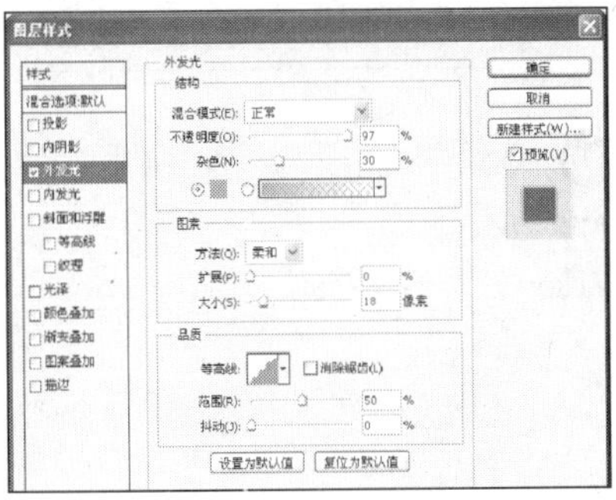

Chpater 12
Chpater 13
Chpater 14
Chpater 15
Chpater 16
Chpater 17
Chpater 18
Chpater 19
Chpater 20
Chpater 21
Chpater 22

步骤04 选择“描边”复选框，设置颜色值为（R:253、G:155、B:152），其他参数设置如右侧左图所示。设置完成后，单击“确定”按钮，效果如右侧右图所示。

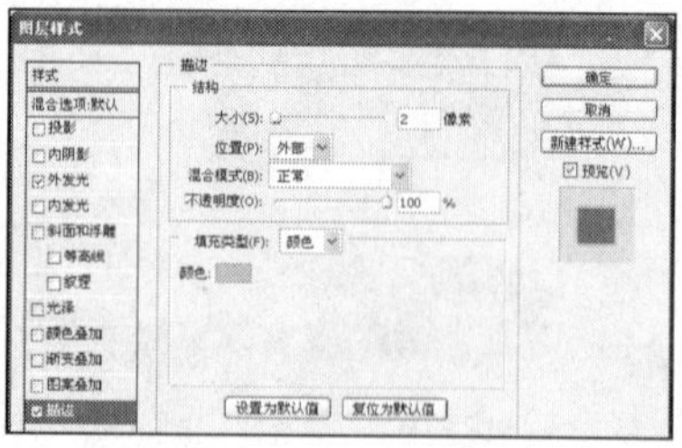

步骤05 新建图层，并单击工具箱中的“钢笔工具”按钮，绘制出直线，如下图所示。

步骤06 设置前景色为黑色，选择“画笔工具”，设置“大小”为5px，单击“路径”面板底部的“用画笔描边路径”按钮，如下图所示。

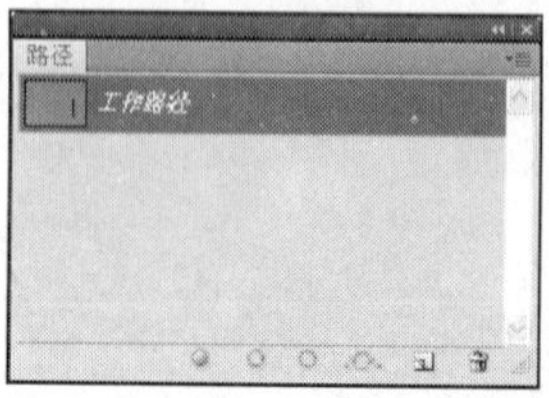

步骤07 描边后的效果如右侧左图所示。复制图层，并使用“移动工具”将复制的图层向左移动，如右侧右图所示。

步骤08 使用工具箱中的“直排文字工具”在图像窗口中输入“人性建筑自然”，在属性栏中设置字体样式、大小，如下图所示。

步骤09 单击“图层”面板底部的“添加图层样式”按钮，在弹出的菜单中选择“投影”选项，弹出“图层样式“对话框，相关参数设置如下图所示。

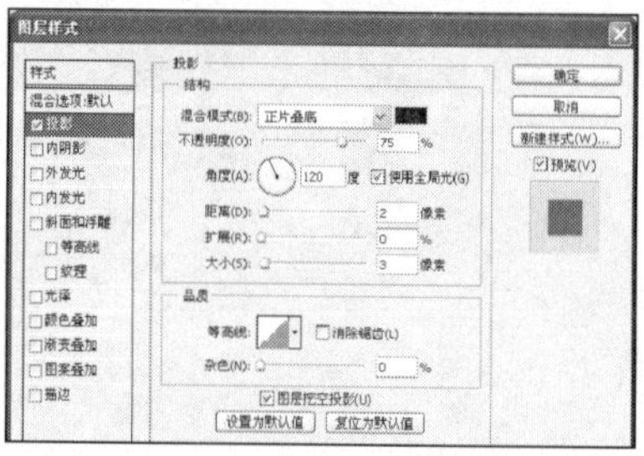

步骤10 设置完成后，单击“确定”按钮，效果如右图所示。

步骤11 使用工具箱中的"直排文字工具"[IT]在图像窗口中输入文字，在属性栏中设置字体样式、大小，如下图所示。

步骤12 使用工具箱中的"横排文字工具"[T]在图像窗口中输入数字，在属性栏中设置字体样式、大小，如下图所示。

步骤13 按【Ctrl+T】快捷键进行旋转，使其纵向摆放，如下图所示。

步骤14 置入光盘中的素材文件18-05.jpg，如下图所示。

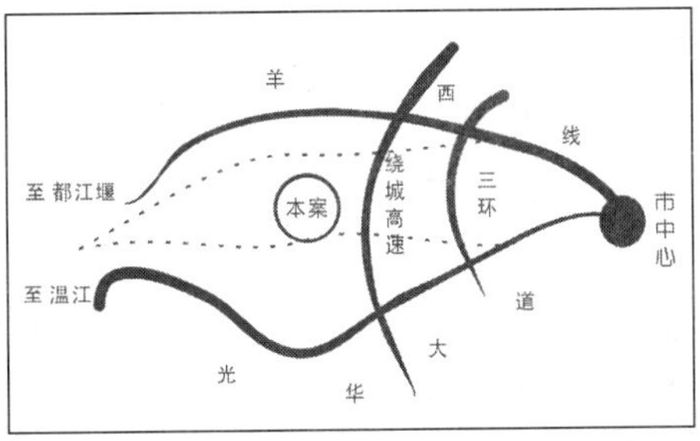

步骤15 在"图层"面板中设置图层混合模式为"变暗"，如下图所示。

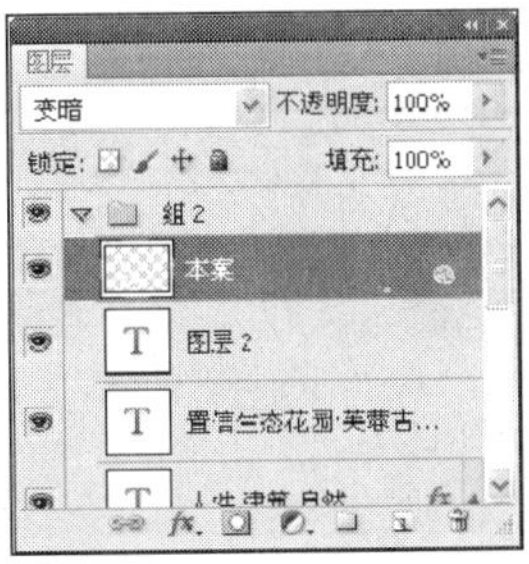

步骤16 设置变暗后，最终效果如下图所示。

本章小结

在本章所介绍的平面广告设计实例操作中，应用的知识点非常丰富，如选区工具、文字工具、画笔工具、路径形状工具、文字样式等。在实例的制作过程中，要认识到平面广告主要是通过文字、图形这些元素来构成的。另外，在设计过程中，注意突出宣传的对象及广告语。

Chapter 19

包装设计

本章导读

随着社会的发展，人们对商品的需求越来越大，商品包装的必要性和重要性日渐突显。人们不断深刻体会到，在经济全球化的今天，只有精美、优质的商品包装才能受到广大消费者的关注和青睐，才能在激烈的市场中稳操胜券。

本章将介绍商业包装设计，相信通过本章的学习，用户会对包装有一个新的认识，也可以根据自己的创意制作出优秀的包装设计作品。

本章核心知识点

- 包装设计相关知识
- 制作巧克力平展图
- 制作巧克力立体图

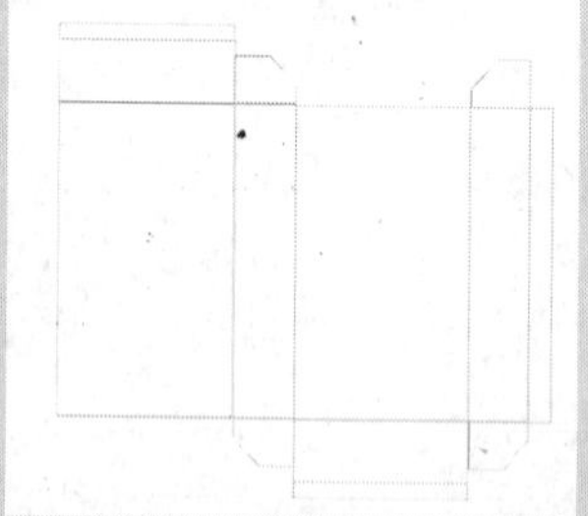
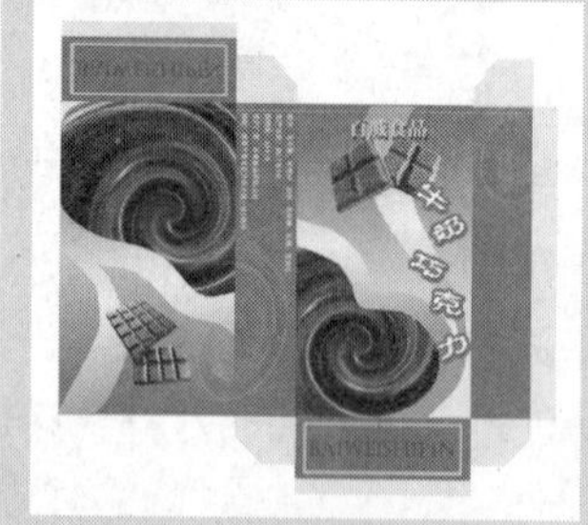

19.1 相关行业知识介绍

现代社会，人们几乎每时每刻都要与商品打交道，追求时尚、体验消费已成为一种文化，它体现在人类生活的衣、食、用、行、赏各个方面，体现着人们对高品质生活的追求。

包装设计使美术与自然科学相结合，并运用到产品的包装保护和美化方面，它不是广义的“美术”，也不是单纯的装潢，而是包含科学、艺术、材料、经济、心理、市场等综合要素的多功能的体现。

19.1.1 什么是包装设计

包装设计是指选用合适的包装材料，运用巧妙的工艺手段，为商品包装的容器进行结构造型和美化装饰设计。

包装是现代商品生产和营销最重要的环节之一，包装的优劣直接影响到商品在市场流通中的价值。最初的商品包装主要是为了方便顾客携带，随着市场的发展，人们开始认识到，商品包装作为一种视觉传达工具，绝不是一种可有可无的东西，而是商品的脸面。现代商品包装正以简单、明了的造型成为商品不可缺少的组成部分，包装设计不仅赋予了商品独特的个性，还为商品建立了完美的视觉形象。当前，包装已经成为商品生产厂家的一种最直接的竞销手段。包装是商品向顾客的自我展现，已成为消费者判断商品质量优劣的先决条件。

19.1.2 包装设计的功能

包装是商品的外在感观形象，它可以代表一件商品，甚至可以代表一个品牌的形象。在通过艺术观赏性强化包装视觉效应的同时，吸引消费者的注意力，引起购买商品的欲望，从而达到商家的促销目的。下面介绍包装设计的几个主要功能。

1 保护功能

确保商品和消费者的安全是包装设计最根本的出发点，在设计商品包装时，应当根据商品的属性来考虑储存、运算、展销、携带及使用等方面的安全保护措施，不同的商品可能需要不同的包装材料。

2 便利功能

优秀的包装设计必须适应商品的储存、运算、展销、携带及使用等方面。因此，商品包装设计时必须使盒形结构的比例合理、结构严谨、造型精美，重点突出盒形的形态与材料美，对比与协调美、节奏与韵律美，力求达到结构功能齐全、外形精美。常见的包装结构主要有手提式、悬挂式、开放式、开窗式、封闭式和几种形式的组合等。

3 商业功能

在纷繁、复杂的商品经济环境中，每个企业都想扩大自己产品的知名度，并树立企业良好的形象。商品包装本身就是在宣传，是树立企业形象的无声广告。商品包装中能迅速抓住消费者视线的优秀色彩设计，受到了越来越多的国内外著名企业的重视。例如，美国可口可乐饮料的包装，虽然图案在不断变化，但其包装的主打色——红色却一直未变，红色色彩鲜艳，代表着可口可乐公司永远朝气蓬勃。

4 心理功能

能否激发消费者的购买欲望，是评价商品包装设计成败的最重要标准之一，消费者的认可与购买是对商品包装设计的最大嘉奖。要想达到这一目标，需要设计者充分考虑商业、工业、艺术、心理等各个因素。为了设计出消费者能普遍接受与认可的商品包装，设计者必须学习艺术设计学、市场学、销售学、经济学、消费心理学等。总之，优秀的包装设计应该是大众化、国际化、市场化的设计，应该对消费者的视觉和心理都形成强大的冲击力，能够激起消费者强烈的购买欲望。

19.1.3 包装设计的分类

商品种类繁多、形态各异、五花八门，其功能、外观也各有千秋。所谓的内容决定形式，包装也不例外，为了区别商品与设计，对包装设计进行如下分类。

1 按产品内容分

按产品内容分，可分为日用品类、食品类、烟酒类、化妆品类、医药类、文体类、工艺品类、化学品类、五金家电类、纺织品类、儿童玩具类、土特产类等。

2 按包装材料分

对于不同的商品，考虑到它的运输过程与展示效果等，使用的材料也不尽相同，例如纸包装、金属包装、玻璃包装、木包装、陶瓷包装、塑料包装、棉麻包装、布包装等。

3 按产品性质分

销售包装又称商业包装，可分为内销包装、外销包装、礼品包装、经济包装等。销售包装是直接面向消费的，因此，在设计时要有一个准确的定位，使其符合商品的诉求对象，力求简洁大方、方便实用。

储运包装也就是以商品的储存或运输为目的的包装。它主要在厂家与分销商、卖场之间流通，便于产品的搬运与计数。在设计时，储运包装并不是重点，只要注明产品的数量、发货与到货日期、时间与地点等，也就可以了。

19.1.4 包装构成要素

一个成功的包装设计除了很好地保护商品之外，还要充分体现其广告宣传价值及设计美感，三者缺一不可，所以在包装设计的过程中应该遵循以下 3 项原则。

1 外观抢眼

促销商品的前提就是要先吸引消费者的注意，这点可以通过包装设计来实现，所以包装的造型、材料与颜色非常重要。

- 包装的造型：新奇、有趣、别致的包装造型可以使消费者产生强烈的兴趣，从而产生对商品进行深入了解的冲动，可以增加购买的几率，如右图所示。
- 包装的材料：材料的选择对于包装设计而言也是举足轻重的，例如，选择有花边或有纹理的材料，可以提高商品的档次。
- 包装的色彩：从心理学的角度来说，色彩在销售过程中具有决定性的作用。市场专家指出，销售的 4 种最佳用色为黑、白、红、蓝。它们是支配人类生活节奏的四大重要颜色，所以简明、艳丽的配色可以锁住消费者的视线，使其产生兴趣，如右图所示。

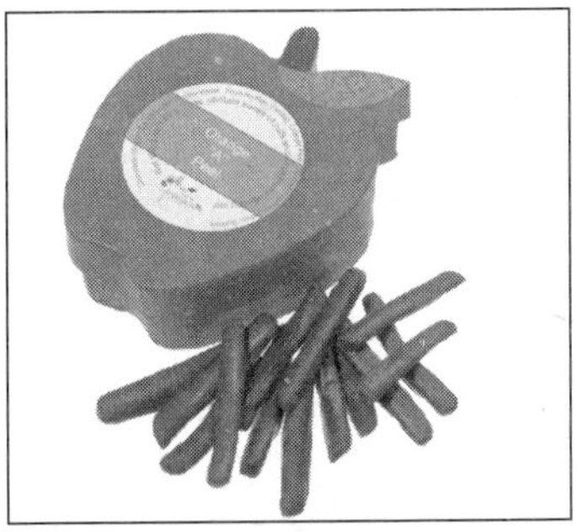

2 清晰传达内容

好的包装除了通过造型、材料与色彩来使消费者对商品产生好感与兴趣外，还要把商品正面的、真实的信息内容传达给大众，以使其准确理解该产品。这不仅要求设计者根据商品的性质去选择设计风格，使包装与产品的档次相适应，而且还要求造型、色彩与图案等必须复合大众的习惯，以免误导消费者。如右图所示为能清晰传达内容的包装。

3 争取好感

消费者之所以会对包装产生好感，除了包装设计实用、方便外，主要是因为它能够满足消费者各方面的需求，这直接关系到包装的体积、容量与精美度等方面。所以设计师为商品设计包装前，必须先对消费群体进行准确定位，仔细分析使用人群的生活环境与风俗，以便最大程度地博得消费者的好感与支持。产品的适用人群为年轻、时尚一族，代表包装如右图所示。

Chpater 12
Chpater 13
Chpater 14
Chpater 15
Chpater 16
Chpater 17
Chpater 18
Chpater 19
Chpater 20
Chpater 21
Chpater 22

19.2 巧克力包装设计

下面通过制作精美的巧克力包装为用户讲解 Photoshop CS5 在包装行业设计中的应用。

效果展示

本实例的前后效果如下图所示。

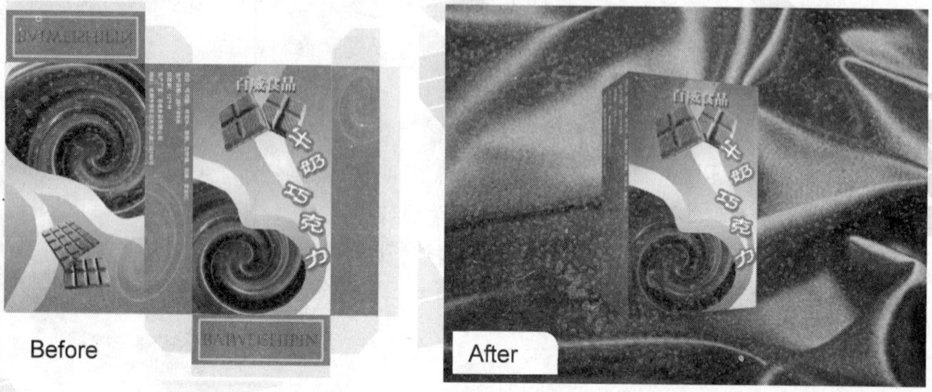

原始文件	光盘\素材文件\Chapter 19\19-01.jpg、19-02.jpg、19-03.jpg
结果文件	光盘\结果文件\Chapter 19\包装设计.psd、巧克力包装立体图.psd
同步视频文件	光盘\同步教学文件\Chapter 19\19.2.avi

19.2.1 制作巧克力平展图

制作巧克力展开图，首先使用“矩形工具”绘制出平展图的轮廓，然后使用“矩形选框工具”与“填充工具”选择并填充颜色，接着使用“钢笔工具”绘制出丝带的轮廓，最后使用“横排文字工具”添加文字，此时就完成了巧克力展开图的制作，具体操作步骤如下。

步骤01 执行“文件→新建”命令，在弹出的“新建”对话框中，设置“宽度”为“38 厘米”、“高度”为“32 厘米”、“分辨率”为“300 像素/英寸”，如下图所示，单击“确定”按钮。

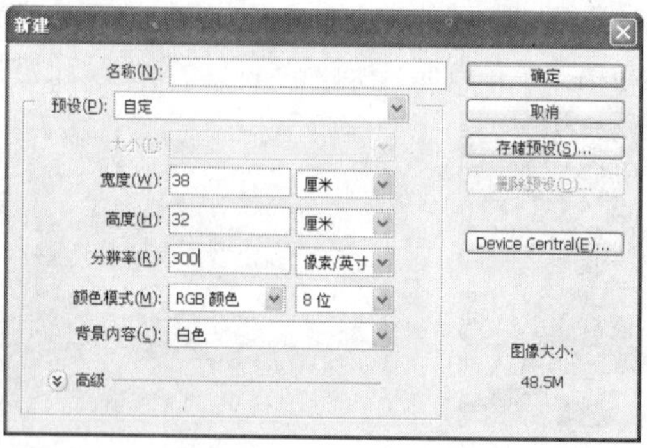

步骤02 选择工具箱中的“矩形工具”，在属性栏中单击“几何选项”按钮，在下拉面板中选择“固定大小”单选按钮，设置 W 为“11.5 厘米”、H 为“20 厘米”，然后在图像窗口中绘制出矩形作为包装盒的背面，如下图所示。

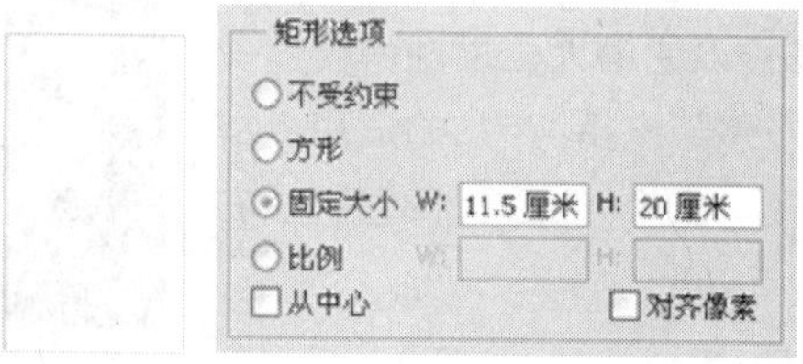

步骤03 选择并再次设置“固定大小”选项的W为“4厘米”、H为“20厘米”，如左下图所示。在包装盒背面的右侧绘制矩形，效果如右下图所示。

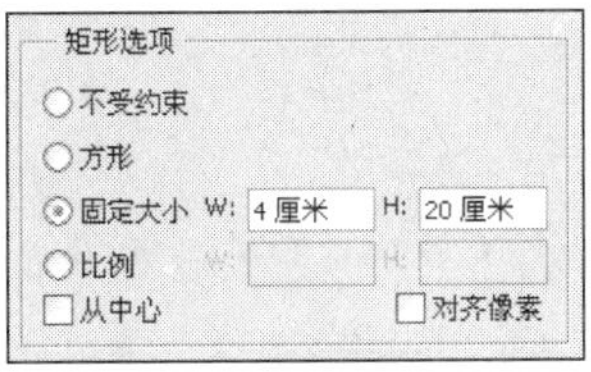

步骤04 设置“固定大小”选项的W为“11.5厘米”、H为“4厘米”，如左下图所示。在包装盒背面的上方绘制矩形，效果如右下图所示。

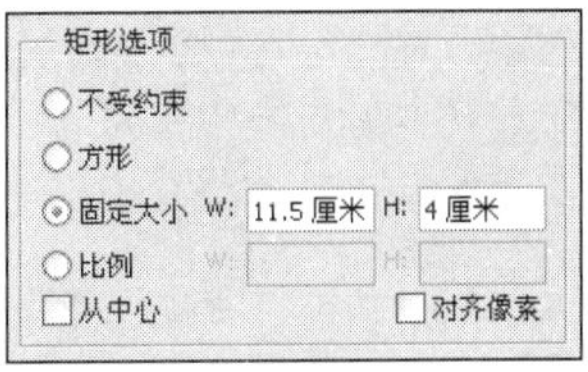

步骤05 设置“固定大小”选项的W为“11.5厘米”、H为“1厘米”，如左下图所示。在包装盒背面的上方绘制矩形，作为盒盖，效果如右下图所示。

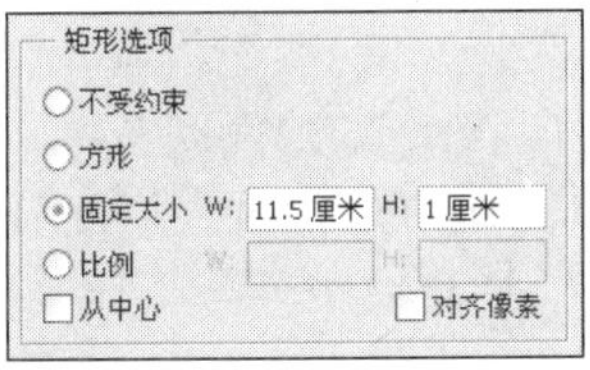

步骤06 设置“固定大小”选项的W为“4厘米”、H为“3厘米”，如左下图所示。在包装盒侧面的上方绘制出矩形，效果如右下图所示。

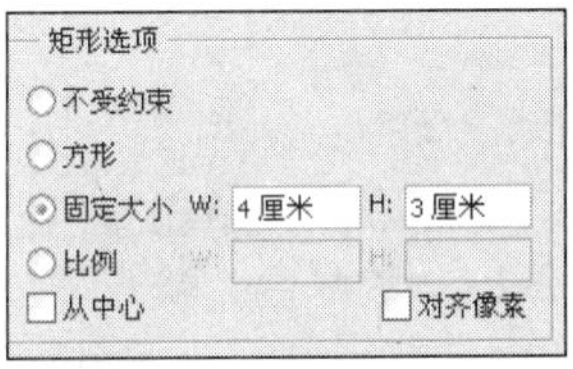

步骤07 选择工具箱中的“钢笔工具”，在包装盒侧面上方绘制图形，如左下图所示。按【Ctrl+C】快捷键复制，然后粘贴至包装盒侧面下方，如右下图所示。

步骤08 复制绘制完成的包装盒背面矩形，并执行“编辑→变换→垂直翻转”命令，如下图所示。

步骤09 复制绘制完成的包装盒侧面矩形，并执行“编辑→变换→水平翻转”命令，如下图所示。

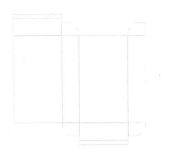

步骤10 选择工具箱中的“矩形工具”，在属性栏中设置“固定大小”选项的W为“1.5厘米”、H为“20厘米”，如左下图所示。在图像窗口中绘制侧面矩形，效果如右下图所示。

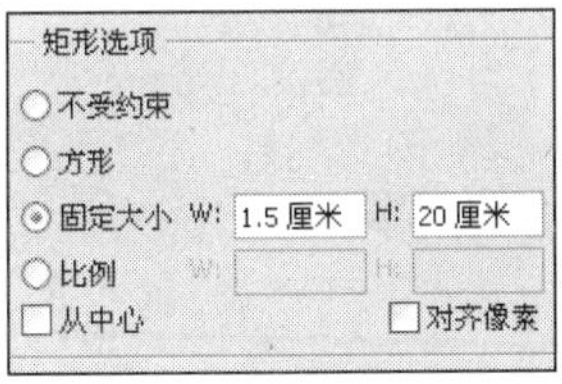

步骤11 选择工具箱中的"矩形选框工具"，在图像中框选展开图的正面轮廓，并选择工具箱中的"渐变工具"，设置前景色颜色值为（R:153、G:102、B:51），单击属性栏中的色块，打开"渐变编辑器"窗口，选择"前景色到背景色渐变"填充方式，在图像中拖动鼠标，填充渐变色，如下图所示。

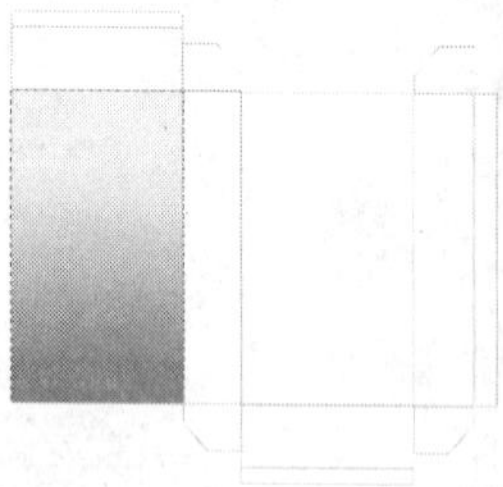

步骤12 复制所填充的渐变色图形，粘贴至右侧图像中，效果如下图所示。

步骤13 选择工具箱中的"矩形选框工具"，在图像窗口中绘制正面的轮廓，并填充颜色值为（R:153、G:102、B:51）的颜色，填充完成后的效果如下图所示。

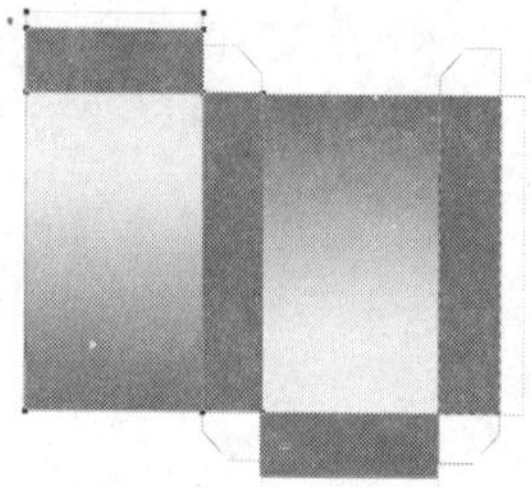

步骤14 选择工具箱中的"矩形选框工具"，在图像窗口中绘制正面的轮廓，并填充颜色值为（R:252、G:229、B:179）的颜色，填充完成后的效果如下图所示。

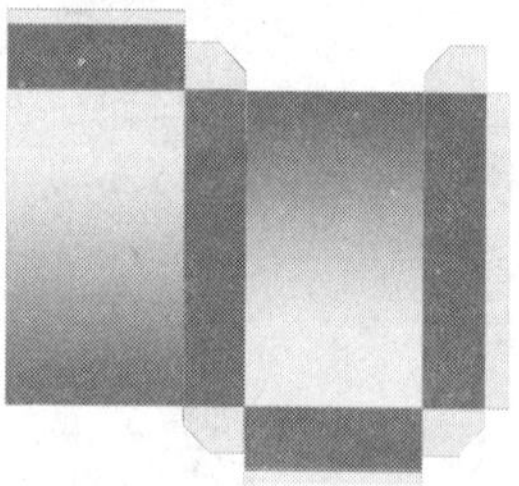

步骤15 选择工具箱中的"钢笔工具"，绘制如右侧左图所示的图形。在"路径"面板中单击"将路径作为选区载入"按钮，按【Delete】键删除选区中的图像，效果如右侧右图所示。

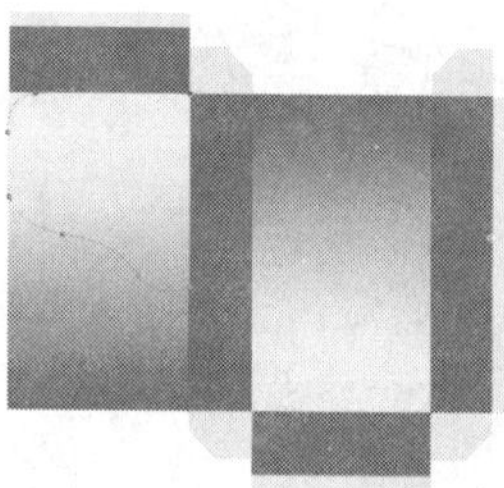

步骤16 选择"图层 1 副本"图层，使用工具箱中的"钢笔工具"绘制如右侧左图所示的图形。在"路径"面板中单击"将路径作为选区载入"按钮，按【Delete】键删除选区中的图像，效果如右侧右图所示。

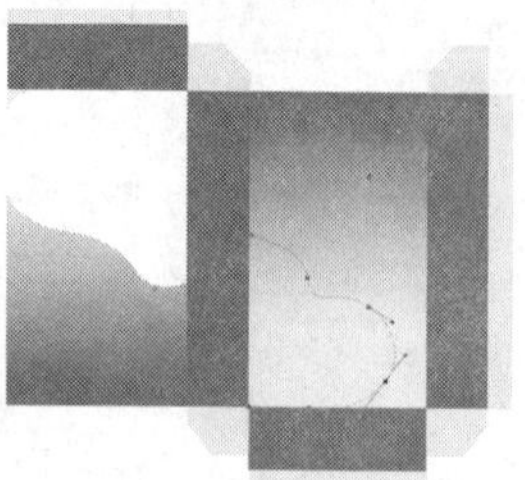

步骤17 选择工具箱中的“钢笔工具”，绘制如下图所示的图形。

步骤18 在“路径”面板中单击“将路径作为选区载入”按钮，并填充颜色值为（R:252、G:229、B:179）的颜色，填充完成后的效果如下图所示。

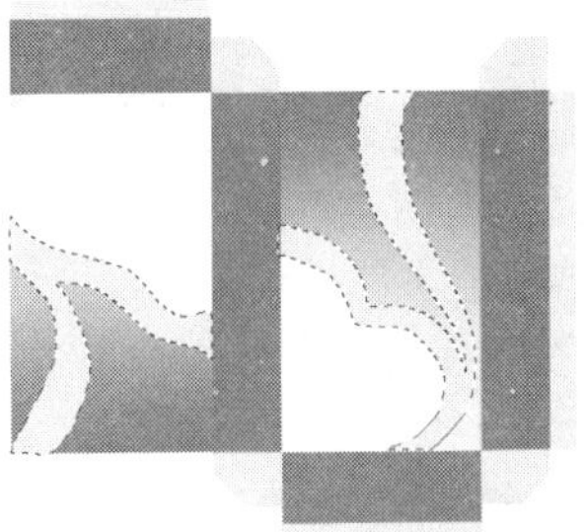

步骤19 单击“图层”面板底部的“添加图层样式”按钮，在弹出的菜单中选择“渐变叠加”选项，弹出“图层样式”对话框，设置颜色，从左至右颜色值为（R:252、G:229、B:179）、（R:255、G:243、B:213），相关参数设置如右图所示。

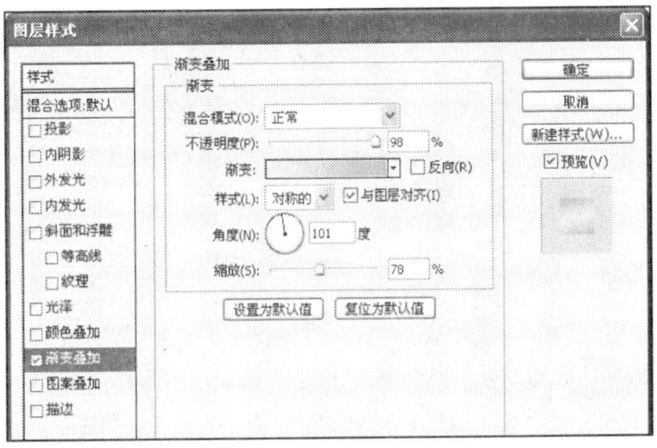

步骤20 设置完成后的效果如下图所示。

步骤21 执行“文件→置入”命令，打开光盘中的素材文件 19-01.jpg，如下图所示。

步骤22 选择工具箱中的“魔棒工具”，单击图像的白色背景，按【Delete】键删除，按【Ctrl+T】快捷键缩小图像，并移动至合适位置，效果如右图所示。

步骤23 执行“图像→调整→色彩平衡”命令，打开“色彩平衡“对话框，相关参数设置如下图所示。

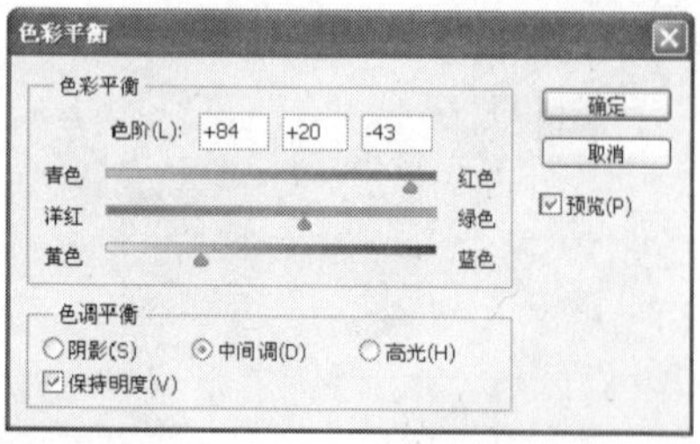

步骤24 执行“图像→调整→色阶”命令，打开“色阶“对话框，相关参数设置如下图所示。

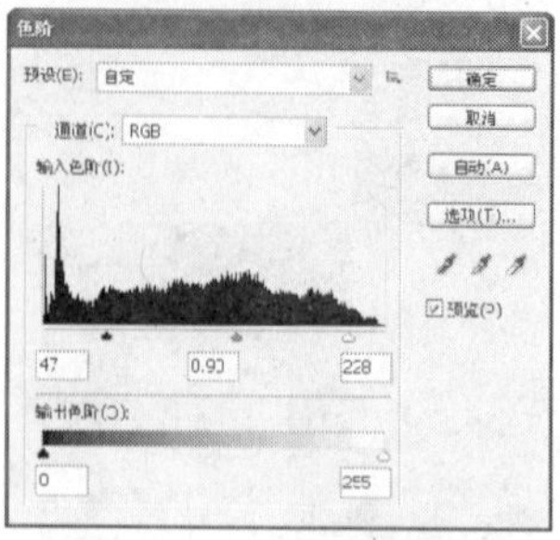

步骤25 设置完成后的效果如下图所示。

步骤26 执行“文件→置入”命令，打开光盘中的素材文件 19-02.jpg，如下图所示。

步骤27 选择工具箱中的“魔棒工具”，单击图像的白色背景，按【Delete】键删除，按【Ctrl+T】快捷键缩小图像，并移动至合适位置，效果如下图所示。

步骤28 执行“文件→新建”命令，在弹出的“新建”对话框中，设置“宽度”为“500 像素”、“高度”为“500 像素”，“分辨率”为“150 像素/英寸”，如下图所示，单击“确定”按钮。

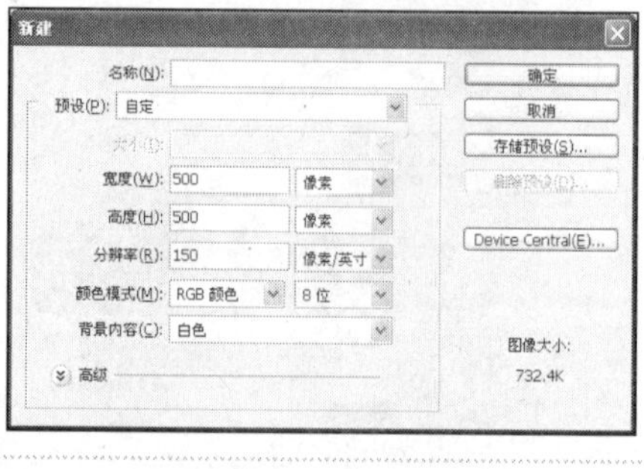

步骤29 选择工具箱中的“填充工具”，填充颜色为黑色，效果如下图所示。

步骤30 执行“滤镜→渲染→镜头光晕”命令，弹出“镜头光晕”对话框，如下图所示。

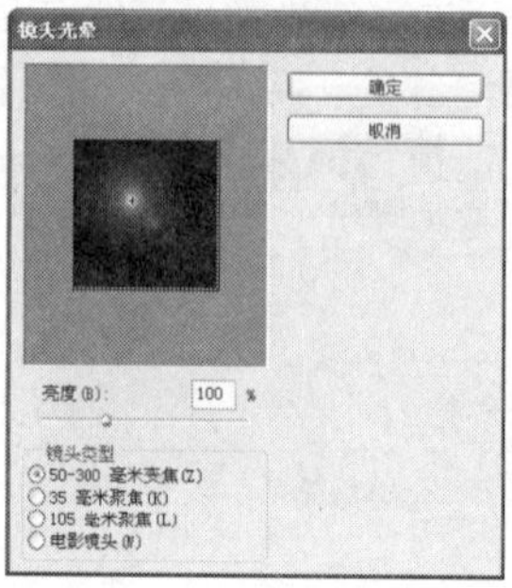

步骤31 单击“确定”按钮，效果如下图所示。

步骤32 执行“滤镜→素描→喷色描边”命令，相关参数设置如下图所示。

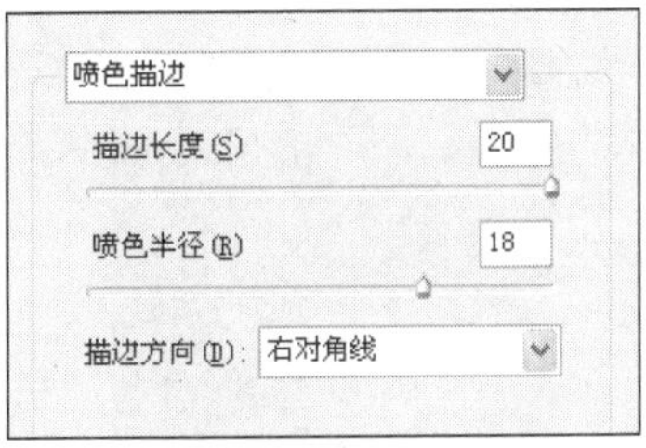

步骤33 设置完成后，单击“确定”按钮，效果如下图所示。

步骤34 执行“滤镜→扭曲→波浪”命令，弹出“波浪”对话框，参数设置如下图所示。

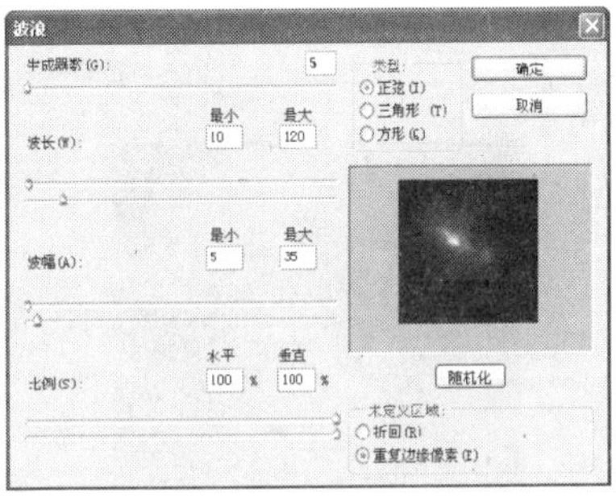

步骤35 设置完成后，单击“确定”按钮，效果如下图所示。

步骤36 执行“滤镜→素描→铬黄”命令，弹出“铬黄渐变”对话框，相关参数设置如下图所示。

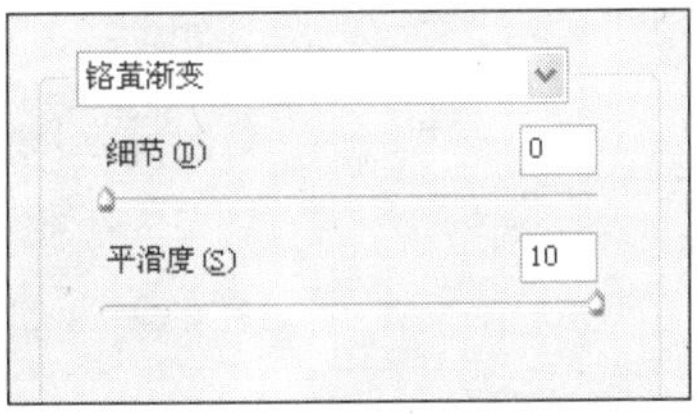

步骤37 设置完成后，单击“确定”按钮，效果如下图所示。

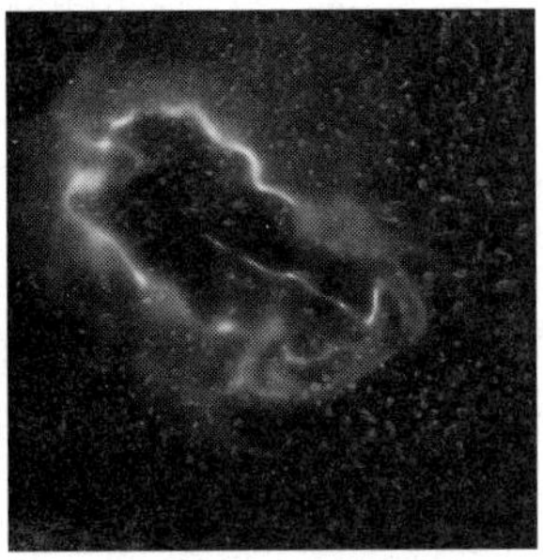

步骤38 执行“图像→调整→色彩平衡”命令，弹出“色彩平衡”对话框，相关参数设置如下图所示。

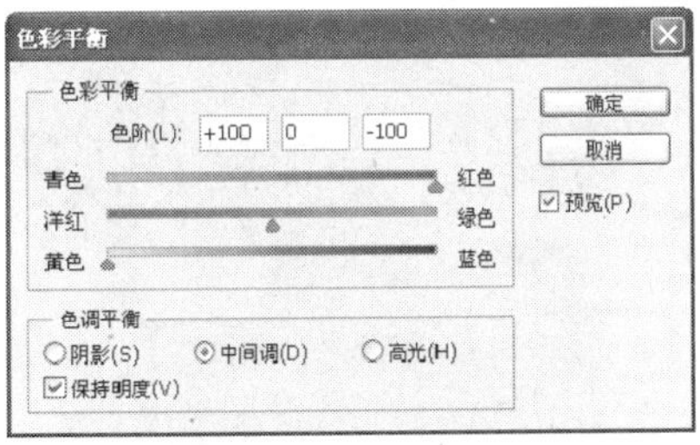

步骤39 设置完成后，单击“确定”按钮，效果如下图所示。

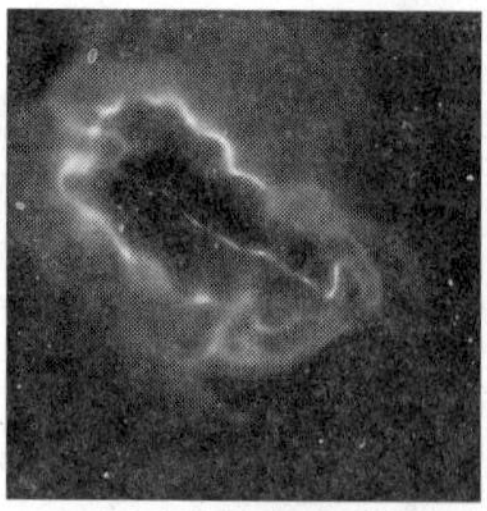

步骤40 执行“滤镜→扭曲→旋转扭曲”命令，弹出“旋转扭曲”对话框，相关参数设置如下图所示。

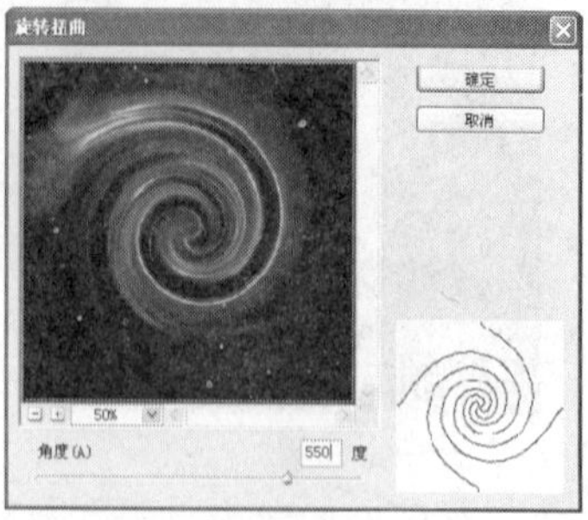

步骤41 设置完成后，单击“确定”按钮，效果如下图所示。

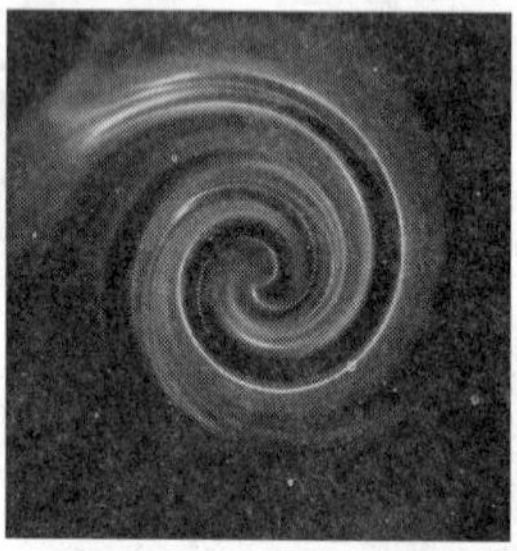

步骤42 选择工具箱中的“矩形选框工具”，框选绘制完成的图形，并移动至平展图中，按【Ctrl+T】快捷键调整至合适大小，效果如下图所示。

步骤43 复制绘制完成的巧克力融化图像，并设置图层混合模式为“滤色”，设置“填充”为30%，如左下图所示，图像效果如右下图所示。

步骤44 选择工具箱中的“矩形工具”，在图像底部的矩形中绘制矩形，如左下图所示。绘制完成后，单击“路径”面板底部的“用画笔描边路径”按钮，如右下图所示。

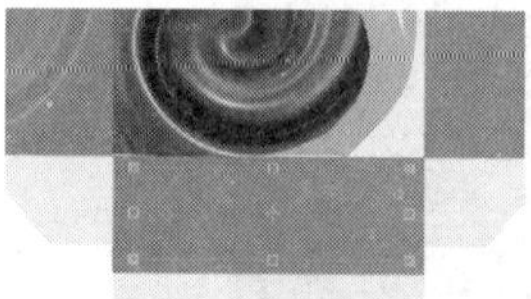

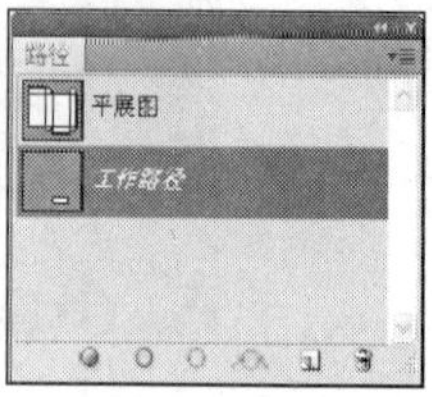

步骤45 描边后的效果如下图所示。

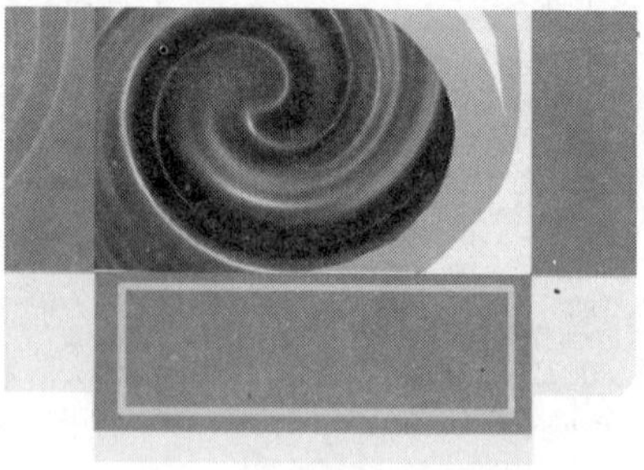

步骤46 选择工具箱中的“横排文字工具”，在图像窗口中输入“BAIWEISHIPIN”，在属性栏中设置字体样式、大小，如下图所示

步骤47 输入完成后，将文字图层栅格化并执行“图层→向下合并”命令，合并为一个图层，命名为“底牌文字”，复制“底牌文字”图层，得到“底牌文字副本”图层，并移动至左上角的矩形中，效果如下图所示。

步骤48 执行“编辑→变换→垂直变换”命令，效果如下图所示。

步骤49 使用“横排文字工具” T 在图像窗口中的包装展开图侧面输入相应文字，设置字体颜色为白色，并设置样式、大小，如下图所示。

步骤50 使用“横排文字工具” T 在图像中的包装展开图侧面输入“百威食品”，设置颜色值为（R:204、G:204、B:153），并设置字体样式、大小，如下图所示。

步骤51 单击“图层”面板底部的“添加图层样式”按钮 fx，在弹出的菜单中选择“投影”选项，弹出“图层样式”对话框，设置投影颜色值为（R:102、G:0、B:0），相关参数设置如下图所示。

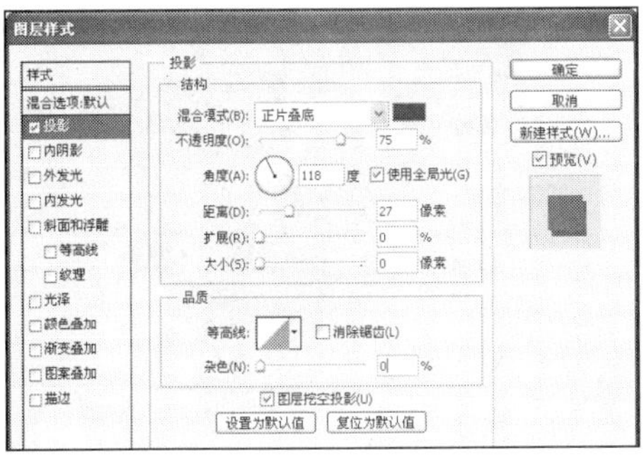

步骤52 设置完成后的效果如下图所示。

步骤53 使用“横排文字工具” T 在图像窗口中的包装展开图侧面输入“牛奶巧克力”，设置颜色为白色，并设置字体样式、大小，如下图所示。

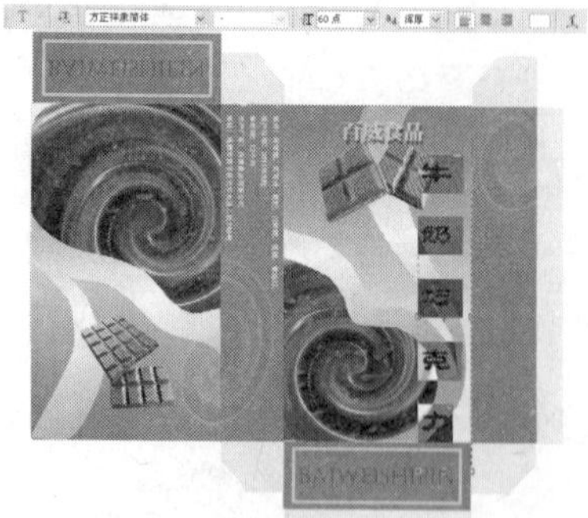

步骤54 单击“图层”面板底部的“添加图层样式”按钮 fx.，在弹出的菜单中选择“斜面和浮雕”选项，弹出“图层样式”对话框，相关参数设置如下图所示。

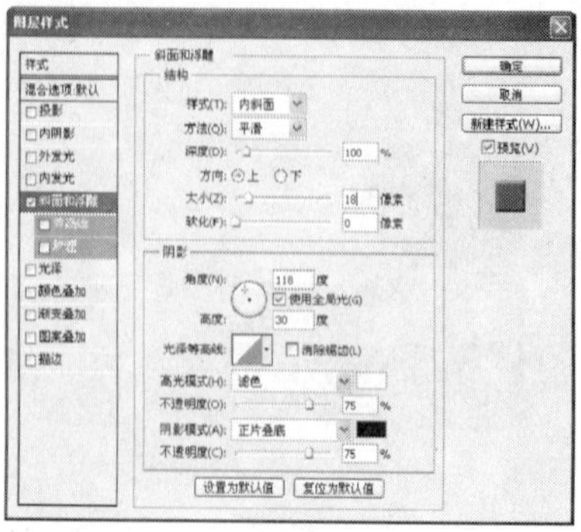

步骤55 选择“描边”复选框，设置颜色值为（R:102、G:153、B:51），相关参数设置如右侧左图所示。设置完成后的效果如右侧右图所示。

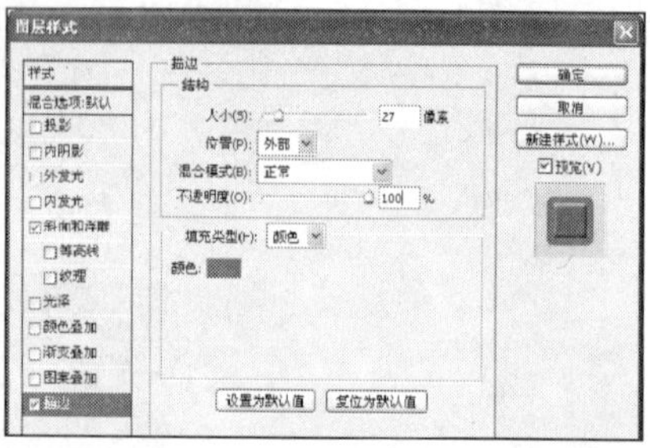

步骤56 执行“图层→栅格化→文字”命令，此时的“图层”面板如右侧左图所示。选择工具箱中的“矩形选框工具” ，框选“牛”字，并按【Ctrl+T】快捷键进行旋转，如右侧右图所示。

步骤57 选择工具箱中的“矩形选框工具” ，框选“奶”字，并按【Ctrl+T】快捷键进行旋转，如下图所示。

步骤58 按相同的操作方法，对其余的文字进行变换，效果如下图所示。

19.2.2 制作巧克力立体图

制作完成巧克力包装平展图后，使用“自由变换”命令对其进行操作变形，制作出立体效果，具体操作步骤如下。

步骤01 将制作完成的包装平展图存储为 JPEG 文件格式，执行“文件→新建”命令，在弹出的“新建”对话框中，设置“宽度”为“16 厘米”、“高度”为“12 厘米”、“分辨率”为“300 像素/英寸”，如下图所示，单击“确定”按钮。

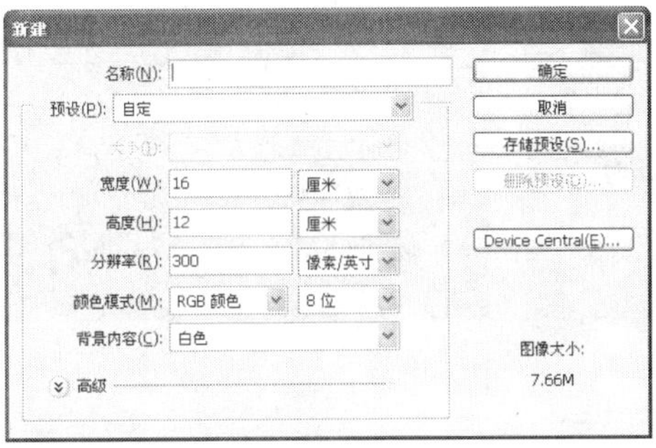

步骤02 置入前面绘制完成的巧克力平展图，如下图所示。

步骤03 选择工具箱中的“矩形选框工具”，在包装平展图的正面上绘制一个矩形选区，按【Ctrl+J】快捷键得到“图层 1”图层，如下图所示。

步骤04 使用“矩形选框工具”在包装平展图的左侧面上绘制一个矩形选区，按【Ctrl+J】快捷键得到“图层 2”图层，如下图所示。

步骤05 隐藏“包装设计”图层，使用“移动工具”将包装的正面和侧面移动到相应的位置，效果如下图所示。

步骤06 选择“图层 2”图层，按【Ctrl+T】快捷键，然后在控制框内右击，执行“自由变换”命令，按住【Ctrl】键通过拖动控制点进行调整，如下图所示。

步骤07 选择"图层 1"图层，按【Ctrl+T】快捷键，然后在控制框内右击，执行"自由变换"命令，按住【Ctrl】键通过拖动控制点进行调整，如右侧左图所示，调整完成后的效果如右侧右图所示。

步骤08 置入光盘中的素材文件 19-02.jpg，如右侧左图所示。按【Ctrl+T】快捷键调整图像大小，并移动至合适位置，选择工具箱中的"加深工具"，对包装盒的左侧进行加深处理，最终效果如右侧右图所示。

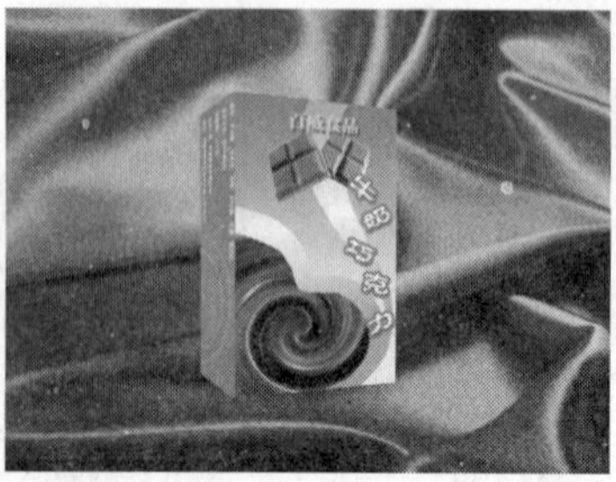

本章小结

在本章所介绍的包装设计实例操作中，所应用的知识点非常丰富，例如"矩形工具"、"矩形选框工具"、"钢笔工具"、"文字工具"等。在实例的制作过程中，要了解包装设计主要是通过文字、图形这些元素来构成的。在设计过程中，用户需要注意包装展开图的尺寸及比例。

Chapter

20 产品造型设计

本章导读

设计产品造型时，首先要将头脑中的产品造型制作成可以运用的物品，然后使用Photoshop CS5制作出成品效果，最后确定采用绘制完的方案并进行生产。

本章将结合Photoshop CS5包装设计的强大功能，详细介绍iPad的绘制方法。

本章核心知识点

- 相关行业知识介绍
- 绘制时尚iPad正面
- 绘制时尚iPad背面

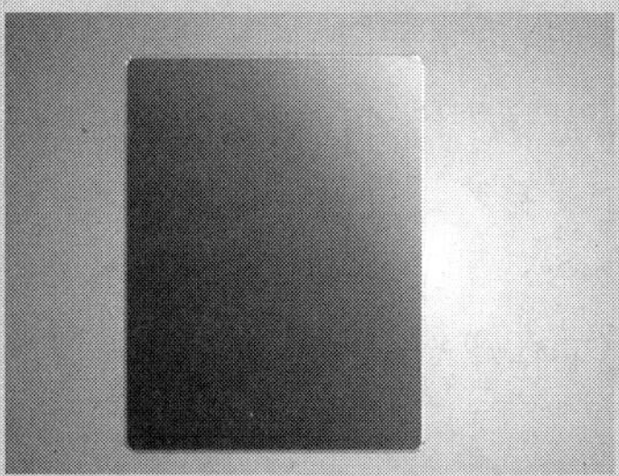

20.1 相关行业知识介绍

产品造型设计在日常生活中较为常见，小到日常生活用品大到家电等都属于产品造型设计的范畴，可见其用途十分广泛，下面将介绍产品造型设计的相关知识。

20.1.1 产品造型设计的概念

产品造型设计是实现企业形象统一识别目标的具体表现。它是以产品设计为核心而展开的系统形象设计，可以塑造和传播企业形象，显示企业个性，创造品牌，从而在激烈的市场竞争中取胜。产品形象的系统评价是基于产品形象内部和外部的评价因素，用系统和科学的评价方法去解决形象评价中错综复杂的问题，为产品形象设计提供理论依据。

20.1.2 产品造型设计的核心

产品造型设计服务于企业的整体形象设计，以产品设计为核心，围绕着人们对产品的需求，更大限度地适应社会的需求而获得普遍的认同感，改变人们的生活方式，提高生活质量和水平。因此，对产品形象的设计和评价系统的研究具有十分重要的意义。评价系统复杂且变化多样，有许多不确定因素，特别是涉及人的感官因素等，包括人的生理和心理因素。通过对企业形象统一识别的研究，并以此为基础，结合人、产品、社会的关系展开讨论，对产品形象设计及评价系统进行有意义的探索。

产品造型设计主要从事工业产品的外观造型设计等创意活动，如电子产品、机械设备等。通过造型、色彩、表面装饰和材料的运用赋予产品新的形态和新的品质，并从事与产品相关广告、包装、环境设计与市场策划等活动，实现工程技术与美学艺术的和谐、统一。产品造型设计对形象的研究大都基于企业形象统一识别系统（CIS）。所谓企业形象，就是企业通过传达系统，如各种标志、标识、标准字体、标准色彩，运用视觉设计和行为展现，将企业的理念及特性视觉化、规范化和系统化塑造为公众认可、接受的评价形象，从而创造最佳的生产、经营、销售环境，促进企业的生存发展。企业通过经营理念、行为方式，以及统一的视觉识别而建立起对企业的总体印象，它是一种复合的指标体系，区分为内部形象和外部形象。内部形象是企业内部员工对企业自身的评价和印象，外部形象是社会公众对企业的印象评价。内部形象是外部形象的基础，外部形象是内部形象的目标。

产品的造型设计为实现企业的总体形象目标的细化。它是以产品设计为核心而展开的系统形象设计，对产品的设计、开发、研究的观念、原理、功能、结构、构造、技术、材料、造型、色彩、加工工艺、生产设备、包装、装潢、运输、展示、营销手段、广告策略等进行一系列的统一策划、统一设计，形成统一感官形象和统一社会形象，能够起到提升、塑造和传播企业形象的作用，使企业在经营信誉、品牌意识、经营谋略、销售服务、员工素质、企业文化等诸多方面显示企业的个性，强化企业的整体素质，造就品牌效应，从而在激烈的市场竞争中取胜。

20.1.3 产品造型设计的程序

产品造型设计程序一般从产品设计的理论知识点出发，实践并综合应用案例分析产品造型设计流程中每一个具体步骤及各种设计方法，产品造型设计程序包括以下方面。

1 构思创意草图

构思创意草图将决定产品设计的成本和产品设计的效果，所以这一阶段是整个产品设计最为重要的阶段。这一阶段应通过思考形成创意，并快速地记录。这一设计初期阶段的想法常表现为一种即时闪现的灵感，缺少精确尺寸信息和几何信息。基于设计人员的构思，通过草图勾画方式记录，绘制各种形态或者记录下设计信息，确定3~4个方向，再由设计师进行深入设计。

2 产品平面效果图

2D效果图将草图中模糊的设计结果确定化、精确化。通过这个环节，可生成精确的产品外观平面设计图，既可以清晰地向客户展示产品的尺寸和大致的体量感，又可以表达产品的材质和光影关系，是设计草图后的更加直观和完善的表达。

3 多角度效果图

多角度效果图可通过更为直观的方式从多个视觉角度去感受产品的空间体量，全面评估产品设计，减少设计的不确定性。

4 产品色彩设计

产品色彩设计可解决客户对产品色彩系列的要求，通过计算机调配出色彩的初步方案，从而满足同一产品的不同色彩需求，扩充客户产品线。

5 产品标志设计

产品表面标志设计是产品的亮点，可给人带来全新的生活体验。VI在产品上的导入使产品风格更加统一、简洁，明晰的LOGO可提供亲切、直观的识别感受，同时也成为精致的细节。

6 产品结构草图

根据产品结构草图可设计产品的内部结构、产品装配结构及装配关系，评估产品结构的合理性，按设计尺寸精确地完成产品各个零件的结构细节和零件之间的装配关系。

20.2 制作时尚iPad

下面通过制作时尚iPad给用户讲解Photoshop CS5在产品设计中的应用。

效果展示

本实例的最终效果如下图所示。

原始文件	光盘\素材文件\Chapter 20\20-01. jpg
结果文件	光盘\结果文件\Chapter 20\绘制时尚 iPad.psd
同步视频文件	光盘\同步教学文件\Chapter 20\20.2.avi

20.2.1 制作 iPad 正面

绘制 iPad 正面时，主要使用“圆角矩形工具”制作出 iPad 的轮廓，并填充颜色，置入屏幕图像，然后使用“钢笔工具”绘制出按钮轮廓，此时就完成了 iPad 正面的制作，具体操作步骤如下。

步骤01 执行“文件→新建”命令，在弹出的“新建”对话框中，设置“宽度”为“200 像素”、“高度”为“120 像素”、“分辨率”为“300 像素/英寸”，如右侧左图所示，单击“确定”按钮。在“图层”面板中，新建一个图层，得到“图层 1”图层，如右侧右图所示。

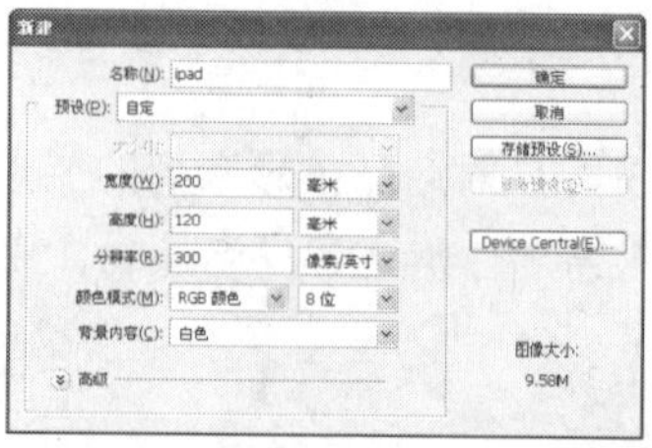

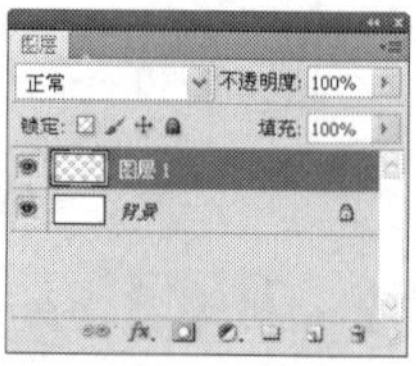

步骤02 设置前景色颜色值为（R:0、G:0、B:102）、背景色颜色值为（R:255、G:255、B:255），选择工具箱中的“渐变工具”，单击属性栏中的色块打开“渐变编辑器”窗口，选择“前景色到背景色渐变”填充方式，如右侧左图所示。在图像窗口中单击鼠标左键并向内拖动，为“背景”图层填充渐变色，效果如右侧右图所示。

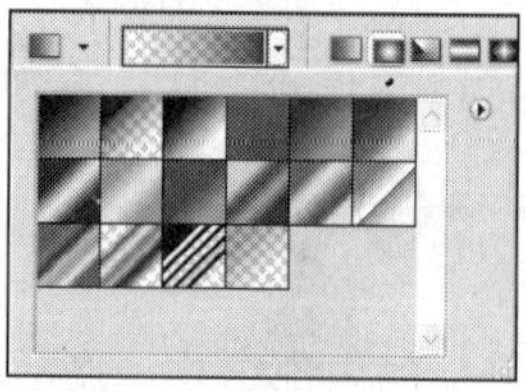

步骤03 创建一个新图层，得到“图层 2”图层，选择工具箱中的“圆角矩形工具”，在属性栏中设置“半径”为 30px，在图像窗口中绘制出圆角矩形轮廓，如下图所示。

步骤04 单击“路径”面板中的“将路径作为选区载入”按钮，并使用填充工具填充为黑色，效果如下图所示。

步骤05 执行"选择→修改→收缩"命令，弹出"收缩选区"对话框，设置"收缩量"为"8 像素"，如右侧左图所示。按【Ctrl+J】快捷键新建"图层 3"图层，如右侧右图所示。

步骤06 选择"图层 2"图层，单击"图层"面板底部的"添加图层样式"按钮 *fx.*，在弹出的菜单中选择"渐变叠加"选项，弹出"图层样式"对话框，如下图所示。

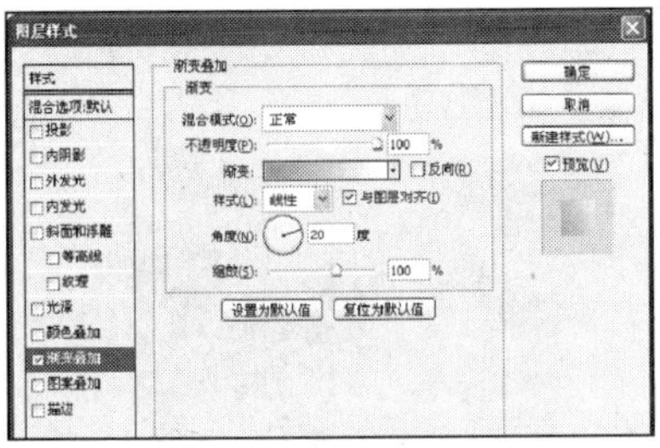

步骤07 单击"渐变"选项后的颜色块，弹出"渐变编辑器"窗口，设置左边色标的颜色值为（R:153、G:153、B:153）、右边色标的颜色值为（R:255、G:255、B:255），如下图所示。

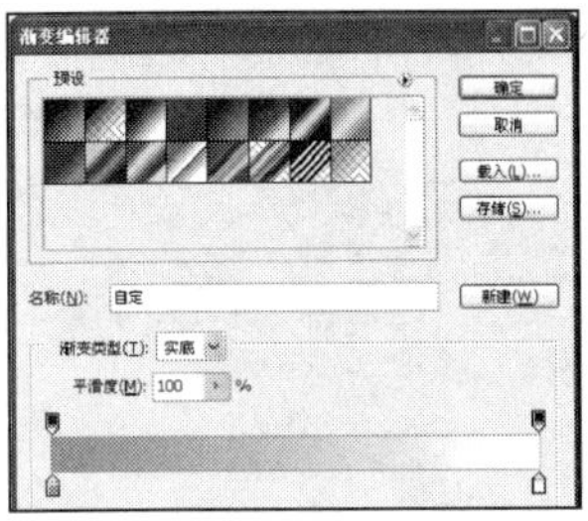

步骤08 选择"描边"复选框，相关参数设置如左下图所示。选择"斜面和浮雕"复选框，相关参数设置如右下图所示。

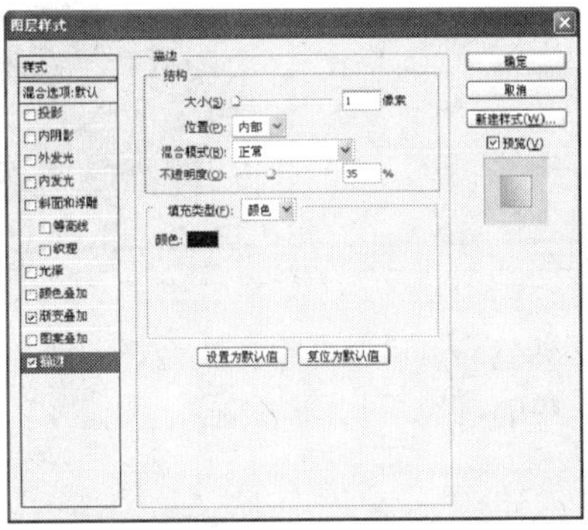

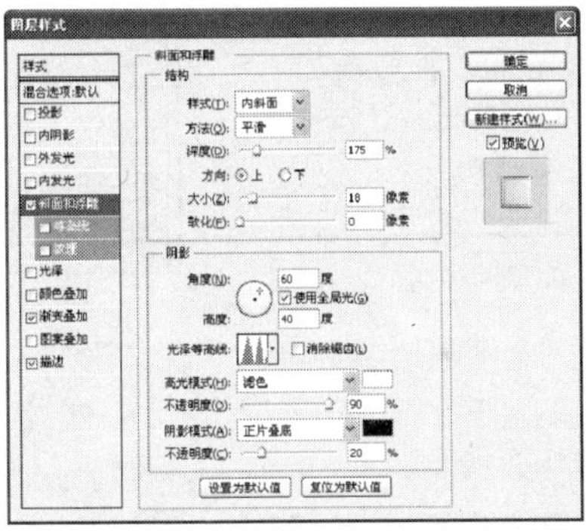

步骤09 设置完成后，单击"确定"按钮，效果如下图所示。

步骤10 选择"图层 3"图层，单击"图层"面板底部的"添加图层样式"按钮 *fx.*，在弹出的菜单中选择"渐变叠加"选项，弹出"图层样式"对话框，参数设置如下图所示。

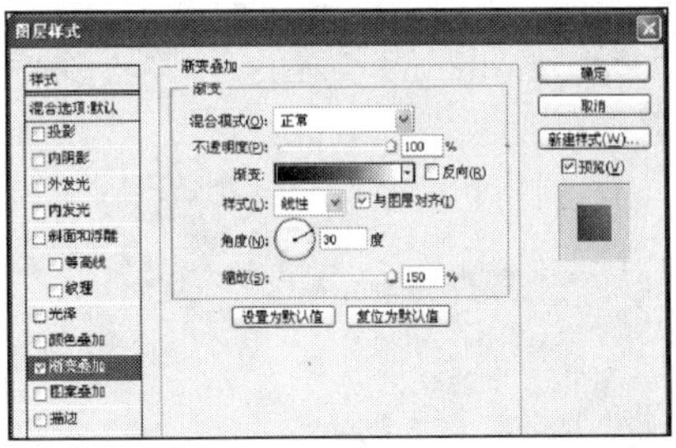

步骤11 设置完成后的效果如下图所示。

步骤12 置入光盘中的素材文件 20-01.jpg，如下图所示。

步骤13 按【Ctrl+T】快捷键调整图像大小，并移动至合适位置，效果如下图所示。

步骤14 新建一个图层，并命名为“按钮”，选择工具箱中的“椭圆选框工具”，并填充黑色，效果如下图所示。

步骤15 单击“图层”面板底部的“添加图层样式”按钮fx，在弹出的菜单中选择“渐变叠加”选项，弹出“图层样式”对话框，相关参数设置如右侧左图所示。设置完成后，单击“确定”按钮，效果如右侧右图所示。

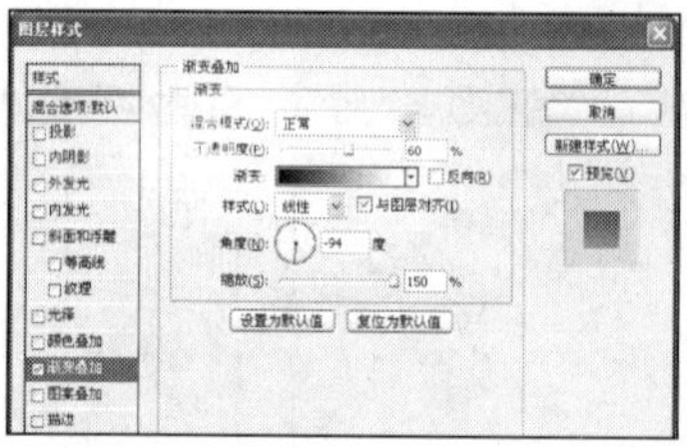

步骤16 新建一个图层，并命名为“正方形”，选择工具箱中的“矩形工具”，在圆心处绘制正方形，如下图所示。

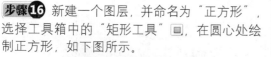

步骤17 设置前景色为白色，单击“路径”面板中的“用画笔描边路径”按钮，如下图所示。

步骤18 新建一个图层，并命名为“右上角按钮”，选择工具箱中的“钢笔工具”，绘制按钮的轮廓，如下图所示。

步骤19 设置前景色颜色值为（R:153、G:153、B:153），单击“路径”面板中的“用前景色填充路径”按钮，效果如下图所示。

步骤20 新建图层，命名为“阴影”，选择工具箱中的“圆角矩形工具”，在图像窗口中绘制出阴影轮廓，如右侧左图所示。设置前景色为黑色，并调整“阴影”图层的“不透明度”为30%，效果如右侧右图所示。

20.2.2 制作 iPad 背面

制作完成 iPad 的正面图后，接着制作 iPad 背面图，使用“圆角矩形工具”制作背后的轮廓，然后填充渐变色，使用“钢笔工具”绘制出苹果的 LOGO，并使用“横排文字工具”输入文字，此时即可完成 iPad 背面的制作，具体操作步骤如下。

步骤01 新建一个图层组，并命名为“背面”，选择工具箱中的“圆角矩形工具”，在属性栏中设置“半径”为30px，在图像窗口中绘制出圆角矩形轮廓，效果如下图所示。

步骤02 绘制完成后，设置前景色颜色值为（R:237、G:232、B:232），选择工具箱中的“渐变工具”，填充颜色，如下图所示。

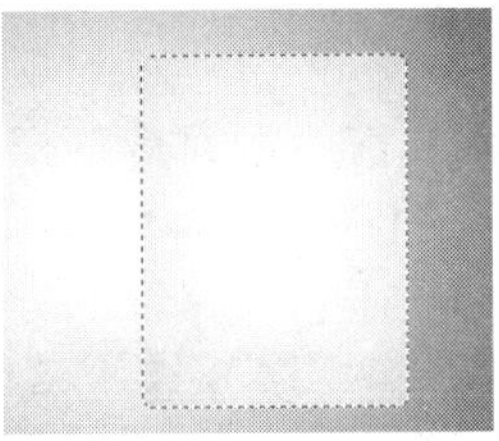

步骤03 选择工具箱中的“加深工具”，对圆角矩形周围进行加深处理，效果如下图所示。

步骤04 选择工具箱中的“钢笔工具”，绘制苹果 LOGO 的轮廓，效果如下图所示。

步骤05 设置前景色为黑色，单击“路径”面板中的“用前景色填充路径”按钮，效果如下图所示。

步骤06 选择工具箱中的“横排文字工具”，输入“iPad”，在属性栏中设置字体颜色为黑色，并设置字体样式，如下图所示。

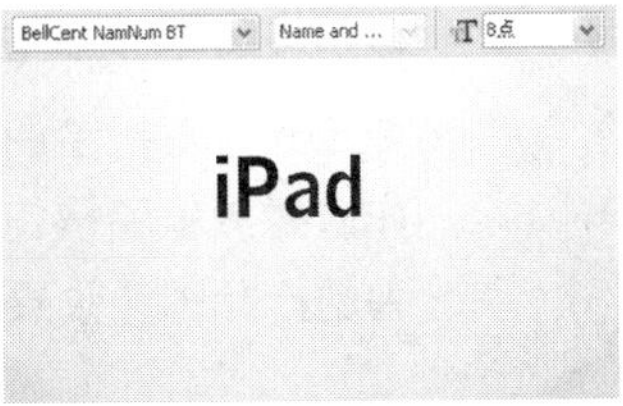

步骤07 选择工具箱中的“矩形工具”，在LOGO下绘制一个矩形，如下图所示。

步骤08 使用“横排文字工具”输入“64GB”，按【Ctrl+T】快捷键调整大小，效果如下图所示。

步骤09 输入相关文字，如左下图所示。按【Ctrl+T】快捷键调整大小，效果如右下图所示。

步骤10 复制之前绘制完成的按钮，并使用“移动工具”将其移动至左上角，效果如下图所示。

步骤11 使用“圆角矩形工具”绘制阴影轮廓，并填充黑色，调整“图层”面板中的“不透明度”为30%，最终效果如下图所示。

本章小结

本章主要使用Photoshop CS5的路径工具绘制出产品图像的精确外形，这对于此种类型的图像来说至关重要。绘制完成外形后，再使用“渐变工具”对所绘制的图形进行填充，绘制时要注意一些相关的细节部分，如边缘图像和按钮图像等。希望通过本章的学习，用户能够绘制出更加优秀的产品图像效果。

Chapter 21 漫画设计

本章导读

本章将介绍漫画效果的绘制，首先绘制线稿图像效果，并对线条进行调整，然后对图像进行初步上色，再对细节部分进行刻画处理，最后对图像整体效果进行调整。

本章核心知识点

- 相关行业知识介绍
- 绘制可爱美少女

21.1 相关行业知识介绍

漫画作为独特的艺术门类，深受世界人民的喜爱，人们把漫画称为没有国界的世界语，并被西方艺术评论家们誉为“第九艺术”，漫画艺术被提升到了一个前所未有的高度。

21.1.1 漫画的定义

漫画的定义很多，简单来讲，漫画是简笔且注重意义的一种画，一种具有强烈的讽刺性或幽默性的绘画。画家从政治事件和生活现象中取材，通过夸张、比喻、象征、寓意等手法绘制出幽默、诙谐的画面，借以讽刺、批评或歌颂某些人和事。它是政治斗争和思想斗争的一种工具。

漫画是以简练的手法直接表露事物本质、特征的绘画。它不受时间、空间等条件的限制，习惯采用夸张、比喻、象征等表现手法和形式，有较强的讽刺、歌颂、抒情、娱乐等方面的作用，并善于表达作者对世事人情的看法，尤以讽刺与幽默见长。

21.1.2 漫画设计的概念

漫画是一种艺术形式，是用简单而夸张的手法来描绘生活或时事的图画。一般运用变形、比拟、象征、暗示、影射的方法构成幽默、诙谐的画面或画面组，以取得讽刺或歌颂的效果。常采用夸张、比喻、象征等手法讽刺、批评或歌颂某些人和事，具有较强的社会性。也有纯娱乐的漫画，娱乐性质的作品有搞笑型和人物创造型（设计一个虚拟的世界与规则）两种。

土耳其是现代漫画起步较早的国家之一，该国家把漫画升格为美术范畴，和绘画、雕塑、版画、摄影、建筑并称为当代艺术六大门类，漫画艺术是人类智慧的结晶，凝聚着人类文明的精华，正是这些深厚的文化积淀作为养料，才使漫画发挥出强大的艺术生命力。漫画家不仅要会画画，还要会编故事。换言之，漫画家就是用一个个方格中的画面来讲故事的人，漫画家=故事家+画家，两者缺一不可。很多漫画的画风唯美烂漫，但是作者忽略了重点，故事才是整个作品的灵魂。作者们笔下的人物和创造出的世界，正是因为有了故事，才被赋予了灵魂和深入人心的魅力。

21.1.3 漫画设计的要素

卡通漫画一直是儿童或童心未泯的人们的最爱，漫画常常以天真、可爱、虚幻、理想化的形象展现，是人们喜爱的主要原因。

漫画是卡通的一种，它不仅是一种具有强烈讽刺性或幽默性的绘画，还是一种艺术的夸张，夸张与变形突出人的个性特点，因此，在设计人物角色时，应抓住人物最突出的特征，以表现人物的性格。

21.1.4 漫画的特点

漫画造型因其诙谐的夸张变形而与其他绘制种类有了明显的差异，漫画造型也是漫画的重要语言之一，是体现漫画艺术特征的基本要素，对漫画作品风格的形成和艺术效果的充分表达有着直接的影响。漫画造型具体有以下特点。

1 夸张

鲁迅先生曾在《漫谈“漫画”》一文中指出：漫画的第一件紧要事是诚实。他认为漫画最普通的方法是夸张，不是胡闹。设计卡通漫画时应运用夸张的手法，对物体最突出的特征夸张地进行描述。夸张是为了突出人物的个性特征，也是漫画重要的表现手法，通常通过强调人物的形象特征，再加上动作、表情来进行夸张的表现。

2 变形

漫画的特性是将人物的外形进行变形，把人物最有特点的地方表现出来。通常运用变形的特点，以及指桑骂槐的隐喻性，来打击某些社会现象与不良风气。

3 讽刺与幽默

讽刺画创作大都是主题先行，幽默画一般是主题后行，甚至模糊主题、隐去主题，让读者自由猜想。漫画艺术就是讽刺和幽默的艺术，也是逆向思维的艺术，它从不同的层次和侧面揭露、讽刺了社会的腐败、黑暗，表达出了个性的艺术品位。

21.1.5 漫画的表现形式

漫画艺术在今天呈现出 3 种表现形式：一种是报刊\杂志上十分常用的单幅或者四格漫画，以讽刺、幽默为主要目的；另一种是与动画结合非常紧密的故事漫画，一般在专业的漫画杂志上连载或者集结成册出版；还有一种是今天已经比较少见，但在 19 世纪、20 世纪兴盛一时的连环画。

21.2 绘制可爱美少女

下面通过绘制可爱美少女给用户讲解 Photoshop CS5 在漫画中的应用。

效果展示

本实例的最终效果如下图所示。

原始文件	光盘\素材文件\Chapter 21\无
结果文件	光盘\结果文件\Chapter 21\绘制可爱美少女.psd
同步视频文件	光盘\同步教学文件\Chapter 21\21.2.avi

21.2.1 绘制人物头部

使用“钢笔工具”绘制人物头部的大致轮廓，并为其填充相应的颜色，然后绘制头发的细节部分，并应用先绘制基础颜色后绘制亮部区域及暗部区域的方法进行操作，具体操作步骤如下。

步骤01 执行“文件→新建”命令，在弹出的“新建”对话框中，设置“宽度”为“1024 像素”、“高度”为“768 像素”、“分辨率”为“300 像素/英寸”，如下图所示，单击“确定”按钮。

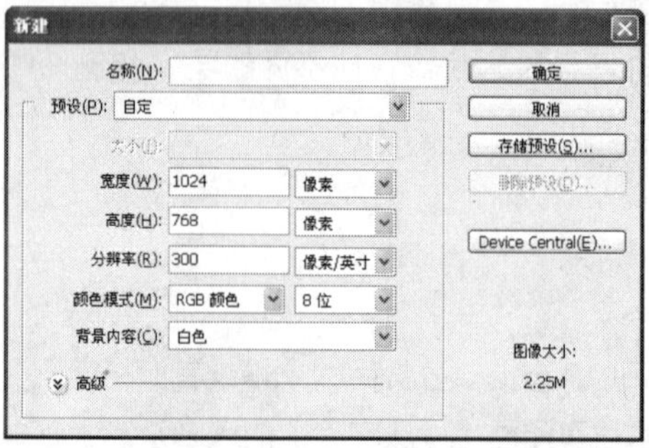

步骤02 创建一个图层组，命名为“人物”，在该图层组中再创建一个图层组，并命名为“脸部”，如下图所示。

步骤03 创建一个新图层，并命名为“脸颊”，选择工具箱中的“钢笔工具”，在图像中绘制出脸颊的轮廓，如下图所示。

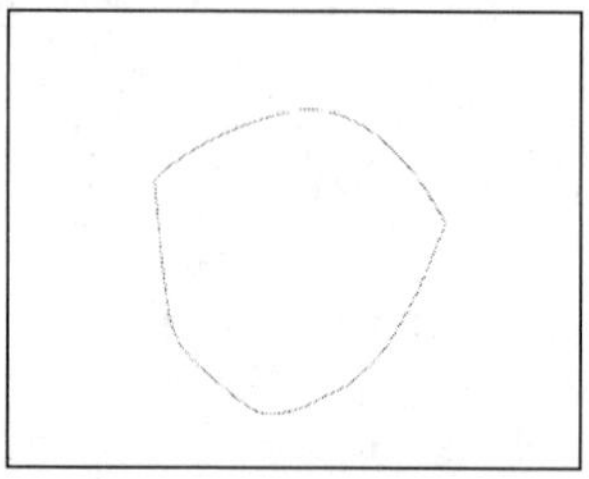

步骤04 设置前景色颜色值为（R:255、G:254、B:223），单击“路径”面板中的“用前景色填充路径”按钮，如下图所示。

步骤05 创建一个新图层，并命名为“脸部阴影”，使用“钢笔工具”在图像窗口中绘制出脸颊阴影的轮廓，如下图所示。

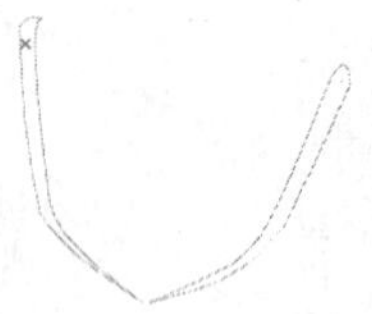

步骤06 设置前景色颜色值为（R:254、G:233、B:202），单击“路径”面板中的“用前景色填充路径”按钮，效果如下图所示。

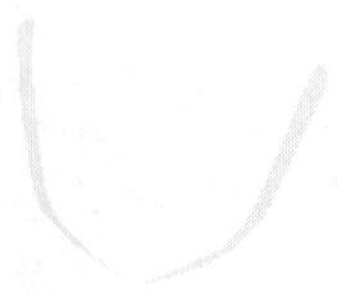

步骤07 创建一个图层组，并命名为“头发”，在该图层组中创建一个新图层，命名为“头发”，使用“钢笔工具”在图像窗口中绘制出头发的轮廓，如下图所示。

步骤08 设置前景色颜色值为（R:220、G:166、B:176），单击“路径”面板中的“用前景色填充路径”按钮，填充颜色后的效果如下图所示。

步骤09 使用“钢笔工具”在图像窗口中绘制出刘海的轮廓，如右侧左图所示，并填充与头发相同的颜色，效果如右侧右图所示。

步骤10 创建一个新图层，命名为“头发阴影”，使用“钢笔工具”在图像窗口中绘制出头发阴影的轮廓，如右侧左图所示。继续使用“钢笔工具”绘制出刘海阴影的轮廓，如右侧右图所示。

步骤11 绘制完成后，设置前景色颜色值为（R:194、G:136、B:156），单击“路径”面板中的“用前景色填充路径”按钮，效果如下图所示。

步骤12 创建一个新图层，命名为“高光”，使用“钢笔工具”在图像窗口中绘制出头发高光的轮廓，如下图所示。

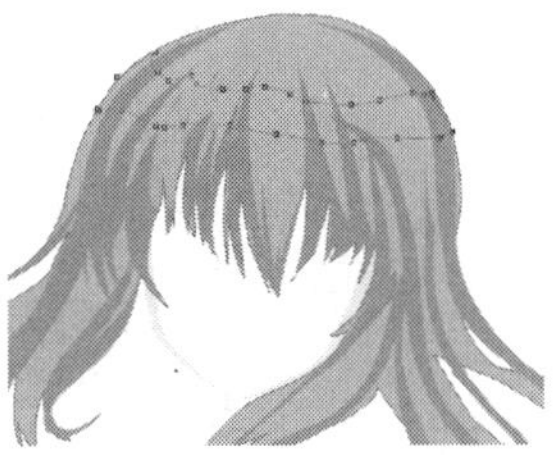

步骤13 设置前景色为白色，单击“路径”面板中的“用前景色填充路径”按钮，效果如右图所示。

步骤14 执行“滤镜→模糊→高斯模糊”命令，在弹出的“高斯模糊”对话框中，设置“半径”为“23.5 像素”，如下图所示。

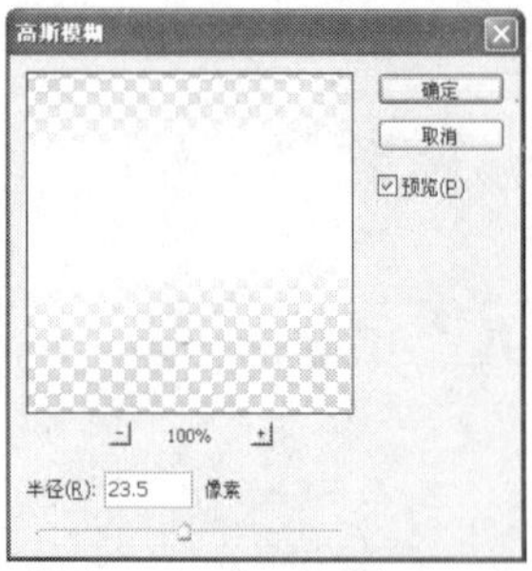

步骤15 设置完成后，单击“确定”按钮，效果如下图所示。

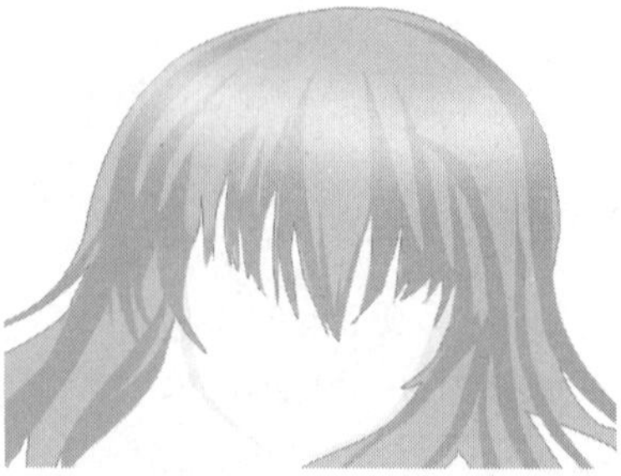

21.2.2 绘制人物五官

卡通人物的眼睛比例较大，通常占人物脸部的大半部分，人物的嘴部和鼻子等则较小。使用“钢笔工具”绘制出五官的轮廓后，应用“油漆桶工具”或“画笔工具”在图像中进行涂抹，在绘制过程特别注意眼睛的部分，具体操作步骤如下。

步骤01 创建一个图层组，命名为“眼睛”，在图层组中创建一个图层，并命名为“眼白”，使用“钢笔工具”在图像窗口中绘制眼睛的轮廓，如下图所示。

步骤02 将前景色设置为白色，单击“路径”面板中的“用前景色填充路径”按钮，继续使用“钢笔工具”绘制出眼皮的轮廓，如下图所示。

步骤03 设置前景色颜色值为（R:66、G:65、B:65），单击“路径”面板中的“用前景色填充路径”按钮，填充颜色后，创建一个新图层，并命名为“眼球”，使用“钢笔工具”绘制椭圆形的眼珠轮廓，效果如下图所示。

步骤04 单击“路径”面板中的“用前景色填充路径”按钮，填充与眼皮相同的颜色，效果如下图所示。

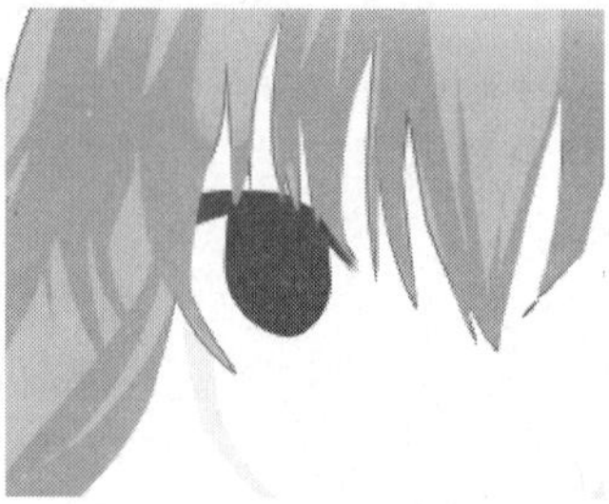

步骤05 创建一个新图层，并命名为"内眼珠"，使用"钢笔工具"绘制椭圆形轮廓，设置前景色颜色值为（R:106、G:142、B:166），单击"路径"面板中的"用前景色填充路径"按钮，填充颜色后的效果如下图所示。

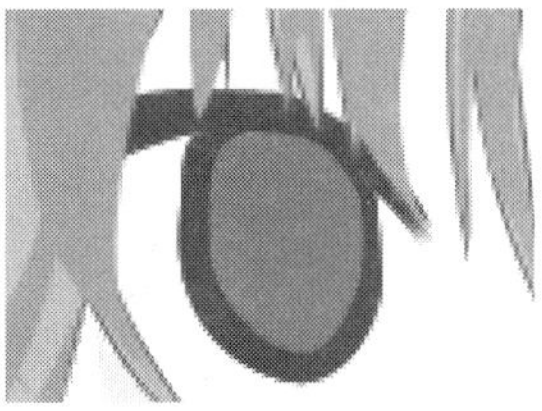

步骤06 创建一个新图层，并命名为"瞳孔"，使用"钢笔工具"绘制椭圆形轮廓，设置前景色颜色值为（R:9、G:83、B:117），单击"路径"面板中的"用前景色填充路径"按钮，填充颜色后的效果如下图所示。

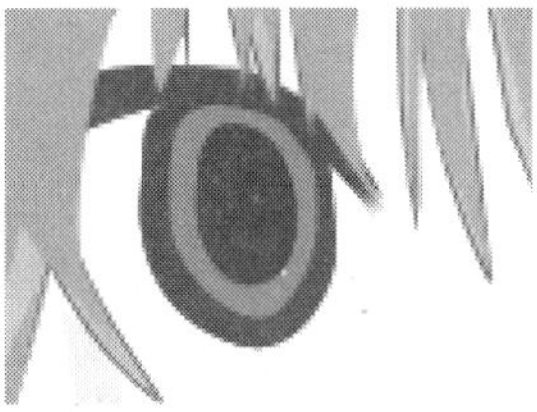

步骤07 执行"滤镜→模糊→高斯模糊"命令，在弹出的"高斯模糊"对话框中设置"半径"为"4.8像素"，如下图所示。

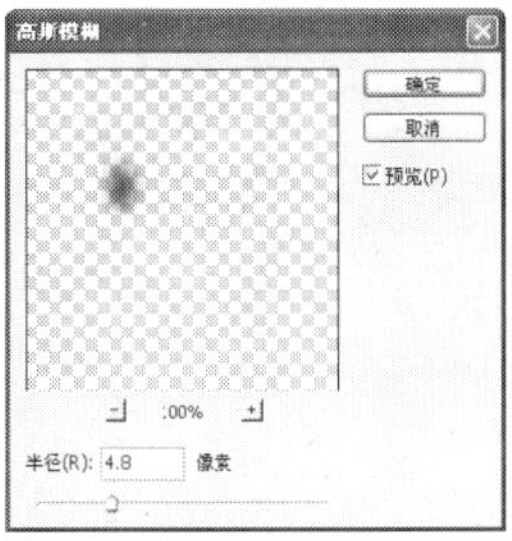

步骤08 设置完成后，单击"确定"按钮，效果如下图所示。

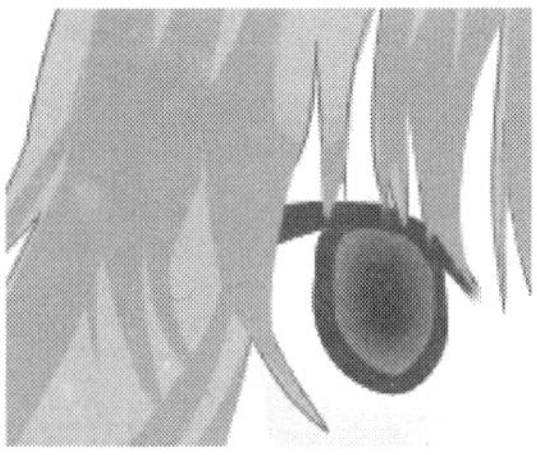

步骤09 创建一个新图层，并命名为"亮光"，选择工具箱中的"画笔工具"，在属性栏中设置画笔"大小"为10px，设置前景色颜色值为（R:6、G:41、B:64），绘制出深蓝色的椭圆形，再设置前景色颜色值为（R:255、G:255、B:255），绘制出亮光的效果，如右图所示。

步骤10 选择"眼睛"图层组，将其拖动至"图层"面板底部的"创建新图层"按钮上，得到"眼睛副本"图层组，执行"编辑→变换→水平翻转"命令，使用"移动工具"，将其向右移动至合适位置，按【Ctrl+T】快捷键进行调整，旋转位置后的效果如下图所示。

步骤11 选择"脸部"图层组中的"脸颊"图层，选择工具箱中的"加深工具"，对脸颊与鼻子位置处进行加深处理，效果如下图所示。

步骤12 创建一个图层组，命名为“嘴巴”，在图层组中创建一个图层，并命名为“嘴唇”，使用“钢笔工具”在图像中绘制嘴唇的轮廓，设置前景色颜色值为（R:223、G:140、B:142），单击“路径”面板中的“用前景色填充路径”按钮，填充颜色后的效果如右图所示。

步骤13 使用“钢笔工具”在图像窗口中分别绘制出牙齿与舌头的轮廓，并填充牙齿为白色，设置舌头的颜色值为（R:194、G:136、B:151），单击“路径”面板中的“用前景色填充路径”按钮，填充颜色后的效果如下图所示。

步骤14 创建一个图层组，命名为“眉毛”，使用“钢笔工具”在图像窗口中绘制出眉毛的轮廓，设置前景色颜色值为（R:170、G:143、B:137），单击“路径”面板中的“用前景色填充路径”按钮，填充颜色后的效果如下图所示。

21.2.3 绘制人物衣服

绘制人物衣服时，首先绘制出衣服的外形并添加边缘线，再将人物的四肢绘制出来，以突出人物动作和形态，最后绘制衣服的细节，具体操作步骤如下。

步骤01 创建一个图层组，命名为“衣服”，创建一个新图层，命名为“脖子”，使用“钢笔工具”在图像窗口中绘制出脖子的轮廓，如右侧左图所示。设置前景色颜色值为（R:255、G:233、B:207），单击“路径”面板中的“用前景色填充路径”按钮，填充颜色后的效果如右侧右图所示。

步骤02 创建一个新图层，命名为“大领”，使用“钢笔工具”在图像窗口中绘制出领子的轮廓，如下图所示。

步骤03 设置前景色颜色值为（R:228、G:226、B:226），单击“路径”面板中的“用前景色填充路径”按钮，填充颜色后的效果如下图所示。

步骤04 创建一个新图层，并命名为“大领线迹”，选择“画笔工具”，在属性栏中设置画笔“大小”为5px，设置前景色颜色值为（R:92、G:90、B:91），绘制出线迹的效果，如下图所示。

步骤05 创建一个新图层，并命名为“中领”，使用“钢笔工具”在图像窗口中绘制出领子的轮廓，如下图所示。

步骤06 设置前景色颜色值为（R:53、G: 52、B:48），单击“路径”面板中的“用前景色填充路径”按钮，填充颜色后的效果如下图所示。

步骤07 创建一个新图层，并命名为“小领”，使用“钢笔工具”在图像窗口中绘制出领子的轮廓，如下图所示。

步骤08 设置前景色颜色值为（R:228、G:226、B:226），单击“路径”面板中的“用前景色填充路径”按钮，填充颜色后的效果如下图所示。

步骤09 创建一个新图层，并命名为“蝴蝶结”，使用“钢笔工具”在图像窗口中绘制出蝴蝶结的轮廓，如下图所示。

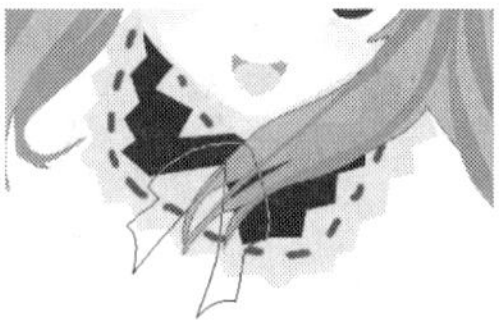

步骤10 设置前景色颜色值为（R:53、G:52、B:48），单击“路径”面板中的“用前景色填充路径”按钮，填充颜色后的效果如下图所示。

步骤11 选择“画笔工具”，在属性栏中设置画笔大小为10px，设置前景色颜色值为（R:3、G:3、B:3），绘制出蝴蝶结阴影与褶皱的效果，如下图所示。

步骤12 创建一个新图层，并命名为“外轮廓”，使用“钢笔工具”在图像窗口中绘制出衣服的外轮廓，如下图所示。

步骤13 设置前景色颜色值为（R:222、G:235、B:237），单击“路径”面板中的“用前景色填充路径”按钮，填充颜色后的效果如下图所示。

步骤14 创建一个新图层，并命名为“褶皱”，使用“钢笔工具”在图像窗口中绘制出衣服的褶皱，如下图所示。

步骤15 设置前景色颜色值为（R:158、G:169、B:171），单击“路径”面板中的“用前景色填充路径”按钮，填充颜色后的效果如下图所示。

步骤16 创建一个新图层，并命名为“袖口”，使用“钢笔工具”在图像窗口中绘制出袖口的轮廓，如下图所示。

步骤17 设置前景色颜色值为（R:247、G:199、B:233），单击“路径”面板中的“用前景色填充路径”按钮，填充颜色后的效果如下图所示。

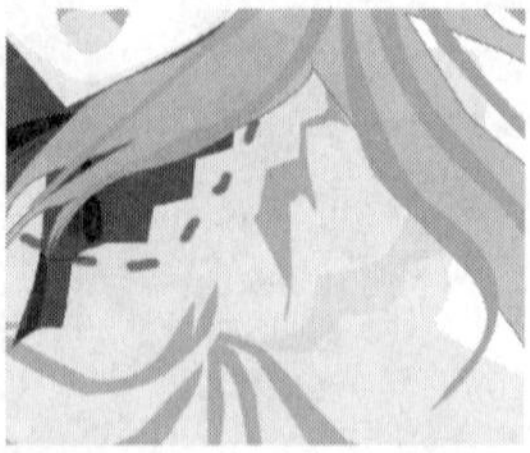

步骤18 创建一个新图层，并命名为“袖口花边”，使用“钢笔工具”在图像窗口中绘制出袖口的花边，如下图所示。

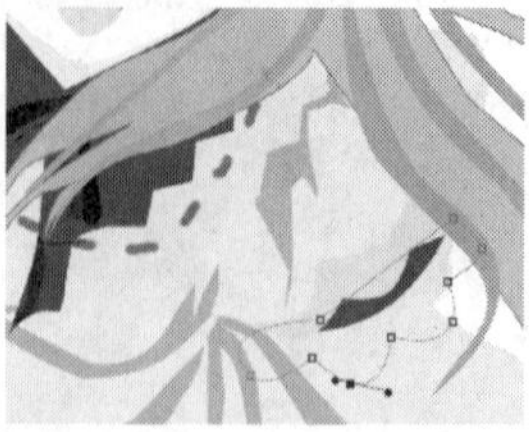

步骤19 设置前景色颜色值为（R:194、G:136、B:151），单击“路径”面板中的“用前景色填充路径”按钮，填充颜色后的效果如下图所示。

步骤20 创建一个新图层，并命名为“手臂”，使用“钢笔工具”在图像窗口中绘制出手臂的轮廓，如下图所示。

步骤21 设置前景色颜色值为（R:255、G:254、B:223），单击“路径”面板中的“用前景色填充路径”按钮，填充颜色后的效果如下图所示。

步骤22 单击“图层”面板底部的“添加图层样式”按钮，在弹出的菜单中选择“描边”选项，弹出“图层样式”对话框，设置描边颜色值为（R:217、G:166、B:106），其他相关参数设置如右侧左图所示。设置完成后，单击“确定”按钮，效果如右侧右图所示。

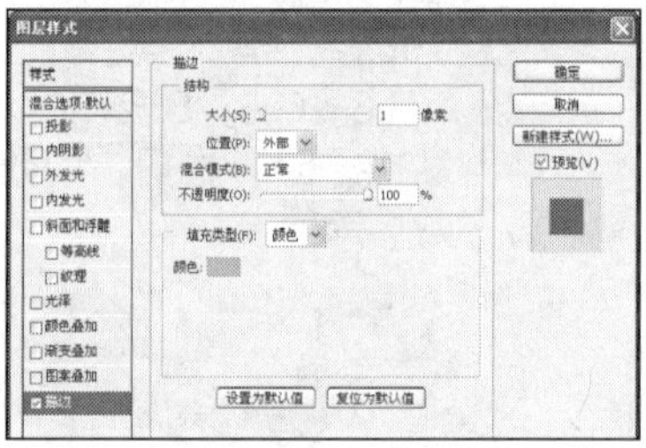

步骤23 使用“加深工具”对手臂部位进行加深处理，效果如下图所示。

步骤24 创建一个新图层，并命名为“蝴蝶结”，使用“钢笔工具”在图像窗口中绘制出蝴蝶结的轮廓，如下图所示。

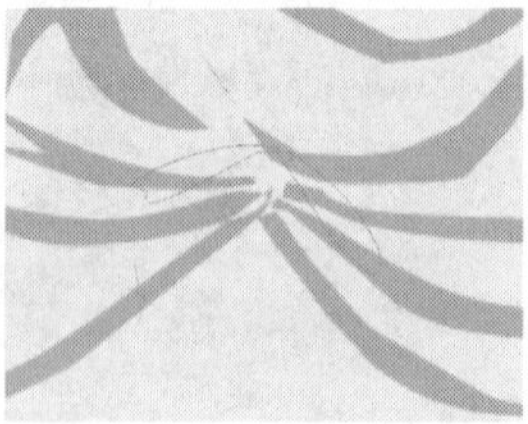

步骤25 设置前景色颜色值为（R:3、G:3、B:3），单击“路径”面板中的“用前景色填充路径”按钮，填充颜色后的效果如下图所示。

步骤26 使用“钢笔工具”在图像窗口中绘制出蝴蝶结的轮廓，如下图所示。

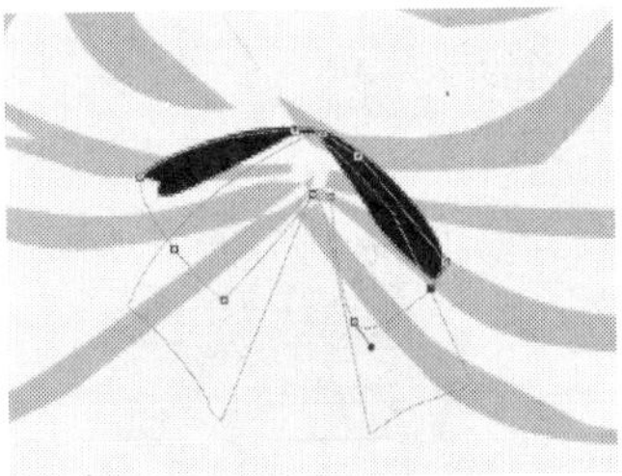

步骤27 设置前景色颜色值为（R:53、G:52、B:48），单击“路径”面板中的“用前景色填充路径”按钮，填充颜色后的效果如下图所示。

步骤28 创建一个新图层，命名为“蝴蝶结阴影”，选择“画笔工具”，设置前景色颜色值为（R:18、G:17、B:16），对蝴蝶结的部位进行加深处理，效果如下图所示。

步骤29 创建一个新图层，命名为“荷叶边”，使用“钢笔工具”在图像窗口中绘制出裙摆荷叶边的轮廓，如下图所示。

步骤30 设置前景色颜色值为（R:245、G:219、B:226），单击“路径”面板中的“用前景色填充路径”按钮，填充颜色后的效果如下图所示。

步骤31 单击“图层”面板底部的“添加图层样式”按钮fx，在弹出的菜单中选择“描边”选项，弹出“图层样式”对话框，设置描边颜色值为（R:234、G:151、B:151），其他相关参数设置如下图所示。

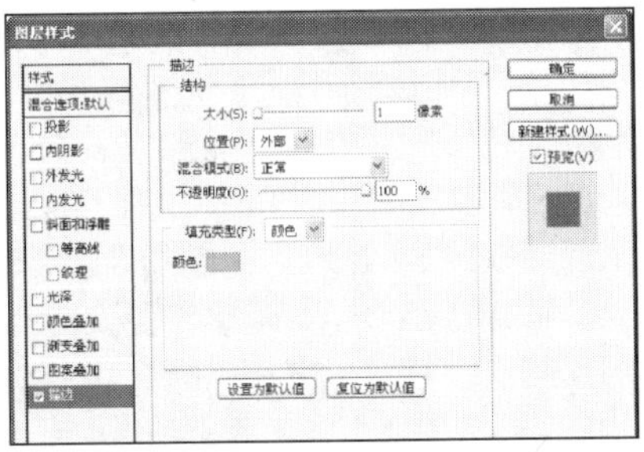

步骤32 设置完成后，单击“确定”按钮，接着使用“画笔工具”绘制出褶皱的效果，如下图所示。

21.2.4 绘制细节部分

前面已完成了整体人物的绘制，接下来对人物的配饰及背景等细节进行绘制。绘制可爱的兔子配饰，突出了人物天真、可爱的特点。在绘制时需注意明暗的对比，以突出立体的效果，具体操作步骤如下。

步骤01 创建一个新图层，命名为“兔耳”，使用“钢笔工具”在图像窗口中绘制出兔耳的轮廓，如下图所示。

步骤02 单击“图层”面板底部的“添加图层样式”按钮，在弹出的菜单中选择“描边”选项，弹出“图层样式”对话框，设置描边颜色值为（R:206、G:178、B:160），设置完成后的效果如下图所示。

步骤03 创建一个新图层，命名为“兔耳阴影”，使用“钢笔工具”在图像窗口中绘制出兔耳阴影的轮廓，如下图所示。

步骤04 设置前景色颜色值为（R:246、G:245、B:238），单击“路径”面板中的“用前景色填充路径”按钮，填充颜色后的效果如下图所示。

步骤05 创建一个新图层，命名为“头饰”，使用“钢笔工具”在图像窗口中绘制出蝴蝶结的轮廓，如下图所示。

步骤06 设置前景色颜色值为（R:245、G:123、B:134），单击“路径”面板中的“用前景色填充路径”按钮，填充颜色后对其添加图层样式，选择“描边”选项，相关参数设置如下图所示。

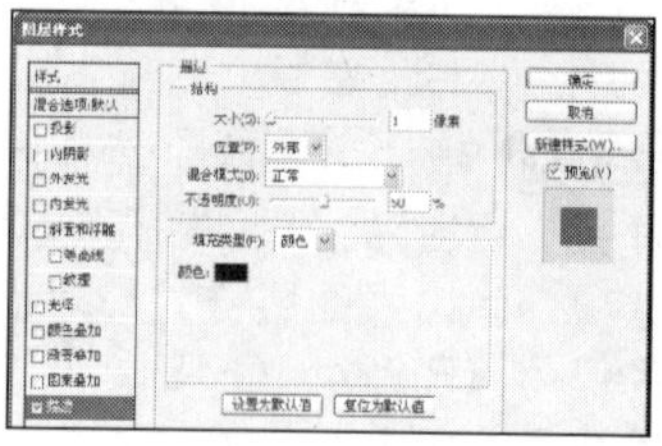

步骤07 设置完成后，单击“确定”按钮，如下图所示。

步骤08 创建一个新图层，命名为“心形吊链”，使用“钢笔工具”在图像窗口中绘制出心形的轮廓，如下图所示。

步骤09 单击“路径”面板中的“用前景色填充路径”按钮，填充与蝴蝶结相同的颜色后对其添加图层样式，选择“描边”选项，设置“不透明度”为50%，设置完成后的效果如下图所示。

步骤10 创建一个新图层，命名为“绣珠”，选择工具箱中的“椭圆工具”，绘制圆形，如下图所示。

步骤11 设置前景色颜色值为（R:25、G:84、B:124），单击“路径”面板中的“用前景色填充路径”按钮，填充颜色后的效果如下图所示。

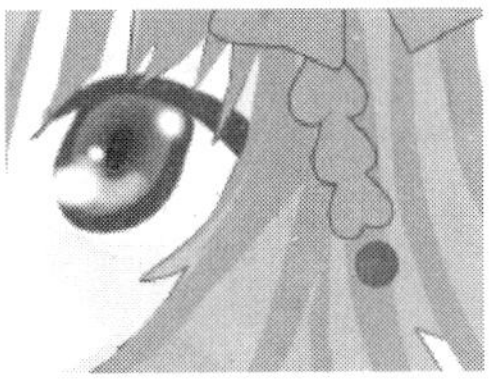

步骤12 选择工具箱中的“减淡工具”，对圆形进行减淡处理，以突出光泽，效果如下图所示。

步骤13 使用“画笔工具”绘制出黑色的圆点效果，如下图所示。

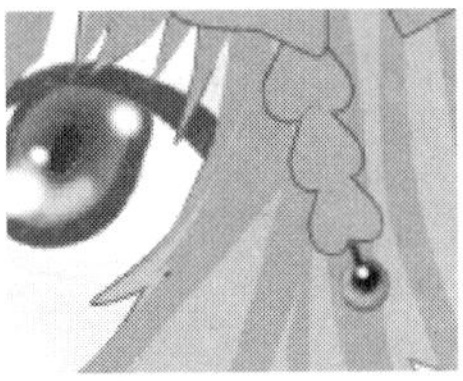

步骤14 分别选择“心形吊链”、“绣珠”图层，将其拖动至图层底部的“创建新图层”按钮上，得到“心形吊链副本”、“绣珠副本”图层，执行“编辑→变换→水平翻转”命令，使用“移动工具”向右移动至合适位置，按【Ctrl+T】快捷键进行调整，旋转位置后的效果如右图所示。

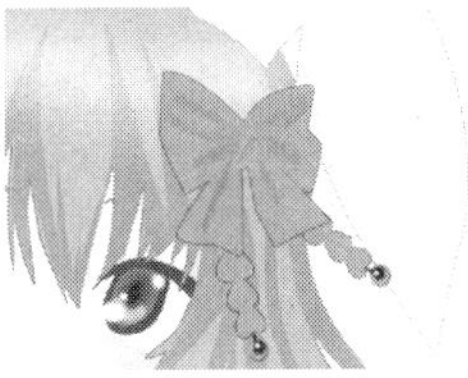

步骤15 创建一个新图层，命名为“兔子配饰”，使用“钢笔工具”在图像窗口中绘制出兔子的轮廓，如下图所示。

步骤16 设置前景色颜色值为（R:255、G:255、B:255），单击“路径”面板中的“用前景色填充路径”按钮，填充颜色后，使用“钢笔工具”绘制出阴影轮廓，如下图所示。

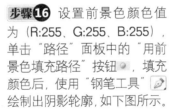

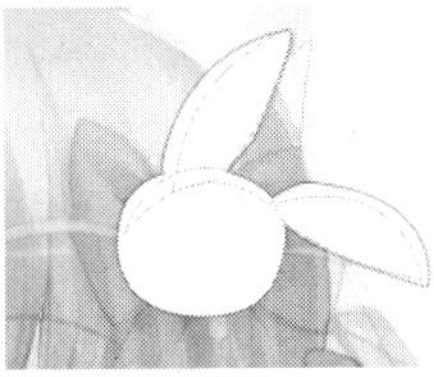

步骤17 设置前景色颜色值为（R:243、G:242、B:231），单击“路径”面板中的“用前景色填充路径”按钮，效果如下图所示。

步骤18 创建一个新图层，命名为“眼睛”，使用“钢笔工具”在图像窗口中绘制出兔子的眼睛，如下图所示。

步骤19 设置前景色颜色值为（R:117、G:43、B:23），单击“路径”面板中的“用前景色填充路径”按钮，效果如下图所示。

步骤20 使用“画笔工具”绘制出眼睛的瞳孔与亮光，效果如下图所示。

步骤21 创建一个图层组，并命名为“背景”，如下图所示。

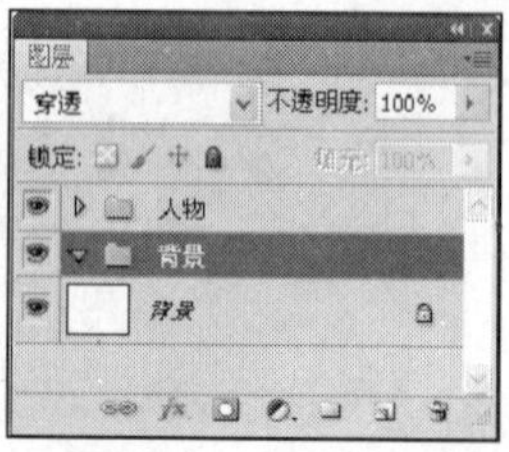

步骤22 创建一个图层，并命名为“背景”，设置前景色颜色值为（R:198、G:215、B:76）、背景色颜色值为（R:58、G:181、B:119），执行“滤镜→渲染→云彩”命令，效果如下图所示。

步骤23 选择“画笔工具”，单击属性栏中的“切换画笔面板”按钮，打开“画笔”面板，如下图所示。

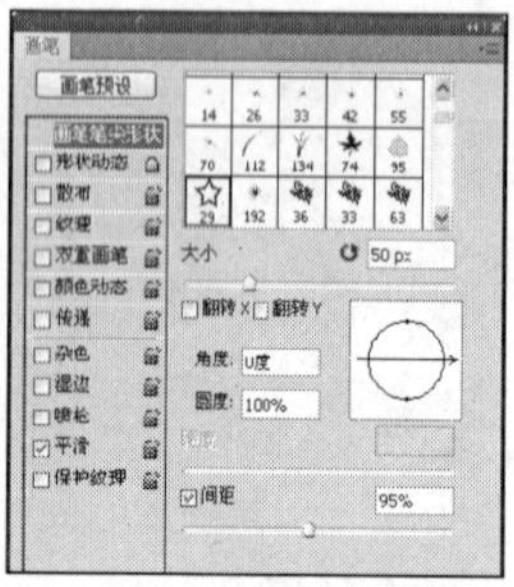

步骤24 选择左侧的“形状动态”复选框，相关参数设置如下图所示。

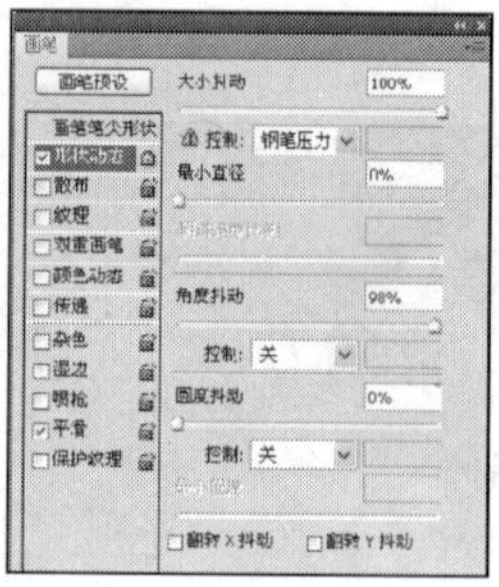

步骤25 选择左侧的“散布”复选框，相关参数设置如下图所示。

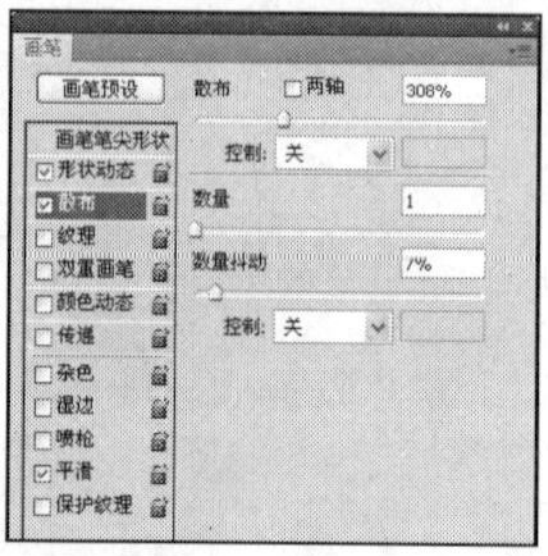

步骤26 创建一个新图层，命名为“亮点”，利用所设置的画笔在图像中进行绘制，最终效果如下图所示。

本章小结

本章讲解的是Photoshop CS5在漫画创作领域的实例，主要运用了“钢笔工具”和“画笔工具”相结合的方式来进行绘制，使用“钢笔工具”绘制出人物精确的外形，而应用“画笔工具”则可以更好地绘制出细节图像。通过本章的学习，用户可以将相关绘制方法和技巧应用于其他漫画效果的创作。

Chapter

22 网页设计

本章导读

随着网络技术的不断发展，网络已经渗透到人们生活与工作的每个角落，作为网络世界支撑点的网站，更是人们关注的热点。本章主要讲解网站网页的设计，通过本章的学习，用户可以更进一步了解网页设计。

本章核心知识点

- 相关行业知识介绍
- 制作时尚旅游网页

22.1 相关行业知识介绍

网页设计的界面存在于人与物信息交流的一切领域，它的内涵要素是极为广泛的，可将设计界面定义为设计中所面对的、分析的一切信息交互的总和，它反映着人与物之间的关系。

22.1.1 网页设计的概念

网页设计——网站是企业向用户和网民提供信息（包括产品和服务）的一种方式，是企业开展电子商务的基础设施和信息平台，离开网站（或者只是利用第三方网站）去谈电子商务是不可能的。企业的网址被称为“网络商标”，也是企业无形资产的组成部分，而网站是因特网上宣传和反映企业形象和文化的重要窗口。接下来介绍网页界面设计的一些基础知识。

22.1.2 网页界面的构成要素

简单来说，网页的界面就是用户能够看到的该网站的画面。网页界面基本包括网页浏览器（工具栏、地址栏、菜单栏）、导航要素（主菜单、子菜单、搜索栏、历史记录等）及各种主页内容（标志、图像、文本、著作权标志），下面将详细介绍网页界面构成的各个要素。

1 导航要素

导航栏一般在网页上端或者左侧，菜单按钮或移动的图像区别于一般内容和其他文本，很容易让用户一目了然地看到导航的位置。也就是说，可以从构成和视觉的角度来把其他内容和导航要素区别开来，如下图所示。

2 主页设计

主页设计对于用户对网页设计的第一印象来说是非常重要的。因此，网站的主页必须包含该公司或站点所提供的所有服务内容，可以使用一个简短的描述性标题指明站点的主题是什么。

主页必须既干净又组织条理，使用容易阅读的字体。对于主页的美化，首先要考虑网站风格的定位。任何主页都要根据主题的内容决定其风格与形式，因为只有形式与内容的完美统一，才能达到理想的宣传效果，如下图所示。

22.1.3 网页设计的布局与表现形式

网页的布局是整个界面的核心，应一切以用户为中心，将制作者如何与欣赏者沟通的思想融在里面。设计者必须知道自己要传达什么样的信息，其他人使用起来是否合适，字体的大小和型号、字间距、行间距，以及配色，所有的一切相关因素都在这个阶段完成，所以如何表现功能及美感就是设计者研究的重点。

1 网页设计的版面布局

设计网页的第一步是设计版面布局。就像传统的报刊、杂志一样，可将网页看做一张报纸、一本杂志来进行排版布局。版面指的是从浏览器看到的完整页面，因为每台计算机的显示器分辨率不同，所以同一个页面的大小可能出现不同的尺寸。布局就是以最适合浏览器的方式将图片和文字排放在页面的不同位置。

2 网页设计的背景设计

网页中的背景设计是相当重要的，尤其是对于个人主页来说，一个主页的背景就相当于一个房间的墙壁、地板，好的背景不但能影响访问者对网页内容的接受程度，而且还能影响访问者对整个网站的印象。

3 网页设计的艺术表现

根据人类美感的共通性可以定出 10 个美的原则：连续、渐变、对称、对比、比例、平衡、调和、律动、统一、完整。

22.2 制作时尚旅游网页

下面通过制作简约时尚旅游网页给用户讲解 Photoshop CS5 在网页中的应用。

效果展示

本实例的最终效果如下图所示。

原始文件	光盘\素材文件\Chapter 22\22-01.jpg、22-02.jpg、22-03.jpg、22-04.jpg、
结果文件	光盘\结果文件\Chapter 22\时尚旅游网页.psd
同步视频文件	光盘\同步教学文件\Chapter 22\22.2.avi

22.2.1 制作栏目导航器

在本实例的制作过程中，首先新建文档，并置入素材文件，然后分别建立并填充选区，确定网页的框架外形，接着输入文字，最后通过添加自定形状制作搜索图标，这样即可完成栏目导航器的制作，具体操作步骤如下。

步骤01 执行“文件→新建”命令，在弹出的“新建”对话框中，设置“宽度”为“1600像素”、“高度”为“1500像素”、“分辨率”为“150像素/英寸”，如下图所示，单击“确定”按钮。

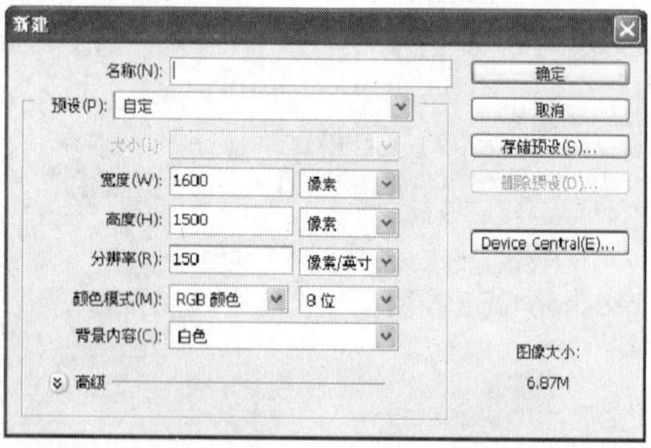

步骤02 置入光盘中的素材文件22-01.jpg，按【Ctrl+T】快捷键进行调整，使其与背景的尺寸相同，效果如下图所示。

步骤03 按【Ctrl+R】快捷键显示出标尺，将指针移至标尺中，按住鼠标左键向下拖动，创建辅助线，效果如下图所示。

步骤04 选择工具箱中的“横排文字工具”T，在图像窗口中输入“时尚之旅”，在属性栏中设置字体样式、大小，如下图所示。

步骤05 选择文字图层，单击“图层”面板底部的“添加图层样式”按钮fx，在弹出的菜单中选择“投影”选项，弹出“图层样式”对话框，设置投影相关参数，如右侧左图所示。设置完成后，单击“确定”按钮，效果如右侧右图所示。

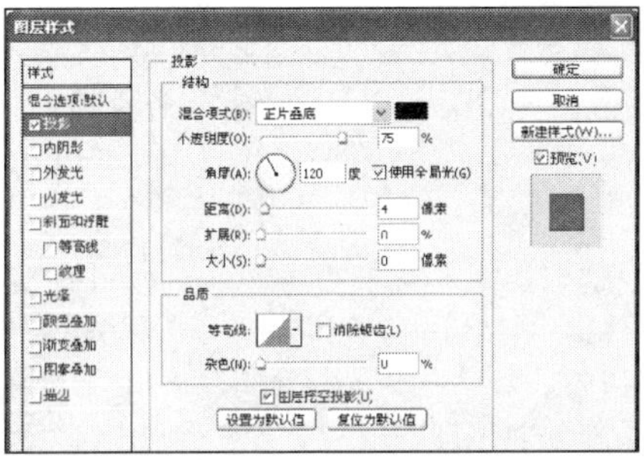

步骤06 将指针移到标尺中，按住鼠标左键进行拖动，创建辅助线，效果如下图所示。

步骤07 创建一个图层组，并命名为“导航”，如下图所示。

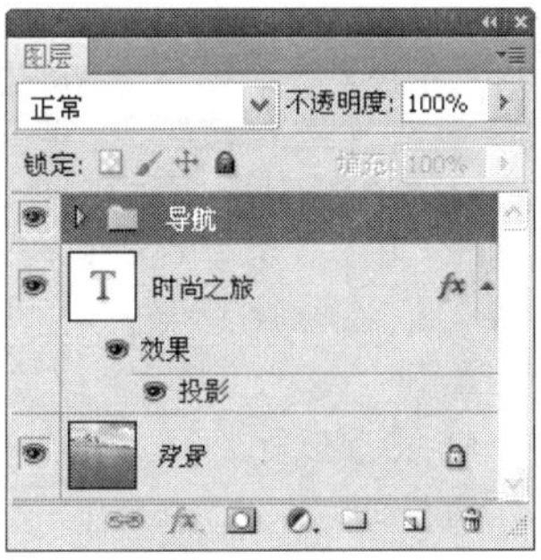

步骤08 创建一个新图层，选择工具箱中的“圆角矩形工具”，在属性栏中设置“半径”为25px，绘制出导航的轮廓，效果如下图所示。

步骤09 绘制完成后，按【Ctrl+Enter】快捷键将路径转换为选区，如下图所示。

步骤10 选择工具箱中的“切片工具”，按住鼠标左键框选导航，然后右击，在打开的快捷菜单栏中选择“划分切片”命令，弹出“划分切片”对话框，选择“垂直划分为”复选框，在下面的文本框中输入“8”，如下图所示。

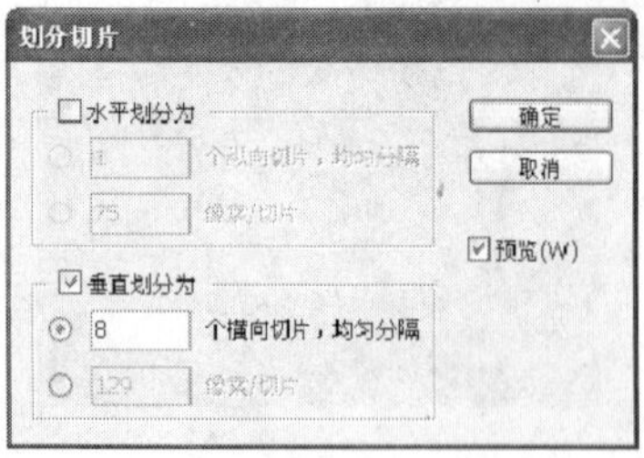

步骤11 输入完成后，单击“确定”按钮，如下图所示。

步骤12 创建一个新图层，选择“圆角矩形工具”，在属性栏中设置“半径“为25px，绘制出按钮的轮廓，如下图所示。

步骤13 绘制完成后，按【Ctrl+Enter】快捷键将路径转换为选区，并填充颜色，颜色值为（R:19、G:98、B:153）如下图所示。

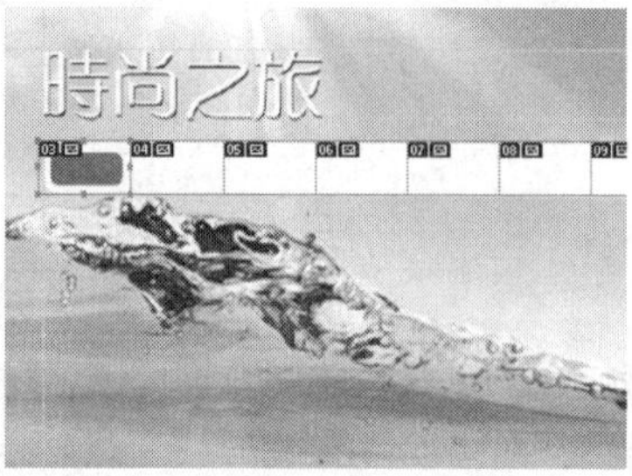

步骤14 单击“图层”面板底部的“添加图层样式”按钮 fx，在弹出的菜单中选择“内阴影”选项，弹出“图层样式”对话框，相关参数设置如右侧左图所示。设置完成后，单击“确定”按钮，效果如右侧右图所示。

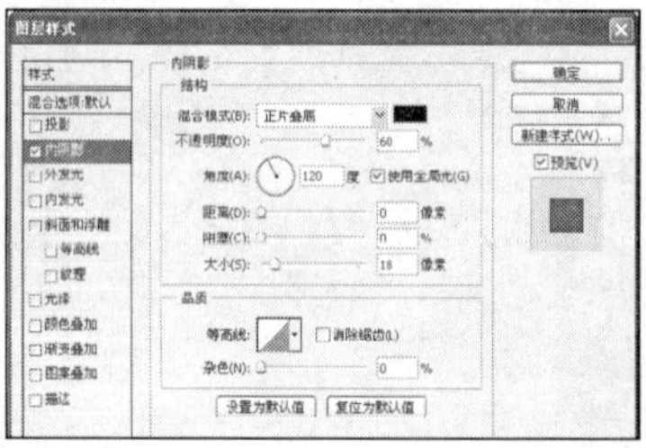

步骤15 使用“横排文字工具”T在图像窗口中输入“旅游首页”，在属性栏中设置字体颜色为白色，并设置字体样式、大小，如下图所示。

步骤16 使用“横排文字工具”T在图像窗口中输入文字，在属性栏中设置字体颜色值为（R:19、G:98、B:153），并设置字体样式、大小，如下图所示。

步骤17 创建一个新图层，使用“圆角矩形工具”绘制出搜索栏的轮廓，如下图所示。

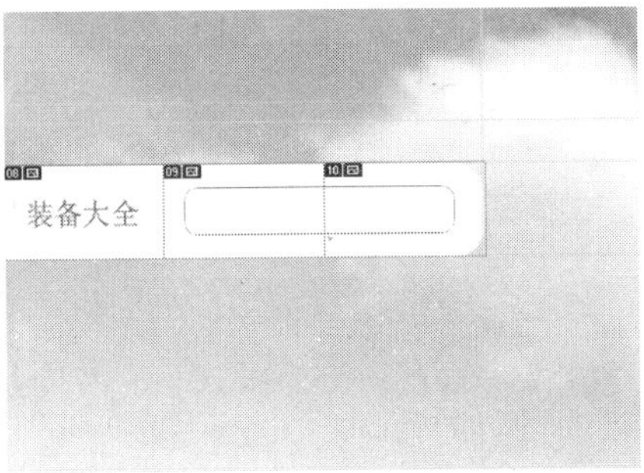

步骤18 绘制完成后，按【Ctrl+Enter】快捷键将路径转换为选区，并填充颜色值为（R:19、G:98、B:153）的颜色，如下图所示。

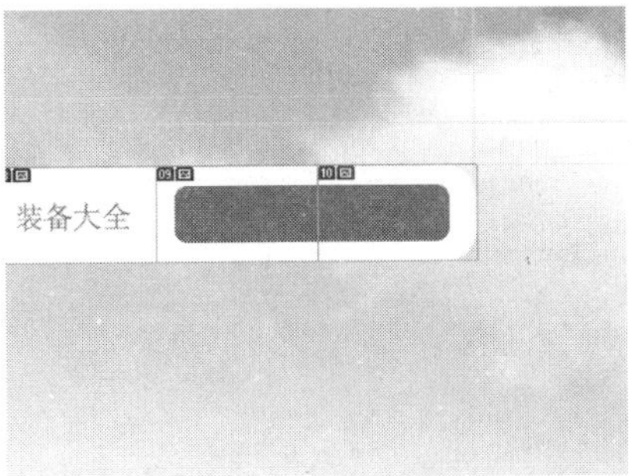

步骤19 单击“图层”面板底部的“添加图层样式”按钮，在弹出的菜单中选择“内阴影”选项，弹出“图层样式”对话框，相关参数设置如下图所示。

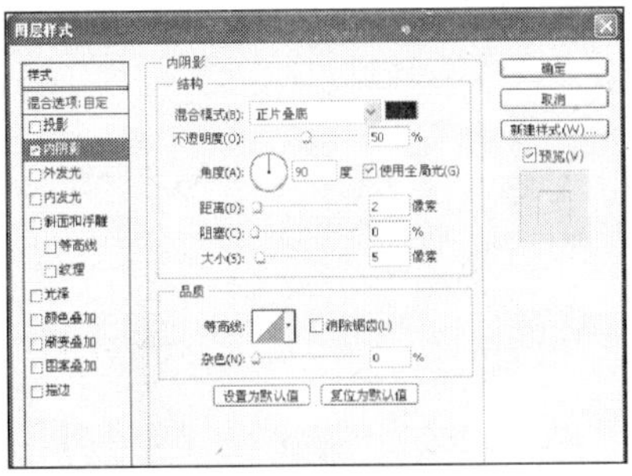

步骤20 选择“混合选项：自定”选项，相关参数设置如下图所示。

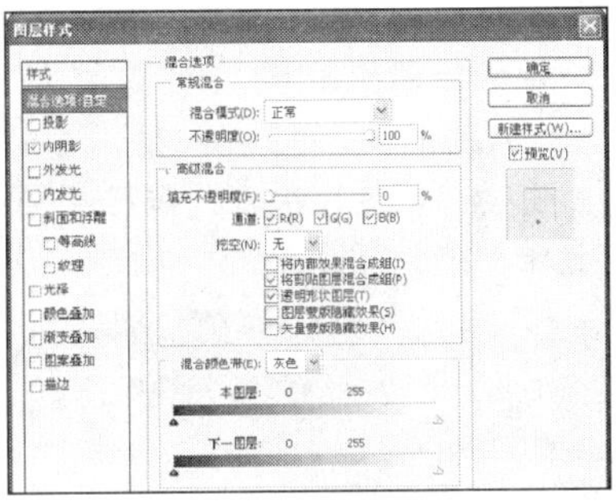

步骤21 设置完成后，单击“确定”按钮，效果如下图所示。

步骤22 创建一个新图层，并命名为“放大镜”，选择工具箱中的“自定形状工具”，在属性栏中单击“形状”右侧的下拉按钮，在弹出的下拉面板中选择“搜索”形状，如下图所示。

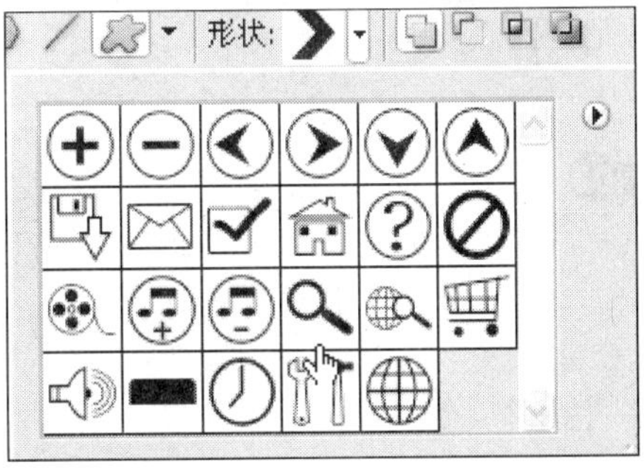

提示

在属性栏中单击“形状”后的下拉按钮，打开下拉面板，单击面板右上角的按钮，在弹出的菜单中选择Web选项，在弹出对话框中单击“追加”按钮，即可添加至自定义图案中。

步骤23 在图像窗口中选择“搜索”形状，按【Ctrl+T】快捷键缩小图形，并移到至搜索栏中，如下图所示。

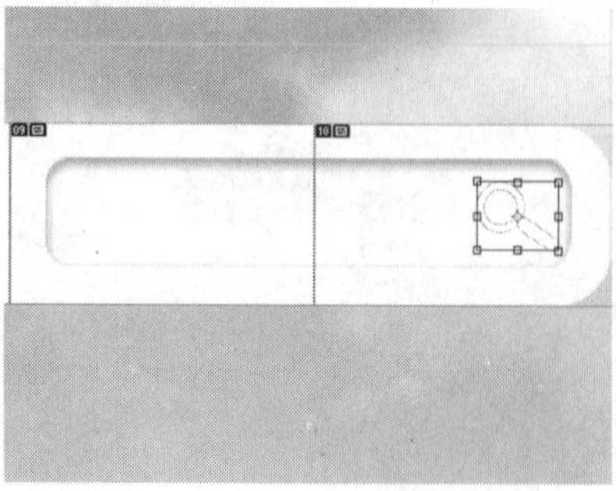

步骤24 按【Ctrl+Enter】快捷键将路径转换为选区，并填充选区为黑色，如下图所示。

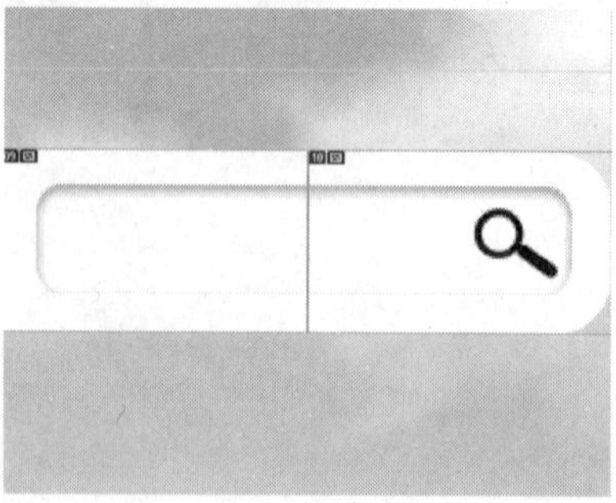

22.2.2 制作主页

本部分主要绘制矩形轮廓，输入文字，并导入素材文件，调整至适合位置，即可完成主页的制作，具体操作步骤如下。

步骤01 将指针移至标尺中，按住左键进行拖动，创建辅助线，如下图所示。

步骤02 创建一个图层组，并命名为“版面”，如下图所示。

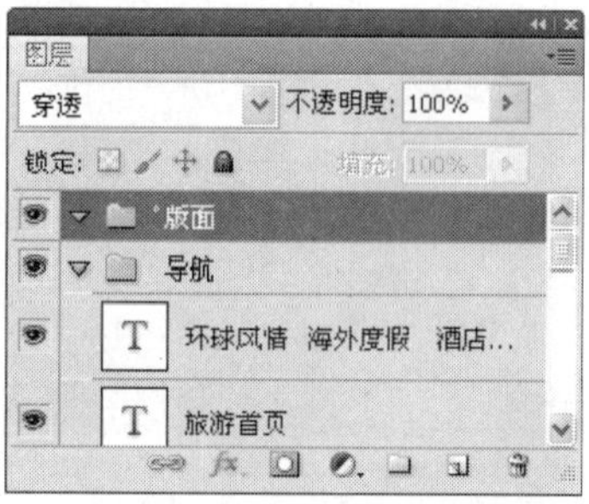

步骤03 创建一个新图层，使用“圆角矩形工具”绘制出右边矩形的轮廓，如下图所示。

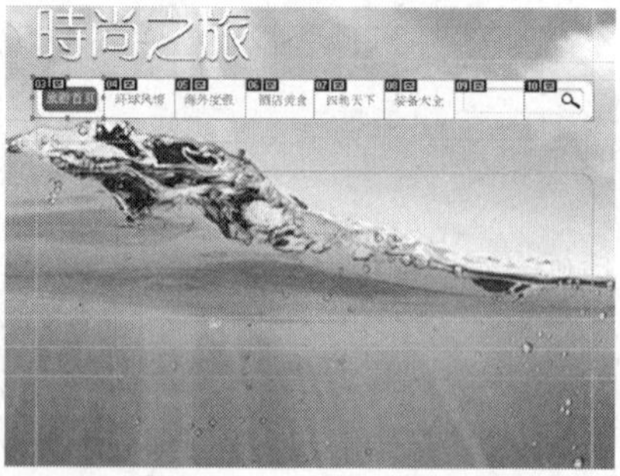

步骤04 按【Ctrl+Enter】快捷键将路径转换为选区，在属性栏中设置“不透明度”为 70%，并填充选区为白色，效果如下图所示。

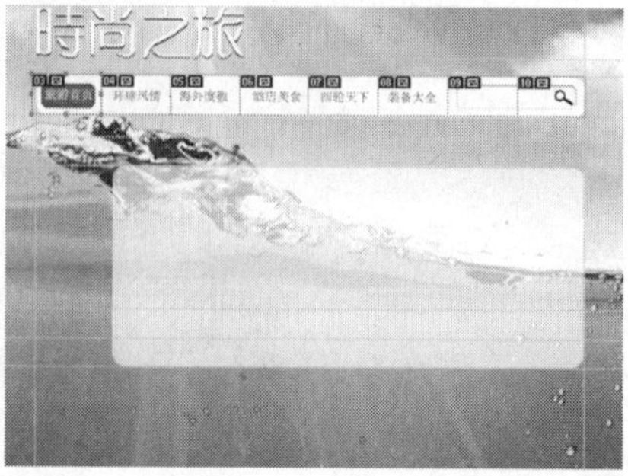

步骤05 创建一个新图层，使用“圆角矩形工具”绘制出左边矩形的轮廓，如下图所示。

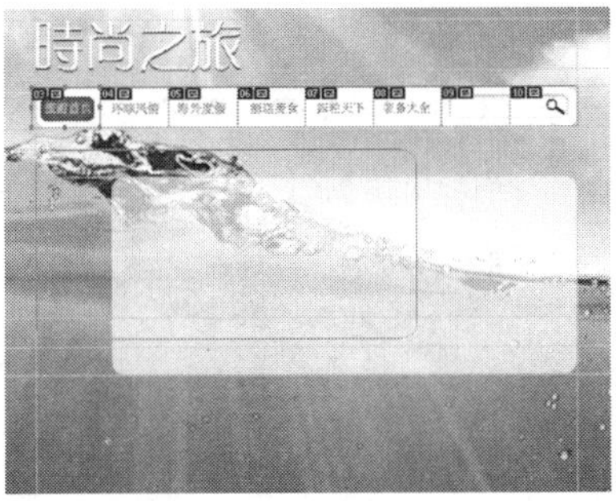

步骤06 按【Ctrl+Enter】快捷键将路径转换为选区，填充选区的颜色值为（R:19、G:98、B:153），效果如下图所示。

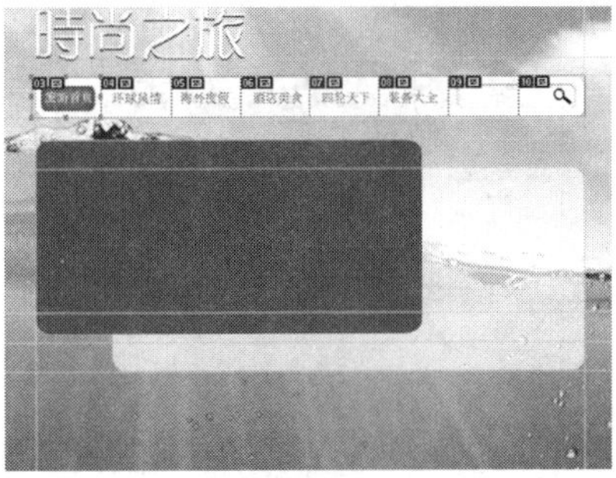

步骤07 在“图层”面板中，选择“图层1”图层，单击“图层”面板底部的“添加图层样式”按钮，在弹出的菜单中选择“投影”选项，弹出“图层样式”对话框，相关参数设置如右侧左图所示。选择“渐变叠加”复选框，相关参数设置如右侧右图所示。

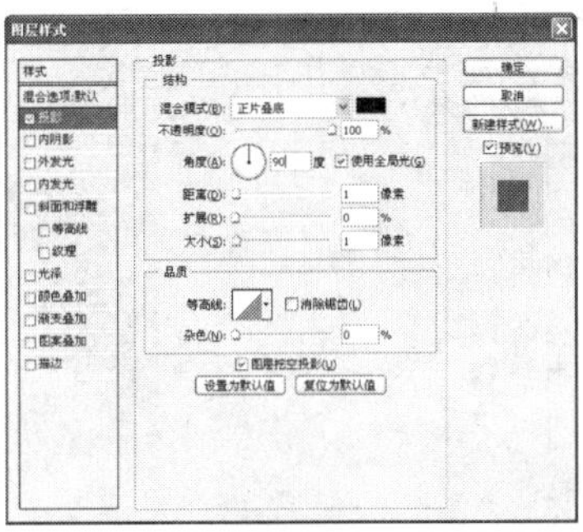

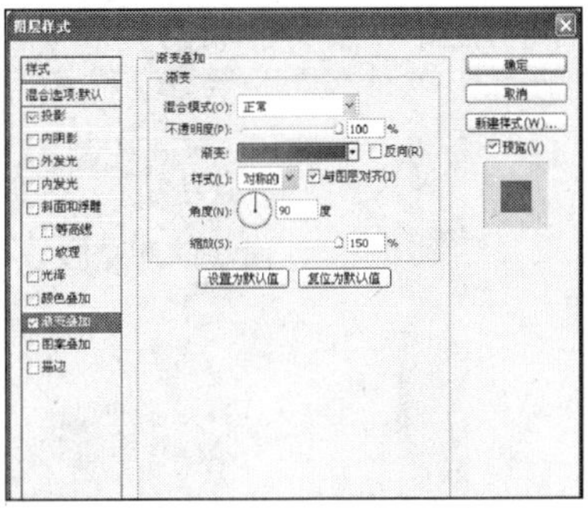

步骤08 在属性栏中单击“点按可编辑渐变”色块，弹出“渐变编辑器”窗口，设置左边和右边色标的颜色分别为（R:21、G:138、B:220）、（R:39、G:56、B:161），如下图所示。

步骤09 设置完成后，单击“确定”按钮，效果如下图所示。

步骤10 置入光盘中的素材文件22-02.jpg，如右侧左图所示。按【Ctrl+T】快捷键缩小图像，并移动至合适位置，效果如右侧右图所示。

步骤11 单击“图层”面板底部的“添加图层样式”按钮 fx，在弹出的菜单中选择“投影”选项，弹出“图层样式”对话框，投影相关参数设置如下图所示。

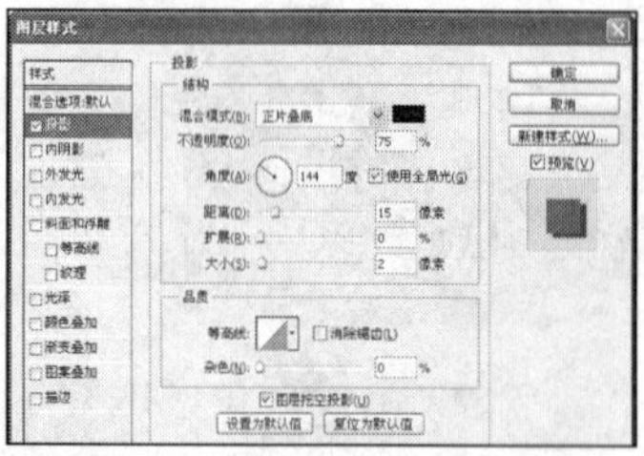

步骤12 设置完成后，单击“确定”按钮，效果如下图所示。

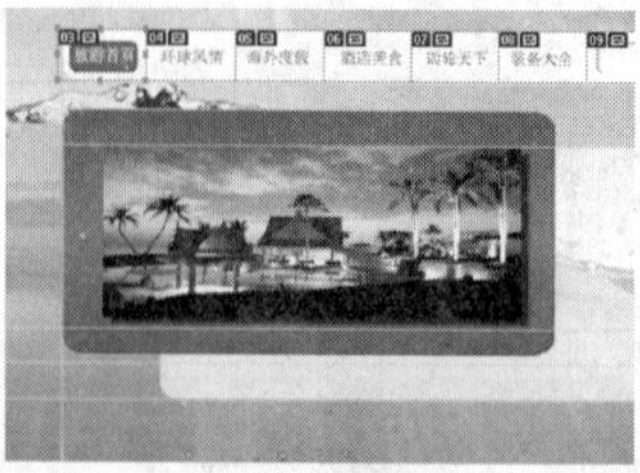

步骤13 使用“横排文字工具” T 输入文字，在属性栏中设置字体颜色值为（R:32、G:88、B:184），并设置字体大小、样式，如下图所示。

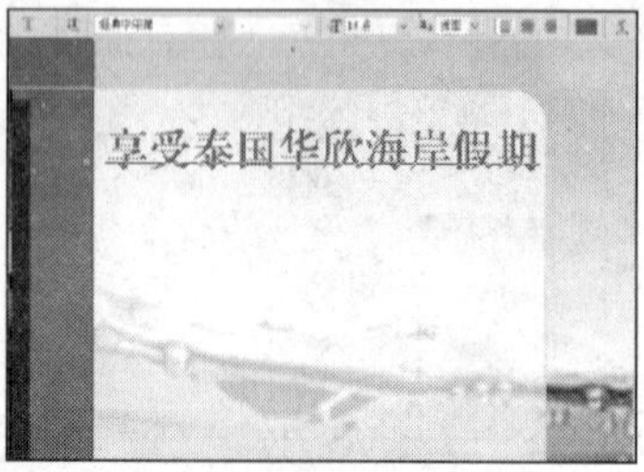

步骤14 使用“横排文字工具” T 输入文字，在属性栏中设置字体颜色为黑色，并设置字体大小、样式，如下图所示。

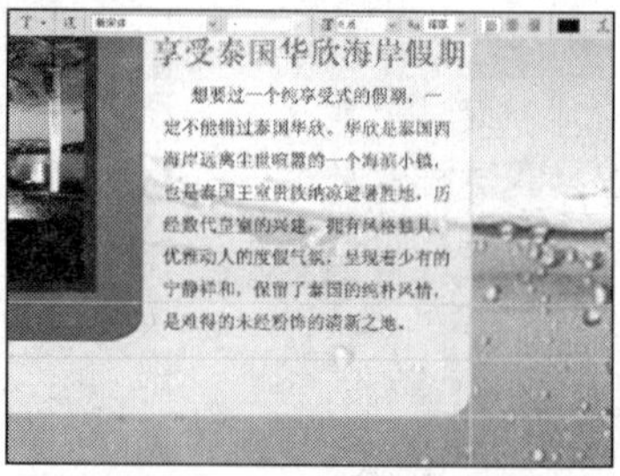

步骤15 选择工具箱中的“矩形工具”，在图像中绘制出如下图所示的矩形。

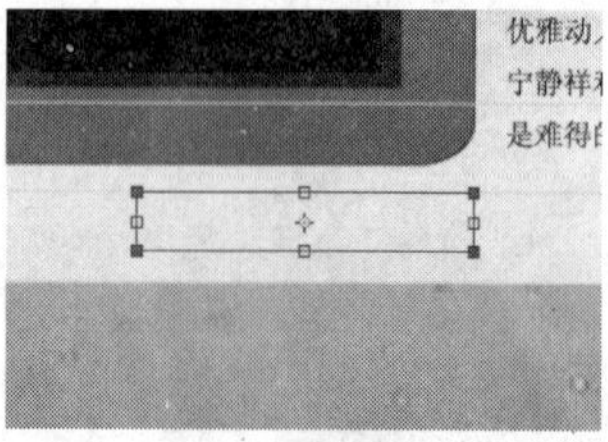

步骤16 按【Ctrl+Enter】快捷键将路径转换为选区，用颜色值为（R:32、G:88、B:184）的颜色填充选区，如下图所示。

步骤17 单击“图层”面板底部的“添加图层样式”按钮 fx，在弹出的菜单中选择 “内阴影”选项，弹出“图层样式”对话框，相关参数设置如下图所示。

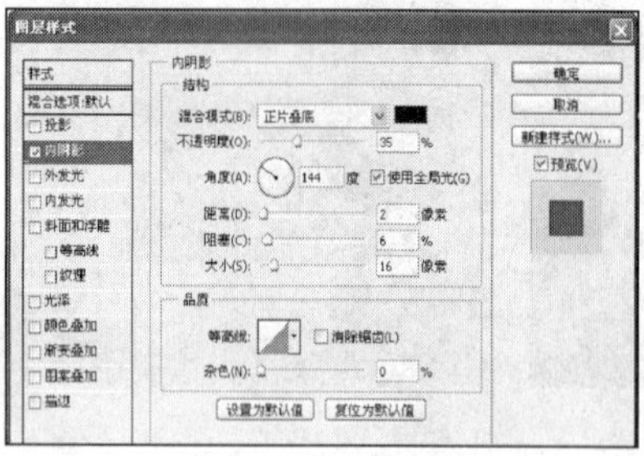

步骤18 设置完成后，单击“确定”按钮，效果如下图所示。

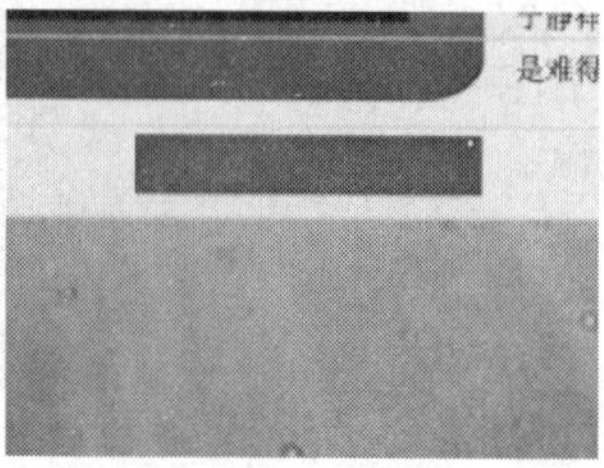

步骤19 选择工具箱中的“椭圆工具”◯，按住【Shift】键绘制出圆形，如下图所示。

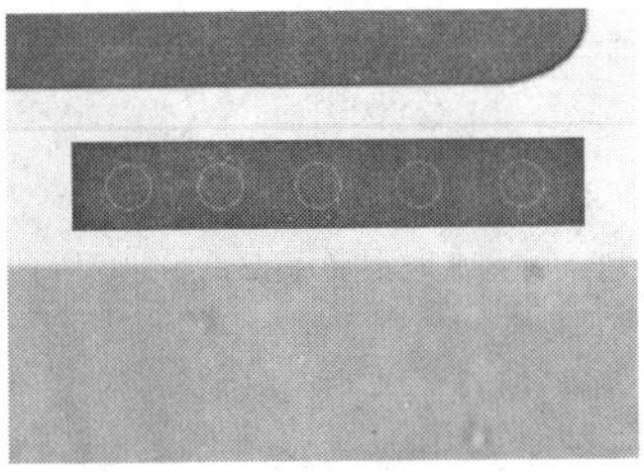

步骤20 按【Ctrl+Enter】快捷键将路径转换为选区，将第一个圆形用颜色值为（R:80、G:111、B:160）的颜色填充，将其他 4 个圆形填充为白色，效果如下图所示。

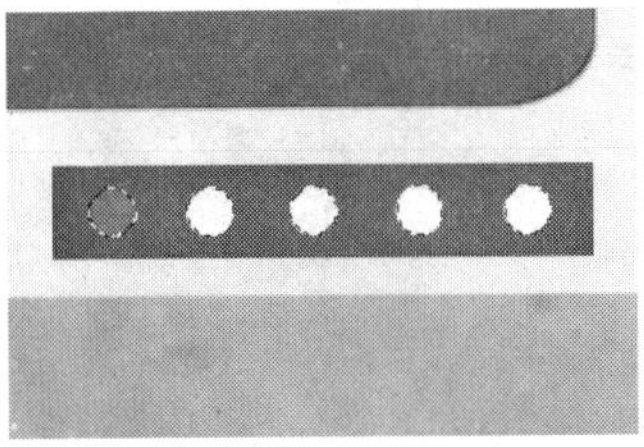

步骤21 单击“图层”面板底部的“添加图层样式”按钮 *fx*，在弹出的菜单中选择“内阴影”选项，弹出“图层样式”对话框，相关参数设置如下图所示。

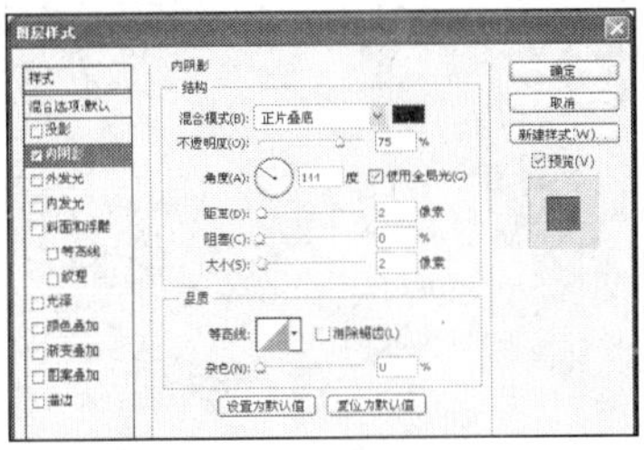

步骤22 设置完成后，单击“确定”按钮，效果如下图所示。

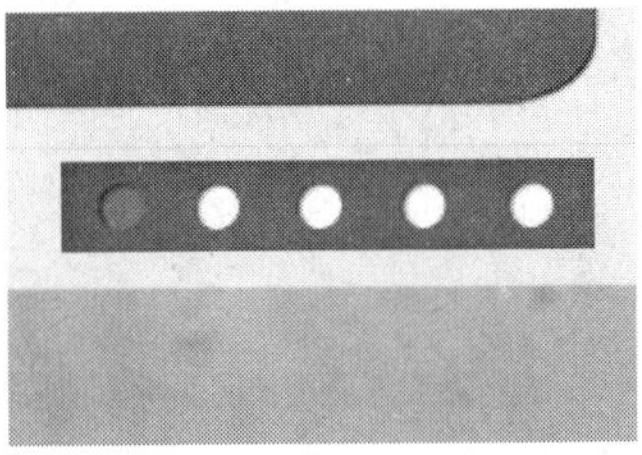

步骤23 创建一个新图层，使用“圆角矩形工具”▢绘制圆角矩形的轮廓，如下图所示。

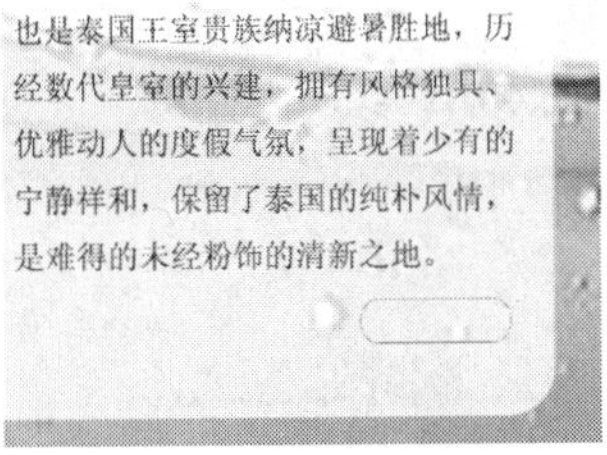

步骤24 按【Ctrl+Enter】快捷键将路径转换为选区，填充选区的颜色值为（R:80、G:111、B:160），如下图所示。

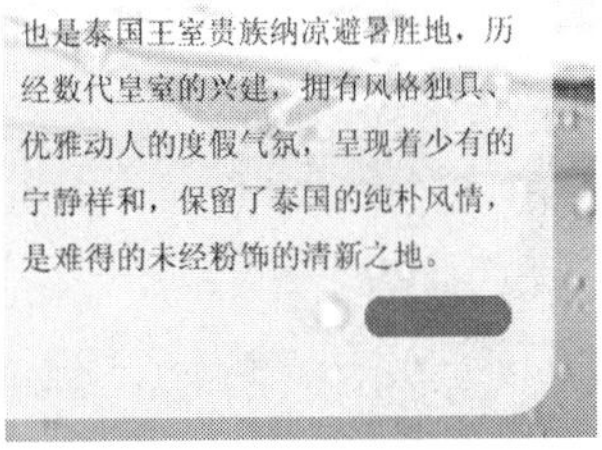

步骤25 单击“图层”面板底部的“添加图层样式”按钮 *fx*，在弹出的菜单中选择“内阴影”选项，弹出“图层样式”对话框，相关参数设置如下图所示。

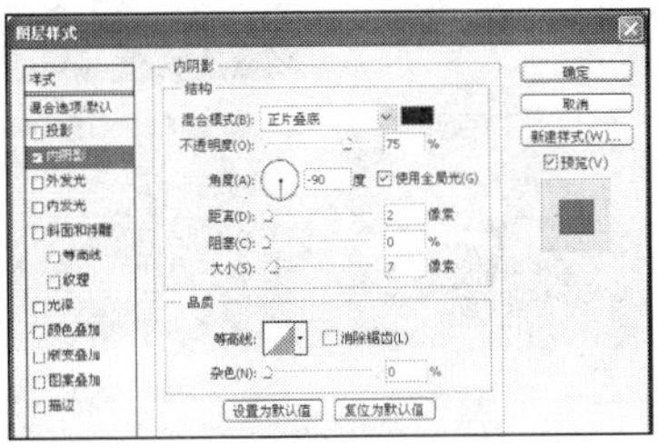

步骤26 设置完成后，单击“确定”按钮，效果如下图所示。

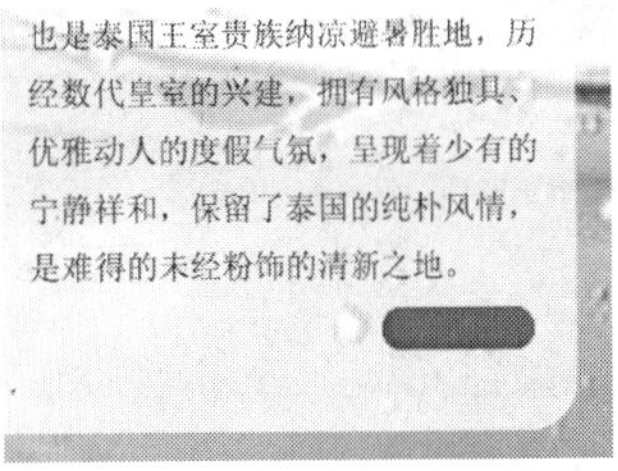

步骤27 使用“横排文字工具”T输入“阅读全文”，在属性栏中设置字体颜色为白色，并设置字体样式、大小，如下图所示。

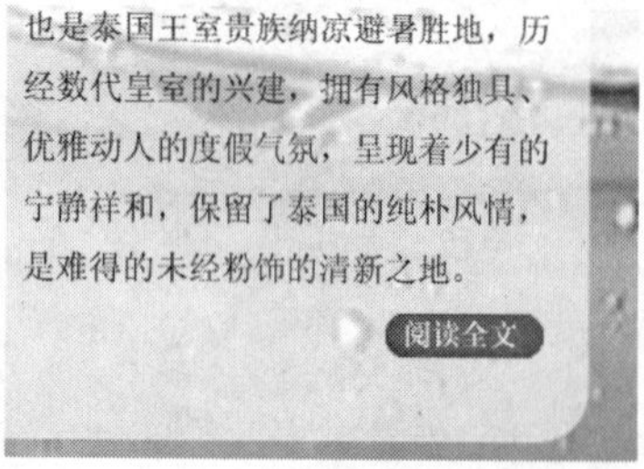

步骤28 创建一个新图层，并命名为“大版面”，使用“圆角矩形工具”绘制圆角矩形的轮廓，如下图所示。

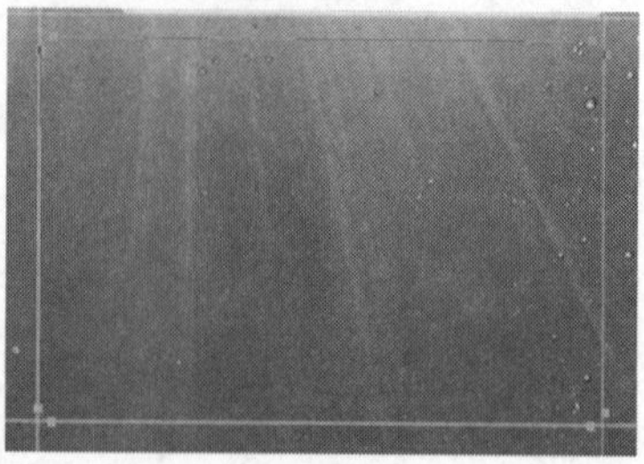

步骤29 按【Ctrl+Enter】快捷键将路径转换为选区，在属性栏中设置“不透明度”为70%，并填充选区为白色，效果如下图所示。

步骤30 创建一个新的图层，并命令为“横排蓝色框”，使用“矩形工具”在图像窗口中绘制出矩形，如下图所示。

步骤31 按【Ctrl+Enter】快捷键将路径转换为选区，填充选区的颜色值为（R:22、G:132、B:216），效果如下图所示。

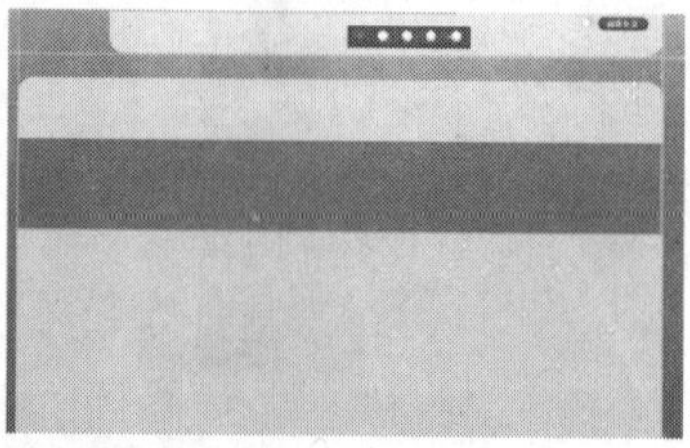

步骤32 使用“矩形工具”在图像窗口中绘制出4个大小一致的矩形，效果如下图所示。

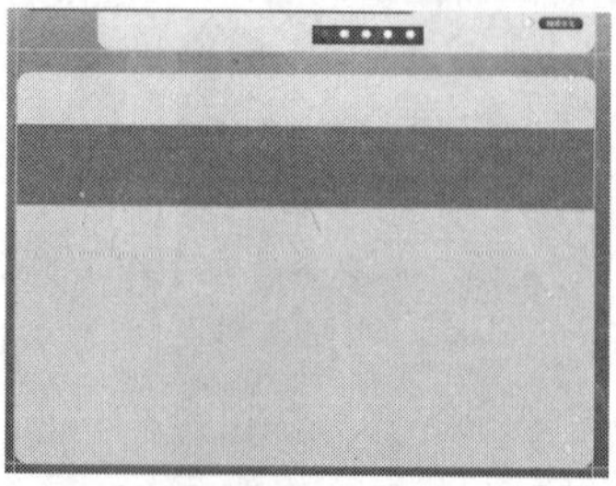

步骤33 按【Ctrl+Enter】快捷键将路径转换为选区，按【Delete】键删除选区内的图像，效果如下图所示。

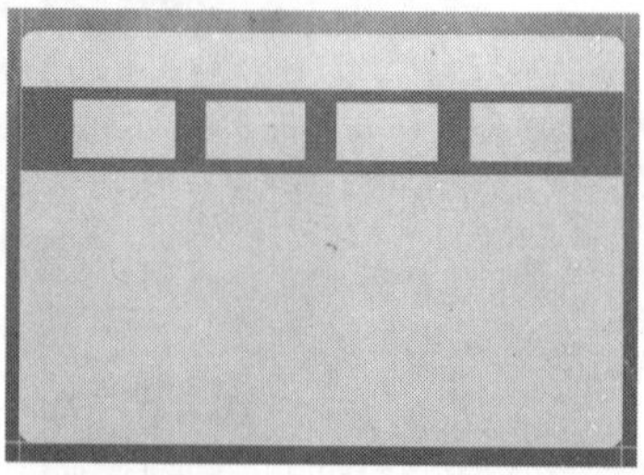

步骤34 置入光盘中的素材文件22-03.jpg，如下图所示。

步骤35 将置入的素材文件拖动至“横排蓝色框”图层下方，效果如下图所示。

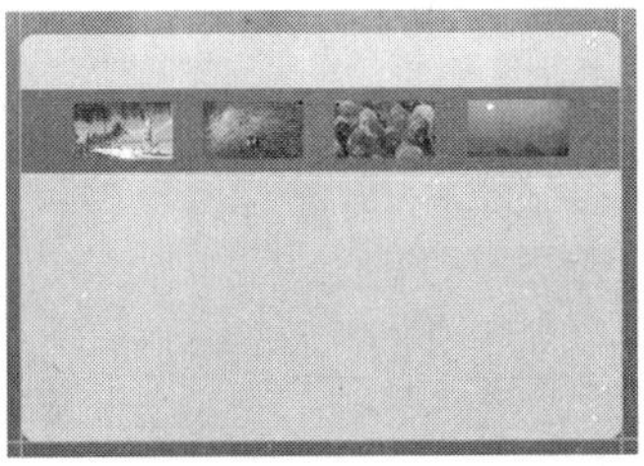

步骤36 创建一个新图层，并命名为“箭头按钮”，选择工具箱中的“自定形状工具”，在属性栏中单击“形状”右侧的下拉按钮，在弹出的下拉面板中选择“箭头2”形状，如下图所示。

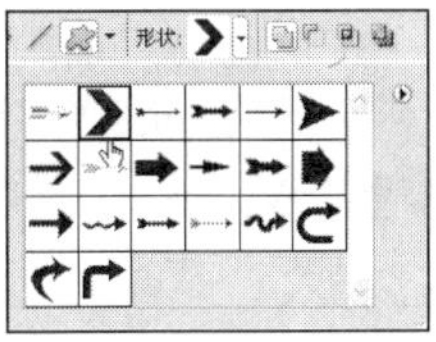

步骤37 在图像窗口中按【Ctrl+T】快捷键缩小箭头图标，如下图所示。

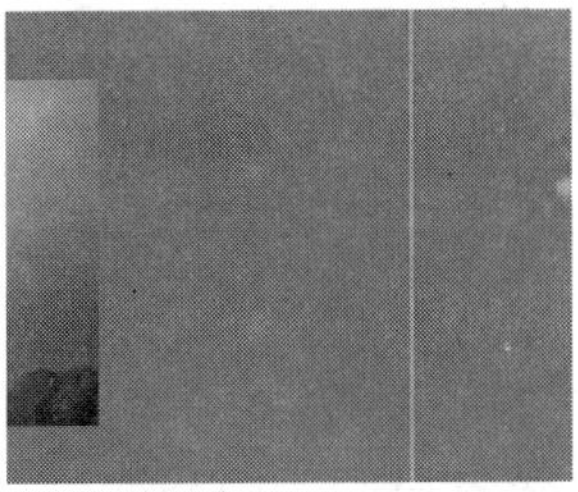

步骤38 按【Ctrl+Enter】快捷键将路径转换为选区，并填充选区，填充颜色值为（R:199、G:205、B:176），单击“图层”面板底部的“添加图层样式”按钮，在弹出的菜单中选择“投影”选项，弹出“图层样式”对话框，相关参数设置如下图所示。

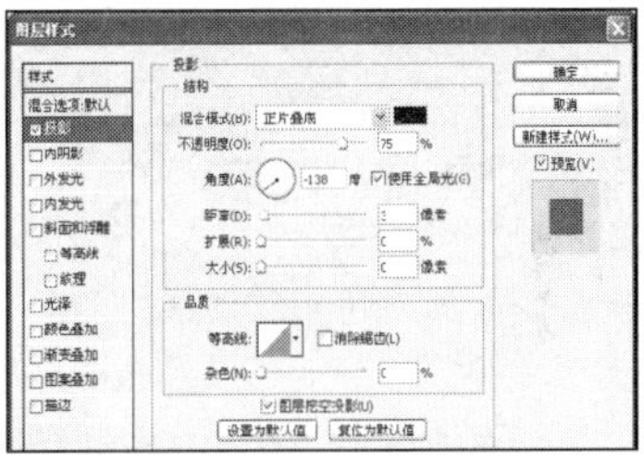

步骤39 设置完成后，单击“确定”按钮，效果如下图所示。将“箭头按钮”图层拖动至“创建新图层”按钮上，得到“箭头按钮副本”图层，向左边移动该图层图像的位置，效果如下图所示。

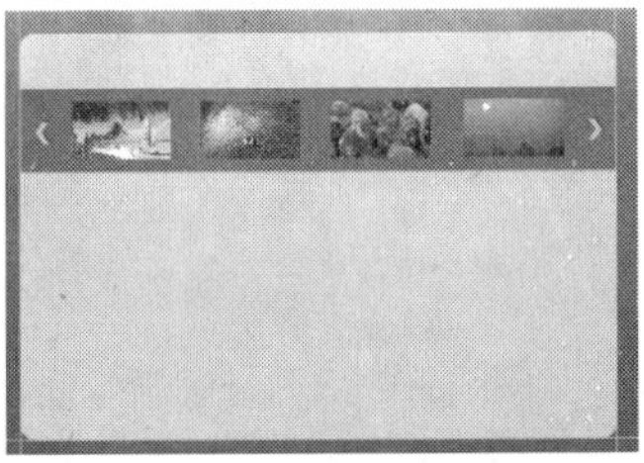

步骤40 选择“大版面”图层，使用“矩形工具”在图像窗口中绘制出矩形，如下图所示。

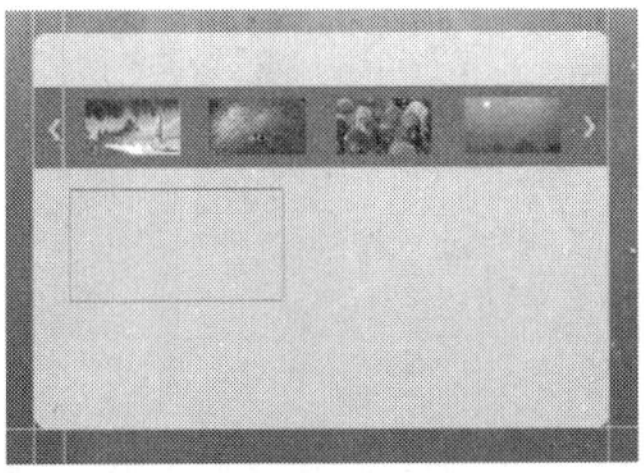

步骤41 按【Ctrl+Enter】快捷键将路径转换为选区，按【Delete】键删除选区内的图像，效果如下图所示。

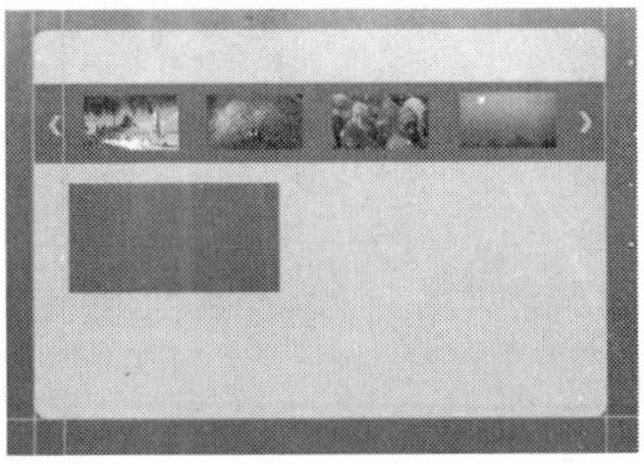

步骤42 置入光盘中的素材文件22-04.jpg，如下图所示。

步骤43 将素材文件拖动至“大版面”图层下方，效果如下图所示。

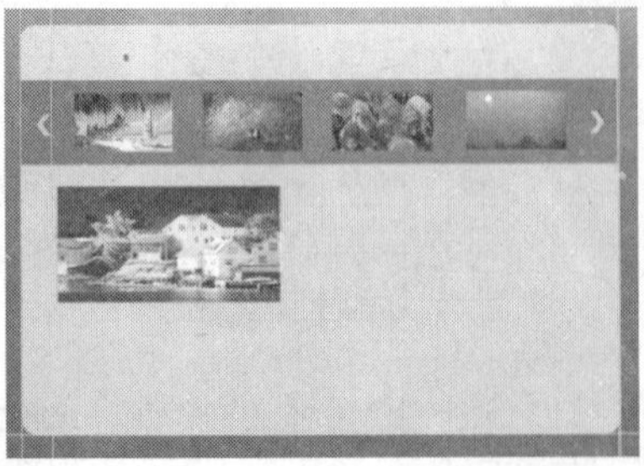

步骤44 使用“横排文字工具”T输入文字，在属性栏中设置字体颜色为黑色，并设置字体样式、大小，如下图所示。

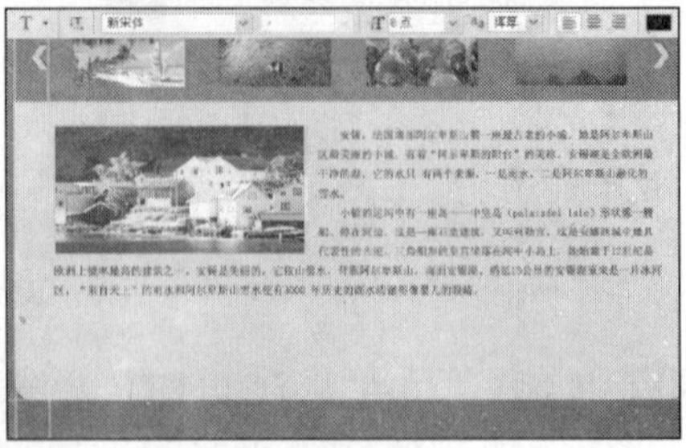

步骤45 使用“钢笔工具”绘制出一条直线，如下图所示。

步骤46 设置前景色为黑色，在“路径”面板中单击“用画笔描边路径”按钮，效果如下图所示。

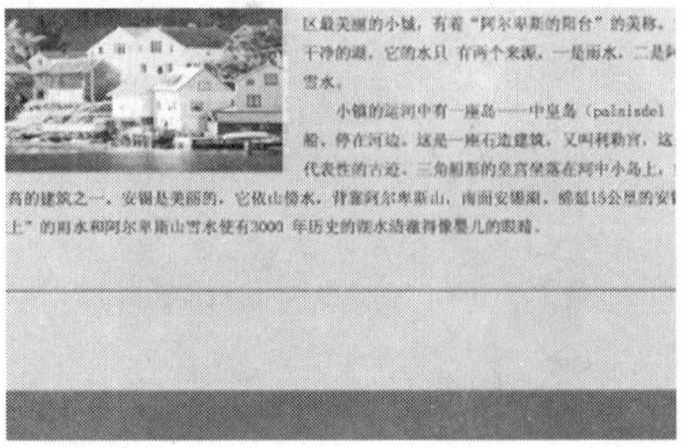

步骤47 使用“横排文字工具”T输入文字，在属性栏中设置字体颜色为黑色，并设置字体样式、大小，如下图所示。

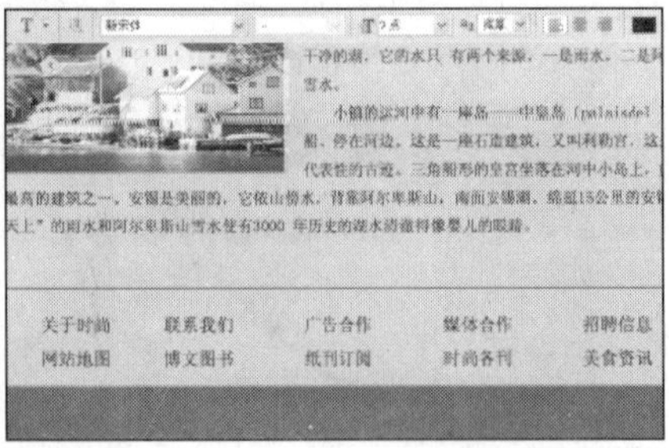

步骤48 按【Delete】键删除切片，按【Ctrl+H】快捷键隐藏所创建的辅助线，最终效果如下图所示。

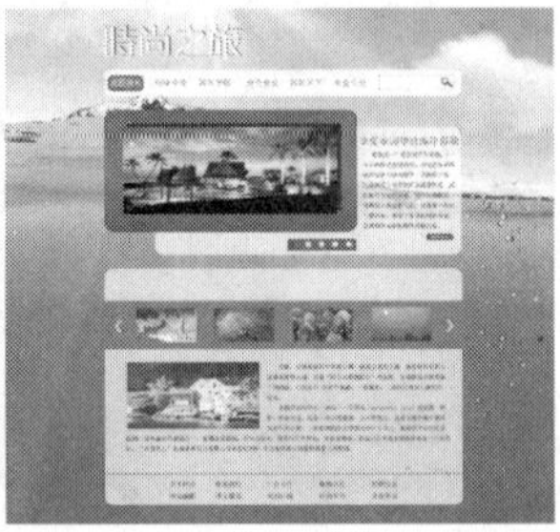

本章小结

本章主要讲解了网页的相关行业知识与制作旅游网页的实例，并详细讲解了制作步骤，使用户了解了制作网页的操作方法。通过本章的知识介绍与实例操作的讲解，加上用户独特的构思与创意，一定能制作出更加优秀的网页设计作品。